Handbuch zum Bevölkerungsschutz

Biologische Gefahren I

Handbuch zum Bevölkerungsschutz

3. Auflage

Bonn 2007

Biologische Gefahren I

Handbuch zum Bevölkerungsschutz

Herausgeber:

Bundesamt für Bevölkerungsschutz
und Katastrophenhilfe
Provinzialstraße 93
53127 Bonn

Robert Koch-Institut
Nordufer 20
13353 Berlin

Redaktion (3. Auflage):

Julia Sasse, Berlin
Walter Biederbick, Berlin
Stefan Brockmann, Stuttgart
Monika Hermann, Bonn
Bernhard Preuss, Bonn
Jürgen Schreiber, Bremen
Christine Uhlenhaut, Washington

Lektorat:

Ursula Erikli, Berlin

Satz und Gestaltung:

Beate Behrendt, Berlin

Foto auf dem Umschlag:

Anlegen der Schutzkleidung bei einer Katastrophenschutzübung
vor dem Jüdischen Krankenhaus in Berlin im Frühjahr 2006
© Cornelius Bartels

Offsetdruck und Weiterverarbeitung:

Druckpartner Moser Druck + Verlag GmbH, Rheinbach

ISBN-10: 3-939347-06-X
ISBN-13: 978-3-939347-06-4

Dieses Buch soll zur barrierefreien Verbreitung von Expertenwissen über biologische Gefahren in Fachkreisen dienen. Es wird kostenlos abgegeben und darf auch nicht mit Versandkosten und Schutzgebühren beaufschlagt werden. Die kostenfreie Nutzung, Vervielfältigung und Weitergabe einzelner Artikel mit einem vollständigen Zitat der Quelle und unter Wahrung des Urheberrechtes sind ausdrücklich erwünscht.

Weitere Exemplare des Buches können beim Herausgeber unter Nennung des beabsichtigten Verwendungszwecks kostenlos angefordert werden. Die Texte stehen außerdem zum Download unter: www.bevoelkerungsschutz.de im Intenet als pdf-Datei zur Verfügung. Hier findet sich auch ein Diskussionsforum über die Themenbereiche des Buches und ebenfalls eine Bestellmöglichkeit für weitere Exemplare.

Die in den einzelnen Kapiteln ausgeführten Überlegungen stellen keine Meinungsäußerung des Herausgebers oder der Redaktion dar, sondern entsprechen denjenigen des jeweiligen Autors.

Die Wiedergabe von Gebrauchsnamen, Handelsnamen, Warenbezeichnungen usw. in diesem Werk berechtigt auch ohne besondere Kennzeichnung nicht zu der Annahme, dass solche Namen im Sinne der Warenzeichen- und Markenschutz-Gesetzgebung als frei zu betrachten wären und daher von jedermann benutzt werden dürften.

Produkthaftung: Für Angaben über Dosierungsanweisungen und Applikationsformen kann weder vom Herausgeber noch von der Redaktion noch von den Autoren eine Gewähr übernommen werden. Derartige Angaben müssen vom jeweiligen Anwender im Einzelfall, z. B. anhand weiterer Literaturstellen sowie anhand des gegebenen Standes von Wissenschaft und Technik, auf ihre Richtigkeit überprüft werden.

Mit den in diesem Werk verwandten Personen- und Berufsbezeichnungen sind, auch wenn sie nur in einer Form auftreten, grundsätzlich gleichwertig beide Geschlechter gemeint.

Inhaltsverzeichnis

3 Organisation und Logistik im Einsatzfall

6 Infektionsschutz: Schutzausrüstung und Maßnahmen

Vorwort zur 3. Auflage

Christoph Unger, BBK
(Foto: BBK)

Prof. Dr. Reinhard Kurth, RKI
(Foto: RKI)

Die Bewältigung außergewöhnlicher biologischer Gefahrenlagen setzt ein effizientes Zusammenwirken und eine ressortübergreifende Zusammenarbeit aller beteiligten Fachdienste und Einrichtungen voraus. Das haben die Erfahrungen der letzten Jahre nach den Ereignissen des 11. September 2001, wie z. B. das Auftreten der Anthraxbriefe, SARS oder die Vogelgrippe, deutlich gemacht.

Umfangreiche Maßnahmen und organisatorische Vorkehrungen zum Schutz der Bevölkerung vor biologischen Gefahren sind seitdem von Bund und Ländern gemeinsam auf den Weg gebracht worden. Beispielhaft erwähnt sei hier die „Neue Strategie zum Schutz der Bevölkerung in Deutschland", auf die sich Bund und Länder Anfang Juni 2002 verständigt haben. Leitgedanke der Neuen Strategie ist die gemeinsame Verantwortung von Bund und Ländern für außergewöhnliche Schadenslagen von nationaler Bedeutung im Sinne eines partnerschaftlichen Zusammenwirkens durch bessere Verzahnung der vorhandenen Hilfspotenziale von Bund, Ländern, Kommunen und Hilfsorganisationen sowie neue Koordinierungsinstrumente für ein besseres Zusammenwirken im Krisenfall.

Als wichtiger Beitrag des Bundes zur Neuen Strategie wurde im Mai 2004 das *Bundesamt für Bevölkerungsschutz und Katastrophenhilfe*

(BBK) errichtet, das als zentrales Organisationselement für die zivile Sicherheit alle einschlägigen Aufgaben und Informationen an einer Stelle bündelt und vorhält. Es berücksichtigt fachübergreifend alle Bereiche der zivilen Sicherheitsvorsorge und verknüpft sie zu einem wirksamen Schutzsystem für die Bevölkerung und ihre Lebensgrundlagen. Zum Aufgabenspektrum zählen dabei u. a. auch die Bereiche CBRN-Schutz und -Vorsorge.

Eine weitere Voraussetzung zur Vorbeugung, Erkennung und Schadensbegrenzung bei absichtlichen oder natürlich auftretenden Seuchenausbrüchen wurde im Jahr 2002 mit der Einrichtung des *Zentrums für Biologische Sicherheit* (ZBS) am Robert Koch-Institut (RKI) geschaffen. Die Aufgaben umfassen – in Zusammenarbeit mit anderen Abteilungen des RKI, den Ländern und Kommunen, nationalen und internationalen Institutionen – unter anderem die Entwicklung von Managementkonzepten, die Diagnostik von biologischen Agenzien sowie die Beratung der Bevölkerung und Entscheidungsträger.

Der fach- und organisationsübergreifende Informationsaustausch ist von entscheidender Bedeutung für eine effiziente und ressortübergreifende Zusammenarbeit in einer biologischen Gefahrenlage. Es wurde deutlich, dass zu wichtigen Fragen des biologischen Krisenmanagements Handlungsbedarf besteht, insbesondere bei der Entwicklung einheitlicher Empfehlungen und der Harmonisierung von Handlungsanweisungen. Hierzu ist ein interdisziplinärer Ansatz erforderlich. Daher wurde im Jahre 2003 das Forschungsvorhaben *Interdisziplinäres Expertennetzwerk Biologische Gefahrenlagen* begonnen, gefördert durch das BBK und durchgeführt durch das RKI mit der dort angesiedelten Informationsstelle des Bundes für Biologische Sicherheit (IBBS).

Das Expertennetzwerk behandelt verschiedene Themen und Fragestellungen des biologischen Krisenmanagements und schließt Experten aller beteiligten Fachrichtungen und Disziplinen ein, wie z. B. klinische Versorgung, Öffentlicher Gesundheitsdienst, Polizei, Feuerwehr, Rettungsdienst, Technisches Hilfswerk und die Bundeswehr.

Eine Zwischenbilanz der Überlegungen des Expertennetzwerkes zu verschiedenen Aspekten des biologischen Krisenmanagements wurde bereits 2004 und 2005 in der 1. und 2. Auflage des Buchs „Biologische Gefahren – Beiträge zum Bevölkerungsschutz" veröffentlicht, die mit einer Gesamtauflage von 40.000 Exemplaren eine überwältigende Resonanz gefunden haben.

Für die nun vorliegende 3. Auflage des Buchs wurden die Inhalte komplett aktualisiert, überarbeitet sowie erheblich erweitert und tragen der rasch fortschreitenden Entwicklung der letzten Jahre im Bereich der biologischen Gefahrenabwehr Rechnung. Sie stellen die aktuellen Arbeitsergebnisse des Expertennetzwerks und seiner Arbeitsgruppen dar und spiegeln den derzeitigen Stand der Diskussion zu verschiedenen Aspekten des biologischen Krisenmanagements wider.

Das *Interdisziplinäre Expertennetzwerk Biologische Gefahren* und die daraus hervorgegangenen Publikationen stellen damit einen wichtigen Beitrag zur Verbesserung der Gefahrenabwehr und des biologischen Krisenmanagements dar. Sie sind ein Beispiel für eine erfolgreiche, ressortübergreifende Zusammenarbeit mit ganzheitlichem Ansatz. Viele der Initiativen gilt es, in den nächsten Jahren weiter voranzubringen und umzusetzen. Eine Möglichkeit dazu bietet die Kommunikationsplattform des Expertennetzwerks www.bevoelkerungsschutz.de mit einem interdisziplinären Teilnehmerkreis von derzeit mehr als 1.000 Nutzern.

Allen, die bei der Entstehung dieses Buches mitgewirkt haben, möchten wir für Ihr Engagement und die geleistete Arbeit danken.

Bonn und Berlin, im Oktober 2007

Christoph Unger

Präsident des Bundesamtes für
Bevölkerungsschutz und Katastrophenhilfe

Prof. Dr. Reinhard Kurth

Präsident des Robert Koch-Instituts

Einleitung und Überblick zum Handbuch

Die Anschläge mit Milzbrandsporen in den Vereinigten Staaten 2001 haben vielerorts zur Überarbeitung, Anpassung oder Erstellung von Notfallplänen für sogenannte „Großschadens-Gesundheitslagen" (*large-scale health emergencies*) geführt. Große Anstrengungen wurden unternommen, um der vorsätzlichen Freisetzung von CBRNE (chemisch-biologisch-radiologisch-nuklear-explosiv) Substanzen durch Kriminelle oder Terroristen begegnen zu können.

Mit der SARS-Epidemie in 2002 und 2003 kam die Erinnerung an die Möglichkeit neu auftretender, bisher unbekannter Krankheitserreger, die zu einer Vielzahl von Opfern und riesigen wirtschaftlichen Schäden führt, zurück. Das Schreckgespenst einer erneuten Influenzapandemie ist in den vergangenen Jahren zu einem kontinuierlichen Begleiter aller Einsatzkräfte und Notfallplaner geworden.

Spätestens seit dieser Zeit ist allen bewusst geworden, welch umfassende Auswirkung eine größere biologische Lage haben kann. Davon betroffen sind alle Bereiche unserer Gesellschaft - öffentliche Hand von Kommune bis zum Bund ebenso so wie Wirtschaft und Privathaushalte. Diese Entwicklung hat dazu geführt, dass außergewöhnlichen biologischen Gefahrenlagen im Rahmen von CBRNE-Szenarien ein besonderer Stellenwert eingeräumt wird.

Die möglichen biologischen Szenarien lassen sich nach den unterschiedlichsten Kriterien einteilen. Hierzu gehören z. B.

- das „Verursacherprinzip" - vorsätzlich ausgebracht oder natürlich vorkommend

- das „Ausmaß" - Einzelfälle, Epidemien oder Pandemien

- oder die Einteilung nach dem mutmaßlichen Agens, z. B. nach den Erregerlisten der EU, der CDC, der Kriegswaffenkontrollliste oder der Liste biologischer Substanzen für die Ausfuhrkontrolle der Australischen Gruppe (siehe 1.3).

In Abb. 1 sind mögliche „Verursacher" einer biologischen (Gefahren-) Lage und daraus denkbare Folgen zusammengestellt.

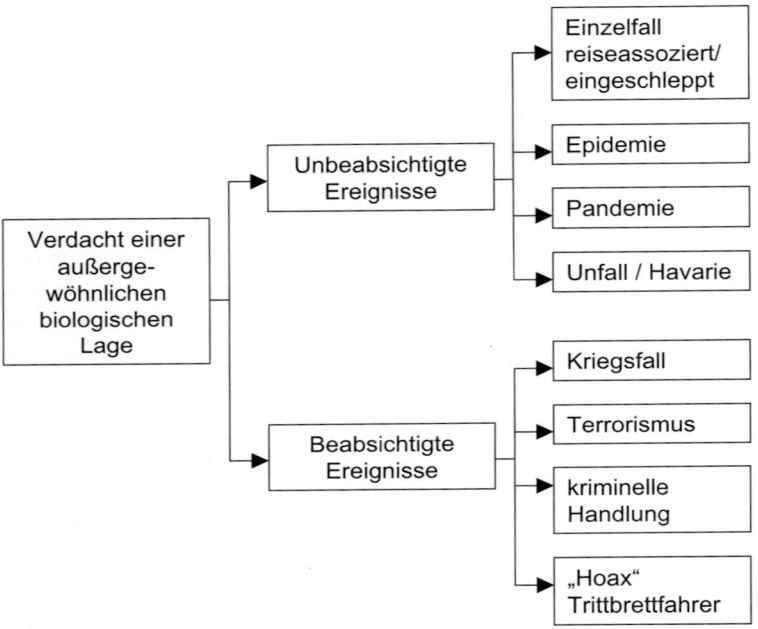

Abb. 1:   Einteilung mutmaßlicher biologischer Lagen nach dem Verursacherprinzip

Um diesen vielfältigen Anforderungen gerecht zu werden, haben sich im *Interdisziplinären Expertennetzwerk Biologische Gefahren* Experten der verschiedenen Disziplinen, z. B. aus Rettungsdienst, Feuerwehr, Ordnungsbehörden, Bundeswehr, Öffentlichem Gesundheitsdienst und Wissenschaft, zusammengetan, um ihr Wissen in den verschiedenen Arbeitsgruppen des Netzwerks zusammen zu tragen und in diesem Buch festzuhalten. Die einzelnen Kapitel spiegeln die Ergebnisse der fünf Arbeitsgruppen des Netzwerks (AG Lageerkundung, AG Einsatzgrundsätze, Öffentliche Ordnung und Logistik, AG Risikokommunikation, AG medizinische Versorgung und AG Schutzausrüstung und Dekontamination) auf dem aktuell verfügbaren Wissensstand wider.

Im **Kapitel 1** des Handbuchs wird auf spezifische Aspekte biologischer Lagen eingegangen. Diese unterscheiden sich von anderen Großschadenlagen und konventionellen, terroristischen Anschlägen z. B. durch die Latenzzeit zwischen Ausbringung des Erregers und der Erkrankung oder durch die Potenzierung der Schadenlage durch Weiterverbreitung des Erregers durch Umwelteinflüsse oder/und den Menschen. Als Beispiel wird aktuell die Influenzapandemieplanung diskutiert. Der aufsuchenden Infektionsepidemiologie kommt beim Management biologischer Lagen eine besondere Bedeutung zu. Sie forscht nach den Ursachen und Folgen sowie der Verbreitung von Infektionskrankheiten in einer Population. Diese Aspekte sind gerade bei vorsätzlicher Ausbringung von großer Bedeutung. Daneben kommt auch der rechtzeitigen Entdeckung und Übermittlung von Verdacht- oder Erkrankungsfällen und außergewöhnlichen Ereignissen eine entscheidende Bedeutung zu.

Kapitel 2 stellt den Weg vom Erkennen der Situation bis zur Probenanalyse im Labor dar. Für die bestmögliche Einsatzstrategie im Ereignisfall ist die Gefahrenerkennung von elementarer Bedeutung. Dazu gehört zuallererst, eine biologische Lage zu erkennen bzw. eine gewöhnliche biologische Lage von einer ungewöhnlichen abzugrenzen. Je nach Zugehörigkeit (z. B. Gesundheitsschutz, Rettungsdienst, Feuerwehr, Polizei) haben Einsatzkräfte unterschiedliche Aufgaben und Herangehensweisen, Koordination und Kooperation sind unerlässlich. Bei dem Verdacht auf vorsätzliche Ausbringung werden zudem Interessenskonflikte deutlich. Spurensicherung durch die Polizeikräfte und Probenahme durch das Einsatzteam müssen sorgfältig abgestimmt sein. Auch dürfen zum Schutz der Einsatzkräfte weitere Gefahrenquellen wie z. B. Sprengstoff oder Radioaktivität nicht übersehen werden. Den anschließenden sicheren Transport ins Labor regelt das Gefahrgutrecht, einschließlich der Anforderungen an Verpackung, Transporteur, Versender und Empfänger. Die schnelle und zuverlässige Diagnostik eines relevanten Erregers und ein sicherer Ausschluss anderer Erreger im Probenmaterial sind von entscheidender Bedeutung für die Einschätzung einer potenziellen biologischen Lage und zur Einleitung geeigneter Gegenmaßnahmen. Nach wie vor ist eine Vor-Ort Diagnostik bei biologischen Lagen nur sehr eingeschränkt möglich, die abschließende Untersuchung in einen (Spezial-)Labor ist noch unumgänglich.

Wie in **Kapitel 3** dargestellt, ist im Einsatzfall eine Vielzahl von Behörden, Fachdiensten und Einrichtungen des Gesundheitswesens sowie der öffentlichen Sicherheit und Ordnung in die Schadensbewältigung eingebunden. Deren Zusammenarbeit muss unter einheitlicher Gesamtverantwortung der Führungsorganisation koordiniert werden. Die rechtlichen Grundlagen unter Berücksichtigung der verschiedenen Zuständigkeiten auf Bund- und Länderebene stellen hierfür das Fundament dar. Angestrebt werden sollte die Implementierung einer einheitlichen Ausbildungsgrundlage aller an der Gefahrenabwehr Beteiligten als Mindestvoraussetzung für das effiziente Zusammenwirken. Durch den „Schutz Kritischer Infrastrukturen" soll sicher gestellt werden, dass Organisationen und Einrichtungen mit wichtiger Bedeutung für das staatliche Gemeinwesen, deren Ausfall oder Beeinträchtigung z. B. zu nachhaltig wirkenden Versorgungsengpässen oder erheblichen Störungen der öffentlichen Sicherheit führen würde, minimiert werden.

In **Kapitel 4** werden Risiko- und Krisenkommunikation vorgestellt und voneinander abgegrenzt. Zu einer gelungenen Kommunikationsstrategie gehört die Kommunikation vor, in und nach der Krise. Die Wahrnehmung von Infektionsrisiken in der Gesellschaft spielt dabei eine zentrale Rolle, um auf die Ängste der Bevölkerung und auch der Helfer richtig eingehen zu können. Durch eine zielgerichtete Informationspolitik im Vorfeld kann Unsicherheiten während der Krise vorgebeugt werden. Praktische Beispiele aus der Vergangenheit und Gegenwart veranschaulichen das Thema. Instrumente der Pressearbeit („besser informieren") werden erläutert, ebenso so wie die Kommunikation, interne Abstimmung und fachliche Beratung der Entscheidungsträger, Einsatzkräfte und Multiplikatoren untereinander („besser informiert").

Das Management gemeingefährlicher Infektionskrankheiten und außergewöhnlicher Seuchengeschehen in **Kapitel 5** stellt einen zentralen Teil des Buches dar. Es enthält wichtige Ausführungen und Details, die für den Nicht-Mediziner das Verständnis erleichtern und für den Einsatzfall wichtige Informationen enthalten. Die beschriebenen

Aspekte des seuchenhygienischen Managements umfassen dabei die notwendigen Maßnahmen zur Patientendekontamination über den Infektionstransport und die medizinischen Maßnahmen bis hin zur Ermittlung von Kontaktpersonen und ggf. deren Quarantäne. Nicht vernachlässigt werden dürfen dabei die massenpsychologischen Aspekte und die psychosoziale Betreuung von Betroffenen und Helfern. Und letztendlich gehören zum seuchenhygienischen Management auch die im schlimmsten Fall notwendigen Maßnahmen bei Todesfällen.

Das Verständnis für grundlegende Regeln der Hygiene sind Voraussetzung für einen erfolgreichen Infektionsschutz. Aus möglichen Übertragungswegen resultieren die entsprechenden Schutzmöglichkeiten. Neben diesen Grundlagen werden in **Kapitel 6** spezifische Arbeitsschutzmaßnahmen, Persönliche Schutzausrüstung (PSA) und Dekontaminationsmaßnahmen vorgestellt. Der Auswahl einer angemessenen Schutzkleidung kommt eine große Bedeutung zu: Maximalschutz kann über das Schutzziel hinaus schießen und den Helfer unnötig belasten, Minimalschutz ihn hingegen unnötiger Gefahr aussetzen. Die große Anzahl der erhältlichen Schutzkleidungstypen, deren potentielle Leistungsfähigkeit, Zertifizierung und Eignung stellen den Nutzer bei Erwerb und Gebrauch vor erhebliche Schwierigkeiten. Von entscheidender Bedeutung sind auch das Training des richtigen An- und Ablegens der PSA sowie das Überprüfen der richtigen Passform bei Atemschutzmasken. Der Dekontamination wird hinsichtlich der Vermeidung einer Weiterverbreitung von Infektionskrankheiten eine wichtige Rolle zugeschrieben, deshalb wird ausführlich auf die Desinfektion/Dekontamination von Personen, Räumen, Geräten, Fahrzeugen und Abfällen bei B-Lagen durch Einsatzkräfte des Katastrophenschutzes und der Rettungsdienste eingegangen.

Wir danken allen Arbeitsgruppenmitgliedern, Autoren und Reviewern für Ihre engagierte und qualifizierte Mitarbeit an diesem Buch und wünschen dem Leser, dass ihm das Buch wertvolle Anregungen bietet,

das Redaktionsteam

1 Biologische Lagen

1.1 Einführung

Zur Einschätzung der Gefährdung, die von biologischen Agenzien (Bakterien, Viren, Pilzen, Toxinen etc.) ausgeht, ist eine Vielzahl von Parametern zu beachten. In diesem einleitenden Kapitel **Biologische Lagen** werden die wichtigsten dieser Parameter und ihre möglichen Auswirkungen beschrieben. Um sich auf eine solche Gefahr angemessen vorzubereiten, muss der Beginn eines Krankheitsausbruchs schnell erkannt und richtig eingeschätzt werden. Dabei kommt kommunalen, nationalen und internationalen Planungen und Vorschriften eine entscheidende Bedeutung bei.

Der Schwerpunkt im Beitrag **1.2 Außergewöhnliche biologische Gefahren** liegt auf dem Unterschied zwischen biologischen Lagen und anderen Schadensereignissen, wie z. B. Naturkatastrophen oder konventionellen Anschlägen. Eine besondere Schwierigkeit stellt die Wahrnehmung und die damit verbundene Problematik einer angemessenen und zeitgerechten Reaktion dar. Zudem lösen biologische Agenzien beim Menschen häufig große Ängste bis hin zur Panik aus, da die eigene Gefährdung für den Einzelnen schwer einschätzbar ist. Die Verschiedenartigkeit der Erreger-/Toxineigenschaften, z. B. Infektiosität, Inkubationszeit, Letalität, Umweltresistenz oder Therapierbarkeit, führt zu unterschiedlichen Auswirkungen auf die Ausbreitung des Infektionsgeschehens und benötigt entsprechend unterschiedliche Vorbereitungen und Reaktionen der Verantwortlichen und Betroffenen. Eine weitere Problematik zeigt sich schon bei der Abschätzung der Wahrscheinlichkeit des Eintritts eines Seuchengeschehens – ob natürlichen oder absichtlich herbeigeführten Ursprungs. In diesem Zusammenhang stellt sich die Frage, welcher Aufwand und welche Kosten für die Vorbereitung gerechtfertig sind, welche Strukturen geschaffen werden müssen und welche Konzepte bisher entwickelt wurden.

Der Beitrag **1.3 Eingruppierung von Infektionserregern und Toxinen** führt die Vielzahl und Verschiedenartigkeit der Erreger und Toxine vor Augen, die zu einer Bedrohung für die menschliche Gesundheit werden können. Unterschiedliche Bewertungskriterien und Gesichtspunkte führten zu zahlreichen Listen und Eingruppierungen, die sich im Umfang und teilweise auch in der Gewichtung des Risikos, das von den Erregern/Toxinen ausgeht, unterscheiden. Trotz allgemein anerkannter Kriterien, die der Aufnahme in die Listen zugrunde liegen, gewichten einige z. B. die Gefährlichkeit des Erregers höher, andere die Eintrittswahrscheinlichkeit eines Anschlags/Ausbruchs.

Die Vorbereitungen auf ein natürliches, möglicherweise weltumspannendes (pandemisches) Seuchengeschehen werden im Beitrag **1.4 Influenzapandemieplanung** anhand eines konkreten Beispiels vorgestellt. Die Weltgesundheitsorganisation (WHO) und andere Institutionen warnen eindringlich vor der nächsten pandemischen Influenza, die weltweit Millionen Tote fordern könnte. Die Vorbereitungen von Bund und Ländern, aber auch die Erfordernisse einer Planung in Betrieben und Verwaltungen, werden in dem Beitrag vorgestellt und es wird auf zahlreiche Fragestellungen eingegangen: Zu welchem Zeitpunkt sind welche Vorbereitungen erforderlich? Wie sind Managementstrukturen und Zuständigkeiten geregelt? Gibt es Einflussmöglichkeiten auf den Verlauf und welche Therapie und Impfmöglichkeiten stehen zur Verfügung?

Ein wichtiges Instrumentarium zur Planung effektiver Interventionsstrategien bei einem Infektionsgeschehen wird in Beitrag **1.5 Zur Rolle der angewandten Infektionsepidemiologie beim Management biologischer Gefahrenlagen** erläutert. Die Aufgaben der Infektionsepidemiologie reichen von der kontinuierlichen Gesundheitsüberwachung, die erste Hinweise auf ungewöhnliche Geschehen geben kann, über das Meldewesen, bei dem die Meldungen aus ganz Deutschland zusammengeführt werden, bis hin zu Ausbruchsuntersuchungen. Diese können z. B. dazu beitragen, die Dimension eines Ausbruchs realistisch einzuschätzen und weitere Betroffene zu ermitteln. Der Beitrag stellt unterschiedliche Untersuchungsmethoden vor und erläutert wichtige Begriffe der Infektionsepidemiologie. Der wichtige Aspekt der Zusam-

menarbeit von Bund, Ländern, Kommunen und Nationalen Referenzzentren und Konsiliarlaboren sowie der nationalen und internationalen
Trainingskurse wird ausführlich diskutiert.

Zur effektiveren Verhütung und Bekämpfung von Infektionskrankheiten
hat die WHO die Internationalen Gesundheitsvorschriften (IGV) aktualisiert. Die sich daraus ergebenden Auswirkungen für Deutschland
werden im Beitrag **1.6 Konsequenzen aus der Einführung der
neuen Internationalen Gesundheitsvorschriften für Deutschland**
dargestellt. Sie umfassen u. a. die Bewertung einer Situation nach
WHO-Kriterien und eine sich daraus ggf. ergebende Meldepflicht
bestimmter Informationen an die WHO. Neben der Festlegung erforderlicher Kernkapazitäten, die auf allen Ebenen vorgehalten werden
müssen, werden z. B. auch die speziellen Aufgaben, die auf Grenzübergangsstellen zukommen, definiert. Der Beitrag gibt einen Überblick über die wichtigsten Aufgaben zum Erkennen, Bekämpfen und
Verhüten von Infektionskrankheiten, die durch die IGV auf die lokale
Ebene (Gesundheitsamt), die mittlere Ebene und die nationale Ebene
zukommen. Dies betrifft u. a. die verfügbaren Ärzte, Krankenhäuser
und Laborkapazitäten sowie die Organisation des Rettungsdienstes,
die Bewertung von Ereignissen und deren Dringlichkeit.

1.2 Außergewöhnliche biologische Gefahren

R. Fock

Schadenlagen durch biologische Agenzien unterscheiden sich von anderen Großschadenlagen und terroristischen Anschlägen hinsichtlich

- ihrer schwierigen und oft erst Wochen nach dem Initialereignis gegebenen Wahrnehmbarkeit,

- der enormen Variabilität des Gefahrenpotentials sowohl der jeweils eingesetzten Agenzien als auch der Einsatzmittel,

- der Möglichkeit der Entwicklung eines sich selbständig potenzierenden Schadensprozesses örtlich und zeitlich nicht mehr zu begrenzenden Ausmaßes durch Kontamination und (Sekundär- bzw. Tertiär-)Infektionen am Initialereignis nicht Beteiligter,

- der sich notwendigerweise auch für zunächst Unbeteiligte ergebenden Folgemaßnahmen, die u. a. durchaus auch Eingriffe in die persönlichen Grundrechte (z. B. in das der Freiheit der Person bei Quarantäne oder das der körperlichen Unversehrtheit bei Zwangsimpfungen der ganzen Bevölkerung oder großer Teile derselben mit z. T. nicht unproblematischen Impfstoffen) beinhalten können.

Außerdem verfügen Infektionskrankheiten („Seuchen") – offenbar mehr noch als andere Katastrophen – über ein besonders hohes Potential, im Menschen diffuse, archaische Ängste zu wecken und Panik („Massenhysterie") auszulösen (siehe auch 4.3). Diese – nicht immer realitätsnahe – Gefahrenwahrnehmung mag sich z. T. durch ein aufgrund der weltweiten Seuchenzüge vor allem von Pocken, Pest und Cholera in den vergangenen Jahrhunderten erworbenes „kollektives Gedächtnis" erklären, z. T. auch mit der Unübersichtlichkeit der Vielfalt und Variabilität bioterroristischer Szenarien, der sich (nicht nur) der mikrobiologische Laie ausgesetzt sehen muss, sowie des – im Vergleich etwa zu einem Sprengstoffanschlag – eher schleichenden, nicht mit den Sinnen wahrnehmbaren, „unheimlichen" und sich potenziell unbegrenzt, weltweit ausbreitenden Verlaufs. Sprengstoffanschläge, in den letzten Jahren fast permanent in den Nachrichten präsent, und andere „konventionelle", mechanische Schadenereignisse, selbst wenn sie das Ausmaß des 11. September 2001 in New York annehmen, mögen demgegenüber manchem als kalkulierbarer erscheinen, insbesondere, weil das einzelne Ereignis als örtlich und zeitlich begrenzt erscheint.

Wahrnehmbarkeit

Anders als bei „mechanisch" ausgelösten Ereignissen, Naturkatastrophen und Massenunfällen und beispielsweise bei einem konventionellen Sprengstoff-Anschlag, ist bei einem bioterroristischen Anschlag der Zeitpunkt des Erkennens der Gefahrenlage nicht unbedingt identisch mit dem Ereigniszeitpunkt. B-Kampfstoffe sind lautlos und unsichtbar zu verbreiten, mit menschlichen Sinnesorganen nicht wahrnehmbar und – anders als z. B. radioaktive Strahlung mit einem Geigerzähler oder chemische Gase mit einem Spürröhrchen – derzeit mit Warnsystemen auch nicht nachweisbar. Die Wirkungen biologischer Kampfstoffe auf den menschlichen Körper sind zudem natürlichen Krankheiten weitgehend ähnlich (so genannte Mimikry).

Neben nachrichtendienstlichen oder kriminalistischen Hinweisen können klinische und infektionsepidemiologische Beobachtungen wie ein plötzliches, synchronisiertes Auftreten von uniformen, unspezifischen Allgemeinsymptomen, häufig mit nachfolgender pulmonaler Symptomatik, rascher Progredienz und verbunden mit einer hohen Morbidität und Letalität, einer auffälligen geographischen Verteilung, einer ungewöhnlichen Jahreszeit, das Fehlen typischer Vektoren/Reservoire bzw. natürlicher Ursachen oder ein Massensterben von Tieren Anlass geben, einen B-Terrorangriff zu vermuten. Die jeweiligen Inkubations-

bzw. Latenzzeiten sind zu beachten. Drohende Sekundärinfektionen bei direkter Mensch-zu-Mensch-Übertragung infektiöser B-Kampfstoffe oder z. B. wochen- bis jahrzehntelange Persistenz des Erregers in der Umwelt bedingen unterschiedliche Maßnahmen.

Bei biologischen Gefahrenlagen ist die Erkundung der Lage deshalb in besonderem Maße abhängig von dem Ausgangsszenario:

- Ist der Anschlag offensichtlich oder wurde er, ggf. unter Angabe des verwendeten Agens, angekündigt oder liegt ein sog. Bekennerschreiben vor?

- Handelt es sich um ein plötzlich auftretendes Krankheits- und Infektionsgeschehen, das aufgrund seines Ausmaßes, seiner Ungewöhnlichkeit oder anderer Umstände sofort als ein aus dem Rahmen fallendes, besondere Maßnahmen erforderndes Ereignis erkannt wird oder zumindest zu einem entsprechenden Verdacht führt? Oder

- entwickelt sich die biologische Großschadenlage ohne erkennbares initiales Ereignis eher schleichend, „infiltrierend", und ist als solche und möglicherweise auch als Infektionsgeschehen für einige Tage, Wochen oder sogar Monate nicht zu erkennen?

Hieraus wird deutlich, dass wir sowohl eine kontinuierliche Überwachung des Infektionsgeschehens (siehe 1.5) benötigen als auch die personellen und institutionellen Voraussetzungen für eine gezielte Aufklärung eines verdächtigen Ereignisses im Bedarfsfall. Ist eine Früh- oder Echtzeit-Erkennung von B-Anschlägen nicht möglich, können antiepidemische Maßnahmen nicht rechtzeitig ergriffen werden und ansteckende Krankheiten sich unter Umständen auch über ein weites Areal verbreiten.

Auf der Grundlage des neuen Infektionsschutzgesetzes (IfSG) verfügt Deutschland gegenwärtig über ein effizientes Instrument zur kontinuierlichen Überwachung, Beobachtung und Meldung in Deutschland üblicher sowie auch ungewöhnlicher Infektionskrankheiten. Durch Online-Vernetzung des Robert Koch-Institutes (RKI) mit den Landesgesundheitsbehörden und den rund 430 Gesundheitsämtern können die Meldungen jetzt zeitnah und in geographischer Zuordnung ausgewertet und Alarme beim Auftreten ungewöhnlicher Krankheitsausbrüche ausgelöst werden (24-Stunden-Rufbereitschaft am RKI). Außerdem können Task-Force-Teams für „Aufsuchende Epidemiologie" für On-Site-Untersuchungen in Amtshilfe zur Unterstützung der regionalen Gesundheitsbehörden bereitgestellt werden. Das RKI ist gleichzeitig im Early-Warning-System der Europäischen Union (EU) und in Programme zur Surveillance bestimmter Infektionskrankheiten integriert. Zurzeit besteht allerdings keine Möglichkeit, eine syndromorientierte Surveillance durchzuführen.

Viel zu wenig beachtet und systematisch erforscht wurden bisher die Möglichkeiten zur Frühwarnung, die sich aus unverzüglichen Meldungen klinisch auffallender Beobachtungen im Rettungsdienst, bei der niedergelassenen Ärzteschaft und in der Krankenhausaufnahme ergeben könnten. Eine ungewöhnliche Häufung bestimmter Symptome oder Syndrome beim Krankentransport oder bei der Aufnahme in Kliniken könnte frühzeitig und bereits vor der infektionsepidemiologischen Surveillance Hinweise auf ein außergewöhnliches Infektionsgeschehen liefern. Voraussetzung dafür ist, dass Ärzteschaft und Rettungsdienst über das hierfür notwendige Fachwissen verfügen, entsprechend „sensibilisiert" sind und einen kompetenten Ansprechpartner im Öffentlichen Gesundheitsdienst finden (siehe auch 4.5 und 5.3).

Variabilität der Szenarien

Infektiosität, Kontagiosität

Einige biologische Agenzien und potenzielle Kampfstoffe schädigen lediglich pflanzliche oder tierische Organismen (z. B. Tabakmosaik-virus, Maul- und Klauenseuchen-Virus), andere können sich ausschließlich innerhalb der menschlichen Spezies ausbreiten (z. B. Variola vera, Poliomyelitisvirus, Masernvirus). Wiederum andere werden von Tieren oder Tierprodukten mittels belebter (z. B. Erreger der Beulenpest, Gelbfiebervirus) oder unbelebter (z. B. Salmonellen, Marburg- und Ebola-Virus) Vektoren auf den Menschen übertragen, der sie dann zum Teil direkt (z. B. als Lungenpest) oder indirekt über kontaminierte Gegenstände (z. B. Salmonellen, Shigellen) weiter auf andere Menschen übertragen kann. Einige Krankheiten sind hochkontagiös (z. B. Pocken), andere kaum oder gar nicht auf andere Menschen übertragbar (z. B. Anthrax, Toxine wie Rizin oder Botulinumtoxin).

Biologische Toxine als Stoffwechselprodukte bakterieller, tierischer oder pflanzlicher Organismen sind nicht „übertragbar"; lediglich die unmittelbar dem Kampfstoff Exponierten erkranken; Sekundärinfektionen oder gar eine unkontrollierte Weiterverbreitung sind hier nicht zu befürchten. Gleichwohl sind auch durch toxische Produkte von Krankheitserregern verursachte Krankheiten „übertragbare Krankheiten" im Sinne des Infektionsschutzgesetzes (IfSG § 2, Nr. 3; nicht hierunter zu subsumieren wäre nach IfSG aber z. B. eine Rizin-Intoxikation als eine durch ein pflanzliches Produkt verursachte Krankheit).

Pathogenität, Virulenz, Letalität

Einige Krankheitserreger wirken sich zu einem hohen Prozentsatz letal aus (z. B. bei Ebola, Pocken, Lungenpest, Lungenmilzbrand, Botulinumtoxin), andere lösen bei immunkompetenten Personen größtenteils „nur" relativ leichte bis mittelschwere, vorübergehende oder chronische Krankheitssymptome (z. B. Salmonellen, Legionellen, die Erreger von Hautmilzbrand, Q-Fieber, Brucellose) aus. Entscheidend für die Auswirkungen kann auch die Art der Ausbringung sein: Im Vergleich zu dem durch Aerosole hervorgerufenen Lungenmilzbrand kann der durch den Kontakt mit erkrankten Tieren bzw. Tierprodukten entstehende Hautmilzbrand als relativ harmlos angesehen werden.

Ähnliches gilt für die durch Aerosole übertragbare Lungen- bzw. die durch Flöhe übertragene Bubonen-Pest.

Inkubationszeit

Durch biologische Kampfstoffe verursachte Krankheiten können sich, abhängig von ihrer Inkubationszeit, innerhalb von Stunden (z. B. Toxine), Tagen (Lungenpest, Pocken, Marburg-Virus-Krankheit) oder erst nach Wochen und Monaten (Q-Fieber, Brucellose) bemerkbar machen und Krankheitssymptome hervorrufen.

Schutzmöglichkeit, Prävention

Zu unterscheiden sind ferner impfpräventable Infektionskrankheiten und Krankheiten, denen (bisher) nicht durch eine aktive Schutzimpfung vorgebeugt werden kann. Von den als biologischer Kampfstoff als besonders geeignet angesehenen Agenzien können nur die Pocken, für die in Deutschland jetzt ein Impfstoff bevorratet wird, als impfpräventabel angesehen werden, mit der Einschränkung, dass dieser Impfstoff aufgrund seiner nicht unerheblichen Nebenwirkungen erst zur (breiteren) Anwendung kommt, wenn bereits eine konkrete Gefahrenlage besteht, d. h. zumindest ein Pockenfall aufgetreten ist. In den USA, Großbritannien und Russland entwickelte Impfstoffe, z. B. gegen Milzbrand, Tularämie, Brucellose, Pest und Botulinumtoxin, sind in Deutschland weder verfügbar noch zugelassen. Die Effizienz und Verträglichkeit dieser zu militärischen Zwecken entwickelten Impfstoffe ist aufgrund fehlender veröffentlichter Daten derzeit kaum zu beurteilen.

Therapierbarkeit und Postexpositionsprophylaxe

Ein anderer Aspekt ist der der kausalen Therapierbarkeit der durch biologische Agenzien ausgelösten Krankheiten. Bakterielle Erkrankungen (wie Milzbrand, Tularämie, Pest) sind im Allgemeinen gut, virale Krankheiten mit wenigen Ausnahmen nicht oder nur bedingt behandelbar. So ist Cidofovir gegen Pocken zurzeit nur experimentell und wegen gravierender Nebenwirkungen bzw. einer hohen Toxizität nur unter intensivmedizinischen Bedingungen im Einzelfall anwendbar. Eine relative Wirksamkeit von Ribavirin ist bei Lassa-Fieber und zum Teil auch Hämorrhagischem Krim-Kongo-Fieber beschrieben worden. Unmittelbar postexpositionell angewandt, besteht grundsätzlich auch die Möglichkeit, eine Infektion bzw. den Ausbruch einer Krankheit zu verhindern (sog. Postexpositionsprophylaxe und präemptive Therapie). Eine bereits manifestierte Lungenpest und primärer Lungenmilzbrand haben allerdings dennoch eine vergleichsweise schlechte Prognose. Für Intoxikationen mit biologischen Kampfstoffen stehen spezifische Therapeutika nur in begrenztem Umfang (Botulinum-Antitoxin) oder gar nicht zur Verfügung.

Tenazität (Umweltresistenz)

Ein anderer wichtiger Gesichtspunkt biologischer Kampfstoffe ist der der Tenazität, der allgemeinen Widerstandsfähigkeit eines biologischen Agens gegenüber Umwelteinflüssen (siehe 6.2). Einige sind z. B. sehr empfindlich gegenüber UV-Strahlen und Tageslicht (z. B. wird Botulinumtoxin innerhalb weniger Stunden bei Sonnenbestrahlung inaktiviert), andere hingegen erweisen sich als äußerst stabil gegenüber sämtlichen Umwelteinflüssen (z. B. Milzbrandsporen über mehrere Jahrzehnte) und könnten ein dauerhaftes Problem darstellen, indem sie immer wieder zu Krankheitsfällen führen.

Sekundärinfektionen und antiepidemische Maßnahmen

Zwar können auch chemische und radioaktive Substanzen verschleppt werden und zunächst Nicht-Exponierte schädigen, weshalb auf eine sorgfältige Dekontamination unbedingt zu achten ist; dieses Gefährdungspotential Dritter ist jedoch – anders als bei direkt übertragbaren biologischen Kampfstoffen – naturgemäß begrenzt. Ist der Exponierte erst einmal dekontaminiert, geht von ihm keine weitere Gefährdung aus.

Tab. 1:   Potenzielle B-Agenzien (siehe auch 1.3)

Erreger/Agenzien	
Bakterien	*Bacillus anthracis* *Yersinia pestis* *Francisella tularensis* *Brucella species* *Coxiella burnetii* *Burkholderia mallei, B. pseudomallei* *Salmonella sp., Shigella dysenteriae,* *E. coli* 0157:H7, *Vibrio cholerae* *Mycobacterium tuberculosis* (multiresistent)

Viren	Orthopoxviren (Variola major)
	Virale hämorrhagische Fieber-Viren:
	  - Filoviren (Marburg-, Ebola-Virus)
	  - Arenaviren (Lassa-, Junin-Virus u. a.)
	  - Bunyaviren (Krim-Kongo-HF-Virus u. a.)
	  - Flaviviren (Kyasanur-Wald-Fieber-Virus u. a.)
	  - Venezuelanische Equine-Encephalitis-Viren

Toxine	Botulinumtoxin Staphylococcus Enterotoxin B Rizin Saxitoxin Mykotoxin

B-Lagen hingegen, insbesondere, wenn sie durch hochkontagiöse Krankheitserreger wie Pocken oder Marburg-Viren verursacht sind, erfordern einen hohen Aufwand an antiepidemischen und seuchenhygienischen Maßnahmen (Erfassung der Exponierten, Suche nach

möglicherweise infizierten Kontaktpersonen, ggf. Riegelungsimp-
fungen, Chemoprophylaxe, Isolierung/Quarantäne etc.).

Tabelle 1 zeigt eine Liste von Bakterien, Viren und Toxinen, die
allgemein als potenzielle B-Kampfstoffe angesehen werden (siehe
auch 1.3).

Großschadenlagen und Katastrophen

Katastrophen werden allgemein als Schadenereignisse definiert, die
mit den verfügbaren Kräften und Mitteln einer Region in einem über-
schaubaren Zeitraum nicht bewältigt werden können und bei denen
unterschiedliche, definierte Hilfeleistungen von außerhalb unter einheitlicher Leitung erforderlich werden. Der Art und Größe des Schadenereignisses entsprechend ist es möglich, dass die benötigten
Ressourcen entweder rein quantitativ nicht ausreichen oder gänzlich
fehlen.

Bei der Schadenbewältigung von Naturkatastrophen (z. B. des Elbe-
Hochwassers 2001), eines Massenanfalls von Verletzten (z. B. des
Eisenbahnunglücks von Eschede 1999 oder des Flugunglücks von
Ramstein 1988) und „konventionellen" Anschlägen kann qualitativ
grundsätzlich auf dieselben personellen und materiellen Ressourcen
zurückgegriffen werden wie bei alltäglichen Geschehnissen. Schließlich verfügen wir über relativ verlässliche Erfahrungen, mit welchen
Schäden wir bei Naturkatastrophen in unserer Region zu rechnen
haben (z. B. mit Hochwasser, aber nicht unbedingt mit den Folgen
eines schweren Erdbebens, wie sie aus anderen Teilen der Welt
berichtet werden – aber selbst für diese stehen z. B. Spürhunde zum
Aufsuchen von Verschütteten, schweres Räumgerät, Notunterkünfte
etc. zur Verfügung). Erfahrungen bestehen auch mit Havarien in chemischen Fabriken oder Unfällen beim Gefahrguttransport (z. B. Austritt von Epichlorhydrin beim Eisenbahnunglück in Bad Münder 2001).
Auch für Strahlenwirkungen wie dem größten anzunehmenden Unfall
(GAU) in einem Kernkraftwerk waren (nicht zuletzt auch unter dem Ein-

druck von Tschernobyl 1986) gewisse Vorkehrungen bereits vor dem 11. September 2001 getroffen worden.

Wie verhält es sich aber mit biologischen Schadenlagen? Zwar dürfte auch die Schadenbewältigung eines bioterroristischen Anschlages gewisse Gemeinsamkeiten mit der eines natürlichen Seuchengeschehen aufweisen (z. B. SARS, Influenzapandemie), für das entsprechende Logistik und Infrastruktur zur Verfügung stehen sollten. Sofern es sich jedoch um besonders gefährliche, nicht endemische Erreger handelt, ist eine sehr spezifische Vorbereitung erforderlich. Pocken z. B. gelten seit nunmehr 25 Jahren als weltweit eradiziert. Seit Anfang/Mitte der 80er Jahre des letzten Jahrhunderts wurde folgerichtig die Bevölkerung auch nicht mehr routinemäßig mit diesem problematischen Impfstoff geimpft und in Deutschland auch kein Impfstoff mehr vorrätig gehalten. Angesichts einer „abstrakten" Gefährdung wurde nach dem 11. September 2001 beschlossen, für die Bevölkerung 100 Millionen Impfstoffdosen zu bevorraten, deren Beschaffung und Lagerung nicht unerhebliche Kosten verursachen und ausschließlich zur Schadensbegrenzung eines potenziellen bioterroristischen Anschlages erfolgen. Die Frage aber, ob sich der Erreger überhaupt in der Hand potenzieller oder erwiesener Terroristen befindet bzw. im Besitz von Staaten war, die diese hätten unterstützen können, war Gegenstand parlamentarischer Untersuchungsausschüsse und der politischen Auseinandersetzung vor allem in Großbritannien und in den USA und kann zumindest hinsichtlich des Iraks heute verneint werden.

Man wird künftig zwischen Aufwendungen unterscheiden müssen, die infrastrukturellen Maßnahmen der Vorbeugung und Bekämpfung auch von natürlich auftretenden Infektionskrankheiten zugute kommen, und solchen, die ausschließlich bei bioterroristischen Szenarien bzw. biologischer Kriegführung Verwendung fänden. Für die meisten der anderen in Frage kommenden biologischen Kampfstoffe sind bisher keine zuverlässigen Impfstoffe entwickelt worden bzw. sind in und für Deutschland (noch) keine Impfstoffe verfügbar, so dass sich die Kosten allein dadurch derzeit noch begrenzen lassen. Dennoch ist nicht zu leugnen, dass „Preparedness" auf spezielle bioterroristische

Szenarien und nicht zuletzt vorgetäuschte Anschläge (wie Tausende von angeblichen Anthraxanschlägen und Fehlalarmen in den Jahren 2001/2002 zeigten) selbst dann ein nennenswertes volkswirtschaftliches Opfer verlangen, wenn gar nichts „passiert".

Investitionen, die der allgemeinen Strukturverbesserung der Verhütung und Bekämpfung von Infektionskrankheiten dienen, wie z. B. die flächendeckende Einrichtung von Kompetenz- und Behandlungszentren mit Sonderisolierstation und die Standardisierung der Behandlung von lebensbedrohlichen hochkontagiösen (also gemeingefährlichen) Infektionskrankheiten oder die Etablierung einer syndromorientierten, „klinischen" Surveillance und einer interdisziplinären Zusammenarbeit zwischen Infektionsschutz, Rettungsdienst, Sicherheitsorganen und Katastrophenschutz, sind hingegen auf Dauer notwendig und damit in jedem Fall gut angelegt und kommen letztlich auch der Forschung zugute.

Eine militärische, „kriegerische" Anwendung biologischer Waffen verfolgt vorrangig klar definierte – und damit in der Regel für den Gegner auch kalkulierbare – operative Ziele: möglichst viele Ressourcen des Gegners durch die Versorgung einer möglichst großen Zahl an Verwundeten bzw. Erkrankten zu binden. Die hervorgerufene Krankheit sollte in diesem Sinne deshalb eher nicht oder zumindest nicht unmittelbar tödlich sein. Terroristischen Gruppierungen dagegen darf man die Absicht unterstellen, vorrangig Angst, Schrecken und Panik verbreiten zu wollen, um der Bevölkerung so die vermeintliche Hilflosigkeit der Staatsführung zu demonstrieren. Um dieses Ziel zu erreichen, ist weniger das Ausmaß des durch den Anschlag selbst entstandenen physischen Schadens entscheidend als vielmehr das resultierende Medienecho und das – ggf. erschütterte – Vertrauen der Bevölkerung in die Fähigkeit von Politik und öffentlichen Diensten, die Katastrophe adäquat zu bewältigen. Um Angst und Schrecken zu verbreiten, bedürfte es nicht einmal unbedingt einer großen Zahl Erkrankter; auch einige wenige tatsächliche oder vermeintliche Verdachtsfälle reichten hierfür aus. Da von der Bevölkerung eine außerordentlich hohe Erwartung in den Staat gesetzt wird, umfassend vor biologischen Gefahren

(„Seuchen") zu schützen, könnte dieser sich leicht gezwungen sehen, bei Auftauchen von Drohbriefen oder Gerüchten nicht ausschließlich nach rationalem Kalkül zu handeln, sondern „auf Nummer sicher" zu gehen und jeden auch noch so vagen Verdacht mit allen zur Verfügung stehenden Ressourcen aufzuklären, die dann aber sehr schnell erschöpft wären.

Zusammenfassung und Schlussfolgerungen

Biologische Gefahrenlagen können durch eine derartige Vielzahl von unterschiedlichen Agenzien (Kampfstoffen), Ausbringungs-(Einsatz-)mitteln und Verfahren ausgelöst werden, dass für die Schadenbewältigung der jeweiligen Szenarien unter Umständen sehr unterschiedliche spezifische Maßnahmen zu treffen sind. Da die Wahrscheinlichkeit des Eintretens der einzelnen Szenarien nur schwer zu prognostizieren ist, erscheinen diejenigen Schutzvorkehrungen als ökonomisch und rational, die der generellen Verbesserung von Infrastruktur und Logistik des Infektions- und Seuchenschutzes in Klinik und Öffentlichem Gesundheitsdienst (ÖGD) dienen.

Für die Behandlung und das seuchenhygienische Management gemeingefährlicher Infektionskrankheiten verfügt Deutschland seit einigen Jahren über ein weltweit einzigartiges Netz von Behandlungs- und Kompetenzzentren. Derzeit haben aber noch nicht alle Bundesländer ein Kompetenzzentrum eingerichtet bzw. sich einem der bestehenden Kompetenzzentren angeschlossen. Durch die Einrichtung der Ständigen Arbeitsgemeinschaft der Kompetenz- und Behandlungszentren (StAKoB) im März 2003 mit dem Ziel, sich bei Bedarf gegenseitig personell und materiell zu unterstützen, die klinische Behandlung und das seuchenhygienische Management gemeingefährlicher Infektionskrankheiten und biologischer Schadenlagen zu standardisieren, Qualitätsanforderungen für die Zentren festzulegen sowie Trainings- und Ausbildungskonzepte zu entwickeln, mit wechselseitigen Hospitationen und gemeinsamen Übungen sowie einem regelmäßigen Informationsaustausch untereinander und mit anderen europäischen Zentren, scheint die Voraussetzung wesentlich verbessert, auch unvorhersehbaren biologischen Schadenlagen schneller und kompetenter begegnen zu können. Neben der Erarbeitung von Rahmenkonzepten und konkreten Handlungsanweisungen für besonders gefährliche Szenarien muss die Flexibilität der Entscheidung im konkreten Einzelfall, die Möglichkeit zu einer „kompetenten Improvisation", unbedingt erhalten und gestärkt werden.

Biologische Großschadenlagen stellen darüber hinaus eine besondere Herausforderung für die interdisziplinäre Zusammenarbeit der traditionell für den Katastrophenschutz und die öffentliche Sicherheit auf der einen und der für Infektionsschutz, öffentliche Gesundheit und klinische Infektiologie zuständigen Institutionen auf der anderen Seite dar. Alarmpläne müssen aufeinander abgestimmt sein, der ÖGD in das Krisen- und Katastrophenmanagement und die entsprechenden Übungen bundesweit noch besser einbezogen werden. Die Möglichkeiten und Aussagekraft einer einfachen (unbürokratischen!) syndromorientierten Surveillance relevanter Infektionskrankheiten in Rettungsdienst, Praxis und Klinik sollten geprüft werden. Auch die Zusammenarbeit und Kommunikation zwischen Human- und Veterinärmedizin sollte intensiviert werden, da eine ungewöhnliche Mortalität bei frei lebenden Tieren bereits ein Hinweis auf ein Menschenleben gefährdendes außergewöhnliches Seuchengeschehen bzw. einen bioterroristischen Anschlag sein können.

Literatur

Chin, J. (2000). *Control of Communicable Diseases Manual*, 17. Auflage, American Public Health Association, Washington, DC

Fock, H., Fock, R. (2005). Bioterrorismus. In: Dietel M, Suttorp N, Zeitz M (Hrsg.), *Harrisons Innere Medizin*, dt. Ausgabe der 16. Auflage. ABW Wissenschaftsverlag, Berlin

Rega, P. (2002). *Bio-Terry. Handbuch zur Diagnose und Therapie von Erkrankungen durch biologische Kampfstoffe*. Deutsche Ausgabe herausgegeben von Moecke HP, Finke E-J, Fleischer K, Fock R, Rechenbach P, Schlögel R. ABW Wissenschaftsverlag, Berlin

Schäfer, A. (2002). *Bioterrorismus und Biologische Waffen.* Verlag Dr. Köster, Berlin

Sidell, F.R., Takafuji, E.T., Franz, D.R. (Hrsg.) (1997) *Medical Aspects of Chemical and Biological Warfare* (Textbook of Military Medicine Part I). Washington, DC

USAMRIID (2001). *USAMRIID's Medical Management of Biological Casualties Handbook*, 4. Auflage. Fort Detrick, MD (6. Auflage online unter: www.usamriid.army.mil/education/bluebookpdf/USAMRIID%20Bl ueBook%206th%20Edition%20-%20Sep%202006.pdf)

1.3 Eingruppierung von Infektionserregern und Toxinen

H. Maidhof

Biologische Agenzien, die geeignet wären, Menschen, Tiere oder Pflanzen bei vorsätzlichem Ausbringen in schwerwiegendem Maße zu schädigen, sind in den verschiedensten Listen, Matrizes oder Tabellen aufgeführt (World Health Organization 2004, Kortepeter & Parker 1999, Rotz *et al.* 2002, USAMRIID's Medical Management of Biological Casualties Handbook, US Select Agent List 2002, Australia-Group-Kontrollliste). Dahinter steckt wohl vor allem das Bemühen, Gefährdungslagen durch solche Erreger entweder abschließend erfassen zu können oder zumindest eine Priorisierung hinsichtlich der potenziellen Auswirkungen durchführen und entsprechende effektive Gegenmaßnahmen planen zu können.

Die **Biowaffenkonvention** als völkerrechtlicher Vertrag hingegen stützt sich nicht auf eine konkrete Liste von biologischen Agenzien; hier wird vielmehr auf die Intention abgezielt. Biologische Waffen, deren Produktion, Bevorratung, Erwerb oder Aufbewahrung verboten ist, werden darin folgendermaßen definiert: „mikrobiologische oder andere biologische Agenzien oder – ungeachtet ihres Ursprungs oder ihrer Herstellungsmethode – Toxine von Arten und in Mengen, die nicht durch Vorbeugungs-, Schutz- oder sonstige friedliche Zwecke gerechtfertigt sind" (vgl. Gesetz zu dem Übereinkommen vom 10. April 1972 über das Verbot der Entwicklung, Herstellung und Lagerung bakteriologischer [biologischer] Waffen und von Toxinwaffen sowie über die Vernichtung solcher Waffen [BaktWaffVernÜbkG]).

Das **deutsche Kriegswaffenkontrollgesetz,** welches die internationalen Verpflichtungen in nationales Recht umsetzt, listet wiederum eine Reihe von Viren, Bakterien, Rickettsien, Pilzen und Toxinen, die als biologische Waffen angesehen werden. Die Voranstellung des Wortes „insbesondere" zeigt aber auch klar die nicht abschließende Bedeutung dieser Liste, ebenso wie die in diesem Gesetz vorgesehene Ermächtigung der Bundesregierung, die Kriegswaffenliste (d. h. auch die biologischen Waffen) entsprechend dem Stand der wissenschaftlichen, technischen und militärischen Erkenntnisse durch Rechtsverordnung ergänzen zu dürfen.

Ein ähnliches Prinzip wird auch in Regelwerken zum Transport von biologischen Agenzien bzw. Krankheitserregern (z. B. *European Agreement Concerning the International Carriage of Dangerous Goods by Road* [ADR, siehe 2.6]) angewandt. Auch hier wird die Liste der hochpathogenen Erreger als „indikativ" bezeichnet. Dies bedeutet, dass neu aufgetretene oder neu entdeckte Infektionskrankheiten und ihnen zugrundeliegende Krankheitserreger, wenn diese den jeweiligen Definitionen entsprechen, ebenfalls der Gruppe der hochpathogenen Krankheitserreger zugeordnet werden müssen.

Dem Missbrauch von Fortschritten in der Biotechnologie, welche vielfach auch für die Produktion von biologischen Waffen genutzt werden können, kann auch durch sogenannte *Catch-All Clauses* entgegnet werden. Dieses Prinzip ist beispielsweise in der „Australia Group", einer informellen Gruppe von etwa 40 Ländern sowie der Europäischen Kommission, verwirklicht. Es bedeutet, dass strenge Kontrollen und Überprüfungen vor der Erteilung von Exportlizenzen auch dann vorzunehmen sind, wenn Informationen über eine beabsichtigte missbräuchliche Verwendung von biologischen Stoffen oder technischen Ausrüstungsgegenständen vorliegen, die nicht auf den Kontroll- oder Warnlisten (www.australiagroup.net/de/control_list/bio_agents.htm) der Australia Group aufgeführt sind. Damit soll das Grundanliegen der Gruppe, die Proliferation biologischer und chemischer Waffen durch eine Politik der Exportlizenzen zu verhindern und somit die Ziele der B-Waffen-Konvention zu unterstützen, gestärkt werden.

Die oben erwähnten Listen von Biowaffen bzw. von biologischen Agenzien, die für terroristische Zwecke geeignet wären, sind im Umfang und teilweise auch in der gewichteten Reihenfolge der Erreger unterschiedlich. Ungeachtet davon gibt es allgemein anerkannte Kriterien, die der Aufnahme in diese Biowaffenlisten oder in Listen bioterroristischer Erreger zugrunde liegen. Besonderes Augenmerk wird hierbei auf die nachfolgend aufgeführten erregerspezifischen Eigenschaften gelegt (zur Erläuterung der Begriffe siehe 1.2).

- Übertragbarkeit, Möglichkeiten der Ausbringung/ Waffenfähigkeit der Erreger

- Morbidität (Krankheitshäufigkeit), Letalität (Sterberate der Erkrankten)

- Infektiosität (Ansteckungsfähigkeit)

- Virulenz, Pathogenität bzw. Toxizität (Fähigkeit eine Krankheit/ Vergiftung auszulösen)

- Inkubationszeit (Zeit zwischen Ansteckung und ersten Krankheitszeichen)

- Tenazität (Umweltstabilität von Erregern) (siehe 6.2; Uhlenhaut, 2007)

- vorhandene (geeignete) Impfstoffe und Therapiemöglichkeiten

Wenn man unterstellt, dass Terroristen mit den biologische Agenzien ein größtmögliches Schadenspotential anstreben, wären für sie vor allem die Stoffe am attraktivsten, die sich mit möglichst wenig Aufwand waffenfähig zubereiten ließen. So übertreffen zwar die Toxine aus *Clostridium botulinum* an Toxizität diejenigen aus der Rizinuspflanze bei weitem, aber um eine für einen Anschlag benötigte Aufbereitung des Botulinum-Toxins zu erzielen, bedarf es erheblich mehr an fachlicher Expertise wie an technischer Ausrüstung. Insofern kann eine nach Anschlags-Wahrscheinlichkeiten angeordnete Liste von bioterroristischen Agenzien eine gänzlich andere Reihenfolge aufweisen als eine Biowaffenliste, die unter militärisch-taktischen Gesichtspunkten die weitreichenden Fähigkeiten staatlicher Akteure berücksichtigt.

Als 2003 die ersten Berichte des Schweren Atemwegsyndroms (Severe Acute Respiratory Syndrome, SARS) aus asiatischen Ländern bekannt wurden, war ein Verdacht, es könnte sich um eine vorsätzliche Freisetzung handeln, nicht gänzlich abwegig. Zumindest wies SARS zu diesem Zeitpunkt eine Reihe von Eigenschaften auf, die es für terroristische Zwecke äußert geeignet erschienen ließ. Anfänglich war die Labordiagnostik kaum möglich, es gab und gibt keine ursächliche Therapie, die Übertragbarkeit von Mensch zu Mensch war leicht möglich und ein beträchtlicher Teil der Erkrankten verstarb an der Infektion. Insbesondere die bei vielen Menschen ausgelöste Furcht und die direkten wie indirekten ökonomischen Verluste hätten gut ins Kalkül terroristischer Vereinigungen passen können. Dass es letztendlich „nur" ein natürlicher Ausbruch war, hat auf die Erkenntnisse einer retrospektiven Analyse kaum Einfluss.

Unter Anwendung der vorab genannten Kriterien haben die US-amerikanischen Centers for Disease Control and Prevention potenzielle bioterroristische Agenzien in drei Kategorien – A, B und C – eingeteilt (vgl. www.bt.cdc.gov/agent/agentlist-category.asp und Rotz *et al.,* 2002):

Kategorie A: leicht auszubringen bzw. übertragbar, hohe Letalität, hohes Panikpotential, hohe Anforderungen an den öffentlichen Gesundheitsdienst

- Anthrax (*Bacillus anthracis*)
- Botulismus (*Clostridium-botulinum*-Toxin)
- Pest (*Yersinia pestis*)
- Pocken (*Variola major*)
- Tularämie (*Francisella tularensis*)
- Virale hämorrhagische Fieber (Filoviren wie Ebola- oder Marburgvirus und Arenaviren wie Lassa- oder Machupovirus)

Kategorie B: relativ leicht auszubringen, geringere Letalität, beträchtliche Anforderungen an den öffentlichen Gesundheitsdienst

- Brucellose (Brucellen)
- Epsilon-Toxin von *Clostridium perfringens*
- Lebensmittelbedingte Erkrankungen
  (z. B. Salmonellen, *Escherichia coli* O157:H7, Shigellen)
- Rotz (*Burkholderia mallei*)
- Melioidosis (*Burkholderia pseudomallei*)
- Psittacosis (*Chlamydia psittaci*)
- Q-Fieber (*Coxiella burnetii*)
- Rizin-Toxin von *Ricinus communis*
- Staphylokokken Enterotoxin-B
- Fleckfieber (*Rickettsia prowazekii*)
- Virale Enzephalitis
- Bedrohungen des Trinkwassers
  (z. B. durch *Vibrio cholerae, Cryptosporidium parvum*)

Kategorie C: Neuartige Infektionskrankheiten, Erreger verfügbar, Potential zur Massenverbreitung, Potential zu hoher Morbidität/Letalität

- Nipahviren
- Hantaviren
- zeckenübertragene hämorrhagische Fieberviren
- zeckenübertragene Enzephalitisviren
- Gelbfieberviren
- multriresistente Tuberkulose-Erreger

Diese Drei-Kategorien-Liste von BT-Erregern hat in den letzten Jahren eine weite Akzeptanz als Referenzliste erfahren. Da hier wie auch in den Einzelkapiteln des *Blue Book* der US-Armee (USAMRIID's Medical Management of Biological Casualities Handbook, 2004) die Zahl der priorisierten Erreger und Toxine in etwa 12 bis 20 umfasst, wird von einigen Autoren der Begriff *dirty dozen* verwandt, der jedoch in der naturwissenschaftlichen Welt vor allem mit den zwölf gefährlichsten organischen Giftstoffen verknüpft ist (Lammel & Zetsch, 2007).

Literatur

Australia Group. Liste biologischer Substanzen für die Ausfuhrkontrolle. www. australiagroup.net/de/control_list/bio_agents.htm [online, 31.07.2007]

Centers for Disease Control and Prevention. Bioterrorism Agents/Diseases. www.bt.cdc.gov/agent/agentlist-category.asp [online, 31.07.2007]

Centers for Disease Control and Prevention (2000). Biological and chemical terrorism: strategic plan for preparedness and response. *MMWR*, **49** (no. RR-4).

European Agreement Concerning the International Carriage of Dangerous Goods by Road (ADR) 2007

„Gesetz zu dem Übereinkommen vom 10. April 1972 über das Verbot der Entwicklung, Herstellung und Lagerung bakteriologischer (biologischer) Waffen und von Toxinwaffen sowie über die Vernichtung solcher Waffen (BaktWaffVernÜbkG) vom 21. Februar 1983 (BGBl. 1983 II S. 132)"

„Gesetz über die Kontrolle von Kriegswaffen (KrWaffKontrG) in der Fassung der Bekanntmachung vom 22. November 1990 (BGBl. I S. 2506), zuletzt geändert durch Artikel 24 der Verordnung vom 31. Oktober 2006 (BGBl. I S. 2407)"

Kortepeter, M. G. & Parker, G. W. (1999). Potential Biological Weapons Threats. *Emerg.Infect.Dis.*, **5**, No. 4, 523-527

Lammel, G. & Zetzsch, C. (2007) POPs – schwer abbaubare Chemikalien. *Chem.Unserer Zeit*, **41**, 276-284

Rotz, L. D., Khan, A. S., Lillibridge, S. R., Ostroff, S. M. & Hughes, J. M. (2002). Public Health Assessment of Potential Biological Terrorism Agents. *Emerg.Infect.Dis.*, **8** (2), 225-230

Uhlenhaut, C. (2007). Tenazität von Viren – Stabilität und Erhalt der Infektiosität von Viren. In: *Biologische Sicherheit in Deutschland. Kongressband zur German BioSafety 2005*. In Druck.

USAMRIID's Medical Management of Biological Casualities Handbook. Fifth Edition, August 2004, U.S. Army Medical Research Institute of Infectious Diseases, Fort Detrick Frederick, Maryland

US Select Agent List (2002). Federal Register/Aug 23, 67(164): 54605-54607

Vereinte Nationen (1972). Convention on the Prohibition of the Development, Production and Stockpiling of Bacteriological (Biological) and Toxin Weapons and on their Destruction, disarmament2.un.org/wmd/bwc/index.html [online, 31.07.2007]

World Health Organisation (2004). *Public health response to biological and chemical weapons. WHO guidance.* Second edition of Health aspects of chemical and biological weapons: report of a WHO Group of Consultants, Geneva, World Health Organisation, 1970. Geneva: World Health Organisation, www.who.int/csr/delibepidemics/biochemguide/en/index.html [online, 31.07.2007]

1.4 Influenzapandemieplanung

S. Brockmann, I. Piechotowski

Einleitung

Die saisonale Virusgrippe (Influenza), die alljährlich im Winterhalbjahr in der nördlichen Hemisphäre kursiert, gehört zu den weithin unterschätzten Infektionskrankheiten. Gewöhnliche Influenzawellen führen in Deutschland jährlich zu etwa 5.000–8.000 Todesfällen (Zucs *et al.*, 2005). Heftige Verläufe wie z. B. im Winter 1995/96 können bis zu ca. 30.000 Todesfällen führen (Zucs *et al.*, 2005).

Die Influenzaviren zeichnen sich dadurch aus, dass sie sich permanent verändern. Daher ist auch die jährliche Influenza-Impfung mit dem aktuellen Impfstoff notwendig. Die Veränderungen können so drastisch sein, dass ein neuartiges Virus entstehen kann, das schwere Erkrankungen hervorruft und sich effektiv von Mensch zu Mensch verbreitet. Ein solches neuartiges Virus könnte eine weltweite Influenzaepidemie, eine sogenannte Pandemie, auslösen. Im 20. Jahrhundert traten drei Pandemien auf, die weltweit bis zu 50 Millionen Todesopfer gefordert und zu einer weitaus höheren Zahl an Erkrankungen geführt haben.

Seit 2003 sind dem Influenzavirus vom Subtyp A (H5N1), dem sog. Vogelgrippevirus, weltweit Millionen von Vögeln und Geflügel erlegen bzw. wurden gekeult. Bis 24. Mai 2007 wurden von der Weltgesundheitsorganisation (WHO) 307 humane Fälle mit 186 Todesfällen registriert (WHO, 2006). Zur Auslösung einer Pandemie fehlt dem Erreger bisher die Eigenschaft einer effektiven Übertragbarkeit von Mensch zu Mensch. Ob der Subtyp A (H5N1) der nächste Erreger einer Influenzapandemie sein wird, bleibt abzuwarten.

Erste Vogelgrippefälle bei Wildvögeln auf der Insel Rügen haben im Frühjahr 2006 das Thema „Pandemie" endgültig auch nach Deutschland getragen. Ebenso schnell hat sich jedoch gezeigt, dass das Interesse der Öffentlichkeit an diesem Thema nur so lange bestehen bleibt, wie täglich neue Meldungen über eine weitere Ausbreitung bekannt werden. Aufgrund der weitreichenden Auswirkungen einer Influenzapandemie müssen sich alle Bereiche der medizinischen Versorgung sowie Katastrophenschutz und Hilfsorganisationen auf eine Pandemie vorbereiten.

Die WHO hat deshalb schon 1999 ihren Mitgliedstaaten empfohlen, Konzepte zur Vorbereitung auf eine Influenzapandemie zu erarbeiten (WHO, 1999). In Deutschland wurde der Nationale Influenzapandemieplan im Jahr 2005 veröffentlicht und 2007 an den aktuellen Stand angepasst (Robert Koch-Institut, 2007). Inzwischen haben alle Bundesländer mit der Umsetzung und Konkretisierung in ihren Länderplänen begonnen. Die meisten Influenzapandemiepläne der Länder sind auf der Internetseite des jeweiligen Sozialministeriums publiziert.

Was versteht man unter einer Influenzapandemie?

Eine Influenzapandemie ist definiert als das weltweite massenhafte Auftreten schwerer Erkrankungs- und Todesfälle, die durch einen neuen Subtyp des Influenzavirus hervorgerufen werden, gegen den in der Bevölkerung keine nennenswerte Immunität vorliegt (Robert Koch-Institut, 2007).

In welche Phasen teilt man die Influenzapandemie ein?

Die WHO hat für die Entwicklung einer Influenza-Pandemie die in Tabelle 1 dargestellten Phasen definiert (WHO, 1999).

Tabelle 1: Phaseneinteilung einer Influenzapandemie laut WHO

Interpandemische Periode	
Phase 1	Kein Nachweis neuer Influenza-Subtypen beim Menschen. Ein Subtyp, der zu einem früheren Zeitpunkt Infektionen beim Menschen verursacht hat, zirkuliert möglicherweise in Tieren. Das Risiko menschlicher Infektionen wird als niedrig einge-stuft.
Phase 2	Kein Nachweis neuer Influenza-Subtypen beim Menschen. Zirkulierende Influenzaviren bei Tieren stellen ein erhebliches Risiko für Erkrankungen beim Menschen dar.
Pandemische Warnperiode	
Phase 3	Menschliche Infektionen mit einem neuen Subtyp, aber keine Ausbreitung/Übertragung von Mensch zu Mensch oder nur in äußerst seltenen Fällen zu engen Kontaktpersonen.
Phase 4	Kleine(s) Cluster mit begrenzter Übertragung von Mensch zu Mensch; sehr eng begrenzte räumliche Ausbreitung, so dass von einer unvollständigen Anpassung des Virus an den Menschen ausge-gangen werden kann.
Phase 5	Große(s) Cluster; die Ausbreitung von Mensch zu Mensch ist weiter begrenzt; es muss davon aus-gegangen werden, dass das Virus besser an den Menschen angepasst, jedoch nicht optimal über-tragbar ist.
Pandemische Periode	
Phase 6	Zunehmende und anhaltende Übertragung in der Allgemeinbevölkerung
Post-pandemische Periode	Rückkehr zur interpandemischen Periode

Die aktuelle Situation (Stand: Mai 2007) bezüglich des Influenzavirus A (H5N1) mit Erkrankungen beim Menschen durch einen neuen Influenza-Subtyp, aber ohne nennenswerte Mensch-zu-Mensch-Übertragung, entspricht in der Gefährdungseinschätzung entsprechend der WHO-Kriterien der pandemischen Warnperiode Phase 3.

Wie sieht die Struktur des Krisen- und Katastrophenmanagements aus ?

Eine Influenzapandemie (Phase 6) ist ein lang anhaltendes, länderübergreifendes Großschadensereignis. Wesentliche Voraussetzung für die Bewältigung solcher Lagen ist eine einheitliche und durchgängige Organisationsform des Krisenmanagements auf allen Ebenen (siehe 3.4). Es werden im Falle einer Pandemie die bei Bund und Ländern etablierten Strukturen des Krisen- und Katastrophenmanagements für Großschadenlagen genutzt. Auf Bundesebene ist dies der interne Krisenstab des Bundesministeriums für Gesundheit (BMG), der durch das Robert Koch-Institut (RKI), das Paul-Ehrlich-Institut (PEI) und das Bundesinstitut für Arzneimittel und Medizinprodukte (BfArM) fachlich beraten wird. Am RKI wird im Falle einer Influenzapandemie die Influenza-Kommission einberufen, die sich aus Experten verschiedener Disziplinen zusammensetzt. Die bereichsübergreifende Abstimmung zeitkritischer Entscheidungen und Maßnahmen sowie der Risikokommunikation wird ab Phase 4 durch den gemeinsamen Krisenstab des Bundesministerium des Innern (BMI) und BMG sicher gestellt. Eine wichtige Funktion kommt daneben der Interministeriellen Koordinierungsgruppe des Bundes und der Länder zu. Hier erfolgt die Abstimmung zwischen Bund und Ländern zur Lageeinschätzung, Risikobewertung und Prognose sowie die Erarbeitung situationsangepasster Handlungsempfehlungen.

Wer hat welche Aufgaben und wie sind die Zuständigkeiten?

Die Influenzapandemie stellt eine Bedrohung für die gesamte Bevölkerung dar, deren Bewältigung eine gesamtstaatliche Aufgabe darstellt. Zur Sicherstellung der ambulanten und stationären Krankenversorgung sind erhebliche Anstrengungen erforderlich. Der Nationale Pandemieplan gilt als fachliche Empfehlung und Leitlinie für die Planung auf Länderebene (Robert Koch-Institut, 2007). Neben den Plänen der Länder liegen inzwischen von zahlreichen Institutionen auf Bundes- und Länderebene erste Konzepte zur Umsetzung oder fachliche Empfehlungen vor – z. B. von Bundesärztekammer und Kassenärztlicher Bundesvereinigung (Bundesärztekammer, 2005), (Bundesärztekammer, 2006), vom Robert Koch-Institut (Robert Koch-Institut, 2006), der Bundesanstalt für Arbeitsschutz und Arbeitsmedizin (BAuA, 2007; BAuA, 2006), der Deutschen Gesellschaft für Pneumologie (Köhler *et al.*, 2007) und der Deutschen Akademie für Kinder- und Jugendmedizin (DAKJ, 2007; DAKJ, 2005). Auf die Aufgaben im Öffentlichen Gesundheitsdienst wird ausführlich im Kapitel zum Seuchenmanagement (siehe Kapitel 5) eingegangen. Auf dieser Basis lassen sich Planungen auf regionaler oder kommunaler Ebene umsetzen.

Je nach Ausgestaltung der Planungen auf örtlicher Ebene kommt Feuerwehren, Hilfsdiensten und Kräften des Katastrophenschutzes neben dem Rettungsdienst insbesondere in der ambulanten Betreuung von Patienten und bei der Aufrechterhaltung wichtiger Infrastrukturen eine wesentliche Funktion zu.

Wie funktionieren Kommunikation und Information?

Im Vorfeld einer Pandemie (Planungsphase) spricht man von Risikokommunikation; bei Eintritt der Krise wird aus der Risikokommunikation eine Krisenkommunikation. Ferner muss zwischen Information und Kommunikation für und mit der Bevölkerung und unter Fachleuten unterschieden werden. In Kapitel 4 werden zahlreiche Aspekte der Information und Kommunikation in biologischen Lagen ausführlich dargestellt.

Was versteht man unter Influenza-Surveillance?

Grundlegende Elemente der Überwachung und Bewertung von Infektionskrankheiten (Surveillance) werden im Beitrag 1.5 gesondert dargestellt. An dieser Stelle wird kurz auf die Influenza-spezifische Surveillance eingegangen.

Die routinemäßige Influenza-Überwachung basiert auf Daten aus drei verschiedenen Quellen:

1. *Meldewesen nach dem Infektionsschutzgesetz (IfSG).* Jeder direkte Labor-Nachweis von Influenza-Erregern ist meldepflichtig (§ 7 Abs. 1 IfSG)

2. Daten zu akuten respiratorischen Erkrankungen, die bundesweit von ehrenamtlich mitarbeitenden Ärzten in Praxen des *Sentinelsystems der Arbeitsgemeinschaft Influenza (AGI)* erhoben werden (Arbeitsgemeinschaft Influenza, 2007).

3. die virologische Analyse von Influenzaviren, gewonnen aus Abstrichmaterial von Patienten, wird auf Landesebene (teilweise) und Bundesebene (RKI) durchgeführt.

Bei einer drohenden Pandemie und im Pandemiefall muss die Routine-Surveillance verstärkt und spezifiziert werden. Die ständige, zeitnahe Beobachtung der epidemiologischen Lage sowie der Eigenschaften des pandemischen Virus sind von großer Bedeutung für die Optimierung von Maßnahmen. Typische Merkmale, die während einer Influenzapandemie mit der erweiterten Surveillance erfasst werden sollen, sind z. B. die Anzahl der täglichen Neuerkrankungen an Influenza (incl. Altersstruktur), Anzahl der Erkrankten, die in stationäre Behandlung eingewiesen werden, und die Anzahl der an einer Influenza verstorbenen Personen.

Wie wird Influenza in einer Pandemie diagnostiziert?

In den Phasen 4 und 5 nach WHO, also vor dem Beginn der eigentlichen Pandemie (Phase 6), wird die Labordiagnostik eine sehr wichtige Rolle einnehmen. Es gilt hier, das (mögliche) pandemische Virus
zu isolieren und zu charakterisieren, um die Produktion des pandemischen Impfstoffes in Angriff nehmen zu können und um die Virusei-
genschaften zu erforschen.

Nach Beginn der eigentlichen Pandemie wird die Influenzadiagnostik
überwiegend anhand der klinischen Symptomatik erfolgen. Auch wenn
die Symptomatik der Influenza (*influenza-like illness* oder ILI) eher
unspezifisch ist, hat sie auf dem Höhepunkt einer Influenzawelle und
bei Epidemien einen ausreichend hohen Vorhersagewert. Die heute
als typisch geltende ILI-Symptomatik (akut auftretendes schweres
Krankheitsgefühl mit Fieber, Kopfschmerzen, Muskelschmerz, Husten und Halsschmerzen) muss aber möglicherweise aufgrund der
spezifischen Eigenschaften des Pandemievirus angepasst werden
(Bundesärztekammer, 2005). Die vorhandenen labordiagnostischen
Kapazitäten werden in einer Pandemie insbesondere zur virologischen
Surveillance eingesetzt werden.

Lassen sich die Auswirkungen einer Influenzapandemie
im Vorfeld abschätzen?

Für die Bedarfsplanung der im Falle einer Pandemie notwendigen
Ressourcen ist es notwendig, eine Abschätzung der Auswirkungen
vorzunehmen. Auf der Grundlage der Bevölkerungsdaten z. B. eines
Kreises können aus dem Nationalen Pandemieplan für Deutschland die Belastungen für das Gesundheitswesen im jeweiligen Kreis
ermittelt werden (Robert Koch-Institut, 2007). Die Modellierung einer
Pandemie mit Hilfe von Simulationsmodellen kann ein hilfreiches
Instrument bei der Abschätzung der Auswirkungen einer Pandemie
darstellen. Neben einem statischen amerikanischen Modell (Meltzer
et al., 1999), auf dem die Abschätzungen im Nationalen Pandemieplan
beruhen, ist inzwischen ein deutschsprachiger dynamischer Influenza-

pandemie-Simulator (InfluSim) als freie Software zugänglich (Duerr *et al.*, 2007; Eichner *et al.*, 2007). Hier kann auf jeder Bevölkerungsebene (z. B. Stadt, Kreis, Land) geplant und simuliert werden. So können Engpässe im Gesundheitswesen erkannt oder z. B. der Einfluss verschiedener Interventionen auf den Verlauf der epidemischen Kurve abgeschätzt werden.

Weder Pandemiepläne noch Modelle zur Berechnung von Pandemieverläufen sind prophetische Werkzeuge. Dementsprechend können sie auch nicht dazu verwendet werden vorherzusagen, wie die nächste Influenzapandemie aussehen wird. Das Influenzavirus, welches die nächste Pandemie auslösen wird, ist bisher unbekannt und könnte von den bekannten Influenzaviren in wichtigen Eigenschaften abweichen.

Welche Möglichkeiten gibt es, den Verlauf einer Pandemie zu beeinflussen (Interventionsmöglichkeiten)?

Zunächst lassen sich die Interventionsmöglichkeiten in zwei Gruppen einteilen (pharmazeutische und anti-epidemische Interventionen). Mittels pharmazeutischer (z. B. Einsatz von Neuraminidasehemmern, Impfung) und antiepidemischer Interventionen (z. B. Kontaktreduktion, Isolierung, Schließung von Einrichtungen) kann der Verlauf einer Epidemie („epidemische Kurve") beeinflusst werden (Abbildung 1). Ziel aller Maßnahmen ist es, den *burden of disease* zu verringern (z. B. Anzahl Erkrankter, Hospitalisierter oder Verstorbener). Ferner dienen die Maßnahmen zur „Kappung der Spitze" der Erkrankungswelle und der Verzögerung der Welle über die Zeit. Dadurch kann die Spitzenbelastung für das Gesundheitswesen verringert und damit eine bessere medizinische Versorgung aller Betroffenen gewährleistet werden. Die Verzögerung der Krankheitswelle spielt vor allem im Hinblick auf den Zeitpunkt der Verfügbarkeit eines Impfstoffes eine wichtige Rolle.

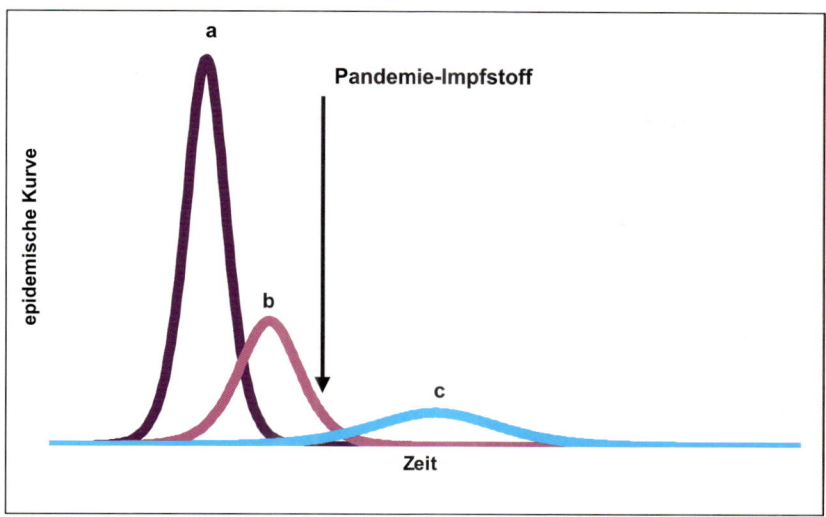

Abb. 1: Schematische Veränderung des epidemischen Verlaufs (a) bei pharmazeutischer (b) und kombinierter Intervention (c, pharmazeutisch und nicht-pharmazeutisch)

Wird es einen Impfstoff gegen das Pandemievirus geben?

Es ist davon auszugehen, dass zu Beginn einer Pandemie kein Impfstoff zur Verfügung steht, der einen Schutz vor dem neuen Virus vermittelt. Die Entwicklung eines spezifischen Impfstoffs gegen ein pandemisches Virus wird ca. drei bis sechs Monate benötigen. Die Vollversorgung der Bevölkerung mit pandemischem Impfstoff wird voraussichtlich schrittweise erfolgen müssen, da es Wochen oder Monate dauert, bis ausreichend Impfdosen produziert sind. Nach dem derzeitigen Diskussionsstand ist davon auszugehen, dass für einen ausreichenden Immunschutz zwei Impfungen im Abstand von vier bis sechs Wochen erforderlich sind.

Die Verteilung des Impfstoffes erfolgt bundesweit nach festgelegten Quoten an die Länder. Innerhalb der Länder wird der Impfstoff entsprechend den Länderpandemieplänen verteilt. Die Länder haben sich darauf verständigt, dass unter dem Aspekt der Optimierung des Nutzens der Impfung im Sinne der Minderung von Krankheitslast und Sterblichkeit bei der Impfung eine Priorisierung durchgeführt wird. Danach wird zuerst das medizinische Personal aus der Akutversorgung (einschließlich der Pflege- und Assistenzberufe), Apotheker/innen, Laborpersonal und Personal, das zur Aufrechterhaltung der öffentlichen Ordnung notwendig ist, geimpft. Hierzu zählen insbesondere das notwendige Personal der Verwaltungs- und Führungsstäbe sowie der Polizei und aktiven Feuerwehr. Anschließend wird die Bevölkerung anhand epidemiologischer Kriterien nach Altersjahrgängen geimpft. Die Durchführung der Impfung wird von den Ländern geregelt.

Welche antiviralen Arzneimittel stehen zur Behandlung der pandemischen Influenza zur Verfügung?

Antivirale Arzneimittel sind insbesondere in der ersten Phase einer Pandemie von Bedeutung, da es einige Monate dauern wird, bis ein Pandemie-Impfstoff zur Verfügung steht. Richtig eingesetzt, verkürzen antivirale Arzneimittel die Dauer der Erkrankung um ein bis zwei Tage und vermindern Komplikationen. Die Gesundheitsressorts des Bundes und der Länder haben in einem einstimmigen Beschluss in 2006 die Auffassung bekräftigt, dass die staatliche Bevorratung antiviraler Arzneimittel zur Therapie erfolgen soll. Inzwischen geht man davon aus, dass durch die Länder und verschiedene Institutionen genügend antivirale Medikamente bevorratet werden, so dass keine Priorisierung bestimmter Personengruppen mehr notwendig ist. Für besonders gefährdete Berufsgruppen kommt unter dem Aspekt des Arbeitsschutzes auch der prophylaktische Einsatz von antiviralen Arzneimitteln in Betracht (siehe unten). Die staatliche Bevorratung erfolgt durch die einzelnen Bundesländer. Die Arzneimittel werden bis zur Ausrufung der Pandemie zentral als Wirkstoffpulver (Oseltamivir) bzw. Fertigarzneimittel (Tamiflu® und Relenza®) gelagert. Aus dem Wirkstoffpulver muss vor dem Einsatz unter Zusatz eines Stabilisators und von Wasser erst eine fertige Lösung zubereitet werden. Eine Zubereitung dieser Lösung im Vorfeld scheidet aus, da deren Haltbarkeit auf wenige Wochen beschränkt ist. Eine Herstellungsvorschrift für die Oseltamivir-Lösung wurde den Apothekern von der ABDA (Bundesvereinigung deutscher Apothekerverbände) zur Verfügung gestellt. Für die Versorgungswege mit antiviralen Arzneimitteln haben die Länder unterschiedliche Modalitäten festgelegt. Die Abgabe an die Bevölkerung erfolgt jedoch in allen Ländern über die Apotheken.

Wer erhält eine antivirale Langzeitprophylaxe?

Die staatliche Bevorratung dient ausschließlich dem Zweck der Behandlung. Eine Bevorratung mit antiviralen Arzneimitteln zur Prophylaxe kommt für Beschäftigte im akut medizinischen Bereich sowie für Personen, die zur Aufrechterhaltung der öffentlichen Sicherheit und Ordnung sowie notwendiger Versorgungsstrukturen erforderlich sind, in Betracht. Für eine prophylaktische Behandlung kommen Tamiflu und Relenza in Frage. Die Zulassung für die Langzeitprophylaxe beschränkt sich allerdings auf sechs (Tamiflu) bzw. vier Wochen (Relenza). Vor dem Hintergrund einer möglicherweise begrenzten Verfügbarkeit sowie der Gefahr der Resistenzbildung und der potenziell risikobehafteten Dauermedikation sollte der Einsatz antiviraler Arzneimittel zur Langzeitprophylaxe eher restriktiv gehandhabt werden.

Welche antiepidemischen Maßnahmen werden
in einer Pandemie ergriffen?

Bei der Bewältigung einer Influenzapandemie haben neben den pharmazeutischen Interventionen durch antivirale Arzneimittel und Impfung die weiteren Infektionsschutzmaßnahmen große Bedeutung. Im Pandemiefall kann durch infektionshygienische Maßnahmen eine Weiterverbreitung der Erkrankung verzögert bzw. verhindert werden. Hierbei sollen Kontakte zwischen Kranken, Krankheitsverdächtigen und Ansteckungsverdächtigen (z. B. Personen, die Kontakt zu Kranken hatten) durch geeignete Maßnahmen unterbunden werden. Im Falle einer Pandemie können diese Maßnahmen von der Anwendung einer häuslichen Beobachtung, Einschränkungen bei bestimmten Tätigkeiten bis hin zu einem Versammlungsverbot reichen. Es ist die Aufgabe des öffentlichen Gesundheitsdienstes (Gesundheitsämter), die Notwendigkeit derartiger Maßnahmen festzustellen und ihre Durchführung der zuständigen Behörde (in der Regel Ortspolizeibehörde) zu empfehlen (siehe Kapitel 5). Die Maßnahmen auf örtlicher Ebene werden im Pandemiefall auf der Grundlage bundesweiter Empfehlungen getroffen werden.

Als Maßnahmen zur Reduktion der Übertragung durch Erkrankte gelten z. B.:

- freiwillige Absonderung Erkrankter („Selbstisolation"; auch leicht Erkrankter)

- Tragen von Mund-Nasen-Schutz während der Dauer der Erkrankung

Als Maßnahmen zur Reduzierung der Personenkontakte (*social distancing*) gelten z. B.:

- Schließung von Kindergärten und Schulen, Verbot von Massenveranstaltungen

- Tragen von Mund-Nasen-Schutz in der Öffentlichkeit oder bei (unvermeidbarem) Aufenthalt in geschlossenen Räumen mit vielen Menschen

- Angebot von „Heimarbeit" durch Arbeitgeber

Wie können sich Betriebe auf eine Pandemie vorbereiten?

Ziel der betrieblichen Pandemieplanung ist die Aufrechterhaltung der Betriebsabläufe, der Erhalt der betrieblichen Infrastruktur sowie die Begrenzung des wirtschaftlichen Schadens für den Betrieb bzw. die Aufrechterhaltung der für die Bevölkerung wichtigsten Funktionen einer Behörde.

Eine Influenzapandemie hat vielfältige Auswirkungen auf Betriebe und Behörden: Neben dem krankheitsbedingten Ausfall von Beschäftigten ist davon auszugehen, dass Beschäftigte dem Betrieb fernbleiben, um erkrankte Angehörige zu pflegen, Kinder zu betreuen oder aus Angst vor Erkrankung. Betriebs- und Produktionsabläufe werden wegen ausbleibender Zulieferungen oder Dienstleistungen beeinträchtigt. Auch die öffentliche Verwaltung wird vom Ausfall von Beschäftigten betroffen sein. Gleichzeitig ist in vielen Bereichen von einem erhöhten Koordinierungs-, Steuerungs- und Informationsbedarf auszugehen.

Hilfestellung für Betriebe bei der Prüfung der Auswirkungen einer Influenzapandemie auf ihren Geschäftsbetrieb sowie bei der Pandemieplanung gibt die „Kurzinformation Betriebliche Pandemieplanung" der Bund-Länder-Arbeitsgruppe „Influenzapandemieplanung in Unternehmen". In den drei Schritten

- mögliche Auswirkungen auf das Unternehmen feststellen
- interne Betriebsabläufe untersuchen
- Unternehmensziele festlegen

werden die wichtigsten Maßnahmen zur Aufrechterhaltung des Geschäftsbetriebs aufgezeigt. Ein ausführlicher Leitfaden der Arbeitsgruppe ist in Vorbereitung (siehe Homepage des Bundesamtes für Bevölkerungsschutz und Katastrophenhilfe, www.bbk.bund.de).

Literatur

Arbeitsgemeinschaft Influenza (2007). influenza.rki.de [online, 31.07.2007]

BAuA (2006). Arbeitsschutz beim Auftreten von nicht impfpräventabler Influenza unter besonderer Berücksichtigung des Atemschutzes. www.baua. de/nn_15408/de/Themen-von-A-Z/Biologische-Arbeitsstoffe/TRBA/pdf/ Beschluss-609.pdf [online, 31.07.2007]

BAuA (2007). Empfehlungen spezieller Maßnahmen zum Schutz der Beschäftigten vor Infektionen durch hochpathogene aviäre Influenzaviren (Klassische Geflügelpest, Vogelgrippe). www.baua.de/nn_15398/de/ Themen-von-A-Z/Biologische-Arbeitsstoffe/TRBA/pdf/Beschluss-608. pdf [online, 31.07.2007]

Bundesärztekammer (2005). Saisonale Influenza, Vogelgrippe und potenzielle Influenzapandemie. *Dtsch.Ärztebl.* **109**, 49, A 3444-A 3455

Bundesärztekammer (2006). Empfehlungen zur Vorbereitung der Praxen auf eine Influenza-Pandemie. www.bundesaerztekammer.de/downloads/ InfluenazEmpfPraxen.pdf [online, 31.07.2007]

DAKJ (2005). Stellungnahme zur Verwendung von Neuraminidasehemmern bei Kindern und Jugendlichen unter Berücksichtigung der Vogelgrippe (Geflügelpest) und einer möglichen Influenza-Pandemie. www.dgpi.de/ pdf/Infl_pand_Neuramin_inhib_081105.pdf [online, 31.07.2007]

DAKJ (2007). Vorbereitung auf eine Influenzapandemie - Stellungnahme der Kommission für Infektionskrankheiten und Impffragen der DAKJ. www. dgpi.de/pdf/IK_SN_Influenzapandemie_070307.pdf [online, 31.07.2007]

Duerr, H.P., Brockmann, S.O., Piechotowski, I., Schwehm, M., & Eichner, M. (2007). Influenza pandemic intervention planning using InfluSim: pharmaceutical and non-pharmaceutical interventions. *BMC.Infect.Dis.*, **7** (1), 76

Eichner, M., Schwehm, M., Duerr, H.P., & Brockmann, S.O. (2007). The influenza pandemic preparedness planning tool InfluSim. *BMC.Infect.Dis.*, **7**,17

Köhler, D., Karg, O., Lorenz, J., Mutters, R., Schaberg, T., Schönhofer, B., & Welte, T. (2007). Deutsche Gesellschaft für Pneumologie: Empfehlung zur Behandlung respiratorischer Komplikationen bei einer Viruspandemie. www.pneumologie.de/img/8af70069770ba15b.pdf [online, 31.07.2007]

Meltzer, M.I., Cox, N.J., & Fukuda, K. (1999) The economic impact of pandemic influenza in the United States: priorities for intervention. *Emerg. Infect.Dis.*, **5**, 659-671

Robert Koch-Institut (2006). Empfehlungen des Robert Koch-Institutes zu Hygienemaßnahmen bei Patienten mit Verdacht auf bzw. nachgewiesener Influenza. www.rki.de/cln_048/nn_223876/DE/Content/Infekt/Krankenhaushygiene/Erreger__ausgewaehlt/Influenza/Influ__pdf,templateId=ra w,property=publicationFile.pdf/Influ_pdf.pdf [online, 31.07.2007]

Robert Koch-Institut (2007). Nationaler Influenzapandemieplan. www.rki.de/
cln_048/nn_197444/sid_EBEB990E9FC971ABD5936A7D0A30CA12/
DE/Content/InfAZ/I/Influenza/Influenzapandemieplan.html?__nnn=true
[online, 31.07.2007]

WHO (1999). Influenza pandemic plan. The role of WHO and guidelines for
national and regional planning. www.who.int/csr/resources/publications/
influenza/GIP_2005_5Eweb.pdf [online, 31.07.2007]

WHO (2006) Epidemiology of WHO-confirmed human cases of avian
influenza A (H5N1) infection. *Wkly.Epidemiol.Rec.*, **81**, 249-257

Zucs, P., Buchholz, U., Haas, W., & Uphoff, H. (2005) Influenza associated
excess mortality in Germany, 1985-2001. *Emerg.Themes.Epidemiol.*,
2, 6

1.5 Zur Rolle der angewandten Infektionsepidemiologie beim Management biologischer Gefahrenlagen

G. Fell

Die Folgen einer Einwirkung pathogener Mikroorganismen auf menschliche Individuen bzw. auf Populationen können in Abhängigkeit von zahlreichen Rahmenbedingungen und Einflussfaktoren außerordentlich vielgestaltig sein. Epidemiologisch gesehen ist es dabei prinzipiell von eher untergeordneter Bedeutung, ob sich die Einwirkung im Rahmen natürlicher Erregerzirkulation bzw. akzidenteller Exposition oder durch bewusst gesteuerte Erregerfreisetzung im Rahmen bioterroristischer Aktivitäten handelt. Im letztgenannten Fall kommt zu den komplexen natürlichen Rahmenbedingungen allerdings noch die kriminelle und destruktive Energie des Terroristen als besonders schwer kalkulierbarer Einflussfaktor hinzu. Dass derartigen Energien nach oben kaum Grenzen gesetzt sind, haben die Ereignisse des 11. September 2001 bewiesen.

Die Weltgemeinschaft hat mit der Revision der Internationalen Gesundheitsvorschriften (IGV) 2005 auf diese Situation regiert (siehe 1.6).

Wie jeder terroristische Anschlag kann sich auch eine bioterroristische Aktivität zwischen den Polen „Anschlag auf eine Einzelperson" und „Schädigung einer möglichst großen Zahl von Menschen" bewegen. In Abhängigkeit von der terroristischen Zielsetzung (aber natürlich auch von Fragen der Logistik und dem Know-how) werden die Art und die Eigenschaften des eingesetzten infektiösen Agens sowie die Freisetzungs- und Expositionsmodi variieren.

Unter den von den Centers for Disease Control and Prevention (CDC) in Atlanta (USA) als für bioterroristische Aktivitäten besonders geeignet eingestuften Erregern finden sich sowohl direkt von Mensch zu Mensch übertragbare Mikroorganismen als auch nicht direkt übertragbare Erreger und Agenzien. Bei beiden Erregerarten sind Freisetzungsszenarien denkbar, die entweder Einzelpersonen oder größere Menschenansammlungen bzw. ganze Bevölkerungsgruppen einmalig oder innerhalb eines Zeitfensters mehrmals oder kontinuierlich exponieren. Bereits beim Einsatz von nicht direkt übertragbaren Erregern oder Toxinen (von Mikroorganismen) können durchaus Gefahrenlagen entstehen, die sich im Allgemeinen nicht fundamental von Anschlägen mit Sprengstoff, Bomben oder chemischen Agenzien unterscheiden. Eine noch größere Herausforderung für das Sicherheits- und Ordnungssystem und das Gesundheitswesen stellt jedoch die Freisetzung von direkt vom Menschen auf den Menschen übertragbaren Erregern dar. Die damit verbundene „Auslösung" von Infektketten und deren potenziell eigendynamischer Schadenszuwachs sind für jedes Gesundheitswesen nur schwer zu handhaben.

Die in Deutschland noch relativ junge Disziplin der angewandten Infektionsepidemiologie (manchmal auch als „Feldepidemiologie" bezeichnet) stellt ein Repertoire von beschreibenden und analysierenden Methoden und Verfahren bereit, das neben Ausbruchsuntersuchungen auch bei durch bioterroristische Aktivitäten ausgelösten Krankheitshäufungen (Ausbrüchen) bzw. Epidemien anwendbar ist und für deren Eindämmung und Beherrschung wichtige Erkenntnisse liefern kann.

Die vom Robert Koch-Institut seit mehreren Jahren durchgeführten Kurse zur „Angewandten Infektionsepidemiologie" („ÖGD-Kurse") haben mit dazu beigetragen, dass infektionsepidemiologischer Sachverstand gestärkt wurde und regional bei Ausbrüchen zum Einsatz kommen kann. Die enge Zusammenarbeit von Bund, Ländern und Kommunen bei der weiteren Etablierung der angewandten Infektionsepidemiologie zeigt sich u. a. in der Nutzung und Weiterentwicklung von SurvNet (am RKI eingerichtete elektronische Erfassung von meldepflichtigen Infektionskrankheiten, siehe 1.6), aber auch an der übergreifenden Zusammenarbeit beim Auswerten von Ausbrüchen z. B. im *Epidemiologischen Bulletin* und der ständigen Fortentwicklung der jeweiligen „Merkblätter für Ärzte", bei der Erfahrungen aus der Analyse von Ausbrüchen ebenfalls Berücksichtigung finden.

Bei Infektionsausbrüchen und beim Verdacht auf bioterroristische Aktivitäten ist es notwendig, schnell einen Überblick über das infektionsepidemiologische Geschehen zu haben. Dies gilt auch für die Beurteilung der Charakteristik eines Ausbruchs, dazu gehören:

- die Bewertung des Ausbruchsstadiums,
- die Beurteilung der bevölkerungsmedizinischen Risiken und
- die Abschätzung einer prognostischen Entwicklung.

Für die Planung effektiver Interventionsstrategien ist ein möglichst kontinuierlicher Input in Form von verfügbaren epidemiologischen Daten, Fakten und ein Abgleich mit Daten aus dem Feld des Geschehens notwendige Voraussetzung. Zu diesem Zweck hat sich die Bildung von Epidemiologen-Teams, die ein Ausbruchsgeschehen vor Ort im Sinne einer Task Force bzw. „epidemiologischen Feuerwehr" mit Methoden der deskriptiven und analytischen Epidemiologie untersuchen und die notwendigen Daten und Fakten über den Umfang des Ausbruchs liefern, in zahllosen Ausbruchs- und Epidemiegeschehen auf der ganzen Welt vorzüglich bewährt.

Im Laufe der letzten Jahre sind eine zunehmende Zahl von Fachleuten aus den Einrichtungen des Öffentlichen Gesundheitsdienstes ausgebildet und trainiert worden, die über entsprechendes infektionsepidemiologisches Know-how verfügen. Zusätzlich kann das Robert Koch-Institut in Berlin Teams speziell ausgebildeter Infektionsepidemiologen schnell zusammenstellen. Diese können auf Einladung der Obersten Landesgesundheitsbehörde eines betroffenen Bundeslandes an den Ort eines Ausbruchsgeschehens entsandt werden, um die örtlich zuständigen Stellen zu beraten und bei Bedarf zu unterstützen.

Infektionsepidemiologische Ausbruchsuntersuchungen

Die Arbeit eines infektionsepidemiologischen Untersuchungsteams am Ort eines entsprechenden Geschehens wird immer von dessen spezifischen Charakteristika und Randbedingungen geprägt sein.

Jeder Ausbruch ist anders. Gleichwohl gibt es gewisse grundlegende Regeln, Techniken und Methoden, die erlernt und trainiert werden können. Eines der heikelsten und schwierigsten Probleme steht gleich am Beginn jeder derartigen Aktivität:

Früherkennung und Verifizierung eines Ausbruches
sowie Sicherung der Diagnose

Die Infektionsepidemiologie sammelt alle verfügbaren Informationen und Hinweise, die einen Anfangsverdacht auf einen Ausbruch begründen. Derartige Hinweise können entweder selbst bei der regulären Überwachung des Infektionsgeschehens auftauchen oder auch von außen als Verdacht an den ÖGD herangetragen werden. Grundvoraussetzung sind effektive Infektionskrankheiten-Surveillancesysteme, welche z. B. die „normale" Morbidität von Infektionskrankheiten (siehe *Begriffe der Infektionsepidemiologie 1*) in der Bevölkerung, ggf. untergliedert nach Subpopulationen, darstellen.

Begriffe der Infektionsepidemiologie 1

Unter *Surveillance* (aus dem Englischen „Beobachtung, Überwachung") versteht man die systematische und regelmäßige Sammlung, Überwachung, Analyse von Daten und Kommunikation von Ergebnissen hieraus an alle, die Informationsbedarf haben.

Die *Morbidität* (vom lateinischen Wort „morbidus" für „krank") ist ein epidemiologisches Krankheitsmaß. Es gibt die Krankheitshäufigkeit in einem bestimmten Zeitraum bezogen auf eine bestimmte Bevölkerungsgruppe an.

Die *Mortalität* oder Sterblichkeit (von lat. „mortalitas", „Sterben") bezeichnet die Anzahl der Todesfälle in einem bestimmten Zeitraum im Verhältnis zur Anzahl der Individuen der betreffenden Population in diesem Zeitraum.

Vor diesem Hintergrund lassen sich in qualitativer und quantitativer Hinsicht ungewöhnliche Phänomene früh und deutlich abheben. Im Zuge der Umsetzung des 2001 in Kraft getretenen Infektionsschutz-gesetzes (IfSG) hat die („Routine"-)Surveillance in Deutschland (siehe *Begriffe der Infektionsepidemiologie 2*) u. a. durch konsequenteres Erreger-Monitoring, Anwendung standardisierter Falldefinitionen, erhebliche Verbreiterung der Datenbasis und Nutzung moderner Infor-mations- und Kommunikationstechniken wesentliche Impulse erhalten. Bedeutung und Stellenwert einer qualitativ hochwertigen Infektions-krankheiten-Surveillance können gerade auch im Zusammenhang mit möglichen bioterroristischen Bedrohungen nicht hoch genug einge-schätzt werden.

Begriffe der Infektionsepidemiologie 2

Surveillance in Deutschland: Gemäß dem Infektionsschutzgesetz (IfSG) sind bestimmte Erkrankungen bei Verdacht, Erkrankung oder Tod bzw. deren Infektionserreger bei Labornachweis meldepflichtig. Zur Routinesurveillance meldepflichtiger Infektionserkrankungen in Deutschland gehört u. a. die systematische Analyse der gemäß IfSG wöchentlich von den Gesundheitsämtern über die Landesstellen für den Infektionsschutz an das RKI übermittelten Meldedaten.

Die infektionsepidemiologische Literatur liefert zahlreiche Belege dafür, dass die Aufmerksamkeit einzelner „Health Professionals" eine wichtige Quelle für Informationen sein kann, die zu einem Anfangs-verdacht für ein Ausbruchsgeschehen führt. Entscheidende Hinweise können dabei nicht nur von behandelnden Ärzten, nicht selten auch von Pathologen, Veterinären, sondern auch von Krankenschwestern, Gemeindeschwestern, „School Nurses" usw. kommen. Die Entde-ckung eines großen Ausbruchs von Q-Fieber in Deutschland ging auf die Aufmerksamkeit eines Apothekers zurück, dem eine ungewöhnlich hohe Zahl von Kunden mit Symptomen einer akuten respiratorischen Erkrankung zu einer untypischen Jahreszeit auffiel (Lyytikainen *et al.*, 1998).

Die Nationalen Referenzzentren (NRZ) und Konsiliarlaboratorien leisten einen wichtigen Beitrag bei der Erkennung und Bewertung von Infektionskrankheiten und der Gefahren, die durch sie ausgelöst werden können. Die NRZ sind in jeder Hinsicht ein Mittel der Qualitätssicherung. So ist ihre Rolle bei der Entdeckung räumlich disseminierter (verstreuter) Ausbrüche mit seltenen Erregertypen, deren geringe Fallzahlen an ihren jeweiligen Ereignisorten als Einzelfälle eingestuft wurden, auch für Deutschland in der Literatur belegt (Fell *et al.*, 2000). An diesem Beispiel wird zudem deutlich, wie wichtig die möglichst zeitnahe Sicherung einer mikrobiologischen Diagnose für die Bewältigung von Ausbruchsereignissen generell ist. Auch hierbei kann die „aufsuchende" Epidemiologie ggf. durch qualifizierte bzw. standardisierte Probennahme (siehe 2.5) und die Anbahnung der geeigneten Transport- und Kommunikationswege (siehe 2.6) zu den Laboren unterstützend wirken.

Die in Deutschland etablierte Surveillance in Verbindung mit der ständigen Aufmerksamkeit der im Gesundheitswesen Tätigen sowie einer offenen, vertrauensvollen Zusammenarbeit mit dem Öffentlichen Gesundheitsdienst sind die entscheidenden Faktoren für eine effektive Früherkennung von Ausbruchsgeschehen. Für die Bewältigung der jeweiligen Situation müssen Infektionsepidemiologie und Labordiagnostik Hand in Hand arbeiten. Hierzu ist ein Netz von mikrobiologischen Referenzeinrichtungen im Sinne von Public Health Laboratories erforderlich, das mit entsprechender spezieller Expertise und der Etablierung aller erforderlichen Methoden und Verfahren das Erregerspektrum diagnostisch komplett abdeckt. Dabei kann auf Labore in staatlicher bzw. öffentlicher Trägerschaft, die hinsichtlich ihrer Methoden und ihrer diagnostischen Breite nicht den Gesetzen des Marktes unterworfen sind, nicht verzichtet werden.

Fallfindung, Falldefinition, Abgrenzung der potenziell
exponierten Population (Population at Risk)

Berichte über ungewöhnliche Erkrankungsfälle und Krankheitshäufungen, die an den Öffentlichen Gesundheitsdienst herangetragen werden, stellen häufig nur die „Spitze des Eisberges" dar. Aktive Fallsuche durch Abfragen bei niedergelassenen Ärzten, Krankenhäusern, Laboreinrichtungen etc. fördern häufig erst die eigentlichen Dimensionen eines Infektionsgeschehens zu Tage. Dabei muss man aber, ausgehend von einem Anfangsverdacht, präzisieren, wonach man eigentlich sucht. Hierzu ist eine ausbruchsspezifische Falldefinition unerlässlich, in der die zeitlichen, örtlichen, demographischen, anamnestischen, klinischen, diagnostischen und sonstigen Kriterien festgelegt werden, die eine Erkrankung zu einem Fall im epidemiologischen Sinne machen. Die Formulierung einer vorläufigen, ausbruchsspezifischen Falldefinition bedarf einiger Erfahrung, damit sie mit der gewünschten Sensitivität und Spezifität zur Erfassung der Fälle eines Ausbruches führt. Das systematische Erfassen und Ordnen von Erkrankungsfällen führt oft schon zu ersten Überlegungen hinsichtlich der zeitlichen und örtlichen Dimensionen der Exposition.

Deskriptive epidemiologische Untersuchungen

Wird bei allen Erkrankungsfällen der Zeitpunkt des ersten Auftretens von Symptomen erfasst, lässt sich ein so genanntes Epidemie-Diagramm (*epidemic curve*) erstellen. Diese graphische Darstellung der Zahl der Erkrankungsfälle zum Zeitpunkt des Beginns ihrer Erkrankung erlaubt oft verblüffende Rückschlüsse zum jeweiligen Stadium des Ausbruches, ggf. zu den Determinanten der Ausbreitung (siehe Abb.1).

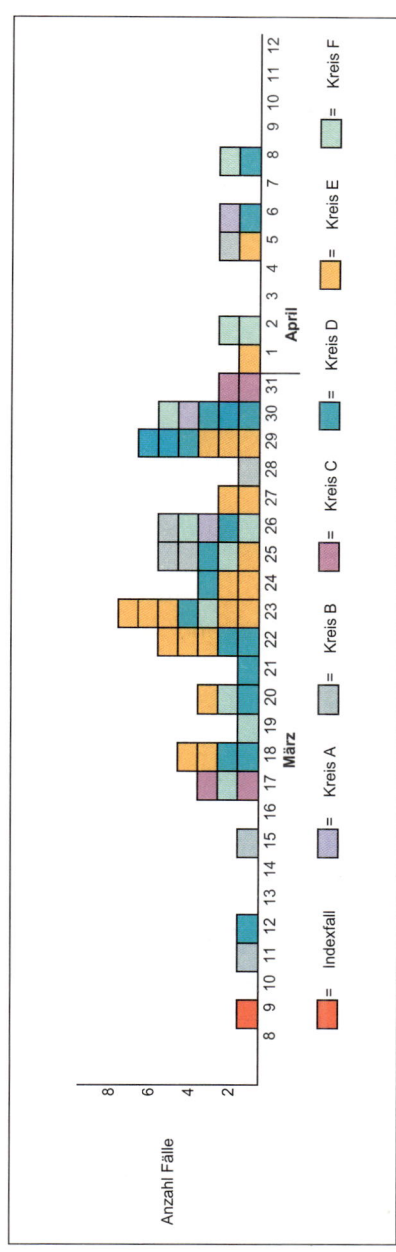

Abb. 1: Beispiel einer Epicurve eines landkreisübergreifenden Ausbruchsgeschehens. Aufgetragen wird die Anzahl der Fälle über die Zeitachse (Zeiteinheit: Tage)

Sehr aufschlussreich ist in der Regel auch die *Attack Rate*, definiert als die Rate der Erkrankten bezogen auf die *Population at Risk*, die sowohl für das Geschehen insgesamt als auch für definierte Teilpopulationen berechnet werden kann (siehe *Begriffe der Infektionsepidemiologie 3*).

Begriffe der Infektionsepidemiologie 3

Unter der *Attack Rate* (engl.: „Angriffsrate") versteht man den Anteil neu infizierter Personen in einer Population in einem bestimmten Zeitraum während eines Ausbruchsgeschehens bzw. im Rahmen einer Epidemie.

Unter der *Population at Risk* (engl.: „Population unter Risiko") versteht man den Anteil einer Bevölkerung, der dem konkreten Risiko, eine bestimmte Infektion zu erwerben, ausgesetzt ist.

Mit diesen und weiteren deskriptiven Instrumenten können die Dimensionen des Problems u. U. sehr rasch realistisch und rational eingeschätzt werden. Außerdem stellen sie wichtige Ansätze für Überlegungen zur Ursache des Ausbruches und zu den adäquaten Bekämpfungsmaßnahmen zur Verfügung.

Analytische epidemiologische Untersuchungen

Liegt die Ursache eines Ausbruches nicht von vorne herein auf der Hand (z. B. durch ein Bekennerschreiben o. ä.), kann u. U. die analytische Infektionsepidemiologie wichtige Hinweise auf die Ätiologie und die relevanten Expositionsfaktoren und -mechanismen liefern. Die Hypothesen zu möglichen Ursachen des Ausbruchs und Expositionsrisiken, die sich aus der deskriptiven Betrachtung des Ausbruches sowie aus Gesprächen und Interviews mit Erkrankten und Betroffenen ergeben haben, können mit standardisierten Methoden getestet werden. Je nach Fragestellung liefern z. B. Kohorten-, Fall-Kontroll-, oder *Cross-Sectional*-Untersuchungen statistische Maßzahlen für die Stärke der Assoziation einer bestimmten stattgehabten Exposition mit dem Auftreten der Erkrankung in Form eines Relativen Risikos oder der *Odds Ratio* (siehe *Begriffe der Infektionsepidemiologie 4*).

Begriffe der Infektionsepidemiologie 4

In einer *Kohortenstudie* werden Teilnehmer über einen längeren Zeitraum hinweg prospektiv im Hinblick auf das Risiko, eine bestimmte Erkrankung zu erwerben, untersucht. Dabei wird am Ende das Risiko, eine Erkrankung zu erwerben, mit den verschiedenen Krankheitsexpositionen der Teilnehmer in Bezug gesetzt.

Das *relative Risiko* bezeichnet das Risiko einer Erkrankung bei Exponierten im Verhältnis zum Risiko bei nicht-exponierten Individuen und ist ein Maß für den Zusammenhang zwischen Exposition und Erkrankung bei Kohortenstudien.

In einer *Fall-Kontroll-Studie* werden erkrankte Individuen und nichterkrankte Individuen im Hinblick auf ihre möglichen Krankheitsexpositionen retrospektiv befragt. Dabei wird am Ende das *Odds Ratio* („Chancenverhältnis") berechnet: dieses ist ein Maß der Assoziation bei Fall-Kontroll-Studien und schätzt die Wahrscheinlichkeit der erkrankten Teilnehmer, einer bestimmten Exposition ausgesetzt gewesen zu sein.

Derartige Methoden werden in Deutschland zumeist noch nur mit großangelegten, zeitaufwendigen Studien und Forschungsvorhaben assoziiert. Die angewandte Infektionsepidemiologie hat indessen diese Verfahren derart für sich adaptiert, dass sehr rasch, oft schon nach wenigen Tagen, Ergebnisse vorliegen. So hat beispielsweise 1998 ein Team von Epidemiologen des Robert Koch-Institutes anlässlich eines Ausbruchs von Meningokokken-Infektionen in Niederbayern unter Beweis gestellt, dass eine komplette Fall-Kontroll-Studie zu mit der Erkrankung assoziierten Expositionsfaktoren innerhalb von vier Tagen (und Nächten) durchgeführt und mit für die weiteren Entscheidungen äußerst hilfreichen Ergebnissen abgeschlossen werden konnte (Hauri *et al.*, 2000).

Fazit und Perspektiven

Die in Deutschland noch relativ junge Disziplin der angewandten Infektionsepidemiologie hat in den letzten Jahren auf dem Gebiet der Surveillance von Infektionskrankheiten und beim Management von Krankheitsausbrüchen und Epidemien hierzulande bereits wichtige Arbeit geleistet. Dabei hat sich ihre strukturelle Einbindung in den Öffentlichen Gesundheitsdienst auf Bundesebene (Robert Koch-Institut) und Länderebene (verschiedene Landesgesundheitsämter und -behörden) mit der damit verbundenen Praxis- und Serviceorientierung sehr bewährt. Auf ihr Repertoire an nützlichen Verfahren und Methoden kann im Rahmen des Managements von Krisensituationen durch bioterroristische Aktivitäten nicht verzichtet werden. Auch vor diesem Hintergrund bleibt die Forderung nach einer Stärkung und nach weiterem möglichst flächendeckenden Ausbau ihrer Strukturen und nach der Vorhaltung infektionsepidemiologischer Ausbildungs- und Trainingsprogramme wie dem EPIET (European Programme for Intervention Epidemiology Training) auf der Tagesordnung.

Literatur

Fell, G., Hamouda, O., Lindner, R., Rehmet, S., Liesegang, A., Prager, R., Gericke, B., & Petersen, L. (2000). An outbreak of Salmonella blockley infections following smoked eel consumption in Germany. *Epidemiol. Infect.*, **125**, 9-12

Hauri, A.M., Ehrhard, I., Frank, U., Ammer, J., Fell, G., Hamouda, O., & Petersen, L. (2000). Serogroup C meningococcal disease outbreak associated with discotheque attendance during carnival. *Epidemiol. Infect.*, **124**, 69-73

Lyytikainen, O., Ziese, T., Schwartlander, B., Matzdorff, P., Kuhnhen, C., Jager, C., & Petersen, L. (1998). An outbreak of sheep-associated Q fever in a rural community in Germany. *Eur.J.Epidemiol.*, **14**, 193-199

1.6 Konsequenzen aus der Einführung der neuen Internationalen Gesundheitsvorschriften für Deutschland

A. Bergholz, M. Dirksen-Fischer, T. Eckmanns, S. Ippisch, D. Matysiak-Klose, K. Schenkel, G. Krause

Die Vollversammlung der Weltgesundheitsorganisation (WHO) hat in Kenntnis der neuen weltweiten Gesundheitsgefahren, die u. a. aus der zunehmenden Gefährdung durch Infektionskrankheiten (besonders bei einer drohenden Influenzapandemie), durch den Klimawandel verursachte Katastrophen sowie durch eine weiterhin bestehende erhöhte Bedrohung durch den internationalen Terrorismus bestehen, nach langer Diskussion im Mai 2005 eine neue Version der Internationalen Gesundheitsvorschriften (IGV 2005) verabschiedet. Diese trat im Juni 2007 in Kraft (Artikel 59 IGV). In Deutschland ist sie durch das „Gesetz zu den Internationalen Gesundheitsvorschriften (2005) (IGV)" in nationales Recht überführt worden. Die IGV 2005 beinhalten im Vergleich zur alten Version der IGV von 1969 eine Reihe von grundsätzlichen Änderungen in der internationalen Zusammenarbeit zur Abwendung gesundheitlicher Gefährdungen, die für den Öffentlichen Gesundheitsdienst und darüber hinaus auch für die Katastrophenvorsorge relevant sind. Das vorliegende Kapitel soll über die Änderungen der Internationalen Gesundheitsvorschriften informieren und dabei besonderes Augenmerk auf das Erkennen und Bewerten von Ereignissen von internationaler Tragweite sowie deren länderübergreifende Bekämpfung legen und mögliche Konsequenzen für Deutschland aufzeigen.

Zweck der Internationalen Gesundheitsvorschriften

Zweck der IGV 2005 ist es, „die grenzüberschreitende Ausbreitung von Krankheiten zu verhüten und zu bekämpfen, davor zu schützen und dagegen Gesundheitsmaßnahmen einzuleiten…" (Artikel 2 IGV). Dabei werden neben der im Mittelpunkt der IGV stehenden Verhütung und Bekämpfung von Infektionskrankheiten auch Krankheiten oder Zustände berücksichtigt, die unabhängig von Ursprung oder Quelle Menschen erheblich schädigen können (Artikel 1 IGV). Das heißt, die IGV 2005 sind auf alle Ereignisse anwendbar, die eine Gefahr für die öffentliche Gesundheit darstellen können, egal, ob sie natürlich, beabsichtigt oder unbeabsichtigt aufgetreten oder durch biologische, chemische Einwirkungen, ionisierende Strahlen oder z. B. explosive Stoffe entstanden sind.

Mit der Neufassung der IGV sind einerseits standardisierte Mechanismen des Bewertens von Gefahren für die öffentliche Gesundheit erarbeitet worden, andererseits sind die Meldewege, hier verstanden als Wege der gegenseitigen Unterrichtung bei grenzüberschreitenden Gesundheitsgefahren, verbindlich definiert.

Alle Ereignisse in Deutschland, die nach dem von der WHO festgelegten Bewertungsschema (siehe Anlage 2 IGV) eine gesundheitliche Notlage von internationaler Tragweite nach den IGV darstellen oder darstellen können, sowie alle als Reaktionen auf solche Ereignisse durchgeführten Gesundheitsmaßnahmen sind gegenüber der WHO fortan meldepflichtig. Artikel 6 der IGV legt fest, welche über das gemeldete Ereignis zur Verfügung stehenden Informationen zu übermitteln sind. Dazu gehören:

- Falldefinitionen,
- Laborergebnisse,
- Ursache und Art des Risikos,
- Zahl der Krankheits- und Todesfälle,
- die Ausbreitung der Krankheit beeinflussende Bedingungen,
- getroffene Gesundheitsmaßnahmen und
- ggf. aufgetretene Schwierigkeiten und benötigte Unterstützung.

Die WHO ist nun befugt, auch inoffizielle Informationen aus anderen Quellen als von offiziellen Stellen zur Beurteilung heranzuziehen. Aufgrund dieser Informationen kann die WHO eine Anfrage an die betreffenden Mitgliedsstaaten stellen. Sie sammelt somit Informationen über Ereignisse und bewertet deren Potential, eine grenzüberschreitende Ausbreitung von Krankheiten zu verursachen (Artikel 5 IGV).

Nach Meldung eines potenziellen Ereignisses von internationaler Tragweite und Bestätigung übermittelt die WHO Deutschland und allen anderen möglicherweise betroffenen Vertragsstaaten Informationen, die für die öffentliche Gesundheit relevant sind und die erforderlich sind, um Vertragsstaaten in die Lage zu versetzen, auf eine Gefahr für die öffentliche Gesundheit vorbeugend oder die Gefahr mindernd reagieren zu können (Artikel 11 IGV). Darüber hinaus gibt die WHO zeitlich befristete Empfehlungen an den Staat, der von einer gesundheitlichen Notlage direkt betroffen ist (Artikel 15 IGV).

Ansprechpartner für die WHO ist jeweils die nationale IGV-Anlaufstelle. Das „Gesetz zu den Internationalen Gesundheitsvorschriften (2005) (IGV)" legt fest, dass das Lagezentrum des Bundesministeriums des Innern (BMI) als nationale IGV-Anlaufstelle fungiert, jedoch in allen Fällen, die Infektionskrankheiten betreffen, die Bearbeitung der Meldung sowie ggf. notwendige weitere Maßnahmen zuständigkeitshalber vom Robert Koch-Institut (RKI) koordiniert werden.

Erkennen und Bewerten gesundheitlicher Notlagen

In der Anlage 2 der IGV 2005 ist beschrieben, wie gesundheitliche Notlagen durch das nationale Überwachungssystem zu bewerten sind. Dieses Entscheidungsschema ist grundsätzlich bei der Risikoabschätzung anzuwenden und darf regional weder abgeschwächt noch relativiert werden. Es soll jedoch an dieser Stelle darauf hingewiesen werden, dass die IGV ein Reagieren auf gesundheitliche Notlagen von internationaler Tragweite festlegen und nicht jeder Anfangsverdacht und jede örtlich als schwer zu behandelnde Gefahrenlage als meldepflichtig einzustufen ist. Der Erfolg der IGV und der dort geforderten Maßnahmen hängt wesentlich auch von der Fokussierung auf die wirklich relevanten (gemäß Bewertungsschema) Ereignisse ab. Jedoch gerade in der Anfangszeit muss auf eine hohe Sensitivität geachtet werden, das heißt, dass wirklich alle relevanten Ereignisse, die zu einer grenzüberschreitenden Gefahr für die öffentliche Gesundheit führen könnten, gemeldet werden müssen.

Die IGV 2005 legen für ihr Entscheidungsschema (siehe Anhang A) drei Hauptszenarien, die eine gesundheitliche Notlage von internationaler Tragweite auslösen können, zu Grunde:

1. Das Auftreten folgender Krankheiten gilt als *ungewöhnlich* oder *unerwartet*, diese haben *Pandemiepotenzial*:

    *   Pocken
    *   Poliomyelitis durch Wildtyp-Poliovirus
    *   humane Influenza, durch einen neuen Subtyp ausgelöst (dazu gehört auch der als „Vogelgrippe" bekannte Subtyp H5N1) und
    *   SARS.

    oder

2. Das Auftreten der folgenden hoch ansteckenden bzw. lebensbedrohlichen Infektionskrankheiten ist wegen ihres Potenzials, schwerwiegende, möglicherweise grenzüberschreitende Auswirkungen zu haben, zu melden:

    *   Cholera
    *   Lungenpest
    *   Gelbfieber
    *   virale hämorrhagische Fieber (Lassa, Marburg, Ebola)
    *   West-Nil-Fieber und
    *   andere Krankheiten besonderer regionaler und nationaler Bedeutung, z. B. Dengue-Fieber, Rift-Tal-Fieber und Meningokokken-Krankheit.

    oder

3. „Ereignisse, die von internationaler Tragweite für die öffentliche Gesundheit sein können, einschließlich solcher, deren Ursache und Quelle unbekannt ist und solcher, die andere Ereignisse oder Krankheiten mit sich bringen als diejenigen...", die unter 1. und 2. aufgeführt sind.

Somit erfordert das Eintreten *eines* der drei Szenarien die Anwendung des IGV-Entscheidungsschemas. Dabei lässt besonders Punkt 3 einigen Interpretationsspielraum zu. Hier werden besonders die folgenden Fragen (siehe Anlage 2 IGV) relevant sein:

* Sind die Auswirkungen des Ereignisses auf die öffentliche Gesundheit schwerwiegend?

* Ist das Ereignis schwerwiegend oder unerwartet?

* Besteht ein erhebliches Risiko einer grenzüberschreitenden Auswirkung?

* Besteht ein erhebliches Risiko der Beschränkung internationaler Reisen oder des internationalen Handelns?

Dies kann sich zum Beispiel ergeben bei:

* saisonal untypisch gehäuftem Auftreten von Infektionskrankheiten

* vermehrtem Auftreten von (besonders) therapieresistenten Subtypen von schweren Infektionskrankheiten

* unerwarteter (epidemischer) Ausbreitung von schweren Infektionskrankheiten und/oder deren Vektoren

* schwerwiegender, großflächiger und den internationalen Warenverkehr stark beeinträchtigender Kontamination von Waren und Gütern, besonders von Lebensmitteln

- Auftreten von Tierseuchen

- Verdacht auf (CBRNE) Terrorismus

- möglichen Schadenfällen in Großanlagen der chemischen Industrie oder Atomkraftwerken.

Aus dem oben Dargestellten ergibt sich Handlungs- und Abstimmungsbedarf für die verschiedenen Ebenen des Öffentlichen Gesundheitsdienstes (ÖGD) und für sein Zusammenwirken mit den Feuerwehren, den Organisationen bzw. Anbietern des Rettungsdienstes, dem Zivil- und Katastrophenschutz, der Polizei und den Grenzübergangsstellen. Bereits erbrachte konzeptionelle Vorleistungen, die bei der Umsetzung des „Nationalen Influenzapandemieplans" und des „Bund-Länder-Rahmenkonzepts zur fachlichen Vorbereitung und Maßnahmen zur Seuchenbekämpfung nach bioterroristischen Anschlägen" erbracht wurden, sind zu nutzen und entsprechend für die Auflagen der IGV weiterzuentwickeln.

Kernkapazitäten von benannten Grenzübergangsstellen

In der Anlage 1 der IGV werden erforderliche Kernkapazitäten für verschiedene Ebenen eines nationalen Surveillancesystems zur Überwachung und Reaktion bei gesundheitlichen Notlagen beschrieben. Ausdrücklich sollen bereits vorhandene nationale Strukturen und Mittel genutzt werden. Für Gesundheitsschutzmaßnahmen werden die folgenden Ebenen der Bewertung, Planung, Durchführung und Koordination bestimmt:

- kommunale und/oder die untere Ebene (Gesundheitsämter)

- mittlere Ebene (Landesregierung und Landesbehörden, z. B. Landesgesundheitsamt und Landesuntersuchungsamt)

- nationale Ebene (Bund)

- Weltgesundheitsorganisation (WHO).

Grenzübergangsstellen als Schnittstelle des internationalen Perso-
nen-, Waren- und Güterverkehrs erhalten, gerade auch wegen des
weiter zunehmenden Waren- und Verkehrsaufkommens, mit der Einführung der IGV 2005 einen hohen Stellenwert. Nach den IGV 2005
muss jeder Staat Grenzübergangsstellen (Landübergänge, Flughäfen
und Häfen) benennen, die besondere Kapazitäten vorhalten müssen
(Anlage 1 IGV).

Bereits im Infektionsschutzgesetz (IfSG) besteht für Führer von Flug-
zeugen und Kapitäne von Seeschiffen eine Meldepflicht (§ 8 IfSG) bei
Verdacht, Erkrankung und Tod, verursacht durch bestimmte Erreger
oder aufgrund einer bedrohlichen Infektionskrankheit, die eine schwerwiegende Gefahr für die Allgemeinheit darstellen kann (§ 6, Absatz 1
und 5 IfSG). Zusätzlich sind der Verdacht auf und das Auftreten von
mikrobiell bedingten Lebensmittelvergiftungen oder einer akuten
infektiösen Gastroenteritis meldepflichtig, wenn zwei oder mehrere
gleichartige Erkrankungen auftreten (§ 6, Absatz 2 IfSG). Damit sind
Grenzübergangsstellen hinsichtlich eines grenzüberschreitenden Per-
sonen- und Warenverkehrs ein wichtiger Knotenpunkt zur Erkennung
gesundheitlicher Gefährdungen von internationaler Tragweite, und
zugleich besteht an dieser Stelle auch die erste Möglichkeit der Intervention.

Von zu benennenden Flughäfen, Häfen (Artikel 20 IGV) und speziellen
Landübergängen (Artikel 21 IGV) werden die folgenden Kapazitäten
jederzeit vorausgesetzt (Anlage 1 IGV):

- Zugang zu geeigneten medizinischen Diensten einschließlich
  Diagnoseeinrichtungen

- Zugang zu geeignetem Personal, geeigneter Ausrüstung und
  geeigneten Räumlichkeiten

- Zugang zu Ausrüstung und Personal für den Transport erkrankter Reisender zu geeigneten medizinischen Einrichtungen

- ausgebildetes Personal für die Überprüfung von Beförderungsmitteln

- Gewährleistung einer sicheren Umgebung für Reisende mit Bereitstellung von Trinkwasser, Speiseräumen, Waschräumen und geeigneten Entsorgungseinrichtungen und

- soweit durchführbar, ein Programm und das ausgebildete Personal für die Bekämpfung von Vektoren und Herden in und in der Nähe von Grenzübergangsstellen.

Im Falle eines Ereignisses von internationaler Tragweite sollten folgende Kapazitäten vorhanden sein:

- für die Sicherstellung der Untersuchung und Versorgung von betroffenen Reisenden und Tieren

- zur Bereitstellung von geeigneten abgetrennten Räumlichkeiten für die Befragung von (ansteckungs-)verdächtigen oder betroffenen Reisenden

- für Untersuchungs- und Quarantänemöglichkeiten für (ansteckungs-)verdächtige Reisende,

- zur Behandlung von Gepäck- oder Frachtgütern oder Beförderungsmitteln

- zur Durchführung von Ein- und Ausreisekontrolle und um

- einen Transfer von möglicherweise infizierten Reisenden zu eigens vorgesehenen Einrichtungen mit ausgebildetem Personal durchführen zu können.

Für die Sicherstellung dieser Auflagen sollen regional bereits vorhandene Kapazitäten genutzt und ggf. ausgebaut werden. (Es sei in diesem Zusammenhang erwähnt, dass in der Anlage 1 der *Zugang* zu den entsprechenden Kapazitäten gefordert wird und nicht die flächendeckende Selbstausstattung dieser Einrichtungen.) Gesundheitsämter, Flughafenfeuerwehren, die medizinischen Dienste der Flughäfen, die hafenärztlichen Dienste, die Polizei (einschließlich Bundespolizei) und die Träger von Häfen und Flughäfen haben entsprechende Vorleistungen bzw. Dienstleistungsvereinbarungen für ihren jeweiligen Verantwortungsbereich erbracht, daran kann angeknüpft werden. Unweigerlich kommt aber dem Öffentlichen Gesundheitsdienst dabei eine koordinierende und qualitätssichernde Aufgabe zu.

Aufgaben der lokalen Ebene – Gesundheitsamt

Auf der lokalen Ebene wird die Kapazität vorausgesetzt, Ereignisse feststellen zu können, also diejenigen Krankheits- und Todesfälle durch Infektionskrankheiten, die *über* das für den jeweiligen Verantwortungsbereich und Zeitpunkt zu erwartende Niveau hinaus gehen. Alle entsprechenden Hinweise (verfügbare, wesentliche Informationen) sind unverzüglich dem Öffentlichen Gesundheitsdienst mitzuteilen. Hier sind im Besonderen folgende Einrichtungen der gesundheitlichen Versorgung angesprochen:

- Krankenhäuser,
- Arztpraxen,
- Laborgemeinschaften,
- Pflegeeinrichtungen,
- Gemeinschaftseinrichtungen,
- die nach IGV zu benennenden Grenzübergangsstellen (Landübergänge, Flughäfen und Häfen),
- Rettungsdienstorganisationen und
- Leitstellen.

Dem Gesundheitsamt kommt bei der Erstbewertung möglicher gesundheitlicher Gefahren durch biologische Agenzien im Sinne der IGV ein besonderer Stellenwert zu. Es hat bereits bei einem Anfangsverdacht unverzüglich die zuständige Landesstelle zu informieren und umgehend vorläufige Bekämpfungsmaßnahmen durchzuführen oder diese bei den Trägern von Einrichtungen des Gesundheitswesens zu veranlassen. Neben den Auflagen der IGV gelten parallel die bereits durch das IfSG festgeschriebenen Aufgaben des Gesundheitsdienstes (vergleiche §§ 6, 7, 16ff IfSG). Folgende Informationen sollen erhoben, bewertet und an nachfolgende Ebenen weitergegeben werden:

- klinische Beschreibungen,
- Laborergebnisse,
- Quellen und Art von Risiken,
- Zahl der Krankheitsfälle beim Menschen,
- Zahl der Todesfälle,
- die Ausbreitung der Krankheit beeinflussende Faktoren (Klima, örtliche Besonderheiten usw.) und
- getroffene Gesundheitsmaßnahmen.

Aufgaben der mittleren Ebene

Von der mittleren Ebene werden Kapazitäten vorausgesetzt, die von der lokalen Ebene gemeldeten Ereignisse bestätigen und zusätzliche Unterstützungsmaßnahmen anregen, unterstützen und ggf. selbst durchführen zu können. Angewandt auf deutsche Verhältnisse bezieht sich diese Forderung letztendlich auf die bereits in den Bundesländern gebündelte Kompetenz des Erkennens, Bekämpfens und Verhütens von Infektionskrankheiten und dabei besonders auf die folgenden Gesichtspunkte:

- das Vorhalten von besonderen Laborkapazitäten in Landesgesundheitsämtern, Landesuntersuchungsämtern oder ähnlichen Einrichtungen, zur Erhebung oder Bestätigung von Befunden

- unverzügliche Bewertung von Ereignissen bzw. Meldungen aus den unterstellten Gesundheitsämtern, z. B. auf der Grundlage der regulären Meldungen gemäß IfSG

- Feststellen der Dringlichkeit von Ereignissen in Bezug auf mögliche schwerwiegende Auswirkungen für die öffentliche Gesundheit und

- Erkennen und Bewerten von ungewöhnlichen und unerwarteten Ereignissen mit hohem Ausbreitungspotenzial.

Den Landesbehörden stehen dazu u. a. die Statistiken der gemeldeten Infektionskrankheiten vergangener Jahre, aufgeschlüsselt nach den Gesundheitsämtern, für ihren jeweiligen Verantwortungsbereich zur Verfügung. Übliche saisonale Häufungen von Infektionskrankheiten oder das vermehrte Auftreten von Infektionskrankheiten in einigen Regionen des Landes sind daraus zu ersehen. Diese und weitere Faktoren werden bei der Bewertung von möglichen Gesundheitsgefahren für die Bevölkerung berücksichtigt. Ereignisse, die die Punkte 1 (Pandemiepotenzial) und 2 (andere schwerwiegende Infektionskrankheiten) des Entscheidungsschemas betreffen, werden unverzüglich an die nationale Ebene zur weiteren Abstimmung von Maßnahmen gemeldet.

Aufgaben der nationalen Ebene

Nationale Anlaufstelle für die Weltgesundheitsorganisation (WHO) ist in Deutschland das Lagezentrum des BMI. Wegen der Besonderheit von infektionsepidemiologischen Fragestellungen, die sicherlich den Großteil der Meldungen ausmachen werden, führt das RKI die Bewertung von Ereignissen, die von der mittleren Ebene oder von anderen Organisationen gemeldet wurden, durch und leitet diese ggf. an die Nationale Anlaufstelle zur Meldung an die WHO weiter. Des weiteren bewertet das RKI Meldungen, die es über die IGV-Anlaufstelle von anderen Vertragsstaaten und/oder von der WHO erhält, ob von Ereignissen außerhalb Deutschlands Gefahren für die Gesundheit der Bevölkerung in Deutschland ausgehen könnten und welche Maßnahmen ggf. ergriffen werden müssen. Die in der Anlage 1 der IGV auf nationaler Ebene geforderten Kapazitäten sind in Deutschland weitestgehend vorhanden. Bereits im Infektionsschutzgesetz sind die Aufgaben des RKI (§ 4 IfSG) und das Bund-Länder-Informationsverfahren (§ 5 IfSG) festgelegt. Damit sind die geforderten Kapazitäten auf nationaler Ebene, rasch Bekämpfungsmaßnahmen festlegen zu können, die zur Verhütung von Infektionskrankheiten im Inland und der grenzüberschreitenden Ausbreitung erforderlich sind, verfügbar.

Unterstützung durch das Robert Koch-Institut

Das RKI ist die zentrale Einrichtung der Bundesregierung auf dem Gebiet der Krankheitsüberwachung und -prävention. Die Erkennung, Verhütung und Bekämpfung von Infektionskrankheiten gehören zu den Kernaufgaben des Instituts. Wegen seiner vielfältigen Aufgaben beim Infektionsschutz kann das RKI im Bedarfsfall der unteren und/oder der mittleren Ebene eine Reihe von Unterstützungsleistungen anbieten, durch:

- am RKI etablierte labordiagnostische Kapazitäten und zusätzlich durch das RKI berufene Nationale Referenzzentren (NRZ)

- eine Unterstützung der Gesundheitsämter bei Ausbruchsuntersuchungen (nach Anforderung durch die Landesbehörden)

- Sicherstellung einer infektionsepidemiologischen Rufbereitschaft

- kurzfristige Bewertungen von Infektionsgeschehen, u. a. auf der Homepage des RKI, im *Epidemiologischen Bulletin* und die Aktualisierung von Merkblättern sowie Empfehlungen und

- Surv*Stat* (Auszug des Originaldatenbestandes im Internet; www.rki.de).

Im RKI wird aufgrund der Einbindung des Instituts in internationale wie nationale Expertennetzwerke und Gremien, neben den Dienstleistungen im Rahmen der IGV, auch weiterhin eine enge Zusammenarbeit mit der Europäischen Seuchenbehörde (ECDC) und anderen Organisationen gepflegt. Dazu wird unter anderem das *European Warning and Response System* (EWRS) als Frühwarn- und Reaktionssystem der Europäischen Union genutzt.

Die gute Zusammenarbeit zwischen Bund, Ländern und Kommunen bei der Bekämpfung von Infektionskrankheiten und bei der Katastrophenvorsorge sind die Voraussetzung, um auch zukünftig den möglichen Gefahren, die aus einem zunehmenden Personen- und Güterverkehr erwachsen, bewältigen zu können.

2 Gefahrenerkennung

2.1 Einführung

Wie im vorangegangenen Kapitel dargestellt, unterscheiden sich Schadenlagen durch biologische Agenzien von anderen Großschadenlagen und konventionellen terroristischen Anschlägen darin, dass eine B-Gefahrenlage in der Anfangsphase oft nicht wahrnehmbar ist und vermutlich erst Wochen nach dem Initialereignis erkannt wird. Bioterroristisch relevante Agenzien (BT-Agenzien) sind lautlos, mit menschlichen Sinnesorganen nicht wahrnehmbar und unsichtbar zu verbreiten. Je nach Agens tritt die Erkrankung aufgrund der Inkubationszeit erst nach Stunden bis Monaten auf (siehe 5.8). Die Erkennung eines möglichen Anschlags bzw. eines außergewöhnlichen Infektionsgeschehens ist außerdem dadurch erschwert, dass in der Anfangsphase die ersten Symptome denen von natürlichen und alltäglichen Erkrankungen weitgehend ähnlich sind. Darüber hinaus stehen zurzeit keine Vor-Ort-Detektionssysteme für einen zuverlässigen schnellen Nachweis oder Ausschluss eines breiteren Spektrums bioterroristisch relevanter Agenzien zur Verfügung. Derzeit können die meisten BT-Agenzien verlässlich nur in Speziallaboratorien nachgewiesen werden. Probenahme und -transport erfordern einen erheblichen logistischen und zeitlichen Aufwand und die Ergebnisse einer Bestätigungsdiagnostik liegen erst nach mehreren Tagen vor.

Vor diesem Hintergrund stellt die Gefahrenerkennung in der Anfangsphase einer außergewöhnlichen biologischen Gefahrenlage den öffentlichen Gesundheitsdienst sowie alle beteiligten Einrichtungen und Gefahrenabwehrbehörden vor besondere Herausforderungen.

Die frühe Erkennung und Einschätzung des Ausmaßes einer biologischen Gefahrenlage ist wesentliche Voraussetzung für ein effizientes Krisenmanagement und die Bewältigung der Gefahrenlage. Sie ist ausschlaggebend für die Planung und Einleitung der notwendigen Maßnahmen, die sowohl dem Schutz der Bevölkerung als auch dem Schutz der Einsatzkräfte am Ort des Geschehens dienen. Maßnahmen zur Gefahreneindämmung und Verhinderung der weiteren Verbreitung (Impfung, Absonderungs- und Isolierungsmaßnahmen, Absperrmaßnahmen, Schließung von Einrichtungen), die auf der Grundlage der Gefahreneinschätzung getroffen werden, können weitreichende Auswirkungen haben, wie z. B. Eingriffe in die persönlichen Grundrechte (siehe 5.3). Bei der Gefahreneinschätzung und -erkennung ist daher ein abgestimmtes Zusammenwirken aller beteiligten Einrichtungen von besonderer Bedeutung.

In den folgenden Beiträgen werden verschiedene Aspekte der Gefahrenerkennung dargestellt. Dabei wird der Bogen gespannt von den Indikatoren eines außergewöhnlichen Seuchengeschehens über die Vorgehensweise der Einsatzkräfte am Einsatzort bei einem vermeintlichen Anschlag bis hin zu Probenahme und -transport und die Diagnostik in einem dafür spezialisierten Labor.

In Beitrag **2.2 Wie erkennt man den Beginn einer außergewöhnlichen biologischen Lage?** wird die Schwierigkeit der frühzeitigen Erkennung eines außergewöhnlichen Seuchengeschehens (ASG) beleuchtet. In der Anfangsphase eines solchen Ereignisses kommt insbesondere den Apotheken, niedergelassenen Ärzten, den Krankenhäusern, dem ÖGD und den mikrobiologischen Laboratorien sowie den Veterinärmedizinern eine besondere Rolle zu, durch Wachsamkeit beim Auftreten unklarer oder ungewöhnlicher Krankheitsbilder die „Signale" für ein ASG im Grundrauschen der typisch auftretenden Infektionskrankheiten zu erkennen. Die Autoren beschreiben verschiedene Faktoren, die Hinweise auf den Beginn eines außergewöhnlichen Seuchengeschehens geben können. Die Schwierigkeiten bei der Früherkennung werden anhand von forensischen, medizinischen und epidemiologischen Indikatoren durch Beispiele erläutert. Die Bedeutung der Erfassung definierter Syndrome bei der Früherkennung wird diskutiert.

Die beiden folgenden Beiträge beschäftigen sich näher mit der Vorgehensweise bei Verdacht auf eine absichtliche Freisetzung von biologischen Agenzien und den Handlungsabläufen der Einsatzkräfte am Einsatzort. Dabei kommt dem Eigenschutz der Einsatzkräfte eine besondere Rolle zu.

Der Beitrag **2.3 Vorgehensweise bei Verdacht auf Ausbringung einer biologischen Substanz aus Sicht der Polizei** stellt am Beispiel der Berliner Polizei den organisatorischen Ablauf bei der Bewertung der Sachlage am Schadens-/Fundort dar und beschreibt die Aufgaben der Polizei bei der Gefahrenabwehr, wie z. B. Absperren des Gefahrenbereiches, Sicherung des Probenmaterials, Erfassung von Personaldaten. Anforderungen an die persönliche Schutzausrüstung werden beschrieben. Anhand des Maßnahmenkatalogs für den Einsatz der Polizei beim Auffinden verdächtiger Gegenstände, der infolge der Anthrax-Verdachtsbriefe erstellt wurde, werden die Verfahrensabläufe in Berlin erläutert, die für die Gefahreneinschätzung und das Einleiten der notwendigen ersten Maßnahmen zur Gefahrenabwehr erforderlich sind. Dabei wird die Koordination der Maßnahmen zwischen den beteiligten Einrichtungen und Behörden näher beschrieben. Die Vorgehensweise wird dargestellt sowohl für den Fall, dass sich der Anfangsverdacht erhärtet, als auch für den Fall, dass sich dieser nicht bestätigt.

In Ergänzung dazu werden im Beitrag **2.4 Vorgehensweise bei Verdacht auf Ausbringung einer biologischen Substanz aus Sicht der Feuerwehr** die Aufgaben der Feuerwehr in einem ABC-Einsatz sowie die speziellen Anforderungen und Einsatzgrundsätze in einer B-Lage am Beispiel der Berufsfeuerwehr Mannheim vorgestellt. Die für die Feuerwehren geltenden Rahmenvorschriften werden aufgeführt und die Anforderungen an die persönlichen Schutzausrüstungen sowie die Dekontaminationsmaßnahmen für die verschiedenen Gefahrengruppen beschrieben. Anhand des Verfahrensablaufplans der Stadt Mannheim, der nach den Erfahrungen durch die Anthrax-Verdachtsfälle erstellt wurde, werden die Abläufe am Einsatzort erläutert. Auf die Koordination der durchzuführenden Einsatzmaßnahmen mit anderen Behörden und die Einbeziehung von Fachkräften bei der Lageeinschätzung und beim Einleiten der Gefahrenabwehrmaßnahmen wird eingegangen, wie z. B. Absperren des Gefahrenbereiches, Lageerkundung, Probensicherung, Dekontamination und Verhinderung der weiteren Ausbreitung sowie erste Versorgung kontaminierter Personen.

In den beiden nun folgenden Beiträgen werden die Themen Probenahme und Probentransport näher beschrieben. Da vor Ort die Möglichkeiten des Nachweises oder Ausschlusses von bioterroristisch relevanten Agenzien stark eingeschränkt sind, kommt der Probenahme und dem Probentransport mit anschließendem Nachweis der Agenzien in einem darauf spezialisierten Diagnostiklabor eine zentrale Rolle bei der Gefahrenerkennung zu.

In Beitrag **2.5 Probenahme und initiale Bewertung bei biologischen Lagen** werden Empfehlungen für die Probenahme gegeben, wobei der Schwerpunkt bei der Entnahme von Umweltproben mit Verdacht auf bioterroristisch relevante Agenzien liegt. Hierbei wird deutlich, dass eine Umwelt-Probenahme weit über ein „Einsammeln von Probenmaterial" hinausgeht und u. a. eine umfassende Risikoanalyse beinhaltet. Grundsätzlich gilt es andere potenzielle Gefahren auszuschließen, z. B. das Vorliegen von Explosivstoffen, Radionukliden und gefährlichen chemischen Stoffen. Der Beitrag gibt Empfehlungen für die Zusammensetzung und die Aufgaben eines Probenahmeteams, das neben Dekontaminations- und Rettungsteam einen Teil des Einsatzteams darstellt und im Einsatz durch eine medizinische Fachberatung zu unterstützen ist. Von zentraler Bedeutung ist die Sicherheit des Probenahmeteams im Einsatz durch Verfügbarkeit entsprechender Schutzausrüstung. Zur Verhinderung einer Kontaminationsverschleppung sind im Rahmen der Probenahme Dekontaminationsmaßnahmen durchzuführen und ein Dekonplatz einzurichten. Des Weiteren gibt der Beitrag Empfehlungen für die Planung und Durchführung einer Probenahme und beschreibt ausführlich verschiedene Probenahmetechniken. Die Probenahme selbst muss so angelegt sein, dass neben der Qualität der Laboranalyse auch die Möglichkeit von zusätzlichen forensischen Untersuchungen gewährleistet ist. Daher ist ein standardisiertes Verfahren für eine qualifizierte Probenahme erforderlich. Da der Anfall von Verdachtsproben einen hohen personellen und logistischen Aufwand erfordert, ist eine Priorisierung der Proben bereits bei der Probenahme wichtig.

Der Beitrag **2.6 Probenverpackung/-versand, Transport und rechtliche Voraussetzungen** gibt einen Überblick über die aktuellen Anforderungen an Verpackung und Transport für diagnostische Proben sowie Proben mit Verdacht auf bioterroristisch relevante Agenzien. Die geltenden rechtlichen Bestimmungen und Vorschriften für den Probentransport und -versand werden dargestellt und die Anforderungen für die Einordnung der B-Agenzien näher beschrieben. Die entsprechenden Verpackungsvorschriften sowie Anforderungen an die erforderliche Verpackung und die Beschriftung für den Probenversand werden erläutert.

Im abschließenden Beitrag **2.7 Diagnostik von Infektionserregern und Toxinen** werden die Verfahrensabläufe bei der Diagnostik dargestellt und die Anforderungen an die Nachweisverfahren für bioterroristisch relevante Agenzien (Bakterien, Viren, Toxine) näher beschrieben. Dabei wird sowohl auf die Anforderungen von klinischen Proben als auch die von Umweltproben näher eingegangen. Die Probenahme sollte vorab mit dem Labor abgestimmt sein. Ein Überblick über verschiedene Nachweisverfahren, die im Labor zum Einsatz kommen, wird gegeben, wie z. B. Lichtmikroskopie, Elektronenmikroskopie, Real-Time PCR (Polymerase-Kettenreaktion), immunologische/serologische Verfahren und Anzuchtmethoden. Auch wird ihre Bedeutung für die orientierende Diagnostik, Identifizierung und Bestätigungsdiagnostik näher erläutert. Da der Nachweis von bioterroristisch relevanten Agenzien besondere Anforderungen an die Diagnostik stellt, wird sie in darauf spezialisierten Laboratorien durchgeführt. Die diagnostischen Nachweisverfahren müssen validiert und durch Qualitätssicherungsmaßnahmen überprüft sein. Neben den Verfahren für die Labordiagnostik wird in diesem Beitrag auch ein Überblick über den Stand der Entwicklungen und die Verfügbarkeit von Vor-Ort-Detektionsmethoden gegeben.

Die in den Beiträgen verwendeten Begriffe „Agens" / „Agenzien" und „Substanz" werden synonym mit dem nach der Biostoffverordnung §2 (Begriffsbestimmungen) definierte Begriff „Stoff" verwendet.

2.2 Wie erkennt man den Beginn einer außergewöhnlichen biologischen Lage?

H. Feldmeier, E.J. Finke

Die vorsätzliche Freisetzung von hoch pathogenen Erregern in Form von biologischen Kampfstoffen kann zu einem außergewöhnlichen Seuchengeschehen (ASG) führen und bildet dem entsprechend für die Bundesrepublik eine ernst zu nehmende Gefahr. Wie nach einem solchen Anschlag verfahren werden soll, ist in Planspielen mehrfach durchdacht worden und wesentlicher Inhalt dieses Handbuchs. Grundsätzlich kann es bei absichtlicher Exposition gegen infektiöse Agenzien zu einer plötzlichen Häufung von Erkrankungs- und/oder Todesfällen bei Mensch oder Tier kommen. Bei einer Häufung von zwei und mehr Fällen in einem engen zeitlichen Zusammenhang handelt es sich um einen *Krankheitsausbruch* (Synonym: *Ausbruch*), der oft die Initialphase einer Epidemie darstellt und dem eigentlichen ASG vorausgeht.

Sofern ein Ausbruch in infektionsmedizinischen, mikrobiologischen oder epidemiologischen Merkmalen von der „Norm" abweicht, spricht man von einem **ungewöhnlichen Ausbruch**. Dabei gilt als „Norm" das typische Auftreten einer endemischen Infektionskrankheit entsprechend dem bekannten geographischen, saisonalen und demographischen Verteilungsmuster und den zu erwartenden epidemiologischen Merkmalen.

Theoretisch ist ein ASG auf vier Ebenen erkennbar: bei der primären medizinischen Versorgung durch niedergelassene Ärzte (Allgemeinmediziner, Internist, eventuell auch Kinderarzt), bei der ambulanten oder stationären Versorgung von akut Kranken in einer Klinik, im Rettungsdienst (Rettungsleitstelle), in Apotheken, im mikrobiologischen Labor und/oder direkt durch die Gesundheitsbehörden. Außerdem können Landwirte, Tierärzte und Amtstierärzte durch ein gehäuftes Auftreten ungewöhnlicher Erkrankungen und Todesfälle in Haustier-,

Nutz- und Wildbeständen mit einem Ausbruch konfrontiert werden. Dieser kann ein Vorläufer von ASG sein. In jedem Fall müssen durch das medizinische Fachpersonal „Signale" erkannt werden, die sich von dem üblichen „Rauschen" alltäglicher Befunde unterscheiden.

Im Folgenden werden Besonderheiten bei der Einschätzung biologischer Lagen diskutiert und praxistaugliche Indikatoren vorgestellt, die auf einen ungewöhnlichen Ausbruch oder ein ASG hinweisen (Tabelle 1). Jeder dieser Indikatoren ist – für sich alleine genommen – weder ein spezifischer noch ein ausreichender Hinweis für den Beginn eines ASG.

Im Wesentlichen determinieren drei Kategorien von Faktoren die frühzeitige Erkennung eines ASG: medizinische, epidemiologische und forensische. Als forensischer Indikator gilt das positive Ergebnis einer Schnelldetektion mit der Identifizierung eines biologischen Agens aus Proben von Objekten oder von exponierten Personen oder Tieren. Der Nachweis von technischen oder biologischen Mitteln zur absichtlichen Freisetzung solcher Agenzien sowie das Vorhandensein von Bekennerschreiben beziehungsweise Ankündigungen in Medien gelten ebenfalls als forensische Indikatoren.

Die biologischen Merkmale des Erregers und die pathophysiologischen Konsequenzen einer Infektion beeinflussen die Inkubationszeit, die Symptome und die Ausprägung der klinischen Pathologie, sind mithin medizinische Indikatoren (s. S. 102). Allerdings sind diese Merkmale weitgehend kongruent für Erreger, die bewusst, beispielsweise bei einem terroristischen Anschlag, freigesetzt werden, und Mikroorganismen, die natürlicherweise die entsprechende Infektion hervorrufen. Überdies werden die Ausprägung der klinischen Pathologie und der Verlauf der Erkrankung durch die genetische Disposition und Immunität eines Individuums bestimmt. Mit anderen Worten, der Unterschied zwischen zu erwartendem Signal und statistischem Rauschen ist bei medizinischen Indikatoren gering, und diese sind einer biometrischen Analyse nur beschränkt zugänglich.

Tab. 1: Früherkennung eines ungewöhnlichen Ausbruchs oder eines ASG beim Menschen

Indikator	Indikator wird wahrgenommen durch				
	Niedergel. Arzt*	Kranken-haus	ÖGD*	Labor*	RD*
Patient mit außergewöhnlicher Symptomkombination	+	+			(+)
ungewöhnliche Häufung von Patienten mit Fieber und respiratorischen und/oder gastro-intestinalen Beschwerden bzw. Exanthemen	+	+	(+)		+
zahlreiche Patienten aus demselben Ort, derselben Arbeitsstätte	(+)	+	(+)		+
Patienten haben gemeinsame Risikofaktoren - Teilnahme an Veranstaltung - gleiche Altersgruppe - Aufenthalt innen/außen	(+)	+	(+)		+
ungewöhnlich viele fulminant/letal verlaufende Fälle		+	+	(+)	+
außergewöhnliche Inzidenz (zeitlich, räumlich)			+		+
ungewöhnliche Laborbefunde** (Erreger und Häufigkeit)			+	+	

* Niedergel. Arzt = niedergelassener Arzt; ÖGD = Öffentlicher Gesundheitsdienst (Amtsarzt); Labor = mikrobiologisches Labor; RD = Rettungsdienst

** Nachweis von: a) Mikroorganismen, die in Deutschland ungewöhnlich sind,
b) bekannten Erregern mit untypischer Antibiotikaresistenz oder Virulenz

Die Centers for Disease Control and Prevention (CDC) listen 31 Arten von pathogenen Mikroorganismen und Toxinen als potenzielle biologische Kampfstoffe oder *biological threat agents* (CDC, 2000). Jedes dieser Agenzien verursacht ein anderes Krankheitsbild, das mit einer mehr oder weniger genau definierten klinischen Symptomatik einhergeht. Allerdings gibt es nur wenige Symptome, die wegweisend (pathognomonisch) für ein bestimmtes Agens sind. Auch kommt es nach der Infektion durch einen definierten Erreger nicht nur zu unterschiedlichen Krankheitsformen (z. B. Lungen-, Haut- oder Darmmilzbrand, Milzbrandsepsis; Beulenpest, Pestpneumonie, Pestsepsis), sondern innerhalb einer Form auch zu divergierenden Verläufen. So sind für Infektionen mit Brucellen leichte Verläufe mit den Symptomen eines unspezifischen grippalen Infekts bis hin zu schwerer Beteiligung des Zentralen Nervensystems (ZNS) mit Enzephalitis oder Meningitis beschrieben. Exemplarisch sind in Tabelle 2 unterschiedliche klinische Verläufe aufgeführt, die bei Pestpatienten in einem bekannten Endemiegebiet im Südwesten der USA beobachtet wurden (Crook & Tempest, 1992).

Medizinische Faktoren, die eine Früherkennung eines ungewöhnlichen Ausbruchs/ASG erschweren:

- identischer Erreger führt zu unterschiedlichen Krankheitsformen
- ähnliche klinische Bilder, aber unterschiedliche Erreger
- terroristisch eingesetzte Erreger und Toxine imitieren den natürlichen Krankheitsverlauf
- divergierende Verläufe bei Patienten mit derselben Krankheit
- unterschiedliche Krankheitsstadien sind mit unterschiedlichen Symptomen assoziiert
- Leitsymptom/pathognomonische Symptomkonstellation fehlt häufig
- Differenzialdiagnose zur Abgrenzung „üblicher" lokal existierender Infektionskrankheiten schwierig/bed-side-Labormethoden unzureichend/nicht vorhanden

Tab. 2: Typische Syndrome und Schwierigkeiten der klinischen Diagnose bei ungewöhnlichen Ausbrüchen: Pest in bekanntem natürlichen Vorkommen (Endemiegebiet) (modifiziert nach Crook & Tempest, 1992)

Symptom/Befund	Anzahl [N=27]	Initialdiagnose	Initialtherapie	Letalität [%]
Fieber, schmerzhafte Lymphknotenschwellung (Bubonen)	10	Pest	Streptomycin, Chloramphenicol, Tetrazykline	0
Fieber, „wunder" Rachen, Kopfschmerzen	5	Tonsillitis, Sinusitis, Pharyngitis	Penicilline	60
Fieber, Schüttelfrost, Muskelschmerzen, Lymphknotenschwellung	5	Grippe, akute respiratorische Erkrankung, Lymphadenitis	Penicilline	60
Fieber, Übekeit, Erbrechen, Durchfall, Bauchschmerzen, Muskelschmerzen	4	Harnwegsinfekt, Gastroenteritis, Appendizitis	Ampicillin, Gentamycin, Cotrimoxazol	0
Fieber, Nackensteife, Krämpfe, Inappetenz	3	Meningitis, Sepsis	Ampicillin, Chloramphenicol, Penicillin/ Cefurox	0

In Abhängigkeit von der Virulenz und Infektionsdosis des Erregers, dem Infektionsweg und der Empfänglichkeit, d. h. auf einer fehlenden Immunität oder noch unbekannten, vermutlich genetisch bedingten Merkmalen beruhenden Disposition des Patienten, ist das Verhältnis subklinisch und klinisch apparenter Verläufe erheblichen Schwankungen unterworfen. Organmanifestationen können in der akuten und in der späten Krankheitsphase zudem völlig unterschiedlich sein (Q-Fieber: akute Phase unter dem Bild einer Virusgrippe oder atypischen Pneumonie, chronische Phase als Endokarditis oder Hepatitis).

Wie bei natürlicher Übertragung wird sich die betreffende Infektion auch nach absichtlicher Erregerexposition in ihren typischen Krankheitsstadien entwickeln (z. B. Pocken: Prodromalphase, Ausbildung eines fleckig-papulösen Hautausschlags, Entwicklung von Vesikeln und Pusteln, Krustenbildung). Sofern sehr große Mengen eines hoch virulenten Erregers auf einem für die natürliche Infektion unüblichen Wege (z. B. aerogen) aufgenommen wurden, kann jedoch der Krankheitsablauf abnorm verkürzt sein. Außerdem sind atypische Manifestationsformen zu erwarten.

Besondere differenzialdiagnostische Schwierigkeiten resultieren allein schon aus der Tatsache, dass die meisten der als biologische Agenzien in Frage kommenden Erreger nach einer aerogenen Exposition im Initialstadium ein relativ uniformes erkältungsähnliches Krankheitsbild auslösen. Dieses ist weitgehend identisch mit der sogenannten *influenza-like illness* (ILI), die jährlich im Rahmen der saisonalen Influenzasurveillance als Indikator für die Virusgrippe erfasst wird (Arbeitsgemeinschaft Influenza, 2007). Tabelle 3 zeigt die differenzialdiagnostischen Schwierigkeiten für Infektionskrankheiten auf, die durch Erreger der CDC-Liste oder Intoxikationen ausgelöst werden können.

Obwohl im Idealfall für ein bestimmtes Agens ein Leitsymptom bzw. ein eindeutiges Muster von Symptomen definiert werden kann (z. B. im Falle des Botulismus), ist es selbst für den infektiologisch ausgebildeten Arzt schwierig, im „Rauschen" individuell ausgeprägter Krankheitszeichen ein solches „Signal" zu erkennen. Um so schwieriger ist es für einen infektionsmedizinisch und epidemiologisch unerfahrenen Arzt, nur aufgrund der klinischen Symptomatik bei der Erstuntersuchung eines Patienten Hinweise für einen ungewöhnlichen Ausbruch oder den Beginn eines ASG zu erkennen.

Tab. 3: Probleme der Differenzialdiagnose ungewöhnlicher Ausbrüche/ ASG (nach Domres *et al.*, 2007)

	Botulismus	Brucellose	Influenza	Lungenpest	Milzbrand	Pocken	Q-Fieber	Ricin	SARS	SEB	T 2	Tularämie	VEE	VHF
Allgemeine Symptome														
Fieber/Schüttelfrost		+	+	+	+	+	+	+	+	+		+	+	+
grippale Symptome		+	+	+	+	+	+	+	+	+		+	+	+
Muskelschmerz (Myalgie)		+	+	+	+	+	+	+	+	+		+	+	+
Muskelsteife (Rigor)					+									
Schock	+			+	+			+		+	+			+
Schwäche	+	+						+			+		+	
Haut														
Rötung (Erythem)				+	+	+								+
Ausschlag (Exanthem)		+	+	+		+	+				+	+	+	+
Blasen (Bullae)					+									
Bläschen (Vesikel)						+					+			
Papeln (erhabene Läsion)				+	+	+					+			
Geschwüre (Ulzera)				+							+	+		
Gewebetod (Gangrän)				+										
Magen-Darm-Trakt														
Bauchschmerz	+	+	+/-	+	+	+		+	+		+			+
Durchfall	+/-	+	+/-	+	+			+	+	+		+		+
Erbrechen	+	+				+	+	+		+	+	+		+
Bluterbrechen				+				+			+			+
Blut im Stuhl (rot/frisch)				+	+			+			+			+
Teerstuhl					+						+			+
Atemwege														
Atemnot (Dyspnoe)	+		+	+	+		+	+	+	+	+	+		
Zyanose (Blaufärbung der Haut)	+			+	+			+						
Brustschmerz		+	+		+		+		+	+	+			+
Husten		+	+	+	+	+	+	+	+	+	+	+	+	+
Bluthusten				+	+						+	+		+
Stridor (Pfeifen bei Einatmen)					+									

Selbst wenn der Erstuntersucher die klinischen Merkmale aller 31 Mikroorganismen – von denen die meisten so „exotisch" sind, dass in Deutschland tätige Ärzte noch nie mit ihnen konfrontiert wurden – und die dazu gehörenden Differenzialdiagnosen kennt, limitiert der Mangel an ad hoc verfügbaren Labormethoden die prompte Erkennung eines ASG. Folglich lässt sich eine Verdachtsdiagnose erst mit erheblicher zeitlicher Verzögerung durch spezialisierte Konsiliar- oder Referenzlaboratorien bestätigen. Daher ist die zeitnahe Identifizierung des ersten Falles (Indexfall) eines sich anbahnenden ASG nur syndromorientiert möglich. In Frage kommende Syndrome sind: akute Atemnot mit Fieber, grippeähnliche Krankheit mit schwerem Krankheitsgefühl, akutes fieberhaftes Exanthem mit ungewöhnlichen Hautveränderungen (Vesikel/Pustel), Fieber mit hämorrhagischen Erscheinungen, ungewöhnliche neurologische Symptomkonstellation mit und ohne Fieber, Fieber mit auffälliger Lymphadenopathie (z. B. Bubonen) oder infektiös-toxisches Schocksyndrom bzw. Sepsis (Tabelle 2). Der Erstuntersucher wird dementsprechend immer nur den Verdacht auf einen ungewöhnlichen Ausbruch oder ein ASG ohne Angaben zur spezifischen Ätiologie aussprechen können und muss die Möglichkeit natürlicher Infektionsursachen stets einkalkulieren.

Die epidemiologischen Faktoren, die eine frühzeitige Erkennung eines ASG beeinflussen, sind auf der nächsten Seite zusammengefasst. Besonders auffällig ist das plötzliche Auftreten von Verdachtsfällen längst ausgerotteter Krankheiten, wie beispielsweise der Pocken, oder in Deutschland nicht vorkommender Krankheiten wie Pest, Rotz, Ebola- oder Marburgfieber, sofern keine andere Erklärung, wie z. B. ein Auslandsaufenthalt, vorliegt.

Wurden gefährliche Mikroorganismen an einem Ort und nur zu einem Zeitpunkt freigesetzt, ist – wie bei jeder durch Trinkwasser oder Lebensmittel bedingten *Common-Source*-Epidemie – mit einer raschen Zunahme von Krankheitsfällen nach dem Auftreten des Indexfalls in einem umschriebenen geographischen Bereich zu rechnen. Dabei kann die Inkubationszeit in Abhängigkeit von der Art, Infektionsdosis und Virulenz des biologischen Agens, der Eintrittspforte und derzeit noch unbekannten Dispositionsfaktoren der Exponierten erheblich schwanken. So variiert z. B. die Inkubationszeit beim Lungenmilzbrand nach Inhalation der Sporen von weniger als 24 Stunden bis zu 60 Tagen. Beim Botulismus beträgt die Latenzzeit bis zur klinischen Manifestation je nach Eintrittspforte bei Toxininhalation 12 bis 72 Stunden, nach oraler Aufnahme 6 Stunden bis 10 Tage, beim Wundbotulismus 4 bis 18 Tage.

Epidemiologische Faktoren, die eine Früherkennung ungewöhnlicher Ausbrüche/ASG erschweren:

- Inkubationszeiten variieren in Abhängigkeit von Infektionsdosis, Krankheitsform
- einmalige Freisetzung/mehrzeitige Freisetzung
- Freisetzung an einem Ort/Freisetzung an mehreren Orten
- Mobilität der Exponierten
- Unkenntnis über simultan ablaufenden Tierseuchenausbruch durch denselben Erreger
- atypische Verläufe und Manifestationsformen durch untypischen Übertragungsweg/Eintrittspforte
- ungewöhnliche saisonale, geographische oder demographische Verteilung

---

Zu beachten ist, dass bei Exposition gegen „professionelle" B-Kampfstoffe oder bei Ingestion/Inhalation extrem großer Dosen beziehungsweise hoch virulenter Stämme eines biologischen Agens die Inkubationszeit erheblich kürzer als erwartet ausfallen kann. Eine stark verkürzte Inkubationszeit, sofern Infektionszeitpunkt bekannt, ist daher ein guter Indikator für die Früherkennung eines ungewöhnlichen Ausbruchs oder ASG.

Werden biologische Agenzien an verschiedenen Orten freigesetzt oder ist die exponierte Bevölkerung mobil, ist zu Beginn des ASG mit einer geographischen Streuung von Krankheitsfällen zu rechnen. So verteilten sich Gäste, die in einem Restaurant in Montreal mit Botulinumtoxin verunreinigte Lebensmittel genossen hatten, anschließend über weite Teile Kanadas. Dies führte dazu, dass erst sechs Wochen nach Verzehr das Vorliegen einer Botulismus-Epidemie erkannt wurde (Sobel *et al.*, 2004).

Die Beobachtung der Tierseuchenlage kann für die frühzeitige Erkennung eines ASG hilfreich sein. Werden beispielsweise mehrere Fälle einer sehr seltenen Infektionskrankheit, wie der Tularämie, in Abwesenheit eines Tierseuchenausbruchs (Epizootie) beobachtet, so ist dies ein Hinweis für einen ungewöhnlichen Ausbruch oder ein sich möglicherweise anbahnendes ASG.

Eine kürzlich durchgeführte Meta-Analyse von 1.099 den CDC in Atlanta zwischen 1988 und 1999 gemeldeten ungewöhnlichen Ausbrüchen brachte einige bemerkenswerte Erkenntnisse (Ashford *et al.*, 2003). Bei 44 (4 %) Krankheitsclustern wurden Erreger isoliert, die als potenzielle B-Kampfstoffe gelten, und 41 (3,7 %) der Ausbrüche blieben ätiologisch ungeklärt. Die Zeitspanne vom Auftreten des ersten Krankheitsfalls bis zur Meldung der Fälle an die CDC, bei denen die Ausbrüche durch potenzielle B-Kampfstoffe bedingt waren, betrug 0 bis 26 Tage (Median = 10 Tage). Einmal informiert, benötigten die CDC zwischen 0 und 6 Tagen (Median = 2 Tage), um den Erreger zu identifizieren. Dies zeigt deutlich, dass der limitierende Faktor zur Einleitung von Kontrollmaßnahmen bei einer intentionellen Freisetzung von gefährlichen biologischen Agenzien die Erkennung eines ungewöhnlichen Ausbruchs oder ASG an der medizinischen „Basis" bzw. die Weiterleitung der Information vom Erstbehandler an die Gesundheitsbehörde ist.

Niedergelassene Ärzte und ärztliches Personal in Krankenhausambulanzen (in der Regel also angehende Fachärzte) sind vermutlich die ersten, die mit einem ungewöhnlichen Krankheitsfall bzw. der Häufung ungewöhnlicher Syndrome konfrontiert werden. Beiden Gruppen fehlen derzeit allerdings weitgehend die spezifischen infektionsmedizinischen und epidemiologischen Fachkenntnisse, um möglichst schon aus einem Indexfall auf einen ungewöhnlichen Ausbruch oder ein außergewöhnliches Seuchengeschehen zu schließen.

Bei akuter Gastroenteritis wird in Deutschland offensichtlich überhaupt nicht an die Möglichkeit eines ungewöhnlichen Ausbruchs gedacht. So wurde 2005 von 6.472 Ausbrüchen mit insgesamt 51.820 Fällen (davon 9.147 stationäre Patienten) keiner als ungewöhnlich betrachtet. Die Ätiologie ließ sich nur bei 1.262 Ausbrüchen (ca. 18 %) durch infektionsepidemiologische Methoden klären (Alpers *et al.*, 2006). Mit einem vertretbaren Aufwand ist es nicht möglich, jeden kleineren Ausbruch auf einen bioterroristischen Hintergrund hin ätiologisch zu untersuchen. Eine Aufklärung erfolgt üblicherweise erst durch polizeiliche Ermittlungen. So wurde z. B. auch 1984 ein Salmonelloseausbruch in The Dalles (Oregon/USA) mit 851 Erkrankten nicht als biologischer Anschlag erkannt. Erst durch das Geständnis eines ehemaligen Mitglieds der Rajneesh-Sekte zwei Jahre später wurde offenkundig, dass die Einwohner durch Kontamination von Salatbars einiger Restaurants des Ortes mit *Salmonella typhimurium* absichtlich infiziert worden waren (Torok *et al.*, 1997).

Veterinäre sind eine wichtige Quelle, um frühzeitig Informationen über ein ASG zu erhalten. Eine Epizootie in Wild- oder Nutztierbeständen, die mit einer ungewöhnlichen Mortalität verbunden ist, kann nach einem bioterroristischen Anschlag mit Zoonoseerregern einer Epidemie zeitlich vorausgehen. So beobachtete ein Tierarzt im New Yorker Stadtteil Queens eine hohe Mortalität bei Vögeln schon fünf Wochen, bevor die ersten humanen Fälle von West-Nil-Fieber unter dem Bild einer unklaren Enzephalitis zur Aufnahme kamen (Desowitz, 2002). Wegen mangelnder Kommunikation zwischen den veterinär- und humanmedizinischen Bereichen der Gesundheitsverwaltung wurde dem Verdacht über ein sich anbahnendes ASG allerdings nicht nachgegangen.

Eine weitere Möglichkeit, einen ungewöhnlichen Ausbruch oder ein ASG frühzeitig zu erkennen, besteht in der systematischen Erfassung definierter Syndrome (siehe 1.5) von ambulant erstbehandelten Patienten und eine anschließende Echtzeitverarbeitung der gesammelten Daten mit Methoden der Signalerkennungs- und Entscheidungstheorie (Wagner *et al.*, 2001). So konnte in einer großen Ärztegemeinschaft, die im östlichen Massachusetts 250.000 Patienten betreut, durch ein entsprechendes Computersystem eine sich anbahnende Epidemie grippaler Infekte binnen 24 Stunden identifiziert werden (Lazarus *et al.*, 2002). Auf einem ähnlichen Prinzip basiert in Deutschland die jährliche saisonale Influenzasurveillance durch die Arbeitsgemeinschaft für Influenza (AGI), die eine zeitnahe Analyse der Intensität und geographischen Ausbreitung der Virusgrippe ermöglicht.

Zusammengefasst lässt sich sagen, dass das Erkennen von ungewöhnlichen Krankheitsclustern als Beginn eines ASG ausgesprochen schwierig ist. Die zu erwartenden Symptome sind variabel, die Inkubationszeiten können über einen weiten Zeitraum streuen und Patienten verteilen sich möglicherweise über einen großen geographischen Bereich. Dadurch ist es eher unwahrscheinlich, dass ein Erstuntersucher gleichzeitig oder kurz nacheinander mit mehreren identischen Krankheitsfällen konfrontiert wird. Der entscheidende Faktor für die Früherkennung eines ASG ist derzeit vermutlich die Wachsamkeit des Erstuntersuchers, bei einem plötzlichen Auftreten unklarer oder ungewöhnlicher Krankheitsbilder an die Möglichkeit einer absichtlichen Infizierung zu denken.

Erkennen beziehungsweise Wahrnehmen von ungewöhnlichen Ausbrüchen und ASG setzen einerseits den Einsatz modernster Informations-, Kommunikations- und Diagnostiksysteme, andererseits aber auch eine entsprechende Sensibilisierung und Verbesserung der infektionsmedizinischen, mikrobiologischen und epidemiologischen Aus-, Fort- und Weiterbildung voraus (Grunow & Finke, 2002).

Es ist von kardinaler Bedeutung, praktikable Indikatoren für Frühwarnsysteme für Erstuntersucher zu definieren, die eine „Normabweichung" ausreichend zuverlässig anzeigen. Dazu ist es erforderlich, das endemische „Grundrauschen" wichtiger Infektionskrankheiten und Tierseuchen kontinuierlich zu überwachen und vorhandene infektionsepidemiologische Informationssysteme national und international stärker zu vernetzen. Schließlich ist es wichtig, die Effizienz der Früh- und Spezialdiagnostik exotischer und neu auftretender Infektionen zu steigern und valide Tests für eine effiziente *bedside*-Diagnostik bereitzustellen (Friedewald *et al.*, 2006).

Literatur

Alpers, K., Frank, C., Leitmeyer, K., & Stark, K. (2006). Ausgewählte Zoonosen im Jahr 2005: Durch Lebensmittel übertragbare bakterielle gastrointestinale Infektionen. *Epidemiol. Bull.*, 351-356

Arbeitsgemeinschaft Influenza. (2007). influenza.rki.de [online, 31.07.2007]

Ashford, D.A., Kaiser, R.M., Bales, M.E., Shutt, K., Patrawalla, A., McShan, A., Tappero, J.W., Perkins, B.A., & Dannenberg, A.L. (2003) Planning against biological terrorism: Lessons from outbreak investigations. *Emerg. Infect. Dis.*, **9**, 515-519

CDC (2000). Biological and chemical terrorism: strategic plan for preparedness and response. Recommendations of the CDC Strategic Planning Workgroup. *MMWR Recomm. Rep.*, **49**, 1-14.

Crook, L.D. & Tempest, B. (1992). Plague. A clinical review of 27 cases. *Arch. Intern. Med.*, **152**, 1253-1256

Desowitz, S. (2002). *Federal Bodysnatchers and the New Guinea Virus: Tales of Parasites, People and Politics*, pp. 27-56. W. W. Norton Company

Domres, B., Brockmann, S., & Kay, M. (2007). *Biologische Gefahrenlagen – Leitfaden für Rettungs- und Einsatzdienste bei Ereignissen mit biologischen Gefahrstoffen*, 1 edn, Johanniter-Unfall-Hilfe e.V., Düsseldorf

Friedewald, S., Dobler, G., & Finke, E.J. (2006) Patientennahe Diagnostik in Krisensituationen. *J. Lab. Med.*, **30** (4), 211-218

Grunow, R. & Finke, E.J. (2002). A procedure for differentiating between the intentional release of biological warfare agents and natural outbreaks of disease: its use in analyzing the tularemia outbreak in Kosovo in 1999 and 2000. *Clin. Microbiol. Infect.*, **8**, 510-521

Lazarus, R., Kleinman, K., Dashevsky, I., Adams, C., Kludt, P., DeMaria, A., Jr., & Platt, R. (2002). Use of automated ambulatory-care encounter records for detection of acute illness clusters, including potential bioterrorism events. *Emerg. Infect. Dis.*, **8**, 753-760

Sobel, J., Tucker, N., Sulka, A., McLaughlin, J., & Maslanka, S. (2004). Foodborne botulism in the United States, 1990-2000. *Emerg.Infect. Dis.*, **10**, 1606-1611

Torok, T.J., Tauxe, R.V., Wise, R.P., Livengood, J.R., Sokolow, R., Mauvais, S., Birkness, K.A., Skeels, M.R., Horan, J.M., & Foster, L.R. (1997). A large community outbreak of salmonellosis caused by intentional contamination of restaurant salad bars. *JAMA*, **278**, 389-395

Wagner, M.M., Tsui, F.C., Espino, J.U., Dato, V.M., Sittig, D.F., Caruana, R.A., McGinnis, L.F., Deerfield, D.W., Druzdzel, M.J., & Fridsma, D.B. (2001). The emerging science of very early detection of disease outbreaks. *J.Public Health Manag.Pract.*, **7**, 51-59

2.3 Vorgehensweise bei Verdacht auf Ausbringung einer biologischen Substanz aus Sicht der Polizei

A. Dannebaum

Die Bewältigung einer potenziellen biologischen Gefahrenlage stellt alle Gefahrenabwehrbehörden vor enorme Herausforderungen und kann aufgrund der nur begrenzt zur Verfügung stehenden Ressourcen sehr schnell zur Erreichung der jeweiligen Leistbarkeitsgrenzen führen. Von entscheidender Bedeutung sind daher das Wissen um den jeweiligen eigenen Verantwortungsbereich, das Zusammenspiel der unterschiedlichen Behörden vor Ort sowie die vorhandenen Unterstützungspotentiale.

Die Vorgehensweisen bei derartigen Lagen differieren zwischen den einzelnen Bundesländern, insbesondere auch in Abhängigkeit von deren territorialen Gegebenheiten.

Exemplarisch werden hier die Abläufe in Berlin dargestellt.

Für die Bewältigung einer biologischen Gefahrenlage ist deren Ursache zunächst von sekundärer Bedeutung, da im Sinne des Verfassungsverständnisses und einer Rechtsgüterabwägung die Bekämpfung der Gefahren für Leib und Leben der Bevölkerung in den Vordergrund tritt. Gleichwohl besteht für die Polizei aus der Strafprozessordnung heraus die gesetzliche Verpflichtung zur Aufklärung von Straftaten. Ein Einsatz der Polizei in derartigen Lagen ist grundsätzlich erforderlich, da neben dem Umstand einer vorsätzlichen (z. B. terroristischen) Schaffung einer Gefahren- bzw. Schadenslage mit biologischem Hintergrund auch die fahrlässige Handlung (z. B. falsches Hantieren) strafbewehrt sein kann.

Mit Blick auf den organisatorischen Ablauf stellt sich die Bewältigung einer biologischen Gefahrenlage etwas weniger problematisch dar, wenn nach bekannt werden bei den Gefahrenabwehrbehörden

(z. B. über die Notrufe) bereits durch äußere Faktoren eindeutig eine tatsächliche Schadenslage gegeben ist, die potenziell auf eine biologische Ursache zurückzuführen sein könnte (z. B. massenhafte Ausfallerscheinungen bei Personen). Hier werden regelmäßig sofort alle in Frage kommenden Behörden und Organisationen zur Schadensbewältigung alarmiert und unter allen erdenklichen Schutzvorkehrungen eingesetzt.

Auch bei derartigen biologischen Gefahren- bzw. Schadenlagen wird auf ein bewährtes System des Miteinanders zurückgegriffen, das auch bei allen anderen Ereignissen (z. B. Brände, Unfälle etc.) nahezu täglich praktiziert wird. Dies wird durch die Bildung von Gemeinsamen Einsatzleitungen manifestiert, in denen die Behörden und Organisationen vor Ort ihre Maßnahmen abstimmen. Dabei wird innerhalb der jeweiligen gesetzlichen Aufgabenzuweisungen und Zuständigkeiten gehandelt und auf bereits erarbeitete Planentscheidungen zurückgegriffen.

Diffiziler stellt sich jedoch eine Situation dar, bei der zunächst keine nach außen erkennbar auftretenden Wirkungen festzustellen sind, jedoch ein Verdacht einer biologischen Gefahr nicht gänzlich ausgeschlossen werden kann. Derartige Fälle traten insbesondere im Nachgang der Ereignisse des 11. September 2001 auf, als in den Vereinigten Staaten eine Vielzahl von so genannten „Milzbrand-Briefchen" versandt wurde und sich in einigen wenigen Fällen tatsächlich diese Substanz darin befand. Es war nur eine Frage der Zeit, bis auch in Deutschland solche Briefe auftauchen sollten. Die Bundeshauptstadt „erwischte" es erstmalig am 10. Oktober 2001, als im Bereich des Parkdecks eines großen Möbelhauses ein entsprechender Briefumschlag mit der Botschaft „Wer das liest, dessen Leben wird sich verändern" aufgefunden wurde; Inhalt war ein Papiertaschentuch.

In diesem konkreten Fall erfolgten die Alarmierung und der Einsatz aller Gefahrenabwehrbehörden entsprechend der zum damaligen Zeitpunkt bestehenden Planentscheidungen für biologische Gefahrenlagen. Obgleich die Bewältigung der Lage lehrbuchmäßig erfolgte, führte dies jedoch allein bei der Polizei über einen Zeitraum von vier

Stunden zu einer Heranziehung von bis zu 170 Beamten. Dass dies auf Dauer personell und materiell nicht leistbar sein konnte, war allen sehr schnell klar.

Daher galt es für künftige Fälle – in der Folge waren in einem Zeitraum von vier Monaten 334 „Anthrax-Verdachtsfälle" in Berlin zu verzeichnen – ein sachgerechtes Verfahren zu entwickeln, das unter Wahrung eines hohen Eigensicherungsgrades ein Minimum an Einsatzkräften erfordert. Zugleich mussten dabei die unterschiedlichen Verantwortlichkeiten und Bedürfnisse Berücksichtigung finden.

Zunächst gilt es die Zuständig- und Verantwortlichkeiten zu klären. Wie bereits oben beschrieben, tritt nach der Schwergewichtstheorie der Strafverfolgungsanspruch des Staates gegenüber der Gefahrenabwehr vorläufig in den Hintergrund. Da es sich um die Abwehr einer Infektionskrankheit handelt, greifen die Regelungen des Infektionsschutzgesetzes (§ 16 IfSG), wonach die zuständige Behörde die notwendigen Maßnahmen zur Abwendung der dem Einzelnen oder der Allgemeinheit drohenden Gefahren trifft. Wer zuständige Behörde ist, regelt sich i. S. d. § 54 IfSG nach den jeweiligen landesrechtlichen Vorschriften. In Berlin obliegt die Durchführung des IfSG den Gesundheitsämtern der zwölf Bezirke mit ihren Amtsärzten (Berlin ASOG, 2006).

Das heißt, dass nach bekannt werden einer biologischen Gefahr immer das zuständige Gesundheitsamt in den Informationsprozess einbezogen werden muss. Da jedoch zugleich der Verdacht einer Straftat im Raume steht und darüber hinaus die Ereignismeldung (Meldung eines Fundes) regelmäßig über den Notruf 110 eingeht, ist an der Bewältigung biologischer Gefahrenlagen auch immer die Polizei beteiligt.

Sollte ein Notruf bei der Berliner Feuerwehr eingehen, wird auf Basis entsprechender Vereinbarungen immer die Funkbetriebszentrale der Polizei informiert und eine Alarmierung eingeleitet.

Im zweiten Schritt wurde unter Beteiligung aller Gefahrenabwehrbehörden ein Maßnahmenkatalog für den Einsatz der Polizei beim Auffinden bzw. Verbreiten von verdächtigen Gegenständen als möglicher Träger chemischer/biologischer Substanzen erarbeitet. Er regelt den Ablauf vom Beginn der ersten Notrufmeldung bis hin zur Einleitung der Substanzuntersuchung sowie deren Ergebnismitteilung. Diese Planentscheidung wurde so elastisch ausgestaltet, dass sie nicht nur für die klassischen „Anthrax-Verdachtsfälle" herangezogen werden kann, sondern in den wesentlichen Ablaufpunkten auch bei anderen biologischen bzw. chemischen Gefahrenlagen anwendbar ist.

Anhand dieses Maßnahmenkatalogs sei der organisatorische Ablauf der Bewältigung einer biologischen Gefahrenlage in den wesentlichen Punkten kurz dargestellt.

Nach Eingang einer Notrufmeldung werden zunächst immer mind. zwei Polizeivollzugsbeamte zum Ereignis-/Fundort entsandt. Diese sorgen zunächst für eine erste Feststellung des Sachverhalts insbesondere durch Befragung des Anzeigenden sowie der Zeugen. Darüber hinaus ist eine Absperrung ggf. ein Freimachen des betroffenen Bereiches vorzunehmen. Eine Annäherung an den vermeintlich suspekten Gegenstand hat, wenn überhaupt notwendig, unter Beachtung der Eigensicherung und nur durch einen Beamten zu erfolgen. Nach Möglichkeit sollte der zweite Beamte deutlicheren Abstand halten (auf Sichtweite bzw. über Funk erreichbar), um so im Ernstfall sofortige Alarmierungen durchführen zu können.

Als Grundsatz gilt dabei: eine Berührung des Gegenstandes hat zunächst zu unterbleiben.

Zur Eigensicherung des „erkundenden" Beamten stehen in Berlin sog. Infektionsschutz-Sets (siehe 6.4, Tabelle 6) zur Verfügung, die auf allen Polizeidienststellen in ausreichendem Maße bereit gehalten werden. Sofern erforderlich, kann diese Schutzbekleidung zwar jederzeit angelegt werden, jedoch sollte auch die Außenwirkung bedacht werden und zur Vermeidung von unnötiger Hysterie und Panik in Teilen der Bevölkerung eine sorgfältige Beurteilung der Lage erfolgen.

Im Anschluss informieren die Beamten unverzüglich das Lagezentrum Berlin, wo unter Beteiligung der Fach-/Dauerdienste des Landeskriminalamtes (u. a. Polizeilicher Staatsschutz) eine Bewertung der Sachlage vorgenommen wird und die Ernsthaftigkeit des Vorliegens einer biologischen Gefahrenlage bejaht bzw. negiert wird. Welche Entscheidungskriterien hierfür herangezogen werden, kann aus Gründen der Wahrung von schutzwürdigen Interessen der Sicherheit der Bundesrepublik Deutschland nicht näher dargelegt werden, jedoch spielen neben zahlreichen anderen Aspekten u. a. auch die nationale wie auch die internationale Lageentwicklung eine Rolle.

In diesem Stadium wird der weitere Verlauf des Einsatzes geprägt. Ähnlich wie bei einer Prüfung der Ernsthaftigkeit einer Bombendrohung wird letztendlich über den Umfang der zu treffenden Maßnahmen entschieden.

Anfangsverdacht bestätigt

Bei einer Bejahung der Ernsthaftigkeit einer biologischen Gefahrenlage werden durch das Lagezentrum Berlin unverzüglich der zuständige Amtsarzt, die Berliner Feuerwehr, die Fachdienste des Landeskriminalamtes sowie ggf. weitere involvierte Behörden/Organisationen alarmiert.

Am Schadens-/Fundort wird eine Gemeinsame Einsatzleitung (GELtg) gebildet, in die alle beteiligten Gefahrenabwehrbehörden je einen Vertreter entsenden. Hier informieren sie sich gegenseitig und stimmen ihre zu treffenden Maßnahmen aufeinander ab. Praxisorientiert wird hierzu ein Einsatzleitwagen (ELW) der Feuerwehr oder ein Führungsfahrzeug der Polizei genutzt. Darüber hinaus können im Rahmen der Inanspruchnahme von Dritten auch geeignete Räumlichkeiten im Nahbereich genutzt werden. Geregelt ist diese Verfahrensweise in einer entsprechenden Ausführungsvorschrift der Senatsinnenverwaltung, die für alle Gefahrenabwehrbehörden bindend ist. Der personelle Umfang der GELtg kann bedarfsorientiert um Vertreter der Hilfsorganisationen, der Infrastrukturbetreiber oder sonstiger Dritter erweitert werden.

Zusätzlich alarmierte Polizeikräfte verdichten die Absperrung und räumen den Gefahrenbereich entsprechend der in der GELtg abgestimmten Vorgaben.

Alle Personen, die mit dem Gegenstand in Berührung geraten sind oder sich in unmittelbarer Umgebung aufgehalten haben, werden getrennt von vermeintlich nicht Kontaminierten bis zum Eintreffen des Amtsarztes (vor Ort) festgehalten, sofern die Art der Kontaminierung und die daraus resultierenden Verletzungen nicht eine sofortige ärztliche Behandlung erfordern.

Gegenstände, von denen eine Reaktion bzw. eine Gesundheitsgefahr ausgehen könnte, werden so lange unverändert am Fundort belassen, bis die zuständigen Behörden über deren Weiterbehandlung entscheiden.

Im Zuge der Alarmierung der Fachdienste des Landeskriminalamtes werden auch Vertreter des Dezernats 6 des Kompetenzzentrums Kriminaltechnik zum Ereignisort entsandt. Deren Einsatz beschränkt sich dabei nicht nur auf ABC-Lagen (dort ansässige ABC Task Force), sondern berücksichtigt auch potenzielle andere Gefahren, die zeitgleich einhergehen könnten. Da diesem Dezernat ebenfalls die Entschärfer-Teams für unkonventionelle Spreng- und Brandvorrichtungen zugehörig sind, kann durch deren bedarfsorientierten Einsatz auch diesen Gefahren (z. B. Sprengfallen) begegnet werden bzw. eine zusätzliche Untersuchung auf Sprengstoff initiiert werden (siehe 2.5).

Der weitere Ablauf vor Ort, insbesondere die Entscheidung, wie und mit welchen Mitteln die Gefahr erkundet und bekämpft wird, ist primär durch die Amtsärzte im Einklang mit den Fachdiensten der Feuerwehr und des Landeskriminalamtes geprägt.

Abhängig von der Lage kann es darüber hinaus erforderlich sein, dass neben der GELtg am Fund-/Ereignisort zusätzliche Führungseinrichtungen in den Gefahrenabwehrbehörden gebildet werden müssen. Dies betrifft dabei nicht nur Feuerwehr und Polizei, sondern insbesondere auch die zuständigen Gesundheitsbehörden (Bezirksebene und Senatsebene).

Zeitgleich setzt eine abgestimmte Medien- und Pressearbeit über die GELtg ein, um die Öffentlichkeit sachgerecht zu informieren, ggf. Handlungsempfehlungen für die Bevölkerung auszusprechen bzw. Kontaktadressen (z. B. zuständiges Gesundheitsamt) bekannt zu geben (siehe Kapitel 4).

Zur Unterstützung der Öffentlichkeitsarbeit wird regelmäßig auch vom Instrument des Krisentelefons (Info-Hotline) Gebrauch gemacht, um so bestehende Unsicherheiten in der Bevölkerung nach erfolgter Medienberichterstattung und daraus resultierenden Anfragen über die dafür nicht ausgelegten Notrufe 110 bzw. 112 begegnen zu können.

Auf die Einleitung eines Strafverfahrens mit allen einschlägigen Ermittlungstätigkeiten sei hier der Vollständigkeit halber nur kurz hingewiesen. Aus Sicht der Polizei ist jedoch neben der Sicherung von Spuren und Beweisen für das Strafverfahren auch die Einleitung der Untersuchung der Substanz sowie selbstverständlich das entsprechende Ergebnis von Bedeutung.

Da die erste Inaugenscheinnahme/Annäherung regelmäßig durch einen Polizeivollzugsbeamten erfolgt und diese mit Blick auf die Vielzahl gemeldeter Vorfälle nicht immer unter optimalen Eigensicherungsbedingungen erfolgen kann, muss besonderer Wert auf eine unverzügliche Untersuchung der Substanz und eine lückenlose Informationskette bezüglich der Ergebnismitteilung gelegt werden.

Hierzu wird in Berlin ein behördenübergreifend abgestimmter Untersuchungsauftrag verwendet, der am Ereignisort ausgefüllt und mit der Substanz in geeigneten Behältnissen (vorrätig beim Landeskriminalamt sowie der Berliner Feuerwehr) unverzüglich dem Untersuchungsinstitut (Institut für Lebensmittel, Arzneimittel und Tierseuchen, ILAT) zugeleitet wird (siehe 2.5).

Im Einzelfall kann es dabei notwendig sein, vorab die Institute über die beabsichtigte Anlieferung zu informieren, um dort zu „ungünstigen Zeiten" ggf. Personal zusätzlich zum Dienst heranziehen bzw. im Dienst halten (Dienstplanänderungen) zu können.

Die Informationskette nach Abschluss der Untersuchung umfasst neben der sofortigen Meldung an den zuständigen Amtsarzt (als Beispiel siehe Untersuchungsauftrag im Anhang D) auch die Mitteilung des Ergebnisses an den ärztlichen Dienst der Polizei (zuständig für den innerbetrieblichen Arbeitsschutz), so dass bei einem positiven Untersuchungsbefund eine unverzügliche Einleitung von Gesundheitsschutzmaßnahmen für die Einsatzkräfte erfolgen kann.

Darüber hinaus ist es von Bedeutung, dass die eingesetzten Polizeibeamten auch die Personaldaten aller anderen Personen (Anzeigender, Zeugen etc.), die möglicherweise mit der Substanz in Berührung geraten sein könnten, lückenlos erfassen. Ergänzend wird hierzu in Berlin bereits bei der Aufnahme der Personaldaten ein behördenübergreifend abgestimmtes Informationsblatt gereicht, mit dem den Betroffenen das weitere Verfahren, Kontaktadressen und Telefonnummern sowie allgemeine Informationen zur Substanz, deren Wirkung und den Behandlungsmöglichkeiten erläutert werden kann. Allerdings existiert derzeit ein solches Informationsblatt nur für Anthrax-Verdachtsfälle.

So weit sei der Ablauf bei einer **Bejahung der Ernsthaftigkeit** einer biologischen Gefahrenlage beschrieben.

Vom Kräfte- und Mittelaufwand deutlich abweichend ist die Situation bei einer **Verneinung der Ernsthaftigkeit** nach Prüfung durch das Lagezentrum Berlin.

Die Alarmierung zusätzlicher Kräfte der Polizei (einschl. des Landeskriminalamtes) sowie der Feuerwehr unterbleibt. Lediglich der zuständige Amtsarzt wird fernmündlich über den Sachverhalt informiert. Er entscheidet anhand der Umstände des Einzelfalles, ob ein Erscheinen seinerseits vor Ort notwendig ist. Regelmäßig wird er als zuständige Gesundheitsbehörde zumindest fernmündlich einen Untersuchungsauftrag erteilen, da eine polizeiliche Lagebeurteilung (die zu einer Verneinung der Ernsthaftigkeit führt) zu keinem Zeitpunkt eine absolute Sicherheit gewährleistet und eine „Dennoch"-Gefahrenlage nicht ausgeschlossen werden kann.

Der Gegenstand/die Substanz wird in solchen Fällen durch einen vor Ort befindlichen Polizeiangehörigen in einem geeigneten Behältnis verpackt. Derartige Verpackungsmöglichkeiten werden in den örtlichen Polizeidirektionen bereitgehalten. Es handelt sich hierbei um einfachere Plastikboxen bzw. -tüten ohne besondere Schutzwirkung. Bei der Handhabung werden mindestens Einmalhandschuhe getragen. Lageabhängig sollte zusätzlich auf höhere Schutzstufen zurückgegriffen werden (siehe Kapitel 6). Auf Händehygiene, Kleidungs- und Wäschewechsel ist selbstverständlich zu achten.

Auch in diesen Fällen wird regelmäßig ein Strafverfahren eingeleitet. Jedoch sind auch Sachverhalte zu verzeichnen, die bei Gesamtwürdigung keinen Straftatverdacht begründen können, so dass lediglich ein polizeilicher Tätigkeitsbericht gefertigt wird. In jedem Fall werden jedoch die Personaldaten aller Beteiligten aufgenommen und können im Bedarfsfall den Gesundheitsbehörden zur Verfügung gestellt werden.

Der Transport der Substanz erfolgt dann durch die Funkstreifenbesatzung zum jeweiligen Institut. Zur Wahrung der lückenlosen Informationskette über das Ergebnis der Untersuchung wird der behördenübergreifend abgestimmte Untersuchungsauftrag ausgefüllt und verbleibt bei der Substanz. Nach erfolgter Untersuchung wird der Befund, der regelmäßig innerhalb von 48 Stunden vorliegt, dem zuständigen Amtsarzt sowie dem polizeiärztlichen Dienst mitgeteilt.

Sofern kein Straftatverdacht vorliegt und die Gesamtumstände eine Untersuchung der Substanz für nicht notwendig erachten lassen (in Berlin wurden z. B. „Brausepulvertütchen" als Werbemittel an Haushalte verschickt, die vielfach bei der Bevölkerung „Verdacht" erregten), kann der Stoff/Gegenstand bei dem Betroffenen verbleiben bzw. vor Ort vernichtet werden. Bei einer Entsorgung vor Ort sollte aber so „gut" vernichtet werden, dass nicht eine erneute Notrufmeldung aufgrund dieses Stoffes/Gegenstandes eingehen kann.

Hier sei noch eine kurze Anmerkung zur Philosophie dieser Vorgehensweise erlaubt: Ausgehend von der Tatsache, dass bei einer Vielzahl von gemeldeten biologischen Fällen und den nur begrenzt zur Verfügung stehenden personellen und materiellen Ressourcen eine unter optimalen Schutzbedingungen ablaufende Fallbearbeitung nicht gewährleistet werden kann, galt es einen sachgerechten Kompromiss zu finden.

Jeder Polizeieinsatz birgt immer ein gewisses berufsimmanentes Restrisiko in sich. Beim Vorliegen potenzieller biologischer Gefahrenlagen kann das Restrisiko dergestalt gemindert werden, indem durch einen schnellen und übergreifenden Informationsfluss hinsichtlich des Untersuchungsergebnisses auch eine unverzügliche Behandlungsmaßnahme einsetzen kann. Zeitgleich geht eine sachgerechte Information über die Auswirkungen und die Interventionsmöglichkeiten im Falle einer tatsächlichen Kontamination einher.

Nicht unerwähnt bleiben sollte, dass die Erstellung dieses Maßnahmenkatalogs nicht nur von den Fachdiensten allein, sondern auch, und gerade in diesem durchaus heiklen Bereich, unter Beteiligung der Personalvertretungen erfolgte.

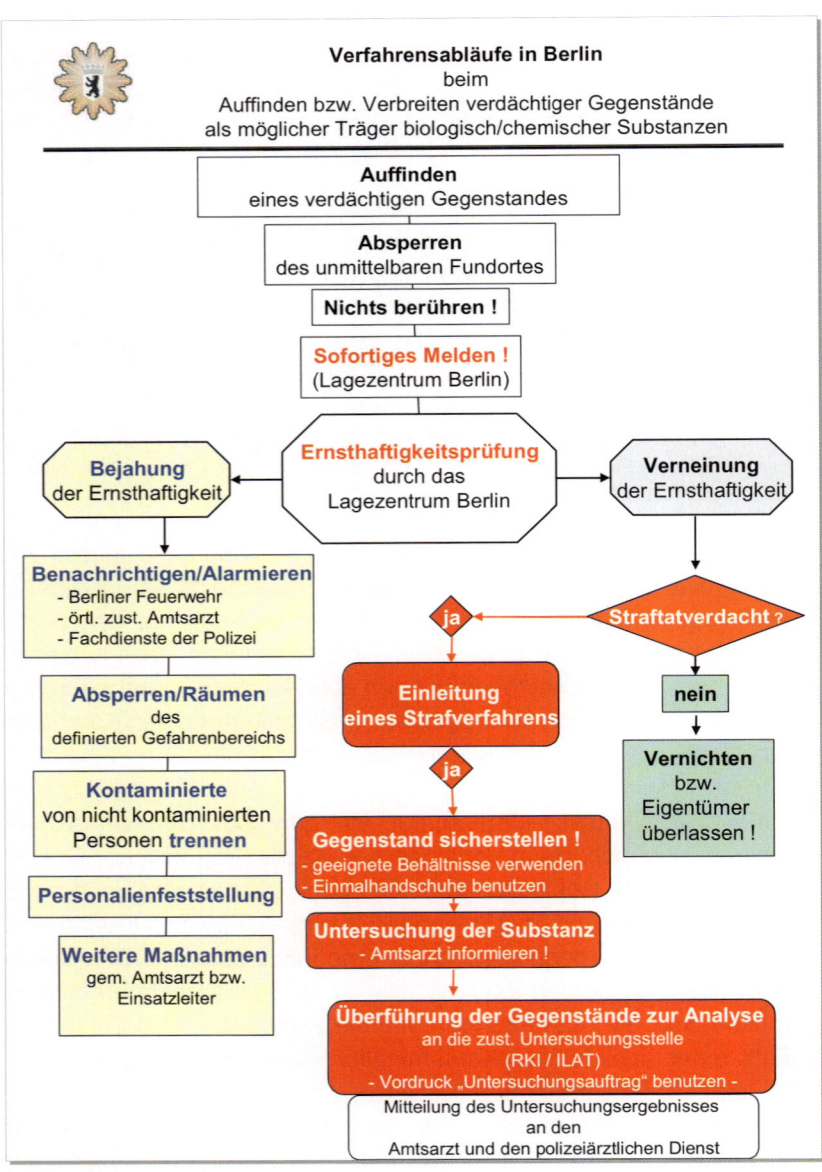

Abb. 1: Verfahrensabläufe in Berlin

Schlussbetrachtung

Aus organisatorischer Sicht erfordert die Bewältigung biologischer Gefahrenlagen ein Höchstmaß an Informations- und Kommunikationsbereitschaft aller Gefahrenabwehrbehörden. Dies bezieht sich nicht nur auf den Moment, in dem die tatsächliche Gefahrenlage besteht. Vielmehr muss die Thematik schon vor einem möglichen Schadenseintritt aufgegriffen werden. Dabei ist es unerlässlich, **alle** Gefahrenabwehrbehörden zu beteiligen, um so

- die Aufgabenzuweisungen und Zuständigkeiten zu verdeutlichen,
- gemeinsam die Verfahrensabläufe festzulegen und
- die gegenseitigen Unterstützungspotentiale zu ermitteln.

Die Ergebnisse müssen in Planentscheidungen umgesetzt und allen Verantwortlichen der Behörden bekannt gegeben werden. Gegebenenfalls können solche Planungen auch durch Fallstudien überprüft werden.

Dem Grundsatz folgend, je mehr geschrieben wird, desto weniger wird gelesen, kann eine variable Vorschriftenausgestaltung für die Bewältigung gleichartiger Lagen den Grad der „Verinnerlichung" bei den Einsatzkräften erhöhen. Dies trifft besonders, wie hier im Fall Berlin dargestellt, auf die regelmäßig zuerst agierenden Polizeibeamten zu, die tagtäglich mit einer Vielzahl anderer Aufgaben betraut sind und deren Erfahrungswerte im Umgang mit biologischen Gefahren eher gering sind.

Neben den standardisierten Hinweisen zur Eigensicherung ist ein besonderes Augenmerk auf die Information und Aufklärung von Einsatzkräften hinsichtlich

- der Substanz und möglichen Auswirkungserscheinungen,
- den Interventionsmöglichkeiten,
- der Ansprechpartner für weiter gehende Fragen und Beratungen

zu legen.

Auch hier kann möglicherweise eine Koppelung erfolgen, indem zugleich die Bevölkerung in diesen Informationsprozess einbezogen wird. Ob Bereithalten von Merkblättern, Einrichtung von Hotlines, Durchführen einer intensiven Pressearbeit oder andere Aktivitäten, sie alle sind wesentliche Bausteine zur Vermeidung unnötiger Hysterie und Panik. Genau die gilt es zu vermeiden, denn nur aus der Ruhe wächst ja bekanntermaßen die Kraft, die alle für eine sachgerechte Gefahrenbekämpfung benötigen.

Literatur

Berlin ASOG (2006). Allgemeines Gesetz zum Schutz der öffentlichen Sicherheit und Ordnung in Berlin (Allgemeines Sicherheits- und Ordnungsgesetz – ASOG Bln). In der Fassung der Bekanntmachung vom 11. Oktober 2006, *GVBl.* S. 930, geändert am 14. November 2006, GVBl. S. 1045. www.umweltrecht.de/recht/anlasi/sicher/bln/sog_ges.htm [online, 31.07.2007]

2.4 Vorgehensweise bei Verdacht auf Ausbringung einer biologischen Substanz aus Sicht der Feuerwehr

R. Rudolph

Seit den zahlreichen Einsätzen im Zusammenhang mit Anthrax-Verdachtsfällen Ende des Jahres 2001 sind BIO-Einsätze in ein breites Bewusstsein bei den Feuerwehren gedrungen. Auch abseits dieser „Terror-Lagen" wurden und werden Feuerwehren hierzulande bei der Bekämpfung von Tierseuchen mit eingesetzt, wie bei den Fällen der Maul-und-Klauen-Seuche oder zuletzt bei der Vogelgrippe. Einer der Vorteile einer Feuerwehr bei derartigen Lagen ist, dass in der Regel zahlreiches Personal und Gerät für den Einsatz unter der entsprechenden persönlichen Schutzausrüstung zur Verfügung stehen.

Die Feuerwehren haben hierbei eine inhomogene Ausgangslage: mit der FwDV 500, Einheiten im ABC-Einsatz, und der vfdb-Richtlinie 10/02, Feuerwehr im BIO-Einsatz, existieren zwar Rahmenvorschriften, diese werden jedoch auf Landes- und Standortebene unterschiedlich ergänzt oder ausgefüllt, da in der Bundesrepublik Deutschland die Zuständigkeit für das Feuerwehrwesen maßgeblich auf der kommunalen Ebene liegt. Je nach Standort werden hier Berufsfeuerwehrkräfte, hauptamtlich beschäftigtes Personal und/oder freiwillige Feuerwehrleute zum Einsatz kommen.

Im Folgenden sollen zunächst die Inhalte der FwDV 500 und der vfdb-Richtlinie 10/02 zusammengefasst sowie am Beispiel einer mittelgroßen Berufsfeuerwehr die örtlichen Abläufe im Zusammenhang mit BIO-Einsätzen dargestellt werden.

Feuerwehr-Dienstvorschrift 500

Die FwDV 500 sieht für ABC-Lagen den Einsatz entsprechender Sonderausrüstung vor, die in Abhängigkeit von der Aufgabenstellung von entsprechend ausgebildetem Personal einzusetzen ist. Die Sonderausrüstung gliedert sich in Atemschutz, Körperschutz und Mess- und Warngerät. Der Atemschutz wird in der Erstphase des Einsatzes, insbesondere bei noch unklaren Lagen, aus umluftunabhängigem Atemschutz bestehen. Der Körperschutz wird in die Formen 1 bis 3 unterschieden. Die Form 1 besteht aus der für die Brandbekämpfung üblichen Schutzkleidung, ggf. ergänzt durch eine Kontaminationsschutzhaube, wobei deren Schutzwirkung in der Regel bereits durch Verwendung einer Flammschutzhaube erreicht werden kann. Die Form 2 besteht aus in der Regel einteiligen Anzügen, die partikeldicht und begrenzt flüssigkeitsdicht sind. Form 3 stellt schließlich die Klasse der gasdichten Chemikalienschutzanzüge dar, die mit umluftunabhängigem Atemschutz getragen werden.

Die FwDV übernimmt die vier Risikogruppen der Biostoffverordnung (BioStoffV). Diese werden für den Einsatzfall drei Gefahrengruppen zugeordnet, wobei die Gefahrengruppe I B die Risikogruppe 1 umfasst, die Gefahrengruppe II B die Risikogruppe 2 sowie 3** und die Gefahrengruppe III B die Risikogruppen 3 und 4 beinhaltet (siehe 6.3). Innerhalb der Gefahrengruppe I B wird die für die Brandbekämpfung übliche Schutzausrüstung mit Atemschutz als ausreichend angesehen. Die Gefahrengruppe II B lässt noch die Verwendung von Filtergeräten (P3 erforderlich) als Atemschutz sowie als Mindest-Körperschutz die Form 1 zu, während bei Gefahrengruppe III B Isoliergeräte (z. B. Pressluftatmer) und Form 2 oder 3 zu tragen sind. Zudem erfordert der Einsatz bei Gefahrengruppe III B die Anwesenheit einer fachkundigen Person. Einzige Ausnahme ist die unverzügliche Menschenrettung. Hier wird als Mindestschutz Körperschutz Form 1 und Atemschutz durch Isoliergeräte gefordert. Dies ist vorgesehen bis zur Gefahrengruppe III B, sofern nicht eine Zuordnung zur Risikogruppe 4 nach BioStoffV vorliegt. Für diesen Fall ist das Betreten des Bereiches – auch zur Menschenrettung – nur bei Anwesenheit des zuständigen

Erlaubnisinhabers nach Infektionsschutzgesetz oder aufgrund einer besonderen Handlungsvereinbarung zwischen Feuerwehr und Betreiber zulässig.

Der Ersteinsatz der Feuerwehr wird zunächst der GAMS-Regel (Gefahr erkennen – Absperren – Menschenrettung durchführen – Spezialkräfte alarmieren) folgen und ist grundsätzlich durch jede Feuerwehr, unabhängig von ihrem Ausbildung- und Ausrüstungsstand, zu leisten. Die ergänzenden Einsatzmaßnahmen werden dann von den entsprechenden Spezialkräften ergriffen. Sofern die Feuerwehr nicht über geeignete Spezialkräfte verfügt, müssen diese Aufgaben von externen Kräften wahrgenommen werden.

Bei Einsätzen in den Gefahrengruppen II und III sieht die FwDV 500 einen Automatismus zur Errichtung eines Dekon-Platzes vor. Am Dekon-Platz erfolgt durch die Feuerwehrkräfte eine Grobreinigung von Personen und Gerät, ggf. unter Verwendung von Hilfsstoffen (Seife, Dekon- oder Desinfektionsmitteln). Bei Schutzkleidung soll dadurch nach Verlassen des Gefahrenbereichs ein möglichst gefahrloses Ablegen ermöglicht werden. Die umfassende Dekontamination bleibt dabei in der Zuständigkeit der Fachbehörden. Der Dekon-Platz muss spätestens 15 Minuten nach dem ersten Anlegen von persönlicher Schutzausrüstung betriebsbereit sein. Möglichkeiten zur Not-Dekon sind bereits mit Beginn des Einsatzes unter persönlicher Schutzausrüstung (PSA) vorzuhalten.

Für Vorbereitung und Durchführung von ABC-Einsätzen sollen die Feuerwehren Stellen oder Personen hinzuziehen, die durch besondere Fachkenntnisse, Ausrüstung oder Einrichtungen den Einsatz unterstützen können. Die umfangreiche Aufzählung umfasst verschiedenste Dienststellen wie Ordnungs-, Gesundheits-, Katastrophenschutzbehörden, Einrichtungen und Personal aus dem industriellen und gewerblichen Bereich (Transport-Unfall-Informations- und Hilfeleistungssystem [TUIS], betriebliche Beauftragte) bis hin zu militärischen Einrichtungen.

Die FwDV 500 weist der Feuerwehr im BIO-Einsatz im Wesentlichen die Aufgaben des Absperrens und Erkundens der Gefahrenbereiche, der Menschenrettung sowie des Verhinderns der Schadens- und Stoffausbreitung zu. Als mögliche Maßnahmen zur Verhinderung der Ausbreitung werden das Verbringen in dichte Behälter sowie die Inaktivierung durch geeignete, zugelassene Desinfektionsmittel genannt. Zur Auswahl der Desinfektionsmittel wird das Expertenwissen der Fachbehörden bzw. eine fachkundige Person erforderlich sein. Sowohl für die Erkundung als auch für die Einsatzmaßnahmen wird besonderes Augenmerk auf die Vermeidung der Kontaminationsverschleppung gelegt. Dies beinhaltet auch erforderlichenfalls die Rückhaltung von Löschwasser.

Richtlinie 10/02 der Vereinigung zur Förderung des Deutschen Brandschutzes e.V. (Vfdb-Richtlinie 10/02)

Die Regelungen der vfdb-Richtlinie 10/02 behandeln Einsätze der Feuerwehr in Bereichen, in denen Tätigkeiten mit biologischen Arbeitsstoffen durchgeführt werden, wobei der Einsatz der Feuerwehr selbst nicht als Tätigkeit im Sinne der BioStoffV gilt. Vom Grundsatz her sind die Regelungen auch auf Einsätze mit infektiösem Material anzuwenden. Für die im Sinne der Richtlinie möglichen Einsätze mit Infektionsgefährdung werden zahlreiche Beispiele angeführt, die von Einsätzen im Zusammenhang mit biologischen Arbeitsstoffen, Abfällen und Abwässern, Seuchen sowie terroristischen Lagen reichen.

Die Handlungsvorgaben der Richtlinie 10/02 beginnen mit der Auswahl geeigneter Schutzkleidung, wobei die vfdb-Richtlinie und die FwDV 500 in ihrer Entscheidungsmatrix die gleiche Systematik der Gefahrengruppen I B bis III B nutzen. Als Pauschalierungen enthalten auch beide die Festlegung, dass bei BIO-Einsätzen infolge von Gefahrgut- bzw. Transportunfällen zunächst entsprechend der Gefahrengruppe II B zu verfahren ist, bei begründetem Verdacht auf terroristische Ausbringung von Bio-Agenzien analog der Gefahrengruppe III B.

Während Einsätze im Zusammenhang mit Transportunfällen in der Regel in die originäre Zuständigkeit der Feuerwehren fallen werden, wird die Feuerwehr bei potenziellen Terrorlagen oder auch Seuchengeschehen in Amtshilfe, also subsidiär, tätig. Die sachlichen Zuständigkeiten liegen hier bei der Polizei und den Gesundheits- bzw. Veterinärbehörden.

Die Feuerwehren sollen innerhalb ihres Bereichs Objekte erfassen, in denen anzeige-, melde- oder genehmigungspflichtiger Umgang mit biologischen Arbeitsstoffen stattfindet. Insbesondere sind die ab Gefahrengruppe II B vom Betreiber zu erstellenden Feuerwehrpläne nach DIN 14095 genannt, die zur Einsatzplanung und Einsatzdurchführung wesentliche Informationen liefern.

Die in der vfdb-Richtline 10/02 genannten Maßnahmen während des Einsatzes wurden auch in die FwDV 500 eingearbeitet und entsprechen sich inhaltlich. Wesentlich sind noch die Maßnahmen nach dem Einsatz. Hierbei sind alle Personen, die an Einsätzen in Bereichen der Gefahrengruppen II B und III B teilgenommen haben, namentlich zu erfassen. Besondere Vorkommnisse sind zu vermerken. Diese Dokumentationen sind mit dem Einsatzbericht 30 Jahre aufzubewahren. Auf eine Aufbewahrungspflicht nach BioStoffV von bis über 40 Jahren bei bestimmten Agenzien wird hingewiesen.

Die FwDV 500 und die Inhalte der vfdb-Richtlinie 10/02 werden regelmäßig in Feuerwehreinsätzen Anwendung finden, bei denen bereits bei der Einsatzeröffnung durch objektspezifische Einsatzpläne oder bei deren erster Erkundung bereits aufgrund entsprechender Bereichs- oder Transportkennzeichnung Hinweise auf eine mögliche Bio-Gefährdung gegeben sind. Die plötzliche und unerwartete Auseinandersetzung mit dem Einsatzstichwort „Bio-Gefahr" kann den Einsatzkräften dabei bereits begegnen bei anfänglichen Routineeinsätzen wie Brandmelderalarmen, wenn z. B. bei Alarm in einem Klinikkomplex ein bioeingestufter Bereich zu kontrollieren ist und dies durch die Beschilderung der Zugangstür ins Bewusstsein gerufen wird. Die Anwendung der Einsatzgrundsätze obiger Regelwerke bei zunächst unklaren Lagen ist jedoch nicht sichergestellt. Erst bei Vorliegen eines begründeten Verdachts werden die entsprechenden Verhaltens- und Vorgehensweisen berücksichtigt werden.

Abarbeitung am Beispiel der Stadt Mannheim

Ausgelöst durch die zahlreichen Verdachtsfälle, die auch hierzulande nach den Anthrax-Briefen in den USA im Herbst 2001 auftraten, hat die Stadt Mannheim den nachfolgend beschriebenen Ablauf für die einsatzmäßige Abarbeitung derartiger Ereignisse für ihren Zuständigkeitsbereich erstellt; dieser soll hier als ein mögliches Beispiel dienen. Nachfolgend werden die Inhalte, nicht der Originaltext wiedergegeben.

Zuständigkeit und Verantwortung der Gefahrenabwehr

Nach Eingang einer Meldung über mögliche Freisetzung eines biologischen Agens tritt an der Einsatzstelle eine sog. ad-hoc-Gruppe zusammen. Diese besteht aus einem Polizeiführer, einem Führungsdienst der Feuerwehr sowie einem leitenden Notarzt. Aufgabe der ad-hoc-Gruppe ist die fachtechnische Beurteilung der Lage und Prüfung der Plausibilität, ihr obliegt die Zuständigkeit und Verantwortung für die Maßnahmen der Gefahrenabwehr. Im Bedarfsfall wird die Gruppe um je einen Vertreter der Gesundheits- und der Ordnungsbehörde erweitert, für die während des Zeitraumes der Erstellung dieses Ablaufs auch eine Rufbereitschaft eingerichtet war, die jedoch mit Änderung der Risikoabschätzung wieder ausgesetzt wurde.

Grundsätze für die Einsatztätigkeit

Kann aufgrund der Prüfung eine Gefahrenlage ausgeschlossen werden, wird der Einsatz beendet. Bei nicht auszuschließender Gefahrenlage werden erste Einsatzmaßnahmen der Feuerwehr erforderlich. Diese umfassen die Erkundung, Absperrung, erste Versorgung kontaminierter Personen, Probenahme und ggf. erste Sicherstellung verdächtigen Materials. Diese Maßnahmen sollen möglichst nacheinander abgearbeitet werden, um den Personalansatz so gering wie möglich zu halten. Räume, in denen verdächtige Materialien vorgefunden wurden, sind zu verschließen und zu sperren. Lüftungsanlagen sind abzustellen, Fenster und Türen geschlossen zu halten, um eine Verbreitung des Materials zu verhindern. Bei diesen Maßnahmen ist als Mindestschutz ein leichter Schutzanzug (Form 2), eine Atemschutzmaske mit Filter P3, Infektionsschutzhandschuhe und darüber Gummihandschuhe sowie Gummistiefel zu tragen, erforderlichenfalls Chemikalienschutzanzug (CSA, Form 3 Anzug). Der Funkverkehr ist auf das Notwendigste zu reduzieren. Lagemeldungen sind möglichst über Telefon abzusetzen.

Kontaminierte Fremdpersonen

Bei potenzieller Kontamination geringen Umfangs sind betroffene Kleidungsstücke abzulegen, luftdicht in Foliensäcke zu verpacken und die betroffenen Körperpartien mit Wasser und Seife zu waschen. Bei potenzieller Kontamination größeren Umfangs ist das Duschen der Personen erforderlich. Hierzu werden, wenn möglich, betriebsseitig vorhandene Duscheinrichtungen genutzt oder die Personen zu einer öffentlichen Duscheinrichtung verbracht, die dann zu diesem Zweck gesperrt wird. Für derartige Duscheinrichtungen wird Ersatzkleidung vorgehalten (siehe 5.4).

Probenahme/Sicherstellung

Im unmittelbaren Gefahrenbereich ist die Zahl der Einsatzkräfte auf das unbedingt notwendige Maß zu beschränken. Bei Probenahme und Sicherstellung ist darauf zu achten, dass möglichst nur eine Person mit dem sicherzustellenden Gegenstand in Berührung kommt. Die Proben werden in bruchsicheren Behältnissen verpackt, deutlich und eindeutig markiert und mit einer Kopie des Probenahmeprotokolls versehen (siehe 2.5 und 2.6).

Kontaminierte Bereiche

Eine Kontaminationsverschleppung ist unbedingt zu vermeiden. Kontaminationsverdächtige Bereiche sind zu schließen und zu sperren. Die ad-hoc-Gruppe entscheidet über ggf. erforderliche Desinfektion und weitergehende Maßnahmen.

Dekontamination von Flächen, Gerät und Schutzkleidung

Zur Dekontamination wird Peroxiessigsäure angewendet (sofern keine anderen Anweisungen der ad-hoc-Gruppe vorliegen). Zur sicheren Einhaltung von Einwirkzeiten ist bei CSA-Einsatz Fremdluftversorgung sicherzustellen (die Feuerwehr Mannheim setzte bereits weit vor 2001 CSA vom Typ 1a-ET mit Möglichkeit zum Fremdluftanschluss ein). Schutzkleidung, insbesondere Einmalschutzkleidung, und Gerät werden luftdicht verpackt und mit Einsatzstelle, Datum und Einsatznummer gekennzeichnet in einem gesicherten Raum zwischengelagert, bis nach Vorliegen des Laborergebnisses über das weitere Vorgehen entschieden werden kann (siehe 6.8).

Dokumentation

Alle am Einsatz beteiligten Kräfte sind namentlich festzuhalten, Einsatzkräfte im Gefahrenbereich sind besonders aufzuführen. Von der Einsatzstelle sind Fotos anzufertigen und der Polizei zur Verfügung zu stellen.

Presseauskünfte

Presseauskünfte werden grundsätzlich durch die Polizeipressestelle erteilt. Bei Zusammentreten des Stabes der Stadt übernimmt die Pressearbeit das Amt für Rats- und Öffentlichkeitsarbeit (siehe Kapitel 4).

Der oben dargestellte Handlungsablauf gilt zunächst nur für Anthrax-Verdachtsfälle, kann sinngemäß aber auch auf andere BIO-Ereignisse übertragen werden. Einige Ergänzungen sind zwischenzeitlich auch aus den Erfahrungen aus der Fußball-WM 2006 sowie der Teilnahme am Workshop BIOTECT 2006 einzuflechten. Im Wesentlichen sind dies folgende Erkenntnisse:

- Umfangreichere Erkundungen und Probenahmen bei unklaren Lagen sollten mit einem mindestens dreiköpfigen Team im Gefahrenbereich vorgenommen werden. Hier ist eine Arbeitsteilung mit einem Probenehmer, einem Assistenten und einer Funktion für Kommunikation und Dokumentation sinnvoll (Details siehe 2.5).

- Bei unklaren Lagen sollte mit einem umfassenden ABC-Bewusstsein vorgegangen werden, d. h. entsprechende A- und C-Sensorik sollte bei unklaren B-Verdachtsfällen auch mitgeführt werden.

- Vorteilhaft ist eine enge Abstimmung mit Experten der Gesundheitsbehörden für die medizinische Fachkompetenz sowie mit Entschärfern aus dem polizeilichen bzw. militärischen Bereich (*Dirty-Bomb*-Problematik). Im Einsatz wäre dies idealerweise durch gemischte Teams zu erreichen.

- Es sollte auch mit dem Bewusstsein für ermittlungstechnische Belange vorgegangen werden. Das Probenahmeteam im Gefahrenbereich kann auch für polizeiliche Ermittlungen wichtige Daten im Zuge der Probenahme erheben, wie z. B. das detaillierte Fotografieren der Einsatzstelle (was auch allgemein zu Dokumentationszwecken sinnvoll ist), und sollte sich an der Einsatzstelle vorsichtig bewegen sowie Veränderungen an der Einsatzstelle auf das erforderliche Maß beschränken. Auch hier wären gemischte Teams der effektivere Ansatz.

Die Anwendung derartiger Planungen in einer Situation eines gewissermaßen allgemeinen Grundverdachts, wie 2001 gegeben, lässt sich einsatztaktisch gut umsetzen. Schwieriger ist ihre Anwendung, wenn sich ein mögliches BIO-Ereignis außerhalb einer konkreten oder abstrakten Bedrohungslage den Einsatzkräften der Gefahrenabwehr im Alltagseinsatz stellt. Hier wird der einsatztaktisch relevante Punkt das Erheben eines plausiblen Anfangsverdachts sein, um dann in die entsprechenden Abläufe einsteigen zu können.

2.5 Probenahme und initiale Bewertung bei biologischen Lagen

B. Niederwöhrmeier, N. Derakshani, G. Uelpenich,
E.J. Finke, M. König

2.5.1 Allgemeines

Eine Probenahme bei Verdacht auf biologische Agenzien kann im Zuge einer zufälligen oder gezielten Freisetzung biologischer Agenzien oder eines außergewöhnlichen Seuchengeschehens (ASG) bzw. ungewöhnlichen Krankheitsausbruches erforderlich sein. Auch der Fall eines auf polizeilichen Erkenntnissen beruhenden Verdachts auf eine biologische Gefahrenlage kann eine Probenahme bzw. ein entsprechend abgestimmtes Vorgehen der Polizei in Absprache mit anderen beteiligten Einsatzkräften erforderlich machen.

Insbesondere bei nicht gesicherten Einsatzstellen ist auf den selbstverständlichen Eigenschutz der Einsatzkräfte gegen andere Gefahren zu achten. Vor der Probenahme ist z. B. das Vorhandensein von Explosivstoffen, Radionukliden und gefährlichen chemischen Stoffen zu prüfen. Liegen diese Gefahren vor, muss dies beim weiteren Vorgehen entsprechend berücksichtigt werden. Besonders wichtig ist dabei die Sicherstellung des Materials bzw. Sicherung des Ausbringungsortes zur Vermeidung einer weiteren Ausbreitung des Agens.

Die Konsequenzen aus den Anthraxanschlägen in den USA 2001 und eigene Erfahrungen mit nachfolgenden vermeintlichen Anthrax-Lagen in Deutschland zeigen, dass der Anfall solcher Verdachtsproben immer mit einem hohen personellen und logistischen Aufwand verbunden ist. Biologische Gefahrenlagen verursachen bei den Einsatzkräften eine große Verunsicherung, da eine Vor-Ort-Detektion des mutmaßlichen B-Agens im Gegensatz zu chemischen oder radiologischen/nuklearen Gefahren auf absehbare Zeit nicht möglich ist. Das Ergreifen von Präventivmaßnahmen, die dazu führen, dass der Eigenschutz der Einsatzkräfte sichergestellt wird, eine Ausbreitung möglicher Agenzien vermieden wird und schnell weitere Erkenntnisse über An- oder Abwesenheit des vermuteten Agens erlangt werden, ist daher dringend notwendig. Diese müssen von allen Einsatzkräften vor Ort berücksichtigt werden und abgestimmt sein. Erst wenn die Belange aller an dem Einsatz beteiligten Kräfte berücksichtigt sind und diese koordiniert arbeiten, kann von einer effektiven Gefahrenabwehr ausgegangen werden.

Bei der Probenahme außerhalb der medizinischen Versorgung werden vorrangig Umweltproben gewonnen. Hierbei handelt es sich ausschließlich um eine Probenahme zur Klärung einer Gefahrenlage nach bekanntem (bestätigtem) Einsatz oder Verdacht auf das Vorhandensein von biologischen Kampfstoffen oder vergleichbaren biologischen Arbeitsstoffen durch zuständige Stellen der Gesundheitsämter, sonstiger autorisierter Landeseinrichtungen sowie Kräfte der örtlichen Gefahrenabwehr.

Sofern ungewöhnliche Krankheits- und Todesfälle bei Menschen und Tieren eine biologische Schadenslage vermuten lassen, ist eine Entnahme von biomedizinischen Proben durch entsprechend autorisiertes Personal, z. B. des öffentlichen Gesundheitsdienstes oder ambulanter sowie stationärer Gesundheitseinrichtungen, durchzuführen.

Die Probenahme selbst muss so angelegt werden, dass eine Veränderung der Probe und des Umfeldes minimiert ist, um weitere forensische Untersuchungen und die anschließende spezialisierte Laboranalytik zu gewährleisten.

Der Probentransport hat unter kontrollierten Bedingungen zum zuvor festgelegten und telefonisch vorinformierten Labor so schnell wie möglich zu erfolgen.

Die Auswertung der untersuchten Proben muss eine aussagekräftige Grundlage für Risiko- und Gefährdungsanalysen darstellen.

Als Grundlage der hier zusammengestellten Vorgehensweisen und Schwerpunkte wurden im Wesentlichen internationale Normen zur Probenahme bei Verdacht auf biologische Kampfstoffe (B-Probenahme) (ASTM, 2007), die Erkenntnisse aus dem EU BIOTECT Workshop 2006 in Dänemark (Danish National Centre for Biological Defence, 2006) und das SIBCRA-Handbuch der NATO (NATO, 2000) verwendet.

2.5.2 Probenahmeszenarien – Ausgangssituation für die Organisation der Probenahme

Die Komplexität biologischer Szenarien bedingt sich aus der Vielfalt der möglichen Organismen einerseits sowie dem Zusammenspiel mit den herrschenden Rahmenbedingungen, wie z. B. Ort, Umweltbedingungen und vorhandene Populationen (Mensch oder Tier). Sie sind alle ausschlaggebend dafür, wie gut sich Organismen und damit die von ihnen verursachten Krankheiten in der Umgebung halten und ausbreiten können.

Im Zuge einer vorsätzlichen Freisetzung kommt noch der kriminelle Aspekt hinzu.

Je nach Informationsstand kann zwischen unterschiedlichen Ausgangslagen einzelner Szenarien unterschieden werden, die die Vorgehensweise zur Beweisfeststellung im Wesentlichen beeinflussen.

Für eine Probenahme in Frage kommende Bereiche:

1. Innenbereiche

- geschlossene Räumlichkeiten (Poststellen, Büros, Schulräume etc.) mit geringer Luftzirkulation

- geschlossene Räumlichkeiten mit gerichteter oder ungehinderter Luftzirkulation (z. B. Produktionsstätten, Kirchen, Flughäfen, Bahnhöfe, Kaufhäuser); besonders zu berücksichtigen sind Raumlufttechnische Anlagen (RLT)

2. Außenbereiche

- Unterscheidung zwischen Gelände mit ungehinderter (freies Gelände) und begrenzter Ausbreitungsmöglichkeit (Bebauung/ Bewuchs)

In den genannten Bereichen sind folgende Szenarien mit unterschiedlichen Expositionen von Mensch und Tier möglich:

A Verdacht auf eine Freisetzung/Kontamination aufgrund von Alarmen, Ankündigungen eines Anschlags oder tatsächlich bestätigter Anschläge

- Ohne Exposition von Personen/Tieren beinhaltet die Entnahme von Umweltproben.

- Mit mutmaßlicher oder nachgewiesener Exposition von Personen/Tieren ohne Hinweis auf eine Erkrankung. Gewinnung von Proben aus der Umwelt wie unter dem vorherigen Punkt und aus geeigneten Abstrichen, z. B. von exponierten Körperoberflächen, Bekleidung, ggf. Nase-Rachen-Ohr oder von exponierten Personen oder Tieren.

- Mit mutmaßlicher Exposition und ersten Erkrankten/Verstorbenen/verendeten Tieren innerhalb des ersten Tages nach mutmaßlicher Freisetzung. Wie unter dem vorherigen Punkt, aber zusätzlich Entnahme von weiterem klinischen Untersuchungsmaterial und Autopsieproben.

B Ungewöhnlicher Krankheitsausbruch/außergewöhnliches Seuchengeschehen ohne konkrete Hinweise darauf, wo und wann der B-Anschlag bzw. die Infektion mit dem Erreger erfolgte.

- Da hier die Krankheitsverdächtigen primär ärztliche Hilfe aufsuchen oder den Notarzt/die Feuerwehr und Rettungsdienste als erste konsultieren werden, wird auch die Probenahme vorrangig in medizinischen Einrichtungen durch Fachpersonal aus medizinischer Indikation erfolgen.

2.5.3 Vorgehen am Ort des Schadensereignisses

2.5.3.1 Feststellung der Lage vor Ort

Im Einsatzfall ist als Erstes die Einsatzstrategie festzulegen. Hierzu müssen folgende Fragen zur Situationseinschätzung gestellt und mit dem Probenahmeteam vor dem Einsatz besprochen werden:

Was ist passiert?	Polizeiliche Erkenntnisse; eventuell aufgetretene klinische Symptome.
Wann ist es passiert?	Abfrage der Zeitschiene, um eventuelle Rückschlüsse auf das Agens hinsichtlich Inkubationszeiten etc. ziehen zu können.
Wo ist es passiert?	Abgrenzung des kontaminierten Bereiches; war in der Zwischenzeit die Möglichkeit einer Kontaminationsverschleppung gegeben?
Wie ist es passiert?	Bei vorsätzlicher Ausbringung von biologischen Agenzien sind Informationen zu Art und Umfang, z. B. Explosion, Versprühen etc., wichtig. Bei einem Seuchengeschehen sind insbesondere Ausbreitungs- und Infektionswege zu klären.
Wie ist das Areal beschaffen?	Handelt es sich um ein geschlossenes Gebäude oder ein Szenario im Freien?
Wie sind die Umweltbedingungen?	Wetter, Geländeform usw. und wie waren die Bedingungen zurzeit der Ausbringung bis zur Probenahme?

Medizinische Hinweise und Einschätzungen *(Medical Intelligence)* sowie stoffspezifische Fachinformationen bezüglich Kontaminationsmöglichkeiten, Umweltstabilität, wichtige Stoffeigenschaften etc. sind, wenn es möglich ist, vor dem Einsatz einzuholen.

Basierend auf den Informationen zur Ausbringungsart und den Umweltbedingungen wird zunächst der Ort des Dekonplatzes, der Einsatzleitung und der Weg, den das Probenahmeteam einschlagen soll, bestimmt. Alle gesammelten Informationen bilden die Basis für die Festlegung und Priorisierung von Probenarten und -orten.

Bei Freisetzungen von B-Agenzien in **geschlossenen Gebäuden** sind folgende Punkte zu berücksichtigen:

- grundsätzlich Kontaminationsverschleppung bzw. -verbreitung vermeiden
- Lüftungseinrichtungen abschalten
- Türen und Fenster schließen
- Aufzüge ausschalten
- Austrittsöffnungen – soweit möglich – verschließen (z. B. abkleben)
- jede unnötige Bewegung im Raum vermeiden.

Bei **Einsätzen im Freien** sind folgende Punkte zu berücksichtigen:

- großzügige Festlegung der Kontaminationsgrenzen in Abhängigkeit von den o. a. Informationen wie z. B. Wetterlage. Durch das Team können, soweit dies noch nicht erfolgt ist, in Absprache mit der Einsatzleitung auch Absperrmaßnahmen durchgeführt werden.

- Windrichtung

- Vermeidung der Kontaminationsverbreitung wie z. B. durch Abdeckung der Substanz, evtl. Anfeuchtung, um weitere Ausbreitung zu minimieren

2.5.3.2 Probenahmeteam: Zusammensetzung und Aufgabenverteilung

Das **Einsatzteam** besteht aus dem B-Probenahme-, Dekon- und Rettungsteam. Das B-Probenahmeteam geht bis zum Probenahmeort in den angenommenen kontaminierten Bereich (rot) vor. Das Dekonteam befindet sich im Übergangsbereich (gelb) vom roten zum nicht kontaminierten Bereich (grün), in dem das Rettungsteam bereit steht (teilweise auch als schwarz-grau-weiß-Bereich bezeichnet, siehe 6.9). Eine medizinische und infektionsepidemiologische Fachberatung des Teams (sofern sie nicht Bestandteil des Probenahmeteams ist) ist über die Einsatzleitung des Probenahmeteams zu leisten.

Das **Probenahmeteam** besteht grundsätzlich aus mindestens zwei Personen, dem Probenehmer und einem Helfer. Zusätzlich sollte eine dritte Person, die die Kommunikation mit dem rückwärtigen Bereich und die Dokumentation der Probenahme (Video-, Foto- und schriftliche Dokumentation) übernimmt, eingeplant werden. Möglichkeiten des sicheren Ausschleusens dieser Materialien nach dem Einsatz sind zu bedenken (z. B. Kamera mit Hülle für Unterwasserfotografie, die eine Dekontamination erlaubt). Gegebenenfalls ist das Team situationsbezogen zu erweitern. Die Aufgabenverteilung der Teammitglieder sollte so erfolgen, dass es immer ein „sauberes" (nicht kontaminiertes) Teammitglied gibt, das die zu verwendenden sauberen Materialien einem „schmutzigen" (evtl. kontaminierten) Teammitglied anreicht. Der Probenehmer wählt die Probenahmeorte bzw. führt die Priorisierung der Probenahmeorte durch und nimmt aktiv die Proben. Die Aufgabe des Helfers ist es, das Material für eine reibungslose Probenahme vorzubereiten und anzureichen. Besteht das Team nur aus zwei Personen, ist dieser ebenfalls für die Probendokumentation (Beschriftung der Behälter, schriftliche Dokumentation) zuständig. Zur Minimierung der Kontaminationsverschleppung sollte der Helfer nicht in direkten Kontakt mit dem zu untersuchenden Material kommen.

Zusätzlich zum eigentlichen Probenahmeteam ist ein Rettungsteam mit mindestens 2 Personen mit gleichwertiger persönlicher Schutzausrüstung (PSA, siehe 6.4 und 6.5) am Dekonplatz vorzuhalten.

Zum Verlassen des Einsatzgebietes (roter Bereich) müssen die Probenehmer den Dekonplatz passieren. Der Leiter des Einsatzteams wird am Übergang zwischen der grünen und gelben Zone platziert. Er steht mit dem Probenahmeteam über Funk in Kontakt. Über ihn werden auch Fachberater einbezogen. Die Eignung des Dekonplatzes und der vorgehaltenen Dekontechnik ist vor dem Einsatz des Probenahmeteams zu überprüfen (vfdb 10/04, 2006; vfdb 10/02, 2001; siehe 5.4, 6.8, 6.9). Ausschleusung der Proben über den Dekonplatz durch Tauchen der Probe in geeigneter Desinfektionslösung (Einwirkzeit beachten!). Verpackung, Deklaration und Transport haben entsprechend der nationalen/internationalen Vorgaben zu erfolgen.

2.5.3.3 Allgemeines zur Durchführung der Probenahme

Oberstes Ziel bei der Probenahme vor Ort muss es sein, eine Gefährdung des Probenahmepersonals auszuschließen und trotzdem für die Laboranalytik brauchbare Proben zu nehmen. Hierbei muss eine Kontaminationsverschleppung zwischen den einzelnen Proben vermieden werden.

Im Folgenden werden die wichtigsten Punkte aufgelistet, die bei der Probenahme vor Ort unbedingt zu berücksichtigen sind:

- Markierung/Festlegung des Probenahmebereiches bzw. -ortes und wenn möglich Dokumentation dieser Bereiche.

- Schaffung eines „sauberen Bereiches" (Arbeitsplatzes) z. B. durch Ausbreiten einer Plane, auf der dann die Arbeitsgeräte ausgebreitet werden können.

- Zwei Paar Handschuhe übereinander tragen und nach jeder Probenahme das äußere Paar wechseln bzw. die Handschuhe desinfizieren. Beim Desinfizieren ist auf die Materialbeständigkeit zu achten.

- Die eigentliche Probenahme erfolgt nur durch eine Person (schmutzig). Diese verpackt die Proben in eine innere und dann mit Unterstützung der 2. Person in die äußere Verpackung (Vorschriften beachten!).

- Die Außenseite der inneren Verpackung wird zur Reduzierung der Kontaminationsverschleppung mit einem Desinfektionsmittel belegt.

- Die Beschriftung der Proben ist zwingend notwendig, um eine eindeutige Zuordnung durchführen zu können. Die Beschriftung besteht aus der Kennzeichnung der Probe mit Probenummer, Ort und Uhrzeit der Probenahme sowie dem Namen des Probenehmers. Mindestangaben auf dem Probenahmeprotokoll sind: Probenummer, Probenart (fest, flüssig usw.), Datum und Zeitangabe, Probenahmeort, Probenehmer, Eintragung der Probe mit Beschreibung in Einsatzunterlagen (Nachverfolgung der Probe).

- Es ist unbedingt darauf zu achten, dass ein Stift wasserfest und Desinfektionsmittelbeständig ist bzw. eine andere sichere Beschriftungsform gewählt wird. Eine spätere Zuordnung der Probe zur Fundstelle wird bei falscher Wahl eventuell unmöglich gemacht.

- Dokumentation des jeweiligen Probenahmeortes über Foto, Video oder Skizze.

- Abgelegte Handschuhe und benutzte Materialien in Beuteln sammeln, um eine Kontaminationsverschleppung zu verhindern.

- Hilfsmittel wie Spatel, Pipetten usw. immer nur einmalig verwenden (Kontaminationsverschleppung!).

2.5.3.4 Sicherheit im Einsatz

Bevor das Probenahmeteam die Probenahme vor Ort vornimmt, sind bestimmte Voraussetzungen zu schaffen:

Es sind vor allem folgende Punkte zu beachten:

- Die Sicherheit des Probenahmeteams hat allerhöchste Priorität

- Eine weitere Ausbreitung und/oder Kontaminationsverschleppung bei der Probenahme muss vermieden werden.

Kommunikation

Überprüfung der Funktionsfähigkeit der Funkgeräte und Qualität der Funkverbindung im PSA.

Dekontamination

Ein Dekontaminationsplatz zur Personendekontamination, Dekontamination der Proben und ggf. der Ausstattung muss aufgebaut und einsatzbereit sein (vfdb 10/02, 2001; Ausschuss Feuerwehrangelegenheiten, 2004; vfdb 10/04, 2006; siehe auch 5.4, 6.8, 6.9).

2.5.3.5 Durchführung der Probenahme

Nach der Festlegung des Probenahmeareals muss die Priorisierung der Probenorte und -arten vorgenommen werden.

Probenahmeorte

Vor der Probenahme ist das Areal, in dem Proben genommen werden sollen, zu sichten, und es sind geeignete Probenahmeorte festzulegen. Die Auswahl der Probenahmeorte richtet sich neben der Art der Ausbringung nach den örtlichen Beschaffenheiten und den seit der Ausbringung bzw. Freisetzung der B-Agenzien vorherrschenden Umweltbedingungen. Bestimmend für die Auswahl der Technik sind die vorhandenen Matrices. Areale in unmittelbarer Umgebung der Freisetzung und in Zugrichtung einer eventuellen Wolke sind zu bevorzugen. Es sollten keine Proben von Orten genommen werden, die durch Hindernisse, nach oben oder gegen die Windrichtung abgeschirmt oder die der direkten Sonneneinstrahlung und erhöhter Temperatur (> 50 °C) ausgesetzt sind, sofern andere Probenahmemöglichkeiten bestehen.

Bei Flüssigkeiten und Festkörpern sollte bei optisch sichtbaren Verunreinigungen möglichst viel der verdächtigen Substanz ohne Begleitstoffe gesammelt werden. Auch hier gilt, dass sich stark sonnenexponierte und hohen Temperaturen ausgesetzte Stellen nicht für die Probenahme eignen.

Bei Aerosolen gibt es mitunter keine optischen Hinweise, wo sich die Substanz niedergeschlagen hat. Bei Tröpfchenkernen können Partikel mitunter über sehr lange Zeit (mehrere Stunden) in der Luft schweben, ohne sich abzusetzen. Aussagefähige, geeignete Proben lassen sich aus Flüssigkeiten und aus porösem, absorptionsfähigem Material nehmen.

Zusätzlich sollte die Größe der Fläche, die beprobt wird, einheitlich sein oder zumindest dokumentiert werden.

Für die Auswahl der Probenahmeorte spielen verschiedene Aspekte eine Rolle. Generell kann zwischen zwei unterschiedlichen Vorgehensweisen unterschieden werden.

Die Probenahme bei nicht sichtbaren Kontaminationen

Zu **nicht sichtbaren Kontaminationen** kann es z. B. im Fall einer Aerosolausbringung (Ausbringung von B-Agenzien in Schwebstoffform) kommen. Dabei kann die Probenahme direkt aus der Luft oder von beaufschlagten Oberflächen vorgenommen werden. Hierzu bieten sich Handgeräte an, die eine definierte Luftmenge durch z. B. einen

Gelatinefilter definierter Porengröße saugen. Diese Proben können im Labor für weitere Analysen verwendet werden. Beim Durchzug oder Absetzen einer Partikelwolke werden Böden, Oberflächen von Gegenständen, Gewässer- und Vegetationsoberflächen etc. kontaminiert. Maßgeblich für Ort und Grad der Oberflächenkontamination sind u. a. Partikelkonzentrationen, Partikeleigenschaften (z. B. natürlich vorkommende Erreger im Unterschied zu waffenfähigem Material) und Windrichtung und -geschwindigkeit zum Zeitpunkt der Freisetzung des Agens.

Je nach Ort und Fläche der Ausbringung sollten gezielte Vorgaben durch die zuständige Fachbehörde (Landesgesundheitsamt) zu Art, Ort und Umfang der Probenahme gemacht werden.

Die Probenahme zur Untersuchung einer Kontaminationsausbreitung erfolgt in berechneter Zugrichtung einer Wolke. Geeignete Flächen liegen im angenommenen Ausbreitungsbereich exponiert und vor direkter Sonneneinstrahlung geschützt.

Probenahme bei sichtbarer Kontamination

Bei **sichtbarer Kontamination** sollte die Probenahme der verdächtigen Substanz möglichst ohne Beimischung von natürlich am Probenahmeort vorkommenden Materialien erfolgen. Bei ausreichendem Probenmaterial ist eine Sicherstellung einer Teilmenge von max. 200 g vorzunehmen. Bei weniger Material kann alles aufgenommen werden. Dadurch kann gleichzeitig einer weiteren Verteilung des Materials entgegen gewirkt werden. Das Material ist in sterile Behältnisse (z. B. Beutel, Polyethylen (PE)-Flaschen) zu füllen.

Priorisierung bei der Probenahme

Für die Priorisierung der Proben wird in Abhängigkeit vom Szenario die Reihung in Dringlichkeitsstufen vorgenommen: Vorrangige Priorität und damit Dringlichkeitsstufe 1 erhalten alle Entnahmestellen mit sehr großen Kontaminationswahrscheinlichkeiten, diese Proben sind vorrangig zu entnehmen. Ihnen folgen Proben mit vorhandenen Kontaminationswahrscheinlichkeiten, Dringlichkeitsstufe 2. Zuletzt werden Proben mit mäßigen Kontaminationsprognosen entnommen, Dringlichkeitsstufe 3.

Dringlichkeitsstufe 1 = vorrangige Priorität	Entnahme unbedingt erforderlich, ggf. Mehrfachprobenahmen auch mit unterschiedlichen Techniken
Dringlichkeitsstufe 2 = hohe Priorität	Entnahme ist erforderlich
Dringlichkeitsstufe 3 = mäßige Priorität	Nachgeordnete Entnahmedringlichkeit, Entnahme erfolgt bei vorhandener Probentransportkapazität und bei einfacher Entnahmetechnik

Die Vorgehensweise bei der Probenahme ist wie folgt:

- An jedem Probenahmeort werden jeweils zwei Proben genommen (Referenzprobe)

- Wenn möglich, Kontrollproben von außerhalb der kontaminierten Zone zur Absicherung gegen falsch positive Proben (Bemerkung: Dieses ist besonders bei Umweltproben sehr schwer zu realisieren, da die Probenmatrices in z. B. 500 m Entfernung eine komplett andere Zusammensetzung haben können. Dadurch kann ein Ausschluss falsch positiver Ergebnisse eventuell nicht sicher gestellt werden)

- Zur Vermeidung der Kontaminationsverschleppung erfolgt die Probenahme innerhalb einer Dringlichkeitsstufe von der Stelle mit der am niedrigsten zu erwartenden Konzentration eines Agens bis zur Stelle mit der höchsten zu erwartenden Konzentration

- Probenahme direkt am Ort der Freisetzung (Dringlichkeitsstufe 1)

- Die Probenahme im Bereich der Ausbreitungsmöglichkeit ist in Abhängigkeit vom Szenario notwendig, um eine Aussage über eine Kontaminationsausbreitung zu treffen und eine Abschätzung der Anzahl exponierter Personen vornehmen zu können (Dringlichkeitsstufe 2)

- Die Probenahme muss so angelegt werden, dass die Kontaminationsausbreitung unter Berücksichtigung von natürlichen und künstlichen Störgrößen (Bebauung/Bewuchs) erfasst werden kann (Danish National Centre for Biological Defence, 2006)

In Abhängigkeit von dem Szenario ist zusätzlich die Entnahme von biomedizinischen Proben wie z. B. Nasenabstrichen u. ä. von exponierten Personen/Tieren in Betracht zu ziehen.

Aus praktischen Gründen ist pro Team nur eine kleine Anzahl an Proben zu sammeln. Sie sollten vom Volumen her auf die dafür vorgesehenen Transportbehälter abgestimmt sein. Dabei ist aber zu beachten, dass in Abhängigkeit von der Probenahmesituation Probenvolumina genommen werden müssen, die ein zuverlässiges Ergebnis erlauben. Empfehlungen zu entnehmenden Probenmengen sind bei den Probenahmetechniken nachzulesen.

2.5.4 Probenahmetechniken

Sowohl bei optisch sichtbaren als auch nicht sichtbaren Kontaminationen können folgende Techniken angewandt werden.

2.5.4.1 Oberflächenprobenahme

Grundsätzlich sind solche Flächen für die Probenahme zu bevorzugen, die nicht der direkten Sonneneinstrahlung ausgesetzt sind. Zu berücksichtigen sind alle kontaminationsverdächtigen Oberflächen mit sichtbaren oder vermuteten Spuren.

Oberflächenproben können als Wisch-, Tupfer-, aber auch Spülproben genommen werden.

Wischproben

Unter Wischprobenahme ist mechanisches Abwischen von kontaminierten Oberflächen mit einem angefeuchteten, sterilen Tuch oder Tupfer zu verstehen. Bei der Flächenauswahl haben optisch verdächtige Verschmutzungen mit einer größeren Oberfläche Priorität. Als Vorgabe für eine einheitliche Probenflächengröße gilt eine Fläche kleiner als 400 cm² (20 cm x 20 cm).

Tupferproben/Abstriche (Bakterien/Viren)

Bei der Tupferprobenahme werden Bakterien- bzw. Viralkuluretten verwendet. Sie unterscheiden sich durch ein unterschiedliches Transportmedium, in das der Tupfer nach der Probenahme gegeben und bis zur Untersuchung im Labor aufbewahrt wird.

Die Kuluretten sind somit **nicht** beliebig austauschbar und können nicht in einer Doppelfunktion für Bakterien und Viren genutzt werden. Wenn nicht anders vorgegeben, sind für die gleichen Oberflächen beide Kuluretten einzusetzen. Bei direktem Verdacht auf Viren oder Bakterien sollten auch von verendeten oder kranken Tieren Abstriche von Schleimhäuten (z. B. Auge, Maul, Nase, After) und Probenahme von Organen und Kot erfolgen.

Werden die Kuluretten zur Probenahme von Flächen benutzt, ist eine Flächengröße von 20 cm x 20 cm einzuhalten. Dabei sind die in Abb. 1 dargestellten Wischbewegungen zu beachten.

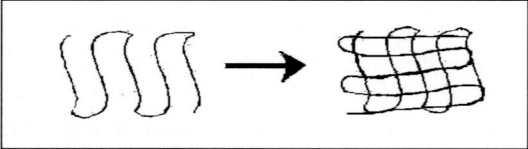

Abb. 1:   Wischbewegungen mit den Tupfern bei der Beprobung von Flächen. Bewegungen S- oder Z-förmig. Eine Fläche wird je zweimal abgestrichen, wobei die Bewegungen beim zweiten Mal in 90 ° versetzten Linien verlaufen (ASTM, 2007).

Spülproben

Bei einer Spülprobe wird eine definierte Flüssigkeitsmenge mit z. B. einer Pipette direkt auf die zu beprobende Oberfläche gegeben. Diese wird optimaler Weise durch Schwenken und mechanische Einwirkung komplett mit der Flüssigkeit benetzt. Sich auf der Oberfläche angelagerte Partikel werden so gelöst und können dann mit der Flüssigkeit wieder aufgenommen werden. Die Flüssigkeit dient als Laborprobe. Bei rauen und schwer zugänglichen Oberflächen trägt eine zusätzliche mechanische Einwirkung wie Druck oder Vakuum (Sprüh-Extraktions-Verfahren) zu einer qualitativ besseren Probe bei.

2.5.4.2 Flüssigkeitsprobenahme

Kleinere Flüssigkeitsmengen oder Beläge, die auf der Oberfläche von Flüssigkeiten schwimmen, können mit einer Einwegspritze abgesaugt werden. Ebenfalls bietet sich bei kleinen Flüssigkeitsmengen an, diese mit einer sterilen Kompresse aufzusaugen. Für die Entnahme von größeren Flüssigkeitsmengen aus Flüssigkeitsreservoiren ist ein Messbecher zu verwenden. Dabei ist in Abhängigkeit vom jeweiligen Szenario über die Entnahmetiefe zu entscheiden.

In Gewässern freigesetzte B-Agenzien werden stark verdünnt, so dass für eine optimale Untersuchung im Labor eine Aufkonzentrierung erfolgen muss. Es sollte aufgrund des hohen Verdünnungseffektes bei größeren Gewässern genau abgewogen werden, ob es nicht bessere Probenmaterialien (Priorisierung) gibt.

2.5.4.3 Feststoffprobenahme

Mögliche Feststoffproben können z. B. Munitionsteile, Teile von Aus-rüstungsgegenständen, Boden-, Vegetations-, Lebensmittelproben, verdächtige Postsendungen sein. Bei Bodenproben erfolgt die Probe-nahme unmittelbar nach Freisetzung von B-Agenzien an der Boden-oberfläche, auf einer Fläche von 10 cm x 10 cm. Bei einer Probenahme zeitlich verzögert nach der Freisetzung erfolgt die Materialentnahme bis zu einer Bodentiefe von max. 2 cm, auf einer Fläche von 10 cm x 10 cm.

Pflanzen sind aufgrund ihrer großen Oberfläche effiziente Partikel-sammler. Mit der stärksten Kontamination ist dabei an der Vegetati-onsobergrenze zu rechnen. Bei der Entnahme von Vegetationsbe-standteilen sollten nur Blätter mit exponierten Blattflächen gesammelt werden. Äste sind beim Sammeln zu vermeiden, da sie in der Regel weniger mit Material beaufschlagt werden als exponierte Blätter. Sollte die Entnahme von Ästen doch in Ausnahmefällen notwendig sein, ist darauf zu achten, dass geeignetes Verpackungsmaterial benutzt wird. Es besteht die Gefahr einer Perforierung bei der Verwendung von Plastikbeuteln.

Bei einem Austritt von kleinen Mengen einer verdächtigen Substanz ist das ganze Material in Probenahmegefäßen aufzunehmen (z. B. Briefe). Bei Materialmengen, die das maximale Probenvolumen über-schreiten, ist für die Laboranalyse eine entsprechende Teilmenge von 200 ml oder 200 g zu entnehmen. Die Materialentnahme von festen Stoffen erfolgt je nach Materialeigenschaft (Körnigkeit, Menge, Härte) mit Hilfe eines Löffels, Spatels oder Pinzette.

Bei **pastösen Materialien** können diese entweder mit Holzspateln oder mit Löffeln entnommen werden. Für viskose Materialien, die noch genügend fließfähig sind, bietet sich auch eine Entnahme mit der Spritze an. Auf lange Schlauchaufsätze sollte allerdings verzichtet werden. Verwendete Holzspatel bzw. der Löffel sind, wenn es abseh-bar ist, dass das Material nur mit Mühe abzustreifen ist, mit zu ver-packen. Falls mit einem Holzspatel bei einmaliger Verwendung nicht ausreichend Material genommen werden kann, sind mehrere Spatel zu verwenden.

2.5.5 Literatur

ASTM (2007). *E 2458-06: Standard Practices for Bulk Sample Collection and Swab Sample. Collection of visible Powders Suspected of being Biological Agents from Nonporous Surfaces*, Beuth Verlag

Ausschuss Feuerwehrangelegenheiten,K.u.z.V. (2004). *Feuerwehr-Dienstvorschrift FwDV 500 „Einheiten im ABC Einsatz"* (Band 500), Deutscher Gemeindeverlag

Danish National Centre for Biological Defence (2006). *Biological Incident Response & Environmental Sampling - a European Guideline on Principles of Field Investigation.* EU Commission, DG Health and Consumer Protection, Health Threats Unit ec.europa.eu/health/ph_threats/com/preparedness/docs/biological.pdf

NATO (2000). *Handbook for Sampling and Identification of biological and chemical agents.* Volume 1 Procedures &Techniques, 5 edn, Land Group 7 subgroup on Sampling and Identification of Biological and Chemical Agents (SIBCA)

Vereinigung zur Förderung des Deutschen Brandschutzes e.V. (2001). vfdb-Richtlinie 10/05: Gefahrstoffnachweis im Feuerwehreinsatz, Teil1 Nachweistechnik; Teil 2 Nachweistaktik. 2001-06. www.vfdb.de/seiten/Richtlinienvfdb.pdf [online, 31.07.2007]

Vereinigung zur Förderung des Deutschen Brandschutzes e.V. (2006). vfdb-Richtlinie 10/04: Dekontamination bei Einsätzen mit ABC-Gefahren. www.vfdb.de/seiten/Richtlinienvfdb.pdf [online, 31.07.2007]

2.6 Probenverpackung/-versand, Transport und rechtliche Voraussetzungen

J. Sasse, S. Brockmann, H. Maidhof, G. Uelpenich,
N. Derakshani

Täglich wird eine Vielzahl diagnostischer Proben und anderer medizinischer Untersuchungsmaterialien über öffentliche Verkehrswege transportiert. Die meisten dieser Proben werden routinemäßig zwischen Arztpraxen/Krankenhäusern und Diagnostiklaboratorien versendet.

Abb. 1:   Einige der Verpackungen, die das Robert Koch-Institut erreichten
(Foto: G. Pauli, RKI)

Seit den Anthrax-Anschlägen im Herbst 2001 in den USA werden auch vermehrt Umweltproben zur Analyse versendet. Insbesondere Proben mit Verdacht auf bioterroristisch relevante Erreger fallen meist ohne zeitliche Vorwarnung und Vorbereitungszeit an. Dies hat in der Vergangenheit zu sehr unterschiedlichen Verpackungslösungen geführt, die nicht immer einen Schutz der Probe, des Absenders, des Transporteurs und des Empfängers gewährleisten konnten.

Die rechtlichen Bestimmungen zum Schutz aller Personen, die mit der Probe in Kontakt kommen (z. B. als Absender, Transporteur, Empfänger, ggf. auch Feuerwehren oder Rettungsdienste bei einem Unfall des Transportfahrzeugs) und die Fragen, die sie teilweise aufwerfen, werden im folgenden Beitrag näher erläutert.

Welche Vorschriften gibt es?

Die oberste Rechtsvorschrift für den Transport gefährlicher Güter, zu denen auch ansteckungsgefährliche Stoffe zählen, stellt das Gefahrgutbeförderungsgesetz (GGBefG) dar. Durch die Gefahrgutverordnung Straße und Eisenbahn (GGVSE) werden in Deutschland das Europäische Übereinkommen über die internationale Beförderung gefährlicher Güter auf der Straße (ADR) bzw. die Ordnung für die internationale Eisenbahnbeförderung gefährlicher Güter (RID) in den jeweils aktuellen Fassungen als geltendes Recht in Kraft gesetzt. Für den Flugverkehr gelten die International Air Transport Association-Dangerous Goods Regulations (IATA-DGR) und für den Schiffsverkehr wiederum eigene Vorschriften.

Das Gefahrgutrecht wird Turnus gemäß alle zwei Jahre an die aktuelle Lage angepasst. Seit dem 1. Januar 2007 sind erneut Änderungen im ADR in Kraft getreten, die in Deutschland als 18. ADR-Änderungsverordnung zur Gefahrgutverordnung Straße und Eisenbahn (GGVSE) Ende des Jahres 2006 im Bundesgesetzblatt Teil II bekannt gemacht wurden. Zusammen mit den Vorschriften der IATA sollten sie bei Einhaltung der Verpackungsanweisung einen sicheren Transport innerhalb Deutschlands und auch international gewährleisten.

Transport als Notfallbeförderung

Notfallbeförderungen, die zur Rettung menschlichen Lebens oder zum Schutz der Umwelt notwendig sind (beispielsweise ein eiliger Probentransport bei einem bioterroristischen Anschlag), unterliegen nicht den Vorschriften des ADR/RID. Dies befreit die zuständigen Stellen jedoch nicht von einer Vorbereitung auf eine solche Situation, z. B. Schulung der Mitarbeiter, Vorhaltung von Verpackungsmaterialien etc., um auch im Notfall einen möglichst schnellen, vor allem aber „völlig sicheren" Transport zu gewährleisten.

In den „Richtlinien zur Durchführung der Gefahrgutverordnung Straße und Eisenbahn (GGVSE) (GGVSE-Durchführungsrichtlinien) – RSE –" vom 29. Januar 2007 heißt es zu Absatz 2.2.62.1.4.1:

> „Zur Kategorie A sind wegen des unbekannten Gefährdungsgrades auch bioterroristisch verdächtige Materialien zu zählen. Die Sicherstellung, Probenahme und der Transport derartiger Materialien von der Fund- zur Untersuchungsstelle erfolgen bei der gegenwärtig geübten Praxis in der Regel durch Polizei- oder Rettungskräfte. In diesem Fall ist der Transport als „Notfallbeförderung zur Rettung menschlichen Lebens oder zum Schutz der Umwelt" nach Unterabschnitt 1.1.3.1 Buchstabe e) von den Vorschriften des ADR freigestellt, sofern „alle Maßnahmen zur völlig sicheren Durchführung dieser Beförderung" getroffen worden sind."

Für alle Transporte, die keine Notfallbeförderung sind, gelten die im Folgenden dargelegten Verpackungsvorschriften.

Begriffsdefinitionen

Nach dem Gefahrgutbeförderungsgesetz handelt es sich bei gefährlichen Gütern (Gefahrgut) um Stoffe und Gegenstände, von denen aufgrund ihrer Natur, ihrer Eigenschaften oder ihres Zustandes im Zusammenhang mit der Beförderung Gefahren für die öffentliche Sicherheit oder Ordnung, insbesondere für die Allgemeinheit, für wichtige Gemeingüter, für Leben und Gesundheit von Menschen und Tieren ausgehen können (§ 2 Abs. 1 GGBefG).

Klasse 6.2, Ansteckungsgefährliche Stoffe: Zur Klasse 6.2 werden Stoffe gezählt, von denen bekannt oder zumindest anzunehmen ist, dass sie Krankheitserreger enthalten. Krankheitserreger sind Mikroorganismen (einschließlich Bakterien, Viren, Rickettsien, Parasiten und Pilze) und andere Erreger wie Prionen, die bei Menschen oder Tieren Krankheiten hervorrufen können. Seit 2005 werden die Kategorien nicht mehr nach den Risikogruppen 1–4 eingeteilt, sondern lediglich in zwei Kategorien unterteilt:

Klasse 6.2, Kategorie A: Ansteckungsgefährliche Stoffe, die in einer solchen Form befördert werden, dass sie bei einer Exposition bei sonst gesunden Menschen oder Tieren eine dauerhafte Behinderung oder lebensbedrohliche oder tödliche Krankheit hervorrufen können. Die indikative, d. h. nicht abgeschlossene Liste der Kategorie A Erreger umfasst derzeit ca. 50 humanpathogene und 12 tierpathogene Erreger (siehe Anhang E).

Ihnen werden die folgenden UN-Nummern zugeordnet:

- UN 2814 <<ANSTECKUNGSGEFÄHRLICHER STOFF, GEFÄHRLICH FÜR DEN MENSCHEN (HUMANPATHOGEN)>>

- UN 2900 <<ANSTECKUNGSGEFÄHRLICHER STOFF, GEFÄHRLICH NUR FÜR TIERE (TIERPATHOGEN)>>

Klasse 6.2, Kategorie B: alle anderen ansteckungsgefährlichen Stoffe, die den Kriterien für eine Aufnahme in Kategorie A nicht entsprechen. Es existiert keine Liste; demnach sind alle ansteckungsgefährlichen Stoffe, die nicht den Kriterien der Kategorie A entsprechen, in die Kategorie B aufzunehmen.

Sie werden der UN-Nummer UN 3373 <<BIOLOGISCHER STOFF, KATEGORIE B>> zugeordnet.

Freigestelle Proben

Unter freigestellten Proben werden Stoffe verstanden, die keine ansteckungsgefährlichen Erreger enthalten, oder Stoffe, bei denen es unwahrscheinlich ist, dass sie bei Menschen oder Tieren Krankheiten hervorrufen. Sie unterliegen nicht den Vorschriften des ADR/RID und somit keinen Verpackungsvorschriften (Ausnahme siehe letzter Punkt):

- Stoffe, die Mikroorganismen enthalten, die gegenüber Tieren oder Menschen nicht bzw. bei denen es unwahrscheinlich ist, dass sie ansteckungsgefährlich sind

- Stoffe in einer Form, in der jegliche vorhandenen Krankheits-erreger so neutralisiert oder deaktiviert wurden, dass sie kein Gesundheitsrisiko mehr darstellen

- Stoffe, bei denen sich die Konzentration von Krankheitserre-gern auf einem in der Natur vorkommenden Niveau befindet (einschließlich Nahrungsmittel und Wasserproben)

- Blutspenden und Organe für Transplantationen

- getrocknetes Blut, das durch Aufbringen eines Bluttropfens auf eine absorbierende Fläche gewonnen wird und Vorsorgeunter-suchungen für im Stuhl enthaltenes Blut

- Patienten- oder Tierproben, bei denen nur eine minimale Wahr-scheinlichkeit besteht, dass sie Krankheitserreger enthalten (laut Anamnese, Symptome, individuelle Gegebenheiten, epide-miologische Lage), wenn die Probe in einer Verpackung beför-dert wird, die jegliche Freisetzung verhindert und die mit dem Aufdruck <<FREIGESTELLTE MEDIZINISCHE PROBE>> bzw. <<FREIGESTELLTE VETERINÄRMEDIZINISCHE PROBE>> gekennzeichnet ist.

Toxine aus Pflanzen, Tieren oder Bakterien, die keine ansteckungsgefährlichen Stoffe oder Organismen enthalten oder die nicht in ansteckungsgefährlichen Stoffen oder Organismen enthalten sind, sind
Stoffe der Klasse **6.1 Giftige Stoffe:**

- UN-Nummer UN 3172, Verpackung nach P001, Beschriftung
  <<TOXINE, GEWONNEN AUS LEBENDEN ORGANISMEN;
  FLÜSSIG, N.A.G>>

- UN-Nummer UN 3462, Verpackung nach P002, Beschriftung
  <<TOXINE, GEWONNEN AUS LEBENDEN ORGANISMEN;
  FEST, N.A.G>>

Welche Probleme treten bei der Einordnung auf?

Häufig ist im Vorfeld nicht bekannt, um welchen Erreger es sich handelt, auch die Konzentration des Erregers in einer Probe ist häufig
unklar, daher sind auch Aussagen über Übertragungsmöglichkeiten
und Infektionswege nur unzureichend im Voraus zu treffen. Für eine
exakte Einordnung ist medizinisch-mikrobiologischer Sachverstand
notwendig.

Selbst bei bekannten Erregern ist die Definition einer „minimalen
Wahrscheinlichkeit von ansteckenden Krankheitserregern" mitunter
schwierig, z. B. stellt sich die Frage, ob beim Versand einer Routine-
Diagnostik-Probe eines Hausarztes davon ausgegangen werden
muss, dass der Patient beispielsweise eine HIV- oder Hepatitis-Infek-
tion haben könnte.

Hierzu ist geregelt (Sondervorschrift 318 ADR/RID): Wenn die zu beför-
dernden ansteckungsgefährlichen Stoffe nicht bekannt sind, jedoch
der Verdacht besteht, dass sie den Kriterien für die Aufnahme in die
Kategorie A und für die Zuordnung zur UN-Nummer 2814 oder 2900
entsprechen, muss im Beförderungspapier im Wortlaut <<VERDACHT
AUF ANSTECKUNGSGEFÄHRLICHE STOFFE DER KATEGORIE
A>> nach der offiziellen Benennung für die Beförderung in Klammern

angegeben werden. Ist das Agens nicht bekannt, handelt sich um diagnostische Proben (Kategorie B).

Beispiele für Änderungen in den Bestimmungen

Neu in ADR 2007 ist, dass Tierkadaver, die hochpathogene Influenzaviren (HPAI) enthalten, im Gegensatz zu Patientenproben
(Abstriche, Gewebe) jetzt entweder unter Beachtung der Verpackungsanweisung P 620 zu transportieren sind oder in für diese
Zwecke von der Bundesanstalt für Materialforschung (BAM) zugelassenen Containern BK1 und BK2 (bisher nach Bedingungen
der Behörde). Alternativ dürfen diese Tierkadaver auch in von der
zuständigen Behörde (BAM, nicht Kreisveterinärämter!) zugelassenen Verpackungen (Verpackungsanweisung P 099) transportiert
werden. Die Wahrscheinlichkeitsabwägung, ob das Tier HPAI-Viren
enthält, obliegt der fachlichen Einschätzung des Absenders.

Der Versand von verschiedenen Erregern als **Kultur zu diagnostischen Zwecken** ist nicht mehr möglich: dies betrifft hauptsächlich
bakterielle Erreger der Risikogruppe 3. Im ADR 2007 gibt es jedoch
weiterhin 3 Ausnahmen, die voraussichtlich bei der nächsten Änderung entfallen werden, derzeit aber immer noch als Kat. B versendet
werden dürfen: Kulturen von *Escherichia coli (verotoxigen), Mycobacterium tuberculosis, Shigella dysenteria* Typ 1.

Für Tierkörper: P 099: Es dürfen nur von der zuständigen Behörde
zugelassene Verpackungen verwendet werden.

Welche Verpackungsvorschriften gelten?

Für Klasse 6.2 Kategorie A: P 620 (bzw. P099 für Tierkörper):

1. Innenverpackung

   • ein flüssigkeitsdichtes Primärgefäß

   • eine Sekundärverpackung

- saugfähiges Material zwischen Primär- und Sekundärverpa-ckung, das die ganze Flüssigkeit, die sich in der Probe befin-det, aufsaugen kann und die Probe polstert. Bei Verpackung von mehreren Primärgefäßen in einer Sekundärverpackung wird jedes Primärgefäß einzeln darin eingewickelt.

2. Außenverpackung

- eine für den vorgesehenen Verwendungszweck ausreichend starre und feste Hülle.

Abb. 2:
Gefahrzettel für Klasse 6.2 (Klasse 6.1 hat anstelle des Biohazard-Zeichens einen Totenkopf)

Unabhängig von der Versandtemperatur müssen das Primärgefäß oder die Sekundärverpackung einem Innendruck, der einen Druckun-terschied von mindestens 95 kPa entspricht, und Temperaturen von -40 °C bis +55 °C ohne Undichtheiten standhalten können. Zulassung und Prüfung erfolgt z. B. durch die Bundesanstalt für Materialfor-schung und -prüfung (BAM) und wird vom Hersteller mit angegeben. Auf der Verpackung muss ein Gefahrzettel der Klasse 6.2 Kategorie A angebracht sein (siehe Abb. 2) sowie die Telefonnummer einer verant-wortlichen Person (PI 602 IATA DGR). Bei zusätzlicher Verwendung weiterer Stoffe sind entsprechende Gefahrzettel zusätzlich anzubrin-gen, z. B. bei verflüssigtem Stickstoff zusätzlich ein Gefahrzettel nach Klasse 2.2.

Für Klasse 6.2 Kategorie B: P 650

Bei der Verpackung P 650 für diagnostische Proben <<UN 3373 BIOLOGISCHER STOFF, KATEGORIE B>> ist der Aufbau der Verpackung wie bei P620. Sie unterscheidet sich lediglich durch die Prüfanforderungen an die Einzelverpackungsbestandteile (Fallprüfhöhe 1,2 m; Mindestmaße 100 x 100 mm). Auf der Verpackung muss ein rautenförmiges Symbol mit der Aufschrift UN 3373 aufgebracht sein (Abb. 3) sowie die Telefonnummer einer verantwortlichen Person (PI 650 IATA DGR).

Abb. 3:
Gefahrzettel für UN 3373

Bei den UN-Nummer 2814 und 2900 muss eine detaillierte Auflistung des Inhalts zwischen der zweiten Verpackung und der Außenverpackung enthalten sein. Ist der zu befördernde ansteckungsverdächtige-Stoff nicht bekannt, muss auf dieser Auflistung der Wortlaut <<VERDACHT AUF ANSTECKUNGSGEFÄHRLICHEN STOFF DER KATEGORIE A>> nach der offiziellen Benennung in Klammern angegeben werden.

- Bei trockenem Material ist es zulässig, nur ein polsterndes Material zu verwenden. Bei der Versendung von Flüssigkeiten muss es zusätzlich in der Lage sein, die Flüssigkeit vollständig aufzusaugen.

Freigestellte Proben (unterliegen nicht dem ADR):
„Dreiteilige Verpackung"

- Primär- und Sekundärverpackung: Flüssigkeitsdicht

- Polster- und Aufsaugmaterial zwischen Primär- und Sekundärverpackung

- Außenverpackung: ausreichend fest mindestens 100 mm x 100 mm

- Beschriftung: <<FREIGESTELLTE MEDIZINISCHE PROBE>> bzw. <<FREIGESTELLTE VETERINÄRMEDIZINISCHE PROBE>>

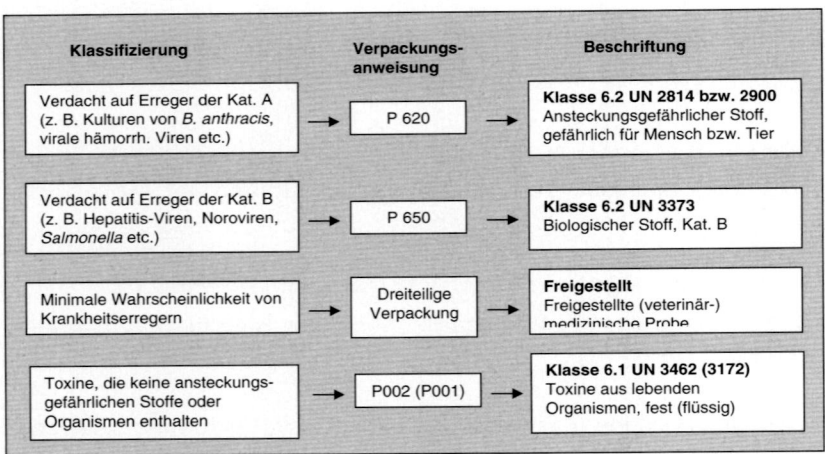

Klassifizierung	Verpackungs-anweisung	Beschriftung
Verdacht auf Erreger der Kat. A (z. B. Kulturen von *B. anthracis*, virale hämorrh. Viren etc.)	P 620	**Klasse 6.2 UN 2814 bzw. 2900** Ansteckungsgefährlicher Stoff, gefährlich für Mensch bzw. Tier
Verdacht auf Erreger der Kat. B (z. B. Hepatitis-Viren, Noroviren, *Salmonella* etc.)	P 650	**Klasse 6.2 UN 3373** Biologischer Stoff, Kat. B
Minimale Wahrscheinlichkeit von Krankheitserregern	Dreiteilige Verpackung	**Freigestellt** Freigestellte (veterinär-) medizinische Probe
Toxine, die keine ansteckungs-gefährlichen Stoffe oder Organismen enthalten	P002 (P001)	**Klasse 6.1 UN 3462 (3172)** Toxine aus lebenden Organismen, fest (flüssig)

Abb. 4: Überblick über erforderliche Verpackung und Beschriftung beim Probenversand (ausführliche Tabelle im Anhang F), im ADR ist die Beschriftung in Großbuchstaben vorgegeben (hier wurde aus Gründen der Übersichtlichkeit darauf verzichtet).

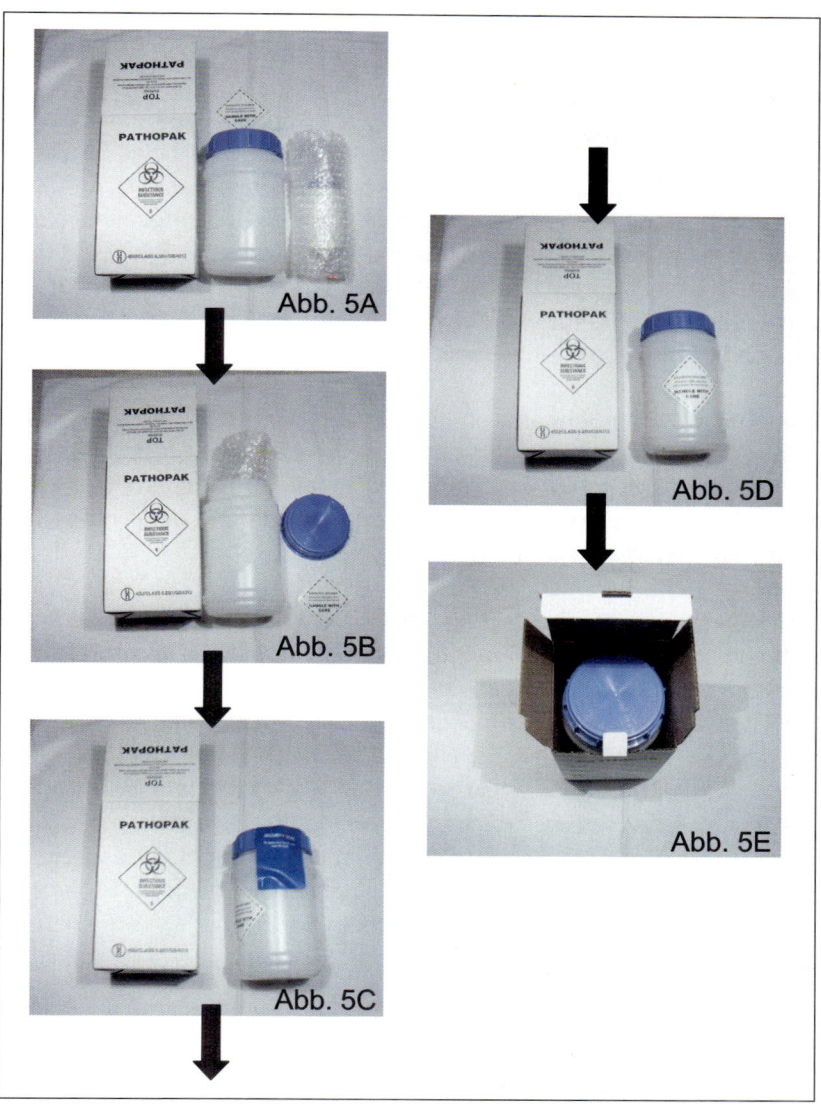

Abb. 5: Beispiel für eine zugelassene Transportverpackung nach Klasse 6.2 P 620. Dreiteilige Verpackung mit: Primärverpackung, Polstermaterial*, Sekundärverpackung (geprüft nach den Anforderungen der Kategorie A) und einer Außenverpackung mit der nötigen Kennzeichnung (Foto: G. Uelpenich).

Welche Probleme können durch falsch verpackte Proben entstehen?

Von nicht sachgerecht verpackten Proben können Gefährdungen für die Personen, die mit der Probe Kontakt haben, z. B. beim Transport oder im Untersuchungslabor, ausgehen. Es können zusätzliche Kosten durch mögliche Aufwendungen in Nachverpackungsstellen und dadurch auch ein verzögerter Transport auftreten. Die Bilder (Abb. 6) zeigen Briefsendungen in einer Verteilanlage der Deutschen Post AG, nachdem eine Blutprobe in einem einfachen Briefumschlag durch die Anlage hindurch geleitet wurde.

Neben der Gefährdung des Personals und der möglichen Kontamination weiterer Briefsendungen entstehen auch Schäden und Verzögerungen durch Maschinenstillstand und Reinigungsarbeiten. Und nicht zuletzt kommt es durch die Zerstörung zum Verlust einer möglicherweise sehr wichtigen Untersuchungsprobe.

Briefsendungen der Deutschen Post werden nachts in Passagiermaschinen zusätzlich zum Frachtraum auch auf den Passagiersitzen transportiert. Die Luftfahrtgesellschaften und somit auch die Deutsche Post verweigern daher den Transport von ansteckungsgefährlichen Stoffen der <<KATEGORIE B, BIOLOGISCHER STOFF>> (UN 3373), wenn sich darin Krankheitserreger der Risikogruppe 3 (z. B. *Mycobacterium tuberculosis*) befinden. Auch wenn ein Kurierfahrzeug mit einer Probe einen Unfall haben sollte, ist es zum Schutz des Fahrers, der Rettungsdienste und Feuerwehren notwendig, dass die Proben so verpackt sind, dass sie stoßsicher (siehe Fallprüfhöhe) verpackt und eindeutig gekennzeichnet sind.

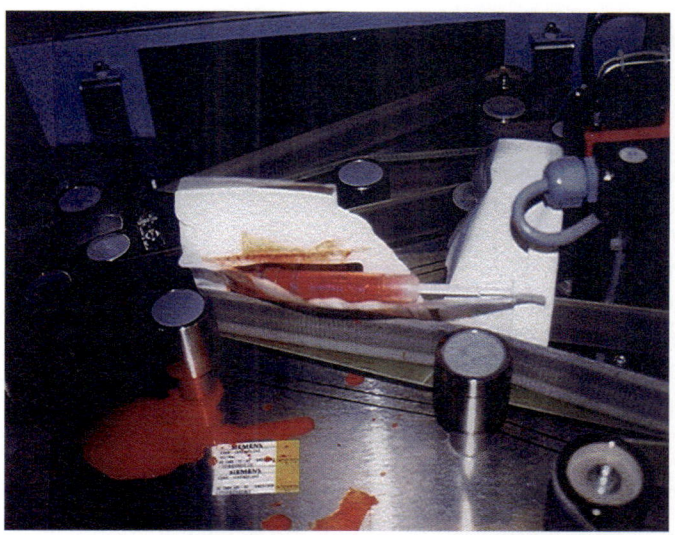

Abb. 6:   Aufnahmen aus Postverteilungszentren
            Oben: Blick in eine Postverteilungsmaschine, die durch eine nur
            in einem einfachen Briefumschlag (nahezu un-)verpackte Spritze
            kontaminiert worden ist. Die Spritze ist zerbrochen, die Probe zer-
            stört, weitere Postsendungen mit Blut bespritzt, die Maschine fällt
            für einige Zeit aus. Unten: zerstörte Probe, Kontaminationsgefahr
            aufgrund fehlender Polsterung und fehlendem Aufsaugmaterial
            (Fotos: B. Bahlke, Deutsche Post AG).

Wie kann die Probe versendet werden?

Es gelten die zu beachtenden Beförderungsvorschriften.

Es ist mitzuführen (gilt für Klasse 6.2 Kat. A):

- Beförderungspapier
- schriftliche Weisung/Unfallmerkblätter
- Verwendung einer zulässigen Umschließung
- Kennzeichnung und Bezettelung des Versandstücks
- Kennzeichnung des Fahrzeugs
- Sicherungsvorschriften

Klasse 6.2 Kategorie A

- Den Transport können Unternehmen oder Institutionen vornehmen, die den Vorschriften des ADR genügen. Hierzu gehören insbesondere der Abschnitt 1.10 (Sicherungsvorschriften) und der Teil 8 (Vorschriften für die Fahrzeugbesatzung, die Ausrüstung und den Betrieb der Fahrzeuge und die Dokumentation) des ADR 2007, Teil B (Vorschriften für die Beförderungsausrüstung und die Durchführung der Beförderung). Die meisten Transportunternehmen bieten diesen Service derzeit nicht mehr an. Soweit uns bekannt, sind World Kurier und die Spedition Zahn die einzigen Dienstleister in diesem Sektor.

Klasse 6.2 Kategorie B (keine Gewähr für Vollständigkeit)

- Versand mit der Deutschen Post AG im Maxibrief möglich bis Risikogruppe 2 (nach Regelungen für die Beförderung ansteckungsgefährlicher Stoffe – BRIEF National, 2007)

- Versand mit DHL als Expresspaket, auch mit Trockeneis, einschließlich Risikogruppe 3 aufgrund Vertrag

- Versand mit TNT, auch mit Trockeneis (entsprechende Verpackungsvorschriften beachten)

- Versand mit UPS nur gemäß Vertrag

- Versand mit FedEx: alle Erreger, die früher der Risikogruppe 4 angehörten, werden nicht angenommen

- Versand als Fracht in der Luftfahrt: keine Dokumentation, *Shippers Declaration* nötig, Beschriftung muss englisch sein.

Nicht zugelassen im Postversand, ausgeschlossene Güter nach Regelungen für die Beförderung von ansteckungsgefährlichen Stoffen – BRIEF national, 2007)

- ansteckungsverdächtig der Kat. A und B Risikogruppe 3 und 4

- gentechnisch veränderte Organismen (zugeordnet wird die UN 3245)

- unspezifischer klinischer und medizinischer Abfall (zugeordnet wird die UN 3291)

- ansteckungsgefährliche Stoffe tiefgekühlt (z. B. auf Trockeneis)

- Gewebeschnitte zur pathologischen Untersuchung in giftigen Lösungen

- lebende Tiere als Träger infektiöser Stoffe

Nicht zugelassen Lufthansa (LH) Cargo (Luftbeförderung Post): Mitglied der IATA

- ansteckungsverdächtige Stoffe der UN 2814, UN 2900 und UN 3373 als Luftpost (IATA, 2007, Operatorvariationen LH-03)

- diagnostische Proben der UN 3373 als Fracht (IATA, 2007, Operatorvariationen LH-12, Ausnahme im Nachtluftpostnetz der Post bis Risikogruppe 2 zugelassen (Bahlke, 2005)

Jede Fluggesellschaft hat eigene Richtlinien (siehe jeweils aktuelle Übersicht der IATA-DGR 2.9.3, erscheinen jährlich, jeweils gültig vom 01.01. – 31.12. eines Jahres, basieren auf den alle 2 Jahren erscheinenden technischen Anweisungen für den Gefahrguttransport per Luft ICAO-TI [International Civil Aviation Organization Technical Instructions for the Safe Transport of Dangerous Goods by Air]).

Verantwortlich ist der Absender, im Zweifelsfall der Leiter der absendenden Einrichtung!

Abschließende Bemerkungen:

- Die richtige Verpackung spart viel Zeit und vermeidet Gesundheitsgefährdungen beim Versand

- Der Erkrankte ist wesentlich ansteckungsgefährlicher als die Probe

- Der ungeplante Transport von Stoffen der Kat. A kommt sehr selten vor. In 2005 wurde keine einzige Erkrankung mit einem Erreger der Risikogruppe 4 in Deutschland gemeldet, in 2006 nur ein importierter Fall (Lassa-Patient in Münster/Frankfurt). Ausnahme mit häufigerem Transport: Tierkadaver, die mit hochpathogenen Influenza-Viren (HPAI) infiziert sind, sind als UN 2814 zu klassifizieren (Maidhof, 2007).

Literatur

ADR/RID (2007). *Gefahrgutrecht Straße/Schiene*. Hrsg. Jochen Conrad, Hamburg: Storck Verlag

Bahlke, B. (2005). Rückgriff auf Bewährtes. Der Gefahrgut-Beauftragte, 16. Jahrgang, Heft 2, Februar 2005. der-gefahrgut-beauftragte.de/gefahrgut-klassifizierung/gefahrgut-klassifizierung_0502.pdf [online, 31.07.2007]

Bundesministerium der Justiz (1975, zuletzt geändert 2006). Gesetz über die Beförderung gefährlicher Güter § 2 Begriffsbestimmungen. www.gesetze-im-internet.de/gefahrgutg/__2.html [online, 31.07.2007]

Dangerous Goods Regulations (IATA – Resolution 618 Attachments „A") (2006). Effective 1 January – 31 December 2007. Produced in consultation with ICAO. 48th edition. September 2006. Montreal: IATA. ISBN 92-9195-780-1

IATA (2007). *Gefahrgutvorschriften*, 48. Ausgabe (Deutsch), Gültig ab 1. Januar 2007. Montreal: International Air Transport Association.

Krautwurst, M. (2007). *ADR/RID 2007 – Gefahrgut Straße/Schiene. Gefahrgutvorschriftensammlung mit TAB-Schnellsuchsystem*. 1. Auflage. Düsseldorf: Verkehrsverlag J. Fischer

Maidhof, H. (2007). Hochpathogene aviäre Influenzaviren: Zum Transport von Probenmaterial im Verdachtsfall. *Epidemiol.Bull.*, **28**, 13. Juli 2007, S. 253. www.rki.de/cln_048/nn_264978/DE/Content/Infekt/EpidBull/Archiv/2007/28__07,templateId=raw,property=publicationFile.pdf/28_07.pdf [online, 31.07.2007]

Miska, M. (2004). Neu am Start. *Gefährliche Ladung* 1/2004, 16–18. www.alpha-gefahrgut-consulting.de/Mediendienst/DGR_2004.pdf [online, 31.07.2007]

Regelungen für die Beförderung von ansteckungsgefährlichen Stoffen – Brief national. Gültig ab 01.01.2007. www.deutschepost.de//mlm.html/dpag/images/b/brief_postkarte_national.Par.0001.File.pdf/regelungen_23012007.pdf [online, 31.07.2007]

2.7 Diagnostik von Infektionserregern und Toxinen

N. Bannert, W. Biederbick, S. Brockmann, U. Busch,
B.G. Dorner, M.B. Dorner, E.J. Finke, R. Grunow, D. Jacob,
H. Nattermann, B. Niederwöhrmeier, M. Niedrig, G. Pauli,
J. Sasse [1]

Die schnelle und zuverlässige Erkennung eines bioterroristisch relevanten Erregers oder Toxins und ein sicherer Ausschluss anderer
biologischer Agenzien im Probenmaterial sind eine wichtige Voraussetzung für die Diagnostik bei potenziellen bioterroristischen (BT)
Anschlägen und die Durchführung geeigneter Maßnahmen für den
Schutz der Bevölkerung. Dieser Beitrag soll nicht im Detail die einzelnen Methoden beschreiben, sondern Empfehlungen geben, wie bei
Untersuchungen vorgegangen werden sollte.

Folgende Anforderungen werden an Nachweisverfahren für bioterroristisch relevante Agenzien gestellt, um frühzeitig geeignete Interven-
tionsmaßnahmen einleiten zu können:

Sensitivität: Sehr geringe Mengen müssen nachgewiesen werden
können, dabei dürfen möglichst keine falsch negativen
Ergebnisse vorkommen.

Spezifität: Hohe Differenzierung auch bei eng verwandten Erregern und Toxinen, um das Auftreten falsch positiver
Ergebnisse zu vermeiden.

Robustheit: Die Teste sollten in unterschiedlichen Verfahren verlässliche Ergebnisse liefern ohne bzw. mit möglichst
geringem Einfluss von eventuellen Störkomponenten.

Schnelligkeit: Möglichst kurze Zeitspanne zwischen dem ersten Verdacht, der entweder durch Anamnese bei klinischen

Fällen oder dem Auffinden von verdächtigen Umweltproben entsteht, und der Mitteilung der Laborbefunde.

Der Ablauf von dem Ereignis über die Probenahme bis hin zum spezifischen Nachweis im Labor wird in Abb. 1 schematisch dargestellt.

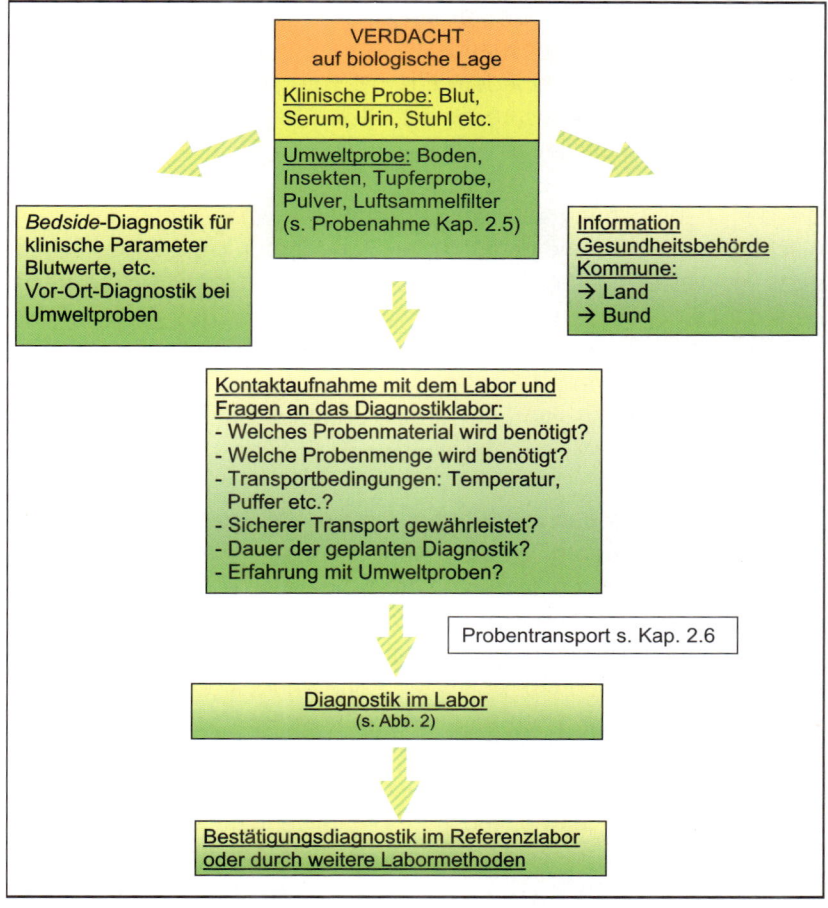

Abb. 1:   Diagnostik von Infektionserregern und Toxinen

Prinzipiell muss bei der Diagnostik von Krankheitserregern zwischen der Untersuchung von klinischen Proben und sogenannten Umweltproben unterschieden werden. Da Probenahme und Probenauswahl bereits von entscheidender Bedeutung sind, ist es wichtig, sich rechtzeitig mit dem entsprechenden Untersuchungslabor in Verbindung zu setzen. So könnten z. B. für bestimmte Untersuchungen (Licht- und Elektronenmikroskopie, Polymerasekettenreaktion [PCR], Antigennachweisverfahren) die Proben bereits vor Ort inaktiviert und damit gefahrlos an das entsprechende Untersuchungslabor geschickt werden. Detailfragen sind in jedem Fall mit dem jeweiligen Diagnostiklaboratorium vorher zu besprechen, z. B. Art, Menge und Aufbereitung des Probenmaterials (siehe Abb. 1).

Bei der Untersuchung von Krankheitsfällen können aufgrund der klinischen Symptome und der Berücksichtigung der Krankengeschichte erste Hinweise auf das Vorliegen eines bestimmten Krankheitserregers oder Erregergruppen gegeben werden. Durch den gezielten Einsatz von spezifischen Testverfahren in diagnostischen Laboratorien ist es möglich, den Erreger oder das krankmachende Agens zu identifizieren. In Absprache mit dem Diagnostiklaboratorium sind ggf. auch Serumproben zum Antikörpernachweis zu senden.

Werden Umweltproben inaktiviert, kann dies anders als bei klinischen Proben den späteren Einsatz von wichtigen Nachweisverfahren unmöglich machen. So ist dann insbesondere eine Anzucht des Erregers und damit eine Aussage über die Gefährlichkeit des Materials nicht mehr möglich. Der Nachweis von Spuren des Erregers mit einem Genom- oder Antigennachweis lässt keine endgültige Bewertung des Risikos zu, das von solch einer Probe ausgeht. Erst der Nachweis der biologischen Aktivität wie die Vermehrungsfähigkeit kann Auskunft über das Gesundheitsrisiko für die Kontaktpersonen geben. Um diesen Nachweis zu führen, müssen zeitaufwendige Untersuchungen (Anzuchtversuche) einschließlich einer Differenzialdiagnose durchgeführt werden. Diese Untersuchungen zur Vermehrungsfähigkeit der Mikroorganismen dürfen nur in Laboratorien der entsprechenden Sicherheitsstufe (in der Regel Sicherheitsstufe 3 bzw. 4) durchgeführt werden. Da die Anzucht der Erreger längere Zeit in Anspruch nehmen kann, sollte für die vorsorgliche Einleitung von Schutzmaßnahmen der Nachweis wiederholt bzw. in zwei unterschiedlichen Testverfahren positiv sein.

Der **Probentransport** (siehe 2.6) zum Diagnostikzentrum sollte bei einem begründeten Verdacht auf einen Anschlag schnellstmöglich per Kurier erfolgen.

Die **Probenverpackung** (siehe 2.6) muss nach den jeweils geltenden Vorschriften bzgl. des Transports von biologischem Untersuchungsmaterial gemäß dem Gefahrgutrecht erfolgen.

Nach Probenahme im Diagnostikzentrum werden die Proben in die Laboratorien der entsprechenden Sicherheitsstufen eingebracht, aliquotiert und in Abhängigkeit von der Matrix, dem nachzuweisenden Agens und dem sich anschließenden Nachweisverfahren aufgearbeitet.

Bei der **Untersuchung von Umweltproben**, die bei einem Verdacht auf eine Freisetzung von biologischen Agenzien genommen wurden, wird ein stufenweises Vorgehen empfohlen, um einen Erreger oder ein Toxin zu identifizieren und zu charakterisieren:

1. Aufbereitung der Proben für eine erste orientierende Diagnostik:

   a) Anlegen einer Rückstellprobe

   b) Untersuchungen mit dem Lichtmikroskop (Bakterioskopie)

   c) Untersuchungen mit dem Elektronenmikroskop

   d) Versuch des Direktnachweises mit molekularbiologischen und/oder immunologischen Methoden

2. Molekulare Untersuchungen mit Hilfe der PCR und Bestätigung durch Sequenzierung, wenn die Elektronenmikroskopie Hinweise auf das Vorliegen von Viren oder Bakterien/Sporen liefert

3. Anzucht von Erregern aus dem Probenmaterial mit anschließender Identifizierung

4. Unabhängig vom Verdacht auf infektiöse Agenzien sollte eine Untersuchung auf Toxine erfolgen

5. Gegebenenfalls Einsatz von Antikörper-basierten Untersuchungsmethoden.

Tab. 1: Übersicht über den Zeitaufwand, Sensitivität und Spezifität verschiedener Diagnostikmethoden

Diagnostik-methode	Benötigte Zeit	Sensitivität	Spezifität
Virusisolation, Zellkultur	1–7 Tage	*** (hoch)	*** (hoch)[1]
Bakterien-Anzucht	8 Stunden – 7 Tage	*** (hoch)	*** (hoch)[1]
Versuchstier (z. B. Maus-Bioassay)	4 Stunden – 4 Tage	*** (hoch)	*** (hoch)
PCR	3–6 Stunden	*** (hoch)	*** (hoch)
Capture ELISA	3–5 Stunden	** (mittel)	*** (hoch)
Neutralisation	4–7 Tage	** (mittel)	*** (hoch)
Immunofluoreszenz	2–4 Stunden	** (mittel)	** (mittel)
Immunoblot	3–4 Stunden	** (mittel)	** (mittel)
Cytotoxicity-Assay (Ricin, SEB, Abrin)	48 Stunden	** (mittel)	** (mittel)
ELISA	3–4 Stunden	** (mittel)	* (niedrig)
Halogen Immunoassay (HIA)	2–4 Stunden	* (niedrig)[2]	** (mittel)
Elektronen-mikroskopie	15–20 min (+ 2 h Inaktivierung)	* (niedrig)[2]	** (mittel)[3]

[1] inklusive weiterer Typisierung

[2] hohe Konzentration notwendig

[3] Spezifität bzgl. Erregerfamilie hoch, bzgl. des einzelnen Genus niedrig

Aus labordiagnostischer Sicht ist die Schwelle für die Einleitung von Maßnahmen der zweifach (im Zweifelsfall der einfach) positive Nachweis eines infektiösen Agens mit unterschiedlichen Verfahren oder die Detektion von Toxinen. Beweisend für das Vorliegen einer biologischen Gefahrenlage ist der spezifische Nachweis eines vitalen Erregers oder eines wirksamen Toxins.

Bei Großschadensereignissen (> 50 Betroffene) ist es für die Diagnostik ausreichend, Probenmaterial aus einer repräsentativen Stichprobe der Betroffenen zu untersuchen, da die diagnostischen Kapazitäten begrenzt sind. Hier muss wieder zwischen klinisch Erkrankten und Exponierten unterschieden werden. Die Diagnostik sollte zielführend auf die Behandlung der exponierten Personen ausgerichtet sein. Abhängig vom Erreger sind nach einem Anschlag geeignete Untersuchungen einzuleiten; so sind z. B. bei Anschlägen mit Anthraxsporen unmittelbar nach einem Anschlag und an den Folgetagen bei den Exponierten mehrfach Abstriche des Nasen-Rachenraumes zu gewinnen.

Untersuchungen vor Ort

Die Analytik vor Ort bietet den Vorteil, dass keine Transportmaßnahmen nötig sind, die wertvolle Zeit kosten und logistischen Aufwand bedeuten. Zwar bieten immunologische Nachweismethoden und PCR-Techniken zum Nachweis von BT-relevanten Agenzien, die heute in Speziallabors vorgehalten werden, eine hohe Nachweissicherheit, Erregerspezifität und Sensitivität, sie sind aber meist kosten-, personal- und zeitintensiv in der Probenvorbereitung, insbesondere bei komplexen Umweltproben. Daher bietet eine verlässliche Vor-Ort-Diagnostik einen Zeitgewinn, der für das Einleiten ggf. notwendiger Schutzmaßnahmen einen Vorteil bietet (siehe Biologische Sicherheit in Deutschland. Kongressband zur German BioSafety 2005).

Aufgrund der begrenzten Verfügbarkeit und der eingeschränkten Sensitivität und Spezifität von diagnostischen Schnelltestsystemen für BT-relevante Agenzien wird es auf absehbare Zeit weiterhin erforderlich bleiben, geeignetes Probenmaterial an ein für diese Untersuchungen spezialisiertes Laboratorium zu schicken.

Die z. B. in den USA von der Bio-Hazard Task Force und den Streit-kräften genutzten Hand-Held-Assays (HHA) wie Immunchromatogra-phieteste, SMART-Test bzw. ABICAP-Teste sind hinsichtlich ihrer Sen-sitivität, Spezifität und Reproduzierbarkeit bisher nur eingeschränkt zu empfehlen. Sie sind relativ teuer und in Deutschland derzeit nicht ausreichend evaluiert und daher nur begrenzt aussagefähig. Die neue Generation von HHAs, die zum Schnellnachweis von Anthraxsporen auf dem Markt sind, wird derzeit auch von der amerikanischen Seu-chenschutzbehörde (CDC) als zu unempfindlich und unspezifisch ein-geschätzt. Die immunologischen Botulinumtoxin-HHAs sprechen erst bei hohen Konzentrationen an und detektieren – je nach Hersteller – nur einzelne Toxintypen; daneben werden das gereinigte und das komplexierte Toxin in unterschiedlichem Ausmaß erfasst (Gessler *et al.*, 2007). Bei der Testung und Validierung der HHA ist zu berücksichtigen, dass Fehlermöglichkeiten bei Untersuchungen von nicht definierten Probenmaterialien auftreten können. Es bleibt zu beachten, dass die Ergebnisse mit den derzeit zur Verfügung stehenden HHA nur bei neutralem pH-Wert und Temperaturen über 15 °C reproduzierbar sind. Andere Testsysteme weisen lediglich Toxine oder Antigene nach, die erst nach Erregervermehrung im Organismus gebildet werden. Diese eignen sich also nicht zum direkten Nachweis in Umweltproben.

Die Biochip-Technologie ist eine in der Entwicklung befindliche Technik, die mehrere Zielagenzien simultan aus einer Probe identifizieren kann (Multiplex-Analytik). Biochips sind miniaturisierte Träger, auf denen geeignete Fängermoleküle in hoher Anzahl und Dichte in definierter Mikroanordnung (Microarrays) fixiert sind. Diese Fängermoleküle kön-nen z. B. Peptide, Nukleinsäuren oder Antikörper sein. DNA-Biochips stellen eine Schlüsseltechnologie dar, die es ermöglicht, eine Vielzahl von Genen gleichzeitig zu analysieren. Das Probenmaterial wird in einer (Multiplex-)PCR-Reaktion vermehrt und mit Hilfe eines Fluores-zenzfarbstoffes markiert, der dann nach weiteren Analysen im Labor mit einem Biochip-Analysator nachgewiesen wird.

Gegenwärtig werden an verschiedenen Institutionen DNA-Biochips entwickelt, die eine schnelle molekularbiologische Diagnostik möglichst vieler bioterroristisch relevanter Erreger ermöglichen sollen, die sich aber derzeit bestenfalls im „Prototypstadium" befinden. Auf der Basis von Biochips können auch immunologische Nachweisverfahren entwickelt werden, die entweder einzelne Antigene (z. B. mikrobielle oder pflanzliche Toxine) oder aber auch ganze Bakterien, Sporen oder Viren erfassen. Sie funktionieren im Sinne eines miniaturisierten ELISA, bei dem viele verschiedene Fänger-Antikörper auf der Biochip-Oberfläche immobilisiert sind. Derzeit sind mehrere vielversprechende Antikörper-basierte Biochip-Plattformen zur Detektion von Toxinen in der Entwicklung; eine Restriktion in diesem Feld ist jedoch noch die Verfügbarkeit von hochaffinen und hochspezifischen Fänger- und Detektionsantikörpern. Es wird erwartet, dass in den nächsten 3–5 Jahren marktreife Systeme zur Verfügung stehen werden, um die Detektion einer breiten Palette von bioterroristisch relevanten Agenzien zu gewährleisten.

Labordiagnostik

Für den Nachweis infektiöser Erreger in diagnostischen Laboratorien kann prinzipiell zwischen zwei Nachweisverfahren unterschieden werden:

- Direkter Nachweis des Erregers (Virus, Bakterien) mittels:

  - mikroskopischer Verfahren wie Lichtmikroskopie und Elektronenmikroskopie

  - Gennachweis-Verfahren, z. B. PCR

  - Anzucht in Zellkultur, Nährmedien oder Versuchstier

  - immunologischer Nachweis von erregerspezifischen Antigenen

- Nachweis von erregerspezifischen Antikörpern im Erkrankten/ Infizierten/Exponierten mittels:

  - Antikörpernachweissystemen
    (ELISA, Immunofluoreszenz-Test, Immunoblot etc.)

Die Detektion von Toxinen unterscheidet sich grundsätzlich vom Nachweis vermehrungsfähiger Pathogene: Toxine sind auch in Abwesenheit des produzierenden Organismus toxisch, d. h. hier kann der Nachweis gewöhnlich nicht auf dem Nachweis der genetischen Information (DNA) mittels PCR oder auf der Visualisierung mittels mikroskopischer Verfahren beruhen. Vielmehr muss das Toxin selbst, meist ein Protein, nachgewiesen werden. Hier stehen prinzipiell zwei Möglichkeiten zur Verfügung:

Proteinbiochemischer Nachweis des Toxins mittels

- immunologischem Antigen-Nachweis

- spektroskopischer bzw. chromatographischer Verfahren
  (je nach Größe des Toxins z. B. Massenspektroskopie, Gaschromatographie)

Nachweis der funktionellen Aktivität des Toxins

- in Zellkultur-basierten Assays

- in *In-vitro*-Assays, die spezifisch die enzymatische Aktivität eines Toxins erfassen

- in diagnostischen Tierversuchen

Prinzipiell müssen alle diagnostischen Nachweisverfahren validiert und ihre Ergebnisse möglichst auch über externe Qualitätssicherungsmaßnahmen überprüft sein.

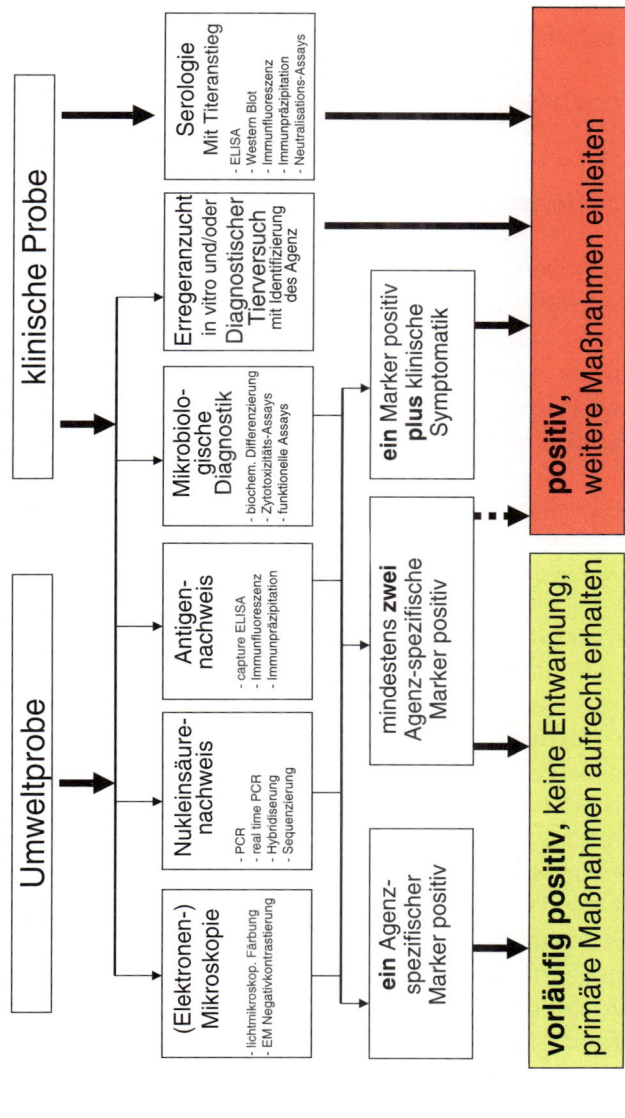

Abb. 2: Verfahrensablauf im Labor (Abkürzungen: PCR= Polymerasekettenreaktion, IFT= Immunfluoreszenztest; (c)ELISA= (capture)Enzyme-Linked-Immunosorbent-Assay, WB= Westernblot)

175

Mit Hilfe der mikroskopischen Untersuchungsmethoden können erste wichtige Fragen geklärt werden, die eine orientierende Diagnostik und Risikobewertung betreffen:

1. Enthält die Probe biologisches Material (vegetative Bakterien, Sporen, Viren)?

2. Wie hoch ist die Belastung mit diesen Erregern?

3. Wie ist die Beschaffenheit der Probe; besteht der Verdacht, dass es sich um waffenfähige Präparationen handelt?

Bei Umweltproben ist davon auszugehen, dass das Probenmaterial verschiedene Umweltkeime enthalten kann, die entsprechend umfangreiche Untersuchungen erforderlich machen können.

Da die Proben möglicherweise nicht die Erreger enthalten, die angekündigt sind bzw. vermutet werden, erweitert der „offene Blick" durch mikroskopische Verfahren das diagnostische Spektrum.

Abb. 2 stellt schematisch den Verfahrensablauf im Labor dar. Für einen eindeutig positiven Befund im Fall von Umweltproben ist der Nachweis lebensfähiger Erreger anzustreben. Der vorläufige (positive) Befund kann durch den Nachweis von zwei Agenz-spezifischen Markern, möglichst mit zwei verschiedenen methodischen Plattformen, erhärtet werden und ist im Fall einer negativen Anzucht Grundlage für die weitere Entscheidungsfindung. Licht- und Elektronenmikroskopie eignen sich in erster Linie für eine Schnellbeurteilung der Probe, während die anderen aufgeführten Verfahren erregerabhängig den Nachweis spezifischer Marker zulassen. Die notwendigen Maßnahmen müssen je nach Gefährdungsbeurteilung eingeleitet werden. Bei klinischen Proben von Patienten mit entsprechender Krankheitssymptomatik kann bereits ein validierter Labortest ausreichend aussagekräftig sein. Es ist nicht immer sinnvoll, alle hier exemplarisch angegebenen Nachweisverfahren einzusetzen, sondern die Verfahren sollten jeweils nach Stand von Technik und Wissenschaft angewendet werden.

Lichtmikroskopie

Bei Umwelt-, medizinischen und Lebensmittelproben, die eine sehr schnelle Befundaussage verlangen, ist die direkte Mikroskopie des Untersuchungsmaterials eine unverzichtbare diagnostische Schnellmethode. Als Lichtmikroskopie werden alle mikroskopischen Verfahren bezeichnet, bei denen das Objekt durch Lichtstrahlen sichtbar gemacht wird. Durch Manipulation des Strahlengangs sind verschiedene Untersuchungsmethoden wie Durchlicht-, Fluoreszenz- oder Phasenkontrastmikroskopie möglich. Diese mikroskopischen Untersuchungsverfahren dienen in der medizinischen Bakteriologie hauptsächlich der vorläufigen Orientierung über den Bakteriengehalt klinischer Materialproben, der Prüfung von Zellformen, Größe, Beweglichkeit, Färbeeigenschaften und Einheitlichkeit der Kulturen. Eine mikroskopische Speziesdiagnose ist bei bakteriellen Krankheitserregern nur in Verbindung mit serologischen Methoden (z. B. Immunfluoreszenz) möglich.

Besonders für die Risikoeinschätzung ist eine schnelle Verdachtsdiagnose bzw. der Ausschluss hoher Erregerkonzentrationen von großer Bedeutung. Dies gilt insbesondere für Umwelt- und Lebensmittelproben. Wenn große Infrastruktureinrichtungen lahm gelegt sind, bedarf es schneller Methoden, um eine Entwarnung geben zu können. Deshalb werden zeitgleich mehrere Untersuchungsmethoden angewendet. Mittels Mikroskopie erhält man sehr schnell erste Resultate, die aber nur beschränkt verlässlich sind.

Die bakterioskopische Untersuchung gehört nicht nur zu den Schnellmethoden zum Erregernachweis, sondern ist gleichzeitig Kontrolle (Qualitätssicherung) für weitere parallele diagnostische Methoden. So könnte mit dieser einfachen Methode eine Beeinträchtigung anderer Nachweisverfahren (Antigen-, molekularbiologische, kulturelle Nachweisverfahren) erkannt werden. Allerdings ist hierbei ein genügend sicheres Ergebnis auf Mindestmengen von Mikroorganismen angewiesen. Sie liegen bei der Mikroskopie des originären Präparates bei etwa 10^4–10^5 Organismen/ml.

Für die sofortige mikroskopische Untersuchung eines Teils des einge-
sandten Untersuchungsmaterials eignet sich die Gram-Färbung. Bei
Milzbrandverdacht werden die inaktivierten Präparate nach Rakette
(Sporenfärbung) gefärbt oder mittels Phasenkontrastverfahren mikros-
kopiert. Bei Verdacht auf *Y. pestis* wird die Bipolarität mit Hilfe der
Wayson-, Wright- oder Giemsa-Färbung nachgewiesen. Färbeverhal-
ten, Form und Größe der Erreger sind sowohl im Originalpräparat als
auch in Präparaten von Kulturen wichtige diagnostische Kriterien.Viren
können lichtmikroskopisch nicht hinreichend sicher nachgewiesen
werden.

Die Beurteilung der mikroskopischen Präparate muss durch eine
geschulte Fachkraft vorgenommen werden.

Elektronenmikroskopische Untersuchungen

Die Elektronenmikroskopie (EM) ist in erster Linie für den Schnellnachweis von Viren geeignet. Bakterien und Sporen können mit konventioneller Mikroskopie teilweise noch einfacher nachgewiesen werden. Die
mikroskopischen Methoden erlauben zudem eine erste Bewertung der
Untersuchungsprobe und bei Umweltproben des Risikos, das von dieser Probe für Exponierte ausgeht.

Ein diagnostisches Verfahren, das schon innerhalb von 15 Minuten
nach Erhalt des Probenmaterials einen ersten Befund liefern kann,
ist die EM. Bei Verdacht auf Milzbrandsporen geht der EM-Diagnostik jedoch eine zweistündige Inaktivierung im Sicherheitslabor voran.
Neben der Schnelligkeit ist der unmittelbare Blick auf alle partikulären
Bestandteile der Probe, bis hin zum kleinsten Virus, ein überzeugendes
Argument, das für einen frühen Einsatz der EM bei BT-Verdachtsfällen spricht. Ein geschulter Blick auf die Probe im Elektronenmikroskop
erlaubt zudem die gleichzeitige Identifizierung mehrerer Erreger oder
solcher, die zuvor niemand vermutet hätte (Hazelton & Gelderblom,
2003).

Die Freisetzung neuartiger oder genetisch veränderter Viren und Bakterien kann für eine schnelle und sichere Diagnostik mittels immunologischer oder molekulargenetischer Verfahren zum Problem werden, da die geeigneten Untersuchungsmethoden erst angepasst werden müssen. In solchen Fällen ist der Einsatz der EM von großer diagnostischer Bedeutung, da hierfür keine spezifischen Reagenzien benötigt werden, die das diagnostische Spektrum einengen (Curry, 2003). Die im Vergleich zur PCR und immunologischen Methoden geringe Sensitivität der EM-Diagnostik muss bei der unmittelbaren Untersuchung des Materials, z. B. eines weißen Pulvers aus einem Drohbrief, kein Nachteil sein. Die bei den Anschlägen 2001 in den USA versendeten Anthrax-Briefe enthielten genügend Sporen, um selbst bei einer millionenfachen Verdünnung noch eine zuverlässige EM-Diagnose zu gewährleisten (Marschall & Gelderblom, 2005). Im Bedarfsfall stehen darüber hinaus effiziente Anreicherungsverfahren zur Verfügung, die zwar Zeit beanspruchen, aber die Nachweisgrenze senken.

Aufgrund charakteristischer Merkmale und der Gestalt von Viren, Bakterien oder Sporen ist die EM-Diagnose sehr spezifisch. Morphologisch identische Erreger mit verschiedenartigem Krankheitspotential können mit der EM-Schnelldiagnostik jedoch nicht differenziert werden. So kann z. B. nicht zwischen dem menschlichen Pockenvirus *(Variola major)* und dem Impfvirus *(Vaccinia)* unterschieden werden. Dennoch wird die rasche Identifizierung von Partikeln dieser Familie (Orthopocken) im Krisenfall extrem wertvoll sein, um die nachfolgende Differenzialdiagnose auf diese Virusfamilie einzugrenzen. Mit Hilfe weiterer Untersuchungsverfahren basierend auf spezifischen Antikörpern oder Antiseren kann aber auch elektronenmikroskopisch eine exakte Typisierung erfolgen.

Für die EM-Diagnostik gibt es zwei Restriktionen: zum einen ist die EM-Diagnostik nicht geeignet für das Screening großer Probenmengen. Zum anderen können lösliche bioterroristisch relevante Agenzien wie Toxine nicht erfasst werden. Aufgrund ihrer Vorteile sollte die Methode jedoch in BT-Verdachtsfällen und ähnlichen kritischen Gefahrensituationen eingesetzt werden, um frühzeitig eine erste orientierende Diagnose zu erhalten oder eine höhere Erregerkonzentration, insbesondere in Umweltproben, auszuschließen.

Polymerase-Kettenreaktion (PCR)/Real-Time PCR

Im Gegensatz zur EM, die den Erreger selbst abbildet, und zur Zellkultur, die das Wachstum des Erregers und damit seine Vitalität nachweist, weist die PCR lediglich Nukleinsäuren nach, also das Erbmaterial (Gene oder Genomäquivalente) eines Erregers. Die PCR stellt derzeit das empfindlichste und spezifischste Nachweisverfahren für Viren und Bakterien dar, benötigt aber aufgrund seiner hohen Selektivität gesicherte Zusatzinformation bzgl. Erregertyp, -klasse etc., um die Vielzahl der Untersuchungsmöglichkeiten für das Untersuchungslabor gezielt einzugrenzen. Je nach verwendetem Verfahren kann ein Nachweis von 10 Genomäquivalenten eines Erregers innerhalb von wenigen Stunden erfolgen (Pauli & Ellerbrok, 2003).

Die Durchführung von konventioneller PCR mit Thermocycler, Gel-Elektrophorese und entsprechenden Bestätigungsreaktionen (z. B. Hybridisierung oder Sequenzierung) ist an das Vorhandensein entsprechender mobiler oder stationärer Labore gebunden, stellt aber ein zuverlässiges Verfahren dar.

Eine Fortentwicklung der PCR ist die Real-Time PCR-Technologie, die auf einer gleichzeitigen Vervielfältigung und Detektion des PCR-Produktes in Echtzeit beruht. Entsprechend der Vermehrung des spezifischen PCR-Fragmentes steigt das Fluoreszenzsignal. Zu jedem Zeitpunkt der PCR-Reaktion kann daher beobachtet werden, ob und in welchem Ausmaß es zu einer Vervielfältigung des gesuchten DNA-Fragmentes in der untersuchten Probe kommt. Damit ist mit dem spezifischen Nachweis auch eine Aussage über die Menge an vorliegendem Erreger möglich.

Ein großer Vorteil der Real-Time PCR-Technologie ist die verringerte Kontaminationsgefahr, eine größere Sensitivität und eine integrierte Bestätigung. Die Analysen, die mit der Real-Time PCR durchgeführt werden, ergeben in der Regel schnellere und abgesicherte Ergebnisse im Vergleich zur PCR.

Immunologische/serologische Verfahren

Der Nachweis von Erreger-spezifischen Antikörpern ist insbesondere für epidemiologische Untersuchungen geeignet. Bei akuten Erkrankungen ist er nur in Einzelfällen als geeignetes Verfahren einsetzbar. Der **Antikörpernachweis** gibt darüber hinaus die Möglichkeit, eventuell asymptomatisch verlaufende Erregerexpositionen zu verifizieren. Hierzu ist allerdings die unmittelbare Abnahme eines Kontrollserums bei vermutetem Expositionsverdacht notwendig, wenn entsprechende Seren nicht aus anderen Gründen bereits vorliegen. Einsatzkräfte mit einem möglichen Expositionsrisiko sollten entsprechende Nullseren in regelmäßigen Abständen, z. B. gekoppelt mit arbeitsmedizinischen Vorsorgeuntersuchungen, hinterlegen.

Neben dem Nachweis des genetischen Materials der Viren oder Bakterien können auch Proteine/Antigene dieser Erreger mit Hilfe von geeigneten **Antigennachweisverfahren** erfasst werden. Benötigt werden dazu Antigen-spezifische Antikörper oder Liganden, die spezifisch mit Strukturen der Erreger reagieren. Dies ist nicht für alle bisher als potenzielle biologische Kampfstoffe eingestuften Agenzien gegeben. Probleme der Differenzierung entstehen dabei insbesondere bei eng verwandten Erregern, z. B. bei den Orthopockenviren, zu denen das menschliche Pockenvirus gehört. Vorteile immunologischer Verfahren sind häufig die Robustheit der Verfahren und die Möglichkeit einer Antikörper-basierten Anreicherung des biologischen Agens.

Anzucht

Der Nachweis mittels Anzucht (Vermehrung/Kultivierung) von Erregern liefert die sichersten Ergebnisse, bedarf allerdings mehrerer Tage. Eine Anzucht ist bei Umweltproben immer erforderlich, um die Vermehrungsfähigkeit des Erregers nachzuweisen.

Zur Anzucht von Bakterien in Reinkultur (Selektivkultur) werden dem Nährmedium bei definiertem pH-Wert und Temperatur bestimmte Hemmstoffe oder eine ausgewählte Anzahl Nährsubstanzen zugefügt, die nur bestimmten Erregern das Wachstum ermöglichen. Dieses Verfahren bietet sich insbesondere für Proben mit einer Vielzahl verschiedener Erreger an. Die Flüssigkultur dient der Anzucht auch geringer Konzentrationen von Erregern. Durch das Ausbringen unterschiedlich verdünnter Erregersuspensionen auf Festkulturen werden Erreger vereinzelt und wachsen zu einzelnen Kolonien an, die z. B. aufgrund von Farbe oder Kolonieform erste Hinweise auf die Art des Bakteriums geben können. Mithilfe von Stichkulturen lassen sich Sauerstoffbedürftigkeit, Beweglichkeit etc. von Bakterien bestimmen.

Insbesondere in der Frühphase der Bakterienvermehrung bei primär keimarmem Material kann zur Beurteilung von Flüssigkulturen eine bakterioskopische Untersuchung mit oder ohne Fluoreszenzfarbstoffe durchgeführt werden. Eine makroskopisch feststellbare Trübung der Flüssigmedien tritt erst nach längerer Inkubationszeit bei höheren Keimzahlen auf.

Die Wirksamkeit einer gegebenenfalls angezeigten **Antibiotika-Standardtherapie** muss diagnostisch schnellstmöglich verifiziert werden, um die schnelle Einleitung einer spezifischen Therapie mit Antibiotika zu ermöglichen und/oder die Resistenzsituation einschätzen zu können.

Die Vermehrung von **Viren** erfolgt in lebenden Zellen, dafür werden Bruteier oder Zellkulturen (Gewebe von Säugern, Vögeln, Kaltblütern) mit Viren beimpft. Es wird möglichst eine Zellkultur gewählt, die durch das erwartete Virus zerstört wird. Diese zellzerstörenden Effekte können im Lichtmikroskop beobachtet werden.

Nach der Anzucht werden die Viren und Bakterien mittels immunologischer, biochemischer und molekularbiologischer Methoden identifiziert.

Proteinbiochemischer Nachweis von Toxinen

Hierzu zählen die bereits erwähnten immunologischen Nachweise wie ELISA und Immunoblot, aber auch spektroskopische Verfahren wie die Massenspektroskopie. Für alle immunologischen Verfahren ist das Vorliegen spezifischer Reagenzien (z. B. Antikörper), welche die Toxine binden, notwendig. Im Allgemeinen werden mit dem ELISA bessere Sensitivitäten erreicht als mit dem Immunoblot. Beim Sandwich-ELISA wird der Fängerantikörper auf eine Oberfläche gebunden, dieser bindet das Antigen (Toxin) aus der Probe. Der Nachweis erfolgt dann mittels eines zweiten Antikörpers (Detektionsantikörper), der an ein Nachweissystem (Fluoreszenz, Farbreaktion etc.) gekoppelt ist. Beim Immuno- oder Western Blot werden alle Proteine einer Probe elektrophoretisch anhand ihrer Masse aufgetrennt und auf eine Membran transferiert. Auf der Membran findet dann der Nachweis wiederum mittels eines an ein Nachweissytem gekoppelten Antikörpers statt. Neben Antikörpern können auch andere Toxin-bindende Moleküle (Rezeptoren, Glykoproteine etc.) eingesetzt werden; ausschlaggebend für die Sensitivität ist die spezifische Bindungsstärke (Affinität) und Avidität. Kommerzielle ELISA-Nachweisverfahren stehen für eine beschränkte Anzahl der Toxine zur Verfügung (z. B. Botulinum-Toxine). Die Sensitivität und Spezifität dieser Systeme ist – je nach Toxin – ausgehend von reinen Toxinpräparationen recht gut. Unklar ist zum gegenwärtigen Zeitpunkt, wie gut im Fall einer absichtlichen Ausbringung von Toxinen die ELISA-Systeme ausgehend von Realproben (Umweltproben, Lebensmittelproben) funktionieren. Hier sind sorgfältige Validierungsstudien notwendig.

In jüngster Zeit werden auch verstärkt spektroskopische Verfahren zum Toxinnachweis in Expertenlaboratorien etabliert. Hier wird die Massenspektroskopie (MS) als Detektorsystem mit vorgeschalteter Ionisierung des Analyten (MALDI-TOF-MS, ESI-TOF-MS etc.) verwendet. Bei der Matrix-Assisted-Laser-Desorption/Ionisation (MALDI) oder der Elektrospray-Ionisation (ESI) ionisiert man den Analyten und trennt die ionisierten Fragmente in einem Time-of-Flight (TOF)-MS auf. Das Fragmentmuster ist dabei für das jeweilige Toxin (Protein) charakteristisch. In der Literatur wird von sehr geringen Nachweisgrenzen im Fall der MALDI-TOF-basierten Detektion von Ricin und Botulinum-Toxinen ausgehend von reinen Toxinpräparationen berichtet (Fredriksson *et al.*, 2005; van Baar *et al.*, 2004). Allerdings gilt auch hier – wie bei den immunologischen Detektionsmethoden – , dass in komplexen Probenmatrices z. T. erhebliche Störsignale auftreten. Ziel ist es hier in zukünftigen Arbeiten, eine Anreicherung der Toxine aus den komplexen Matrices vorzuschalten, um sie dann einer MS-basierten Diagnostik zuzuführen.

Nachweis der funktionellen Aktivität von Toxinen

Bei den oben genannten proteinbiochemischen Methoden wird das Toxin als Protein detektiert, nicht aber seine funktionelle Aktivität. Zum direkten Nachweis der funktionellen Aktivität werden neben Tierexperimenten (Maus-Letalitätstest) auch Zellkultur und *in-vitro*-Assays verwendet. Im Fall der Botulinum-Toxine ist der Maus-Letalitätstest aufgrund seiner exzellenten Sensitivität (Detektionslimit 10–20 pg/ml) bislang immer noch der Goldstandard der Botulinum-Toxin-Diagnostik. Eine Alternative zum Mausassay wäre nicht nur aus ethischen Gründen, sondern auch unter dem Aspekt der schnellen Diagnostik sehr wünschenswert (der Mausassay dauert je nach Toxinkonzentration bis zu 4 Tage). Derzeit sind allerdings weltweit keine *in-vitro*-Methoden verfügbar, die den Maustest in allen Belangen zufriedenstellend ersetzen könnten.

Für andere Toxine wie Ricin, Shiga-Toxine und Abrin ist es gelungen, sensitive Zellkulturtestsysteme zu etablieren. Die genannten Toxine werden mit Zielzellen inkubiert und inhibieren innerhalb von 24–48 h die Proteinbiosynthese der Zellen, was letztendlich zum Zelltod führt. Um die Spezifität dieses funktionellen Tests zu zeigen, werden wie auch beim Maus-Letalitätstest blockierende Antikörper benötigt.

Bei *In-vitro*-Funktionstesten wird die enzymatische Aktivität der Toxine genutzt. Hier werden im Reagenzgefäß natürliche oder artifizielle Substrate der Toxine mit dem aus der Probe angereicherten Toxin inkubiert und die enzymatische Umsetzung gemessen. Dies kann mit immunologischen oder spektroskopischen Detektionsmethoden erfolgen. Auch hier sind also – wie bei den meisten sensitiven funktionellen Nachweismethoden – Antikörper notwendig, um die Spezifität der Teste zu gewährleisten. Insgesamt ist der zeitliche und apparative Aufwand funktioneller Teste im Vergleich zu reinen proteinbiochemischen Detektionsmethoden höher einzuschätzen.

Wie auch bei Letzteren ist es sehr kritisch, dass die funktionellen Methoden gut aus reinen Toxinpräparationen, aber in der Regel nicht gut bzw. nicht einfach aus komplexen Probenmatrices durchführbar sind.

Zusammenfassend liegt derzeit eine große Herausforderung im Toxinfeld im Aufbau einer Multiplex-fähigen Diagnostik, bei der das gesamte Spektrum der BT-Toxine zuverlässig und sensitiv aus Realproben detektiert werden kann, um sowohl den zeitlichen Aufwand wie auch den Verbrauch an Probenmaterial zu minimieren (Lim *et al.*, 2005).

Qualitätsicherung

Um die hier dargestellten Verfahrensabläufe zu gewährleisten, sind ausreichende Laborkapazitäten mit entsprechendem Qualitätsstandard erforderlich. Hierzu ist eine Qualitätssicherung der Protokolle für eine orientierende Diagnostik für die in Deutschland seltenen Agenzien angestrebt, was wiederum die Bereitstellung von internen Kontrollen zur Qualitätssicherung voraussetzt. Bei der Teilnahme deutscher Laboratorien an internationalen Qualitätssicherungsmaßnahmen hat sich gezeigt, dass die deutschen Teilnehmer im internationalen Vergleich sehr gut abgeschnitten haben. Für den gesamten Bereich der Erregerdiagnostik sind regelmäßige Ringversuche durchzuführen, um eine externe Qualitätssicherung (EQA) zu gewährleisten.

Diagnostikeinrichtungen

Die zuständigen Stellen, z. B. Amtsarzt, geben vor Ort Hinweise auf Labore, die die entsprechende Diagnostik durchführen können.

Als Diagnostikeinrichtungen stehen z. B. die ernannten Nationalen Referenzzentren (NRZ) und Konsiliarlaboratorien zur Verfügung. Ihre Kontaktdaten sowie deren Leistungsspektrum können unter www.rki.de (→ Infektionsschutz → Nationale Referenzzentren, Konsiliarlaboratorien) abgerufen werden. Im Buch „Biologische Gefahren II – Entscheidungshilfen zu medizinisch angemessenen Vorgehensweisen in einer B-Gefahrenlage" sind weitere Labore aufgeführt, die die entsprechende Erreger-Diagnostik durchführen.

Literatur

Curry, A. (2003). Electron microscopy and the investigation of new infectious diseases. *Int.J.Infect.Dis.*, **7**, 251-257

Fredriksson, S.A., Hulst, A.G., Artursson, E., de Jong, A.L., Nilsson, C., & van Baar, B.L. (2005). Forensic identification of neat ricin and of ricin from crude castor bean extracts by mass spectrometry. *Anal.Chem.*, **77**, 1545-1555

Gessler, F., Pagel-Wieder, S., Avondet, M.A., & Bohnel,H. (2007). Evaluation of lateral flow assays for the detection of botulinum neurotoxin type A and their application in laboratory diagnosis of botulism. *Diagn.Microbiol.Infect.Dis.*, **57**, 243-249

Hazelton, P.R. & Gelderblom, H.R. (2003). Electron microscopy for rapid diagnosis of infectious agents in emergent situations. *Emerg.Infect.Dis.*, **9**, 294-303

Lim, D.V., Simpson, J.M., Kearns, E.A., & Kramer, M.F. (2005). Current and developing technologies for monitoring agents of bioterrorism and biowarfare. *Clin.Microbiol.Rev.*, **18**, 583-607

Marschall, H.-J. & Gelderblom, H. (2005). Elektronenmikroskopie bei Biowaffenverdacht. *Wehrtechnik,* **II**, 60-64

Pauli, G. & Ellerbrok, H. (2003). Diagnostik von Proben bei vermuteten bioterroristischen Anschlägen. *Bundesgesundheitsblatt,* **46**, 976-983 van Baar, B.L., Hulst, A.G., de Jong, A.L., & Wils, E.R. (2004). Characterisation of botulinum toxins type C, D, E, and F by matrix-assisted laser desorption ionisation and electrospray mass spectrometry. *J.Chromatogr. A.*, **1035**, 97-114

3 Organisation und Logistik im Einsatzfall

3.1 Einführung

„Es ist gar nicht so leicht, sich zurechtzufinden!" Solche und ähnliche Aussagen hört man oft, wenn man versucht, Zuständigkeiten bei verschiedenen biologischen Lagen zu klären und zu erklären.

- Wer macht wann was?

- Wo ist das im Einzelnen geregelt? Und wie?

- Wie sollen – aus der Sicht des Gesetzgebers – die einzelnen Institutionen und Fachdienste zusammenarbeiten – untereinander und mit anderen, z. B. Sicherheitsbehörden?

- Welche Gesetze und Verordnungen sind wann relevant?

- Gibt es Eskalationsstufen für besonders schwerwiegende Ereignisse?

Mit solchen Fragen beschäftigt man sich nicht unbedingt jeden Tag und entsprechend erklärungsbedürftig ist die Materie. Im Beitrag **3.2 Rechtliche Grundlagen der Zivilen Sicherheitsvorsorge in Deutschland** wird daher ein Überblick über die derzeit relevanten Katastrophenschutzgesetze mit einem Bezug zu Schadenslagen mit biologischem Hintergrund gegeben.

Die Einsatzleitung vor Ort und in den Führungseinrichtungen im rückwärtigen Bereich stellt eine besondere Herausforderung dar. Die Zusammenarbeit mit dem Ziel eines sinnvollen Zusammenspiels aller Kräfte muss unter einheitlicher Gesamtverantwortung der Führungsorganisation koordiniert werden. Im Beitrag **3.3 Führen und Leiten im Einsatz** werden diese Zusammenarbeit, Prozesse der Entscheidungsfindung und die Verantwortlichkeiten beschrieben.

Führungsorganisation braucht klare Zuständigkeiten und verlangt nach klaren gesetzlichen Regelungen. Daran wird ständig gearbeitet, aber vermutlich wird man immer auf eine große Bereitschaft Kooperation und Koordination angewiesen sein.

Je komplexer und unübersichtlicher die Lage wird, desto weniger kann die Auswirkung einzelner Maßnahmen vor Ort abgeschätzt werden und umso größer ist das Bedürfnis nach übergreifender Koordination. Für Beitrag **3.4 Einsatzgrundsätze: Führungsorganisation bei biologischen Schadenslagen** hat die Arbeitsgruppe „Einsatzgrundsätze" des Netzwerks „Biologische Gefahren" ein der Schwere der Lage angepasstes Stufenkonzept erarbeitet, das den genannten Anforderungen gerecht wird und weitgehend auf bereits vorhandenen Führungsstrukturen basiert. Mit relativ geringem Anpassungsaufwand wäre damit eine ganz erhebliche Verbesserung der Führungsorganisation möglich.

Sollte die Funktionsfähigkeit des Gesundheitssystems z. B. in einer Biologischen Lage gestört werden, so hätte das dramatische Folgen für die Menschen und letztlich für die Funktionsfähigkeit unserer Gesellschaft. Unter dem Stichwort „Kritische Infrastrukturen" werden solche Ressourcen besonders sorgfältig überwacht und präventiv erhebliche Anstrengungen unternommen, um die Funktionsfähigkeit auch unter erschwerten Bedingungen zu gewährleisten. Nicht nur das Gesundheitswesen selbst ist eine Kritische Infrastruktur, sondern eine Störung hat auch erhebliche Wechselwirkungen mit anderen Kritischen Infrastrukturen. Im Beitrag **3.5 Kritische Infrastrukturen und Biologische Lagen** werden diese Zusammenhänge dargestellt, mögliche Auswirkungen diskutiert und Ansätze für geeignete Maßnahmen vorgestellt.

Biologische Lagen sind durch ihre Komplexität und Dynamik gekennzeichnet. Dies führt zu besonderen qualitativen und quantitativen Anforderungen an das Ressourcen- und Personalmanagement. Als Beispiel für das Management in den Fachdiensten werden im Beitrag **3.6 Allgemeines Ressourcenmanagement der Fachdienste am Beispiel des DRK** die Verhältnisse im Deutschen Roten Kreuz beschrieben. Sie sind mit einigen Abweichungen auch für die Organisation der anderen in Deutschland tätigen Hilfsorganisationen typisch.

Ein ganz wichtiger Faktor für den Erfolg der Einsätze ist eine gute, praxisgerechte Ausbildung der Helfer wie sie im Beitrag **3.7 Standardisierte ABC-Grundausbildung aller Einsatzkräfte** beschrieben wird. Zum Erfolg zählt nicht nur, dass der eigentliche Einsatzzweck erreicht wird, sondern auch, dass die Helfer selbst möglichst wenig belastet werden und gesund und leistungsfähig bleiben. Zur Bewältigung biologischer Lagen müssen alle an der Gefahrenabwehr Beteiligten interdisziplinär und ressortübergreifend zusammenarbeiten. Für ein effizientes Zusammenwirken ist also außerdem eine einheitliche Ausbildungsgrundlage Voraussetzung. Die Ständige Konferenz für Katastrophenvorsorge und Katastrophenschutz (SKK) hat daher in ihrer Projektgruppe 9 (PG 9 – ABC-Risiken und Gefahrenlagen) eine „Standardisierte ABC-Grundausbildung" definiert, die Mindestanforderung zur Schulung aller Einsatzkräfte in der Notfallvorsorge und der Gefahrenabwehr festlegt. Jetzt gilt es, ein Umsetzungsmodell für die Implementierung dieser Ausbildung zu entwickeln.

Das Ressourcenmanagement und die Logistikplanung in einer Biologischen Schadenslage aus der Sicht der Feuerwehr wird im Beitrag **3.8 Allgemeines Ressourcenmanagement der Fachdienste aus Sicht der Feuerwehr** beschrieben. Das Kapitel vermittelt einen Überblick darüber, welche Hilfestellung die Feuerwehren in solchen Lagen erbringen können und zeigt die Ansatzpunkte zur Zusammenarbeit auf.

Gewissermaßen „Ressourcenmanagement" unter Einbeziehung der Unterstützungsmöglichkeit Bundeswehr wird schließlich im Beitrag **3.9 Zivil-Militärische Zusammenarbeit im Gesundheitswesen** beschrieben. Dass diese Zusammenarbeit kurzfristig funktionieren kann, hat der Großeinsatz bei der Elbe-Flut 2002 gezeigt. Unter günstigen Rahmenbedingungen kann die Bundeswehr einen ganz erheblichen Beitrag zur Bewältigung ungewöhnlicher Schadenslagen leisten. Bedingt durch den subsidiären Charakter stehen diese Hilfsmittel und das Personal jedoch nur zur Verfügung, solange sie von der Bundeswehr nicht selbst benötigt werden. Daher muss im Prinzip jede Planung einer Schadensbewältigung berücksichtigen, dass man im Notfall auch ohne die Bundeswehr auskommen muss.

3.2 Rechtliche Grundlagen der Zivilen Sicherheitsvorsorge in Deutschland – Rahmenbedingungen für die Bewältigung biologischer Gefahrenlagen

C. Dolf

Vorbemerkung

Ziel dieses Beitrags ist es, einen kurzen, einführenden und vor allem systematischen Überblick über die rechtlichen Grundlagen und das System der zivilen Sicherheitsvorsorge in Deutschland – unter besonderer Berücksichtigung des Aspekts der biologischen Gefahren – zu geben. Denn einerseits werden mit den rechtlichen Vorschriften wesentliche Rahmenbedingungen für den Umgang mit biologischen Gefahren im Aufgabenbereich Bevölkerungsschutz bestimmt, indem Zuständigkeiten und Aufgaben festgelegt werden. Zudem sind andererseits vielen Beteiligten zwar ihre speziellen Zuständigkeiten und Aufgaben bekannt, es fehlen allerdings oft die Kenntnisse der Gesamtzusammenhänge innerhalb des Systems. Gerade diese Zusammenhänge sind aber entscheidend im Hinblick auf das effektive Zusammenwirken aller Beteiligten und aller – auch rechtlicher – Ressourcen des Bevölkerungsschutzes im Sinne eines Krisenmanagements. Im Rahmen dieses Beitrags kann und soll jedoch nicht vertieft auf Hintergründe, Detailregelungen oder einzelne rechtliche Fragen und Probleme eingegangen werden.

Allgemeine Vorgaben des Grundgesetzes

Staatliche Schutzpflicht

Der Schutz der Bürgerinnen und Bürger wird – insbesondere in politischen Äußerungen – oft als eine der vornehmsten Aufgaben des Staates herausgestellt, völlig zu Recht. Denn diese Schutzpflicht lässt sich u. a. aus Art. 2 Abs. 2 Satz 1 Grundgesetz (GG), dem Recht auf Leben und körperliche Unversehrtheit, und Art. 20 Abs. 1 GG, dem Sozialstaatsprinzip, also nicht gerade unerheblichen Werten unserer Verfassung, ableiten. Dadurch kann und soll zwar durch den Staat kein allumfassender Schutz vor jeglichen Gefahren gewährleistet werden, insbesondere finden aber Gefahren Berücksichtigung, auf die – bzw. auf deren Verhinderung oder Bewältigung – der Einzelne selbst nur begrenzt Einfluss nehmen kann. Dies sind z. B. biologische Gefahrenlagen aufgrund von Unglücksfällen, Naturkatastrophen oder Terrorismus. Dort kann der Staat durch seine Organisation, seine Einrichtungen und sein Gewaltmonopol wesentlich besser agieren.

Diese verfassungsrechtlichen Vorschriften, die im praktischen Alltag in der Regel sicherlich nicht gerade im Vordergrund des Handelns stehen, binden dabei alle staatlichen Ebenen und Stellen, vom Bund über die Länder bis hin zu den Kreisen und Gemeinden, gleichermaßen. Das heißt, alle staatlichen Stellen und Ebenen stehen grundsätzlich in der Verantwortung dieser Schutzpflicht.

Kompetenzverteilung des Grundgesetzes

Allerdings sind die konkreten Zuständigkeiten und Aufgaben, die sich letztlich aus dieser allgemeinen Schutzpflicht des Staates ergeben, aufgrund der föderalen Struktur der Bundesrepublik unterschiedlichen Ebenen und Stellen übertragen.

Die grundlegenden Regelungen dieser Kompetenzverteilung zwischen Bund und Ländern finden sich in den Art. 30, 70 ff. und 83 ff. GG, sowohl in Bezug auf die Gesetzgebungs- als auch auf die Verwaltungskompetenzen. Dabei ist deutlich festzustellen, dass grundsätzlich den Ländern die Erfüllung staatlicher Aufgaben übertragen ist. Es gilt somit eine Zuständigkeitsvermutung zugunsten der Länder. Der Bund hat nur dann Gesetzgebungs- und bzw. oder Verwaltungskompetenzen, wenn diese ihm ausdrücklich durch die Verfassung zugewiesen sind. Zudem ist zu berücksichtigen, dass einer Gesetzgebungskompetenz des Bundes nicht unbedingt auch eine Verwaltungskompetenz folgt. Vielmehr gilt auch hier, dass Bundesgesetze grundsätzlich von den Ländern ausgeführt werden, gemäß Art. 83, 84 GG als eigene Angelegenheit der Länder, gemäß Art. 85 GG im Auftrage des Bundes. In den Art. 87 ff. GG sind dann Verwaltungskompetenzen des Bundes selbst niedergelegt. Im Hinblick auf konkrete Zuständigkeits- und Aufgabenzuweisungen ist also jeweils genau zu prüfen, wer die Gesetzgebungs- und/oder Verwaltungskompetenzen besitzt.

Diese Kompetenzverteilung schlägt sich in der gesamten Bandbreite des Bevölkerungsschutzes im weiteren Sinne nieder, von der Verhinderung und der Bewältigung alltäglicher Gefahrensituationen über größere Schadenslagen bis hin zu nationalen Szenarien. Diese Bandbreite soll im Folgenden näher vorgestellt werden.

Landesrechtliche Regelungen

Allgemeine, alltägliche Gefahrenabwehr und Daseinsvorsorge

Im Alltag stehen aus Sicht des Bevölkerungsschutzes in der Regel sicherlich die Vorschriften zur Gefahrenabwehr im Vordergrund. Diese eher an lokalen, manchmal regionalen Gefahren- und Schadensszenarien orientierten Vorschriften sind – der Zuständigkeitsvermutung des Grundgesetzes folgend – Ländersache. Demzufolge haben die Länder Feuerwehr- und Brandschutzgesetze, Rettungsdienstgesetze sowie Polizei-, Ordnungsbehörden- oder Gefahrenabwehrgesetze – um nur die wesentlichsten zu nennen – erlassen. Dabei ist anzumerken, dass die Bezeichnungen, der Regelungsumfang und der Zuschnitt der Gesetze in den Ländern zum Teil sehr unterschiedlich, die Kernaufgaben aber im Wesentlichen gleich sind. Länder, Kreise und Gemeinden haben aufgrund dieser Vorschriften jeweils Zuständigkeiten und Aufgaben innerhalb der allgemeinen Gefahrenabwehr. Der Rettungsdienst ist z. B. in der Regel den Kreisen zugewiesen, der Feuerschutz den Gemeinden.

Diese Gefahrenabwehr ist jedoch nicht gezielt auf biologische Gefahrenlagen ausgerichtet, sondern eher z. B. auf die Brandbekämpfung oder die Abwicklung eines Unfalls mit verletzten Personen. Trotzdem müssen ggf. mit diesen Vorschriften, die oft Generalklauseln zur Gefahrenabwehr enthalten, von den Aufgabenträgern auch biologische Gefahrenlagen – soweit nicht Sondervorschriften vorrangig sind – bewältigt werden (können). Damit bilden die Vorschriften der allgemeinen Gefahrenabwehr in den Ländern die Basis und das Auffangnetz des Bevölkerungsschutzes, auch für biologische Gefahrenlagen.

Daneben sind aber – insbesondere im Hinblick auf die gesundheitliche Versorgung und damit zum Teil auch biologische Gefahrenlagen – im Alltag die Gesetze zum öffentlichen Gesundheitswesen/-dienst oder z. B. die Krankenhausgesetze für den Bevölkerungsschutz von Bedeutung. Zwar zielen diese Gesetze nicht unbedingt in jeder Hinsicht auf die konkrete Gefahrenabwehr, bilden aber im Rahmen der Daseinsvorsorge eine wesentliche Säule des Bevölkerungsschutzes. Auch diese Gesetze sind landesrechtliche Vorschriften. Der Bund hat hier nur sehr begrenzt Kompetenzen, z. B. in Bezug auf die wirtschaftliche Sicherung der Krankenhäuser, Art. 74 Abs. 1 Nr. 19a GG.

Schließlich gibt es für alltägliche Situationen im Zusammenhang mit biologischen Gefahren aber auch bundesrechtliche Regelungen, z. B. in Bezug auf den Infektionsschutz, den Arbeitsschutz und den Umgang mit der Gentechnik. Auf die entsprechenden Vorschriften wird jedoch später bei den bundesrechtlichen Vorschriften eingegangen.

Katastrophenschutz

Oberhalb der im Alltag zu bewältigenden Situationen kann es zu größeren lokalen oder regionalen Schadensszenarien kommen, die die Möglichkeiten und Fähigkeiten der originär zuständigen Stellen übersteigen, also mit den Mitteln und Organisationsformen der allgemeinen Gefahrenabwehr oder der Regelversorgung nicht mehr bewältigt werden können. Für diese Fälle einer besonderen Gefahrenabwehr haben die Länder in der Regel Katastrophenschutzgesetze erlassen. Dabei ist anzumerken, dass auch hier die Bezeichnungen, der Regelungsumfang und der Zuschnitt der Gesetze in den Ländern sehr unterschiedlich sind. Der Begriff der Katastrophe ist zwar ähnlich, aber nicht einheitlich definiert; im Feuerschutz- und Hilfeleistungsgesetz Nordrhein-Westfalens ist z. B. nur vom Großschadensereignis die Rede. Die zentrale Rolle bei der Bewältigung von Katastrophen ist in der Regel den Kreisen zugewiesen.

Auch der Katastrophenschutz ist nicht gezielt oder nur in Teilbereichen auf die Bewältigung biologischer Gefahrenlagen ausgerichtet, z. B. im Hinblick auf den ABC-Schutz. Trotzdem stellt er dem Staat allgemeine Mittel und Organisationsformen zur Verfügung, die in solchen Situationen auch zur Bewältigung biologischer Gefahrenlagen herangezogen werden können. Wichtig ist dabei, dass in diesen Situationen nicht allein die zunächst zuständigen Katastrophenschutzbehörden der Inneren- bzw. Ordnungsverwaltung zu handeln haben, sondern dass im Sinne des Krisenmanagements alle betroffenen Fachressorts, wie z. B. des Gesundheitsdienstes bei biologischen Gefahrenlagen, einzubinden sind.

Mit den Regelungen zur allgemeinen Gefahrenabwehr, zum Gesundheitswesen und zum Katastrophenschutz decken die landesrechtlichen Regelungen eigentlich die meisten (friedenszeitlichen) Gefahren- und Schadensszenarien aus Sicht des Bevölkerungsschutzes ab.

Bundesrechtliche Regelungen

Art. 73 Abs. 1 Nr. 1 GG

Im Bereich der zivilen Sicherheitsvorsorge und des Bevölkerungsschutzes von Seiten des Bundes ist die zentrale Kompetenzvorschrift sicherlich der Art. 73 Abs. 1 Nr. 1 GG. Diese Vorschrift weist dem Bund die ausschließliche Gesetzgebung für die Verteidigung einschließlich des Schutzes der Zivilbevölkerung zu. Damit ist bzw. war, neben der militärischen Verteidigung, zunächst der Schutz der Bevölkerung in

Kriegssituationen, „im Verteidigungsfall", gemeint, also eine flächende-ckende nationale Gefahrenlage. Vor allem aufgrund der sicherheitspo-litischen Veränderungen der letzten Jahre ist es aber in der Diskussion, inwieweit diese Kompetenz des Bundes für den klassischen Zivilschutz auch für neue Gefahrenlagen, z. B. asymmetrische Bedrohungen, her-angezogen werden kann. Diese Diskussion kann im Rahmen dieses Beitrags allerdings nicht entschieden werden. Mit dieser Zuständigkeit sind dem Bund zunächst zumindest alle kriegsbedingten biologischen Gefahrenlagen zugewiesen.

Zivilschutzgesetz (ZSG)

Aufgrund dieser Kompetenznorm hat der Bundesgesetzgeber zum einen das Zivilschutzgesetz (ZSG) als Teil der zivilen Verteidigung für den Schutz vor Kriegseinwirkungen erlassen. In Bezug auf kriegsbe-dingte biologische Gefahrenlagen stehen vor allem der Selbstschutz der Bevölkerung, die Maßnahmen zum Schutz der Gesundheit, §§ 15 ff. ZSG und der Katastrophenschutz nach Maßgabe des § 11 ZSG - hier konkret z. B. der ABC-Schutz gemäß § 12 Abs. 1 ZSG – im Vorder-grund. Zwar sind heutzutage die kriegsbedingten Gefahren nicht mehr im Mittelpunkt des Interesses, doch lassen sich aus diesen Zuständig-keiten und Planungen heraus viele Erkenntnisse und Mittel auch für die Bewältigung anderer biologischer Gefahrenlagen nutzen.

Dabei ist zu erwähnen, dass das ZSG verwaltungsmäßig auf unter-schiedliche Weise umgesetzt wird. Während einige Aufgaben durch bundeseigene Verwaltung vom Bundesamt für Bevölkerungsschutz und Katastrophenhilfe (BBK) wahrgenommen werden, § 4 ZSG, wer-den viele Aufgaben durch Länder, Kreise und Gemeinden in Auftrags-verwaltung ausgeführt; so ist z. B. der Selbstschutz den Gemeinden übertragen, § 5 ZSG.

Sicherstellungsgesetze

Neben dem ZSG sind zum anderen aufgrund von Art. 73 Abs. 1 Nr. 1 GG auch zahlreiche Sicherstellungsgesetze als weiterer Teil der zivilen Verteidigung erlassen worden, die bestimmte Aufgaben der Daseinsvorsorge für die Bevölkerung und die Streitkräfte sicherstellen sollen, z. B. die Versorgung mit Verkehrs- und Transportleistungen im Verkehrssicherstellungsgesetz oder die Heranziehung zu zivilen Dienstleistungen im zivilen Sanitäts- und Heilwesen durch das Arbeitssicherstellungsgesetz. In Bezug auf biologische Gefahrenlagen kann in diesem Zusammenhang in einem weiteren Sinne sicherlich nur auf das Ernährungssicherstellungsgesetz zur Versorgung der Bevölkerung mit Nahrungsmitteln und ggf. das Wassersicherstellungsgesetz zur Versorgung mit Trinkwasser aus Notbrunnen zurückgegriffen werden. Denn ein eigenes Gesundheitssicherstellungsgesetz ist nie realisiert worden. Problem der Sicherstellungsgesetze in der heutigen Zeit ist jedoch in der Regel, dass sie insbesondere aufgrund ihrer umfassenden Eingriffsmöglichkeiten in freie, wirtschaftliche Marktstrukturen eng an die Voraussetzung einer kriegsbedingten Gefahrenlage, den Spannungs- und Verteidigungsfall, gebunden sind. Damit sind diese Gesetze und ihre rechtlichen Möglichkeiten unmittelbar so gut wie nicht heranzuziehen. Allenfalls Erkenntnisse aus diesen Planungen und Zuständigkeiten sind für andere Gefahrenlagen verwendbar.

Die wesentlichen Aufgaben bei der Umsetzung der Sicherstellungsgesetze sind in der Regel im Wege der Auftragsverwaltung den Kreisen zugewiesen.

Vorsorgegesetze

Neben der zentralen Gesetzgebungskompetenz des Bundes aus Art. 73 Abs. 1 Nr. 1 GG für die zivile Sicherheitsvorsorge in Kriegssituationen stehen dem Bund weitere, einzelne Gesetzgebungskompetenzen zu, die für die zivile Sicherheitsvorsorge in einem weiteren Sinn in friedenszeitlichen Situationen von Bedeutung sind. U. a. steht dem Bund die Kompetenz zur Sicherung der Ernährung aus Art. 74 Abs. 1 Nr. 17 GG zu, die er mit dem Ernährungsvorsorgegesetz umgesetzt hat. Dieses stellt nicht mehr auf den Verteidigungsfall ab, sondern auf die Situation, dass in wesentlichen Teilen des Bundesgebietes eine ernsthafte Gefährdung der Nahrungsmittelversorgung besteht. Auch die eigentlich für Kriegssituationen errichteten Trinkwassernotbrunnen können im Rahmen einer Ausnahmeregelung im Wassersicherstellungsgesetz in anderen Situationen genutzt werden. Insofern können die Vorsorgegesetze auch bei biologischen Gefahrenlagen heranzuziehen sein. Allerdings gibt es derzeit – u. a. auch aufgrund der oben bereits erwähnten begrenzten Kompetenzen des Bundes für das Gesundheitswesen – kein Gesundheitsvorsorgegesetz, welches speziell bei national bedeutsamen, z. B. biologischen Gefahrenlagen generelle bzw. strukturelle Regelungen vorhält.

Hinzuweisen ist aber auf den Aspekt, dass Vorsorge- und Katastrophenschutzgesetze in ein und derselben Situation anwendbar sein und sich somit ergänzen können, einerseits in Bezug auf die konkrete Gefahrenabwehr, andererseits in Bezug auf die ggf. länderübergreifende Regelung der Versorgung mit bestimmten Leistungen.

Infektionsschutzgesetz (IfSG)

Besondere Bedeutung bei biologischen Gefahrenlagen, z. B. einer Pandemie, hat natürlich das vom Bund aufgrund der Kompetenzzuweisung in Art. 74 Abs. 1 Nr. 19 GG erlassene Infektionsschutzgesetz.

Dieses Gesetz sieht neben detaillierten Vorschriften zur Meldung und damit frühzeitigen Erkennung für die Allgemeinheit gefährlicher Infektionen auch zahlreiche Vorschriften zur Verhütung und Verhinderung der Weiterverbreitung vor, sogar bis hin zu angeordneten Zwangsimpfungen der Bevölkerung, § 20 Abs. 6, 7 IfSG. Das IfSG wird dabei weitestgehend durch die zuständigen Behörden in den Ländern, § 54 IfSG, umgesetzt.

Auch hier ist darauf hinzuweisen, dass das Infektionsschutzgesetz des Bundes und das Katastrophenschutzrecht der Länder in Ergänzung anwendbar sein können, z. B. insbesondere in einer Pandemie. Denn dann benötigen die fachlich gemäß IfSG umzusetzenden Maßnahmen ggf. die Unterstützung durch Maßnahmen und vor allem Mittel des Katastrophenschutzes. Da viele Kompetenzen des Infektionsschutzgesetzes den Kreisen zugewiesen sind, treffen dort auf dieser Ebene dann die entsprechenden Zuständigkeiten zusammen.

Weitere Gesetze

Schließlich sind der Vollständigkeit halber ergänzend noch weitere bundesrechtliche Vorschriften zu nennen, die biologische Gefahrenlagen zum Gegenstand haben, so z. B. das Gentechnikrecht, das Schutzfunktion u. a. für die Bevölkerung entwickeln und den rechtlichen Rahmen für die Zulässigkeit der Gentechnik vorgeben soll, und im Rahmen des Arbeitsschutzrechts z. B. die Biostoffverordnung, die speziell in diesen Bereichen tätige Personen mit konkreten Maßnahmen schützen soll. Auch das Tierseuchengesetz kann an dieser Stelle erwähnt werden.

Auf der Bundesebene gibt es somit ebenfalls eine Bandbreite von Vorschriften für biologische Gefahrenlagen, von der alltäglichen Situation des Arbeitsschutzes über die Bewältigung einer Pandemie bis hin zum ABC-Schutz im Verteidigungsfall.

Zusammenfassung

Aufgrund der obigen Darstellung sollte deutlich geworden sein, wie vielschichtig die Verhütung und Bewältigung biologischer Gefahrenlagen in den verschiedensten Rechtsvorschriften Gegenstand ist bzw. Berücksichtigung gefunden hat. Bund, Ländern, Kreisen und Gemeinden sind jeweils einzelne eigene Zuständigkeiten und Aufgaben zugewiesen, die nicht unbedingt in alltäglichen Gefahrenlagen, aber vor allem in größeren, außerordentlichen Schadenssituationen nur im – partnerschaftlichen, am Ziel Bevölkerungsschutz orientierten – Zusammenwirken aller beteiligten Ebenen und Stellen effektiv und sinnvoll im Sinne eines Krisenmanagements angewendet werden können und müssen.

3.3 Führen und Leiten im Einsatz

H. Peter

Führen in besonderen Lagen, besonders wenn Menschenleben oder große Sachwerte gefährdet sind, stellt immer eine besondere Herausforderung dar. In dieser Situation erfolgreich handeln zu können, die richtigen Entschlüsse zu treffen und Einsatzkräfte zu einem sinnvollen Handeln anzuleiten, ist die Forderung an die Einsatzleitung vor Ort und an Führungseinrichtungen im rückwärtigen Bereich. Um dieses Ziel erreichen zu können, bedarf es nicht nur fachlichen Wissens, sondern auch Wissens aus dem Bereich der Führung. Beide Bereiche, Fachwissen und Führungswissen, müssen sich ergänzen und zusammengeführt werden. Dabei spielt das Beherrschen der Stabsarbeit eine besondere Rolle.

Nach der Definition einiger wichtiger Begriffe werden nachstehend Fragen der Führungsorganisation und der Entscheidungsfindung besprochen.

Definitionen

Die Dienstvorschrift 100 – Führung und Leitung im Einsatz –, die bei den Feuerwehren in den Ländern als Fw DV 100 und bei der Bundesanstalt Technisches Hilfswerk als THW-DV 1-100 eingeführt sowie bei den Hilfsorganisationen (ASB, DLRG, DRK, JUH und MHD) ebenfalls verbreitet ist, definiert „Führen" als „... die Einflussnahme auf die Entscheidungen und das Verfahren anderer Menschen mit dem Zweck, mittels steuerndem und richtungweisendem Einwirken vorgegebene und aufgabenbezogene Ziele zu verwirklichen. Dies bedeutet, andere zu veranlassen, das zu tun, was zur Erreichung des gesetzten Zieles notwendig ist" (Ständige Konferenz für Katastrophenvorsorge und Katastrophenschutz, 1999).

Ergänzend dazu ist Leitung im Einsatz „... das gesamtverantwortliche Handeln für eine Einsatzstelle und für die dort eingesetzten Einsatzkräfte" (Fw DV 100).

Die Führungsorganisation legt in einem Führungssystem die Aufgabenbereiche der Führungskräfte fest, sie beschreibt Unter- und Überordnungsverhältnisse und damit Rechte und Pflichten von Führungskräften.

Die Entscheidungsfindung im Rahmen des Führungssystems verlangt einen geordneten Denk- und Handlungsablauf, der nach festgelegten Schritten zur optimalen Bewältigung eines Ereignisses führen soll (Führungsvorgang).

Stäbe dienen im Allgemeinen dazu, durch Zusammenfassen des Fachwissens von Fachleuten Problemlösungen für einen Entscheidungsträger zu entwickeln, Maßnahmen zur Durchführung anzuordnen und den Erfolg der Maßnahmen zu kontrollieren. Es gibt permanente Stäbe, beispielsweise bei der Bundeswehr oder der Polizei; zeitweilig eingerichtete Stäbe stehen in der Regel außerhalb der Linienorganisation.

An Stabsmitglieder werden spezifische Anforderungen gestellt. Sie müssen über ein hohes Maß an Fachwissen und Erfahrung verfügen. Sie müssen bereit sein, in der Anonymität zu arbeiten und die Techniken der Stabsarbeit beherrschen. Ferner müssen sie die Arbeits- und Informationsabläufe im Stab kennen und Kenntnisse über Techniken der Entscheidungsfindung besitzen und anwenden können. Stabsarbeit ist Teamarbeit, deshalb sind kommunikatives und kollegiales Verhalten Grundvoraussetzungen für Stabsmitglieder. Sie müssen kommunikative Kompetenz und zugleich ein hohes Maß an Stressresistenz haben. Ihr Denken muss bei der Lösung vollkommen neuer, bisher nie aufgetauchter Probleme kreativ-utopisch sein, darf aber nie den Bezug zur Realität verlieren.

Stäbe bei den Feuerwehren oder im Katastrophenschutz (z. B. Technische Einsatzleitung, Örtliche Einsatzleitung, Führungsstab, Verwaltungsstäbe, Führungsgruppe u. a.) sind im Rahmen der nichtpolizeilichen Gefahrenabwehr nach Lage zeitweise eingerichtete Gremien gemäß vorgegebener Organisationsstrukturen und mit definierten Kompetenzen, die für den Verantwortlichen der Gefahrenabwehr beratend und unterstützend tätig werden.

Der Gesamtverantwortliche für den Katastrophenschutz ist in der kreisfreien Stadt der Oberbürgermeister, im Kreis der Landrat und in der kreisangehörigen Stadt oder Gemeinde der Bürgermeister.

Die kreisangehörigen Städte und Gemeinden sind Träger des Brandschutzes und der technischen Hilfeleistung, die Kreise sind in der Regel Träger des Rettungsdienstes und des Katastrophenschutzes.

Da die Gesundheitsämter bei den Kreisverwaltungen angesiedelt sind, liegt die Abwehr und Bekämpfung von Seuchen bei den Kreisen, in Zusammenarbeit mit den betroffenen Gemeinden. Bioterroristische Drohungen oder Angriffe sind ebenfalls von Seiten der Kreise federführend zu bewältigen.

Eine Katastrophe ist nach den Katastrophenschutzgesetzen der Länder als ein Ereignis gekennzeichnet, bei dem außergewöhnliche Schäden an Leib und Leben der Bevölkerung sowie an Sachwerten drohen (Gefahr) oder bereits eingetreten sind, deren Abwehr (bei Gefahr) bzw. Beseitigung nur durch definierte Hilfeleistungen unter einheitlicher Leitung erreichbar ist. Die Katastrophenschutzgesetze der Länder beschreiben des Weiteren unter anderem, welche Maßnahmen dann zu treffen sind. Dieser in den Gesetzen verankerte Begriff der Katastrophe greift gegenüber dem wissenschaftlichen Begriff der Katastrophe zu kurz. Ausgehend von Forschungen in den Vereinigten Staaten versteht man weltweit heute unter Katastrophenschutz ein auf vier Phasen aufgeteiltes Geschehen: Verhütung *(mitigation/prevention)*, Vorbereitung *(preparedness)*, Einsatz *(response)* und Wiederaufbau *(recovery)* (National Governors' Association, 1978; siehe 4.1).

Verhütung ist der beste Katastrophenschutz. Wenn Risiken, beispielsweise durch den Bau bestimmter chemischer Fabriken, nicht erst entstehen, kann kein Schaden entstehen, und es geht von ihnen keine Gefahr der Freisetzung toxischer Substanzen aus. Tatsache ist aber, dass wir in einer technisierten Zivilisation leben, in der das technisch Machbare auch praktisch umgesetzt wird. Dieser Prozess der technischen Zivilisation ist unumkehrbar und schreitet fort. Damit steigen auch die Risiken dieser technischen Zivilisation, weil Technik immer mit (Rest-)Risiken versehen bleibt. Neben technischen Risiken bestehen in unserer Welt politisch, sozial und religiös bedingte Gewaltrisiken. Hinzu kommen Gefährdungen, die durch Einzeltäter aus unterschiedlichen Anlässen hervorgerufen werden können.

Deshalb muss die Vorbereitung auf denkbare Schadenereignisse konsequent betrieben werden. Vorbereitung ist zeit- und kostenintensiv. Sie ist konsequent zu betreiben und muss ständig auf hohem Niveau gehalten werden. Zu ihr gehören neben der Gefahren- und Risikoanalyse personelle und materielle Vorsorge. Ständiges Training und In-Übung-Halten von Einsatzkräften und Stäben sind ebenso notwendig wie die Kommunikation unterschiedlicher Beteiligter bei der Abwehrplanung. Kompetenzen und Zuständigkeiten müssen vorab gekannt und verinnerlicht sein und in Simulationsprozessen trainiert und optimiert werden. Ebenso sind materielle und personelle Ressourcen geänderten Bedrohungssituationen anzupassen und weiterzuentwickeln. Dazu gehört auch die ständige Aktualisierung der notwendigen planerischen und einsatzbezogenen Daten und Unterlagen, beispielsweise in Form von Checklisten. Neue wissenschaftliche Erkenntnisse sind zu berücksichtigen. Dort, wo erkannt wird, dass wissenschaftliche Daten fehlen oder unvollständig sind, sind Forschungsvorhaben zu initiieren. Die bessere Vernetzung von Wissen in und zwischen Institutionen, Behörden, Betrieben und Einzelpersonen trägt weiterhin zu einer entsprechend guten Vorbereitung bei. Letzten Endes hört Vorbereitung nie auf. Sie nimmt den größten Teil der Zeit innerhalb der vier Phasen Verhütung, Vorbereitung, Einsatz, Wiederaufbau in Anspruch.

Im Gegensatz zur Vorbereitung dauern Einsätze relativ kurze Zeit („Blaulichtphase"). Die Wiederaufbauphase dagegen erstreckt sich wieder über längere Zeiträume.

Führungsorganisation

Die Komplexität einer Schadenlage, beispielsweise die terroristische Drohung mit biologischen Waffen oder deren Einsatz, verlangt für die Vielzahl der kurzfristig zu treffenden und zu koordinierenden Maßnahmen eine differenzierte Führungsorganisation. Unterschiedliche Führungsebenen müssen ihr Handeln koordinieren und synchronisieren, um erfolgreich die eingetretenen Schäden beseitigen oder eine mögliche Gefahr abwehren zu können.

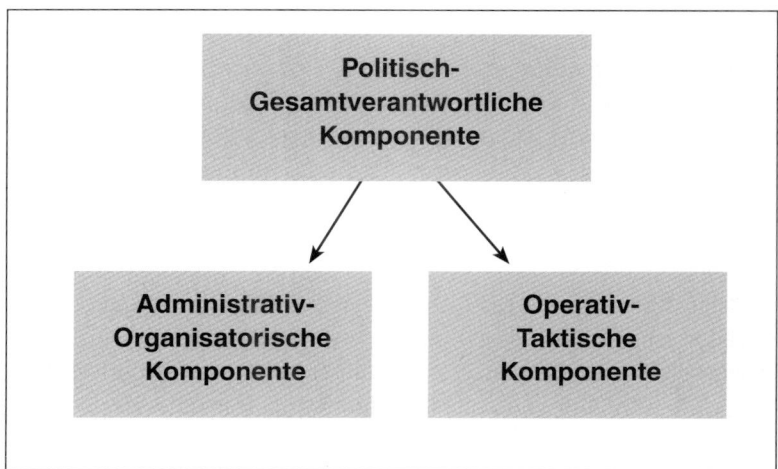

Abb.1:   Führungsorganisation

Führungsebenen sind innerhalb einer Führungsorganisation Bereiche, die gemäß der lageangepassten Organisationsstruktur klar abgegrenzte Aufgaben im Sinne der Auftragstaktik zu erledigen haben. Auftragstaktik bedeutet, dass Ziele vorgegeben werden, die Erreichung der Ziele dem Durchführenden aber selbständig überlassen werden. Verschiedene Führungsebenen innerhalb einer Führungsorganisation sind hierarchisch geordnet, und es bestehen klare Unter- und Überordnungsverhältnisse. Die Führungsorganisation gemäß DV 100 unterscheidet eine politisch-gesamtverantwortliche Komponente, eine administrativ-organisatorische Komponente sowie eine operativ-taktische Komponente.

Die politisch-gesamtverantwortliche Komponente (Bürgermeister, Oberbürgermeister, Landrat) trägt die Gesamtverantwortung für die Bewältigung des Schadens oder die Abwehr einer Gefahr. Ihr sind strategische Entscheidungen mit großer Tragweite vorbehalten, beispielsweise die vorsorgliche Evakuierung von Tausenden von Menschen. Der Oberbürgermeister der kreisfreien Stadt oder der Landrat eines Kreises oder die Vertreter im Amt entscheiden in der Regel über die Feststellung des Katastrophenfalls.

Als Leiter der Verwaltung sowie gewählter oberster Vertreter der politischen Instanzen in einer Stadt, kreisfreien Stadt oder einem Kreis obliegt ihnen die Information der Öffentlichkeit und der politischen Vertreter (siehe Kapitel 4). Sollte es im Rahmen der Schaden- oder Gefahrenabwehr zu Streitfällen über die einzuschlagende Vorgehensweise kommen, entscheiden sie endgültig als oberster Entscheidungsträger.

Die administrativ-organisatorische Komponente setzt sich aus Verantwortlichen der Verwaltung zusammen und nimmt aufgrund rechtlicher Vorgaben der Landesgesetzgebung verwaltungsspezifische Aufgaben wahr. Ferner ist sie für finanzielle Angelegenheiten zuständig und kümmert sich um politische Sachverhalte. Sie ist gegenüber der gesamtverantwortlichen Komponente weisungsgebunden.

Bei einem akuten Seuchengeschehen ist das Gesundheitsamt in diesem Gremium von der fachlichen Seite her federführend. Eine solche administrativ-organisatorische Komponente ist für ihr Tätigwerden nicht an die Ausrufung des Katastrophenfalles gebunden. Bereits unterhalb der Katastrophenschwelle kann dieses Gremium Aufgaben zur Unterstützung des operativ-taktischen Bereichs umsetzen, besonders dann, wenn damit ungewöhnliche finanzielle Aufwendungen verbunden sind. Solche administrativ-organisatorischen Komponenten finden sich unterhalb der Katastrophenschwelle beispielsweise unter dem Namen „Stab für außergewöhnliche Ereignisse" (SAE). Auch sie haben eine etablierte Grundstruktur und festgeschriebene Kriterien zur Einberufung. Eine Unterstützung des operativ-taktischen Bereichs ist nur sinnvoll, wenn der administrativ-organisatorische Bereich innerhalb kurzer Zeit einsatzbereit ist. Zeitspannen größer als 30 Minuten nach Alarmierung sind aus der Erfahrung heraus nicht sinnvoll. Dies bedeutet, dass Kernelemente der administrativ-organisatorischen Komponente mit Bereitschaftsdiensten zu versehen sind. Im Folgenden sind die Kernelemente exemplarisch dargestellt.

Administrativ-organisatorische Komponente

Administrativ-organisatorische Kern-Komponente unterhalb der Katastrophenschwelle für einen Seuchenfall:

- Stabsleitung
- Geschäftsführung, Dokumentation, Lage, innerer Dienst (angesiedelt bei Berufsfeuerwehr [kreisfreie Stadt] oder Ordnungsamt [Kreis])
- Ordnungsamt
- Gesundheitsamt
- Rettungsdienst
- Presseamt
- Polizei
- Berufsfeuerwehr (nur bei kreisfreien Städten)
- Kreisangehörige Gemeinde/Gemeinden (nur bei Kreisen)
- weitere Ämter, Organisationen und Institutionen nach Lage und Bedarf

---

Unter der operativ-taktischen Komponente versteht man die Einsatz-leitung. Sie ist für die direkte Schaden- und Gefahrenabwehr vor Ort verantwortlich und koordiniert die technisch und taktisch notwendigen Maßnahmen. Sie ist gegenüber dem politisch Gesamtverantwortlichen weisungsgebunden. Sie wird für bestimmte Aufgaben von der adminis-trativ-organisatorischen Komponente unterstützt.

Eine Einsatzleitung arbeitet stabsmäßig und wird nach Lage gebildet. Sie kann vor Ort in geeigneten Räumlichkeiten (mobil oder ortsfest) oder rückwärtig eingerichtet werden. Sie besteht mindestens aus dem Einsatzleiter, einer rückwärtigen Führungseinrichtung (beispielsweise der Leitstelle) sowie Führungsassistenten und Führungshilfspersonal. Bei Großeinsätzen ist die Unterstützung des Einsatzleiters durch eine Führungseinheit notwendig.

Eine solche Führungseinheit kann unterschiedlichen Umfang haben. In der maximalen Ausprägung besteht sie aus den Sachgebieten S 1 bis S 6, Fachberatern und Verbindungspersonal. In diesem Fall spricht man von einem Führungsstab.

Die Nummerierungen bedeuten im Einzelnen:

- Sachgebiet 1 – Personal/Innerer Dienst
- Sachgebiet 2 – Lage
- Sachgebiet 3 – Einsatz
- Sachgebiet 4 – Versorgung
- Sachgebiet 5 – Presse- und Medienarbeit
- Sachgebiet 6 – Information und Kommunikation

In der Regel sind die Sachgebiete mit mehreren Personen besetzt und werden von einem Sachgebietsleiter geleitet. Fachberater von unter-stellten Einheiten und Einrichtungen unterstützen den Einsatzleiter und die Sachgebiete mit ihrem Fachwissen, sie haben keine eigene Entscheidungsbefugnis. Ebenso geschieht dies durch Verbindungs-personal von nicht unterstellten Einheiten und Einrichtungen. Ein Ver-treter des Gesundheitsamtes in einer Einsatzleitung hat den Status eines Fachberaters. Er unterstützt den Einsatzleiter mit seinem Fachwissen und berät ihn. Kompetenzen, die das Gesundheitsamt nach Infektionsschutzgesetz hat, bleiben davon unberührt. Der Fachberater des Gesundheitsamts hat den Einsatzleiter auf diese besonderen Regelungen aufmerksam zu machen, da dieser solche Regelungen im Normalfall nicht kennen wird.

Der Leitende Notarzt (LNA) leitet unter einem (Gesamt-)Einsatzleiter den notfallmedizinischen Einsatz und wird dabei von einem Organisatorischen Leiter (OrgL) unterstützt. Sind beide im Rahmen eines Schadenereignisses in einer Einsatzleitung angesiedelt, nehmen sie in dieser Einsatzleitung Beratungsaufgaben wahr. Sie haben keine eigene Entscheidungskompetenz neben dem Einsatzleiter. Auch sie müssen ihre Maßnahmen in einer Einsatzleitung über die Sachgebiete und den Einsatzleiter koordinieren und genehmigen lassen.

Die Einsatzleitung koordiniert alle technisch-taktischen Maßnahmen. Dazu gehören beispielsweise die Bildung von Einsatzschwerpunkten und Einsatzabschnitten, der Einsatz der Kräfte sowie die Bereitstellung von Reserven. Im Rahmen einer Einsatzabschnittsbildung können LNA/OrgL als Einsatzabschnittsleiter eingesetzt werden. Alle Einsatzabschnitte unterstehen der Einsatzleitung (Mitschke, 1997). Der Ärztliche Leiter Rettungsdienst sowie der Leiter Rettungsdienst haben im Einsatz keine Funktionen, sondern sind außerhalb eines Einsatzes Führungskräfte des Rettungsdienstes.

Die (Rettungs-)Leitstelle ist Teil der Einsatzleitung und unterstützt den Einsatzleiter. Nach Herstellen der Arbeitsfähigkeit der administrativ-organisatorischen Komponente und/oder eines Führungsstabes übernehmen diese Aufgaben der Leitstelle. Auch bei einer Personalverstärkung der Leitstelle kann sie nicht ausreichend für die Erarbeitung von Problemlösungen eingesetzt werden, da sie normalerweise mit Unterstützungskräften die technische Kommunikation sicherstellt und für das Alltagsgeschäft Einsatzkräfte disponieren muss (Peter & Maurer, 2001).

Neben den Feuerwehren (Freiwillige Feuerwehren, Berufsfeuerwehren, Werkfeuerwehren) kommen bei größeren Schadenereignissen auch die privaten Hilfsorganisationen (ASB, DLRG, DRK, JUH und MHD) zum Einsatz. Neben den hauptamtlichen Kräften dieser Organisationen, die neben den Feuerwehren den Rettungsdienst sicherstellen, besitzen sie eine große Zahl ehrenamtlicher Helfer für die Bereiche Sanitätsdienst, Betreuung sowie Wasserrettung. Diese ehrenamtlichen Kräfte können schnell verfügbar als so genannte Schnell-Einsatz-Gruppen (SEG) oder in Katastrophenschutzeinheiten zum Einsatz gelangen (Mitschke & Peter, 2001).

Die Alarmierungszeit der Katastrophenschutzeinheiten dauert in der Regel länger als bei den Schnell-Einsatz-Gruppen. Die Bundesanstalt Technisches Hilfswerk steht ebenfalls für technische Einsatzaufgaben bereit, sie arbeitet auf der Ebene der Amtshilfe mit der anfordernden Stelle zusammen. Alle vorher genannten Organisationen können auch unterhalb einer Katastrophenschwelle eingesetzt werden.

An der Einsatzstelle sind sie alle der Einsatzleitung unterstellt und erhalten von ihr die Einsatzaufträge.

Entscheidungsfindung

Stabsmäßiges Arbeiten bietet sich immer dann an, wenn bisher nicht aufgetauchte Ursachen zu Schäden oder Gefahren größeren Ausmaßes führen und völlig neue Problemlösungen zu erarbeiten sind. Stabsarbeit ist aber auch dann sinnvoll, wenn bereits bekannte Ursachen größere Schäden oder Gefahren bedingen und eine Vielzahl von Einsatzkräften und Maßnahmen zu koordinieren sind. In den Gesetzen der Länder ist ein bestimmendes Element für die begründete Feststellung eines Katastrophenfalles die Tatsache, dass durch eine Führung viele Kräfte koordiniert werden müssen, um die Bewältigung des Ereignisses sicherzustellen. Einheitliche Führung, durchgehende Kontrolle der eingeleiteten Maßnahmen und Kommunikation sind auch in anderen Führungsmodellen, so dem amerikanischen *Incident Command System* (ICS), bestimmende Faktoren.

Die Entscheidungsfindung in einer Einsatzleitung geschieht mit Hilfe des so genannten Führungsvorganges. Dies ist ein strukturierter Denk- und Handlungsablauf, der eingesetzt wird, um die notwendigen Kräfte und Mittel zur richtigen Zeit am richtigen Ort einzusetzen. Er gliedert sich in Lagefeststellung, Planung und Befehlsgebung. Der Einsatzerfolg ist durch eine erneute Lagefeststellung im Sinne einer Kontrolle zu erheben. Dies kann zu einer erneuten Planung und Befehlsgebung führen, die dann wieder in eine Kontrolle münden. Dieser Ablauf wird so lange durchlaufen, bis alle Aufgaben abgearbeitet sind. Die Entscheidungsfindung in einer administrativ-organisatorischen Komponente sollte in der gleichen Struktur wie in einer operativ-taktischen verlaufen, da bei größeren Schadenereignissen viele Menschenleben und/oder erhebliche Sachwerte in Gefahr sind, hoher Zeit- und Handlungsdruck besteht sowie die Arbeit unter gesteigertem Interesse der Öffentlichkeit und der Medien stattfindet.

Der sorgfältigen Dokumentation der getroffenen Entscheidungen kommt eine besondere Rolle zu, da durch sie auch zu einem späteren Zeitpunkt vergangene Entscheidungsprozesse aus der damals bestehenden Lage heraus begründet werden können.

Literatur

Mitschke, T. (1997). *Handbuch für Technische Einsatzleitungen.* Stuttgart, Berlin, Köln: Kohlhammer.

Mitschke, T. & Peter, H. (2001). *Handbuch für Schnell-Einsatz-Gruppen.* 3. Aufl., Edewecht: Stumpf & Kossendey.

National Governors' Association (1978). *Emergency Preparedness Project, Final Report.* 1978. Washington D.C.

Peter, H. & Maurer, K. (2001). *Die Leitstelle beim MANV.* Edewecht: Stumpf & Kossendey.

Ständige Konferenz für Katastrophenvorsorge und Katastrophenschutz (1999). Führung und Leitung im Einsatz. Köln: Ständige Konferenz für Katastrophenvorsorge und Katastrophenschutz. www.katastrophenvorsorge.de/pub/publications/DV100-SKK.pdf [online, 31.07.2007].

3.4 Einsatzgrundsätze. Führungsorganisation bei biologischen Schadenslagen

G. Schirrmeister, A. Graeger

Dieser Beitrag beschreibt das Modell einer Führungsorganisation für eine großräumige Schadenslage im Zusammenhang mit dem Auftreten von biologischen Gefahrstoffen. Dabei wird die Schaffung eines einheitlichen, für biologische Schadenslagen anwendbaren zentralen Führungssystems vorgeschlagen, das ein abgestimmtes Handeln der Gesundheitsverwaltung, des Katastrophenschutzes, der Rettungsdienste, der Feuerwehr, der Sicherheitsbehörden und der medizinischen Leistungserbringer ermöglicht.

> Die Zuständigkeit für vorbeugende und abwehrende Maßnahmen im Infektionsschutz ist gemäß Infektionsschutzgesetz (IfSG) vom 20. Juli 2000 den Bundesländern übertragen. Angesichts der Bedrohungen durch die weltweite Ausbreitung von hochgefährlichen Infektionserregern durch natürlich verursachte Pandemien, Laborunfälle oder durch bioterroristische Anschläge wird gefordert, unabhängig von der Ursache zur Bewältigung von national bedeutsamen länderübergreifenden biologischen Schadenslagen einen bundeseinheitlichen Ansatz in Betracht zu ziehen, der in einer Rechtsgrundlage die erforderlichen Aufgaben aus den Bereichen Infektionsschutz, Katastrophenschutz und Zivilschutz zusammenführt.

Die derzeit einzige Organisationsstruktur für die Bewältigung länderübergreifender Gefahren- und Schadenslagen ist die auf politischer Ebene angesiedelte „Interministerielle Koordinierungsgruppe" auf Basis der Geschäftsordnung von 1988 (überarbeitet März 2007). Sie wurde nach der großflächigen Kontamination durch Radionuklide infolge der Kernschmelze in Tschernobyl eingerichtet und wurde zuletzt im Rahmen von Übungen oder der Planungen für den Pockenalarmfall und die Influenzapandemie reaktiviert. Sie hat die Aufgabe, bei national bedeutsamen Schadenslagen die Entscheidungsfindung der Ressorts von Bund und Ländern zu koordinieren sowie die betroffenen Länder zu beraten und zu unterstützen. Die Entscheidungskompetenz sowohl im vorbeugenden und abwehrenden Infektions- und Katastrophenschutz bleibt jedoch bei den betroffenen Ländern; es existiert in Friedenszeiten keine bundeseinheitliche ressortübergreifende Führung, z. B. bei biologischen Gefahren- oder Schadenslagen.

Grundsätzlich bedarf die Bewältigung einer Gefahren- oder Schadenslage jedoch einer einheitlichen Führung, die für das gesamte betroffene Territorium politisch-gesamtverantwortlich zuständig ist und durch fachliche (Ressort-)Kompetenz unterstützt wird (siehe 3.3, Abb. 1).

In diesem Beitrag werden nach einer ausführlichen Ist-Analyse die Anforderungen an ein adäquates Führungssystem skizziert, das der Komplexität von großflächigen, durch Infektionserkrankungen verursachten Schadenslagen gerecht wird.

Die folgenden Ausführungen beziehen sich ausschließlich auf diejenigen biologischen Schadenslagen, die entweder durch gefährliche infektiöse humanpathogene Erreger verursacht werden oder bei denen dies zu befürchten ist. Nicht betrachtet werden Lagen, die durch isolierte Ausbringung biologischer Toxine verursacht werden, da diese nicht das charakteristische Merkmal der Infektiosität beinhalten und bezüglich Ablauf und Abwehrmaßnahmen eher Lagen mit chemischen Gefahrstoffen entsprechen.

3.4.1 Rechtsgrundlagen bei biologischen Schadenslagen

Hier wird nur auf die wichtigsten Bestimmungen hingewiesen. Eine ausführliche Rechtssammlung (Vorschriftendatenbank) findet sich auf der Website des „Interdisziplinären Expertennetzwerks Biologische Gefahrenlagen" (www.bevoelkerungsschutz.de → Materialien → Datenbanken).

Rechtsgrundlagen

Bundesgesetze (Auswahl):

- Grundgesetz für die Bundesrepublik Deutschland (GG) vom 23. Mai 1949
- Zivilschutzgesetz (ZSG) vom 25. März 1997
- Gesetz zu den Internationalen Gesundheitsvorschriften (2005) vom 23. Mai 2005, Ausfertigungsdatum 20. Juli 2007 (siehe 1.6)
- Biostoffverordnung (BiostoffV) vom 18. Oktober 1999
- Infektionsschutzgesetz (IfSG) vom 20. Juli 2000

Ländergesetzgebung (Auswahl):

- Allgemeine Sicherheits- und Ordnungsgesetze
- Katastrophenschutz- und Hilfeleistungsgesetze
- Gesundheitsdienstgesetze
- Krankenhausgesetze
- Rettungsdienstgesetze
- Brandschutzgesetze
- Bestattungsgesetze

Bezüglich Zuständigkeiten und Zusammenarbeit der Behörden und Einrichtungen im Bereich des Gesundheitsschutzes und der Gefahrenabwehr sind noch diverse Vorschriften aus dem Verwaltungs-, Sozial- und Berufsrecht des Bundes und der Länder zu beachten.

Verwaltungsvorschriften und Empfehlungen (Auswahl):

- Verwaltungsvorschrift IfSG-Informationsverfahren (IfSGInfo-VwV) vom 25. April 2002

- Geschäftsordnung der Interministeriellen Koordinierungsgruppe in der Fassung der Beschlüsse der Innenministerkonferenz vom 29. April 1988 und des Bundeskabinetts vom 22. Juni 1988

- Führung und Leitung im Einsatz – Vorschlag einer Dienstvorschrift 100 (DV 100) der Ständigen Konferenz für Katastrophenvorsorge und Katastrophenschutz und die darauf basierenden Führungsvorschriften der Fachdienste und Organisationen

- Manual – Katalog empfohlener Maßnahmen zum Gesundheitsschutz bei bioterroristischen Gefahren – Eine Orientierungshilfe für Länder, Kommunen, Mediziner und Hilfsorganisationen, Stand 21.12.2001, herausgegeben von BMI und BMGS

- Feuerwehrdienstvorschrift 500 (FwDV 500) Einheiten im ABC-Einsatz – Stand 2003

- Seuchenalarmpläne (z. B. Pockenalarmplan, Influenzapandemieplan)

- Katastrophenalarmpläne

- Krankenhaus-Notfallpläne

Aufgabenzuweisung bei biologischen Schadenslagen

Nach § 1 Abs. 1 IfSG ist Zweck des Infektionsschutzgesetzes, übertragbaren Krankheiten beim Menschen vorzubeugen, Infektionen frühzeitig zu erkennen und ihre Weiterverbreitung zu verhindern. In § 1 Abs. 2 IfSG wird festgelegt, dass die hierfür notwendige Mitwirkung und Zusammenarbeit von Behörden des Bundes, der Länder und der Kommunen, Ärzten, Tierärzten, Krankenhäusern, wissenschaftlichen Einrichtungen sowie sonstigen Beteiligten entsprechend dem jeweiligen Stand der medizinischen und epidemiologischen Wissenschaft und Technik gestaltet und unterstützt werden.

Eine konkrete Aufgabenzuordnung wird in diesem Bundesgesetz für die Bundesbehörde Robert Koch-Institut in den §§ 4 und 5 und in der Verwaltungsvorschrift IfSG-Informationsverfahren festgelegt.

Die Regelungen der Zuständigkeiten für alle anderen Aufgaben sind im Wesentlichen den Landesregierungen überlassen, die durch Rechtsverordnungen die zuständigen Behörden bestimmen (§ 54 IfSG).

Für einzelne Maßnahmen der Verhütung und Bekämpfung übertragbarer Krankheiten erhält das Gesundheitsamt ein Anordnungs- und ggf. Vollzugsrecht (z. B. §§ 16, 26 und 29). Darüber hinaus ordnen im Allgemeinen die Zuständigkeitsregelungen der Länder den Gesundheitsämtern bzw. den kommunalen Behörden die meisten Aufgaben nach IfSG zu.

Die im hiesigen Zusammenhang wichtigen Aufgaben der Länderbehörden sind im Wesentlichen im Bereich des Informationsverfahrens (§ 5), des Meldewesens (§ 11) und im Erlass von Rechtsverordnungen zur Verhütung (§ 17) und Bekämpfung übertragbarer Krankheiten (§§ 20 und 32) zu finden.

Sobald die Ressourcen des Gesundheitswesens zur Bewältigung der Schadenslage nicht mehr ausreichen und in großem Umfang andere Behörden, Organisationen und Betriebe in die Abwehrmaßnahmen eingebunden werden müssen, geschieht dies aufgrundlage der Katastrophenschutzgesetzgebungen der Länder. Zu bedenken ist, dass bei einem Massenanfall von Infektionserkrankungen, z. B. bei einer Influenza-Pandemie, nicht nur die Gesundheit und das Leben einer Vielzahl von Menschen gefährdet ist, sondern durch erkrankungsbedingten Arbeitsausfall auch die wirtschaftliche Versorgung der Bevölkerung und die öffentliche Sicherheit und Ordnung gefährdet sind.

Eckpunkte

1. Das IfSG enthält viele Einzelregelungen,

   • die im Detail durch Regelungen der Länder untersetzt
     werden müssen,

   • die überwiegend von den kommunalen Verwaltungsbehör-
     den und hier in erster Linie von den Gesundheitsämtern
     ausgeführt werden,

   • jedoch keine zusammenfassende Vorschrift zur Führung
     einer biologischen Schadenslage.

   Das bedeutet, dass die Bundes-, Länder- und Kommunalbehör-
   den das Führungssystem für ihren jeweiligen Bereich in Verwaltungsvorschriften und Krisenplänen festlegen müssen.

2. Die Länder haben für Not- und Unglücksfälle, Großschadensereignisse und Katastrophen jeweils Katastrophenschutz- bzw.
   Hilfeleistungsgesetze erlassen, aufgrund derer auch im Falle
   einer Gefährdung von Leben und Gesundheit einer Vielzahl
   von Menschen durch gefährliche Infektionskrankheiten eine
   Zuständigkeit der Katastrophenschutzbehörden besteht.

3. Die Zusammenarbeit zwischen Gesundheits- und Katastro-
   phenschutz-Behörden ist nicht in erforderlichem Umfang
   geregelt.

3.4.2 Charakterisierung biologischer Schadenslagen

Beginn der Schadenslage

Folgende Merkmale kennzeichnen in der Regel beginnende biologische Schadenslagen durch gefährliche infektiöse Krankheitserreger:

- Infektionskrankheiten beginnen mit unspezifischen Symptomen

- die Entdeckung der Erkrankung erfolgt nach der Inkubationszeit, je nach Erreger mit einer Latenz von Stunden bis Monaten nach der Infektion

- die Erregerdiagnostik ist zeitaufwendig (Stunden bis Tage)

- die primäre Infektionsquelle ist anfangs meist unbekannt und schwierig zu ermitteln

- Infektionsweg und -ausbreitung sind zunächst schwer zu bestimmen

- die Ausbreitungsdynamik ist schwierig zu prognostizieren

- im Verlauf können weitere Erkrankungen auftreten

- das Infektionsgeschehen ist zeitlich nicht abgrenzbar

- Infektionsfälle treten meist nicht regional begrenzt auf

- die Schwere der Infektionskrankheit ist zu Anfang nicht vorhersehbar

- der Umfang der Gefährdung der Bevölkerung ist schwierig zu beurteilen

- die Unübersichtlichkeit der Lage verursacht möglicherweise Angst und Panik und Reaktionen der Bevölkerung, die die Krise weiter verschärfen

Beschreibung des Gefährdungspotentials

Das Gefährdungspotential einer Infektionskrankheit[1] ist charakterisiert durch:

- Ursache des Auftretens:

  - natürlich (sporadisch, endemisch, epidemisch, pandemisch)
  - neue unbekannte Krankheit (Spontanmutation, neuer Erreger)
  - Erregerfreisetzung durch Labor- oder Transportunfälle
  - absichtliche Ausbringung

- Vorkommen und Stabilität des Erregers

- Infektiosität (Fähigkeit, in Körper einzudringen und sich dort zu vermehren)

- Mensch-zu-Mensch-Übertragung (Kontagiosität, Ansteckungsrate)

- Verfügbarkeit eines Impfschutzes, aktuelle Durchimpfungsrate

- Möglichkeit einer postexpositionellen Prophylaxe

- diagnostische Möglichkeiten (klinisch, klinisch-chemisch, mikrobiologisch, immunologisch)

---

1 Siehe dazu Buschhausen-Denker, G.: Risikobewertung und Risikoeinstufung von biologischen Arbeitsstoffen; nicht veröffentlichtes Papier für die AG Einsatzgrundsätze, www.bevoelkerungsschutz.de

- Virulenz (Schwere) und Letalität (Tödlichkeit) des Krankheitsverlaufes

- Mortalitätsrate (Sterblichkeit)

- Verfügbarkeit medizinisch-therapeutischer Optionen, z. B. Antibiotikatherapie

Verlaufsparameter

Der weitere Verlauf des Infektionsgeschehens wird durch folgende Aspekte beeinflusst:

- konsequente Anwendung von Hygienestandards

- Verfügbarkeit von Maßnahmen zur Desinfektion, Dekontamination und ggf. Entwesung

- Vorhandensein und Effizienz eines infektionsepidemiologischen Überwachungssystems

- Durchführung seuchenhygienischer Maßnahmen (Überwachung von Kontaktpersonen und Krankheitsausbreitung, Absonderungs- und Quarantänemaßnahmen, Prophylaxe etc.)

- Sozialstruktur der betroffenen Region

- politisch motivierte Lagebeurteilung

- Wissens- und Aufklärungsstand der Bevölkerung

- Ausbildungs- und Schulungsstand der Einsatzkräfte

- Ressourcen des Gesundheitswesens (z. B. Krankenhausbetten)

- Ressourcen der Gefahrenabwehr (z. B. Ausrüstungsstand der Einsatzkräfte)

- Reaktion und Mitwirkung der Bevölkerung und der Einsatzkräfte (Panik, Bagatellisierung)

- wirtschaftliche Auswirkungen (durch Arbeitsausfall, Einschränkung von Personen- und Warenverkehr, Ressourcenverbrauch des Gesundheitswesens)

Eckpunkte

1. Definitive Lagefeststellungen sind anfänglich nahezu unmöglich. Die Lage kann sich jederzeit unvorhersehbar ändern, insbesondere bezüglich:

   - Anzahl der Infektionserkrankungen
   - räumliche Ausdehnung des Infektionsgeschehens
   - Schwere der Infektionserkrankungen
   - zeitlichem Verlauf

2. Es besteht ein hohes Risiko für Einsatzkräfte und medizinisches Personal,

   - sich selbst zu infizieren
   - die Erkrankung als Infektionsquelle weiterzuverbreiten
   - krankheitsbedingt auszufallen

3. Das Gefährdungspotential und der Verlauf des Infektionsgeschehens sind in hohem Maße bestimmt durch:

- personelle und materielle Ressourcen des
  Gesundheitswesens
- personelle und materielle Ressourcen der Gefahrenabwehr
- die Sozialstruktur und Wissensstand
  (Helfer und Bevölkerung)
- gesellschaftliche und politische Rahmenbedingungen

3.4.3 Aufgaben und Einsatzmaßnahmen bei biologischen Schadenslagen

Der organisatorische Ablauf bei der Gefahrenerkennung und dem Dia-
gnostikmanagement bei biologischen Schadenslagen sind ausführlich
in Kapitel 2 des Handbuches beschrieben. Die Aufgaben und das Krisenmanagement insbesondere der Gesundheitsbehörden bei biologischen Schadenslagen sind in Kapitel 5 „Seuchenmanagement" ausführlich erläutert. Im von BMI und BMGS herausgegebenen „Manual
– Katalog empfohlener Maßnahmen zum Gesundheitsschutz bei bioterroristischen Gefahren – Eine Orientierungshilfe für Länder, Kommunen, Mediziner und Hilfsorganisationen, Stand 21.12.2001" findet sich
eine Zusammenstellung aller denkbaren Aufgaben und deren Zuordnung zu einzelnen Stellen.

An dieser Stelle erfolgt daher nach einer kurzen Darstellung der aller-
ersten Maßnahmen im Ereignisfall lediglich eine stichpunktartige Aufzählung der Aufgaben, die seitens der Führungsorganisation bei biologischen Gefahrenlagen bewältigt werden müssen.

Lagefeststellung und Erstmaßnahmen

- Werden Einsatzkräfte zu einem Verdachtsfall auf Kontamination
  mit gefährlichen biologischen Erregern gerufen, obliegt diesen

ersteintreffenden Einsatzkräften die sorgfältige und verantwor-
tungsbewusste Erstbeurteilung der Gefahrenlage.

- Bei begründetem Verdacht auf Kontamination eines Gegenstandes (z. B. Postsendung) sind am Einsatzort unverzüglich
hinzuzuziehen:

  - die **Polizei und die Ordnungsbehörden** wegen Gefähr-
    dung der öffentlichen Sicherheit und Ordnung

  - das **Gesundheitsamt** wegen des Verdachts auf Vorliegen
    von gefährlichen Krankheitserregern

- Entsteht insbesondere im Rahmen der medizinischen Versorgung, bei Pflege und Betreuung oder bei Reisenden der Verdacht auf Vorliegen einer gefährlichen Erkrankung, bei der
Krankheitserreger in Betracht kommen und eine Gefährdung
der Bevölkerung nicht ausgeschlossen werden kann, müssen
die nach § 8 IfSG meldepflichtigen Personen wie Ärzte, Kapitäne von Schiffen oder Luftfahrzeugen, Leiter von Heimen oder
benachrichtigungspflichtigen Gemeinschaftseinrichtungen

  - unverzüglich das Gesundheitsamt hinzuziehen
  - eigene Schutzmaßnahmen ergreifen (Schutzkleidung etc.)
  - den Verdachtsfall von anderen Personen absondern
  - Kontaktpersonen erfassen

*Maßnahmen des Gesundheitsamtes in Zusammenarbeit
mit den Gefahrenabwehrbehörden*

- Festlegung von Absperrmaßnahmen (Sicherung des Raumes)

- Anordnung von Schutzmaßnahmen (soweit noch nicht vor Ort
durchgeführt):

  - Absonderung von kontaminationsverdächtigen Gegenstän-
    den oder Personen

- Absonderungsbereiche sperren, Klima-/Belüftungsanlage abschalten

- Arbeiten nur unter der Situation angemessenen Arbeitsschutzmaßnahmen (Persönliche Schutzausstattung, PSA)

• Plausibilitätseinschätzung der Verdachtsdiagnose, ggf. durch klinische Untersuchung der Patienten einschließlich Reiseanamnese

• ggf. Hinzuziehung von Experten und Spezialeinsatzgruppen zur fachlichen Beratung

• Veranlassung von Probenahmen, Probentransport und Diagnostik in einem geeigneten Labor (siehe 2.5, 2.6 und 2.7)

• Information und Meldung an die zuständigen Gesundheits- und Gefahrenabwehrbehörden (siehe 1.6)

• Veranlassung der Patiententransporte mit geeigneten Transportmitteln (Spezial-RTW Infektionsschutz, RTW-I) in geeignete Behandlungszentren, z. B. für hochkontagiöse gefährliche Infektionskrankheiten (siehe 5.5)

• Anordnung geeigneter Maßnahmen zur Dekontamination, Hygiene, Desinfektion, Entwesung und Abfallbeseitigung (siehe 6.8)

• Erfassung und Belehrung von Kontaktpersonen, einschließlich des beteiligten medizinischen Personals und der Einsatzkräfte (siehe 5.3 und 5.6)

• Anordnung und Durchführung von Maßnahmen zur postexpositionellen Prophylaxe (PEP), ggf. Chemoprophylaxe oder Schutzimpfung (siehe 6.2, Handbuch Biologische Gefahren II, medizinische Versorgung)

- Ermittlungen zur Infektionsquelle (siehe 5.3)

- Anordnung von Überwachungs- und Absonderungsmaßnahmen

- Presse- und Öffentlichkeitsarbeit (siehe Kapitel 4)

Im Falle des gehäuften Auftretens von gefährlichen Infektionserkrankungen bzw. im Seuchenfall sind über die genannten Aufgaben hinaus
die im Folgenden aufgelisteten Aufgaben stabsmäßig zu organisieren
und durchzuführen:

- Information der zuständigen Behörden und der Fachöffentlichkeit

- Warnung und Information der Bevölkerung, Öffentlichkeitsarbeit

- Organisation von Probenahmen, Probentransport und Labor-
untersuchungen

- Anordnung von Maßnahmen zur Hygiene, Dekontamination,
Desinfektion, Entwesung und Abfallbeseitigung

- Ermittlung und Überwachung von Kontaktpersonen, Anste-
ckungs- und Krankheitsverdächtigen

- Festlegung von Absperrmaßnahmen

- Anordnung der Schließung von Gemeinschaftseinrichtungen

- Festlegung der Versammlungs- und Reisebeschränkungen

- Einrichtung von Beratungs- und Untersuchungsstellen

- Festlegung von Absonderungseinrichtungen

- Festlegung von Behandlungseinrichtungen

- Organisation des Transports von Erkrankten als Einzel- oder „Kohortentransport"

- Organisation von Impfungen

- Organisation der spezifischen Chemotherapie

- Management der personellen und materiellen Ressourcen der medizinischen Einrichtungen

- Organisation der Aufbewahrung und Bestattung infektiöser Leichen

- Sicherstellung der Personenauskunft und psychosozialen Betreuung

- Einrichtung von Bürgertelefonen

- Einrichtung eines Überwachungsprogramms (Surveillance)

- Kontinuierliche Datenauswertung und Anpassung der Maßnahmen

Eckpunkte

1. Es besteht eine sehr hohe Inanspruchnahme personeller und materieller Ressourcen des Gesundheitswesens und der Gefahrenabwehr.

2. In die Schadensbewältigung ist eine Vielzahl von Behörden/ Fachdiensten und Einrichtungen des Gesundheitswesens, der öffentlichen Sicherheit und Ordnung und der Betriebe eingebunden, deren Zusammenarbeit unter einheitlicher Führung der politisch gesamtverantwortlichen Komponente der Führungsorganisation koordiniert werden muss.

3. Die Schadensbewältigung kann massive Einschränkungen in weiten Bereichen des täglichen Lebens verursachen und erhebliche Einschränkungen der Grundrechte beinhalten.

4. Zur Durchführung ihrer Aufgaben im Rahmen der gesundheitlichen Gefahrenabwehr müssen alle involvierten Kräfte mit adäquater Persönlicher Schutzausrüstung (PSA) ausgestattet und in deren Anwendung geschult sein.

5. Die vorbereitende Erstellung, Vorhaltung und Erprobung von Seuchenalarmplanungen auf Bund-Länder- und kommunaler Ebene (z. B. zu Pocken und Influenza) ist die Basis für ein effizientes zielgerichtetes Krisenmanagement im Ereignisfall.

6. Regelmäßige Übungen sind unabdingbar, um die interdisziplinäre Zusammenarbeit aller Beteiligten im Ereignisfall bestmöglich zu gewährleisten.

3.4.4 Arbeitsweise/Führungsorganisation in medizinischen Bereichen

Führungsvorgänge

In der Dienstvorschrift „Führung und Leitung im Einsatz" (DV 100) wird der Führungsvorgang als „ein zielgerichteter, immer wiederkehrender und in sich geschlossener Denk- und Handlungsablauf" bezeichnet, der aus folgenden Einzelschritten besteht:

1. Lagefeststellung (Erkundung/Kontrolle)

2. Planung (Beurteilung/Entschluss)

3. Befehlsgebung

Als Führungsvorgänge in der medizinischen Versorgung können analog angesehen werden:

1. Anamneseerhebung, Diagnostik

2. Fallbeurteilung mit Prognose/Therapieentscheidung und -planung

3. Anordnungen/Anweisungen

Insbesondere die medizinische Therapieentscheidung ist durch Charakteristika der ärztlichen Berufsausübung spezifisch geprägt.

Bestandteile des Arzt-Patientenverhältnisses

- Individueller Behandlungsvertrag zwischen Arzt und Patient
- Selbstverantwortliches Handeln des Arztes
- Einverständniserklärung des Patienten

Charakteristika ärztlicher Therapieentscheidungen

- Einzelfallbezogenes medizinisches Vorgehen
- Orientierung an wissenschaftlichen Erkenntnissen und Leitlinien
- Basierung auf persönlichem Wissensstand und Erfahrung des Arztes
- Beeinflussung durch ethische Einstellungen
- Orientierung an konkret verfügbaren Behandlungsoptionen
- individuelle Abwägung von Behandlungsalternativen
- in komplizierten Fällen Unterstützung durch Fachkonsultationen, Visiten, Einzelfallkonferenzen
- Einbeziehung des Willens und des Einverständnisses von Patienten und Angehörigen oder Betreuern

Ärztliche Entscheidungsfindungen sind hochkomplex, immer individuell auf den jeweiligen Patienten bezogen und nur mit dessen (ggf. vermutetem) Einverständnis umsetzbar.

Der Patient muss umfassend und verständlich aufgeklärt sein und der Therapieentscheidung ausdrücklich zustimmen, damit die Behandlungsmaßnahme ggf. keine Körperverletzung darstellt. Solange er im Vollbesitz seines geistigen Urteilsvermögens ist, kann der Patient im Allgemeinen jede Therapieentscheidung des behandelnden Arztes ablehnen, auch wenn er dadurch seine Gesundheit oder sein Leben gefährdet. Auch Vorsorgemaßnahmen wie zum Beispiel Impfungen unterliegen dieser Zustimmungspflicht. Eine Ausnahme von diesem Grundsatz enthält das Infektionsschutzgesetz (IfSG).

In § 20 Abs. 6 und 7 IfSG ist festgelegt, dass von Bund oder Ländern angeordnet werden kann, dass bedrohte Teile der Bevölkerung an Schutzimpfungen oder anderen Maßnahmen der spezifischen Prophylaxe teilzunehmen haben. Impfpflichtige können sich jedoch bei Gefahr für Leben oder Gesundheit durch ärztliches Zeugnis freistellen lassen.

Auch bei Anordnung von Massenschutzimpfungen durch die Behörden hat der Einzelne im Zweifel einen Anspruch auf individualärztliche Untersuchung und Impfung durch oder in direkter Verantwortung eines Arztes. Eine Heilbehandlung darf jedoch nicht angeordnet werden (§ 28 Abs. 1 IfSG). Lediglich Untersuchungen, Beobachtungen, Absonderungsmaßnahmen sowie berufliche Tätigkeitsverbote und ggf. (Verhaltens-)Gebote sind nach amtsärztlicher Anordnung zwangsweise durchsetzbar.

Arbeitsweise im Gesundheitsamt

Das Gesundheitsamt ist Teil der kommunalen Verwaltungs- und Ordnungsbehörde, innerhalb derer nach verwaltungsrechtlichen Grundlagen geführt wird. Die Tätigkeit des Amtsarztes umfasst in erster Linie die Regelungsbefugnis in gesundheitlichen Fragen der Kommune. Dazu gehören insbesondere ordnungsbehördliche, präventive und verwaltungsmedizinische Tätigkeiten. Darüber hinaus können typisch ärztliche Tätigkeiten wie Anamneseerhebung und körperliche Untersuchung einen Teil der amtsärztlichen Tätigkeit ausmachen. Kurative Medizin, also Behandlung von Krankheiten, gehört grundsätzlich **nicht** zu den Aufgaben des Amtsarztes.

Im Rahmen des Infektionsschutzes sind die kommunalen Gesundheitsämter unter der Leitung des Amtsarztes ggf. gemeinsam mit den Ordnungsämtern für alle im IfSG beschriebenen Gefahrenabwehrmaßnahmen zuständig und führen diese nach dienstlichem Weisungsrecht durch. Erschwerend ist, dass der Amtsarzt zur Durchsetzung der angeordneten Maßnahmen, die erhebliche Grundrechtseinschränkungen beinhalten können, in der Regel nicht über die erforderlichen Kräfte und Mittel verfügt, sondern auf die Mitwirkung von Ordnungsbehörden oder auf Amtshilfe durch andere Behörden angewiesen ist, die in ihre eigenen Führungsstrukturen eingebunden sind. Hierzu sind klare Verwaltungsregelungen zur Zuständigkeit und Zusammenarbeit und vorgefertigte Krisenpläne erforderlich.

Eckpunkte

1. Auch bei biologischen Schadenslagen mit einem Massenanfall von Patienten mit gefährlichen Infektionskrankheiten
   sollten Maßnahmen der spezifischen Prophylaxe und der
   Heilbehandlung als individualärztliche Leistungserbringung
   durchgeführt werden.

2. Das Führungssystem für biologische Schadenslagen mit
   Patienten mit gefährlichen Infektionskrankheiten soll die
   spezifischen Erfordernisse und Arbeitsweisen der ärztlichen
   Tätigkeit so weit wie möglich berücksichtigen.

3. Ärzte sind bisher nicht gewohnt, in arbeitsteiligen Führungs-
   systemen zu arbeiten: Niedergelassene Ärzte sind nicht in
   Entscheidungshierarchien eingebunden und handeln allein-
   verantwortlich. Krankenhausärzte tragen trotz Einbindung
   in Klinikhierarchien ein großes Maß an eigenständiger fachlicher Entscheidungsverantwortung.

4. Nicht alle Amtsärzte, sondern nur die staatlich geprüften
   Fachärzte für Öffentliches Gesundheitswesen verfügen über
   eine Ausbildung zur Führung bei biologischen Schadenslagen mit gehäuftem Auftreten von gefährlichen Infektionserkrankungen.

5. Leitende Notärzte sind die einzigen Ärzte, die planmäßig
   über eine obligatorische Führungsausbildung in der Gefahrenabwehrorganisation und über entsprechende Praxiser-
   fahrungen verfügen.

6. Alle Angehörigen der Gesundheitsbehörden und der medizinischen Berufe müssen über die Grundlagen der Gefahrenabwehrorganisation einschließlich Führungsorganisation
   nach DV 100 informiert werden.

3.4.5 Problemanalyse des derzeitigen Führungssystems im Gesundheitswesen

Problempunkte

- Die Gesundheitsämter als nach IfSG in erster Linie zuständigen Fachbehörden sind in der Regel materiell und personell nur für die Bewältigung von einzelnen oder kleineren Ereignissen ausgestattet.

- Eine spezielle Führungsorganisation zur Bewältigung größerer biologischer Schadenslagen besteht nicht.

- Nicht alle Gesundheitsbehörden haben Erfahrung in der Führung größerer Schadenslagen und kennen die Arbeitsweisen der beteiligten Behörden und Organisationen mit Sicherheitsaufgaben und Betriebe.

- Den Gesundheitsbehörden stehen in der Regel weder ausreichende personelle Ressourcen noch Führungsmittel (Informations- und Kommunikationstechnik, Lagezentren) zur Verfügung.

- Der Zugriff auf zusätzliches Personal aus der übrigen Verwaltung erfordert einen aufwendigen Schulungsbedarf.

- Die erforderliche Schulung und Übung der Angehörigen der Gesundheitsbehörden zur Mitnutzung fremder Führungsmittel, z. B. eines Lagezentrums des Katastrophenschutzes, fehlt in der Regel.

- Die von den Gesundheitsämtern nach IfSG angeordneten Maßnahmen müssen überwiegend von anderen zuständigen Behörden oder beauftragten Leistungserbringern durchgeführt werden, denen oftmals das erforderliche medizinische Grund- und Fachwissen fehlt.

- Zuständigkeiten sind vielfach nicht ausreichend geregelt.

- Gegenüber den hinzugezogenen Behörden besteht seitens des fachlich zuständigen Amtsarztes nur eine eingeschränkte Weisungsbefugnis. Nur die Amtsleitung der Kommunalen Verwaltungsbehörde (Oberbürgermeister, Landrat) ist gegenüber kommunalen Organisationen uneingeschränkt weisungsbefugt, nicht jedoch z. B. gegenüber der Polizei.

- Das IfSG berechtigt das Gesundheitsamt im Rahmen der Bekämpfung von Infektionskrankheiten zu erheblichen Grundrechtseingriffen, deren Durchsetzung notfalls jedoch durch das Ordnungsamt oder die Polizei erfolgen muss, denen meist das medizinische Hintergrundwissen und die erforderliche geeignete Schutzausrüstung fehlt.

- Alarmpläne, Checklisten und standardisierte Dokumentationsvorlagen sind nicht immer in erforderlichem Umfang erarbeitet und vorgehalten.

- Die Führung einer biologischen Schadenslage mit einem Massenanfall von Patienten mit Infektionserkrankungen beinhaltet zu einem großen Teil das Management von zeitkritischen **Mangelressourcen** z. B.:

  - qualifiziertes Personal
  - geeignete Laborkapazitäten
  - Dekontaminationseinrichtungen
  - Desinfektoren, Hygienefachpersonal
  - Persönliche Schutzausrüstungen
  - spezielle Behandlungseinrichtungen
  - geeignete Transportmittel
  - Sanitätsmaterialien z. B. Impfstoffe, Antibiotika

- Datensammlungen/Datenbanken über die genannten Mangelressourcen existieren nicht in ausreichendem Maße, ebenso wenig wie ein darauf aufbauendes System zur Disposition.

Eckpunkte

1. Den fachlich kompetenten und nach IfSG in erster Linie zuständigen Gesundheitsbehörden fehlen die materiellen und personellen Ressourcen zur Leitung und Durchführung der Gefahrenabwehrmaßnahmen.

2. Den anderen ggf. zuständigen führungskompetenten Katastrophenschutzbehörden fehlt teilweise die fachliche Kenntnis über biologische Schadenslagen und die Zuständigkeit nach IfSG.

3. Der unter Zeit- und Handlungsdruck stehenden politischen Entscheidungsebene fehlen teilweise die Fachkenntnisse und eindeutige Regelungen für Beratungsgremien.

4. Die Zusammenarbeit der Gesundheits- und anderer zuständiger Katastrophenschutzbehörden ist in der Regel im Einzelnen unzureichend festgelegt. Verwaltungsvorschriften zur Zuständigkeit, Aufgabenverteilung und Zusammenarbeit und spezielle Alarm- und Einsatzpläne sind oft nicht in erforderlichem Maße vorhanden.

5. Führungsmittel wie Datenbanken und Dispositionssysteme für Ressourcen der medizinischen Versorgung stehen nicht in ausreichendem Maße zur Verfügung.

6. Die Bewältigung von biologischen Schadenslagen mit Massenanfall von Patienten mit Infektionserkrankungen ist dadurch beeinträchtigt, dass in hohem Maße ein Notfallmanagement von Mangelressourcen erforderlich ist.

3.4.6 Synopsis der Führungsstrukturen der beteiligten Organisationen

Organisationsstrukturen

Bei der Bewältigung von biologischen Schadenslagen beteiligte Gremien, Behörden, Organisationen und Betriebe:

- politische Gremien mit Entscheidungsfunktionen (Regierungen, Gesundheitsminister)

- Behörden mit überwiegend administrativen Aufgaben (Ministerien, Ämter)

- Behörden oder Institutionen mit überwiegend operativen Tätigkeiten (z. B. Feuerwehr, Technisches Hilfswerk, Polizeien, Bundeswehr)

- Behörden oder Ämter mit administrativen und operativen Tätigkeiten (Gesundheitsämter)

- medizinische Einrichtungen (Kliniken, Arztpraxen, Apotheken, Labore)

- wissenschaftliche Einrichtungen und sonstige Institute

- private Unternehmen (Pflegedienste, Bestattungseinrichtungen)

- Hilfsorganisationen

- nicht organisierte Einzelhelfer (Ersthelfer, Angehörige, Laienhelfer)

Führungsstile

Die Angehörigen dieser Organisationen

- arbeiten mit sehr unterschiedlichen Führungsstilen

- erfüllen ihre Aufgaben unter unterschiedlichen Rahmenbedingungen, z. B. in eigener gesetzlicher Zuständigkeit, als Amtshilfe, als private Leistungserbringung

- arbeiten in unterschiedlichen Unterstellungsverhältnissen

Zuständigkeitsebenen

Die Zuständigkeiten und Aufgabengebiete der beteiligten Stellen gliedern sich in

- territoriale Zuständigkeiten (Verwaltungsgliederungen, Versorgungsbereiche)

- fachdienstliche Zuständigkeiten (Öffentlicher Gesundheitsdienst, Rettungsdienst, Sanitätsdienst, Betreuungsdienst, technische Dienste inkl. ABC-Einheiten, klinische Versorgung, ambulante Versorgung)

Führungsmittel

Die Führungsmittel der beteiligten Stellen

- sind Bestandteile der täglichen Arbeit, z. B. Leitstellen, Stabsstrukturen bei den Behörden und Organisationen mit Sicherheitsaufgaben (BOS)

- können lageabhängig bei Erfordernis aufwachsen

- sind für biologische Schadenslagen nicht überall vorhanden

Eckpunkte

1. Es existiert eine Vielzahl an beteiligten Behörden und Einrichtungen mit multiplen Schnittstellen und unzureichend abgegrenzten Zuständigkeiten.

2. Die bei der Bewältigung von biologischen Schadenslagen beteiligten Stellen sind in ihrer Führungsstruktur und den verfügbaren Führungsmitteln sehr heterogen ausgestattet.

3. Das Fehlen einer übergreifenden speziellen gesetzlichen Regelung zum Führungssystem und Zusammenarbeit bei biologischen Schadenslagen bedingt einen hohen Abstimmungsbedarf zwischen den unterschiedlichsten beteiligten Stellen.

3.4.7 Anforderungen an ein funktionsfähiges Führungssystem

Leitsätze

Ein Führungssystem zur Abwehr biologischer Schadenslagen soll sich an folgenden Leitsätzen orientieren:

- Schutz der Bevölkerung vor Ansteckung

- Aufrechterhaltung der öffentlichen Sicherheit und Ordnung

- Beschränkung der Grundrechtseingriffe auf das Notwendigste

- Aufrechterhaltung des öffentlichen Lebens

- Schutz des eingesetzten Personals

- Versorgung der Infektionskranken und Ansteckungsverdächtigen

- Durchführung seuchenhygienischer Maßnahmen

- Effizientes Ressourcenmanagement

- Kompetente Krisenkommunikation, die Angst- und Panikreakti-
onen vorbeugt

- Kooperative Zusammenarbeit aller Beteiligten

- Berücksichtigung nachbarschaftlicher und überstaatlicher
Gemeinschaftsinteressen

Entscheidungsmerkmale

Entscheidungen in den Leitungsgremien müssen unter Beachtung der
Grundsätze kooperativer Führung

- auf eindeutiger Zuständigkeit beruhen

- fachlich begründet sein

- aus komplexen Güterabwägungen resultieren

- ethische Gesichtspunkte berücksichtigen

- unterschiedliche Arbeitsweisen und Organisationsstrukturen
der Beteiligten berücksichtigen

- zeitgerecht erfolgen

- zu eindeutigen Maßnahmen und Handlungsanweisungen
führen

- klar und verständlich kommuniziert werden

- finanziell tragbar sein

Einordnung der beteiligten Organisationen in das Führungssystem

Die Gesundheitsbehörden

- verfügen über die fachliche Kompetenz, biologische Schadenslagen zu beurteilen

- müssen die nach IfSG erforderlichen Maßnahmen rechtsverbindlich anordnen

- kennen als Angehörige des ärztlichen Berufsstandes die Grundzüge der individualmedizinischen Behandlung und können unter Berücksichtigung der beruflichen Eigenverantwortung der Ärzte diese innerhalb einer größeren Lage führen

- haben die fachliche Kompetenz, eine sachlich fundierte Krisenkommunikation zu gestalten

Die Ordnungs-, Katastrophenschutz- und Sicherheitsbehörden

- verfügen über Führungsstrukturen und Einrichtungen zur Bewältigung größerer Schadenslagen

- sind in vielen Fällen die zuständige Behörde zur Durchführung der nach IfSG angeordneten Maßnahmen

- haben Erfahrungen in der Einsatzführung und im Ressourcenmanagement

- verfügen über technische Einrichtungen und Erfahrungen in der Krisenkommunikation

Ausgestaltung eines integrierenden Führungssystems

- Einbeziehung aller Aufgaben- und Entscheidungsträger in eine einheitliche Führungsstruktur unter politisch verantwortlicher Gesamtleitung

- Aufbau des Führungssystems auf der Grundlage der vorhandenen etablierten DV 100

- Nutzung des Systems der „Auftragstaktik"

Stufenmodell

Das im Folgenden dargestellte Stufensystem basiert auf den Erfordernissen der Gefahrenabwehrorganisation und richtet sich nach folgenden Kriterien:

1. Hoheitliche Zuständigkeit von Politik und Verwaltung

2. Räumliche Ausbreitung des Infektionsgeschehens

3. Personelle und/oder materielle Ressourcenverfügbarkeit für die Abwehrmaßnahmen

4. Aufwuchsfähigkeit bei eskalierender Schadenslage

Stufe 0 Allgemeiner Geschäftsgang der Behörden

Stufe I Bedrohung durch oder Vorhandensein von gefährlichen Infektionskrankheiten innerhalb einer Kommune und ausreichende Mittel der Kommunalbehörde

Stufe II Bedrohung durch oder Vorhandensein von gefährlichen Infektionskrankheiten innerhalb einer Kommune mit der Notwendigkeit der Unterstützung durch Nachbarkommunen, ggf. unter Koordination durch Mittel- oder Landesbehörden

Stufe III Bedrohung durch oder Vorhandensein von gefährlichen Infektionskrankheiten in mehreren Gebietskörperschaften eines Landes mit der Notwendigkeit der überregionalen Koordinierung der Abwehrmaßnahmen auf Landesebene

Stufe IV Bedrohung durch oder Vorhandensein von gefährlichen Infektionskrankheiten in mehreren Bundesländern mit der Notwendigkeit der überregionalen Koordinierung der Abwehrmaßnahmen auf Bund-Länder-Ebene und auf internationaler Ebene

Eckpunkte

1. Die Vertreter des Gesundheits- und des Innenressorts müssen gleichermaßen verantwortlich in die Führung eingebunden sein, da sich ihre fachlichen und hoheitsrechtlichen Zuständigkeiten ergänzen.

2. Biologische Schadenslagen aufgrund gefährlicher Infektionskrankheiten gewähren nach Einleitung erster Sofortmaßnahmen zur Eindämmung der Ausbreitung häufig mehr Zeit zur Erfassung, Beurteilung und Ergreifung von gezielten Folgemaßnahmeergreifung als z. B. Schadenslagen durch schwere Unfälle oder Naturkatastrophen. Dadurch besteht die Möglichkeit, eine komplexe Güterabwägung durchzuführen, die Vorgehensweisen abzustimmen und Entscheidungen im Konsens der Beteiligten zu treffen.

3. Aufgabe der übergeordneten Einsatzleitung ist, die Verantwortungsbereiche innerhalb des Führungsgremiums wirkungsvoll zu koordinieren und übergeordnete Grundsatzentscheidungen zu treffen. Der Inhaber dieser Position sollte durch den zuständigen politischen Mandatsträger benannt werden und neben seiner Führungskompetenz möglichst Kenntnisse sowohl aus dem Gesundheits- als auch Innenressort mitbringen.

4. Das Führungssystem sollte sich grundsätzlich an den eingeführten Stabsstrukturen entsprechend der DV 100 orientieren, da diese in den meisten beteiligten Behörden eingeführt sind.

5. Wegen der unterschiedlichen Aufgaben und Arbeitsstrukturen der beteiligten Behörden, Organisationen und Betriebe sollten Aufgaben möglichst im Sinne der Auftragstaktik als Ziel zur selbständigen Erledigung vergeben werden.

3.4.8 Lösungsvorschlag

Führungsstruktur gemäß dem Stufenmodell

Stufe 0 Allgemeiner Geschäftsgang der Behörden

Diese Stufe beinhaltet den normalen Geschäftsgang der Behörden, für den keine spezielle Führungsorganisation eingerichtet werden muss.

Stufe I Bedrohung durch oder Vorhandensein von gefährlichen Infektionskrankheiten innerhalb einer Kommune und ausreichende Mittel der Kommunalbehörde

- Das örtlich zuständige Gesundheitsamt beurteilt die Lage, ordnet alle Maßnahmen nach IfSG an und veranlasst deren Durchführung unter Hinzuziehung der nach Landesregelung zuständigen Behörden.

- Bei Verdacht auf unfallbedingte oder absichtliche Ausbringung von gefährlichen Infektionserregern nehmen die Sicherheitsbehörden Ermittlungen auf und ergreifen Maßnahmen in ihrem Zuständigkeitsbereich.

- Die Behörden beraten sich untereinander, kooperieren im Einsatz, erledigen ihre Aufgaben unter eigener Führung und Verantwortung. Zur effektiven Aufgabenerledigung bietet sich die Einrichtung einer gemeinsamen Arbeitsgruppe oder eines Stabes unter Leitung der politisch-gesamtverantwortlichen Komponente (siehe 3.3, Abb. 1) an.

Stufe II Bedrohung durch oder Vorhandensein von gefährlichen Infektionskrankheiten innerhalb einer Kommune mit der Notwendigkeit der Unterstützung durch Nachbarkommunen, ggf. unter Koordination durch Mittel- oder Landesbehörden

Spätestens bei Ereignissen, die dieser Stufe zuzuordnen sind, muss ein gemeinsames Leitungsgremium unter Beteiligung aller betroffenen Stellen eingerichtet werden. Dieses Leitungsgremium besteht gemäß DV 100 aus den drei Komponenten:

- Politisch-gesamtverantwortliche Komponente
- Administrativ-organisatorische Komponente
- Operativ-taktische Komponente

Anzumerken ist, dass Gesundheitspersonal für medizinische Versorgung oder seuchenhygienische Maßnahmen üblicherweise vor Ort nicht in Einsatzformationen geführt wird. Die Einrichtung von operativ-taktischen Komponenten (z. B. Technische Einsatzleitung [TEL], Örtliche Einsatzleitung [ÖEL]) kann jedoch erforderlich werden, insbesondere wenn vor Ort Leitungen für Einsatzabschnitte wie z. B. Impfstätten eingesetzt werden und wenn Einsatzkräfte der Gefahrenabwehrbehörden spezifische Aufträge übernehmen. Unter der Führung des Leiters der jeweiligen operativ-taktischen Komponente sollen Aufträge durch das eingesetzte Personal möglichst innerhalb ihrer mitgeführten Organisations- und Führungsstrukturen abgearbeitet werden.

Überörtliche Hilfe

Wenn weitere Hilfe erforderlich wird, da die eigenen Kräfte und Mittel nicht ausreichen, um die Lage zu bewältigen, kann es erforderlich werden, diese Hilfe durch eine übergeordnete Einsatzleitung auf Mittelbehörden- oder Landesebene zu koordinieren.

Stufe III Bedrohung durch oder Vorhandensein von gefährlichen Infektionskrankheiten in mehreren Gebietskörperschaften eines Landes mit der Notwendigkeit der überregionalen Koordinierung der Abwehrmaßnahmen auf Landesebene

Überschreitet das Schadensereignis das Gebiet einer Behörde, dann entscheidet die Aufsichtsbehörde zusätzlich zu den bereits veranlassten Maßnahmen der Stufe II, ob sie die Leitung an sich zieht oder einer der beteiligten Behörden die Gesamtleitung überträgt. Die Zusammenarbeit der zuständigen Ressorts in einer außergewöhnlichen Bedrohungs- oder Schadenslage unter einheitlicher Leitung sollte in einer Verwaltungsvorschrift der jeweiligen Landesregierung eindeutig geregelt sein.

Stufe IV Bedrohung durch oder Vorhandensein von gefährlichen Infektionskrankheiten in mehreren Bundesländern mit der Notwendigkeit der überregionalen Koordinierung der Abwehrmaßnahmen auf Bund-Länder-Ebene und auf internationaler Ebene

Zusätzlich zu den bereits veranlassten Maßnahmen der Stufen II und III ist auf Bundesebene die Interministerielle Koordinierungsgruppe beim Bundesministerium des Innern einzuberufen.

Die Abwehr der Gefahren bleibt originäre Aufgabe der betroffenen Länder. Die Länder entsenden Vertreter in die Interministerielle Koordinierungsgruppe. Diese stellt die länderübergreifende Koordination der Abwehrmaßnahmen unter Einbeziehung der Gesundheitsressorts sicher. Das Verfahren muss verbindlich zwischen Bund und Ländern festgelegt werden.

3.4.9 Schlussfolgerungen

Derzeitige Rechtsregelung bezüglich der Führungsorganisation bei biologischen Schadenslagen

Die bestehenden bundes- und landesgesetzlichen Regelungen zur Gefahrenabwehr sind nicht unter dem speziellen Fokus der Gefährdung durch biologische Agenzien erarbeitet worden.

Neben dem Infektionsschutzgesetz werden die Katastrophenschutzgesetze der Länder bei biologischen Schadenslagen als Rechtsgrundlagen für die Planung und Durchführung von Maßnahmen herangezogen.

Gegenüber dem bundesweit einheitlichen Infektionsschutzgesetz stellen die länderspezifischen allgemeinen Sicherheits- und Ordnungssowie Katastrophenschutzgesetze sehr unterschiedliche Handlungsspielräume und Eingriffsmöglichkeiten zur Verfügung.

Eckpunkte

1. Grundsätzlich sollte die Führungsorganisation bei biologischen Schadenslagen auf klaren gesetzlichen Regelungen basieren, die die spezifischen Belange der Aufgabenträger in den Bereichen Gefahrenabwehr, Gesundheitsschutz und medizinische Versorgung berücksichtigen und integrieren.

2. Im Sinne einer einheitlichen Gefahrenabwehr und um eine einheitliche koordinierte Ausgestaltung der Führungssysteme auf Landes- und Bundesebene zu gewährleisten, müssen die Interessen der Länder und des Bundes in harmonisierten Regelungen zusammengeführt werden. Hierzu könnten ggf. verfassungsrechtliche Änderungen erforderlich werden.

3. Die Ausbreitung einer biologischen Schadenslage durch gefährliche Infektionskrankheiten erfordert die Leitung der Abwehrmaßnahmen auf der ordnungsbehördlich zuständigen Verwaltungsebene, die alle betroffenen Territorien umfasst. Daher müssen auf kommunaler, Länder- und Bundesebene kompatible Führungssysteme mit geregelten Zuständigkeiten auf rechtlicher Grundlage eingerichtet werden.

4. Auf der kommunalen Ebene ist die Festlegung eines Führungssystems auf der Grundlage der bestehenden Gesetzesregelungen den Erfordernissen entsprechend möglich. Die konkrete Umsetzung sollte durch intensivierte Information der politischen und administrativen Entscheidungsträger über die Notwendigkeit der Zusammenarbeit aller beteiligten Organisationen, deren Festlegung in Stabsordnungen und Krisenplänen und deren regelmäßige Übung verbessert werden

3.5 Kritische Infrastrukturen und Biologische Lagen

A. Queste, A. Scheuermann, C. Riegel

3.5.1 Die Bedeutung von B-Lagen für Kritische Infrastrukturen

Was sind Kritische Infrastrukturen? Nach der offiziellen Definition des Bundesinnenministeriums sind „Kritische Infrastrukturen Organisationen und Einrichtungen mit wichtiger Bedeutung für das staatliche Gemeinwesen, bei deren Ausfall oder Beeinträchtigung nachhaltig wirkende Versorgungsengpässe, erhebliche Störungen der öffentlichen

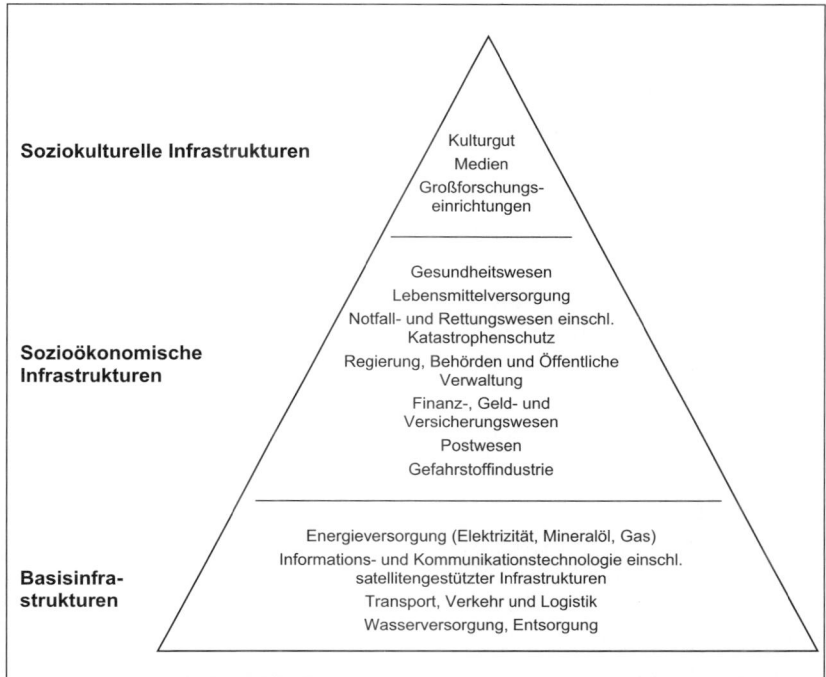

Abb. 1: KRITIS-Pyramide: Sektoren Kritischer Infrastrukturen

Sicherheit oder andere dramatische Folgen eintreten würden" (Bundesministerium des Innern, 2005). Zu den Kritischen Infrastrukturen gehören die Sektoren Versorgung mit lebensnotwendigen Gütern wie Strom, Wasser, Lebensmittel, Gesundheitsdienstleistungen sowie dem Notfall- und Rettungswesen, die Bereiche Transport und Verkehr, Finanzdienstleistungen und Versicherungswesen, Behörden und Verwaltung, Medien, Wissenschaft und Kultur sowie der Umgang mit Gefahrstoffen (siehe Abb. 1).

Schutz Kritischer Infrastrukturen heißt Gefahrenabwehr und Reduzierung von Verwundbarkeiten, die das Ergebnis sich verändernder Rahmenbedingungen sind. Die Verwundbarkeit ergibt sich aus einer zunehmenden Systemkomplexität und gegenseitigen Abhängigkeiten (Interdependenzen) mit mehrdimensionaler Vernetzung zwischen den einzelnen Kritischen Infrastrukturen (angefangen bei der Stromversorgung), wirtschaftlichem Wettbewerb, dem Abbau von Redundanzen (wie z. B. Ersatzleitungen) sowie von neuralgischen Punkten, die bei Betroffenheit der Ausgangspunkt für unkalkulierbare Dominoeffekte sein können.

Kritische Infrastrukturen sind vielfältigen Gefahren ausgesetzt. Hierzu gehören natürliche Gefahren, wie z. B. Hochwasser, Stürme, Erdbeben und Dürren sowie Gefahren durch menschliches und technisches Versagen bzw. absichtliche Handlungen, d. h. Unfälle, Terroranschläge oder z. B. Systemfehler im IT-Bereich.

In diesem Artikel kommt den B-Gefahren eine besondere Bedeutung zu. B-Lagen können beispielsweise durch Bakterien, Viren, Pilze oder Parasiten sowie durch Toxine ausgelöst werden. Ursachen für B-Lagen können natürlich auftretende Epidemien sein (z. B. Ausbrüche bekannter, neuer oder wieder auftretender Infektionskrankheiten wie Influenza oder SARS) oder importierte Fälle hochkontagiöser Erkrankungen (wie z. B. Ebola- oder Lassafieber), aber auch zufällige oder absichtliche Ausbringungen der Erreger durch Unfälle, wie z. B. Laborunfälle (Marburgvirus) oder bioterroristische Anschläge (Anthrax-Briefe).

Ein Beispiel für eine B-Lage, durch die Kritische Infrastrukturen im großen Maßstab von Einschränkungen und Ausfällen betroffen werden könnten, ist die bereits seit einigen Jahren zu erwartende Influenza-Pandemie. B-Lagen sind auch denkbar im Zuge von Ausfällen Kritischer Infrastrukturbereiche wie z. B. der Abwasserentsorgung oder durch Katastrophensituationen, die hygienische Notlagen hervorrufen können.

B-Lagen führen zu besonderen Gefährdungen dadurch, dass sie sich in der Regel nicht klar vorhersagbar und nicht sofort erkennbar darstellen. Auch wenn zurzeit eine hohe Wachsamkeit für eine Influenza-Pandemie besteht, so ist der genaue Zeitpunkt nicht absehbar. Häufig braucht es ebenso Zeit, Erfahrung und analytischen Sachverstand, bis eine B-Lage als solche erkannt ist und Erreger und Ursachen gefunden werden. Nicht selten müssen zunächst epidemiologische Studien durchgeführt werden, um den Ursprung der Erkrankung zu erkennen und gezielte Gegenmaßnahmen ergreifen zu können. So dauerte es beispielsweise vom Ausbruch der durch ein Coronavirus ausgelösten SARS-Epidemie Ende 2002/Anfang 2003 bis zu seiner vollständigen Eindämmung etwa ein halbes Jahr. B-Lagen verursachen oft große Unsicherheiten sowohl in Unternehmen und Behörden als auch in der Bevölkerung. Es können „diffuse" Flächenlagen entstehen, in denen ein Wettlauf zwischen Panik, der Erregerausbreitung und wissenschaftlichen Erkenntnissen über Ursachen und daraus abgeleiteten Maßnahmen stattfindet. Für die Bevölkerung und Betreiber Kritischer Infrastrukturen bedeuten B-Lagen daher in der Regel eine große Abhängigkeit von Experten-Empfehlungen. Dies reicht von Maßnahmen der Prophylaxe über die Gefahrenbekämpfung bis hin zur Nachsorge.

Bevor sich B-Lagen für Unternehmen und Behörden zu Krisen entwickeln, können vorbereitende Maßnahmen meistens von vornherein schlimmere Folgen für das Unternehmen (u. a. finanzielle Einbußen, Verlust von Aufträgen), für die Mitarbeiter (z. B. noch höhere Erkrankungsraten) und für die Bevölkerung (Ausfälle der Basisversorgung) verhindern. Dies setzt vorbereitete Handlungsabläufe zum Umgang mit einer derartigen Situation voraus. In einigen Bereichen sind zur

Sicherstellung der Basisversorgung der Bevölkerung sogar Unternehmensbereiche zu identifizieren, die auf keinen Fall, also auch nicht durch B-Lagen, ausfallen dürfen (*Business Continuity Management*). Dem Hilfeleistungssystem (vom Notfall- und Rettungswesen bis hin zum Katastrophenschutz), und damit v. a. den Hilfsorganisationen sowie auch den Betreibern und Mitarbeitern im Gesundheitssektor, kommt in diesem Zusammenhang ein besonderer Stellenwert zu. In diesen Bereichen sind spezielle Vorbereitungsmaßnahmen für die permanente Aufrechterhaltung der Hilfeleistungsfähigkeit zu treffen, denn zum einen ist hier die Exposition bei B-Lagen am höchsten und zum anderen können bei einem Ausfall drastische Folgen für die Bevölkerung und die Gesellschaft insgesamt entstehen.

3.5.2 Konzepte zum Schutz Kritischer Infrastrukturen

In Deutschland existieren auf behördlicher Ebene diverse Empfehlungen zum Schutz Kritischer Infrastrukturen. Das vom Bundesministerium des Innern herausgegebene „Basisschutzkonzept zum Schutz Kritischer Infrastrukturen – Empfehlungen für Unternehmen" (Bundesministerium des Innern, 2005) hat in hoher Auflage öffentliche Verbreitung gefunden. Es richtet sich an die Betreiber Kritischer Infrastrukturen, also an Unternehmen und Behörden, mit der Zielstellung, die Verwundbarkeit zu reduzieren und das Schutzniveau zu erhöhen.

Ein weiteres Schutzkonzept ist speziell an den Katastrophenschutz, an Hilfsorganisationen sowie Einrichtungen der Wohlfahrtspflege adressiert. Es wurde 2005 vom Bundesamt für Bevölkerungsschutz und Katastrophenhilfe in Zusammenarbeit mit dem Arbeiter-Samariter-Bund, dem Deutschen Feuerwehrverband, der Deutschen Lebensrettungsgesellschaft, dem Deutschem Roten Kreuz, der Johanniter Unfall-Hilfe, dem Malteser Hilfsdienst und dem Technischen Hilfswerk entwickelt.

Beide Schutzkonzepte beinhalten neben ausführlichen Handlungsempfehlungen zur Erhöhung des Schutzniveaus Beispiele für Checklisten, die ausgeweitet und an die jeweiligen Gefahrensituationen
angepasst werden können.

Diese beiden Konzepte bilden die Grundlage für die hier vorgestellten
Empfehlungen, um Besonderheiten der Gefahrenabwehr durch bio-
logische Bedrohungen für Kritische Infrastrukturen zu verdeutlichen.
**Ziel dieses Beitrages ist die Entwicklung von Empfehlungen zur
Vorbereitung auf durch B-Lagen ausgelöste Krisen zur Erhöhung
des Schutzes Kritischer Infrastrukturen und zur Beseitigung von
Schwachstellen.** Hierdurch werden Maßnahmen zur Vorbereitung
auf solche Lagen und zu deren Beherrschung angeregt. Dies soll die
Sicherung der Gefahrenabwehr und die Aufrechterhaltung der öffentlichen Sicherheit und Ordnung auch im biologischen Schadensfall
gewährleisten.

3.5.3 Welche Kritischen Infrastrukturbereiche sind durch B-Lagen besonders gefährdet?

In Bezug auf B-Lagen besonders relevant sind die Bereiche Gesundheitsversorgung sowie das Notfall- und Rettungswesen. Aber auch
alle anderen Bereiche können von B-Lagen betroffen sein.

Jede einzelne Einrichtung, die zu den Kritischen Infrastrukturen zählt,
kann ihre potenziellen Gefährdungen bezüglich B-Lagen identifizieren, um das jeweilige Risiko für das Auftreten einer dieser potenziellen
Gefahren abschätzen zu können. Im Rahmen der Risikoabschätzung
sind Verwundbarkeiten einzelner Prozesse sowie auch Interdependenzen und Sekundäreffekte zwischen den einzelnen Kritischen Infrastrukturen zu berücksichtigen. Es sind Bereiche und Prozesse zu identifizieren, die trotz einer bestehenden B-Lage auf keinen Fall ausfallen
dürfen.

3.5.3.1 Generelle Auswirkungen von B-Lagen auf Kritische Infrastrukturen

Im Folgenden werden Charakteristika von B-Lagen vorgestellt, die sich auf alle Kritischen Infrastruktursektoren auswirken können.

Ausfall des Personals

Der Influenza-Pandemieplan des Robert Koch-Instituts (2007) gibt drei verschiedene Szenarien an, in denen Morbiditätsraten zwischen 15 und 50% genannt werden. Bei einem angenommenen Krankenstand von 25% wird in Betrieben mit einem Personalausfall von etwa 50% gerechnet. Die zusätzlichen 25% resultieren daraus, dass Mitarbeiter nicht zur Arbeit erscheinen, weil sie kranke Angehörige versorgen, ihre eigenen Kinder betreuen müssen oder aus Panik zu Hause bleiben.

Ein umfassender und längerfristiger Personalausfall durch B-Lagen stellt das größte Problem für alle Versorgungseinrichtungen und sonstigen Kritischen Infrastrukturen dar. Der Ausfall von spezialisiertem Personal kann der Auslöser für den Zusammenbruch oder für starke Einschränkungen des Betriebsablaufes sein. Drastische Auswirkungen hätten hierdurch bedingte Ausfälle im Bereich der Energie- oder der Wasserversorgung. Speziell in Krankenhäusern und im Hilfeleistungssystem wären Personalausfälle bei B-Lagen katastrophal.

Gerade an der Schnittstelle zwischen Gesundheitsversorgung und dem Hilfeleistungssystem, das zu einem Großteil aus ehrenamtlich tätigen Mitgliedern der Hilfsorganisationen besteht, sind Doppelverwendungen häufig, wodurch bei Personalausfall große Probleme entstehen können.

Interdependenzen

Die Verwundbarkeit Kritischer Infrastrukturen in unserer Gesellschaft ist geprägt durch starke Vernetzungen der einzelnen Sektoren untereinander (siehe Abb. 2). Der Ausfall wichtiger Infrastrukturbereiche kann weit reichende Folgen für andere Kritische Infrastruktursektoren haben.

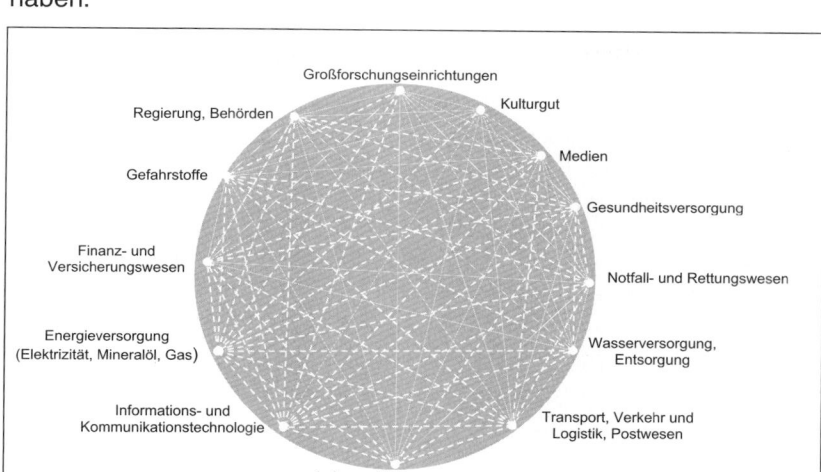

Abb. 2:   Interdependenzen zwischen Kritischen Infrastrukturen

Alle Kritischen Infrastrukturen sind abhängig von einer zuverlässigen Energie- und Kommunikationsversorgung. Aber auch die Abhängigkeit vom Transportwesen ist nicht zu unterschätzen. Der Transport lebenswichtiger Güter, Lebensmittel, Medikamente und Labormaterialien kann z. B. bei B-Lagen stark eingeschränkt oder unmöglich sein. Ursächlich können dazu sowohl Personalausfälle als auch Absperrmaßnahmen (Quarantäne/Kohortenbildung) beitragen.

Freisetzung von Erregern und Kontaminationen

Erreger, durch deren Ausbreitung B-Lagen auftreten, können z. B. durch Unfälle oder absichtliche Handlungen freigesetzt werden. Dem Gefahrstoffsektor kommt hierbei eine besondere Bedeutung zu, weil v. a. Institutionen, die biologische Arbeitsstoffe verarbeiten, betroffen sein können. Hierzu gehören auch spezielle Großforschungseinrichtungen. B-Lagen auslösende Kontaminationen können sowohl natürlichen als auch anthropogenen Ursprungs sein. So können beispielsweise Lebensmittel oder das Trinkwasser kontaminiert sein, aber es können auch hygienische Probleme und Verunreinigungen auftreten, weil die Abwasserentsorgung ausfällt oder sich eventuell Fäkalien durch Überschwemmungen weitflächig verteilen. Kontaminationen öffentlicher Einrichtungen, im öffentlichen Personenverkehr oder im Kultur- und Konsumbereich, die z. B. auch durch eine absichtliche Freisetzung von Erregern auftreten können, führen gegebenenfalls zur Potenzierung von Störungen des Gemeinwesens und hätten damit gravierende Konsequenzen für die Bevölkerung und das öffentliche Leben.

Psychologische Effekte

Psychologische Effekte sind bei B-Lagen nicht zu vernachlässigen. Angst, Panik und Unsicherheit beeinflussen menschliches Handeln immens. Hierzu gehören z. B. Kontaktvermeidungen und demzufolge Fernbleiben von Arbeit, Schule und Kindergarten sowie die Verweigerung der Benutzung öffentlicher Verkehrsmittel und verstärkte Nutzung privater PKWs. Kontaktvermeidungen, insbesondere während diffuser Flächenlagen, potenzieren wiederum die beeinträchtigte Schadensbewältigungsfähigkeit des Einzelindividuums außerhalb sozialer Systeme.

Zu Beginn sich langsam abzeichnender B-Lagen ist mit der Stürmung von Lebensmittelläden zum Anlegen großer Vorräte zu rechnen sowie mit dem Ausverkauf von Atemschutzmasken und je nach Erreger von Impfseren, antiviralen Medikamenten (Virostatika), Antibiotika oder Antidota. Demnach ist zur Absicherung entsprechender Ausgabe- und Impfstellen Vorsorge zu treffen.

Wirtschaftliche Auswirkungen

Globale Märkte funktionieren während großflächiger Pandemien weiter. Erkrankungen wie z. B. Influenza-Infektionen treten in Wellen auf, wodurch nicht an allen Orten zeitgleich eine ähnliche Erkrankungsintensität vorherrscht. Dadurch können infolge von Konkurrenzsituationen vor allem in gerade betroffenen Gebieten hohe wirtschaftliche

Einbußen entstehen, wenn keine adäquaten Vorbereitungsmaßnahmen getroffen wurden. Negative Auswirkungen auf das Bruttoin-
landsprodukt und auf die Versorgung der Bevölkerung sind hierdurch
nicht auszuschließen[1]. Ebenso vermag das gezielte Ausbringen von
Erregern im Rahmen bioterroristischer Anschläge diese temporäre
Phasenverschiebung zu verhindern.

Hamsterkäufe bestimmter relevanter Produkte einerseits und ego-
zentrisch motivierte Verhaltensweisen andererseits potenzieren die
genannten wirtschaftlichen Folgen.

3.5.3.2 Auswirkungen auf einzelne Sektoren Kritischer Infrastrukturen

Von den oben genannten Gefährdungen sind alle Sektoren Kritischer
Infrastrukturen betroffen. Für die Sektoren Gesundheitsversorgung,
Notfall- und Rettungswesen und die Lebensmittel- und Wasserversorgung ergeben sich durch B-Lagen weitere spezielle Gefährdungen,
die im Folgenden näher erläutert werden.

Gesundheitsversorgung

Bei einer möglichen Influenza-Pandemie (siehe 1.4) wird in Deutschland je nach Szenario mit etwa 180.000 bis 600.000 Krankenhaus-
einweisungen gerechnet (Robert Koch-Institut, 2007). Im ungünstigsten Fall wären somit statistisch alle vorhandenen Krankenhausbetten
(524.000 Betten in 2.140 Krankenhäusern [Statistisches Bundesamt,
2006]) je einmal mit infizierten Patienten belegt. Vom Anteil fachlich
für Infektionspatienten ungeeigneter Spezialkliniken wurde in dieser
Rechnung abstrahiert, ebenso vom Personalausfall in den Kliniken
selbst.

Eine B-Lage, wie die befürchtete Influenza-Pandemie, tritt mit hoher
Wahrscheinlichkeit nicht an allen Orten zeitgleich in ähnlicher Intensi-

---

1   In derartigen Situationen gibt es jedoch nicht nur Verlierer (z. B. öffentlicher Transportsektor, Tourismusbranche, Gastronomie), sondern auch
Gewinner (z. B. Impfstoffhersteller, Hersteller von Antibiotika oder antiviralen Arzneimitteln, Vertreiber von Atemschutzmasken, Desinfektionsmit-
telhersteller, Medien).

tät auf, sondern es gibt Regionen, die stärker und andere, die weniger stark betroffen sein werden. Vor allem Intensivbettenzahlen, die bei B-Lagen häufiger benötigt werden (Beatmungsgeräte) – sind in Krankenhäusern am „normalen" Bedarf orientiert. Bei großflächigen B-Lagen ist davon auszugehen, dass die Bettenkapazitäten der Krankenhäuser vor allem in den Großstädten nicht ausreichen (Allianz, 2006). Das Personal ist ebenfalls stark von Ausfällen bedroht, da hier die höchste Exposition gegenüber Infizierten und Erkrankten besteht.

Pandemiepläne im Rahmen der Krankenhauskatastrophenplanung sollen Krankenhäuser auf den Massenanfall von Infizierten vorbereiten. Sie regeln Besonderheiten des Dienstbetriebs in diesen Situationen ebenso wie Fragen der Trennung infektiöser und nichtinfektiöser Patienten und das Zusammenwirken mit den Dienststellen der öffentlichen Gefahrenabwehr und der Führung im B-Fall gemäß Infektionsschutzgesetz. Realistische Planungen in Verbindung mit regelmäßigen Praxistestläufen (unangekündigte Übungen) können die beschriebenen Mangelsituationen im bestimmten Umfang entschärfen.

Die Pandemieplanung der Krankenhäuser gilt es zu qualifizieren. Ebenso sind bei der Vermittlung von Selbstschutzkenntnissen in der Bevölkerung (nicht nur für den B-Fall) Maßnahmen zur Überwindung erheblicher Kenntnisdefizite dringend zu empfehlen.

Bei B-Lagen könnten speziell in Krankenhäusern auch Kontaminationen der Hausinstallation, d. h. der hausinternen Wasserversorgung und des Lüftungssystems, auftreten. Zu nennen sind hier z. B. die aerogen übertragbaren Erreger der Legionärskrankheit *Legionella pneumophila*.

Notfall- und Rettungswesen

Das Notfall- und Rettungswesen innerhalb des Hilfeleistungssystems hat die Aufgabe, die bestmögliche notfallmedizinische Primärversorgung der Bevölkerung in Krankheits-, Schadens- und Unglücksfällen zu gewährleisten: Dies umfasst die Rettung des Verletzten oder Erkrankten, die medizinische Erstversorgung zur Herstellung der Transportfähigkeit und den Transport in ein von der Leitstelle bezeichnetes Krankenhaus.

Neben dem hauptamtlich dominierten Notfall- und Rettungswesen beinhaltet dieser Sektor Schnelleinsatzgruppen (SEG) bis hin zu Einheiten des Katastrophenschutzes. Letztgenannte Strukturen bestehen zu einem überwiegenden Anteil aus ehrenamtlichen Helfern privater Hilfsorganisationen und behördlichen Einrichtungen. Alle Einsatzkräfte sind vor allem bei B-Lagen, die nicht sofort als solche erkennbar sind, hochgradig gegenüber schädigenden Agenzien exponiert und dadurch verletzlich. Nicht zuletzt die infolge Personalmangels gegebenenfalls notwendige ersatzweise Übernahme von Aufgaben des Rettungsdienstes durch Schnelleinsatz- oder Katastrophenschutz-Kräfte und -Einheiten stellen an die Helfer in B-Lagen erhöhte Anforderungen hinsichtlich notfallmedizinischer Basiskenntnisse wie auch über Spezialkenntnisse zum adäquaten Handeln in ABC-Lagen. Durch effektive Schutzmaßnahmen ist im gesamten Bereich des Hilfeleistungssystems eine möglichst hohe Einsatzfähigkeit zu sichern.

Lebensmittel- und Wasserversorgung

B-Lagen mit Effekten für Kritische Infrastrukturen liegen auch dann vor, wenn Erreger aus dem Pflanzen- oder Tierreich großmaßstäbliche Auswirkungen auf die Lebensmittelversorgung erlangen. Ein Beispiel ist das AUftreten der Maul-und-Klauen-Seuche in Großbritannien im Jahr 2001 und erneut 2007, durch die vor allem für den Landwirtschaftssektor, aber auch für die gesamte Wirtschaft und den Tourismusbereich große Schäden entstanden sind.

Kontaminationen von Pflanzen, Tieren oder Lebensmitteln mit biologischen Agenzien können aber auch gezielt eingesetzt werden, um die Bevölkerung zu schädigen und um damit öffentlichkeitswirksame Effekte zu erreichen.

Kontaminationen der Wasserversorgung können zu räumlich begrenzten, aber dennoch gravierenden B-Lagen führen. Ein Beispiel hierfür ist der Cryptosporidien-Ausbruch in Milwaukee 1993, der zu 400.000 Erkrankungen und mehr als 100 Totesfällen geführt hat. Wiederum bleiben, im Falle gestörter oder kontaminierter Trinkwassersysteme, gravierende Einflüsse auf den Menschen, mit Sekundärwirkungen beispielsweise in seiner Handlungs-, Arbeits- und Hilfeleistungsfähigkeit festzustellen.

3.5.4 Empfehlungen für den Umgang mit B-Gefahren für Betreiber Kritischer Infrastrukturen

Die oben genannten Ausführungen haben Gefährdungspotentiale für alle Sektoren Kritischer Infrastrukturen und für besonders gefährdete Bereiche aufgezeigt. Für die einzelnen Kritischen Infrastrukturen sollten nach der Durchführung einer Gefahrenanalyse und Risikoabschätzung die ermittelten Gefahren und Risiken bewertet werden, um Schutzziele festzulegen und um Maßnahmen zu identifizieren, mit denen diese Schutzziele zu erreichen sind.

Hier werden Empfehlungen für alle Kritischen Infrastrukturen zur Erhöhung des Schutzniveaus gegeben. Parallel dazu sind im Rahmen des internen Krisenmanagements der Unternehmen und Behörden B-Lagen-spezifische Maßnahmen zu verankern. Aus Effektivitätsgründen empfiehlt es sich, diese internen wie auch externen Maßnahmen in der Planung der öffentlichen Gefahrenabwehr aufeinander abzustimmen. Zu berücksichtigen sind Fragen nach Kosten und Finanzierung von Maßnahmen. Die Kosten sind abzuwägen mit Schäden, die entstehen können, wenn keine Vorbereitungen durchgeführt werden.

Da einige Kritische Infrastrukturen bei B-Lagen besondere Schutzvorkehrungen benötigen, wird dies für diese Sektoren gesondert dargestellt.

3.5.4.1 Generelle Empfehlungen für Betreiber Kritischer Infrastrukturen zum Umgang mit B-Lagen

In allen Bereichen können Maßnahmen zum Schutz vor B-Lagen umgesetzt werden, die sich auf strukturelle Gegebenheiten und persönliche Verhaltensweisen beziehen. Dazu sind entsprechende notwendige Kenntnisse zu vermitteln oder Experten zu konsultieren.

Einbeziehung von B-Lagen in das Krisenmanagement

Ein ganz wesentlicher Schritt bei der Vorbereitung eines Unternehmens oder einer Behörde auf eine B-Lage ist die Einbeziehung der Gefährdung durch B-Lagen in das Krisenmanagement sowie in bestehende Notfallpläne.

Anpassung der Personalplanung

Höchste Relevanz in diesem Zusammenhang hat die Kompensation von Personalausfällen. Hier sind Vorkehrungen zu treffen, um den Ausfall wichtigen Personals über längere Zeiträume überbrücken zu können.

Schulungen können das Fachwissen von Spezialpersonal auf einen größeren Mitarbeiterstamm verteilen, so dass die Abhängigkeit von diesen Spezialisten reduziert wird. Des Weiteren ist es wichtig, Personalreserven einzukalkulieren und dabei auch Betreuungsaspekte von Personalangehörigen mit einzuplanen (Kinder!).

Generell ist zu prüfen, ob nicht ein Großteil der Arbeitsprozesse in B-Lagen über Heimarbeitsplätze erfolgen kann. Die Schaffung entsprechender kommunikativer Voraussetzungen gehört somit zum Krisenmanagement.

Stärkung persönlicher Schutzmaßnahmen

Darüber hinaus sind spezielle Schutzmaßnahmen für Mitarbeiter, Kunden sowie die Allgemeinbevölkerung zu integrieren, wie z. B. die Gewährleistung eines ausreichenden Schutzes vor Kontaminationen und damit die Blockade von Infektionswegen.

Spezielle Hygienepläne sollten aufgestellt werden, da nur durch angemessene Hygiene der Bildung von Resistenzen gegenüber Antibiotika vorgebeugt werden kann. Bei einer drohenden oder bereits eingetretenen B-Lage sollte den Hygienemaßnahmen, wie z. B. Tragen von Schutzmasken, häufiges Händewaschen, Verzicht auf Händeschütteln und dem Reinigen und Desinfizieren öffentlicher Räume, im Rahmen eines Hygieneplans ein großer Stellenwert eingeräumt werden. Impfungen stellen einen wichtigen persönlichen Beitrag dar, der von der Betriebsführung sowie auch durch öffentliche Impfkampagnen unterstützt werden kann. Die Einrichtung von Heimarbeitsplätzen sollte ausgeweitet, Versammlungen, Meetings und Dienstreisen sollten reduziert und Kantinen geschlossen werden, um unnötige persönliche Kontakte zu vermeiden. Mitarbeiter mit Risikofaktoren (z. B. mit kleinen Kindern im Haushalt, die bei Epidemien häufig als erste betroffen sind) sollten von der Arbeit freigestellt werden.

Spezielle Entsorgungspläne können dazu beitragen, dass keine weiteren Kontaminationen erfolgen.

Dem Vermitteln von Basiskenntnissen zum Verhalten der Mitarbeiter in B-Lagen sollte bereits bei der Krisenplanung besondere Aufmerksamkeit gewidmet werden.

Sicherung der Funktionsfähigkeit wirtschaftlicher Strukturen

Unternehmen unterliegen einer starken Konkurrenzsituation. Sind Mitbewerber auf B-Lagen vorbereitet, genießen diese erhebliche Wettbewerbsvorteile, was wiederum zu starken finanziellen Einbußen im eigenen Unternehmen führen kann. B-Lagen wie z. B. eine Influenza-Pandemie können über längere Zeitperioden anhalten (Monate, eventuell auch Jahre). Daher sind zur Vorbereitung auf ein derartiges Ereignis kritische Unternehmensbereiche zu identifizieren und die zur Aufrechterhaltung dieser Bereiche notwendigen Mitarbeiter zu bestimmen. Notfallpläne sollten dahingehend überarbeitet und durch Übungen erprobt werden.

Zudem sollten Gefahrenpläne für die Produktionssicherung erstellt werden, v. a. unter dem Gesichtspunkt von Personal-, Energie-, Finanz- und Rohstoffproblemen sowie für den Quarantäne- und den Kontaminationsfall.

Schnittstellen zu anderen kritischen Infrastrukturen, insbesondere zur Aufrechterhaltung der öffentlichen Grundversorgung, sind zu beachten.

3.5.4.2 Stärkung des Schutzniveaus in den einzelnen Sektoren Kritischer Infrastrukturen

Neben den allgemeinen Schutzvorkehrungen gelten für einzelne speziell ausgewählte Kritische Infrastrukturbereiche Besonderheiten. Diese werden im Folgenden erläutert.

Hilfeleistungssystem und Gesundheitssektor

Das Hilfeleistungssystem und der Gesundheitssektor unterliegen einem besonderen Schutz. Die Schutzausrüstung für Hilfs- und Einsatzkräfte sowie Beschäftigte in Gesundheitseinrichtungen wie Krankenhäusern muss für B-Gefahren geeignet sein. Hierzu zählen Materialempfehlungen (Verbrauchs- und Hygienematerial), aber auch Anwenderschulungen für alle Einsatzkräfte, behandelnden Ärzte und Pfleger und in geeigneter Form für die Bevölkerung. Oberstes Ziel ist jeweils die Vermeidung der Ausbreitung des B-Agens. Der Einsatz sollte in Form von Übungen geprobt werden.

Bezüglich des Personals sollten Doppelverwendungen im Notfall- und Rettungswesen sowie dem Gesundheitssektor einerseits und in den Strukturen der Schnelleinsatzkräfte bzw. des Katastrophenschutzes sowie der freiwilligen Feuerwehren bzw. des THW andererseits vermieden werden.

Für Beschäftige im Notfall- und Rettungswesen und in Gesundheitseinrichtungen sowie für Patienten ist die Basisversorgung zu gewährleisten. Diese umfasst zunächst die Versorgung mit antiviralen und antibakteriellen Medikamenten, ferner die Vorhaltung von Lebensmittelreserven, Trinkwasservorräten, Bargeldvorräten, stromunabhängigen Kommunikationssystemen sowie von Notunterkünften.

Stromausfälle im Bereich der Gesundheitsversorgung während einer B-Lage können die lückenlose Versorgung von (insbesondere intensivtherapiepflichtigen) Notfallpatienten beeinträchtigen. Die Planung der Verfügbarkeit einsatzbereiter und ausreichend dimensionierter Notstromaggregate gewährleistet die Sicherung von lebensrettenden Maßnahmen (z. B. Beatmung) sowie den Betrieb von Überwachungs- und weiterer therapierelevanter Technik. Die Gesundheitsversorgung ist auf B-Lagen gut vorzubereiten. Hierzu zählt eine Anpassung der Bettenzahl für hochinfektiöse Patienten genauso wie die Verfügbarkeit von Medikamenten, Beatmungsgeräten, Sauerstoff, Desinfektionsmitteln und Dekontaminierungsmöglichkeiten. Den Möglichkeiten zur Trennung von Gruppen infizierter und nicht infizierter Patienten in den Krankenhäusern (Kohortenbildung) ist besondere Aufmerksamkeit zu widmen. Spezielle Task Forces können die Erkennung von B-Lagen erleichtern. In die Krankenhausalarmplanung sollten B-Lagen als eine spezielle Gefährdungsart integriert werden (Pandemiepläne).

Im Bereich der öffentlichen Gefahrenabwehr sollten Pandemiepläne für das Hilfeleistungssystem, die Krankenhäuser und weitere Einrichtungen wie Altenpflegeheime, Reha-Zentren, Schulen (z. B. auch als Hilfskrankenhäuser) etc. – aufeinander abgestimmt – vorliegen. Die Planung einer ausreichend qualifizierten Personalreserve ist besonders zu beachten.

Die Surveillance übertragbarer Infektionskrankheiten ist vom öffentlichen Gesundheitsdienst so durchzuführen, dass B-Lagen schnell und einfach erfasst werden und Gegenmaßnahmen ergriffen werden können. *Syndromic Surveillance* kann hier eine wertvolle Unterstützungsleistung bieten. Das Zusammenwirken von Führungsstrukturen der Gefahrenabwehr (Katastrophenschutzstäbe) und des öffentlichen Gesundheitsdienstes (Amtsärzte gemäß Infektionsschutzgesetz) zur Bewältigung von B-Lagen ist besonders zu trainieren.

Gefahrstoffsektor

Im Bereich des Gefahrstoffsektors ist die Sicherung der Arbeitsfähigkeit der Analyselaboratorien sowie der Hersteller wichtiger Medikamente zur Gefahrenabwehr zu gewährleisten. Hierzu gehört auch eine adäquate Notfall- und Einsatzplanung der Analyselaboratorien unter B-Lagen. Gefahren- und Notfallpläne sollten auch in allen anderen relevanten Einrichtungen, die mit Gefahrstoffen umgehen, und den zuständigen Behörden vorliegen.

Energieversorgung

Von der Energieversorgung (Strom, Öl, Gas und Kohle für Energie, Wärme und Treibstoff) sind alle Bereiche Kritischer Infrastrukturen und die Bevölkerung primär abhängig. Energieversorgungsunternehmen wären bei B-Lagen vor allem durch Personalausfälle betroffen. Daher sind in Energieversorgungsunternehmen Unternehmensbereiche zu identifizieren, die auf keinen Fall ausfallen dürfen, damit die Versorgung aufrechterhalten werden kann, und für die ausreichend geschultes Personal verfügbar sein muss. Für Krisensituationen sollte das Krisenmanagement in Energieversorgungsunternehmen unter dem Aspekt der B-Lagen Vorkehrungen treffen, um nach Stromausfällen möglichst rasch wieder den Betrieb fortsetzen zu können, da vor allem großflächige und längerfristige Stromausfälle gravierende Auswirkungen auf alle anderen Kritischen Infrastruktursektoren und die Bevölkerung haben.

In den von der Energieversorgung abhängigen Bereichen ist zu prüfen, inwieweit Notstromaggregate die Versorgung für einen gewissen Zeitraum übernehmen könnten, um größeren Schaden von der Bevölkerung abzuwenden.

Behörden

Von Seiten der Behörden, d. h. vor allem durch die polizeiliche Gefahrenabwehr, ist für die Aufrechterhaltung der öffentlichen Sicherheit und Ordnung zu sorgen. In diesem Sinne ist der Schutz aller Einsatzkräfte zu gewährleisten und B-Lagen-adäquate Maßnahmen müssen gesichert werden. Hierzu gehört unter anderem auch, dass die Polizei über Schutzausrüstungen wie z. B. Atemschutzmasken verfügt, die für den Einsatz bei B-Lagen geeignet sind. Die Planungen zur Vorbereitung der Schutz- und Sicherheitskräfte auf B-Lagen sollten gemeinsam mit der nicht-polizeilichen Gefahrenabwehr erfolgen. Entsprechende Basiskenntnisse zum Verlauf von und zum Verhalten in B-Lagen (einschließlich Anwenderkenntnisse zum Anlegen der Schutzausrüstung) sollten den Ordnungskräften vorab vermittelt werden.

Behördlicherseits sind Maßnahmen für Bevölkerungsgruppen zu planen, die eines speziellen Schutzes und besonderer Hilfen bedürfen. Hierzu zählen z. B. alte Menschen, Kinder, Behinderte und Personen mit geschwächtem Immunsystem (AIDS-Kranke sind z. B. gegenüber Infektionskrankheiten besonders anfällig). Informationen und Anweisungen für spezielle Verhaltensweisen sollten abhängig von lokalen Verhältnissen in entsprechenden Sprachen verbreitet werden.

Die Voraussetzungen zur Anwendung der Sicherstellungsgesetze im Falle einer B-Lage sind im Vorfeld zu prüfen, und entsprechende Schnittstellen sind in den öffentlichen Notfallplänen zu beschreiben.

Kommunikation

Die Kommunikation ist stark von der Energieversorgung abhängig, und in Extremsituationen, wie z. B. einer B-Lage, treten zudem häufig

Ausfälle des Festnetzes und der Funktelefonnetze durch Überlastung oder wegen (durch Personalmangel) nicht behobener Störungen auf.

Dies ist zunächst aus epidemiologischer Sicht problematisch, da der Ausfall von Kommunikationssystemen menschliche Kontakte fördert, wodurch sich eine Erregerausbreitung verstärken kann. Daher ist es wichtig, dass die öffentliche Kommunikation so lange wie möglich aufrechterhalten wird.

Darüber hinaus führen Störungen in den Kommunikationsnetzen insbesondere zur Beeinträchtigung einer effektiven Gefahrenabwehr und gegebenenfalls zu Sekundärstörungen in der Steuerung wirtschaftlicher und technologischer Prozesse mit möglicher Havariefolge.

Im Ordnungs- und Hilfeleistungssystem sind die Einsatzkräfte zwingend auf die Kommunikation mit der Einsatzleitstelle angewiesen. Zudem sollte auch der Informationsaustausch zwischen nationalen und internationalen Führungsstellen gewährleistet werden.

Im Vorfeld einer B-Lage sollten Voraussetzungen geschaffen werden, damit die Kommunikation auch in derartigen Situationen unter Einsatz spezieller Techniken (inklusive Redundanzen) funktioniert. B-Lagen erfordern zudem die Besonderheit, dass Handgeräte verwendet werden, die einen Dekontaminationsschutz aufweisen. Im Bereich der öffentlichen Kommunikation sind ebenfalls Schutzvorkehrungen zu verankern, die einem Ausfall vorbeugen.

Zu dem Bereich Kommunikation gehören auch die Sicherstellung einer deeskalierenden Krisenkommunikation im Rahmen der öffentlichen Kommunikation sowie die Einrichtung von Auskunftsstellen und Hotlines.

Planungen und Übungen, auch unter Personalknappheits-, Infektions- und Quarantänebedingungen runden als vorbereitende Maßnahmen das Bild ab.

Transportwesen

Dem Transportsektor kommt bei B-Lagen eine besondere Bedeutung zu, da in unserer Gesellschaft jegliches Handeln von der Verfügbarkeit von Schienen-, Straßen- und Schifffahrtsverkehr abhängig ist.

Oberstes Ziel des Transportwesens bei B-Lagen ist die Versorgung von Quarantäne- und Sperrgebieten, der Transport wichtigen Personals sowie die Gewährleistung des Schutzes kritischer Transportgüter. Hierzu gehören Hilfeleistungsfahrzeuge, Fahrzeuge für den Transport von Grundnahrungsmitteln, Wasser, Hygienematerialien sowie Kraftstoff. Wichtige Transporttechnik ist verfügbar und einsatzbereit zu halten. Der Aufbau von Redundanzen stellt einen wichtigen Schutz dar.

Weitere Aspekte, die berücksichtigt werden sollten, sind Personalplanungen unter Kontaminationsbedingungen (einschließlich erforderlicher Logistik), die Planung und Übung von Kfz-Dekontaminationen sowie die Planung von Transportmitteln für Entsorgung, Entseuchung und Aufrechterhaltung der öffentlichen Ordnung. Unter dem Aspekt der Sicherung von Versorgungsleistungen sollte der Betrieb von Schleusensystemen bzw. Dekontaminationseinrichtungen in Verbindung mit Absperrmaßnahmen von Kontaminationsarealen in entsprechenden Übungen besonders trainiert werden.

Finanzwesen

Von einem funktionierenden Finanzwesen hängt der gesamte Handel mit Gütern ab, so dass zur Gewährleistung der Basisversorgung spezielle Planungen notwendig sind. Steuerungspläne sollten für den nationalen und den internationalen Geldverkehr sowie die Börsenkontrolle entworfen werden, und zwar vor allem unter Personalknappheits-, Infektions- und Quarantänebedingungen. Gerade im Finanzsektor können Heimarbeitsplätze erfolgreich eingesetzt werden, um Redundanzen zu schaffen.

3.5.5 Gewährleistung der Basisversorgung der Bevölkerung

Die Betreiber Kritischer Infrastrukturen können Schutzkonzepte umsetzen, um Beeinträchtigungen oder Ausfälle Kritischer Bereiche zu verhindern. Die Höhe des Schutzniveaus ist jedoch von finanziellen und personellen Ressourcen abhängig, und: es gibt keinen hundertprozentigen Schutz!

Daher ergeben sich beim Ausfall einzelner Sektoren Kritischer Infrastrukturen durch B-Lagen spezielle Empfehlungen für die Bevölkerung. So sind z. B. Lebensmittel- und Trinkwasserreserven sowie Bargeldvorräte vorzuhalten. Hilfestellungen für die Bevorratung gibt z. B. die Broschüre des Bundesamtes für Bevölkerungsschutz und Katastrophenhilfe „Für den Notfall vorgesorgt" (2007). Hier werden auch einfache Empfehlungen zum Selbstschutz bei B-Lagen vermittelt.

Da nicht alle Bürger eigene Schutzvorkehrungen treffen werden, ist von staatlicher Seite die Versorgung der Bevölkerung sicherzustellen. Hierzu zählt die Gewährleistung der Basisversorgung der Bevölkerung auch unter Infektions- und Isolationsbedingungen. Das heißt, dass Konzepte zur Versorgung mit lebensnotwendigen Gütern (Lebensmittel, Trinkwasser), der Versorgung mit Energie (Strom, Gas, Öl etc.), der Informations- und Kommunikationssysteme, die Entsorgung und gegebenenfalls die Zurverfügungstellung von Notunterkünften so gestaltet sein müssen, dass neue Infektionen oder die Weiterverbreitung von Agenzien verhindert werden.

Fallen zentrale Systeme in großem Maßstab aus, ist die Notversorgung mit Wasser und Lebensmitteln zu planen, und zwar unter Infektions- und Isolationsbedingungen. Quarantäneplanungen sind speziell für B-Lagen mit in die Vorsorgeplanung zu integrieren. Inwieweit die Sicherstellungsgesetze zum Einsatz kommen, ist von den oben bereits erwähnten behördlichen Vorgaben abhängig.

3.5.6 Fazit

Alle Kritischen Infrastrukturen sind durch B-Lagen gefährdet. Die größten Auswirkungen hätten großflächige und lang anhaltende B-Lagen wie z. B. Pandemien, die bei hohen Erkrankungsraten Personalausfälle nach sich ziehen könnten und zu Beeinträchtigungen oder Ausfällen Kritischer Infrastrukturbereiche führen würden.

Der Sektor Notfall- und Rettungswesen sowie der Gesundheitssektor sind bei B-Lagen zur Vorbereitung auf derartige Situationen am stärksten in die Pflicht genommen. Hier sollten spezielle Maßnahmen umgesetzt werden, da ein Ausfall dieser Infrastrukturbereiche die größten Auswirkungen auf die Bevölkerung haben könnte.

Für alle Kritischen Infrastrukturen sollte das Ausmaß der Gefährdung abgeschätzt werden. Ziel ist die Berücksichtigung von Schutzmaßnahmen im Rahmen von Krisenmanagement- und Notfallplänen. Hierzu gehören auch regelmäßige Anpassungen an sich ändernde Gefahrensituationen sowie die Durchführung von Übungen.

In diesem Beitrag wurden spezielle Gefährdungsbereiche aufgezeigt sowie Handlungsempfehlungen vorgestellt, die zu einer Erhöhung des Schutzniveaus führen können. Die Umsetzung von Empfehlungen ist freiwillig, kann aber dazu beitragen, dass z. B. auch größere finanzielle Verluste durch Produktionsausfälle vermieden werden. Auch die Bevölkerung kann eigene Schutzmaßnahmen zur Vorbereitung auf Ausfälle und Einschränkungen Kritischer Infrastrukturen durch B-Lagen in Angriff nehmen. Auch hier werden Hilfestellungen gegeben. Nicht zuletzt sind aber auch die Behörden gefragt, im Sinne des Bevölkerungsschutzes Vorkehrungen zu treffen, um die Basisversorgung zu gewährleisten, sollten Kritische Infrastrukturen ausfallen.

3.5.7 Literatur

Allianz Private Krankenversicherungs-AG (2006). *Pandemie. Risiko mit großer Wirkung.* München

Bundesamt für Bevölkerungsschutz und Katastrophenhilfe (2005). *Basisschutz für Katastrophenschutz- und Hilfsorganisationen sowie Einrichtungen der Wohlfahrtspflege.* Bonn

Bundesamt für Bevölkerungsschutz und Katastrophenhilfe (2007). *Für den Notfall vorgesorgt. Vorsorge und Eigenhilfe in Notsituationen.* Bonn.

Bundesministerium des Innern (2005). *Schutz Kritischer Infrastrukturen – Basisschutzkonzept. Empfehlungen für Unternehmen.* Berlin

Robert Koch-Institut (2007). *Anhang zum Influenzapandemieplan.* Berlin. www.rki.de/nn_200120/DE/Content/InfAZ/I/Influenza/Influenzapandemieplan__Anhang,templateId=raw,property=publicationFile.pdf/Influenzapandemieplan_Anhang.pdf [online, 31.07.2007]

Statistisches Bundesamt (2006). *Gesundheitswesen. Grunddaten der Krankenhäuser 2005.* Fachserie 12, Reihe 6.1.1. Wiesbaden

3.6 Allgemeines Personalmanagement der Fachdienste am Beispiel des Deutschen Roten Kreuzes[1]

C. Brodesser

Das Deutsche Rote Kreuz (DRK) verfügt in seinen Rotkreuzgemeinschaften über ehrenamtlich tätige Helferinnen und Helfer, die grundsätzlich für alle vom DRK wahrgenommenen Aufgaben in der Gefahrenabwehr, Gesundheitsfürsorge und Wohlfahrtspflege zur Verfügung stehen. Abhängig von der Struktur des jeweiligen DRK-Landesverbandes sind diese Aktiven entweder in integrierten Gemeinschaften (z. B. Westfalen-Lippe) oder aber in nach Aufgabengebiet separat gegliederten Gemeinschaften (Bereitschaften, Bergwacht, Wasserwacht, Arbeitskreise der Sozialarbeit) zusammengefasst. Die Stärke und Ausstattung dieser sog. Rotkreuz-Gemeinschaften richtet sich nach den örtlichen Anforderungen und dem örtlichen Bedarf; sie sind Träger des so genannten „täglichen Dienstes" des DRK. Allerdings sind diese Strukturen mangels einheitlicher Vorgaben nicht praktikabel und auch nicht vorgesehen für einen – insbesondere großflächigen – konzentrierten Einsatz, wie er in der Gefahrenabwehr erforderlich ist.

Einsatzformationen

Aus den Rotkreuz-Gemeinschaften heraus, die stärkemäßig uneinheitlich und i. d. R. in sich nicht weiter strukturiert sind, hat das DRK daher so genannte „Einsatzformationen" nach im jeweiligen Bundesland festgelegten „Stärke- und Ausstattungsnachweisungen" (STAN) gebildet, die in Gruppen- oder Zugstärke, im Bedarfsfall jedoch auch in Verbandsstärke (Hundertschaft/Bereitschaft, Abteilung), mit festgelegter Ausstattung zum Einsatz gebracht werden können.

---

1 Die hier beschriebene Struktur findet sich, ggf. mit Abwandlungen, größtenteils auch bei den anderen in der Gefahrenabwehr mitwirkenden privaten Hilfsorganisationen wie Arbeiter-Samariter-Bund (ASB), Deutsche Lebensrettungsgesellschaft (DLRG), Johanniter-Unfallhilfe (JUH) und Malteser-Hilfsdienst (MHD).

Die Einsatzformationen bieten den Vorteil, dass sie – zumindest im jeweiligen Bundesland – nach einheitlichen Vorgaben aufgestellt und ausgestattet sind und daher nach dem „Baukastensystem" zusammengeführt und eingesetzt werden können.

Einsatzeinheiten

Die DRK-Einsatzeinheiten (in Niedersachsen „Einsatzzüge" genannt) bilden die Standardformation des DRK für den Einsatz in der Gefahrenabwehr bzw. dem Katastrophen- und Zivilschutz. Ihre Stärke liegt – je nach landesrechtlichen Vorgaben – bei ca. 30 Einsatzkräften; sie bestehen aus jeweils einem Führungstrupp, einer Sanitätsgruppe, einer Betreuungsgruppe sowie einem Techniktrupp. In den Einsatzeinheiten sind sowohl DRK-eigene Fahrzeuge und Geräte vorhanden als auch bundeseigene Zivilschutz-Fahrzeuge; in einigen Bundesländern gehören auch landeseigene Fahrzeuge und Gerätschaften zur Ausstattung der Einsatzeinheiten. Personell sind die Einsatzeinheiten nach Vorgabe des Bundes zumindest doppelt besetzt, teilweise ist auch eine Dreifachbesetzung vorgesehen (z. B. in Nordrhein-Westfalen). Die Bezeichnung und die Gliederung variiert je nach landesrechtlichen Gegebenheiten; neben der Gliederung in Züge, wie vorstehend beschrieben, sind auch Gruppengliederungen gebräuchlich (z. B. in Rheinland-Pfalz und Bayern), dort häufig als „Schnelleinsatzgruppen" bezeichnet.

Die vom DRK bereits Anfang der 1990er Jahre entwickelte Konzeption der Einsatzeinheit ist in den einzelnen Bundesländern aufgegriffen und teilweise modifiziert worden (bei Beibehaltung der grundsätzlichen Gliederungselemente). Die Anzahl der Einsatzeinheiten und ihre Struktur im Einzelfall sind daher von den Festlegungen des jeweiligen Bundeslandes abhängig.

DRK-Hilfszug

Anders als die mit Unterstützung der Behörden aufgestellten Einsatzeinheiten bildet der DRK-Hilfszug ein eigenständiges Element der Gefahrenabwehr. Er besteht aus zehn Abteilungen, die über das

Bundesgebiet verteilt sind. Während die Einsatzeinheiten insbesondere die Hauptlast eines Einsatzes in den ersten Stunden nach Eintritt eines Schadenereignisses zu tragen haben, ist der Hilfszug mit seinen Abteilungen vornehmlich für langwierige Einsätze ausgelegt. Hierzu gehören vor allem auch Betreuungseinsätze mit der Notwendigkeit der Errichtung und des Betriebs von Notunterkünften, Einsätze mit pflegerischer Komponente sowie Einsätze mit einem erhöhten logistischen Aufwand.

Jede Hilfszugabteilung verfügt über die notwendigen personellen und materiellen Kapazitäten, um 1.000 Menschen auch über einen längeren Zeitraum hinweg unterzubringen und zu betreuen. Außerdem verfügt sie über eine Pflegestation mit 45 Betten (zum Vergleich: nach den statistischen Zahlen von April 2002 sind im Durchschnitt ca. 4,19 % der Bevölkerung krank; diese Zahl deckt sich recht genau mit den vom DRK vorgehaltenen Pflegekapazitäten von 45 Betten auf 1.000 Betroffene → 4,5 %). Jede Hilfszugabteilung verfügt außerdem – mittels Lieferverträgen mit gewerblichen Anbietern – über eine Verpflegungsreserve für 3 Tage mit einer Lieferfrist von 12 Stunden; das bedeutet, dass über den DRK-Hilfszug innerhalb von 12 Stunden bundesweit Rohprodukte für ca. 30.000 Tagesverpflegungssätze bereitgestellt und zugeführt werden können.

Derzeit befindet sich das Hilfszugsystem des DRK in Überlegungen zu einer grundlegenden Restrukturierung und Regionalisierung. Neben der Nutzbarmachung des vom DRK vorgehaltenen Potentials der internationalen Katastrophenhilfe wird eine stärkere Anpassung an die Anforderungen und Bedürfnisse in den Bundesländern diskutiert. Damit werden die bisherige Einheitlichkeit und auch die Autarkie der Abteilungen wegfallen. Die damit mögliche Vernetzung des DRK-Hilfszuges mit den Einsatzeinheiten (Schlagwort der „weißen Bereitschaften" bzw. „weißen Abteilungen" analog zu den entsprechenden „roten" und „blauen" Bereitschaften/Abteilungen der Feuerwehren und des THW) wird nach Auffassung des Verfassers durchaus eine Verbesserung des Einsatzpotentials auf Landesebene mit sich bringen; dies wird jedoch erkauft durch eine zunehmende Uneinheitlichkeit zwischen den Bundesländern und damit nicht auszuschließenden größeren Schnittstellenproblemen als bisher bei – zugegebenermaßen seltenen – Einsätzen über die Ländergrenzen hinweg.

Elemente der internationalen Katastrophenhilfe des DRK

Für internationale Einsätze hat sich die internationale Rotkreuz- und Rothalbmondbewegung mit den *Emergency Response Units* (ERU)[1] ein Instrumentarium geschaffen, das unter der Regie der Internationalen Föderation der Rotkreuz- und Rothalbmondgesellschaften ein weltweit vereinheitlichtes System darstellt. Die einzelnen Teile der ERU sind in allen mitwirkenden Rotkreuzgesellschaften nach gemeinsamen Standards ausgerichtet und ausgebildet und können daher unproblematisch zusammenarbeiten. Die Funktionsfähigkeit dieses ERU-Systems hat sich inzwischen in einer Reihe von Einsätzen und Hilfsaktionen bestätigt (Bürgerkrieg Darfour/Sudan, Erdbeben Iran, Tsunami Südostasien, Erdbeben Pakistan, um nur die größeren Einsätze der vergangenen Jahre zu nennen). Im Bereich der medizinischen Hilfe basiert dieses System auf *Basic Health-Care Units* (BHCU) und *Referral Hospital Units*, die durch *Water- and Sanitation Units*, *Logistics Units* und *Telecommunications Units* ergänzt werden können. Ein *Referral Hospital* kann dabei autonom oder angelehnt an ein bestehendes Hospital eingesetzt werden, während eine oder mehrere BHCU als „Satellit" des Hospitals und somit in der Art eines „vorgeschobenen Ambulatoriums" z. B. in Evakuierungsgebieten und Flüchtlingslagern agieren kann.

Wie oben dargestellt, werden derzeit die bislang mit ihrem Schwerpunkt auf die internationale Katastrophenhilfe ausgerichteten ERUs (WHO[2]- bzw. SPHERE[3]-Standards) zunehmend auch auf eine Verwendbarkeit

---

1 Mehr zum ERU-System auf der Homepage www.ifrc.org/what/disasters/eru/index.asp der Internationalen Föderation der Rotkreuz- und Rothalbmondgesellschaften
2 "World Health Organization"; www.who.org
3 „Sphere, Humanitarian Charter and Minimum Standards in Disaster Response"; www.sphereproject.org

in (Mittel-)Europa hin ergänzt und können damit für Gefahrenabwehr-behörden eine wertvolle Ergänzung darstellen.

Einsatz des DRK-Potentials bei B-Lagen im Bevölkerungsschutz

Derzeit existiert beim Deutschen Roten Kreuz noch kein bundesweit einheitliches Einsatzkonzept für Einsätze bei B-Lagen. Allerdings wer-den in verschiedenen Landesteilen zurzeit Insellösungen erprobt, die möglicherweise mittelfristig in eine einheitliche verbindliche Struktur einmünden werden (siehe 5.5).

So beabsichtigt der DRK-Landesverband Bayerisches Rotes Kreuz alle seine Rettungsmittel[1] inzwischen mit Schutzbekleidung auszu-statten – ein Problem ist jedoch die kontinuierliche Finanzierung, da bislang[2] mit den Kostenträgern eine Einigung über die Übernahme der Kosten dieser Ausstattung noch nicht erzielt werden konnte. Ebenfalls in Bayern hat das Rote Kreuz im Rahmen der Aufstellung der dort so genannten „Behandlungsplatz-Kontingente" für die Fußball-Weltmeis-terschaft 2006 Infektionsschutzausstattungen (Einweg-Vollschutz-anzug mit gebläseunterstütztem Atemschutz) für diese Einheiten beschafft.

In Nordrhein-Westfalen hat der DRK-Landesverband Westfalen-Lippe bereits 2003 alle Sanitätsgruppen der DRK-Einsatzeinheiten mit per-sönlicher Infektionsschutzausstattung (Infektionsschut-Set, siehe 6.4, Tab. 6) entsprechend den Empfehlungen der Deutschen Gesellschaft für Krankenhaushygiene bzw. der Deutschen Gesellschaft für Katas-trophenmedizin ausgestattet. Immerhin 1.000 Einsatzkräften steht damit beim DRK in NRW diese Schutzmöglichkeit zur Verfügung. Ver-gleichbare Anstrengungen gibt es auch in anderen Bundesländern. Seitens des Bundes werden seit dem Jahre 2006 neue Atem- und Körperschutzausstattungen für die Einsatzkräfte, die auf bundesfinan-

---

1 Immerhin werden in Bayern ca. 85% der Einsatzleistungen des Rettungsdienstes durch das Rote Kreuz erbracht.
2 Stand: August 2007

zierten Fahrzeugen eingesetzt sind, beschafft und ausgeliefert (ABC-Schutzausstattung). Außerdem finanziert der Bund inzwischen für die von ihm ausgestatteten Kräfte des Sanitätsdienstes die erforderliche G-26-Untersuchung[1].

Das Deutsche Rote Kreuz kann nur dann bei Störungen kritischer Infrastrukturen erfolgversprechend eingreifen, wenn es sich selbst und seine Einsatzkräfte als kritische Infrastruktur begreift, die es vor Ausfällen zu sichern und zu schützen gilt. Das gilt nicht zuletzt für den gesundheitlichen Status der ehrenamtlich im DRK Tätigen. Das DRK empfiehlt seinen Einsatzkräften daher jährlich die Teilnahme an den Grippeschutzimpfaktionen. Im Rahmen eines Pilotprojekts werden ab Herbst 2007 in Zusammenarbeit mit dem DRK-Blutspendedienst West auch neue Möglichkeiten zur Hepatitis-B-Impfung für ehrenamtliche Einsatzkräfte erprobt. Darüber hinaus sind ggf. arbeitsmedizinische Vorsorgeuntersuchungen (z. B. G26/2) durchzuführen und Qualifikationsmaßnahmen für die Helfer anzubieten (siehe 6.3).

Für die Ausbildung seiner Helferinnen und Helfer hat das Deutsche Rote Kreuz im Jahr 2002 eine Unterlage herausgegeben, die zur Schulung der in Impfstationen bei Massenimpfprogrammen eingesetzten Kräfte dient. Diese Ausbildungsunterlage ist von einigen Bundesländern aufgegriffen und zur Vorgabe für die „Impfhelferausbildung" gemacht worden; andere Gesundheitsämter von Kreisen und Städten verwenden diese Ausbildungsunterlage in Zusammenarbeit mit ihren örtlichen DRK-Kreisverbänden auf freiwilliger Basis.

Für die Einsatzkräfte, die für die *Emergency Response Units* vorgesehen sind, werden die erforderlichen Tropentauglichkeitsuntersuchungen[2] durchgeführt und ein Grundimpfschutz aufrechterhalten.

---

1   Arbeitsmedizinische Vorsorgeuntersuchung nach dem berufsgenossenschaftlichen Grundsatz G 26 „Atemschutzgeräte"
2   Zum Beispiel Arbeitsmedizinische Vorsorgeuntersuchung nach dem berufsgenossenschaftlichen Grundsatz G 35 „Arbeitsaufenthalt im Ausland unter besonderen klimatischen und gesundheitlichen Belastungen" oder auch weitergehende Prävention wie vorgeschriebene oder empfohlene Impfungen

Spezielle Untersuchungen und Impfungen erfolgen jeweils vor Einsatzbeginn nach den für das Einsatzland geltenden Erfordernissen.

Das insgesamt bunte Bild der Aktivitäten in diesem Bereich wird dadurch noch erweitert, dass auch die anderen Hilfsorganisationen einen wichtigen und unverzichtbaren Beitrag zur Gefahrenabwehr bei der Bewältigung biologischer Lagen leisten. Daher ist es notwendig, dass die für den medizinischen Bevölkerungs-

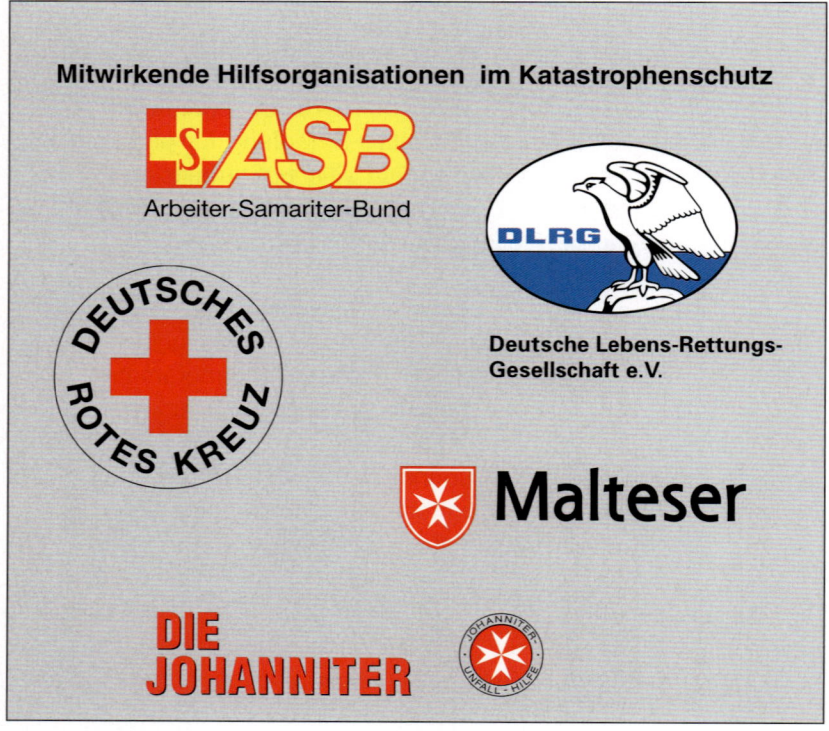

schutz zuständigen Behörden engen Kontakt zu allen beteiligten örtlichen Hilfsorganisationen halten, um sich über Möglichkeiten, aber auch Grenzen der Zusammenarbeit und der Unterstützung in einer Infektionslage, auszutauschen.

Bereitstellung der benötigten Kräfte

Die DRK-Kreisverbände stellen über Alarmpläne und Alarmkalender sicher, dass die von ihnen vorgehaltenen Einsatzeinheiten jederzeit rasch alarmierbar und einer behördlichen Gefahrenabwehrstruktur zuzuführen sind. In aller Regel geschieht diese Alarmierung über die Leitstellen. Die Alarmzeiten sind abhängig von der technologischen Basis der Alarmierung: während die Alarmierung über funkgestützte Meldemittel (Funkmeldeempfänger FME, digitale Meldeempfänger DME, zum Teil auch Short-Message-Service der GSM-Mobiltelefonnetze) zu Reaktionszeiten der einzelnen Einheiten im Minuten- bis Viertelstundenbereich führen, muss bei einer Alarmierung über Telefonketten mit Alarmierungszeiten bis zu ca. 120 Minuten gerechnet werden. Die einzelnen Gruppen treten nach einer Alarmierung an der Unterkunft der jeweiligen Einheit zusammen und sind dann über „Sprechfunk der Behörden und Organisationen mit gemeinsamen Sicherheitsaufgaben" (BOS-Funk) führ- und einsetzbar.

Für den DRK-Hilfszug gelten vergleichbare Grundannahmen, allerdings ist hier – wegen des überregionalen Charakters der Hilfszugabteilungen – als Zielvorgabe vorgesehen, dass jede Hilfszugabteilung innerhalb ihres eigenen Ausrückebereichs spätestens 12 Stunden nach der Alarmierung am vorgesehenen Einsatzort einsatzbereit ist. Für Hilfszugabteilungen, die aus anderen Bundesländern zur Unterstützung angefordert sind, gelten hier längere Zeiten in Abhängigkeit von der erforderlichen Marschzeit. Für die künftigen Einheiten der Landeskatastrophenschutzreserven des DRK sind entsprechende verbindliche Vorgaben noch nicht gemacht, doch werden sie sich wohl an den bisherigen Fristen orientieren.

Während für die Alarmierung und Bereitstellung der Einsatzeinheiten die jeweiligen DRK-Kreisverbände verantwortlich sind, liegt diese Aufgabe für den Hilfszug bzw. die künftigen DRK-Landeskatastrophenschutzreserven bei der Einsatzzentrale des jeweiligen DRK-Landesverbandes. Im Bedarfsfall übernehmen die Landesverbände auch die Alarmierung und Bereitstellung weiterer Kräfte, insbesondere in der Ablösung und personellen/materiellen Ergänzung. Vergleichbares gilt für die in den ERUs der internationalen Katastrophenhilfe eingesetzten Kräfte, wobei hier die primäre Aufgabe der Personalrekrutierung beim DRK-Bundesverband liegt, unterstützt durch die Landesverbände und Kreisverbände.

Einsatz über Ländergrenzen hinweg

Das DRK arbeitet in der Gefahrenabwehr/im Katastrophenschutz mit dem System des so genannten „einsatzleitenden Verbandes". Dies bedeutet, dass Ansprechpartner der Gefahrenabwehrbehörde jeweils der örtlich zuständige DRK-Verband ist.

Beispiel: Für einen Einsatz, der die Grenzen eines Kreises nicht über-schreitet, ist einsatzleitender Verband der Kreisverband. Wird die Kreisgrenze überschritten, ist der Landesverband (als nächst höhere Verbandsstufe) einsatzleitender Verband. Einsätze, die Ländergren-zen überschreiten, werden durch den DRK-Bundesverband koordi-niert, während für internationale Einsätze die Koordinierung bei der Föderation der Rotkreuz- und Rothalbmondgesellschaften in Genf liegt. Durch dieses System kann sich jede örtlich zuständige Gefah-renabwehrbehörde über ihren örtlich zuständigen DRK-Kreisverband letztendlich das Gesamtpotential des Deutschen Roten Kreuzes als Nationaler Rotkreuzgesellschaft der Bundesrepublik Deutschland zunutze machen und im Bedarfsfall auch auf internationale Rotkreuz-hilfe zurückgreifen.

Abstimmung mit anderen Hilfsorganisationen

Die hier für das DRK gemachten Ausführungen sind vom Grundsatz her auch für die anderen Hilfsorganisationen zutreffend. Allerdings sind bei den anderen Hilfsorganisationen derzeit keine dem DRK-Hilfszug zu vergleichenden Einsatzformationen etabliert. Soweit andere Hilfsorganisationen den DRK-Vorhaltungen vergleichbare Elemente für die internationale Katastrophenhilfe unterhalten, orientieren sich diese vielfach – wie beim Roten Kreuz – an internationalen Standards, die z. B. von der Weltgesundheitsorganisation oder SPHERE gesetzt wurden. Eine verbindliche internationale Standardisierung, ähnlich dem ERU-System der internationalen Rotkreuz- und Rothalbmondbewegung, ist jedoch nicht vorgesehen.

Die Abstimmung der Einsatzmaßnahmen des Deutschen Roten Kreuzes mit der behördlichen Gefahrenabwehr vollzieht sich – wiederum auf der Basis des jeweiligen Länderrechts – in einem Führungsgremium, das im Einsatzfall bei der zuständigen Gefahrenabwehrbehörde der jeweiligen Verwaltungsebene gebildet wird (unterschiedliche Bezeichnung: z. B. Katastrophenschutzleitung KatSL, Leitungs- und Koordinierungsgruppe LuK-Gr, Stab Haupt-Verwaltungsbeamter [HVB], Verwaltungsstab, Krisenstab), der so genannten „administrativ-organisatorischen Komponente" oder der „operativ-taktischen Komponente" oder in beiden Komponenten des Führungssystems bei Großschadenlagen gemäß Dienstvorschrift (DV) 100 (siehe 3.3, Abb. 1).

In diesem Führungsgremium ist üblicherweise – neben z. B. Vertretern der Fachbehörden – jeweils ein Vertreter der an der Gefahrenabwehr mitwirkenden Hilfsorganisationen präsent, was eine rasche und unbürokratische gegenseitige Abstimmung der zu treffenden Hilfsmaßnahmen gewährleisten soll. Innerhalb des DRK-Kreisverbandes werden Einsatzmaßnahmen durch den „DRK-Einsatzstab" koordiniert. Das System der DRK-Einsatzstäbe ist hierarchisch bis zur Bundesebene durchgängig („Einsatzzentrale" bzw. „Einsatzstab" des jeweiligen DRK-Landesverbandes, „Führungs- und Lagezentrum" FÜLZ des DRK-Bundesverbandes in Berlin).

Einsatz ehrenamtlicher Helfer über einen längeren Zeitraum hinweg

Bei ehrenamtlichen Helferinnen und Helfern kommt der sozialen Absicherung eine besondere Bedeutung zu. Hierzu sind in den Ländern unterschiedliche und auch im Ergebnis derzeit noch nicht vergleichbare gesetzliche Regelungen getroffen worden, die sicherstellen sollen, dass der Lebensunterhalt und der Arbeitsplatz der Einsatzkräfte durch Einsätze in der Gefahrenabwehr nicht negativ beeinflusst werden. In einer Reihe von Bundesländern ist dies dadurch geschehen, dass die Helfer der Hilfsorganisationen im Einsatz den ehrenamtlichen Kräften der Freiwilligen Feuerwehren gleichgestellt werden. In Nord-rhein-Westfalen wurde dies beispielsweise durch § 20 des Gesetzes über den Feuerschutz und die Hilfeleistung (FSHG) so geregelt. Dies bedeutet insbesondere, dass für die Helferinnen und Helfern ein Entgeltfortzahlungsanspruch gegenüber dem jeweiligen Arbeitgeber besteht und die anfordernde Behörde für die Dauer des Einsatzes dem Arbeitgeber die weitergezahlten Löhne und Gehälter einschließlich der Personalnebenkosten erstattet. Beruflich selbständige Einsatzkräfte erhalten ihren persönlichen Verdienstausfall – in manchen Bundesländern unter Berücksichtigung einer Höchstgrenze – erstattet. Leider haben noch nicht alle Bundesländer eine derartige Regelung gesetzlich eingeführt.

Aber auch in Bundesländern mit entsprechender Gesetzeslage ist festzustellen, dass diese Regelungen zwar in der Theorie ausreichen, aber nicht immer die erforderliche Akzeptanz der Arbeitgeber für das bürgerschaftliche Engagement ihrer Mitarbeiterinnen und Mitarbeiter besteht. Dies kann vor allem bei der für den Erwerb der notwendigen Qualifikation erforderlichen Abwesenheit vom Arbeitsplatz infolge Teilnahme an Lehrgängen und Ausbildungsveranstaltungen im Einzelfall durchaus schon einmal zu Problemen führen. Diese Situation lässt sich vermutlich jedoch nicht durch Veränderung der rechtlichen Rahmenbedingungen lösen, sondern nur durch eine verbesserte gesellschaftliche Würdigung der Aufgabe Gefahrenabwehr und des ehrenamtlichen Engagements ganz allgemein.

Rechtliche Absicherung im Einsatz

Passiv

Die in der Gefahrenabwehr eingesetzten Kräfte sind durch gesetzlichen Unfallversicherungsschutz (Sozialgesetzbuch [SGB] Siebtes Buch [VII] „Gesetzliche Unfallversicherung") einschließlich Mehrleistungen gegen die Auswirkungen von Schäden, die sie im Dienst erleiden, abgesichert. Viele Organisationen haben darüber hinaus weitergehenden Versicherungsschutz für ihre Aktiven abgeschlossen.

Aktiv

Auch Schäden, die die in der Gefahrenabwehr Mitwirkenden Dritten zufügen, sind einerseits im Rahmen von Haftpflichtversicherungen, die die Organisationen abgeschlossen haben, und andererseits unter Amtshaftungsgesichtspunkten nach jeweiligem Länderrecht abgedeckt. In der Regel geschieht dies als Ausfluss der Verwaltungshelfereigenschaft, die Einsatzkräften bzw. ihren Organisationen während des Einsatzes zugewiesen wird. Schadensersatzansprüche Dritter sind also an die für den Einsatz zuständige Behörde zu richten. Diese hat im Einzelfall ein Rückgriffsrecht gegenüber dem Einzelnen bzw. seiner Organisation, wenn der Schaden auf Vorsatz oder grobe Fahrlässigkeit zurückzuführen ist; zum Teil haben die Organisationen dieses Risiko durch eine zusätzliche Regresshaftpflichtversicherung abgedeckt.

3.7 Standardisierte ABC-Grundausbildung aller Einsatzkräfte (SKK-Curriculum)

J. Schreiber

Die Projektgruppe 9 „ABC-Risiken und Gefahrenlagen" (PG9) der Ständigen Konferenz für Katastrophenvorsorge und Katastrophenschutz (SKK) hat schon im Frühjahr 2004 das Curriculum „**Standardisierte ABC-Grundausbildung**" vorgelegt und mit breitem Verteiler zur Einführung bei allen Behörden, Organisationen und Institutionen mit Einsatzaufgaben in der Gefahrenabwehr empfohlen.

Selten wurde in der Vergangenheit so viel über Ressourcennutzung, Budgetierung, Qualitätsmanagement, Standardisierung, Neuordnung der Gefahrenabwehr, ABC-Gefährdung im zivilen Bereich, ABC-Kampfstoffe und neue Qualität des internationalen Terrorismus gesprochen. Den dramatischen internationalen Geschehnissen der letzten Jahre ging die Neuordnung des Katastrophenschutzes in den 1980er und 1990er Jahren voraus. Ihr Ergebnis war die erhebliche Reduzierung der Aufwendungen von Bund und Ländern für den Katastrophenschutz und Zivilschutz. Die Leistungserbringer in diesen Feldern der Gefahrenabwehr konnten fortan die zu dem Zeitpunkt zur Verfügung stehenden personellen und materiellen Ressourcen nicht aufrechterhalten.

- Mit der Verringerung der Wehrpflichtzeiten reduzierten sich auch die Verweilzeiten der Wehrersatzdienst leistenden Verpflichteten im Katastrophenschutz.

- Diese Entwicklung führte dazu, dass die Zahl derer, die sich zur Arbeit im Katastrophenschutz verpflichteten, stagniert und bis heute stark rückläufig ist.

- Die dadurch den Leistungserbringern „überzählig" zur Verfügung gestellten Fahrzeuge und Ausrüstungen wurden zum Teil an die Organisationen übergeben.

- Für die Aufrechterhaltung der Einsatzbereitschaft und zur Materialerhaltung erforderliche Mittel standen jedoch nicht mehr zur Verfügung.

Schwindende Helferzahlen, verkürzte Verweildauer der Helfer in den Einheiten und nicht mehr zeitgemäße Ausrüstung führten zu erheblichen Defiziten im Katastrophen- und Zivilschutz, die durch ehrenamtliches Engagement, durch eine nicht flächendeckende Aufrüstung in den Gliederungen der Hilfsorganisationen und durch die Träger der kommunalen Gefahrenabwehr nicht zu kompensieren waren. Auf allen Ebenen der Verantwortlichen in der Gefahrenabwehr mussten so Entscheidungen zu Lasten der Vorhaltungen für Einsatzszenarien getroffen werden, deren Eintrittswahrscheinlichkeit als am geringsten eingestuft wurde. Einer der am meisten betroffenen Bereiche war der ABC-Schutz. Vorhandene Ausrüstungen des Bundes wurden drastisch reduziert und Aufgaben des ABC-Schutzes werden, mit wenigen Ausnahmen, nur noch von Feuerwehren wahrgenommen.

Im Lichte dieser Entwicklung wurde bereits im Jahre 1999 von der Ständigen Konferenz für Katastrophenvorsorge und Katastrophenschutz die PG9 mit dem Arbeitstitel „ABC-Risiken und Gefahrenlagen" gegründet. Auftrag der PG9 ist seitdem, Empfehlungen zu entwickeln, um den Auswirkungen von zivilen, aber auch militärischen ABC-Gefährdungen zum Schutz der Bevölkerung ganzheitlich entgegen treten zu können. Bereits im März 2000 bekannten sich die Vertreter der Spitzenverbände der Hilfsorganisationen und des Technischen Hilfswerks (THW) dazu, bis auf wenige Ausnahmen kaum noch Möglichkeiten zu haben, im Rahmen des Katastrophen- und Zivilschutzes Einsätze in Beisein von ABC-Gefährdungen wirkungsvoll bearbeiten zu können. Auch im Rettungsdienst und in der polizeilichen Gefahrenabwehr wurden erhebliche Defizite deutlich. Vor allem wurde ein Mangel an geeigneter persönlicher Schutzausrüstung und ein Mangel an grundlegender Qualifikation der Einsatzkräfte aufgezeigt. Ausschließlich die Feuerwehren verfügen heute auf dem Gebiet der zivilen ABC-Gefährdungen über angemessen qualifiziertes Personal, Ausrüstung und Einsatzkonzeptionen, um in den Gefahrenbereichen derartiger Einsatzstellen tätig zu werden. Was aber ist, wenn andere Leistungserbringer in der Gefahrenabwehr mit den Feuerwehren zusammenarbeiten müssen, wenn zum Beispiel betroffene oder verletzte Personen wegen der Wirkung von ABC-Gefahren geschädigt sind und noch an der Einsatzstelle versorgt werden müssen, wenn sie stationärer medizinischer Behandlung bedürfen, wenn Dekontamination von Verletzten, von Material oder von Flächen in großen Einsatzdimensionen nötig ist? Angesicht der heutigen Bedrohungslage und zum Schutz der Bevölkerung ist hier ein integriertes Hilfeleistungssystem sicherzustellen. Es müssen alle Beteiligten an der Gefahrenabwehr interdisziplinär und Ressort übergreifend zusammenarbeiten. Einheitliche Ausbildungsgrundlagen sind für ein effizientes Zusammenwirken in der Gefahrenabwehr unbedingte Voraussetzung.

Die „Standardisierte ABC-Grundausbildung" definiert die Mindestanforderung zur Schulung aller Einsatzkräfte in der Notfallvorsorge und der Gefahrenabwehr. Die Lerninhalte sollten im Interesse der Vereinheitlichung der Ausbildung zwingend Bestandteil der jeweiligen Grundausbildung sein und regelmäßig auch in die Fortbildung der Einsatzkräfte und Mitarbeiter einfließen. Der Umfang der sich aus dem Curriculum entwickelnden Ausbildung umfasst 17 Unterrichtsstunden mit jeweils 45 Minuten Unterrichtszeit. Nach Vorlage des Curriculums wurde es notwendig, ein Umsetzungsmodell für Implementierung dieser Ausbildung zu entwickeln. In einem Jahr, von April 2004 bis April 2005, entstand in hervorragender Zusammenarbeit der PG9 und des Bundesamtes für Bevölkerungsschutz und Katastrophenhilfe (BBK) unter Mitwirkung der Zentren „Zivilschutzforschung, ABC-Schutz/-Vorsorge" und „Zivilschutzausbildung" eine Umsetzungsstrategie, um vor Allem den fünf Hilfsorganisationen die Organisation und Durchführung der empfohlenen „ABC-Grundausbildung" ihrer Helfer in den Einheiten auf Standortebene zu ermöglichen. Als weiteres Produkt dieser Zusammenarbeit wurde ein Seminar unter dem Titel „Multiplikatoren für die ABC-Grundausbildung" konzipiert und Pilotseminare im April und im November 2005 geplant und durchgeführt. Schon an dieser Stelle ist es wichtig hervorzuheben, dass dieses erst der Beginn der Umsetzung sein kann, denn es sind zunächst die Rahmenbedingungen der Hilfsorganisationen, die der Träger der Gefahrenabwehr auf allen Ebenen und nicht zuletzt die Rahmenbedingungen der Kostenträger für diesen neuen Bestandteil der Grundausbildung der Helfer in Einklang zu bringen. Bei den Feuerwehren sind diese Ausbildungsinhalte integraler Bestandteil der Grundausbildung (FwDV 2) und auch die Bundesanstalt THW ist in der Implementierungsphase. In diesem Zusammenhang sei noch einmal ausdrücklich betont, dass sich die Zielgruppe der standardisierten ABC-Grundausbildung nicht nur auf die Hilfsorganisationen beschränkt, sondern vielmehr alle Personen umfasst, die mit der Bearbeitung von ABC-Einsätzen betraut sind. Dieses sind Personen, die tätig sind:

- in der Gefahrenabwehr an dem Ereignis-Ort
- in der Weiterversorgung von Betroffenen z. B. in Krankenhäusern
- in der Schadensbeseitigung vor Ort oder an einer anderen Stelle oder
- in anderer Weise in die ABC-Situation involviert sind.

Lernabschnitte des Curriculums „Standardisierte ABC-Grundausbildung"

- ABC-Grundlagen
- ABC-Schutzmaßnahmen
- Einsatzlehre
- Rechtliche Grundlagen
- Sonstiges

Das Umsetzungsmodell

Das erarbeitete Modell sieht zunächst eine Qualifizierung von Multiplikatoren vor. Aufgrund ihrer Vorbildung und ihrer Stellung innerhalb der Organisation soll die Aufgabe der Multiplikatoren sein, in den Hilfsorganisationen geeignete Personen für die Aufgabe als „Fachausbilder ABC-Grundausbildung" vorzubereiten. Das Betätigungsprofil des „Fachausbilders ABC-Grundausbildung" beinhaltet, wie er auf der Standortebene die standardisierte ABC-Grundausbildung für die Helfer planen, organisieren und dann natürlich auch durchführen kann. Als geeignete Person in diesem Sinne sind vor allem Führungskräfte in den Einheiten und auch Fachdienstausbilder zu verstehen, die möglichst neben fundiertem Fachdienstwissen über ausreichend Führungs- und Einsatzerfahrung verfügen, um die Inhalte der standardisierten ABC-Grundausbildung transportieren zu können.

Für die Organisation der Standortausbildungen ist hervorzuheben, dass es sicher sinnvoll sein kann, auf bestehende Ressourcen vor Ort zurückzugreifen und Organisation übergreifend vor allem die praktischen Ausbildungsanteile gemeinsam auszubilden, um damit effizi-

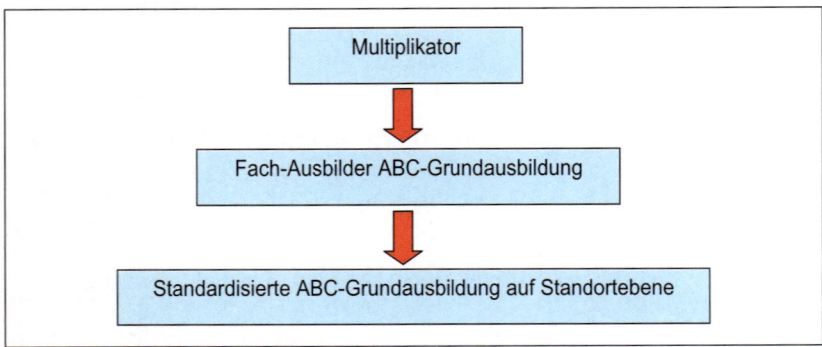

Abb. 1:   Umsetzungsstrategie
Aufgabe der Multiplikatoren wird es sein, innerhalb der entsendenden Organisation Fach-Ausbilder für die ABC-Grundausbildung zu qualifizieren.
Fachausbilder führen auf Standortebene organisationsintern oder organisationsübergreifend die ABC-Grundausbildung durch.

ent und Kosten minimierend zu sein. So können zum Beispiel Helfer aller ortsansässigen Beteiligten der Gefahrenabwehr und auch die Mitarbeiter von Krankenhäusern mit Tätigkeiten in Aufnahmebereichen oder im Krankenhaus-Katastrophenmanagement gemeinsam zu Seminargruppen zusammengefasst oder auch nur zu einzelnen Unterrichtseinheiten zusammen geführt werden. Neben erheblichen Erleichterungen in der Organisation dieser Qualifizierungen wirken sich „kennen lernen", „gemeinsam üben" und auch „gemeinsam lernen" positiv auf ein Zusammenwirken in der gemeinsamen Aufgabe der Gefahrenabwehr aus.

Seminar „Multiplikatoren für die ABC-Grundausbildung"

Ziel der Multiplikatorenausbildung ist es, die Teilnehmer in die Lage zu versetzen, für ihre entsendende Organisation oder Institution Umfang und Tiefe der Wissensvermittlung und der Befähigung in der ABC-Grundausbildung zu erkennen. Ihre Aufgabe ist, diese Erkenntnisse für ihre Organisation zu übernehmen und Modelle der Qualifikation von Fachausbildern oder die Direkt-Umsetzung der ABC-Grundausbildung zu konzipieren. In Vorbereitung auf das Pilotseminar „Multiplikatoren in der ABC-Grundausbildung" 2005 an der Akademie für Katastrophenhilfe, Notfallplanung und Zivilschutz (AKNZ) war dementsprechend ein „Lernziel- und Themenkatalog" mit detaillierten Inhaltsangaben zu erarbeiten. Dieses Vorgehen machte eine didaktische Reduktion der Themenkomplexe auf die wesentlichen Aussagen auf dem Niveau einer Grundausbildung möglich, ohne inhaltliche Vorgaben des „ABC-Curriculums" zu schmälern. Auch wurde das Seminar so angelegt, dass den Teilnehmern Hilfestellungen für die zuvor beschriebene Aufgabe an die Hand gegeben werden konnte. Das Seminar wurde von Dozenten der SKK-PG9 und des BBK gemeinsam durchgeführt. Alle fünf Hilfsorganisationen hatten ausgewählte Teilnehmer mit entsprechenden Vorkenntnissen entsandt, was für die Gestaltung des Seminars und auch seinem Pilotcharakter im Zusammenhang mit der abschließenden Auswertung ausgesprochen hilfreich war. Als Seminar-Unterlage wurde den Teilnehmern ein Datenträger mit Fachinformationen und Vortragsdateien überreicht, die auch von den Dozenten ausdrücklich für die weitere Nutzung in der ABC-Grundausbildung freigegeben wurden.

Resümierend kann gesagt werden, dass das Pilotseminar den Erwartungen der Teilnehmer und denen der Lehrenden entsprochen hat. Überdeutlich wurden allerdings die Defizite in der Transparenz und der Konzeption des weiteren Vorgehens von Bund und Ländern im Zusammenhang mit der Nutzung persönlicher ABC-Schutzausstattung identifiziert, Unsicherheit bestand in Fragen:

- der Zuordnung von Schutzsystemen, die entsprechend der Gefährdungsbeurteilungen für Tätigkeitsfelder der Helfer zu erstellen sind

- der für diese Systeme zum Teil erforderlichen medizinischen Vorsorge (z. B. G-26/2 oder der ABC-Schutzausstattung des Bundes)

- der Zuordnung der Ausrüstungen zu Einheiten mit den dazugehörigen Helferqualifizierungen und

- zur Übernahme von Kosten für diese Elemente.

Erst wenn Antworten zu diesen komplexen Fragestellungen gegeben werden können, ist Handlungssicherheit sowie Sicherheit und Präzision in Lehraussagen sichergestellt.

Zusammengefasst kann abgeleitet werden, dass für die Durchführung von Ausbilder-Qualifikationen einerseits eine umfassende Sammlung von Fachinformationen erstellt und zur Verfügung gestellt werden muss und andererseits zusätzlich eine Lehrmittelsammlung beigestellt werden muss. Für die praktische Ausbildung ist die Vorhaltung von Übungssätzen unterschiedlicher, bedarfsorientierter Persönlicher Schutzausrüstung nötig. Vor allem für die Durchführung von Rettungs-, Sanitäts- und Betreuungsaufgaben im Bereich von ABC-Einsatzstellen und im Rahmen des Zusammenwirkens mit den Feuerwehren im ABC-Einsatz bedarf es noch erheblicher Konzeptions- und Abstimmungsarbeit. Als Handlungsgrundlage für den Einsatz aller an der Gefahrenabwehr beteiligten Leistungserbringer ist es nötig, die FwDV 500 „Einheiten im ABC-Einsatz" um Anhänge für Rettungs-, Sanitäts- und Betreuungsaufgaben, für das THW und auch für die Polizei zu ergänzen. Diesem Ziel wird derzeit durch Veröffentlichungen von Arbeitsergebnissen verschiedener Arbeitsgruppen und Fachgremien zugearbeitet.

Es wurde sichergestellt, dass auch 2007 fünf Seminare „Multiplikatoren in der ABC-Grundausbildung" von der AKNZ durchgeführt werden. Zurzeit befindet sich die „Standardisierte ABC-Grundausbildung" auf Standortebene in einer ersten Umsetzung. Hier ist es nötig, weiterhin mit allen Beteiligten gemeinsam eine flächendeckende Umsetzung in Bund und Ländern zu fördern und zu realisieren.

3.8 Allgemeines Ressourcenmanagement der Fachdienste aus Sicht der Feuerwehr

U. Cimolino, A. Graeger

Neben der Führungsorganisation, der Alarm- und Ausrückeordnung (AAO) und der Kommunikationsorganisation ist der Aufbau eines Logistikkonzepts eine wesentliche Aufgabe der Einsatzvorbereitung. Die Notwendigkeit besteht dabei durchaus nicht nur bei großen Einsatzstellen. Sobald die auf den Ersteinsatzfahrzeugen mitgeführten Einsatzmittel nicht mehr ausreichen, ist eine Logistikaufgabe zu lösen. Ein klassisches Beispiel ist die Anforderung größerer Mengen Desinfektionsmittel in einer „B-Lage". Folgen Sie dabei immer dem Grundsatz: „Es macht keinen Sinn, für einzelne Geräte oder Mittel immer 'ganze' taktische Einheiten anzufordern."

Grundsätzliche Fragen

Grundsätzlich sind bei der Planung des Nachschubs immer folgende Fragen zu beantworten:

- Muss ich das Gut/Gerät/Mittel selbst vorhalten?[1]

- In welcher Anzahl/Menge muss das Gut/Gerät/Mittel vorgehalten werden?

- Wo bekomme ich weiteren Nachschub, wenn meine eigenen Mittel erschöpft sind?

---

1 Trennen Sie dabei in einen „Handvorrat", der an jedem Standort zur schnellen Wiederherstellung der Einsatzbereitschaft notwendig ist (v. a. Reserve-PA/Flaschen, Verbrauchsmaterial im Rettungsdienst) und zentral zu bevorratenden Gegenständen (meist in großen Mengen) wie Schutzanzüge, Desinfektions- oder Bindemittel bzw. Transport- und Auffangbehälter.

- Welche Eingreifzeiten sind realistisch (Alarmierung, Bereitstellung, Transport)?

- Wer lagert das Gut/Gerät/Mittel ein bzw. aus?

- Wer transportiert das Gut/Gerät/Mittel vom Lagerort zur Einsatzstelle?

- Wie wird das Gut/Gerät/Mittel transportiert?

- Benötigt das Gut/Gerät/Mittel an der Einsatzstelle Bedienpersonal und/oder das Transportfahrzeug und/oder andere Mittel (z. B. spezielle Energiequellen, Anschlüsse etc.), um einsetzbar zu sein?

Bei Ausbau bzw. Inbetriebnahme fester Einrichtungen (z. B. [Not-] Krankenhäuser, Dekon[1]-Stellen etc.) ist zu entscheiden:

- Ist alles für den Betrieb vorhanden, bzw. wo eingelagert?

- Wer transportiert welche fehlenden Mittel zur Inbetriebnahme?

- Wer transportiert wie (ggf. auch behelfsmäßig[2]) eine größere Anzahl von Patienten mit infektiösen Erkrankungen (Stichwort: Pandemie)?

- Ist die Logistik für den Dauer-Betrieb geklärt?

- Wie ist die taktische Anbindung der festen Einrichtung? (Unterstellungsverhältnis)

- Wie ist die fernmeldetechnische Anbindung der festen Einrichtung? (Muss dem taktischen Verhältnis entsprechen!)

---

1 Im Sinne der vfdb-RL 10/04 inkl. der Desinfektion zu sehen.
2 Auch dazu benötigt es Vorplanungen zu PSA, zu Fahrzeugfestlegungen, Desinfektion usw.

Bei allen Logistikfragen spielt immer das Personal eine entscheidende Rolle. Grundsätzlich muss daher mit den sonstigen Fragen geklärt werden:

- Ist das notwendige Bedienungspersonal komplett und ausreichend qualifiziert?

- Reicht das (qualifizierte!) Personal auch für einen Schichtbetrieb aus?

- Ist die Persönliche Schutzausrüstung (PSA) geeignet und vollständig?

- Sind alle in die Anwendung der PSA eingewiesen?

  - Anlegen

  - Verwenden

  - Auskleiden (Dekon-Verfahren)

- Sind alle notwendigen Schutzmaßnahmen getroffen, z. B. Impfung?

Anhand der folgenden klassischen Bereiche soll deutlich werden, worauf besonders bei biologischen Gefahrenlagen zu achten ist und welche Vorbereitungen getroffen werden sollten. Für weitere Güter, Geräte und Mittel ist sinngemäß zu verfahren. Die Ergebnisse sind schriftlich in Listenform (parallel, soweit vorhanden, in einem Einsatzleitrechner o. ä.) sowohl in den Gerätehäusern, Feuerwachen und bei der Leitstelle vorzuhalten. Die Organisation des Nachschubs ist eine klassische Aufgabe, die der Leitstelle oder einem rückwärtigen Führungsgremium (vgl. 3.3, 3.4) zufällt. Umfangreiche Nachschlagewerke auf Kommandowagen (KdoW) bzw. Einsatzleitwagen (ELW) sind daher nicht notwendig!

(Rettungsdienstliches) Verbrauchsmaterial

Der Verbrauchsmaterialbedarf ist sowohl bei rettungsdienstlichen Großlagen als auch bei biologischen Einsatzlagen groß. Rettungsdienstliche Großschadenlagen (MANV) sind zeitlich und räumlich meist eng begrenzt. Kurzzeitig entsteht ein hoher Bedarf, dem zum einen durch passende (möglichst mobile) eigene Vorhaltung, zum anderen durch überörtliche Hilfe begegnet wird. Die Kapazitäten können zeitnah nach dem Ereignis bei Händlern, Apotheken etc. wieder aufgefüllt werden.

Der Verbrauchsmaterialbedarf bei biologischen Schadenlagen lässt sich deutlich schwerer bestimmen. Während für kurzzeitige Lagen, z. B. einen Unfall in einem Labor, die o. g. rettungsdienstliche Vorhaltung (v. a. PSA und Desinfektionsmittel) noch ausreichen kann, werfen langfristige Lagen andere Probleme auf. Vermutlich ist bei Pandemien mit dem höchsten Materialbedarf über die längste Zeit zu rechnen, so dass sich die Bemessung an einem derartigen Szenario (z. B. Influenza-Pandemie) ausrichten sollte. Hier tritt neben dem über Wochen hohen eigenen Bedarf zusätzlich die großflächige Betroffenheit (mit entsprechendem Bedarf auch anderer Träger) als auch die nahezu sichere Einschränkung der Produktion und Lieferfähigkeit bei Herstellern und Zwischenhändlern auf. Ihre Vorhaltung muss also entsprechend umfangreich ausfallen. Z. B. kann als Anhaltspunkt für die Bevorratung von PSA die verdoppelte Zahl der täglichen Rettungsdiensteinsätze und Krankentransporte über die angenommene Dauer (z. B. acht Wochen) des Seuchenzugs dienen.

Sie werden erstaunt sein, welche Volumina und damit Kosten entstehen – die Autoren raten daher dringend zu detaillierten Absprachen mit allen Beteiligten (z. B. Gesundheitsamt, Veterinäramt, Lieferanten, aber auch Verwaltungsspitze und Politik). Es ist unumgänglich, diese Mittelbindungen durch frühzeitige Beschaffung und Lagerhaltung einzugehen!

Atemschutz

Der Einsatz von geeignetem Atemschutz ist ein zentraler Punkt der Fürsorgepflicht des Einsatzleiters (siehe 6.3, 6.4) und sollte inzwischen eine Selbstverständlichkeit sein. Dazu zählt auch die Sicherstellung des Nachschubs, der in diesem Kapitel dargestellt wird.

- Setzen Sie wann immer möglich Filtergeräte ein. Sie belasten den Träger deutlich weniger als ein Pressluftatmer (PA) und entlasten die Atemschutzwerkstatt. Führen Sie je Atemschutzmaske mindestens einen Filter mit. Bei ausgedehnten und längeren Einsatzlagen im ABC-Bereich sollte je Einsatzkraft mindestens ein Reservefilter „am Mann" bzw. am Fahrzeug zur Verfügung stehen.

- Wenn Sie Gebläsefiltergeräte benutzen, achten Sie auf Reservebatterien oder -akkus für einen längeren Einsatz.

- Wenn Sie keine Reserveflaschen auf Ihren Fahrzeugen mitführen, müssen Sie über die AAO sicherstellen, dass bei entsprechenden Alarmmeldungen sofort ein Gerätewagen-Atemschutz (GW-A) o. ä. mit alarmiert wird.

- Bedenken Sie bereits bei der Planung Ihrer Atemschutzreserve die „Ausfallzeiten" in der Atemschutzwerkstatt. Auch wenn die Füllung einer Atemluftflasche gerade bei Nutzung von Pufferflaschen (anfangs!) nur wenige Minuten dauert: Die Wiederherstellung der Einsatzbereitschaft eines PA bei durchschnittlicher Verschmutzung benötigt weitere ca. 20 Minuten. Spätestens die vorschriftsmäßige Reinigung und Prüfung einer Atemschutzmaske nimmt mit Trocknungszeiten schon Zeit im Stundenbereich in Anspruch. Hinzu kommen dann noch die Zeiten für Verladung und Transport. (Bewusst nicht berücksichtigt wurde dabei die Personalfrage – die Atemschutzgerätewarte rücken meist auch als Einsatzkräfte mit aus und müssen dann herausgelöst werden.) Die Bedarfsdeckung eines laufenden Einsatzes ist mit einer Wiederherstellung in der Atemschutzwerkstatt alleine unmöglich. Sie müssen daher Reservebestände aufbauen. Als Faustwert kann gelten: Mindestlagerbestand = einsatzbereit verladener Bestand.

- Im strategischen Rahmen sollten Sie auch den „Ausfall" Ihrer Atemschutzwerkstatt bedenken und Rückfallebenen vorsehen.

- Bedenken Sie, dass Neubeschaffungen bei flächigen Großlagen erfahrungsgemäß schwierig bis unmöglich werden, weil dann jeder beschaffen will.

PSA

Der Einsatz von geeigneter PSA ist – wie der Atemschutz – ein zentraler Punkt der Fürsorgepflicht des Einsatzleiters (siehe 6.3, 6.4), aber i. d. R. an vielen Standorten noch nicht ausreichend organisiert.

- Setzen Sie dem Risiko angepasste Schutzkleidung ein.

- Reduzieren Sie wann immer möglich die Schutzstufen, um den Träger zu entlasten.

- Beachten Sie, dass Einwegkleidung die Pflegestelle (i. d. R. die Atemschutzwerkstatt) weniger belastet als aufwändig zu prüfendes Mehrwegmaterial.

- Wenn Sie Mehrwegmaterial benutzen, beachten Sie die Reinigungs- und Prüfungsvorschriften des Herstellers.

- Bedenken Sie bereits bei der Planung Ihrer Reservevorhaltung für mehrfache Verwendung (z. B. Chemikalienschutzanzüge) die „Ausfallzeiten" in der Pflegewerkstatt. Die Dekontamination, Reinigung und Prüfung dauert i. d. R. jeweils insgesamt eher Tage als Stunden. Wird dies extern gemacht, kommen ggf. noch die Versandlaufzeiten dazu. Die eigene Werkstatt hat dazu i. d. R. noch Arbeiten mit den verbrauchten Atemschutzgeräten.

- Im strategischen Rahmen sollten Sie auch den „Ausfall" Ihrer Werkstatt bedenken und Rückfallebenen vorsehen.

- Bedenken Sie, dass Neubeschaffungen bei flächigen Großlagen erfahrungsgemäß schwierig bis unmöglich werden, weil dann jeder beschaffen will.

Kraftstoff

Die permanente Verfügbarkeit von Kraft- und Schmierstoffen ist eine wesentliche Bedingung für die Mobilität der Einheiten und damit für deren Einsatzfähigkeit.

- Stellen Sie sicher, dass Sie jederzeit Zugriff auf entsprechende Quellen haben, z. B. durch Verträge mit ortsansässigen Tankstellen oder Zugang zu einer kommunalen Tankstelle (z. B. auf dem kommunalen Bau- oder Betriebshof).

- Als Faustwerte können Sie von folgenden Verbrauchswerten ausgehen:

  - Gemäß DIN 14502 T 2 „Feuerwehrfahrzeuge - Teil 2: Zusätzliche Festlegungen zu DIN EN 1846-2 und DIN EN 1846-3 (Vorschlag für eine Europäische Norm)" muss der Inhalt des Kraftstoffbehälters für mindestens 300 km Fahrstrecke ausreichen und die Kanisterbefüllung muss möglich sein. Der Betrieb von Ausrüstungen über den Nebenantrieb muß bei üblicher Belastung 4 h lang möglich sein. Bei sehr hoher Belastung kann es auch weniger sein. Lassen Sie also lieber einmal zu oft als einmal zu wenig die Kraftstoffanzeigen kontrollieren.

- Ein Stromerzeuger arbeitet je nach Ausführung unter Volllast mit einer Tankfüllung ca. ein bis zwei Stunden.

• Nach diesen Zeiten müssen Sie Reserven vor Ort haben, sonst ist kein unterbrechungsfreier Betrieb möglich.

An die Lagerung von brennbaren, giftigen und wassergefährdenden Stoffen[1] werden hohe Anforderungen gestellt. Entweder Sie bleiben unter den jeweiligen Höchstgrenzen oder Sie müssen entsprechend gestaltete Lagermöglichkeiten schaffen[2].

• Kraftstoffreserven sind nur begrenzt lagerfähig. Leichtflüchtige Bestandteile entweichen im Laufe der Zeit, Gemisch trennt sich wieder[3] und in Metallkanistern bilden sich Sedimente, die Filter zusetzen können. Sorgen Sie für einen regelmäßigen Umschlag Ihres Vorrates.

• Kanisterbetankung aus Metallkanistern grundsätzlich **nur** mit Trichtern mit einem Filtersieb!

• Gemischkanister und soweit möglich entsprechend betankte Geräte (z. B. Kettensägen) vor Gebrauch schütteln.

• Im Gegensatz zu früher ist die Anwendung von Diesel-/Benzingemischen (z. B. im Winterbetrieb bzw. aus Befüllungen während des Winters) bei modernen Dieselmotoren **nicht** bei allen Fabrikaten bzw. Motoren problemlos möglich. Fragen Sie hier ggf. den Hersteller der betreffenden Motoren.

• Das Herauslösen von Fahrzeugen aus laufenden Einsätzen ist äußerst schwierig. Sie müssen also in jedem Fall Möglichkeiten schaffen, vor Ort Kraftstoff zur Verfügung zu stellen.

---

1   Hierzu zählen auch Schaummittel.
2   Beachten Sie ggf. landesspezifische Ausnahmeregelungen für die Feuerwehr.
3   Als Lösung bietet sich Sonderkraftstoff (Alkylatkraftstoff) an, der sich nicht bzw. kaum entmischt und auch bei hohen Temperaturen nicht ausgast. Allerdings steigt damit der Verbrauch an.

Eine preiswerte Lösung ist das Vorhalten von leeren Kanistern, die bei erkennbarem Bedarf an einer Tankstelle gefüllt werden. Die Zahl der Kanister muss so bemessen sein, dass auch Transportzeiten (z. B. dezentrale Einsatzstellen im Hochwassereinsatz) überbrückt werden können und Kanister vor Ort bleiben können.

Verpflegung

Die „passende" Versorgung mit Getränken und Essen ist eine oft unterschätzte Aufgabe, denn hier spielt die Einschätzung der Einsatzdauer und der Motivationslage eine große Rolle. Hier einige Hinweise zu den **organisatorischen Rahmenbedingungen**:

- Getränke müssen sofort verfügbar sein, v. a. bei warmer Witterung und Einsatz unter Feuerschutzkleidung. Führen Sie auf den Fahrzeugen immer einige Flaschen Mineralwasser mit und halten Sie im Gerätehaus/Wache ständig einige Kästen griffbereit.[1]

- Bei kaltem Wetter sollten Sie bei absehbar längeren Einsätzen schnellstmöglich Heißgetränke (Tee, Kaffee etc.) **zusätzlich** anfordern. Das notwendige Material (Thermoskannen, Einwegbecher, Zucker, Dosenmilch o. ä.) ist mit geringem Aufwand vorzuhalten. Zum Transport reicht eine stabile Klappbox.

  Nach den Erfahrungen der Autoren vergehen zwischen der Anforderung von Warmverpflegung und der Ausgabe vor Ort schnell zwei Stunden (!) und mehr. Die Herausforderung besteht darin, bereits in der „heißen" Phase zu entscheiden, ob die Lage eine Verpflegung vor Ort notwendig macht. Stellen Sie sich dazu folgende Fragen:

---

[1] Keinesfalls Alkohol! Am besten Wasser oder Apfelschorle.

- Wie lange dauern die Einsatzmaßnahmen wahrscheinlich noch?

- Kann ich eine Einsatzstellenhygiene gewährleisten, die eine Verpflegung zulässt? In bestimmten Situationen ist das Trinken, Essen und Rauchen eindeutig **verboten**.

- Benötige ich das Personal noch, wenn die Lage ein teilweises Herauslösen gestattet?

- Wollen die Kräfte überhaupt hier essen oder lieber erst duschen und trockene Bekleidung anlegen?[1]

• Die frühzeitige Entscheidung schafft grundsätzlich größere Spielräume, die sich letztendlich auch im Verpflegungsangebot niederschlagen.

• Neben der reinen Zubereitungszeit dürfen Sie die Zeit für den Transport und die Verteilung vor Ort nicht unterschätzen. Gerade bei ausgedehnten Einsatzstellen müssen Sie sich darauf einstellen, die Kräfte in ihren Abschnitten zu versorgen. Dies bindet Personal, Zeit und Transportkapazität.

• Bedenken Sie die Vorgaben der Einsatzstellenhygiene (vgl. Kap 6.2)! Sorgen Sie für eine Waschmöglichkeit[2], einen ausreichend abgesetzten Platz, Witterungsschutz und, wenn möglich, Sitzgelegenheit. Ihre Fürsorgepflicht umfasst auch diesen Bereich, v. a. wenn es um das Vermeiden der Inkorporation von Schadstoffen geht.

---

1   Bei kalter Witterung müssen Sie an Erkältungskrankheiten etc. denken. Warme und trockene Kleidung sind zunächst wichtiger als etwas zu essen.
2   Vor allem Hände und Gesicht, z. B. über einen Abgang aus dem Fahrzeugtank und das Mitführen von etwas Seife und einigen Papierhandtüchern.

Entsorgung

An praktisch jeder Einsatzstelle spielt die Entsorgung eine Rolle. Gute Führungskräfte erkunden und organisieren auch diesen Bereich. Fordern Sie bei längeren Einsätzen frühzeitig mobile Toiletten („DIXI-Häuschen") an. Führen Sie auf den Einsatzfahrzeugen ggf. eine Rolle Toilettenpapier mit. Hinterlassen Sie die Einsatzstelle „sauber". Rettungsdienstliche Abfälle (Verpackungsmaterial, Klebeelektroden etc.) dürfen ebenso wenig zurückgelassen werden wie leere Gebinde (z. B. Schaummittel) und Einweggeschirr.

Die Entsorgung von Schadstoffen bzw. Dekon-Rückständen oder zurückgehaltenem Löschwasser ist nicht Aufgabe der Feuerwehr. Sie ist in Absprache mit den örtlich bzw. regional zuständigen Fachbehörden (z. B. untere Wasserbehörde, Umweltamt) zu regeln.

Alarmgerätelager

Schaffen Sie für die zusätzlich zur Fahrzeugbeladung bzw. als taktische oder sogar strategische Reserve[1] notwendigen Einsatzgeräte ein sogenanntes „Alarmgerätelager" (AGL). Folgende Punkte sind dabei wichtig:

- Das AGL muss gut erreichbar und zugänglich sein. Ausreichend dimensionierte An- und Umfahrt, ausreichend große Tore und ein mit Staplern, Hubwagen o. ä. befahrbarer Boden.

- Eine mit dem Lager vertraute Einsatzkraft muss schnell und sicher erreichbar sein. Ideal sind hier Feuerwachen, permanent besetzte Gerätehäuser oder solche mit in unmittelbarer Nähe wohnenden Feuerwehrangehörigen. Diese müssen selbstverständlich über die entsprechenden Schlüssel ver-

---

1 Denken Sie daran, dass bei flächigen Großlagen die Beschaffung von notwendigen Geräten v. a. von PSA oder Desinfektionsmittel etc. schwierig bis unmöglich wird, weil dann alle beschaffen wollen.

fügen und die Transportmittel (z. B. Gabelstapler) bedienen dürfen und können.

- Aussagekräftiges Kennzeichnungs- und Lagerlistensystem für einen schnellen Überblick.

- Das Material muss verladefertig eingelagert sein. Dazu gehört auch das vorherige Zusammenstellen bestimmter Sets, damit notwendige Gerätschaften nicht aus allen Teilen zusammengesucht werden müssen.[1]

- Halten Sie einen Handvorrat an Transportsicherungen (Zurrgurte, Bindestropps etc.) und Transportbehältern für Kleinteile (z. B. für wasserführende Armaturen) bereit. Diese Transportsicherungen sollten sowohl zu Ihren Fahrzeugen passen als auch einigermaßen allgemeinverwendbar sein (z. B. für Leihfahrzeuge).

Für alles, was nicht am eigenen Standort vorgehalten wird, muss im Vorfeld ermittelt werden, wo und in welcher Zeit es zu erhalten ist. Die Informationen darüber müssen den örtlichen Führungskräften bekannt sein und auch der Leitstelle vorliegen. Bedenken Sie dabei auch, dass für den Einsatz einzelner Gerätschaften spezielle Kenntnisse und Übung notwendig sind. Fordern Sie bei Bedarf auch entsprechendes Personal an.

Transport

Es sollte selbstverständlich sein, dass zur und von der Einsatzstelle bewegtes Material aller Art ordnungsgemäß verpackt und gesichert transportiert wird. Die gängigen Vorschriften gelten auch für Feuerwehren und auch im Einsatz. Es dürfte in den seltensten Fällen gelingen, nach einem Unfall zu begründen, dass das Abweichen von den

---

1 Zum Beispiel Set „Beleuchtung" mit Scheinwerfern, Aufnahmebrücke, Stativ, Kabeltrommel, Verteiler, Abspannleinen.

Transportvorschriften aus Zeitgründen zwingend erforderlich war. Lassen Sie es nicht darauf ankommen.

Die Industrie bietet eine Vielzahl von Transportsystemen an (u. a. Rollwagen, Gitterboxen, Kisten, Regalsystem usw.) und die Möglichkeiten des individuellen Ausbaus vor Ort sind schier unbegrenzt. Folgende Eckpunkte sollten bei der Konzeption der Transportkomponente beachtet werden:

- Standardmaße bevorzugen (z. B. Euro-Palette und deren Teilmaße).

- Verladung mit Stapler oder Hubwagen möglich, Handbeladung möglichst vermeiden – dauert unnötig lange und bindet Personal.

- Auf einem Gerätewagen-Logistik (GW-L) o. ä. nur die wirklich regelmäßig benötigten Dinge (z. B. Dekon- oder Bindemittel) verladen. Sonst muss jedes Mal erst abgeladen werden.

- Das oder die Transportfahrzeuge müssen von der Zuladung und den Laderaumabmaßen für den Transport aller Lagergüter geeignet sein.

- Das oder die Transportfahrzeuge müssen über die geeigneten Ladungssicherungssysteme verfügen.

Ablösung

Die Beanspruchung der Einsatzkräfte ist von einer Vielzahl von Faktoren abhängig (u. a. Witterung und Bekleidung, physische und psychische Belastung, Pausen und Verpflegung etc.). Mit zunehmender Erfahrung als Führungskraft wird es Ihnen immer besser gelingen, den Erschöpfungsgrad Ihrer Einsatzkräfte einzuschätzen und rechtzeitig für Ablösung zu sorgen. Eine Ablösung im laufenden Einsatz sollte unter folgenden Aspekten geplant werden:

- Belassen Sie Fahrzeug und Geräte vor Ort, v. a. wenn diese in die laufenden Einsatzmaßnahmen („Wasserversorgung bzw. Elektrizitäts-Versorgung Dekon-Stelle") eingebunden sind. Das Herauslösen alter und Eingliedern neuer Einheiten ist unnötig aufwendig.

- Halten Sie über die AAO Fahrzeuge (v. a. Mannschaftstransportfahrzeug) für einen Mannschaftstransport zurück.

- Aus den bereits vor Ort befindlichen Transportfahrzeugen sollte baldmöglichst ein „Kurierfahrzeug" mit einer freigestellten Einsatzkraft herausgelöst werden.

- Versuchen Sie gruppenweise abzulösen, v. a. wenn längere Strecken gefahren werden müssen. Bei freiwilligen Kräften müssen Sie aber auch einplanen, dass Einzelne aufgrund privater oder beruflicher Verpflichtungen vorher abgelöst werden müssen.

- Erstellen Sie bereits zu Einsatzbeginn eine Übersicht über die eingesetzten Kräfte, um nachher Diskussionen über Einsatzdauer und Ablösereihenfolge zu vermeiden.

- Die Ablösung sollte vorrangig nach der Beanspruchung erfolgen, da erschöpfte Einsatzkräfte einer größeren Unfallgefahr ausgesetzt sind und erfahrungsgemäß ungenauer arbeiten. Dies gilt besonders für die örtlich zuständigen Einheiten, da diese i. d. R. als erste vor Ort waren.

Literatur

Graeger, A., Cimolino, U., de Vries, H., Haisch, M., & Südmersen, J. (2003). *Einsatzpraxis: Einsatz- und Abschnittsleitung*, ecomed.

3.9 Zivil-Militärische Zusammenarbeit im Gesundheitswesen – Strukturen des Zentralen Sanitätsdienstes der Bundeswehr

B. Most, H. Habicht-Thomas

Einleitung

Der präventive oder reaktive Umgang mit Großschadensereignissen in Deutschland fällt in die Zuständigkeit der Bundesländer sowie der Regierungsbezirke, Landkreise und kreisfreien Städte. Für im Rahmen der gesetzlichen Vorgaben vorgesehene Hilfeleistungen bei Naturkatastrophen und besonders schweren Unglücksfällen stellt die Bundeswehr subsidiär Kräfte und Mittel ab, die fähigkeitsorientiert aus allen Organisationsbereichen bedarfsgerecht zusammengestellt und durch die zuständigen Territorialen Kommandobehörden geführt werden. Die Notwendigkeit, bei Hilfeleistungen zivile und militärische Zielsetzungen und Instrumente wirksam zu verbinden, erfordert es, beiderseitiges Handeln eng aufeinander abzustimmen und Instrumente und Verfahren zu entwickeln, die das reibungslose Zusammenwirken sicherstellen. Die Erfahrung verschiedener Großschadensereignisse im In- und Ausland, aber auch der präventive Ansatz von Einsatzkräften bei Großveranstaltungen – hier insbesondere Fußball-Weltmeisterschaft 2006 – haben gezeigt, dass innerhalb des Anforderungsprofils militärischer Unterstützung sanitätsdienstlichen Fähigkeiten eine Schlüsselbedeutung zukommt. Voraussetzung für einen erfolgversprechenden Ansatz medizinischer Kräfte und Mittel der Bundeswehr ist eine von beiden Seiten aktiv und partnerschaftlich betriebene Zivil-Militärische Zusammenarbeit im Gesundheitswesen (ZMZGesWes). Dieser Beitrag will die neuen Strukturen und Rahmenbedingungen dieser Zusammenarbeit aufzeigen.

Rahmenbedingungen für Einsätze der Bundeswehr im Inland

Entscheidende Grundlage für das Engagement der Bundeswehr im Inland ist die geltende Kompetenzzuordnung des Grundgesetzes. Hier finden sich im Artikel 35 die zentralen Auflagen für die Unterstützung von Ländern und zivilen Behörden durch militärische Kräfte. Entscheidend für den Ansatz und die Bereitstellung von Kräften und Mitteln der Bundeswehr im Falle eines Großschadensereignisses ist die Tatsache, dass die Führung im Rahmen der Hilfeleistung immer bei der zivilen Seite verbleibt. Die Einbindung von Kräften der Bundeswehr am Ort des Ereignisses muss dieser Kompetenzzuordnung Rechnung tragen, um parallele Entscheidungsstränge zu vermeiden. Für die medizinische Zusammenarbeit bedeutet dies unter anderem, dass Umfang, Zusammensetzung und Einsatzverfahren der sanitätsdienstlichen Kräfte vor Ort zivilen Vorgaben folgen müssen.

Grundvoraussetzung für einen Beitrag der Bundeswehr zum Schutz der Bürgerinnen und Bürger in Deutschland bei Naturkatastrophen und besonders schweren Unglücksfällen (Großschadensereignissen) ist rasche Verfügbarkeit und schnelles Bereitstellen geeigneter Kräfte auf Antrag der zuständigen zivilen Stellen. Dies fordert eine durchgängige Ansprechbarkeit von Beratungselementen, um subsidiäre Hilfeleistung auf Anforderung sicherzustellen. Hauptaufgabe der Zivil-Militärischen Zusammenarbeit ZMZ/Inland ist daher, einen durchgängigen Verbund zur Beratung auf allen zivilen und militärischen Ebenen sowie zum schnellen und kompetenten Austausch führungsrelevanter Informationen im Krisenmanagement herzustellen. Dieser Zivil-Militärische Verbund muss sicherstellen, dass die beantragte und verfügbare Hilfe am richtigen Ort und zur richtigen Zeit wirksam werden kann.

Einen Algorithmus, wie die Unterstützung der Bundeswehr angefordert werden kann, finden Sie im Anhang H.

Grundlagen der Zivil-Militärischen Zusammenarbeit im Gesundheitswesen (ZMZGesWes)

Die **Streitkräftebasis** nimmt federführend die Aufgabe der ZMZ für die Bundeswehr wahr. Das beinhaltet die Planung, Koordinierung, Führung und den Einsatz von Kräften und Mitteln. Hiervon ausgenommen sind diejenigen Teilaspekte, die in die Zuständigkeit des **Zentralen Sanitätsdienstes der Bundeswehr (ZSanDstBw)** und der Territorialen Wehrverwaltung fallen.

Die **ZMZGesWes** liegt in der Verantwortung des **Inspekteurs des Sanitätsdienstes**. Dadurch wird die flexible Bereitstellung einer adäquaten sanitätsdienstlichen Expertise sowie kurzfristig verfügbarer sanitätsdienstlicher Kräfte und Mittel zur Unterstützung der zivilen Verantwortungsträger bei Großschadensereignissen wesentlich gefördert. Auf Bundesebene obliegt die Aufgabenwahrnehmung dem Führungsstab des Sanitätsdienstes (FüSan) im Bundesministerium der Verteidigung (BMVg). Das Sanitätsführungskommando (SanFüKdo) und das Sanitätsamt der Bundeswehr (SanABw) nehmen gemäß Weisung BMVg die sanitätsdienstliche Kooperation mit den Bundesorganen der zivilen Hilfsorganisationen sowie die Abstimmung mit Bundesbehörden auf der operativen Ebene wahr. Auf Länderebene fällt diese Aufgabe den Sanitätskommandos zu, in deren regionalem Verantwortungsbereich jeweils mehrere Bundesländer liegen. Außerdem regeln sie die sanitätsdienstliche Unterstützung der zur Hilfe eingesetzten Bundeswehrkräfte und der zivilen Seite in enger Abstimmung mit den, den jeweiligen militärischen Einsatz führenden Wehrbereichskommandos.

Eine Lücke in der Beratung ziviler Behörden und Organe betraf in der Vergangenheit die Bezirks- und Kreisebene. Deshalb wurde 2004 zusammen mit der Streitkräftebasis ein Modellversuch gestartet, der diese Aufgabe geeigneten, ortsansässigen Reservisten übertrug, die in Bezirks- und Kreisverbindungskommandos gegliedert wurden. Die Verbindungskommandos mit einer Stärke von zwölf Soldaten wurden durch den Beauftragten der Bundeswehr für die Zivil-Militärische Zusammenarbeit (BeaBwZMZ) geleitet. Gleichzeitig wurden Beauftragte Sanitätsstabsoffiziere für die Zivil-Militärische Zusammenarbeit im Gesundheitswesen (BeaSanStOffzZMZGesWes) geschaffen, die die Beratung der zivilen Gesundheitsbehörden in ihren Bezirken und Kreisen sowie der Bezirks-/Kreisverbindungskommandos (BVK/KVK) als sanitätsdienstliches Stabselement sicherstellen sollten. Streitkräftebasis und Sanitätsdienst konnten als Ergebnis feststellen, dass die Wahrnehmung der ZMZ Inland auf Bezirks- und Kreisebene durch Reservisten und Reservistinnen ein erfolgversprechender Ansatz für die Zukunft ist.

Als Ergebnis wurde die Aktivierung und Ausfächerung des Modells für den gesamten Bereich ZSanDstBw angewiesen. In allen Bezirken und Kreisen werden jeweils ein Sanitätsstabsoffizier und ein Sanitätsfeldwebel ausgebracht. Diese sind dem regionalen Sanitätskommando truppen- und fachdienstlich unterstellt und dem BVK/KVK für die Hilfeleistungen und Übungen unterstellt.

Der ZSanDstBw leistet wie die anderen OrgBerBw mit den im Inland verfügbaren Kräften und Mitteln subsidiär Amtshilfe oder unterstützt in diesem Rahmen die Länder in Fällen von Naturkatastrophen und besonders schweren Unglücksfällen in Deutschland.

Im ZSanDstBw sind zur subsidiären Unterstützung der zivilen Bedarfsträger besonders geeignet:

- ein flächendeckendes Netz von neun Verbänden: Sanitätsregiment (SanRgt), Lazarettregiment (LazRgt), Sanitätslehrregiment (SanLehrRgt) mit acht Sanitätsmaterialkompanien (SanMatKp), die auch die Unterstützung in Fällen von Naturkatastrophen oder besonders schweren Unglücksfällen wahrnehmen können (ZMZ Stützpunkt „Sanität").

- nicht-aktive Verstärkungskomponenten für die präklinische und klinische sanitätsdienstliche Versorgung, die Sanitätsmaterialversorgung, den qualifizierten Verwundetentransport sowie

Medizinischen ABC-Schutz bei den regionalen Sanitätseinrichtungen, der Sanitätstruppe, den Bundeswehrkrankenhäusern und den Kommandobehörden.

Der „Beauftragte Sanitätsstabsoffizier für die Zivil-Militärische Zusammenarbeit im Gesundheitswesen (BeaSanStOffzZMZGesWes)"

Kernaufgabe der BeaSanStOffzZMZGesWes ist es, enge Arbeitsbeziehungen zu den zivilen Behörden und Hilfsorganisation ihres Bezirkes/Kreises aufzubauen, um diese zu Fragen sanitätsdienstlicher Hilfeleistung kompetent beraten zu können. Dazu gehört auch die Beteiligung an den medizinischen Anteilen der zivilen Notfallplanung. Darüber hinaus dienen sie als sanitätsdienstliche Berater ihrer BeaBwZMZ sowie als Bindeglied zwischen den Bezirken bzw. Kreisen und den jeweiligen Sanitätskommandos in Fragen der ZMZGesWes. Dies alles verlangt neben Abkömmlichkeit, persönlichem Engagement und Kenntnis der (regionalen) Struktur des zivilen Gesundheitswesens vor allem auch gute Kenntnisse der sanitätsdienstlichen Einsatzgrundsätze und der Strukturen des Sanitätsdienstes der Bundeswehr, um die benötigte Akzeptanz der verschiedenen Ansprechpartner zu erzielen. Ausreichende Fähigkeiten im Umgang mit modernen Kommunikations- und Informationsmedien werden ebenso vorausgesetzt wie ein Lebensmittelpunkt in der Nähe des Sitzes der jeweiligen Kreis-/Bezirksverwaltung. Der ZSanDstBw gewinnt und beauftragt geeignete Sanitätsstabsoffiziere der Reserve, die diese herausfordernde Aufgabe übernehmen können und wollen. Neben der Beratung der zivilen Institutionen über Unterstützungsfähigkeiten und -verfahren des Sanitätsdienstes der Bundeswehr bei Großschadensereignissen kommt es insbesondere darauf an, gemeinsam mit den eingesetzten BVK/KVK ein leistungsfähiges und kompetentes Team der Bundeswehr in den zivilen Krisenstäben zu bilden.

Um die oben genannten Aufgaben sachgerecht wahrnehmen zu können, bedarf es einer spezifischen Ausbildung dieses Personenkreises. Gemeinsam mit den durch die Streitkräftebasis (SKB) identifizierten Reservisten werden die BeaSanStOffzZMZGesWes an der Stabsdienstschule der Bundeswehr in Sonthofen einen umfassenden Einblick in Strukturen und Verfahren der zivilen als auch militärischen Seite als Voraussetzung für das Verständnis des Aufgabengebietes ZMZ Inland gewinnen. Das Ausbildungsangebot wird abgerundet durch die Einweisungen des verantwortlichen Sanitätskommandos, Möglichkeiten des Selbststudiums sowie Seminare an der Akademie für Krisenmanagement, Notfallplanung und Zivilschutz (AKNZ) in Bad Neuenahr.

Fähigkeitsprofil des Sanitätsdienstes bei der Unterstützung von Großschadensereignissen oder Großveranstaltungen im Inland

Wie bereits dargestellt, eröffnet das Grundgesetz den Ländern die Möglichkeit, nach Ausschöpfung der eigenen Ressourcen Unterstützung durch den Bund und damit auch bei der Bundeswehr zu beantragen. Für diese subsidiär zu erbringenden Leistungen ist die Frage zu beantworten, welche Fähigkeiten der Bundeswehr geeignet sind, in einem Wirkungsverbund mit zivilen Kräften effizient eingesetzt zu werden. Die Vorbereitung verschiedener Großveranstaltungen – insbesondere der FIFA WM 2006 – hat hier wertvolle Hinweise geliefert. Für den Sanitätsdienst der Bundeswehr war eine Schlüsselerfahrung, dass die Unterstützungsforderungen der Länder zumeist sanitätsdienstliche Fähigkeiten betrafen. Auch wenn einige dieser Forderungen nicht erfüllt werden konnten, wurde deutlich, dass mobile sanitätsdienstliche Kräfte und Mittel neben anderen Fähigkeiten der Bundeswehr einen wesentlichen Bestandteil des Bedarfs der Länder an Unterstützung durch die Bundeswehr bilden.

Grundsätzlich bietet sich das gesamte Fähigkeitsspektrum des Sanitätsdienstes für Auslandseinsätze auch für den subsidiären Einsatz im Inneren an. Hervorzuheben sind:

Bodengebundener Verletzten- und Krankentransport

Die bodengebundenen Verwundetentransportmittel der Bundeswehr können das zivile Versorgungsspektrum insbesondere im Bereich der Geländegängigkeit ergänzen. Der Transport von Verletzten bei Großschadensereignissen in unwegsamem Gelände oder bei zerstörter Infrastruktur kann so auch unabhängig vom vorhandenen Wege- und Straßennetz geleistet werden. Diese Mittel werden insbesondere dann unabdingbar, wenn die Flugwetterlage keinen Einsatz von Hubschraubern zulässt.

Luftgebundener Verletzten- und Krankentransport

Der Sanitätsdienst der Bundeswehr stellt Kräfte bereit, um Hubschrauber und Transportflugzeuge der Bundeswehr in der Rolle Verletzten- und Krankentransport einsetzen zu können. Hervorzuheben ist die Nutzung des mittleren Transporthubschraubers CH-53 in der Version Großraumrettungshubschrauber (GRH). Mit dieser Version kann der zivilen Seite ein leistungsfähiges Transportmittel an die Hand gegeben werden, das bis zu sechs Schwerverletzte unter qualifizierter Betreuung vom Schadensort abtransportieren kann.

Modulare Sanitätseinrichtungen (MSE) auf Containerbasis

Der Sanitätsdienst der Bundeswehr verfügt über Rettungsstationen, Rettungszentren und Einsatzlazarette für die sanitätsdienstliche Behandlung von Verwundeten und Erkrankten in den Einsatzgebieten. Rettungsstationen umfassen hierbei notärztliche Fähigkeiten, während Rettungszentren über notfallchirurgische und Einsatzlazarette über ein umfassendes klinisches Spektrum verfügen. Diese Einrichtungen sind grundsätzlich geeignet, um zivile Behandlungseinrichtungen im Inland zu ergänzen oder bei fehlender oder zerstörter

Infrastruktur zu ersetzen. Wesentlich für die Bereitstellung dieser Einrichtungen sind jedoch die notwendigen Zeitvorläufe für Erkundung, Transport und Aufbau. Die Bereitstellung eines leichten Rettungszentrums macht beispielsweise nur dann Sinn, wenn nach Eintreffen der Kräfte am Schadensort ein Handlungsbedarf von deutlich mehr als zwölf Stunden vorliegt und damit das leichte Rettungszentrum nach einer Aufbauzeit von sechs bis acht Stunden (ohne Transport- und Marschzeit) sich noch entsprechend auswirken kann. Containerisierte Behandlungseinrichtungen bieten sich deshalb im Inland entweder für die vorgeplante Krisenprävention bei Großveranstaltungen (wie z. B. bei der FIFA WM 2006) oder bei langfristigem Bedarf an infrastrukturunabhängiger Behandlung (z. B. umfassende Zerstörung von zivilen Behandlungseinrichtungen) an.

Luftverlegbare Sanitätseinrichtungen (LSE)

Luftverlegbare Rettungsstationen und Rettungszentren verfügen grundsätzlich über das gleiche Spektrum wie ihre containerisierten Namensvettern, sind aber als zeltgestützte Variante flexibler und mobiler in ihrem Einsatz. Hier kann bei entsprechender Vorwarnphase Material und Personal im Hubschraubertransport innerhalb kürzester Zeit an jeden Punkt Deutschlands gebracht werden. Grundvoraussetzung ist aber auch hier – wie bei allen anderen Fähigkeiten – die Verfügbarkeit dieser knappen Ressource.

Medizinischer ABC-Schutz

Der ZSanDstBw verfügt mit der Task Force MedABCSchutz des SanABw über eine mobile Einheit, die sich aus Experten des Sanitätsamtes und der Institute für Radiobiologie, für Mikrobiologie und für Pharmakologie und Toxikologie der Bundeswehr zusammensetzt. Diese Einheit kann bei entsprechendem Verdacht am jeweiligen Schadensort Proben gewinnen und analysieren sowie erste Maßnahmen zur Dekontamination Betroffener einleiten.

ZMZ-Stützpunkte Sanitätsdienst

„ZMZ-Stützpunkt" ist eine ergänzende Bezeichnung für einen ausgewählten Standort der Bundeswehr im Inland, an dem ein schon bestehender – aktiver – Truppenteil besondere, subsidiäre Aufgaben im
Rahmen der Hilfeleistung, dringender Not- oder Amtshilfe neben seinem originären militärischen Auftrag wahrnehmen kann, weil er über
eine dazu besonders geeignete Fähigkeit – z. B. im Bereich Pionier-
wesen, ABC-Abwehr oder im Sanitätsdienst – verfügt. Aktive Solda-
tinnen und Soldaten sowie Reservistinnen und Reservisten werden
dort so eingeplant, dass ein Einsatz sowohl für den originären als
auch für den subsidiären Auftrag im Rahmen der ZMZ möglich wird.
Der ZSanDstBw hat hierfür neun ausgewählte Verbände (Sanitäts-
und Lazarettregimenter) bundesweit eingebracht, die insbesondere
über die Befähigung Verwundetentransport und Bereitstellung/Betrieb
mobiler Behandlungseinrichtungen verfügen. Wesentliche Fähigkeiten
dieser Stützpunkte bestehen bereits heute, mit Einnahme der neuen
Reservistenstrukturen wird in den kommenden Jahren die komplette
Einsatzbereitschaft hergestellt.

Zusammenfassung

Die Erfahrungen von Großveranstaltungen (FIFA WM 2006, Welt-
jugendtag 2005), Übungen (LÜKEX) und internationalen Großschadensereignissen haben gezeigt, dass sanitätsdienstliche Fähigkeiten
der Bundeswehr eine wertvolle Ergänzung ziviler Ressourcen im Rahmen der durch das Grundgesetz vorgegebenen Grenzen darstellen.
Der ZSanDstBw kann für diese subsidiäre Unterstützung auf Kapazitäten im gesamten Fähigkeitsspektrum zurückgreifen. Der besondere Bedarf ergibt sich aus der Tatsache, dass Kranken-/Verletzten-
transport und Behandlung mobil und weitgehend unabhängig von
vorhandener Infrastruktur geleistet werden können. Die sachgerechte
Beratung der zivilen Verantwortungsträger im Gesundheitswesen wird
neben den aktiven Strukturen auf Bundes- und Landesebene zukünftig auf Bezirks- und Kreisebene durch nichtaktive BeaSanStOffzZMZ-

GesWes wahrgenommen. Die Aufgabe ZMZGesWes hat damit für den ZSanDstBw einen erheblichen Bedeutungszuwachs erfahren, der sich in den kommenden Jahren weiter verstärken wird.

4 Risikokommunikation

4.1   Einführung

B. Ebert, P. Dickmann

Das Kapitel „Risiko- und Krisenkommunikation – Kommunikation vor, in und nach der Krise" richtet sich an Ausbilder, Schulungsverantwortliche und Multiplikatoren, die sich in Vorbereitung auf mögliche biologische Gefahrenlagen über Risiko- und Krisenkommunikation informieren möchten.

Das Management einer biologischen Gefahrenlage kann in vier Phasen eingeteilt werden (Australian Government, 1999), die unterschiedliche Kommunikationsstrategien erfordern:

1. a)   **Vorbeugung** *(prevention/mitigation)*
   umfasst alle Maßnahmen, die das Auftreten von Katastrophen verhindern bzw. ihre Auswirkungen verringern können.

1. b)   **Vorbereitung** *(preparedness)*
   umfasst alle Maßnahmen, die im Schadensfall die rasche Mobilisierung und Verteilung der benötigten Ressourcen sicherstellen sollen.

2.   **Reaktion** *(response)*
   umfasst alle Handlungen, die unmittelbar vor, während oder nach Eintritt eines Großschadensereignisses zur Minimierung von dessen Auswirkungen unternommen werden.

3.   **Wiederherstellung** *(recovery)*
   umfasst alle Maßnahmen der Unterstützung vom Schadensereignis betroffener Gemeinden beim Wiederaufbau der physischen Infrastruktur und der Wiedererlangung des emotionalen, sozialen, wirtschaftlichen und physischen Wohlbefindens.

Nach Abschluss der Phase 3 beginnt automatisch wieder Phase 1. Kommunikation ist in den Phasen 1a und b Risikokommunikation, in den Phasen 2 und 3 Krisenkommunikation.

Die beiden einführenden Beiträge dieses Kapitels beschäftigen sich zunächst mit Definitionen und Auslegungen der Begriffe Risiko- und Krisenkommunikation und der Wahrnehmung von Infektionsrisiken in der Gesellschaft.

Im Beitrag **4.2 Risikokommunikation** wird zunächst der Begriff „Risiko" aus mathematisch-naturwissenschaftlicher und psychologischer Sicht vorgestellt. Aus diesen beiden Betrachtungsweisen ergeben sich Missverständnisse, die eine Kommunikation erschweren können. Anschließend werden die Begriffe Risiko- und Krisenkommunikation abgegrenzt. Ziel der *Risikokommunikation* ist es, vor einer krisenhaften Situation kulturell verankerte Handlungsgewohnheiten zu thematisieren und das Wissen über adäquate präventive Verhaltensweisen in der Bevölkerung zu etablieren. Die *Krisenkommunikation* betrifft hingegen die Information und Aufklärung in einer konkreten (biologischen) Gefahrenlage und ist häufig von Unsicherheiten, Entscheidungszwängen und Knappheit an Zeit und Personal geprägt. Die Autoren betonen die Notwendigkeit, bereits vor einer zu erwartenden Krise proaktive Informationsangebote an Politik, Presse und allgemeine Öffentlichkeit zu richten und entwickeln konkrete Schritte für diese Arbeit. Ergänzend wird im Anhang I eine Übersicht der Kommunikationsstrategien in den verschiedenen Phasen des Krisenmanagements, d. h. vor, während und nach einer Krankheitswelle, gegeben.

Der Beitrag **4.3 Die Angst der Gesellschaft vor Infektionen** beleuchtet die Wahrnehmung von Infektionskrankheiten und -risiken in der Bevölkerung. Sie sind der Boden, auf den die Sachinformationen der Experten und Kampagnen treffen und müssen bei der Konzeption von Aufklärungsmaßnahmen berücksichtigt werden. Die bisherigen Erfahrungen mit Infektionsausbrüchen zeigen, dass eine verunsicherte Bevölkerung durchaus medizinische und logistische Maßnahmen behindern kann (z. B. „besorgte Gesunde"). Dieser Effekt wird eher durch ein Zuwenig als durch ein Zuviel an Informationen ausgelöst. Daher ist es für die Bewältigung biologischer Gefahrenlagen wichtig, im Vorhinein eine Aufklärung der Bevölkerung über Gefahren und mögliche Vorbereitungs- und Schutzmaßnahmen zu betreiben.

Es folgen drei praxisorientierte Beiträge zur Presse- und Öffentlichkeitsarbeit, zur Informationsversorgung der Einsatzkräfte und zum Umgang mit Betroffenen.

Der Beitrag **4.4 Besser informieren: Instrumente der Presse und Öffentlichkeitsarbeit** gibt Hinweise für die Vorbereitung eigener Informationsaktivitäten im Fall einer biologischen Gefahrenlage. Die Kommunikation in dieser Lage umfasst die gezielte Pressearbeit, Informationsangebote für Bürgerinnen und Bürger sowie den Einsatz von Multiplikatoren aus der Fachöffentlichkeit. Das erfahrungsgemäß hohe Informationsbedürfnis der Öffentlichkeit geht mit einer hohen Belastung der Auskunft gebenden Stellen einher. Die Personal- und Ressourcenplanung wird ebenso thematisiert wie die Aufgaben der Öffentlichkeitsarbeit in der Nachbereitungsphase. Ergänzend finden sich im Anhang J Listen mit Merkposten für die praktische Umsetzung.

Im Beitrag **4.5 Besser informiert: Entscheidungsträger, Einsatzkräfte und Multiplikatoren** geht es um die interne Abstimmung und fachliche Beratung innerhalb von und zwischen Behörden. Zunächst werden die Rollen, Aufgaben und Erwartungen der verschiedenen Funktionsträger definiert. Die Funktion des Fachberaters wird am Beispiel des Gesundheitsamtes erläutert. Im Fall einer A-, B- oder C-Lage erwarten Katastrophenschutzbehörden einer bundesweiten Erhebung zufolge von den Gesundheitsämtern kompetente Beratung zu Symptomen, therapeutischen Maßnahmen und der organisatorischen Bewältigung der Lage. Der Beitrag entwickelt zudem Handlungsmuster für die Informationsweitergabe vom Fachberater an die Funktionsträger in den verschiedenen Phasen des Krisenmanagements.

Zur Vertiefung und Verdeutlichung einiger Aspekte der Krisen- und Risikokommunikation dienen Fallbeispiele, die sich in den einzelnen Artikeln finden.

- *Affenpockenausbruch* in den USA (4.2, Unterscheidung von Risiko- und Krisenkommunikation)

- Presseberichterstattung über quarantänisierte Kontaktpersonen bei drei *Pockenausbrüchen* in den 1960er Jahren (4.3, Gratwanderung zwischen Verharmlosung und Abschreckung)

- ‚Steckbrief' zu den Milzbrandbrief-Attrappen aus der Sicht des Bundeskriminalamtes (4.3, Tätersuche in den USA und Auswirkungen der Hoaxes in Deutschland)

Literatur

Australian Government (1999). *Emergency Management Australia: Disaster Medicine Part III, Vol. 1,* 2nd edition 1999. (www.ema.gov.au/agd/EMA/ emaInternet.nsf/Page/Publications) [online, 01.08.2007]

4.2 Risikokommunikation

P. Dickmann, M. Wildner, W. Dombrowsky

Ziel

Grundsatzartikel; Definitionen, Begriffserklärungen
Aufgaben der Risikokommunikation in biologischen Gefahrenlagen

Risiko – eine Begriffsklärung

Risikokommunikation in biologischen Gefahrenlagen hat in den letzten Jahren an Bedeutung gewonnen. Die Anthrax-Briefe, SARS oder auch der Ausbruch der Vogelgrippe in Deutschland haben die Notwendigkeit unterstrichen, nicht nur das medizinische Management von Infektionskrankheiten und biologischen Bedrohungen effizienter und effektiver zu gestalten, sondern auch die Informationslage bei Entscheidungsträgern, Medien und Bevölkerung. Um dies zu erreichen, werden inzwischen die Verfahren von **Risikokommunikation** in die Vorbereitung auf biologische Lagen einbezogen.

Was aber bedeutet Risikokommunikation bei biologischen Lagen, wie „funktioniert" sie dabei und was sind die Unterschiede zu **Krisenkommunikation?**

Bereits der Begriff **Risiko** bereitet Schwierigkeiten, weil er verschiedenen Verwendungen und Ansätzen entstammt. Ganz wesentlich wird die gegenwärtige Begriffsverwendung von versicherungsmathematischen, wahrscheinlichkeitstheoretischen, ingenieur- und wirtschaftswissenschaftlichen Ansätzen bestimmt. Dies zeigt sich vor allem anhand so genannter Schadenswahrscheinlichkeiten, bei denen das Risiko (R) die Wahrscheinlichkeit (W) ausdrückt, mit der ein bestimmtes Schadensereignis (S) eintritt. In dieser Verwendung ist Risiko das Produkt aus Eintrittswahrscheinlichkeit und Schadensausmaß (Hüfner,

1989; Metzner, 2002), wobei dieser statistische Erwartungswert häufig missverstanden wird als präzise Vorhersage eines Ereigniseintritts. Tatsächlich handelt es sich immer nur um vergangene Häufigkeitsverteilungen pro Zeiteinheit (zumeist pro Jahr).

$$R = S \times W$$

Davon zu unterscheiden sind Risiko-Verständnisse, die den Wahrnehmungs-, Bewertungs- und Beeinflussungszusammenhang betonen und die mit Ansätzen aus den Sozial- und Kulturwissenschaften und der Psychologie untersucht wurden. Danach ist Risiko vor allem eine Funktion (f) der subjektiven Wahrnehmung [P(subj)] vor dem Hintergrund kultureller Muster und individueller Sozialisation [S(subj)]. Betont wird dabei eine eigene Involviertheit zu einer möglichen Gefährdung, die häufig nicht deckungsgleich ist zu einer Risikobewertung des Vergleichs unterschiedlicher Häufigkeitsverteilungen.

$$R = f [S(subj),P(subj)]$$

Im Alltag führt die Unvereinbarkeit beider Bewertungsverfahren durchaus zu Konflikten, wie die Haltung gegenüber Rauchen sinnfällig macht: Während die einen die schädigende Wirkung von Tabakrauch unterstreichen und den Schutz des Nichtrauchers auch rechtlich verankern möchten, verabsolutieren andere ihr Recht auf Selbstbestimmung und Entscheidungsfreiheit. Gerade das Beispiel Rauchen macht deutlich, wie sehr das Eingehen und Hinnehmen von Risiken auf Güterabwägungen beruht, die zumeist komplizierter und komplexer sind als das spezifische Risiko selbst. Involviert sind immer Fragen der Zumutbarkeit, der Folgewirkungen auf Dritte, reale wie ideell-subjektive Nutzenzuschreibungen wie generelle Kosten-Nutzen-Kontexte, die mit einem Risiko verbunden sind.

Risikokommunikation erweist sich darüber als gesellschaftliche Vermittlungsmethode, durch die diese Kompliziertheit und Komplexität bearbeitet und wechselseitig so vermittelt werden kann, dass Risiken besser verstanden und dadurch letztlich angemessener beurteilt werden können und über Verhaltensmaßnahmen entschieden werden kann.

Unterscheidung Risiko- und Krisenkommunikation

Eine erfolgreiche, Verstehen und Verständnis bewirkende Kommunikation mit der Bevölkerung ist vor allem dann besonders wichtig, wenn gesellschaftliche Bedrohungen bewältigt werden müssen. Großschadenlagen und Katastrophen erfordern mit zunehmender Größe und Dauer auch eine angemessene und solidarische Mitwirkung der Bevölkerung. Selbstschutz-, Selbsthilfe- und Hilfeleistungsfähigkeit ist jedoch nur mobilisierbar, wenn vor dem Eintritt eines Risikos bereits so über dessen Art und Folgen kommuniziert wurde, dass dieses Wissen im Krisenfall unverzüglich aktualisiert werden kann.

Von daher wird **Risikokommunikation** als eher langfristige Kommunikation über Risiken angesehen, mit dem Ziel, mit diesen Risiken „richtig" umgehen zu können, während **Krisenkommunikation** eher die kurzfristige, auf einen bevorstehenden Risiko- oder einen Schadenseintritt reagierende Information ist, mit dem Ziel, situativ angemessene, operative Verhaltensmaßregeln zu kommunizieren, die allen Beteiligten helfen, ihr einschlägiges Vorwissen bestmöglich umsetzen und anwenden zu können.

Im Bereich der Bekämpfung von Infektionskrankheiten haben beide, Risiko- wie Krisenkommunikation einen besonderen Stellenwert: Damit das medizinische Management bestmöglich wirksam werden kann, bedarf es des umsichtigen und informierten Verhaltens der Allgemeinheit. Es ist die substantielle Vorbedingung einer erfolgreichen Prophylaxe und Behandlung. Damit berühren Infektionskrankheiten nicht ausschließlich medizinische und logistische Aspekte des Managements, sondern auch die wesentlichen und zum Teil sehr sensiblen Bereiche des gesellschaftlichen Zusammenlebens. Während in den letzten Jahren der Fokus der Vorbereitungen auf den so genannten *First Respondern* – also den zuerst betroffenen Einsatzkräften – sowie dem ärztlichen Management von Infektionserkrankten lag, muss nunmehr auch die Bedeutung der Risikokommunikation im Hinblick auf eine aufmerksame und handlungsfähige Bevölkerung in den Blick genommen werden. Empfehlenswert erscheint dazu eine frühzeitige, transparente und umfassende Informationsstrategie, die die erforderliche Handlungsfähigkeit von gesellschaftlichen Gruppen durch die Verfahren der Risikokommunikation herbeiführt.

Beim Management von biologischen Bedrohungen und Infektionskrankheiten geht es neben allen fachspezifischen Aspekten auch um das Management der verschiedenen gesellschaftlichen Interessen und Bewertungslagen, also um Risiko- und Krisenkommunikation.

Biologische Bedrohungen stellen dabei eine besondere Herausforderung an die Risiko- und Krisenkommunikation dar. Während in der Risikokommunikation versucht wird, die kulturell verankerten Handlungsgewohnheiten, die gesellschaftlichen Phantasmen und Ängste zu thematisieren (siehe 4.3) und eine transparente Informationslage anzubieten, ist die Krisenkommunikation auch von Entscheidungszwang unter Ungewissheit und Knappheitsbedingungen (Zeit, Ressourcen, Informationen) charakterisiert. Um unter diesem Druck Risiken besser beurteilen und kommunikative Bedürfnisse angemessen berücksichtigen zu können, wurde eine Matrix[1] erarbeitet (siehe 4.5, Tab. 1), die es erleichtern soll, die Spezifika biologischer Gefahren schnell einzuordnen und adäquate Handlungsoptionen – auch und insbesondere *vor* der Krise – ableiten zu können.

---

1 Siehe dazu: Wildner, M., Dombrowsky, W., Dickmann, P. (2007). Szenarien biologischer Gefahrenlagen. Eskalationsstufen von Risikokommunikation. In: *Biologische Sicherheit in Deutschland*. Kongressband zur German BioSafety 2005. (im Druck)

Risikokommunikation – strukturell

In pluralistischen, demokratischen Gesellschaften gibt es widerstreitende Expertenmeinungen, widerstreitende mediale Positionen und widerstreitende Interessen. Es kann daher nicht in jedem Fall von einer einfachen Botschaft ausgegangen werden, die nur noch klar und deutlich und möglichst authentisch kommuniziert zu werden braucht.

Ziel einer Risikokommunikation ist es daher, nicht nur die **Inhalte**, sondern auch die **Prozesse widerstreitender Positionen** selbst, als Beobachtungsbeschreibung, zu kommunizieren (z. B. Vorteile und Risiken einer privaten Bevorratung von Masken). Transparenz dieser Prozesse herzustellen, ist Bestandteil und wichtiges Moment von Risikokommunikation.

Risikokommunikation ist in diesem Sinne die Kommunikation zwischen verschiedenen Interessengruppen zu einem relevanten Thema – in unserem Falle: auf dem Gebiet der biologischen Gefahrenlagen –, die Botschaften sowohl von der Inhaltsebene (‚Fachinformationen‘) wie auch Botschaften von der Strukturebene (Transparenz der Entscheidungsprozesse) als Kommunikation anbietet.

Ziel von Risikokommunikation ist es daher, möglichst alle Adressaten frühzeitig und dialogisch an der Kommunikation zu beteiligen und zugleich alle Beteiligten in die Bedingungen und Strukturen von Kommunikation durch Kommunikation einzubeziehen.

Damit soll erreicht werden, dass die Bevölkerung mit einer fachinformierten Grundhaltung und kompetenten Handlungsmustern in die Lage versetzt wird, sich in der jeweiligen Situation – wie sie sich in ihrer ‚objektiven‘ Ausrichtung und ihrer ‚subjektiven‘ Einschätzung darstellt – adäquat zu verhalten. Risikokommunikation bereitet somit den fruchtbaren Boden, auf den dann Krisenkommunikation fallen soll.

Risikokommunikation unterscheidet sich wesentlich von Krisenkommunikation. Während Krisenmanagement und Krisenkommunikation vor allem in militärischen oder stabsorganisierten Zusammenhängen etabliert wurde, in denen man von definierten und hierarchisch funktionierenden Organisationseinheiten ausgehen kann, ist Risikokommunikation hingegen von kulturellen und internationalen Vielfalten gekennzeichnet. Hier kann es möglicherweise auch zu einer Friktion in der Kommunikationsart selber kommen: hier funktionieren Befehle nicht, ebenso wenig wie Handlungsanordnungen unter Informationsknappheit. Krisenkommunikation drückt sich in diesem Zusammenhang zunächst als eine Kommunikations-Krise aus. Der Wechsel von einer Risiko- in eine Krisenkommunikation wird gesellschaftlich oft als schwierig empfunden. Symptomatisch werden Verluste der informationellen Selbstbestimmung, Zeitknappheit und unzureichende Handlungsmöglichkeiten beklagt.

In demokratischen und liberalen Gesellschaften ist es ungeheuer schwierig, ‚plötzlich' eine andere Handlungs- und Entscheidungsform – von demokratisch-selbstbestimmt zu hierarchisch-direktiv – durchsetzen zu wollen. Zudem kann nicht erwartet werden, dass alle Handelnden zugleich und gleichförmig auf veränderte äußere Erfordernisse reagieren – dies umso weniger, je stärker die Versuchung wirkt, besondere Ereignisse massenmedial zu nutzen. In einer Mediendemokratie ist kaum erwartbar, dass plötzlich ‚abgestimmte', allein sachliche Botschaften gesendet werden. Dennoch verlangen extreme Situationen Möglichkeiten, psychischer wie sozialer Destabilisierung entgegen wirken zu können, um handlungsfähig zu bleiben. Risikokommunikation ist auch dafür eine angemessene Strategie gegenüber den Herausforderungen an das internationale Management von globalen biologischen Bedrohungen in ganz unterschiedlichen Gesellschaften.

Strukturell werden folgende Schritte vorgeschlagen, die eine Risikokommunikationsstrategie berücksichtigen sollte. Ausgangspunkt bildet die Situation, in der keine Krise, also keine thematische Fokussierung, Informationen notwendig macht. In dieser Phase ist es die Aufgabe der Verantwortlichen, des Öffentlichen Gesundheitsdienstes, den politischen Entscheidungsträgern proaktiv (und im Sinne eines ‚vor die

Lage kommen') Informationsangebote zu machen, Kommunikations-zusammenhänge herzustellen und die Koordination zu den Kollegen zu etablieren und zu unterhalten. Zur inhaltlichen Ausrichtung der Kommunikation wird eine Analyse und Auswertung der Ausgangslage wie auch der akuten Lage (Anfragen ans Gesundheitsamt, Berichte über Erkrankung und gesundheitliche Probleme z. B. aus öffentlichen Einrichtungen) vorgeschlagen.

Als nächster Schritt sollte eine Zielgruppenbefragung vorgenommen werden, die zur Strategieempfehlung führt und die Implementierung von Aktionen vorsieht (siehe Tab. 1).

Tab. 1:   Entwicklungsphasen für Maßnahmen der Risikokommunikation

Phase	Maßnahme	Hinweis
1	Beschreibung der Situation	Jeweils Differenzierung nach Zielgruppen (siehe Tabelle 2)
2	Analyse der Situation	
3	Zielgruppenbefragung (*Audience Research*)	
4	Strategieentwicklung für Kommunikation & Schulung	
5	Entwicklung eines Evaluationsplanes	
6	Verstetigung der Maßnahmen	

Wichtig ist es, einerseits relevante Informationen für die entspre-chenden Gruppen bereitzustellen, andererseits sowohl deren Erreich-barkeit und Verfügbarkeit als auch deren Stimmigkeit zu gewährleis-ten. Informationen sollten also prinzipiell allen zugänglich, für alle ver-ständlich, sachlich und fachlich richtig und zudem „gerecht" verteilt sein. Bevorrechtigte Informationen dürfen in diesem Sinne nur „funkti-onal" ungleich verteilt werden, z. B. zuerst an Einsatzkräfte oder an die

Medien, um hohe Wirkungsgrade zu erzielen. Insbesondere für Presseanfragen sollte es z. B. ein spezielles Informationsangebot geben (Merkblatt, Einladung zum Aktionstag etc.), allerdings sollten Journalisten auch die Informationen für Erkrankte, Besorgte und Involvierte bekommen.

Tab. 2:   Zielgruppen der Risikokommunikation
            Übersicht: siehe Checklisten (Anhang J)

- Exponierte/Erkrankte
- Besorgte/allgemeine Öffentlichkeit
- Involvierte (Experten, Exekutive, politische Entscheidungsträger, Ökonomie)

Fallbeispiel: Affenpocken in den USA

C. Friedrich

Im Mai und Juni 2003 wurden in den USA 71 humane Fälle von Affenpocken registriert (CDC, 2003). Dieser Ausbruch, der sechs Bundesstaaten betraf, war der erste auf dem amerikanischen Kontinent; zuvor war die Krankheit nur in West- und Zentralafrika beobachtet worden.

Die Indexpatientin erkrankte am 16. Mai, drei Tage nach dem Biss eines als Haustier gehaltenen Präriehundes, und wurde nach erfolgloser antibiotischer Behandlung am 22. Mai hospitalisiert. Ein weiteres Familienmitglied erkrankte am 27. Mai; eine Biopsie der Hautläsionen ergab am 30. Mai den Nachweis von Orthopockenviren. Trotz der Ähnlichkeit der Läsionen zu humanen Pocken wurde ein möglicher bioterroristischer Hintergrund wegen des engen Kontaktes der beiden Patienten zu dem Präriehund frühzeitig ausgeschlossen (Kennedy, 2003).

Im Verlauf einer vom Wisconsin Department of Health and Family Services (DHFS) einberufenen Telefonkonferenz am 5. Juni 2003 mit Ärzten und Vertretern der lokalen, bundesstaatlichen sowie der Bundesebene schlugen zwei beteiligte Krankenhäuser vor, Fotos zum klinischen Erscheinungsbild sowie (elektronen)mikroskopische Aufnahmen des Erregers auf einer Webseite der Öffentlichkeit zugänglich zu machen. Die Idee wurde innerhalb einer Stunde realisiert: allein während der ersten zwei Monate der Untersuchung verzeichnete die Seite mehr als 400.000 Besuche (Reed, 2004).

Noch am selben Tag berichtete das DHFS in einer mit dem Department of Agriculture, Trade and Consumer Protection (DATCP) abgestimmten Pressemitteilung über die Erkrankung von 12 Personen nach Kontakt zu Präriehunden. Die Ursache der Erkrankungen sei jedoch gegenwärtig noch unbekannt. Zugleich wurden der Bevölkerung Hinweise für den Umgang mit möglicherweise erkrankten Tieren gegeben. Der zuständige Amtsveterinär ergänzte dies durch Empfehlungen für Tierärzte bezüglich Schutzkleidung und Meldeverhalten.

Einen Tag später erließ das DHFS ein zeitweiliges Verbot für den Handel mit sowie die Einfuhr und das Ausstellen von Präriehunden, das später vom Landwirtschaftsressort auf andere Säugetierarten ausgedehnt wurde. Ergänzt wurde die Maßnahme durch ein von der US-Seuchenbehörde Centers for Disease Control and Prevention (CDC) erlassenes Importverbot für sieben Nagerarten sowie Beschränkungen des Transports von Präriehunden zwischen den Bundesstaaten.

In einer Pressemitteilung der CDC vom 7. Juni wird bestätigt, dass es sich bei den mittlerweile 19 Fällen in drei Bundesstaaten um den ersten Ausbruch humaner Affenpocken in der westlichen Hemisphäre handelt. In einer Konferenzschaltung stellten sich Experten der CDC sowie der Behörden aus Wisconsin, Illinois und Indiana den Fragen der Medienvertreter.

Am 8. Juni, einem Sonntag, veröffentlichte das DHFS eine offizielle Warnung für alle Gesundheitsämter in Wisconsin mit Informationen zu Klinik, Labordiagnostik und Epidemiologie der Erkrankung. Darüber hinaus enthielt die Mitteilung Empfehlungen zu hygienischen und antiepidemischen Maßnahmen. Die lokalen Behörden wurden aufgefordert, auch Ärzte und Krankenhäuser zu informieren.

Die CDC veröffentlichten am 10. Juni auf ihrer Webseite Fragen und Antworten („FAQs") zu Affenpocken. Einen Tag später folgte die Empfehlung, engen Kontaktpersonen von Infizierten sowie den an der Ausbruchsuntersuchung Beteiligten eine Pockenimpfung anzubieten. Da der ursprünglich in Vorbereitung auf einen bioterroristischen Anschlag beschaffte Impfstoff für eine derartige Indikation nicht zugelassen ist, betonte die Direktorin der CDC, Dr. Julie Gerberding, dass die CDC in Kooperation mit der US-Arzneimittelbehörde FDA und einem Expertenteam erst nach sorgfältiger Abwägung der Risiken zu dieser Entscheidung gelangt seien. In der Presseerklärung wurde US-Gesundheitsminister Thompson mit den Worten zitiert: *„This outbreak demonstrates the importance of preparedness for the unexpected. [...] We are now seeing that this level of preparation can also assist in unexpected, natural outbreaks."*
(Dieser Ausbruch demonstriert, wie wichtig es ist, auf das Unerwartete vorbereitet zu sein [...]. Wir sehen jetzt, dass dieser Vorbereitungsstand auch bei unerwarteten, natürlichen Ausbrüchen helfen kann).

Bis zum 11. Juli 2003 berichtete das Fachblatt *Morbidity and Mortality Weekly Report* wöchentlich über den Fortgang der Untersuchung, in dieser letztgenannten Ausgabe auch über die Aufklärung der Verteilungswege der infizierten Tiere.

In seiner Aussage vor einem Ausschuss des US-Senats am 17. Juli fasste Dr. Stephen Ostroff, stellvertretender Direktor des Nationalen Zentrums für Infektionskrankheiten, die Rolle der CDC bei

Ausbruchsuntersuchungen von Zoonosen mit folgenden Worten zusammen: *„While we have made progress in building domestic and global capacity to address intentional and naturally-occurring threats to human public health, our job is far from complete and much more remains to be done. CDC looks forward to working with Congress, and our federal, state, local, public, and private partners, to address the infectious disease threats of the present and the future."* (Obwohl wir Fortschritte beim Aufbau inländischer und internationaler Leistungsfähigkeit des öffentlichen Gesundheitswesens im Umgang mit absichtlichen und natürlich vorkommenden Bedrohungen gemacht haben, sind wir noch weit davon entfernt, diese Aufgabe abgeschlossen zu haben und müssen noch viel tun. Die CDC freuen sich mit dem *Congress* und den Partnern auf Bundes-, Landes-, kommunaler und privater Ebene zusammenzuarbeiten, um der Bedrohung durch ansteckende Krankheiten in Gegenwart und Zukunft zu begegnen.)

Die offizielle Fallzählung der CDC endete am 30. Juli 2003.

Literatur

CDC. Zu den hier zitierten Materialien siehe die Webseiten der CDC zum Thema „Affenpocken" (www.cdc.gov/ncidod/monkeypox/) sowie die entsprechenden Webseiten der Gesundheitsbehörden in den betroffenen Bundesstaaten.

Kennedy, M. (2003). Handling Infectious Disease – How Wisconsin copes with monkeypox and more. *Wisconsin Med.J.* **102** (4), 11-14

Reed, K. D. (2004). Monkeypox, Marshfield Clinic and the Internet: Leveraging Information Technology for Public Health. *Clin.Med.Res.* **2** (1), 1-3

Am Beispiel einer hypothetischen Ereignisplanung wird ein gestuftes Vorgehen empfohlen.

Risikokommunikation mit der allgemeinen Öffentlichkeit am Beispiel Influenza-Vorbereitungen

Kommunikationsziele

1. Übergeordnet: Angst nehmen, Risiko fassbar machen, Handlungsmöglichkeiten für die allgemeine Öffentlichkeit kommunizieren

2. Konkrete Inhalte (Beispiele) vermitteln:

   - Informationen über die Existenz von Pandemieplänen auf Bundes- und Länderebene

   - Informationen über medizinische Therapiemöglichkeiten und Bevorratung von Medikamenten durch die Länder

   - Informationen über die Vorbereitungen des Bundes für eine rasche Impfstoffentwicklung

   - Option nicht-pharmazeutischer Maßnahmen zur Infektionskontrolle (Absage von Massenveranstaltungen, rasche Isolierung und Behandlung von Erkrankten, Absonderung und Beobachtung bei Verdacht)

   - Handlungsmöglichkeiten der allgemeinen Öffentlichkeit: z. B. allgemeine Hygiene (Händewaschen, Verzicht auf Händeschütteln, Desinfektionsmittel privat bevorraten, Vermeidung von Massenveranstaltungen/Menschenansammlungen, private Verkehrsmittel)

→ Tenor: es gibt grundsätzlich ein Restrisiko im menschlichen (Zusammen-)Leben, nicht nur durch Infektionskrankheiten *(Resilience)*, Verweis auf die wissenschaftliche Infrastruktur und die Strukturen des Öffentlichen Gesundheitsdienstes

3. Formales Ziel, „mit einer Stimme sprechen" (Beispiele):

- kompatible Botschaften zielgruppenspezifisch aufbereiten

- zielgruppengerechte mediale Formate

- Multiplikatorenschulung/Expertennetzwerk

- *vorbereitende* qualitative Zielgruppenbefragung, daraus Botschaften mit kooperierenden Experten abstimmen, Pretest mit Experten, ‚Expertenrat'

- Methodenkompetenz des ÖGD stärken, z. B. durch Bund-Länder-Workshop Health Marketing

- Inhalte und Formate mit Experten auf Landes- und Kommunalebene diskutieren, abstimmen und ausformulieren

Produkt/Mediales Format und Kommunikationswege auf Basis einer vorbereitenden qualitativen Zielgruppenbefragung

Zeitplan (Vorschlag)

Vorbeugung/Vorbereitung/Reaktion

- Qualitative Zielgruppenbefragung (Bund) als Ergänzung bzw. zur Überprüfung der übergeordneten Ziele

- Daran anknüpfend: gemeinsam mit Experten Botschaften und mediale Formate (Bund) erstellen, gesundheitspolitische Bilder

335

in ein Kommunikationskonzept integrieren („öffentliches Impfen'), Pretest der Module

- Ergänzung des Rahmenplanes durch ein Rahmenkonzept für die Risikokommunikation mit ‚*Generic messages*', pre-getestetem Botschaften-Set (Vorbereitungsphase: Angst nehmen, Vorsorge treffen) für die Landesebene, auf Landesebene Planspiel mit diesem „Set" anregen

- Multiplikatoren-Workshops für das Risikokommunikations-Set (pre-getestete Botschaften)

Institutionen der Risikokommunikation

Der Aufgabenbereich der Risikokommunikation ist in Deutschland noch nicht traditionell etabliert. Die Bedeutung der Risikokommunikation hat allerdings sowohl in der gesellschaftlichen Wahrnehmung wie auch in dem politischen und medizinischen Management von biologischen Gefahrenlagen an Bedeutung gewonnen. So wurden in den letzten Jahren einige Abteilungen gegründet, die die sachgerechte Bewertung und Kommunikation von biologischen Bedrohungslagen zum Ziel haben.

National

Auf nationaler Ebene wurde 2002 im Nachgang der Anthrax-Briefe in den USA am **Robert Koch-Institut (RKI)** das Zentrum für Biologische Sicherheit (ZBS) gegründet. Zum ZBS gehören fünf Fachabteilungen, ZBS 1–5, sowie die Informationsstelle des Bundes für Biologische Sicherheit (IBBS).

Während ZBS 1–5 die Expertise zu Viren, Bakterien, Pilzen, Toxinen, Nachweismethoden und Diagnostik bereitstellen sowie ein Hochsicherheitslabor planen, hat die Informationsstelle des Bundes für Biologische Sicherheit (IBBS) die Aufgabe, Management und Kommunikation im Bereich biologischer Gefahrenlagen zu übernehmen. Dabei liegen die Schwerpunkte der Arbeit besonders auf der

- Information

  - Beratung der Entscheidungsträger
  - Information von Fachkreisen
  - Schulung und Weiterbildung (intern und extern)
  - Information der Öffentlichkeit

und der

- Koordination und Etablierung von Informationsnetzwerken

  - Kooperation mit nachgeordneten Einrichtungen anderer Ressorts, insbesondere Bundesamt für Bevölkerungsschutz und Katastrophenhilfe, Bundeskriminalamt, Sanitätsamt der Bundeswehr

  - Koordination von Maßnahmen zum Schutz der Bevölkerung bei bioterroristischen Ereignissen im Rahmen der gesetzlichen Vorgaben

  - Etablierung und Ausbau von Informationsstrukturen und Kooperationen

  - Kontakt zu den korrespondierenden zivilen und militärischen Einrichtungen in und außerhalb der EU und NATO

Das Forschungsvorhaben *Interdisziplinäres Expertennetzwerk Biologische Gefahrenlagen* wird im Auftrag des **Bundesamtes für Bevölkerungsschutz und Katastrophenhilfe (BBK)** am RKI durchgeführt. Das Expertennetzwerk Biologische Gefahrenlagen ist ein Verbund von Expertinnen und Experten aus der Praxis mit Wissenschaftlern der entsprechenden Disziplinen, die zu relevanten Themen der Prävention und des Managements biologischer Gefährdung mit dem Ziel zusammenarbeiten, Bevölkerungsschutz, Infektionsprophylaxe und Krisenmanagement organisatorisch und inhaltlich zu verknüpfen. Zentrales Anliegen in diesem Projekt ist der Gedanke der Vernetzung von Experten und Expertisen. Insbesondere in biologischen Gefahrenlagen ist es wichtig, flexibel und aktuell zu speziellen Sachfragen adäquat Stellung nehmen und reagieren zu können. Durch die Verknüpfung von Expertisen in dem Netzwerk kann ein effektives und effizientes Zusammenarbeiten verschiedener Behörden und Einrichtungen auf Bundes- und Landesebene erleichtert werden.

---

deNIS I – deutsches Notfallvorsorge-Informationssystem

deNIS I ist eine offene Internetplattform, die Informationen zum Bevölkerungsschutz zusammenfasst, aufbereitet und jedem Bürger zur Verfügung stellt. Unter www.denis.bund.de findet der Bürger Informationen zu Gefahrenarten, Notfallvorsorgemaßnahmen, Verhaltensmaßregeln und Möglichkeiten der Gefahrenabwehr sowie eine umfangreiche Linksammlung zu den Bereichen Katastrophenschutz, Zivilschutz und Notfallvorsorge. deNIS ist ein Serviceangebot des BBK. Weitere Informationen unter www.bbk.bund.de.

Das **Bundesinstitut für Risikobewertung (BfR)** hat den gesetzlich verankerten Auftrag, über gesundheitliche Risiken der Bevölkerung durch Lebensmittel, Stoffe und Produkte zu informieren. Im Zusammenhang dieser Arbeit hat das BfR z. B. ein Risikokommunikationstool für die innerbehördliche Risikokommunikation entwickelt (EriK; *Entwicklung eines mehrstufigen Verfahrens der Risikokommunikation,* siehe 4.2.5). Ziel ist es weiterhin durch eine kontinuierliche Kommunikation mit der Bevölkerung die Risikobewertung transparent und nachvollziehbar zu gestalten.

Außerdem arbeiten auch Abteilungen des Umweltbundesamtes (UBA), die Bundesanstalt für Arbeitsschutz und Arbeitsmedizin (BAuA), das Bundesamt für Strahlenschutz (BfS), das Bundesinstitut für Arzneimittel und Medizinprodukte (BfArM), die Bundesanstalt für Materialforschung und -prüfung (BAM) sowie das Bundesamt für Verbraucherschutz und Lebensmittelsicherheit (BVL) und das Bundesamt für Bevölkerungsschutz und Katastrophenhilfe (BBK) an der Kommunikation der gesundheitlichen Risiken für die Bevölkerung.

International

Auf internationaler Ebene arbeiten verschiedene Einrichtungen auf dem Gebiet des Managements von biologischen Gefahren. Sowohl das Europäische Zentrum für Infektionskrankheiten und Prävention (ECDC), die Weltgesundheitsorganisation (WHO) und die amerikanischen Centers for Disease Control and Prevention (CDC) haben zur Krisenkommunikation gearbeitet und entsprechende Empfehlungen publiziert. Die Bedeutung einer Risikokommunikation, die aktiv auf die Bevölkerung zugeht, wird erst nach und nach realisiert. Neben den staatlichen Institutionen gibt es auch eine Reihe von internationalen Netzwerken.

Materialien

Der Bereich der Risikokommunikation ist in nationalen und internationalen Programmen noch kaum etabliert. Mit dem Kommunikationstool *ERiK – Entwicklung eines mehrstufigen Verfahrens der Risikokommunikation* (siehe auch 4.4) hat das BfR im deutschsprachigen Raum ein Pilotmodul geschaffen, das die interbehördliche Kommunikation verbessern möchte.

Im englischsprachigen Raum hat das amerikanische Gesundheitsministerium Richtlinien für die Kommunikation mit Medien und Risikokommunikation entwickelt (siehe 4.4), die vor dem Hintergrund des Krisenmanagements entwickelt wurden.

Risikokommunikation kristallisiert sich als Herausforderung an das zukünftige Management von auch biologischen Gefahrenlagen.

Literatur

Daase, C. (2002). Internationale Risikopolitik: Ein Forschungsprogramm für den sicherheitspolitischen Paradigmenwechsel. In: Daase, C., Feske, S., Peters, I. (Hrsg.): *Internationale Risikopolitik: Der Umgang mit neuen Gefahren in den internationalen Beziehungen.* Baden-Baden: Nomos; 9-35

Dickmann, P., Sasse, J. & Biederbick, W. (2005). Interdisziplinäres Expertennetzwerk Biologische Gefahrenlagen. *Bundesgesundheitsblatt* **48**, 1055-1057

Dombrowsky, W. & Pajong, F.-G. (2005). Panik als Massenphänomen. *Der Anaesthesist* **54**, 245-253

Hüfner, J. (1989). Wie sicher ist sicher genug? Zur Definition, Abschätzung und Bewertung von Risiken. In: Schmidt, M. (Hrsg.): *Leben in der Risikogesellschaft. Der Umgang mit modernen Zivilisationsrisiken.* Karlsruhe: Verlag C.F. Müller; 33-43

Gray, G. M. & Ropeik, D. P. (2002). Dealing with the dangers of fear: the role of risk communication. *Health Aff. (Millwood)* **21**, 106-116

Habegger, B. (2006). Von der Sicherheits- zur Risikopolitik: eine konzeptionelle Analyse für die Schweiz. In: Wenger, A., Mauer, V. (Hrsg.). *Bulletin 2006 zur schweizerischen Sicherheitspolitik.* Zürich: Forschungsstelle für Sicherheitspolitik der ETH Zürich; 113-166

McIntyre, J. J. & Venette, S. (2006). Examining the CDCynergy Event Assessment Tool: an investigation of the anthrax crisis in Boca Raton, Florida. *Disasters* **30**, 351-363

Metzner, A. (2002). *Die Tücken der Objekte. Über die Risiken der Gesellschaft und ihre Wirklichkeit.* Frankfurt/New York: Campus

Münkler, H. (2001). Terrorismus als Kommunikationsstrategie. Die Botschaft des 11. September. *Int.Politik,* **12**, 11-18

Münkler, H. (2004). *Die neuen Kriege.* Reinbek bei Hamburg: Rowohlt (2. Auflage)

Wenger, A. & Mauer, V. (Hrsg.) (2006). *Bulletin 2006 zur schweizerischen Sicherheitspolitik.* Zürich: Forschungsstelle für Sicherheitspolitik der ETH Zürich

Wildner, M. (2006). Bioterrorismus. In: Schlipkoeter, U., Wildner, M. (Hrsg.), *Lehrbuch Infektionsepidemiologie.* Göttingen/Bern: Huber Verlag (1. Auflage), 241-248

Wildner, M., Dombrowsky, W. & Dickmann, P. (2007). Szenarien biologischer Gefahrenlagen. Eskalationsstufen von Risikokommunikation. In: *Biologische Sicherheit in Deutschland. Kongressband zur German BioSafety 2005.* In Druck

4.3 Die Angst der Gesellschaft vor Infektionen

P. Dickmann, S. Brockmann, B. Ebert, M. Wildner

Biologische Gefahren gefährden die physische Integrität, die Gesundheit des Menschen. Neben selbstgefährdendem intentionalem Verhalten – z. B. Rauchen – gilt die Aufmerksamkeit vor allem den fremdinduzierten Gefahren – seien sie natürlichen Ursprungs, wie z. B. eine Grippewelle oder intentional ausgebrachte Krankheitserreger in einem bioterroristischen Szenario.

Biologische Gefahren treten überwiegend als Infektionskrankheiten oder Intoxikationen auf. Gerade im Bereich von Infektionskrankheiten ist von einer erhöhten gesellschaftlichen Aufmerksamkeit auszugehen und muss mit ihr umgegangen werden. Dies steht im Zusammenhang mit einigen Besonderheiten:

- gegenüber Infektionskrankheiten bestehen grundsätzlich wirksame Präventionsmöglichkeiten wie Expositionsprophylaxe, Impfungen oder soziale Maßnahmen

- Erkrankte stellen häufig gleichzeitig Risikofaktoren für ihre Umwelt dar, wobei auch klinisch „stumme" Fälle auftreten können

- die menschliche Speziesgrenze kann dabei überschritten werden („Vogelgrippe" bzw. Zoonosen)

- die Erkrankungen entwickeln sich aus einer komplexen Interaktion von Erreger, Wirt und Umwelt, wobei politische und kulturelle Grenzen überschritten werden können

- und es besteht bei all dem häufig die Notwendigkeit zu zeitkritischem Handeln.

Infektionskrankheiten sind damit nicht ,einfach nur' Krankheiten, die die subjektive Gesundheit beeinträchtigen und ein öffentliches Gesundheitssystem herausfordern, sondern sie betreffen die gesamte Gesellschaft.

Zentrales Moment ist die Infektion, durch die sich biologische Gefahren sehr deutlich von chemischen oder nuklearen Gefahren unterscheiden: Infektion ist einerseits ein pathogener Mechanismus; andererseits kann sie als ein sozialer Faktor wirksam werden, der sich als Ansteckung im biologischen wie im psychosozialen Sinn über andere, als Mensch-zu-Mensch-Übertragung artikulieren kann. Wenn die Möglichkeit besteht, sich über andere Menschen anzustecken, dann verändert dies – möglicherweise gravierend – soziale Gefüge. Dies wird verstärkt durch mit bloßem Auge nicht sichtbare Infektionserreger, Übertragungswege ,wie von Geisterhand', fehlende Detektionsapparate (,B-Geigerzähler'), mehrere Tage als Inkubationszeit zwischen Ansteckung und Ausbruch der Krankheit. Die erschwerte sinnliche Wahrnehmung von Infektionsgefährdungen macht Menschen anfällig für Verschwörungstheorien. So sind die „Brunnenvergifter" ein klassisches gesellschaftliches Phantasma, das sich auch im Umgang mit den „Aussätzigen", den infektiösen Erkrankten, noch vor der medizinischen Erforschung der Übertragungswege, ausgeprägt hat.

Fallbeispiel: Quarantäne für Kontaktpersonen von Pockenkranken

J. Sasse

Zwölf Mal wurden nach 1945 Pocken nach Deutschland eingeschleppt. Eine der wichtigsten Maßnahmen war die sofortige Quarantäne für enge Kontaktpersonen, damit diese bei Erkrankung keine weiteren Personen infizieren konnten. Beispielhaft ist die Berichterstattung über die Quarantänesituation bei drei der Ausbrüche dargestellt. Zwei der folgenden Artikel sind so geschrieben, dass sie helfen, die Angst vor der Quarantäne abzubauen – eine Gratwanderung an der Grenze zur Verharmlosung; bei dem dritten steht die Verzweiflung im Vordergrund – mit dem Risiko, dass sich noch nicht ermittelte Kontaktpersonen der Quarantäne entziehen, da der Sinn der Quarantäne nicht erläutert wird.

„BILD telefonierte mit den 5 Eingeschlossenen im Tropen-Institut: Wir fühlen uns wie im Luxus-Gefängnis" titelte die BILD-Zeitung am 28. März 1967. Fünf Kontaktpersonen schildern im Interview, wie sie jederzeit mit Angehörigen und Geschäftspartnern telefonieren dürfen, ihre Büroarbeit ausüben können und es bei tollem Blick über den Hafen Essen „Erster Klasse" gibt. Sie hätten jedoch etwas Langeweile und würden einen dritten Skatbruder vermissen. Die ebenfalls isolierte Krankenschwester sei eine „Wucht", aber verstehe leider nichts von Re und Contra. Wünschen würden sie sich auch einen Fernseher, der gleich darauf gespendet wurde – mit Foto in der nächsten Ausgabe. 13 Kontaktpersonen wurden zu dem Zeitpunkt noch per Aufruf gesucht. Einer der Abgesonderten bringt die Verantwortung des Einzelnen auf den Punkt: *„Ich fiel fast vom Stuhl, als ich die Nachricht vom Pocken-Alarm hörte. Als mein Name und der meines Freundes Wolf-Dieter fiel, wurde mir komisch zumute: Pocken-Quarantäne ist doch eine harte Sache. Aber wir meldeten uns sofort bei der Gesundheitsbehörde. In unserem Interesse, vor allem aber im Interesse unserer Familien und unserer Kollegen."*

Gute Stimmung in Pockenhausen:

Ähnlich positiv berichtete die Mittelbayerische Zeitung über die ungleich schwierigeren Quarantänebedingungen in Regensburg bei einem anderen Ausbruch nur zwei Wochen vorher. Hier mussten über 100 Personen in Quarantäne (zuletzt fast 150). Vom Essgeschirr über Waschutensilien bis zum Spielzeug sei alles vorbereitet, ebenso stünden vier Fernsehapparate und sechs zusätzliche Telefonleitungen parat, Lese- und Raucherzimmer sowie extra Mutter- und Kindzimmer seien eingerichtet worden, um den Aufenthalt so angenehm wie möglich zu gestalten. Sogar das zunächst vermisste Toilettenpapier habe sich nach telefonischer Rücksprache mit den Hilfsorganisationen in Kiste 62 gefunden. Ein Seelsorger, der sich freiwillig in die Quarantäne begeben hat, berichtet in einem Interview über die gute Versorgung und die prima Stimmung in *„Pockenhausen"*. Für Schulkinder werde täglich Unterricht abgehalten. Selbst der Osterhase kam mit leckeren Gaben vorbei. Eine Mutter wird zitiert: *„Bei uns herrscht Kameradschaft und Zusammenhalt. So sollte es draußen auch sein."*

Einen Tag später wird jedoch auch mit gerichtlichen Konsequenzen und Schadensersatzansprüchen gedroht, wenn sich Kontaktpersonen nicht freiwillig melden.

„Wir wollen raus!"

Anders hatte es in Ansbach 1961 ausgesehen. Damals die Schlagzeile der BILD: *„Wir wollen hier raus."* Berichtet wird über eine verzweifelte Mutter, die bei der Kommunion ihrer Tochter dabei sein will, und Angehörige, die ihre in Lebensgefahr schwebenden Verwandten nicht besuchen dürfen. Ein Hinweis auf das Ansteckungsrisiko bei solchen Besuchen wird nicht gegeben. *„Das endlose, ungewisse Warten in der Quarantäne, die ständige Furcht, auch von Pocken befallen zu werden, zermürbt die Nerven der Menschen. Auf den Straßen kommt es zu erregten Auseinandersetzungen. Forderungen wie „Schlagt ihn [den, der die Pocken eingeschleppt hat] doch tot!" werden laut."*

Infektionskrankheiten hatten in der zweiten Hälfte des 20. Jahrhunderts in den Industrienationen zu großen Teilen ihren Schrecken verloren. Die Entdeckung pathogener Mechanismen und die Entwicklung und der Einsatz von Impfstoffen und Antibiotika zur Prophylaxe und Behandlung schienen einen Siegeszug gegen Infektionskrankheiten einzuleiten. Die sozialen Ursachen der Infektionskrankheiten wie auch die sozialmedizinischen und sozialpolitischen Ansätze ihrer erfolgreichen Bekämpfung gerieten darüber zunehmend in Vergessenheit.

Die inhärenten Limitationen eines zu stark naturwissenschaftlich verstandenen medizinischen Fortschritts, die hohe gesellschaftliche Aufmerksamkeit gegenüber Infektionskrankheiten und die sicherheits- und innenpolitische Notwendigkeit von Vorbereitungen zu ihrer Prävention wurden in den letzten Jahren im Wesentlichen durch drei Infektionsgefährdungen manifest:

1. Neue oder neu auftretende Infektionskrankheiten

2. drohende Influenzapandemien

3. Bioterrorismus

In den letzten Jahren ist die Gefährdung durch Infektionskrankheiten wieder in das Bewusstsein zurückgekehrt, wie einige Beispiele zeigen:

1. Neue oder neu auftretende Krankheitserreger können sich aufgrund der Mobilität einer globalen Welt binnen 24 Stunden über den gesamten Globus ausbreiten und eine erhebliche Destabilisierung des öffentlichen Gesundheitswesens und der sozialen und kulturellen Kontexte zur Folge haben. Dabei kann es sich um natürliches Krankheitsgeschehen, wie z. B. SARS 2003, oder auch um intentional freigesetzte Erreger handeln. Die Infektionskrankheit SARS hatte dramatische Auswirkungen auf das öffentliche Gesundheitswesen und die öffentliche Wahrnehmung. Gerade der Beinahe-Kollaps des Gesundheitssystems in Toronto in Kanada, einem Land mit einer der besten medizinischen Infrastrukturen, führte zu einer gestiegenen Aufmerksamkeit (*Awareness*) gegenüber Infektionsgeschehen in der Bevölkerung. Auch die Gefährdung durch wiederauftauchende oder multiresistente Krankheitserreger lassen die Schutzlosigkeit der Bevölkerung wieder bewusst werden.

2. Eine Influenza-Pandemie wird von den Experten erwartet und die medizinischen Vorbereitungen werden forciert betrieben. Diese Vorbereitungen erstrecken sich jedoch vorrangig auf die medizi-

nischen und logistischen Aspekte sowie auf die Bedeutung der Kommunikation im Ereignisfall (Krisenkommunikation).

3. Die „Anthrax-Briefe", die im Herbst 2001 verschickt wurden, haben die Bedeutung bioterroristischer Bedrohungen stärker ins gesellschaftliche Bewusstsein gerückt. Tatsächlich ist die Bedrohung durch biologische Massenvernichtungswaffen (Krankheitserreger) durch eine asymmetrische Kriegsführung bzw. durch Terrorismus und durch die technischen Entwicklungen gegeben.

Fallbeispiel: Milzbrandbriefe – und Attrappen

B. Seiwert, B. Peters, P. Dickmann

Seit dem Eingang von drei mit Milzbranderregern kontaminierten Briefen im September 2001 in den USA, an deren Folgen

- fünf Menschen verstorben sind

- etwa 3 000 Personen, meist Bedienstete der US-Post, vorsorglich medizinisch behandelt (Antibiotika-Prophylaxe)

- und etwa 8 000 Menschen auf Befall mit Milzbranderregern untersucht wurden,

beschäftigen sich in- und ausländische Sicherheitsbehörden verstärkt mit dem Phänomen Bioterrorismus. In unmittelbarer Folge sind weltweit eine Flut von Anthrax-Verdachtsfällen (sogenannte *hoaxes*) auf die Sicherheitsbehörden hereingebrochen.

Vom Federal Bureau of Investigation (FBI) wurde mitgeteilt, dass alle „Anthrax-Briefe" in den USA aufgegeben und an Empfänger in den USA versandt wurden. Im Text der Briefe werden Drohungen und Verwünschungen gegen Amerika und Israel angeführt. Die

Briefumschläge aus Recycling-Papier können ausschließlich in US-Poststellen erworben oder von dort bestellt werden.

Die Analyse der drei sichergestellten Briefe ergab, dass es sich bei allen Erregern um den genetisch gleichen Milzbrandstamm handelte. Dieser ist benannt nach der Stadt Ames in Iowa, wo er erstmals in den 1950er Jahren isoliert und kultiviert wurde. Das erstellte Profil weist u. a. aus, dass der Täter über gute Ortskenntnisse im Bereich der Stadt Trenton (New Jersey) verfügen muss.

Dadurch ergab sich die These, dass nicht Personen aus dem Umfeld von Osama Bin Laden, sondern vielmehr eine innerhalb der USA agierende Person oder Gruppe Taturheber sein müsse. Anhand des erstellten Täterprofils konnte die Zahl der möglichen Attentäter auf etwa 50 Personen reduziert werden.

Auch Deutschland blieb von der neuen Kriminalitätsform nicht verschont. Bis zum Jahreswechsel 2001/2002 wurden innerhalb weniger Wochen etwa 4.000 Anthrax-verdächtige Briefe gemeldet. Die deutschen Sicherheitseinrichtungen,

- die Feuerwehren,
- die Gesundheitsämter,
- die Behörden für Katastrophenschutz,
- die Polizeistellen der Länder und des Bundes und
- Untersuchungsämter und Labore

hatten damit besonders in der Anfangsphase eine Fülle von Arbeit.

Die Bewältigung dieser angeblichen Gefährdungssituationen führte zu massiven Eingriffen in das öffentliche Leben, zum Teil mit Stilllegungen von Verwaltungseinrichtungen und Produktionsanlagen oder des Straßenverkehrs, und brachte vor allem Laboreinrichtungen an die Grenzen ihrer Untersuchungskapazitäten.

Bedauerlich – insbesondere aus Sicht der Strafverfolgungsbehörden – war, dass im Zuge von Maßnahmen zur Gefahrenabwehr nicht selten wertvolle Spuren vernichtet wurden, z. B. durch das Autoklavieren nach Untersuchungen in Sicherheitslaboren. So konnten in diesen Fällen weder Straftäter noch Trittbrettfahrer ermittelt werden.

Das Thema eignete sich hervorragend für die Medien. Ständig wurden Warnungen, angeblich aus den Sicherheitsbereichen, verbreitet. Danach sollten weitere Anschläge mit Milzbrand oder Pocken nicht nur in den USA, sondern auch in Europa bevorstehen. Eine Vielzahl von Gutachtern und Experten überbot sich in Schreckensszenarien mit den schauerlichsten Darstellungen über die Auswirkungen auf den menschlichen Organismus. Die Meldungen stellten sich ausnahmslos als falscher Alarm heraus. Rund 1 500 Ermittlungsverfahren wegen Störung des öffentlichen Friedens durch Androhung von Straftaten führten bis Ende 2001 zu 27 Festnahmen und 21 Verurteilungen (siehe Tab. 1).

Die Größenordnung der Fallzahlen in anderen Staaten Europas sowie die damit einhergehenden Auswirkungen waren mit den in Deutschland gemachten Erfahrungen vergleichbar.

Nachlassendes Medieninteresse und die Hinwendung zu anderen tagespolitischen Ereignissen führten dazu, dass diese erste Welle nach etwa drei Monaten verebbte. Die nächsten *hoaxes*-Wellen standen offensichtlich im Zusammenhang mit der drohenden Kriegsgefahr im Irak Mitte 2002, dem Jahrestag des 11. September sowie dem tatsächlichen Ausbruch des Krieges im Irak im März 2003.

Die durch die Briefe in den USA ausgelöste Welle von angeblichen Anthrax-Vorfällen hat auch einen positiven Effekt erzielt: Auf allen Ebenen, national und inzwischen auch international, hat sich die Koordination der Öffentlichen Sicherheitsbehörden verbessert. Dies gilt für alle Organisationen, die zur Bewältigung von großflächigen Krisenszenarien beitragen. Je enger die Koordination all dieser Sicherheitseinrichtungen im deutschen wie im europäischen Rahmen verläuft, je mehr die relevanten Erkenntnisse und die speziellen Fähigkeiten koordiniert eingebracht werden, desto besser werden solche Situationen zu beherrschen sein.

Jahr 2001	Verdachtsfälle	Festnahmen	Veurteilungen
Deutschland	3.949	27	21
Portugal	2.652	1	1
Irland	128	4	-
Niederlande	686	16	-
Luxemburg	120	2	1
Belgien	1.055	1	1
Österreich	393	0	0
Dänemark	350	-	0
Italien	1.381	23	0
Finnland	350		10
	11.064	**74**	**34**

Tab. 1: Verhältnis von Festnahmen und Verurteilungen nach *Hoaxes*, Daten aus einigen europäischen Staaten

Nachlassendes Medieninteresse und die Hinwendung zu anderen tagespolitischen Ereignissen führten dazu, dass diese erste Welle nach etwa drei Monaten verebbte. Die nächsten hoaxes-Wellen standen offensichtlich im Zusammenhang mit der drohenden Kriegsgefahr im Irak Mitte 2002, dem Jahrestag des 11. September sowie dem tatsächlichen Ausbruch des Krieges im Irak im März 2003.

Die durch die Briefe in den USA ausgelöste Welle von angeblichen Anthrax-Vorfällen hat auch einen positiven Effekt erzielt: Auf allen Ebenen, national und inzwischen auch international, hat sich die Koordination der Öffentlichen Sicherheitsbehörden verbessert. Dies gilt für alle Organisationen, die zur Bewältigung von großflächigen Krisenszenarien beitragen. Je enger die Koordination all dieser Sicherheitseinrichtungen im deutschen wie im europäischen Rahmen verläuft, je mehr die relevanten Erkenntnisse und die speziellen Fähigkeiten koordiniert eingebracht werden, desto besser werden solche Situationen zu beherrschen sein.

Zu beachten ist, dass die ökologischen Bedingungen günstig für die Ausbreitung von Infektionskrankheiten sind: zu nennen sind die globalisierten Handelsbeziehungen, die lebhaften geschäftlichen und privaten Reisetätigkeiten und Migrationsbewegungen unterschiedlicher Art. Hinzu kommen veränderte Muster der Ernährung, der Sexualität und die besondere Problematik des Drogenkonsums. In der physikalischen Umwelt sind Faktoren wie Klimaveränderung, Bevölkerungswachstum mit veränderter Nutzung von Land- und Wasserressourcen und die Verstädterung mit der oft ungeregelten Ausbildung von Großstädten bis hin zu Megacities zu beobachten. Nicht nur in den Entwicklungsländern finden sich Risikopopulationen, wie Kinder, mangelernährte Bevölkerungsschichten oder Vertriebene und Flüchtlinge. Auch in den industrialisierten Ländern nehmen die Risikopopulationen zu, z. B. ein zunehmender Altenanteil, vermehrt immunsupprimierte Personen sowie die in Heimen institutionalisierten Personengruppen. Eine eigene Problemstellung ergibt sich aus der Ausbildung von Multiresistenzen auf der Erregerseite in Reaktion auf das therapeutische Geschehen im ambulanten und stationären Bereich.

Die zunehmende Globalisierung erfordert dabei eine neue Justierung der Maßnahmen: Globale Gesellschaften ermöglichen durch ihre Mobilität nicht nur neue Verbreitungsmöglichkeiten von Infektionskrankheiten. Sie zeigen zugleich auch ihre Verwundbarkeit durch die sozialen Auswirkungen und die wirtschaftlichen und politischen Interdependenzen, die sie kennzeichnen.

Die Stabilität und Widerstandsfähigkeit von Gesellschaften ist fundamental für das Bewältigen von Störungen und Krisen – und ihre Stabilität gewährleistet erst das gesellschaftliche Funktionieren.

Wie bereits erwähnt, berühren Infektionskrankheiten nicht ausschließlich medizinische und logistische Aspekte des Managements, sondern auch die wesentlichen und zum Teil sehr sensiblen Bereiche des gesellschaftlichen Zusammenlebens. Das hat zu einer ambivalenten Reaktion im Risiko- und Krisenmanagement der relevanten Stellen geführt: einerseits wird einer Aufklärung der Bevölkerung über Ausbreitung, Risiken und Infektionsgefährdungen ein hoher Stellenwert beigemessen. Andererseits wird der Bevölkerung immer wieder ein Panikpotenzial unterstellt, was eine frühzeitige und umfassende aktive Informationshaltung behindert. Die bisherigen Erfahrungen mit Infektionsausbrüchen sehen in der Tat eine Behinderung von medizinischen und logistischen Maßnahmen durch besorgte Bevölkerung, die allerdings nicht durch ein Zuviel an Informationen, sondern eher durch zu wenig Informationen, durch widersprechende oder irrelevante Informationen und ambivalente Botschaften verunsichert wird.

Daher ist es im biologischen Bereich besonders wichtig, vorsorglich eine Aufklärung der Bevölkerung zu erreichen, die die Menschen in die Lage versetzt, sich kompetent und adäquat präventiv zu verhalten. Dabei ist Detailwissen über eine Krankheit sicherlich von Vorteil, aber schon alleine das Wissen, dass allgemeine Hygienemaßnahmen das Infektionsrisiko in vielen Fällen drastisch senken können (siehe 6.2), kann dazu beitragen, Panik zu vermeiden und das öffentliche Leben am Laufen zu halten. Eine besondere Herausforderung stellt die sorgfältige Erforschung, Beobachtung und Bearbeitung der sozialen und politischen modulierenden und teilweise mit auslösenden Faktoren wie soziale Ausgrenzung, fehlende Teilhabe an gesundheitlichen Dienstleistungen, Arbeitslosigkeit oder fehlende *health literacy* (Fähigkeit zur Nutzung relevanter Informationen) im Dienst einer auch längerfristig ansetzenden, nachhaltigen Prävention dar.

4.4 Besser informieren: Instrumente der Presse- und Öffentlichkeitsarbeit

B. Ebert, E. Koenigsmann

Zielsetzung

Dieser Abschnitt gibt eine Übersicht über die wichtigsten Instrumente der Presse- und Öffentlichkeitsarbeit und kann von Ämtern oder anderen Organisationen als Grundlage für die Planung und Vorbereitung von Informationsaktivitäten im Fall einer biologischen Gefahrenlage genutzt werden.

Zusammenfassung

In den vorherigen Kapiteln wurde auf die Grundsätze der Risikokommunikation eingegangen. Im Fall einer biologischen Gefahrenlage müssen nun die Botschaften an verschiedene Zielgruppen, sowohl intern als auch extern, schnell und verlässlich übermittelt werden. Die Vermittlung erfolgt durch **gezielte Pressearbeit, durch Informationsangebote für Bürgerinnen und Bürger** sowie durch Multiplikatoren aus der **Fachöffentlichkeit** (Gesundheitswesen, Behörden und Einsatzkräfte). Seitens der Bevölkerung ist insbesondere bei einem Ausbruch von Infektionskrankheiten mit einer großen Verunsicherung und einem enormen Informationsbedürfnis zu rechnen. Dies geht mit einer hohen Belastung der Auskunft gebenden Stellen einher. Das Kapitel gibt Hinweise für die Vorausplanung materieller und personeller Ressourcen sowie für die Öffentlichkeitsarbeit in der Nachbereitungsphase. Nicht jedes der im weiteren Verlauf vorgestellten Kommunikationsinstrumente wird für die eigene Organisation geeignet sein. Für die Planung ist es hilfreich, sich die Erwartungen an die Organisation, die eigene personelle Ausstattung und die potenziellen Mitstreiter bewusst zu machen.

Aufgaben vor der Krise – Vorbereitung und Planung

Zur **Vorbereitung der Presse- und Öffentlichkeitsarbeit** gehört

a) die inhaltliche Auseinandersetzung mit möglichen Krisenszenarien (siehe Liste 1)

b) die Identifikation geeigneter Kommunikationsinstrumente und die Planung der dafür erforderlichen technischen und personellen Ressourcen.

Liste 1: Merkposten für die inhaltliche Vorbereitung

- Erkennen von möglichen Krisenanlässen/Tendenzen: Was zeichnet sich ab?
- Prognose von denkbaren *Worst-Case*-Entwicklungen: Was wäre, wenn...?
- Risikovergleich: Studium von Präzedenzfällen
- Welche Fachinformationen können im Voraus erarbeitet werden?

- Der **Kommunikationsplan** enthält eine Übersicht der internen Zuständigkeiten (siehe Team), Merkposten für die wichtigsten Instrumente und organisatorischen Abläufe der Öffentlichkeitsarbeit, Listen relevanter Informationsquellen sowie Verteiler für die interne und externe Kommunikation (Medien, mitwirkende Behörden/Organisationen auf regionaler und Bundesebene). Eine Liste der Verteiler anderer Organisationen sollte nicht fehlen, damit der Informationsfluss in die eigene Einrichtung hinein nicht an mangelnden Adressen scheitert (siehe Liste 2).

Liste 2: Nützliche Listen

- Alarmierungsliste (Erreichbarkeit der wichtigsten Akteure)
- wichtige Medien (Zeitung, Radio, TV, auch Anzeigenblätter und Inlandsredaktionen fremdsprachiger Zeitungen)
- eigene Experten und ihre Fachgebiete
- zwei- oder mehrsprachige Mitarbeiter in der Organisation (Multiplikatoren)
- Experten für weitere Themen in anderen Organisationen
- Informationsangebote anderer Organisationen (einschließlich Verteiler, z. B. der Bundesinstitute und -ministerien)

- Das **Team**: Für die Presse- und Öffentlichkeitsarbeit wird ein **Informationsbroker** benötigt, der die Kommunikation koordiniert und überwacht. In der Regel wird dies eine Stabs- oder Pressestelle wahrnehmen. **Dienststellenleiter/Einsatzleiter** gehören zu den Fachberatern und sind als Übermittler der Botschaften sowie für den Informationsfluss innerhalb der Kommunikationsprozesse zwischen den mit Krisenmanagement betrauten Organisationen zuständig. **Experten**, wie Ärzte und Mikrobiologen, wirken nach innen als Berater und nach außen als Interviewpartner mit hoher Vertrauenswürdigkeit. Hinzu kommt ihre ärztliche bzw. wissenschaftliche Funktion. Aufgrund dieser Doppelbelastung der Experten ist eine Vermischung mit anderen Rollen nach Möglichkeit zu vermeiden. **Helfer/Sachbearbeiter** kümmern sich um die Beantwortung von Fragen, die telefonisch oder schriftlich an die Organisation gestellt werden (hierzu können z. B. Absprachen mit Call-Centern getroffen werden, die Helfer werden laufend vor Ort geschult) und helfen bei der Vorbereitung von Informationsveranstaltungen oder Pressekonferenzen.

- Das **Krisenzentrum** ist eine Möglichkeit, räumliche Nähe und schnelle, informelle Kommunikation der Teammitglieder zu ermöglichen, z. B. indem ein Konferenzraum „umgewidmet" wird. An adäquate technische Ressourcen denken (siehe Liste 3).

Liste 3: Technische Ressourcen für die Presse- und Öffentlichkeitsarbeit

- Telefonische Erreichbarkeit: eine Leitung für interne Kommunikation freihalten, ggf. Hotline-Arbeitsplätze
- Bandansagen und Faxabruf für Merkblätter einplanen
- PCs mit Anschluss an Datenbanken und Intranet, unbedingt zusätzliche Leitungen und Serverkapazitäten einplanen
- Aufnahmegeräte zur Dokumentation der Medienberichterstattung
- Räume, Stellwände und Flipcharts für Planungssitzungen mit dem Team
- Räume für Pressekonferenzen und Interviews (fernsehtauglicher Hintergrund) festlegen

---

Kommunikationskanäle müssen offen sein. Bürger wie Fachöffentlichkeit erwarten eine schnelle Bereitstellung von Informationen und eine Erreichbarkeit der Organisationen, die am Krisenmanagement mitwirken. Neben den Anforderungen an die technische Ausstattung muss gewährleistet sein, dass Informationen nicht nur aus der Organisation heraus, sondern auch hinein können: Rückmeldungen aus den Zielgruppen, Lageänderungen, Stellungnahmen der anderen beteiligten Organisationen etc.

Aufgaben während der Krise

Leitfragen, wie sie auch bei der Erstellung des Lagebilds eingesetzt werden, bieten beim Aufbau einer klaren und sachlich richtigen Kommunikation Orientierung und können systematisch eingesetzt werden, um Kommunikationsinhalte für einzelne Zielgruppen festzulegen (siehe Liste 4).

Liste 4: Leitfragen

- Was ist wann und wo passiert?
- Welche Schäden (Gesundheit, Umwelt, Eigentum) liegen vor?
- Was wurde bislang in Bezug auf das Krisenereignis getan, was ist beabsichtigt?
- Wer ist betroffen? Gibt es Verhaltensregeln?

Pressearbeit

Die Medien dienen der flächendeckenden Verbreitung der Informationen und sind ein wesentliches Element, um im Krisenfall die Bevölkerung zu informieren und ggf. zu warnen. Daher sollten im Umgang mit den Medien größtmögliche Transparenz praktiziert und Medienvertreter nicht abgewiesen werden. Inhaltlich kann die Pressearbeit über eine aktuelle Lage informieren oder eine allgemeine Risikoabschätzung sein (Expertenmeinung).

In der Kommunikation mit den Medien werden als Grundtechniken die Pressemitteilung, die Pressekonferenz und das Einzelinterview eingesetzt.

- Die **Pressemitteilung** enthält schriftlich fixierte, sachliche Informationen. Über zielgruppenorientierte Verteiler wird die Information an lokale oder überregionale Medien geleitet und kann ggf. in mehreren Sprachen verbreitet werden. Je professioneller der Text abgefasst ist, desto größer ist die Chance, dass die Medien die Meldung wörtlich übernehmen und die Information unverfälscht weitergeben. Hinweise zum Abfassen der Pressemitteilung: siehe Liste 5.

Liste 5: Pressemitteilungen

- Informationen nach der Wichtigkeit ordnen: Pressemitteilungen werden für den Abdruck von hinten nach vorn gekürzt. Die wichtigsten Fakten (was, wann, wo, wer) werden im ersten Absatz zusammengefasst.

- Ansprechpartner, Datum (ggf. auch die Uhrzeit), Website mit weiterführenden Informationen angeben.

- **Pressekonferenzen** haben gegenüber Pressemitteilungen den Vorteil, dass Journalisten direkte Nachfragen an die Leitung oder die Experten richten können (Zwei-Wege-Kommunikation). Pressekonferenzen ersparen unter Umständen mehrfache Einzelinterviews. Kritische oder überraschende Fragen bergen jedoch die Gefahr, dass missverständliche oder widersprüchliche Informationen die Öffentlichkeit erreichen. Daher zum Termin auch eine Pressemappe mit den wichtigsten Aussagen und Fakten zusammenstellen (siehe Pressemitteilungen). Hinweise zur Organisation: siehe Liste 6.

Liste 6: Pressekonferenzen

- Zeitpunkt, Ort und Dauer festlegen, Antwortfax beilegen
- Parkplätze, Empfang, Begleitung der Pressevertreter organisieren
- Räume und Zeit für Einzelinterviews einplanen (TV)
- Pressemappe mit den wichtigsten Aussagen und Fakten, ggf. Bildern zusammenstellen
- danach telefonische Erreichbarkeit sicherstellen

- **Interviews** können der unmittelbaren Berichterstattung dienen, aber auch Recherchezwecken. Dies zu Anfang des Gesprächs klären. Telefonische Interviews sind unaufwändig, können aber aufgrund der Menge belastend werden (siehe Entlastungsstrategien). TV-Interviews benötigen einen aussagekräftigen Hintergrund (Arbeitsplatz, Schriftzug der Organisation) und werden auch bei Pressekonferenzen häufig nachgefragt, sollten daher vorgehalten und ggf. aktiv angeboten werden. Bei einigen Rundfunk- oder TV-Sendern ist eine Fahrt ins Studio erforderlich. Hinweise zu Organisation und Verhalten: siehe Liste 7.

Liste 7: Interview

- Antworten klar und einfach formulieren, so dass keine Missverständnisse aufkommen.

- Bei TV- und Rundfunk-Interviews Vorgespräch führen und Fragen klären. In Kurzsätzen sprechen und das Stichwort der Frage wiederholen. Es besteht die Möglichkeit, dass Aussagen geschnitten oder in einen anderen Kontext gestellt werden.

- Sofern möglich: Im Voraus eine Freigabe der im Text/Beitrag verwendeten Zitate vereinbaren.

- *Off-the-record*-**Interviews**: Diese Form kann als eine Art vertrauensbildende Maßnahme verstanden werden. Ziel ist es, einige ausgewählte Medienvertreter zu einem informellen Gespräch einzuladen. Alles, was während dieses Gesprächs gesagt wird, gilt als reine Hintergrundinformation für die Journalisten und darf nicht veröffentlicht werden.

Neben Ärzten unterliegen auch Angehörige anderer Berufsgruppen Regeln, die eine Informationsweitergabe einschränken. Beispiele sind die Schweigepflicht für die Gesundheitsberufe und die Geheimhaltungspflichten von Verschlusssachen im Umgang mit den Medien. Mit dem Informationsbedürfnis der Öffentlichkeit bestehen also kollidierende Interessen. Werden personenbezogene Informationen an die Medien gegeben, so sind diese zuvor vom Betroffenen bzw. den Angehörigen freizugeben.

Risikokommunikation für Pressevertreter – Beispiel aus der Praxis
Journalistenauflauf am Getier (newsroom.de, 1. März 2006)

Im Frühjahr 2006 werden auf Rügen erstmals verendete Wildvögel aufgefunden, die mit dem Erreger der „Vogelgrippe", dem aviären Influenzavirus H5N1, infiziert waren. Es folgt eine mehrwöchige intensive Medienberichterstattung. Hunderte Journalisten und Kamerateams recherchieren in den Schutzzonen, besuchen die Fundorte sowie die Höfe betroffener Landwirte und beobachten die vermummten Bundeswehrsoldaten, die das Gelände nach toten Vögeln absuchen.

Journalisten können im Zuge der Berichterstattung aus Unkenntnis zur Verbreitung einer Seuche beitragen, indem sie durch kontaminierte Kleidung, Schuhe oder Ausrüstung Krankheitserreger verschleppen. Zum zweiten gefährden Journalisten und Kamerateams gegebenenfalls ihre eigene Gesundheit. Der Deutsche Journalistenverband nimmt hier die Behörden in die Verantwortung, entsprechende Sicherheitsauflagen zu formulieren. Für die Pressearbeit ergibt sich daraus die Notwendigkeit, Informationen zum persönlichen Schutz der Journalisten und zur Dekontamination von Ausrüstungsgegenständen bereit zu halten und auf Maßnahmen des Seuchenschutzes aufmerksam zu machen.

Um die Risiken zu minimieren, sollte man den Zugang zum Unglücksort steuern – als Maßnahmen kommen hierfür Medientreffpunkte, die Einrichtung eines Medienzentrums oder Ortsbegehungen in Frage.

Entlastungsstrategien

Erfahrungen mit der Medienberichterstattung während der SARS-Epidemie und der Ausbreitung der aviären Influenza (Vogelgrippe) haben die hohen Anforderungen und Belastungen deutlich gemacht, unter denen Pressearbeit geleistet werden muss. Neue Informationen müssen bei Bedarf innerhalb kürzester Zeit beurteilt, verarbeitet und herausgegeben werden. Neben dem Zeitdruck ist ein hohes Aufkommen an Anrufen zu bewältigen.

Die für das Thema zuständigen Journalisten wechseln häufig, und es kann sehr zeitraubend sein, die grundlegenden Fakten mehrmals täglich aufs Neue zu referieren. Daher nach Möglichkeit vorab Texte zur Verfügung stellen – Daten und Fakten zur Erkrankung, Übertragung und Prävention sowie häufig gestellte Fragen. Verständlich formulierte Textvorlagen werden von den Journalisten gern übernommen. Darauf aufbauend können tiefer gehende Fragen beantwortet bzw. Experteninterviews geführt werden. Der Informationsbroker (siehe Team) wirkt hier als Puffer, übermittelt Basisinformationen und vermittelt Experteninterviews.

Informationsangebote für die Bevölkerung

Jenseits der Informationsweitergabe durch die Medien werden besorgte Bürger(innen) auch selbst Antworten auf ihre Fragen suchen und Ängste formulieren.

- **Merkblätter/Häufig gestellte Fragen** (*frequently asked questions* = FAQ) sind Informationen in schriftlicher, standardisierter Form und vielseitig nutzbares Basisinstrument für die Öffentlichkeitsarbeit (siehe Entlastungsstrategien). Hinweise zur Gestaltung und Verteilung siehe Liste 8.

Liste 8: Merkblätter und FAQ

- Antworten soweit möglich vorbereiten, Verständlichkeit testen

- ggf. Übersetzungen vorbereiten

- In der Krise: regelmäßiger Abgleich mit den Anfragen bei der Hotline

- Verteilungswege: Faxabruf und Videotext (Zielgruppe ältere Mitbürger), Internet, Auslage in öffentlichen Einrichtungen und Arztpraxen

- **Hotline/externes Call-Center** ermöglicht besorgten Bürger-Innen eine direkte Kontaktaufnahme (Zwei-Wege-Kommunikation). FAQs können von geschulten, fachfremden Mitarbeitern anhand vorformulierter Texte beantwortet werden. Experten erstellen die Antworttexte, bringen die Mitarbeiter auf den neuesten Sachstand und übernehmen ggf. einzelne, besonders hartnäckige AnruferInnen (siehe Team).

- **Internet:** In Zeiten des *world wide web* wird dieser Weg von vielen Menschen genutzt, um sich aktuelle Informationen zu beschaffen. Ohne großen personellen Mehraufwand könnten sämtliche Angebote wie Pressemitteilungen, FAQs, Interviews etc. online gestellt werden. Wichtig ist hier eine zeitnahe Aktualisierung. Um zu gewährleisten, dass alle am Krisenfall beteiligten Behörden etc. über dasselbe Informationsangebot verfügen, sollte eine zentrale Stelle mit Verteilerfunktion bereit stehen. Zu achten ist auf ausreichende Serverkapazitäten (siehe Abb. 1).

Warnung der Bevölkerung mit dem satellitengestützten Warnsystem (SatWaS)

Zur Warnung der Bevölkerung hat der Bund im Oktober 2001 das **satellitengestützte Warnsystem (SatWaS)** in Betrieb genommen. Via Satellit können amtliche Gefahrendurchsagen und Verhaltenshinweise mit höchster Priorität an alle öffentlich-rechtlichen sowie zirka 140 private Medienbetreiber, Internetprovider und Pagerdienste versandt werden. Es bietet damit die Möglichkeit, die Bevölkerung schnell und flächendeckend vor Gefahren zu warnen und gleichzeitig gefahrenbezogene Verhaltensregeln an die Bevölkerung weiterzugeben. Im Zuge der weiteren Entwicklung ist beabsichtigt, SatWaS als Basis für ein Bund-Länder-übergreifendes modulares Warnsystem und als Krisenkommunikationsmittel unter der Einbindung zukunftssicherer Innovationstechnologien auszubauen. Weitere Informationen unter www.bbk.bund.de.

- Über **Internetforen/E-Mail** kann das Internet auch für den Austausch besorgter BürgerInnen untereinander und mit der Organisation genutzt werden (Zwei-Wege-Kommunikation). Zusätzliches Personal einplanen (→ Team).

- **Infoabende:** Auf regionaler/lokaler Ebene können öffentliche Informationsveranstaltungen nützlich sein, wie zum Beispiel bei der Vogelgrippe mit geringem persönlichen Infektionsrisiko. Im Fall einer humanen Influenza-Pandemie würden solche Veranstaltungen jedoch mit Maßnahmen des Seuchenschutzes kollidieren.

- **Radiodurchsagen:** Bricht bei schwerwiegenden Krisen das Kommunikationsnetz zusammen, kann die Bevölkerung auch durch „krisensichere" Kommunikationskanäle wie das Radio informiert bzw. gewarnt werden.

Kann die eigene Organisation solch umfassende Informationsangebote nicht bereitstellen, ist aber trotzdem Ziel von Medien- und Bürgeranfragen, so hilft der Verweis auf vertrauenswürdige Informationsangebote anderer Anbieter.

Qualitätssicherung (Transparenz der Informationen)

Für Ratsuchende ist es wichtig, die Verlässlichkeit der Information einordnen zu können. Die wenigsten Organisationen können eine breit gefächerte Expertise aus eigener Hand anbieten und verwenden zumindest teilweise Informationen Dritter. Diese sind durch Quellenangabe zu kennzeichnen.

Qualitätskriterien, wie sie beispielsweise von der Arbeitsgemeinschaft Gesundheitsinformationssysteme veröffentlicht werden (www.afgis.de), bieten Unterstützung beim Verfassen guter medizinischer Informationen. Werden auch außerhalb biologischer Gefahrenlagen Gesundheitsinformationen im Internet angeboten, kann eine Zertifizierung des Internetangebots durch die Verbraucherschutzinitiative Health on the Net Foundation sinnvoll sein (www.hon.ch).

Informationen für Multiplikatoren: Fachöffentlichkeit und Angehörige des öffentlichen Gesundheitswesens

In einer Krise wird der meiste Druck erfahrungsgemäß von Medienvertretern und besorgten Bürgern ausgeübt. Kommunikationsinhalte und -kanäle sind daher weitgehend auf diese Gruppen zugeschnitten. Weitere Zielgruppen, die im Eifer des Gefechts leicht vernachlässigt werden, jedoch wertvolle Unterstützer der Öffentlichkeitsarbeit darstellen, sind **Mediziner und Angehörige des öffentlichen Gesundheitswesens, Mitarbeiter der Rettungsdienste etc.**

Die Erfahrungen mit biologischen Gefahrenlagen zeigen, dass diese Gruppe kaum über Fachinformationen verfügt, wenn sie nicht unmittelbar mit dem Krisenmanagement befasst ist (bei SARS z. B. zur Infektionsgefahr und zu empfohlenen Schutzmaßnahmen). Niedergelassene

Ärzte und die MitarbeiterInnen der eigenen Organisation sind jedoch ein nicht zu unterschätzendes, aufgeschlossenes und als potenzielle Multiplikatoren gefragtes Publikum.

MitarbeiterInnen: sollten vor der allgemeinen Öffentlichkeit über die Lage und aktuelle Entwicklungen informiert sein, z. B. durch interne Mitteilungen, Intranet oder Mitarbeiterversammlungen und die Verbreitung von Informationsmaterialien.

Auch engagierte Bürgerinnen und Bürger können als Multiplikatoren einbezogen und gezielt angesprochen werden: Sie leiten Informationen weiter an ausländische Mitbürger oder Personen, die keinen Zugang zu den oben angegebenen Informationsangeboten haben (z. B. kranke, alte Menschen).

Aufgaben der Presse- und Öffentlichkeitsarbeit nach Bewältigung der Krise

Nach der Krise geht es zunächst um die Auswertung der gemachten Erfahrungen und darauf aufbauend die Verbesserung von Krisenmanagement. An welchen Stellen hat es gehakt? Gab es einen mangelnden Informationsfluss zwischen den Beteiligten? War die Öffentlichkeitsarbeit gut koordiniert und ausgestattet? Ein Instrument für die Beurteilung von Erfolg und Effizienz der Medienarbeit ist die statistische Aufbereitung der Medienpräsenz in Form einer **Medienresonanzanalyse**. Als Grundlage dienen Medienberichte, die anhand bestimmter Suchbegriffe in einem ausgewählten Zeitraum identifiziert werden. Die quantitative Analyse erfasst z. B. die Nennungen der Akteure, Anzahl der Berichte, Nennungsverläufe, etc. Die qualitative Analyse umfasst die Wiedergabe von Themen und Imagedarstellungen und kann Aufschluss geben, ob die Kommunikationsziele inhaltlich erreicht wurden.

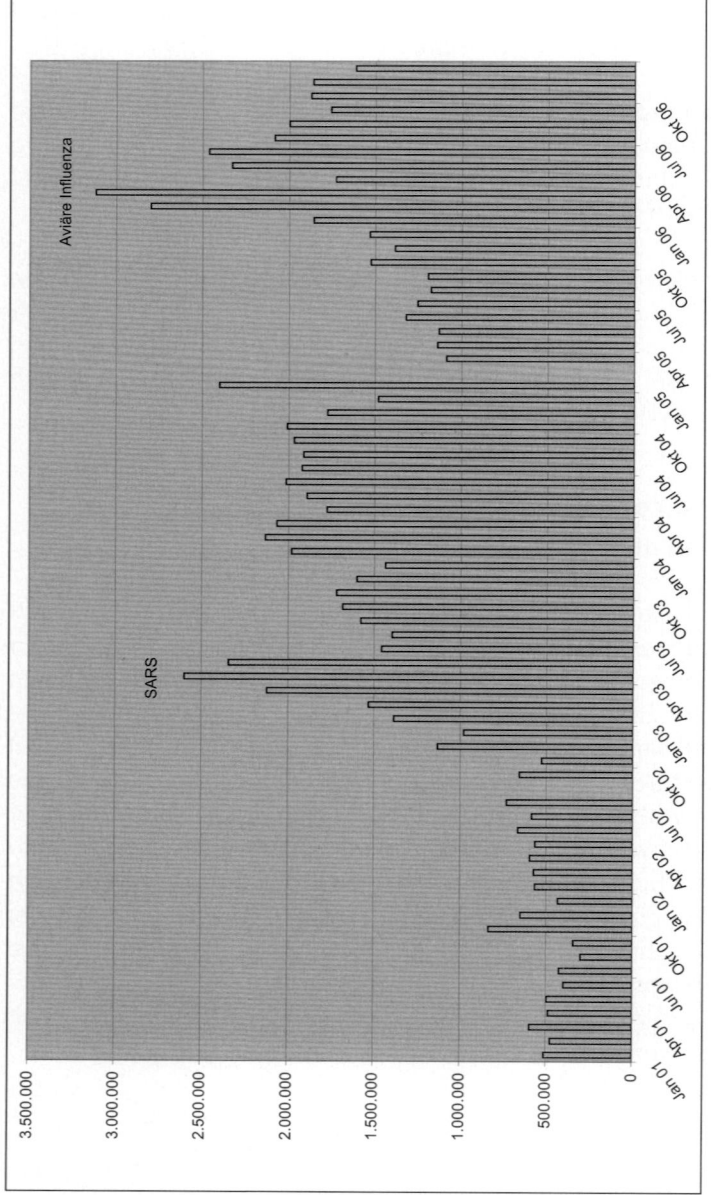

Abb. 1: Zugriffe auf die Internetseiten des RKI 2001–2006. Zugriffsspitzen waren bei der SARS-Epidemie 2003 und dem Auftreten der aviären Influenza in Deutschland zu beobachten. Die Zugriffsspitze im Januar 2005 ist auf die intensive Presseberichterstattung über eine Seuchengefahr nach dem Tsunami in Südostasien zurückzuführen.

Nachbereitende Presse- und Öffentlichkeitsarbeit

Die interne Analyse des Krisenmanagements ergibt Informationen über die erbrachten Leistungen der beteiligten Organisationen, die für die Öffentlichkeit interessant sind: Zahl der Einsätze/Fälle, beantwortete Anfragen aus der Bevölkerung etc.

Publikation: selbst herausgegebene Zeitschriften, Newsletter oder die eigene Website etc. können zur Bekanntgabe der Bilanz und der Leistungsdaten genutzt werden.

Auf einer **Abschlusspressekonferenz** werden zentrale Fragen über zukünftige Maßnahmen und ggf. geplante Verbesserungen mit Pressevertretern diskutiert.

Weiterführende Literatur

Bundesamt für Risikobewertung (Hrsg.) (2005). *ERiK – Entwicklung eines mehrstufigen Verfahrens der Risikokommunikation.* Reihe BfR Wissenschaft, Berlin. Bundesamt für Risikobewertung

Müller, K. (2004). *Ärzte und Medien. Krisen-PR – Professioneller Umgang mit Journalisten.* Zürich: Orell Füssli

US Department of Health and Human Services (2005). *Terrorism and Other Public Health Emergencies: A Reference Guide for Media,* Sept. 2005 (Online unter: www.hhs.gov/disasters/press/newsroom/mediaguide/terrorismemergenciesfieldguide.pdf. Stand 07.08.2007).

US Department of Health and Human Services (2002). *Communicating in a crisis: Risk communication guidelines for Public Officials.* Washington, D.C.: Department of Health and Human Services. Online unter www. riskcommunication.samhsa.gov/RiskComm.pdf. Stand 30.09.2006). Wiedemann, P. M. (Hrsg.) (2000). *Risikokommunikation für Unternehmen.* Düsseldorf: VDI. Online-Version unter: www.fz-juelich.de/mut/vdi/vdi__bericht/index.html

Links

- Gesetzliche Grundlagen und Themenbeiträge zum Presserecht:

    - www.presserecht.de

- Tipps für die Pressearbeit auf den Seiten der dpa-Tochter news aktuell

    - www.newsaktuell.de/de/tipps/pressearbeit.htx

- Qualitätskriterien für medizinische Informationen

    - Arbeitsgemeinschaft Gesundheitsinformationssysteme www.afgis.de

    - Verbraucherschutzinitiative Health on the Net Foundation www.hon.ch

Merkposten

Die unter den einzelnen Punkten aufgeführten Listen sind bewusst kurz gehalten. Weiterführende Informationen können der aufgeführten Literatur und den Internetseiten entnommen werden.

4.5 Besser informiert: Entscheidungsträger, Einsatzkräfte und Multiplikatoren

B. Seiwert, B. Peters, C. Friedrich

Einleitung

Sowohl im Vorfeld als auch nach Eintritt eines Großschadensereignisses ist es von besonderer Bedeutung, dass Entscheidungsträger, Einsatzkräfte und Multiplikatoren in geeigneter Weise über die zugrunde liegende Situation informiert sind. An ihrem Verhalten wird es im Besonderen liegen, wie sich eine Lage entwickelt und wie Betroffene, Medien und Dritte sich versorgt fühlen.

Entscheidungsträgern, Einsatzkräften und Multiplikatoren obliegt somit die Aufgabe, sich um die „Öffentlichkeit" zu kümmern. Dieses bedingt eine permanent aktualisierte interne Abstimmung und fachliche Beratung innerhalb von und zwischen Behörden. Besonderes Augenmerk ist hierbei auf Genauigkeit und Geschwindigkeit der Informationsübermittlung zu legen.

Der bei der Bewältigung biologischer Gefahrenlagen entstehende Informationsbedarf ist neben anderen Faktoren auch von der aktuellen Phase des Geschehens abhängig und verändert sich mit dem Fortschreiten des Ereignisses. Das Management einer biologischen Gefahrenlage kann in die 4 Phasen „Vorbeugung", „Vorbereitung", „Reaktion" und „Wiederherstellung" eingeteilt werden, die in Kapitel 4.1 näher erläutert werden.

Wie schon in den vorangegangenen Kapiteln erwähnt, besteht grundsätzlich ein Konflikt zwischen hypothetischem und tatsächlichem Risiko. Subjektive, emotionale Faktoren sollten mit dem Ziel eines seriösen Umganges mit der jeweiligen Situation soweit als möglich nicht in den Vordergrund des Handelns gelangen.

Da menschliche Charaktereigenschaften in extremen Situationen objektive Kriterien mit subjektiven Empfindem mehr oder weniger verknüpfen, ist es bei den hier angesprochenen Funktionsträgern um so wichtiger, diesen eine weitestgehend objektive Wahrnehmung zu ermöglichen, wobei aber durchaus subjektive Empfindungen gezielt wahrgenommen werden sollten.

Erwartungshorizont an und von Entscheidungsträgern, Einsatzkräften, Multiplikatoren

- Entscheidungsträger:

    - Politisch Verantwortliche:
      z. B. Ausrufung des Katastrophenfalls u. ä., Infosteuerung

    - Fachlicher Entscheidungsträger (z. B. Behördenleiter):
      z. B. Lagebeurteilung, Alarmierung, Steuerung der
      Kommunikation und Öffentlichkeitsarbeit

    - Einsatzleiter (vgl. 3.3):
      Einsatzbereitschaft herstellen, Infosteuerung

- Einsatzkräfte:

    - Polizei:
      Exekutivmaßnahmen, Prävention, Absperrung usw.

    - Feuerwehr:
      Rettung, Erstversorgung, Transport, Dekontamination

    - Bundeswehr:
      Analyse, Suche, Dekontamination, Logistik usw.

- Sanitätsdienste (Arbeitersamariterbund (ASB), Malteser Hilfsdienst (MHD), Deutsches Rotes Kreuz (DRK), Johanniter Unfallhilfe u. a.):
Rettungs-, Sanitäts- und Betreuungsaufgaben

- Bundesamt für Strahlenschutz (BfS) u. ä.:
Sonderaufgaben

- Sonstige, nichtöffentliche, private Unterstützer:
Sonderaufgaben

• Multiplikatoren:

- Presse (regional, überregional, international)

- Ausbilder

- Experten

Entscheidungsträger, Einsatzkräfte und Multiplikatoren verfügen allein schon aufgrund ihrer Tätigkeit über Innen- und Außenwirkung. Von ihnen wird ein rasches und souveränes Handeln erwartet. Sollte der Anschein entstehen, dass der jeweilige „Verantwortliche" keine oder unzureichende Handlungskompetenz aufweist, dürfte dies zu einer Eskalation der Situation führen. Insofern bedarf es einer streng gegliederten Informationssystematik zwischen den Agierenden und den Betroffenen.

Insbesondere besteht bei Personen in verantwortlichen Positionen Informationsbedarf. Hier gibt es vielfach bereits festgelegte Informationswege, die für die Risiko- bzw. Krisenkommunikation im Ereignisfall genutzt werden. Politisch Verantwortliche, z. B. Minister, Landräte oder Bürgermeister, werden normalerweise von nachgeordneten Behörden informiert.

Aufgrund der föderalen Struktur der Bundesrepublik Deutschland werden die meisten Aufgaben, welche den Bereich der biologischen

Gefahren betreffen, auf kommunaler Ebene wahrgenommen. Behörden und Dienststellen auf Landes- bzw. Bundesebene können – in Abhängigkeit vom jeweiligen Geschehen und der Rechtslage – die Koordinierung in der jeweils betroffenen Kommune übernehmen (siehe 3.4).

Beispiel Gesundheitsamt

Gerade in biologischen Gefahrenlagen, aber nicht nur dort, kommt dem Vertreter des Gesundheitsamtes als Fachberater im Stab des Hauptverwaltungsbeamten eine Schlüsselrolle zu. Es sieht sich u. a. mit einem großen Informationsbedarf der Katastrophenschutzbehörden konfrontiert. So äußerten bei einer bundesweiten Erhebung (Pfenninger *et al.*, 2004) 91 % der Befragten die Erwartung, von ihrem Gesundheitsamt Informationen zu Seuchenbekämpfung und -prophylaxe zu erhalten. Im A-, B- oder C-Fall vertrauen 73–83 % darauf, vom Öffentlichen Gesundheitsdienst (ÖGD) kompetent zu Symptomen, therapeutischen Maßnahmen sowie der organisatorischen Bewältigung einer solchen Lage beraten zu werden. In rund 50 % der Fälle wurde diese Erwartung auch im Hinblick auf einen Massenanfall von Verletzten bzw. Erkrankten (MANV) geäußert. Diesen Erwartungen steht eine in der Umfrage geäußerte Einschätzung der eigenen Kenntnisse durch die ÖGD-Ärzte gegenüber. So meinen nur 25–53 %, für den A-, B- oder C-Fall hinsichtlich auftretender Symptome über ausreichende Kenntnisse zu verfügen (therapeutische Maßnahmen: 20–34 %, organisatorische Bewältigung: 18–32 %). Bezüglich des Managements eines MANV ist zu beachten, dass nur 22 % der Ärzte angaben, über die Fachkunde Rettungsdienst zu verfügen, nur 4 % hatten die Qualifikation „Leitender Notarzt" erworben.

Die zuständigen kommunalen Behörden beziehen ihre Informationen von Fachberatern. Insofern nehmen diese Fachberater eine Schlüsselposition in der Kommunikation wahr. Ziel sollte daher sein, den Fachberater so zu informieren, dass er im Falle einer Krise sofort erste

Informationen zu dem Problem liefern kann und in der Lage ist, tiefer gehende Fachinformationen bei Experten einzuholen.

Als Fachberater können u. a. gelten:

- Dienststellenleiter
- Amtsärzte
- Ausbilder
- externe Experten
- Leitende Notärzte

Insgesamt sieht sich der Amtsarzt in seiner Rolle als Fachberater hohen Erwartungen der Katastrophenschutzbehörden sowie einer Vielzahl möglicher Szenarien gegenüber, die es mit begrenzten personellen und materiellen Ressourcen zu bewältigen gilt.

Zur Erfüllung dieser Anforderungen muss sich das Gesundheitsamt bereits im Vorfeld einer biologischen Gefahrenlage u. a. mit der Beschaffung, Speicherung und Bereitstellung von Informationen, kurz mit **Informationsmanagement**, befassen. Für die Beschaffung dürften vor allem folgende Quellen in Frage kommen:

- Fachzeitschriften, Fachbücher
- Gesetzestexte
- Telefon- und Adressenverzeichnisse
- Alarm- und Einsatzpläne
- Empfehlungen nationaler/internationaler Institutionen
- Internet

Die Speicherung der so gesammelten Informationen wird in papiergebundener und/oder elektronischer Form erfolgen, wobei die papiergebundene und teilweise die (**datei**orientierte) elektronische Datenhaltung folgende Nachteile aufweisen können:

- heterogene (Daten-)Strukturen
- lange Zugriffszeiten
- großer Raumbedarf (Ortsgebundenheit!)

- teilweise erhebliche Redundanzen, durch die bei Änderungen/ Aktualisierungen die Gefahr von Inkonsistenzen besteht, sowie
- beschränkte Auswertungsmöglichkeiten.

Aus diesen Gründen bietet sich die Speicherung in einem entsprechend strukturierten **Datenbanksystem** an, das hinsichtlich der Bereitstellung der Informationen im Idealfall einen schnellen Zugriff auf aktuelle ereignisbezogene Fachinformationen in Form nutzerspezifischer Ausschnitte aus dem Gesamtdatenbestand ermöglicht.

---

deNIS II[plus] – Rechnergestütztes Krisenmanagement bei Bund und Ländern

deNIS II[plus] ist ein für das Krisenmanagement entwickeltes Informations- und Kommunikationssystem. Kernaufgabe ist die übergreifende Verknüpfung, Aufbereitung und Bereitstellung der verschiedenen bei Bund, Ländern und Hilfsorganisationen vorgehaltenen Informationen über das Management von außergewöhnlichen Gefahren- und Schadenlagen. deNIS II[plus] steht einem geschlossenen Benutzerkreis zur Verfügung; hierzu zählen Entscheidungsträger aus den Lagezentren des Bundes (BMI, GMLZ, BPOL, THW, BMVg etc.) sowie den Lagezentren der Landesinnenministerien und Obersten Katastrophenschutzbehörden aller Bundesländer. Die Kernelemente von deNIS II[plus] bilden vier Module, die das Meldemanagement, das Lagemanagement, das Ressourcenmanagement und die Risikobewertung unterstützen. Ziel der Anwendung ist es, ein Netzwerk im Bereich des Zivil- und Katastrophenschutzes aufzubauen, um das Krisenmanagement bei außergewöhnlichen Gefahren- und Schadenlagen zu unterstützen. Weitere Informationen unter www.bbk.bund.de.

Beratung und Unterstützung der Funktionsträger

Ziel ist es, dass Beteiligten und Betroffenen eine weitestgehend objektive Betrachtung des Ereignisses ermöglicht wird. Nur wer informiert ist, kann kompetenter Funktionsträger sein. Kompetenz kann nur dann vermittelt werden, wenn ein gemeinsamer Standpunkt vertreten wird. Unterschiedliche Äußerungen werden grundsätzlich Unsicherheit und eine Erhöhung des subjektiven Risikos nach sich ziehen. Um dieses Ziel zu erreichen, sollten schon im Vorfeld eines Ereignisses bestimmte grundlegende Handlungsmuster festgelegt sein, die dann im „Falle eines Falles" Anwendung finden. Eine abschließende Analyse bleibt unerlässlich. Gegebenenfalls könnte eine Hinzuziehung eines Moderators angedacht werden.

Im Vorfeld

Im Rahmen der Prävention sind wiederholte Schulungen (siehe 6.3) – ggfs. Updates – unerlässlich. Ebenfalls sollte auch ein Medientraining einbezogen werden, welches die Pressearbeit erleichtern soll. Ein turnusmäßiger Erfahrungsaustausch und persönliche Kontakte zu den jeweiligen Partnern sind ebenso empfehlenswert wie die Einbindung in Übungen und die Ausstattung und Einweisung in die Handhabung der persönlichen Schutzausstattung (PSA), Informationen über Infektionswege und Anwendungsbeispiele.

Vor und während eines Ereignisses

Nachdem der jeweilige Fachberater (siehe oben) benannt wurde, gilt es nun, den idealen Zeitpunkt der Informationsweitergabe festzustellen. Wichtig aus Sicht des Fachberaters ist, auch vor einer Krise bereits über grundlegende Informationen zu verfügen. Professionell handelnde Akteure müssen also nicht nur eine solide Grundausbildung erhalten, sondern auch ständig weitergebildet werden. Entscheidend ist dabei, dass das allgemeine Weiterbildungsangebot auf den verschiedenen Ebenen, also Kommunal-, Landes- sowie Bundesebene, abgestimmt und koordiniert wird. Der Übergang von der Risiko- in die

Krisenkommunikation ist in der Praxis abhängig von dem eintretenden Ereignis (siehe Tab. 1: Risikomatrix von Wildner *et al.*, 2007):

Tab. 1: Erregerbezogene Klassifikation für die Risikokommunikation

Diagnostik, Therapie u. Prognose[1] →	Kontagiösität und Krankheitsbild →			
	A. Kontagiösität niedrig, Krankheitsschwere niedrig	B. Kontagiösität hoch, Krankheitsschwere niedrig	C. Kontagiösität niedrig, Krankheitsschwere hoch	D. Kontagiösität hoch, Krankheitsschwere hoch
I. Erreger bekannt, gut behandelbar	**BT Typ „Salmonellen in der Salatbar"**	BT Typ „Typhus"	BT Typ „Botulinustoxin" (Beatmungsbetten verfügbar)	BT Typ „Pocken" (Vakzine verfügbar)
II. Erreger bekannt, schwer behandelbar	BT Typ „Cryptosporiden im Trinkwasser"	BT Typ „Virale Enzephalitis" / Influenza-Epidemie	BT Typ „Milzbrandsporen"	BT Typ „Pocken" (keine Vakzine verfügbar) / SARS
III. Erreger unbekannt, gut behandelbar	BT Typ „Salmonellen in der Salatbar" (initial)	BT Typ „Typhus" (initial)	BT Typ „Botulinustoyin" (initial, Beatmungsbetten verfügbar)	BT Typ „Pocken" (prophylaktische Impfung)
IV. Erreger unbekannt, schwer behandelbar	BT Typ „Cryptosporiden im Trinkwasser" (initial)	BT Typ „Virale Enzephalitis" (initial) / Influenza-Pandemie (initial)	BT Typ „Milzbrandsporen" (initial)	**BT Typ „Pocken" (initial ohne Impfung)** / SARS (initial)

BT: Bioterrorismus

Bei sich über einen gewissen Zeitraum entwickelnden Lagen, d. h. bei „bekanntem" Erreger, liegt der Schwerpunkt bei der Risikokommunikation. Dieser Zeitraum sollte genutzt werden, um dem Fachberater alle Informationen zu übermitteln, die er aktuell benötigt. Beim (absehbaren) Übergang in die Krise sollten dann im günstigsten Fall die Informationsstränge so gefestigt sein, dass der Fachberater umfassend die Entscheidungsträger informieren kann.

Beispiel:

Aktuelle (Ende 2005/Anfang 2006) Informationen über die Vogelgrippe für Fachdienststellen im „Interdisziplinären Expertennetzwerk Biologische Gefahrenlagen" (www.bevoelkerungsschutz.de).

Anders stellt sich die Lage bei plötzlichen Ereignissen mit zunächst unbekanntem Erreger dar. Hier ist die Expertise von Referenzen gefragt. Da solche Experten selten auf kommunaler Ebene zu finden sind, ist ein gut funktionierendes Meldewesen unabdingbar. Ohne die Information der örtlichen Kräfte, dass eine Lage eingetreten ist, können die Referenzen nicht tätig werden. Umgekehrt nützen die Informationen, über die die Referenzen verfügen, nur dann den örtlich zuständigen Instanzen, wenn diese schnell und sicher übermittelt werden können.

Beispiel:

Im Bereich der Polizei gibt es festgelegte Meldewege (Meldedienste) bei „wichtigen Ereignissen", so genannten WE-Meldungen. Als Übertragungsweg ist das System EPOST810 vorgeschrieben(s. Abb. 2). Dieses System hat das Fernschreibverfahren abgelöst und kann von jeder Polizeidienststelle zur schnellen und sicheren Übermittlung von Nachrichten genutzt werden.

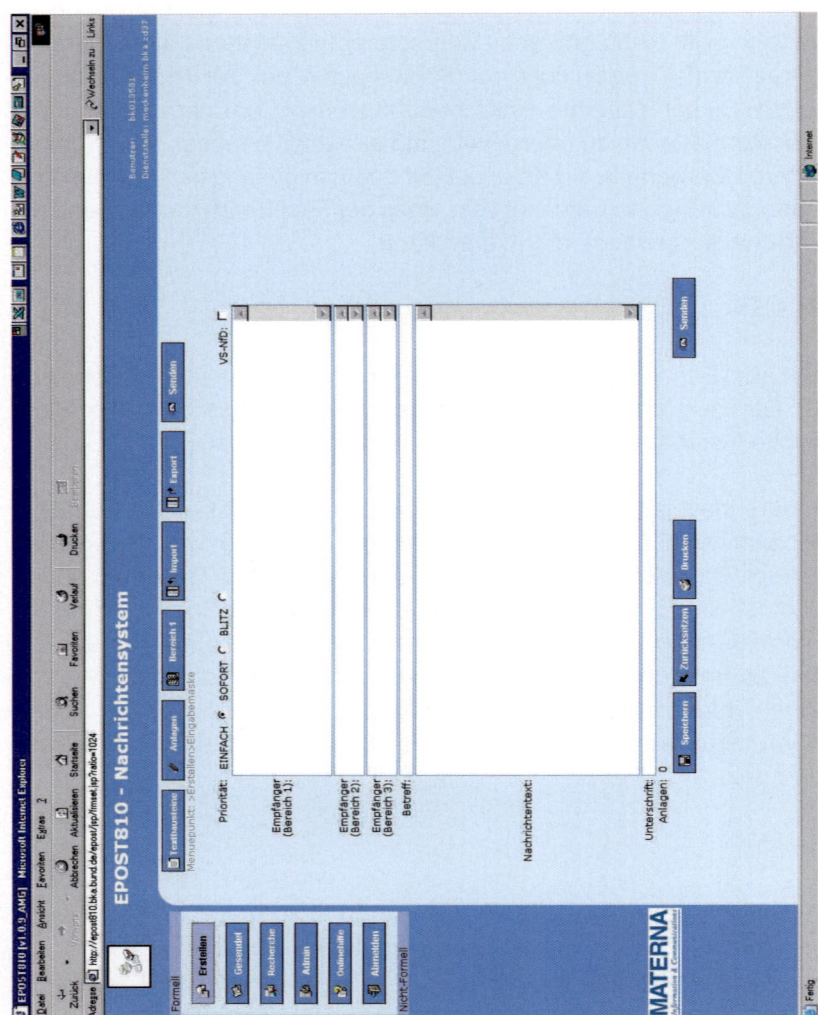

Abb. 2   EPOST810 - System zur sicheren Übermittlung wichtiger
          Nachrichten

WE-Meldungen werden an die Lagezentren der Innenministerien gesteuert, so dass die politischen Entscheidungsträger ebenfalls in die Informationskette mit eingebunden sind.

Die psychologische Komponente

Eine psychologische Einsatzbetreuung von Beschäftigten, die in Bereichen mit besonderen persönlichen Belastungen eingesetzt sind, ist zu empfehlen. Eine beratende Unterstützung dürfte bei der Durchführung der jeweiligen Aufgabe, insbesondere bei Ereignissen ähnlich einer Großschadenlage, stressreduzierend wirken, was ein objektiveres Handeln der Akteure ermöglicht. Informationen bedeuten Sicherheit. Daher ist es besonders wichtig, insbesondere die Mitarbeiterinnen und Mitarbeiter sowie alle Beteiligten bestmöglich informiert zu halten.

Zur psychologischen Einsatzbetreuung gehören Maßnahmen der Einsatzvorbereitung/-begleitung und -nachsorge, die speziell auf die Einsatzbedingungen in den jeweiligen Arbeitsbereichen abgestimmt werden. Daneben gehört zur psychologischen Einsatzbetreuung auch die **akute Krisenintervention** bei Extremereignissen oder bei persönlichen Krisensituationen mit möglichen Auswirkungen auf den Dienst (siehe 5.9).

Bei länger andauernden Lagen kann eine psychologische Betreuung nicht über den gesamten Zeitraum seriös betrieben werden. Deshalb ist eine lageangepasste Auslösung durch geeignete Reservekräfte zu gewährleisten.

Nach einem Ereignis

Im Rahmen der Einsatznachbereitung ist im Hinblick auch auf die „interne Öffentlichkeitsarbeit" ein Debriefing zu empfehlen. Alle beteiligten Stellen und Einsatzkräfte sind zu berücksichtigen. Eine weitergehende psychologische Betreuung vor dem Hintergrund z. B. eines möglichen „Posttraumatischen Belastungssyndroms" der eingesetzten Kräfte ist sicherzustellen.

Literatur

Pfenninger, E., Himmelseher, S., & König, S. (2004). Untersuchung zur Einbindung des ÖGD in die katastrophenmedizinische Versorgung in der Bundesrepublik Deutschland. In: Bundesamt für Bevölkerungsschutz und Katastrophenhilfe (Hrsg.), *Zivilschutzforschung, Neue Folge* Bd. **54**, Bonn

Wildner, M., Dombrowsky, W., & Dickmann, P. (2007). Szenarien biologischer Gefahrenlagen. Eskalationsstufen von Risikokommunikation. In: *Biologische Sicherheit in Deutschland*. Kongressband zur German BioSafety 2005 (In Druck)

5 Seuchenmanagement

5.1 Einführung

Neben einer möglichst optimalen Behandlung der Erkrankten muss dem Schutz der nicht infizierten Bevölkerung bei einem Seuchenausbruch höchste Aufmerksamkeit gewidmet werden. Die in diesem Kapitel dargestellten Maßnahmen betreffen daher einerseits den Umgang mit dem Patienten von der Dekontamination und dem Transport in die Behandlungseinrichtung über die Isolationsmaßnahmen im Krankenhaus und die medizinische und psychosoziale Betreuung bis hin zu den – im ungünstigsten Fall notwendigen – Maßnahmen im Todesfall. Andererseits werden die parallel dazu notwendigen Maßnahmen zur Ermittlung und zum Umgang mit den Kontaktpersonen/Ansteckungsverdächtigen erläutert, da diese ihrerseits im Falle einer Erkrankung eine neue Infektionsquelle darstellen würden.

Die Seuchengeschehen, die in diesem Kapitel gemeint sind, werden von Erregern ausgelöst, die von Mensch zu Mensch ansteckend sind und für die Allgemeinheit eine große Gefahr darstellen (sogenannte „gemeingefährliche" Krankheiten, siehe 5.2), weil beispielsweise keine Impfung oder Therapiemöglichkeit vorhanden ist. Da diese Krankheiten in Deutschland nur selten vorkommen und es sich zumeist um importierte Einzelerkrankungen handelt, für die nicht überall die entsprechende Expertise vorliegt, bieten die in der Ständigen Arbeitsgemeinschaft der Kompetenz- und Behandlungszentren (StAKoB) zusammengeschlossenen Institutionen Unterstützung sowohl beim Management als auch bei der Behandlung der Patienten in Sonderisolierstationen (Gottschalk, 2007; Wirtz et al., 2003).

Um Missverständnissen vorzubeugen und einen schnellen Informationsaustausch zu gewährleisten, sind definierte Begrifflichkeiten von elementarer Bedeutung. Hierzu leistet Beitrag **5.2 Begriffsbestimmungen seuchenhygienisch relevanter Maßnahmen und Bezeichnungen** einen elementaren Beitrag. Es werden beispielsweise die Begriffe Absonderung, Isolierung und Quarantäne voneinander abge-

Abb. 1: Kompetenz- (K) und Behandlungszentren (+) in Berlin, Frankfurt am Main, Hamburg, Leipzig, München, Saarbrücken, Stuttgart, Würzburg (Trainingszentrum) (T) ein weiteres geplant in
Düsseldorf, sowie die L4-Labore in Marburg und Hamburg (ein
weiteres geplant in Berlin)
(nach Fock et al., 2005)

grenzt, ebenso wie die Unterscheidung von Krankheitsverdächtiger und Ansteckungsverdächtiger erläutert. Auch hat nicht jeder, der einem biologischen Agens ausgesetzt war, ein gleich hohes Erkrankungsrisiko. Die Klassifizierung von Ansteckungsverdächtigen ist eine wesentliche Voraussetzung, um angemessene Quarantänebedingungen festzulegen. Am Beispiel von Pocken und Lungenpest wird diese Differenzierung erläutert.

Im Beitrag **5.3 Aufgaben des Öffentlichen Gesundheitsdienstes bei Auftreten von Infektionskrankheiten** werden die seuchenrechtlichen Bestimmungen aufgeführt, die das Infektionsschutzgesetz regelt. Dem Amtsarzt werden dabei zur Verhinderung der weiteren Ausbreitung eines Seuchengeschehens weitreichende Befugnisse bis hin zu freiheitsentziehenden Maßnahmen eingeräumt. Die checklistenhaft dargestellten Aufgaben und Arbeitsabläufe bieten dem zuständigen Mitarbeiter des Gesundheitsamtes eine hilfreiche Unterstützung bei der Arbeit und allen anderen einen Einblick in die wichtige und verantwortungsvolle Aufgabe, die die Verantwortlichen zu bewältigen haben.

Bei biologischen Gefahrenlagen wird die Expositionsquelle in den meisten Fällen nicht bekannt sein (siehe Kapitel 2). Bei einer bekannten B-Lage kann hingegen die in Beitrag **5.4 Patientenversorgung im Kontaminationsbereich** beschriebene Dekontamination von Betroffenen am Ort der Exposition eine sinnvolle Maßnahme zur Vermeidung einer Kontaminationsverschleppung darstellen. Der Beitrag stellt Parallelen, vor allem aber die grundsätzlichen Unterschiede zwischen einer Dekontamination bei einer biologischen und einer chemischen Lage dar. Während bei letzterer schnelles Handeln im Vordergrund steht, ist Hauptziel bei einer biologischen Lage, die Ansteckung weiterer Personen zu verhindern und bereits Infizierte einer weiteren Beobachtung und eventuellen Behandlung zuzuführen. Höchste Priorität bei allen Einsätzen hat die Sicherheit des Rettungspersonals, gefolgt von lebensrettenden Maßnahmen zur Rettung von verletzten und erkrankten Personen.

Was bei einer sicheren Verlegung eines Patienten mit einer hochansteckenden Krankheiten beachtet werden muss, wird in Beitrag **5.5 Sonderisoliertransport – Mit gemeingefährlichen Infektionskrankheiten unterwegs** beschrieben. Die Autoren schlagen für einen solchen Transport den Begriff „Sonderisoliertransport" entsprechend den Sonderisolierstationen vor. Ein solcher Transport unterscheidet sich grundlegend von „normalen" Rettungsdienst-, Verlegungs- oder Intensivtransporten. Die Notwendigkeit für einen Sonderisoliertransport bzw. die zur Verfügung stehenden Möglichkeiten sind dabei u. a. abhängig vom Infektionserreger und dem Zustand des Patienten.

Üblicherweise wird ein Ausbruch erst auffallen, wenn die ersten Erkrankten in Krankenhäusern oder Arztpraxen eintreffen. Die Maßnahmen, die getroffen werden müssen, um möglicherweise bereits infizierte Kontaktpersonen zu ermitteln und optimal zu versorgen, beschreibt der Beitrag **5.6 Management von Ansteckungsverdächtigen.** Während die aktive Fallsuche und Ermittlung der Infektionsquelle bei Einzelfällen einen wesentlichen Beitrag leisten, binden sie bei Großschadenlagen zu viele Kapazitäten, sind aber für die kriminaltechnische Ermittlung wertvoll. Ausführlich beschrieben wird das unterschiedliche Management bei einem kontagiösen (Pocken) und einem nicht kontagiösen (Milzbrand) Erreger.

Die im Beitrag **5.7 Struktur zur Versorgung von Patienten** dargestellten Überlegungen beziehen sich auf das hygienische Management der von Mensch zu Mensch übertragbaren Erkrankungen, die in so großer Fallzahl auftreten, dass die zuständigen Behandlungszentren überlastet sind und die Behandlung in nicht speziell dafür ausgerüsteten Krankenhäusern der Grund- und Regelversorgung durchgeführt werden muss. Sichergestellt werden muss dabei die Versorgung und der Schutz der anderen Patienten, des Personals und der Bevölkerung. Beschrieben werden die Themen Schutz des Personals, Kohortenbildung, Einrichtung von Hygienezonen und Barrier Nursing. Für den Fall einer anders nicht aufrecht zu erhaltenen Versorgungslogistik werden die Bedingungen für Absonderungsmöglichkeiten außerhalb von Krankenhäusern diskutiert.

Bei dem Beitrag **5.8 Medizinische Maßnahmen im Management von Betroffenen einer B-Gefahrenlage** handelt es sich um eine Zusammenfassung des Buches *Biologische Gefahren II: Entscheidungshilfen zur medizinischen Versorgung*, das parallel zu diesem Buch erscheint und ebenfalls auf der CD im Anhang vollständig vorhanden ist. Beschrieben werden die einzelnen Krankheiten, die als bioterror-relevant angesehen werden, ihre Inkubationszeiten und Übertragungswege, die erforderliche Probenahme für die Labordiagnostik, Therapie- und Prophylaxemöglichkeiten.

Den seit einigen Jahren stärker beachteten Aspekten zur Notwendigkeit von psychologischen und seelsorgerischen Angeboten widmet sich der Beitrag **5.9 Psychosoziale Betreuung Betroffener und massenpsychologische Aspekte.** Besonders wichtig ist es hierbei, dem hohen Informationsbedürfnis und dem Bedürfnis nach dem Wiedererlangen der Kontrolle über die Situation bei den Betroffenen entgegenzukommen. Neben den Sofortmaßnahmen an der Unglücksstelle sind auch die Wiedereingliederung ins „normale Leben" oder die Betreuung von Hinterbliebenen wichtige Aufgaben. Nicht unterschätzt werden darf dabei die Situation der Einsatzkräfte, die ihrerseits nach einem belastenden Eingriff Hilfe nötig haben können. Ergänzt wird der Beitrag durch das praktische Beispiel: **Psychosoziale Unterstützungsgruppe des Öffentlichen Gesundheitsdienstes in Hamburg während der Fußball-WM 2006 in Hamburg.**

Bereits im Vorfeld sollten auch Überlegungen über das Vorgehen getätigt werden, wenn das Leben der Betroffenen nicht gerettet werden konnte – insbesondere wenn es sich um einen Massenanfall handelt. Im Beitrag **5.10 Maßnahmen bei Todesfall an gemeingefährlichen Infektionserregern** wird dies dargestellt, ebenso wie mit kontagiösen Leichen vor und nach eventuell notwendiger Obduktion umgegangen werden soll.

Eine wichtige und nicht generell zu beantwortende Frage ist, wann eine Leiche kontagiös ist. Bisher liegen keine Berichte vor, dass eine Infektion über eine geschlossene Leiche stattgefunden hat – wenn auch Berichte z. B. über Ebola-Epidemien dies vermuten lassen. Es empfiehlt sich daher, beim Umgang mit dem Leichnam eines infektiösen Patienten – insbesondere aufgrund eventuell austretender Körperflüssigkeiten – angemessene Schutzmaßnahmen zu ergreifen. Ein erhöhtes Infektionsrisiko haben in jedem Fall Personen, die an der offenen Leiche arbeiten. Eine Obduktion sollte, wenn immer möglich, vermieden werden. Die Pathologie gehört zu den (bio-)medizinischen Disziplinen mit dem relativ höchsten Erkrankungsrisiko. Insbesondere sind hier zu nennen Tuberkulose und Hepatitis B (www.arbeitsschutz.nrw.de/bp/good_practice/Arbeitsbelastungen/download_biotech/GefaehrdungPathologie.pdf).

Literatur

Fock, R., Finke, E.-J., Fleischer, K., Gottschalk, R., Graf, P., Grünewald, T., Koch, U., Michels, H., Peters, M., Wirtz, A., Andres, M., Bergmann, H., Fell, G., Niedrig, M. & Scholz, D. (2005). Management gemeingefährlicher Infektionskrankheiten und außergewöhnlicher Seuchengeschehen (Übersicht). In: Bundesamt für Bevölkerungsschutz und Katastrophenhilfe (hrsg.), *Biologische Gefahren: Beiträge zum Bevölkerungsschutz*. Bonn: Bundesamt für Bevölkerungsschutz und Katastrophenhilfe, 231-253

Gottschalk, R. (2007). Die Ständige Arbeitsgemeinschaft der Kompetenz- und Behandlungszentren. In: *Biologische Sicherheit in Deutschland. Kongressband zur German BioSafety 2005*. Bonn: Bundesamt für Bevölkerungsschutz und Katastrophenhilfe (in Druck)

Wirtz, A., Gottschalk, R., Weber, H.-J. (2003). Management biologischer Gefahrenlagen: Überlegungen zur notwendigen Infrastruktur in Ländern und Kommunen *Bundesgesundheitsblatt - Gesundheitsforschung - Gesundheitsschutz* **46**, 11, 1001-1009

5.2 Begriffsbestimmungen seuchenhygienisch relevanter Maßnahmen und Bezeichnungen

R. Fock, E.-J. Finke, K. Fleischer, R. Gottschalk, P. Graf, Th. Grünewald, U. Koch, H. Michels, M. Peters, A. Wirtz, M. Andres, H. Bergmann, W. Biederbick, G. Fell, M. Niedrig, D. Scholz

Die Beiträge des Abschnitts 5 beschreiben notwendige Maßnahmen

- bei einem Import oder natürlichem Neu- und Wiederauftreten von Fällen lebensbedrohender hochkontagiöser (im Folgenden: gemeingefährlicher) Infektionskrankheiten,

- bei Auftreten von Krankheitsausbrüchen infolge einer akzidentellen oder absichtlichen Freisetzung biologischer Agenzien, die gemeingefährliche Infektionskrankheiten auslösen können (z. B. Laborunfall, bioterroristische Aktionen).

Während das Vorgehen bei dem erstgenannten Szenario aus Sicht des Gesetzgebers im Infektionsschutzgesetz (IfSG) weitgehend geregelt und mit einem Managementkonzept durch die Zivil-militärische Bund-Länder-Fachgruppe Seuchenschutz am Robert Koch-Institut (RKI) hinlänglich beschrieben wurde [2, 3, 4], erscheint das zweite Szenario bisher durch das IfSG aus bekannten Gründen noch nicht ausreichend berücksichtigt. In diesem Beitrag sollen daher wichtige Begriffe und Maßnahmen erläutert werden, die für das seuchenhygienische Management der eingangs erwähnten Ausgangssituationen notwendig sind.

Für ein differenziertes seuchenhygienisches Management, zur Berücksichtigung der Verhältnismäßigkeit der zum Teil erheblich in die verfassungsmäßig garantierten Persönlichkeitsrechte eingreifenden Schutzmaßnahmen und für einen ökonomischen Umgang mit im Ereignisfall möglicherweise knappen Ressourcen ist es erforderlich, die Risiken von B-Exponierten und Kontaktpersonen, sich angesteckt zu haben bzw. ansteckungsfähig zu werden, zu charakterisieren. Deshalb findet sich in diesem Kapitel auch eine entsprechende maßnahmeorientierte Kategorisierung.

Begriffsbestimmungen

Das IfSG enthält in § 2 wichtige Begriffsbestimmungen des Seuchenrechts, z. B. Definitionen für Krankheitserreger, Kranke, Krankheitsverdächtige und Ansteckungsverdächtige oder auch z. B. für Schutzimpfungen und „andere Maßnahmen der spezifischen Prophylaxe" [1]. Begriffsbestimmungen anderer seuchenhygienischer Schutzmaßnahmen wie Beobachtung und Tätigkeitsverbote sind zum Teil recht gut aus dem Gesetzeskontext abzuleiten. Wiederum andere Begriffe, die sich in der Praxis des Öffentlichen Gesundheitsdienstes als sinnvoll erwiesen haben, werden im IfSG nicht differenziert oder gar nicht verwendet.

So wird z. B. der Begriff „Absonderung" in § 30 in der Überschrift mit „Quarantäne" gleichgesetzt. Der Begriff der Quarantäne ist traditionell und international der Absonderung bei Vorliegen eines Ansteckungsverdachtes bei gemeingefährlichen Infektionskrankheiten vorbehalten gewesen, die in der Regel auch besonderen internationalen Gesundheitsvorschriften unterlagen. Der Begriff der Isolierung taucht im IfSG nicht mehr auf, wird im internationalen Sprachgebrauch aber zu Recht für die konsequenteste Form der Absonderung Kranker und Krankheitsverdächtiger in hierfür besonders geeigneten Einrichtungen angewendet.

Auch der Begriff der Kontaktperson findet im IfSG kein treffendes Korrelat. Dieser Begriff aus der Infektionsepidemiologie ist zunächst deskriptiv und umfasst Personen, die mit einem Kranken oder dessen Ausscheidungen in Kontakt getreten sind. Er ist aber auch durchaus maßnahmeorientiert: Kontaktpersonen bei gemeingefährlichen Infektionskrankheiten müssen ermittelt, festgestellt und risikokategorisiert werden, um Sekundärinfektionen zu verhindern oder zumindest frühzeitig zu erkennen, und zwar unabhängig davon, ob diese Personen krank, krankheitsverdächtig oder ansteckungsverdächtig (gesund) sind. Erst die ärztliche Sichtung und infektionsepidemiologische Recherche, häufig erst die weitere Entwicklung, können zeigen, welche dieser Personen als krank, krankheitsverdächtig oder ansteckungsverdächtig anzusehen sind. Wichtig in diesem Zusammenhang ist auch zu wissen, dass Ansteckungsverdächtige gemeingefährlicher Infektionskrankheiten in der Regel (noch) *nicht* ansteckend bzw. ansteckungsfähig sind. Die Gefahr, andere anzustecken (Ansteckungsfähigkeit), geht in der Regel erst dann von ihnen aus, wenn sie bereits Symptome aufweisen; von diesem Zeitpunkt an sind sie aber nicht mehr als ansteckungsverdächtig, sondern bereits als krankheitsverdächtig zu bezeichnen.

Die Begriffe „Absonderung", „Quarantäne" und „Isolierung" werden derzeit im deutschsprachigen Schrifttum sehr unterschiedlich verwendet. Im IfSG werden Quarantäne und Absonderung gleichgesetzt, ohne diese näher zu definieren. Es erscheint daher aus praktischen Gründen sinnvoll, künftig unter **Absonderung** jede nicht näher spezifizierte Maßnahme gegenüber Kranken, Krankheitsverdächtigen und Ansteckungsverdächtigen zu verstehen, die eine räumlich und zeitlich definierte Abgrenzung Kranker, Krankheitsverdächtiger und Ansteckungsverdächtiger untereinander und gegenüber empfänglichen nicht infizierten Personen bewirkt. Von der Absonderung, die in der Regel in Krankenhäusern oder dafür eingerichteten Unterkünften unter ständiger Aufsicht erfolgt, sind die **häusliche Absonderung** und die **Beobachtung** zu unterscheiden. Unter häuslicher Absonderung versteht man die amtsärztliche Anordnung, das Haus nicht zu verlassen und auch häusliche Kontakte auf das unbedingt Notwendige, ggf. unter Schutzmaßnahmen, zu beschränken. Unter Beobachtung gestellt werden Personen bei weniger gefährlichen Krankheiten oder bei sehr geringem Ansteckungsverdacht. Diese müssen in definierten Zeitabständen beim Gesundheitsamt vorstellig werden bzw. werden telefonisch überwacht. Mit **Quarantäne** hingegen sollte eine Absonderung *nichtbehandlungsbedürftiger Ansteckungsverdächtiger* (nicht jedoch Kranker und Krankheitsverdächtiger) bezeichnet werden, *sofern es sich um gemeingefährliche Infektionskrankheiten handelt.* Die Quarantäne kann entweder mit speziellen Auflagen zu Hause (als „häusliche Quarantäne") oder analog zur früher geübten Praxis der Absonderung Pockenverdächtiger unter ständiger Aufsicht in speziell ausgewiesenen Quarantäneeinrichtungen („institutionalisierte" oder „stationäre Quarantäne") erfolgen. Der Begriff **Isolierung** sollte ausschließlich der stationären Behandlung eines oder mehrerer Kranker oder Krankheitsverdächtiger auf einer *(Sonder-)Isolierstation,* d. h. einer speziellen Infektionsstation vorbehalten sein. Diese sollte mindestens über einen von den Funktionsbereichen des alltäglichen Krankenhausbetriebes getrennten (externen) Zugang, Schleusen, Einzelzimmer und entsprechende Schutzkleidung für das Personal sowie über ein sicheres Ver- und Entsorgungskonzept verfügen. Dabei muss es möglich sein, den Bereich gegen den Zutritt unbefugter Personen zu sichern. Eine Absonderung von Personen mit zwar ansteckenden, aber nicht gemeingefährlichen Krankheiten oder mit zwar lebensgefährlichen, aber nicht ansteckenden Krankheiten auf Infektionsstationen, offenen Krankenstationen oder zu Hause stellt *keine* Isolierung dar.

Für das eindeutige Verständnis der in diesem Abschnitt angeführten Maßnahmen und Einrichtungen erscheint es daher hilfreich, im Folgenden (Tab. 1) die für biologische Gefahrenlagen relevanten infektionsepidemiologischen und seuchenhygienischen Begriffe ergänzend zu definieren. Die Autoren haben sich, soweit möglich, an den Gesetzestext gehalten. Soweit notwendige Differenzierungen vorzunehmen waren, wurden aber auch eigene, ergänzende Begriffsbestimmungen vorgenommen.

Tab. 1:   Bestimmungen seuchenhygienisch relevanter Begriffe sowie
           analoger Begriffe des Medizinischen B-Schutzes

Bezeichnung/Begriffsbestimmung	IfSG/ Literatur
Beobachtung	
Schwächste seuchenpolizeiliche Schutzmaßnahme: Pflicht, Untersuchungen zu dulden und Auflagen des Gesundheitsamtes zu folgen, z. B. über seinen Gesundheitszustand Auskunft zu geben und den Wechsel des Aufenthaltsortes oder bestimmter Tätigkeiten unverzüglich anzuzeigen. Diese Maßnahme wird vor allem gegenüber symptomfreien →Ansteckungsverdächtigen, →Kontaktpersonen bzw. →B-Exponierten angewandt. Häufig ist es z. B. sinnvoll, zweimal tägliches Messen der Körpertemperatur zur Auflage zu machen und über die Messergebnisse Auskunft zu verlangen.	*§ 29*
Absonderung	
Jede nicht näher spezifizierte Maßnahme, die eine räumlich definierte und zeitlich (durch jeweilige Inkubationszeit) begrenzte Trennung →Kranker, →Krankheitsverdächtiger, →Ansteckungsverdächtiger und ggf. nicht einsichtiger bzw. nicht einsichtsfähiger → Ausscheider untereinander und gegenüber empfänglichen, nicht infizierten Individuen und Populationen bewirkt. Die räumliche Zuordnung der Absonderung sollte immer durch einen entsprechenden Zusatz, z. B. als häusliche Absonderung, stationäre Absonderung gekennzeichnet, oder als Isolierung bzw. Quarantäne spezifiziert werden. Handelt es sich um *Lungenpest* oder um von Mensch zu Mensch übertragbare („hochkontagiöse") *virale hämorrhagische Fieber (VHF)*, ist die Absonderung	*§ 28 Abs 1* *§ 30 Abs. 1 Satz 1*

Kranker und Krankheitsverdächtiger als →Isolierung in einer „geeigneten" Einrichtung gesetzlich zwingend vorgeschrieben (im Einzelfall Sonderisolierstation), für Pocken, SARS oder neuartige gemeingefährliche Infektionskrankheiten ist sie fachlich geboten und nach IfSG möglich. Bei Absonderungsmaßnahmen hinsichtlich Ansteckungsverdächtiger bei gemeingefährlichen Infektionskrankheiten spricht man von →Quarantäne.

häusliche Absonderung

Absonderung →Kranker, →Krankheitsverdächtiger, → Ansteckungsverdächtiger und → Ausscheider im häuslichen Bereich.	§ 28 Abs. 1 § 30 Abs 1 Satz 1
Kommt bei weniger gefährlichen oder gering ansteckenden Krankheiten in Betracht.	

stationäre Absonderung

Absonderung →Kranker und →Krankheitsverdächtiger in einem Krankenhaus oder in einer anderen geeigneten Einrichtung, sofern es sich nicht um eine →gemeingefährliche Infektionskrankheit und damit nicht um eine → Isolierung Kranker oder Krankheitsverdächtiger oder um eine →Quarantäne Ansteckungsverdächtiger handelt. Eine stationäre Absonderung auch →Ansteckungsverdächtiger und nicht einsichtiger bzw. nicht einsichtsfähiger → Ausscheider ist möglich, bei nicht gemeingefährlichen Infektionskrankheiten aber praktisch kaum relevant.

Quarantäne

Absonderung →Ansteckungsverdächtiger, sofern es sich um →gemeingefährliche Infektionskrankheiten handelt. Erfolgt als →stationäre Quarantäne unter ständiger Aufsicht oder als →häusliche Quarantäne.

häusliche Quarantäne	
Absonderung →Ansteckungsverdächtiger und → Ausscheider gemeingefährlicher Krankheiten im häuslichen Bereich, wenn eine adäquate Versorgung sowie die Einhaltung erteilter Auflagen sichergestellt ist.	
stationäre Quarantäne	
Absonderung →Ansteckungsverdächtiger gemeingefährlicher Krankheiten in einem Krankenhaus oder in einer anderen geeigneten Einrichtung (Hotel, Wohnheim, Kaserne, Landschulheim, Schiff, Ferienanlage usw.).	
Isolierung	
Besondere Form der Absonderung →Kranker oder → Krankheitsverdächtiger, die an einer →gemeingefährlichen Infektionskrankheit leiden, zur medizinischen Versorgung in speziell ausgewiesenen Krankenhäusern (vorzugsweise →Sonderisolierstationen); bei einem Massenanfall auch als →behelfsmäßige Isolierung	§ 30 Abs. 1 Satz 1
behelfsmäßige Isolierung	
Absonderung →Kranker und →Krankheitsverdächtiger, die an einer →gemeingefährlichen Infektionskrankheit leiden, zur medizinischen Versorgung in Krankenhausbereichen, die mindestens über einen von den Funktionsbereichen des alltäglichen Krankenhausbetriebs getrennten externen Zugang, Schleusen, Einzelzimmer und entsprechende persönliche Schutzausstattung (Infektionsschutz-Set) für das Personal sowie über ein sicheres Ver- und Entsorgungskonzept verfügen. Die Zutrittsbeschränkung für Unbefugte muss gewährleistet sein.	[2,4] § 30 Abs. 1 Satz 1

Infektionsstation	
Krankenhausbereich, der die jeweils aktuelle „Anforderung der Hygiene an Infektionseinheiten" gemäß der vom RKI herausgegebenen *Richtlinie für Krankenhaushygiene und Infektionsprävention* erfüllt und gewöhnlich zur stationären Absonderung und Behandlung von → Kranken und →Krankheitsverdächtigen bei nicht gemeingefährlichen Infektionskrankheiten dient; kann im Notfall auch zur →behelfsmäßigen Isolierung genutzt werden.	*[5]*
Sonderisolierstation (= Behandlungszentrum)	
Speziell ausgestattete stationäre Einrichtung zur → Absonderung und medizinischen Versorgung von →Kranken und →Krankheitsverdächtigen bei →gemeingefährlichen Infektionskrankheiten (getrennter externer Zugang, Schleusen mit Zwischendruckstufe, raumlufttechnische Anlage mit HEPA-gefilterter Abluft, Unterdruck gegenüber dem übrigen Stationsbereich, Abfallentsorgungskonzept, Zutrittssicherung). Das Personal ist in Barrierepflege von Patienten mit → gemeingefährlichen Infektionskrankheiten eingewiesen und trainiert, entsprechende persönliche Schutzausstattung, Prophylaktika und fachliche Expertise werden vorgehalten.	*[2,4,6]* *§ 30 Abs. 1 Satz 1*
Kompentenzzentrum	
Fest etabliertes, von den zuständigen obersten Landesgesundheitsbehörden für Koordinations- und Beratungsaufgaben ernanntes Team von Fachleuten der Gesundheitsbehörden, des Behandlungszentrums (→ Sonderisolierstation) und des Rettungsdienstes mit 24-Stunden-Rufbereitschaft. Leisten u. a. konsiliarisch telefonische Beratung, ggf. auch Entscheidungshilfe vor Ort.	

StAKoB	
<u>St</u>ändige <u>A</u>rbeitsgemeinschaft der →<u>Ko</u>mpetenz- und → <u>B</u>ehandlungszentren. Vermittelt u. a. konsiliarische Beratungen und organisiert die gegenseitige personelle und materielle Unterstützung der Zentren im Einsatzfall.	
Kranker	
Person, die an einer (bestimmten, diagnostizierten) übertragbaren Krankheit erkrankt ist.	*§ 2 Nr. 4*
Krankheitsverdächtiger	
Person, bei der Krankheitszeichen bestehen, die das Vorliegen einer (bestimmten) →übertragbaren Krankheit vermuten lassen.	*§ 2 Nr. 5*
Ansteckungsverdächtiger	
Person, von der anzunehmen ist, dass sie Krankheitserreger aufgenommen hat, ohne krank, krankheitsverdächtig oder Ausscheider zu sein, aufgrund a) eines Kontaktes zu einem bestätigten →Kranken, → Krankheitsverdächtigen oder →Ausscheider, mit dessen Ausscheidungen, Geweben, Sekreten oder damit kontaminierten Objekten (→Kontaktperson) b) eines Kontakts zu kranken oder krankheitsverdächtigen Tieren oder deren Organen, Sekreten und Exkreten sowie davon gewonnenen Produkten oder von ihnen kontaminierten Objekten c) einer direkten Exposition gegenüber nachgewiesenen übertragbaren biologischen Agenzien bzw. B-Kampfstoffen (→B-Exponierter)	*§ 2 Nr. 7*

Ansteckungs*verdächtig* ist aber keineswegs mit ansteckungs*fähig* gleichzusetzen. Man kann in der Regel davon ausgehen, dass bei den gemeingefährlichen Infektionskrankheiten eine Ansteckungs*fähigkeit* erst mit dem Auftreten erster Symptome (insbesondere Fieber) gegeben ist, also dann, wenn die betroffene Person bereits als →krankheitsverdächtig zu bezeichnen ist.	
Ausscheider	
Person, die →Krankheitserreger ausscheidet und dadurch eine Ansteckungsquelle für die Allgemeinheit sein kann, ohne →krank oder →krankheitsverdächtig zu sein (häufig Rekonvaleszente).	*§ 2 Nr. 6*
Kontaktperson	
Person, die - mehr oder weniger engem - Kontakt hatten zu ansteckungsfähigen Personen oder Tieren, mit deren Ausscheidungen, Geweben, Sekreten oder damit kontaminierten Objekten. Diese *deskriptive* Bezeichnung lässt zunächst offen, ob die betroffene Person als krank, krankheitsverdächtig oder ansteckungsverdächtig im Sinne des IfSG bzw. auch als konkret ansteckungsfähig anzusehen ist und ob ggf. bestimmte Maßnahmen zu ergreifen wären.	
B-Verwundeter	
→Kranker oder →Krankheitsverdächtiger nach mutmaßlicher oder gesicherter Exposition gegenüber →B-Kampfstoffen.	*Med. B-Schutz*

B(Kampfstoff)-Exponierter	
Person, die direkt oder indirekt →B-Kampfstoffen ausgesetzt ist oder war. Sofern der Kampfstoff nicht aus Toxinen, sondern aus →Krankheitserregern besteht, wird ein →B-Exponierter regelmäßig als →Ansteckungsverdächtiger anzusehen sein, sofern keine geeignete persönliche Schutzausstattung getragen und keine wirksame Prophylaxe angewendet wurde (vergleiche Tabelle 2).	*Med. B-Schutz*
Gemeingefährliche Infektionskrankheit (auch: lebensbedrohende kontagiöse Infektionskrankheit [1,2])	
Die in § 30 Abs. 1 genannten Krankheiten *Lungenpest* und die direkt von Mensch zu Mensch übertragbaren *viralen hämorrhagischen Fieber* (*VHF*; das sind insbesondere *Lassa-Fieber, Krim-Kongo-Hämorrhagisches Fieber, Ebola-Fieber, Marburg-Virus-Krankheit*), außerdem *humane Pocken* und *Affenpocken* sowie ggf. neu auftretende Infektionskrankheiten, die eine schwerwiegende Gefahr für das Leben und die Gesundheit der Allgemeinheit befürchten lassen (z. B. SARS, nach IfSG § 6 Abs. 1 Nr. 5 meldepflichtige Krankheiten).	*Med. B-Schutz*
übertragbare Krankheit	
Eine durch →Krankheitserreger oder deren toxische Produkte, die unmittelbar oder mittelbar auf den Menschen übertragen werden, verursachte Krankheit (IfSG).	*§ 2 Nr. 3*

Biologischer (B)-Kampfstoff	
Zu nicht-friedlichen Zwecken produzierte vermehrungsfähige Mikroorganismen und Gifte biologischen Ursprungs, die durch ihre Wirkung auf Lebensvorgänge den Tod, eine vorübergehende Handlungsunfähigkeit oder eine Dauerschädigung herbeiführen können. Mikrobiologische oder andere biologische Agenzien oder – ungeachtet ihres Ursprungs und ihrer Herstellungsmethode – Toxine von Arten und Mengen, die nicht durch Vorbeugungs-, Schutz- oder sonstige friedliche Zwecke gerechtfertigt sind.	Med. B-Schutz BWÜ
Krankheitserreger	
Vermehrungsfähiges Agens (Virus, Bakterium, Pilz, Parasit) oder ein sonstiges übertragbares Agens, das bei Menschen eine Infektion oder eine →übertragbare Krankheit verursachen kann.	§ 2 Nr. 1

Differenzierung der unmittelbar B-Exponierten eines Anschlags mit Erregern gemeingefährlicher Infektionskrankheiten

Unmittelbar B-Exponierte sind Personen, die sich im Wirkungsbereich biologischer Kampfstoffe aufgehalten haben und nicht Kontaktpersonen zu Kranken oder Krankheitsverdächtigen sind. Nicht von allen Exponierten ist anzunehmen, dass sie sich angesteckt haben, Symptome entwickeln und ansteckungsfähig werden. Somit trifft für diese die Begriffsbestimmung eines Ansteckungsverdächtigen nach IfSG nicht zu. Dies gilt insbesondere für Personen, die während der Exposition geeignete persönliche Schutzausstattung getragen und/oder eine effiziente Immun- oder Chemoprophylaxe erhalten haben. Je unmittelbarer bzw. intensiver und länger die Exposition gegenüber mutmaßlich freigesetzten B-Kampfstoffen währt, desto höher ist deren Aufnahme und desto wahrscheinlicher wird sich eine klinisch manifeste Infektion schon nach minimaler Inkubationszeit mit schwerem Krankheitsverlauf und schlechter Prognose entwickeln. Gleichzeitig werden solche Personen im Falle einer gefährlichen Infektionskrankheit relativ früh über eine hohe Ansteckungsfähigkeit verfügen. Eine mögliche Differenzierung der unmittelbar B-Exponierten ist in Tabelle 2 dargestellt.

Tab. 2: Differenzierung der unmittelbar B-Exponierten nach Risiken

Kategorie	Intensität der B-Exposition
I. Hohes Infektionsrisiko	• Ungeschützte Personen, die aufgrund unmittelbarer Exposition oder längeren Aufenthaltes in mutmaßlich kontaminierter Umgebung mit hoher Wahrscheinlichkeit B-Kampfstoffe inkorporiert (eingeatmet, verschluckt, über die Schleimhäute oder perkutan über Hautläsionen aufgenommen) haben.
II. Mäßiges Infektionsrisiko	• Ungeschützte Personen, die über die intakte Haut direkten Kontakt mit mutmaßlichen B-Kampfstoffen hatten.
III. Geringes Infektionsrisiko	• Ungeschützte Personen, die nicht unmittelbar den mutmaßlichen B-Kampfstoffen ausgesetzt waren, aber durch ihre räumliche Nähe oder durch ungeschützten Kontakt mit wahrscheinlich kontaminierten Gegenständen oder Exponierten der Kategorien I und II infiziert sein könnten. • Personen, die während längerer Exposition „leichte" Schutzausstattung (z. B. Infektionsschutz-Set) getragen haben,

	wenn keine Immun- oder Chemoprophylaxe durchgeführt wurde.
IV. Infektion unwahrscheinlich	• Personen, die während der Exposition leichte Schutzausstattung (Infektions-schutz-Set) getragen haben, wenn diese nach Gebrauch sachgerecht entsorgt, die Personen dekontaminiert wurden und wenn eine effiziente präexpositionelle Immun- oder Chemoprophylaxe durchge-führt wurde oder eine wirksame Postexpo-sitionsprophylaxe (PEP) verabreicht wer-den kann. • Personen, die während der Exposition ausreichende persönliche Schutzaus-stattung einschließlich Atemschutz mit P3- oder HEPA-Filter (in Gebläse-Helm-Kombinationen oder als Vollmaske) getragen haben und diese nach Gebrauch sachgerecht dekontaminiert wurde.

Differenzierung der Kontaktpersonen von Pocken- und Lungenpestkranken

Zu den gemeingefährlichen Infektionskrankheiten, von denen aufgrund ihrer relativ hohen Kontagiosität die größte Gefahr einer Mensch-zu-Mensch-Übertragung ausgeht, gehören in erster Linie Lungenpest, Pocken, Marburg-Virus-Krankheit, Ebola-Fieber, Lassa-Fieber und Krim-Kongo-Hämorrhagisches Fieber. Bezüglich der Differenzierung von Kontaktpersonen der letztgenannten vier Krankheiten wurden bereits Empfehlungen veröffentlicht [2, 3]. Pocken und Lungenpest erfordern hinsichtlich ihrer leichteren aerogenen Übertragbarkeit eine modifizierte Klassifizierung (Tabelle 3). Alle Kontaktpersonen von Pocken- und Lungenpestkranken sollen – analog zu den oben genannten viralen hämorrhagischen Fiebern – grundsätzlich erfasst und beobachtet werden und müssen bei besonderem Infektionsrisiko unter Quarantäne gestellt, bei Auftreten von Krankheitszeichen isoliert werden.

Tab. 3: Differenzierung der Kontaktpersonen von Pocken- und Lungen-pestkranken

Kategorie	Intensität des Kontaktes
I. Hohes Infektionsrisiko	• Personen, die ungeschützt „Face-to-Face-Kontakt" mit Kranken oder Krankheits-verdächtigen hatten, d. h. in deren unmittelbare Nähe (< 2 m) gekommen sind (Tröpfcheninfektion) oder die diese körperlich berührt haben (z. B. Haut-kontakt mit Effloreszenzen); betroffen können z. B. sein: Angehörige, betreu-ende Freunde oder Nachbarn, vor der Krankenhausaufnahme konsultierte Ärzte, betreuendes Krankenhauspersonal einschließlich Ärzte, Pflegepersonal und Reinigungspersonal, ggf. auch Face-to-Face-Kontakte in öffentlichen Räumen und Verkehrsmitteln • Personen, die im gleichen Haushalt mit einem Kranken gelebt haben oder ein vergleichbares Infektionsrisiko aufwei-sen (Familienmitglieder, Mitglieder einer Lebens- oder Wohngemeinschaft, häufige Besucher usw.) und nicht entsprechend geschützt waren

	• Personen, die ungeschützt unmittelbaren Kontakt mit der Leiche eines verstorbenen Patienten hatten (z. B. Leichenbestatter, Priester)
	• Personen, die nicht inaktiviertes Untersuchungsmaterial ohne entsprechenden Schutz von einem Kranken genommen oder bearbeitet haben
	• Personen, die direkten, ungeschützten Kontakt mit der persönlichen Bekleidung, der Bettwäsche oder anderen Gegenständen hatten, die ein Kranker nach Ausbruch der Krankheit getragen hat
II. Mäßiges Infektionsrisiko	• Personen, die sich längere Zeit (> 1 Stunde) im selben Raum oder im selben Gebäude mit einem Kranken aufgehalten haben, sofern dieses Gebäude über raumlufttechnische Anlagen oder bauliche Einrichtungen verfügt, die den Übertritt von erregerhaltiger Luft aus dem Raum eines Kranken in andere Teile des Gebäudes ermöglichen, wenn diese Personen nicht geimpft bzw. nicht durch Chemoprophylaxe geschützt waren
	• Personen, die sich in dem gleichen Wagen eines öffentlichen Verkehrsmittels mit raumlufttechnischer Anlage befunden haben
	• Personen der Kategorie I, wenn sie über ausreichenden Impfschutz verfügen oder eine andere wirksame Prophylaxe erhalten haben

III. Geringes Infektionsrisiko	• Personen, die flüchtigen, nicht direkten Kontakt zu einem Kranken hatten (z. B. bei vorübergehendem Aufenthalt im gleichen Raum, längerem Aufenthalt im gleichen Haus (ohne raumlufttechnische Anlagen), Benutzung des gleichen Wagens eines öffentlichen Transportmittels ohne raumlufttechnische Anlage und Abstand zu dem Kranken > 2 m)
IV. Infektion unwahrscheinlich	• medizinisches Personal, sofern intakte Vollschutzausrüstung einschließlich Atemschutz mit P3- oder HEPA-Filter (Gebläse-Helm-Kombinationen oder Vollmaske) getragen wurden

Bei einem Anschlag mit Variolaviren findet das *Bund-Länder-Rahmenkonzept zu notwendigen fachlichen Vorbereitungen und Maßnahmen zur Seuchenbekämpfung nach bioterroristischen Anschlägen – Teil: Pocken* (www.rki.de) in der jeweils gültigen Fassung Anwendung.

Erfassung der Exponierten und der Kontaktpersonen

Zur Registrierung der Exponierten und der Kontaktpersonen wird ein Erfassungsblatt nach Muster der Aussteigekarte für Reisende [1], das sich ggf. leicht an die Bedürfnisse bei biologischen Großschadenlagen anpassen lässt, empfohlen (Abb. 1):

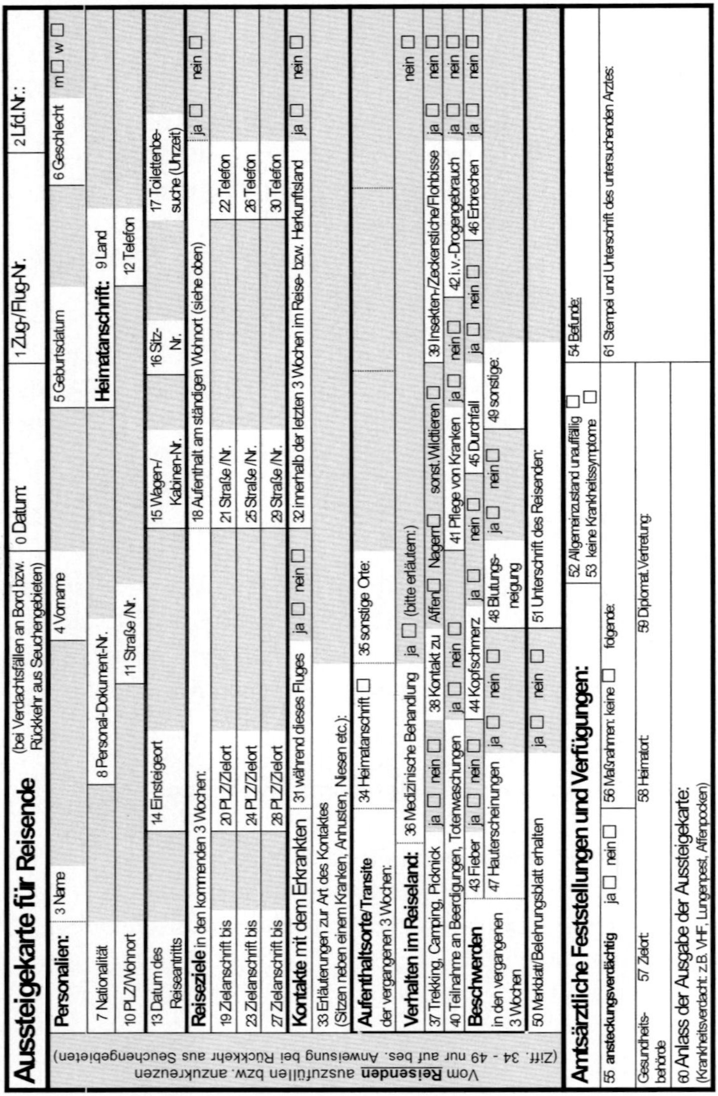

Aussteigekarte für Reisende (bei Verdachtsfällen an Bord bzw. Rückkehr aus Seuchengebieten)

Vom **Reisenden** auszufüllen bzw. anzukreuzen (Ziff. 34 - 49 nur auf bes. Anweisung bei Rückkehr aus Seuchengebieten)

0 Datum: 1 Zug-/Flug-Nr.:   2 Lfd.Nr.:

Personalien: 3 Name   4 Vorname   5 Geburtsdatum   6 Geschlecht m☐ w☐

7 Nationalität   8 Personal-Dokument-Nr.

10 PLZ/Wohnort   11 Straße /Nr.

Heimatanschrift: 9 Land   12 Telefon

13 Datum des Reiseantritts   14 Einsteigeort   15 Wagen-/Kabinen-Nr.   16 Sitz-Nr.   17 Toilettenbesuche (Uhrzeit)

Reiseziele in den kommenden 3 Wochen: 18 Aufenthalt am ständigen Wohnort (siehe oben) ja ☐ nein ☐

19 Zielanschrift bis   20 PLZ/Zielort   21 Straße /Nr.   22 Telefon

23 Zielanschrift bis   24 PLZ/Zielort   25 Straße /Nr.   26 Telefon

27 Zielanschrift bis   28 PLZ/Zielort   29 Straße /Nr.   30 Telefon

Kontakte mit dem Erkrankten 31 während dieses Fluges ja ☐ nein ☐   32 innerhalb der letzten 3 Wochen im Reise- bzw. Herkunftsland ja ☐ nein ☐

33 Erläuterungen zur Art des Kontaktes (Sitzen neben einem Kranken, Anhusten, Niesen etc.):

Aufenthaltsorte/Transite der vergangenen 3 Wochen: 34 Heimatanschrift ☐   35 sonstige Orte:

Verhalten im Reiseland: 36 Medizinische Behandlung ja ☐ nein ☐ (bitte erläutern)

37 Trekking, Camping, Picknick ja ☐ nein ☐   38 Kontakt zu Affen ☐ Nagern ☐ sonst. Wildtieren ☐   39 Insekten-/Zeckenstiche/Flohbisse ja ☐ nein ☐

40 Teilnahme an Beerdigungen, Totenwaschungen ja ☐ nein ☐   41 Pflege von Kranken ja ☐ nein ☐   42 i.v.-Drogengebrauch ja ☐ nein ☐

Beschwerden 43 Fieber ja ☐ nein ☐   44 Kopfschmerz ja ☐ nein ☐   45 Durchfall ja ☐ nein ☐   46 Erbrechen ja ☐ nein ☐

in den vergangenen 3 Wochen   47 Hauterscheinungen ja ☐ nein ☐   48 Blutungsneigung ja ☐ nein ☐   49 sonstige:

50 Merkblatt/Belehrungsblatt erhalten ja ☐ nein ☐   51 Unterschrift des Reisenden:

Amtsärztliche Feststellungen und Verfügungen: 52 Allgemeinzustand unauffällig ☐   53 keine Krankheitssymptome ☐   54 Befunde:

55 ansteckungsverdächtig ja ☐ nein ☐   56 Maßnahmen: keine ☐ folgende: 61 Stempel und Unterschrift des untersuchenden Arztes:

Gesundheitsbehörde   57 Zielort: 58 Heimatort: 59 Diplomat. Vertretung:

60 Anlass der Ausgabe der Aussteigekarte: (Krankheitsverdacht: z.B. V-HF, Lungenpest, Affenpocken)

Abb. 1: Aussteigekarte für Reisende bei Verdacht auf Import gemeingefährlicher Infektionskrankheiten. Bei Bedarf lässt sich diese leicht zu einem Erfassungsblatt für Exponierte und Kontaktpersonen auch bei biologischen Großschadenlagen modifizieren.

Literatur

[1]   Bales, S., Baumann, H.G., Schnitzler, N. (2003). Infektionsschutzgesetz. Kommentar und Vorschriftensammlung. 2., überarb. Auflage. Verlag W. Kohlhammer. Stuttgart

[2]   Fock, R., Koch, U., Finke, E.-J., Niedrig, M., Wirtz, A., Peters, M., Scholz, D., Fell, G., Bußmann, H., Bergmann, H., Grünewald, T., Fleischer, K., Ruf, B. (2000). Schutz vor lebensbedrohenden importierten Infektionskrankheiten: Strukturelle Erfordernisse bei der Behandlung von Patienten und anti-epidemische Maßnahmen. *Bundesgesundheitsblatt Gesundheitsforschung Gesundheitsschutz* **43**, 891-899

[3]   Fock, R., Peters, M., Wirtz, A., Scholz, D., Fell, G., Bußmann, H. (2001). Rahmenkonzept zur Gefahrenabwehr bei außergewöhnlichen Seuchengeschehen: Maßnahmen des Gesundheitsamtes. *Gesundheitswesen* **636**, 95-702

[4]   Fock, R., Wirtz, A., Peters, M., Finke, E.-J., Koch, U., Scholz, D., Niedrig, M., Bußmann, H., Fell, G., Bergmann, H. (1999) Management und Kontrolle lebensbedrohender hochkontagiöser Infektionskrankheiten. *Bundesgesundheitsblatt Gesundheitsforschung Gesundheitsschutz* **42**, 389-401.

[5]   Robert Koch-Institut (Hrsg.) (2002). *Richtlinie für Krankenhaushygiene und Infektionsprävention.* Gustav Fischer Verlag. München Jena

[6]   Tomaso, H., Al Dahouk, S., Fock, R.R.E., Treu, T.M., Schlögel, R., Strauss, R., Finke, E.-J. (2003). Management in der Behandlung von Patienten nach Einsatz biologischer Agenzien. *Notfall & Rettungsmedizin* **8**, 603-614

5.3 Aufgaben des Öffentlichen Gesundheitsdienstes bei Auftreten von Infektionskrankheiten

R. Gottschalk, P. Graf, U. Koch, M. Peters

Seit Beginn des 20. Jahrhunderts sind zumindest in Ländern mit gut entwickeltem Gesundheitssystem entscheidende Verbesserungen in Hinsicht auf die Lebenserwartung und Lebensqualität erzielt worden. Maßgeblich daran beteiligt ist das seit dem 19. Jahrhundert zunehmende Wissen über die Bedeutung von Hygienemaßnahmen und deren Umsetzung, die bis heute eine wesentliche Aufgabe des Öffentlichen Gesundheitsdienstes darstellt.

Berechnungen der amerikanischen Centers for Disease Control and Prevention (CDC) zufolge ist die Lebenserwartung in den USA seit 1900 um 30 Jahre gestiegen. Davon lassen sich nur fünf Jahre auf die Fortschritte der kurativen Medizin, hingegen 25 Jahre auf Erfolge in der Seuchenbekämpfung und durch Präventionsstrategien des Öffentlichen Gesundheitsdienstes und der Hygiene zurückführen (CDC, 1999). Dass diese Berechnungen zutreffen, beweist der teilweise dramatische Rückgang der Lebenserwartung in den Nachfolgestaaten der ehemaligen Sowjetunion Anfang der 1990er Jahre (WHO, 2005), der wesentlich durch den Zusammenbruch der dortigen öffentlich zugänglichen Gesundheitssysteme verursacht ist. Medizinisch ist hierbei an erster Stelle die Zunahme von Infektionserkrankungen zu benennen.

Neben den Seuchen stellt die Gefahr eines Anschlags mit biologischen Kampfstoffen eine neue und besondere Herausforderung dar (Jernigan *et al.*, 2002; Takahashi *et al.*, 2004). Naturgemäß gehört der Schutz der Bevölkerung vor solchen Agenzien ebenso in den Bereich der öffentlichen Infektionsabwehr wie die Abwehr von natürlichen oder eingeschleppten Krankheitserregern. Die Verhütung und Bekämpfung übertragbarer Krankheiten obliegt per Gesetz dem öffentlichen Gesundheitsdienst, d. h. den Gesundheitsämtern. Die Rechtsgrundlage dafür wurde im Seuchenrechtsneuordnungsgesetz (SeuchR-

NeuG) vom 20. Juli 2000 neu geregelt, das am 01.01.2001 in Kraft trat und alle bisher geltenden seuchenrechtlichen Bundesregelungen in einem einheitlichen aktualisierten Gesetz bündelt. Artikel 1 enthält als Artikelgesetz das Gesetz zur Verhütung und Bekämpfung von Infektionskrankheiten beim Menschen (Infektionsschutzgesetz, IfSG). Erstmalig wurde hier ein konvergierend vernetztes System der Datenerfassung eingeführt, das – über den regionalen Zuständigkeitsbereich des einzelnen Gesundheitsamtes hinausgehend – eine Datenauswertung auf höheren Ebenen zulässt. Diese neue Art der konvergierenden Datenauswertung ermöglicht auch ein Erkennen von Häufungen, die nicht auf ein engeres räumliches Umfeld beschränkt sind. Nach diesem Gesetz muss der Öffentliche Gesundheitsdienst den Bereich der übertragbaren Krankheiten beobachten und bewerten und alle erforderlichen Maßnahmen zu deren Vorbeugung treffen.

Entscheidend ist, dass bei Verdacht auf einen bioterroristischen Anschlag oder auf eine gemeingefährliche Infektionskrankheit rechtzeitig die notwendigen Maßnahmen ergriffen werden. Die zeitnahe Erfassung von Verdachtsfällen mit Erkennen eines möglichen bioterroristischen Anschlags als Hintergrund ist hierbei die wesentliche Voraussetzung für eine effiziente Reaktion der Behörden. Durch das IfSG steht ein effektives Instrumentarium für das Meldewesen sowie für die Verhütung und die Bekämpfung übertragbarer Krankheiten zur Verfügung.

Im Meldewesen wurde die Qualität der Meldungen durch eine wesentliche Erweiterung der anzugebenden Merkmale bei meldepflichtigen Infektionskrankheiten ebenso verbessert wie durch die Einführung von Falldefinitionen. Die Gesundheitsämter recherchieren die Fälle und übermitteln sie elektronisch über die oberste Landesbehörde an die zuständige obere Bundesbehörde (das Robert Koch-Institut, RKI), was eine zeitnahe zentrale Zusammenfassung und Analyse aller Einzelfallmeldungen ermöglicht.

Bei der Verhütung übertragbarer Krankheiten kann das Gesundheitsamt bei Gefahr im Verzug selbst, ansonsten durch die zuständige Behörde die notwendigen Maßnahmen veranlassen. Solche Maßnahmen können von der Sperrung eines Gebäudes bis zum Versammlungsverbot reichen. Auch können auf diesem Wege Desinfektionen, Entseuchungen und Entwesungen angeordnet werden. Mit anderen Worten: Den Gesundheitsämtern sind beim Auftreten von ansteckenden Krankheiten bzw. bereits beim Verdacht des Auftretens weitreichende Befugnisse und eine große Verantwortung zugeteilt worden.

Bei der Bekämpfung übertragbarer Krankheiten wird das Gesundheitsamt ermächtigt, alle notwendigen Ermittlungen über Art, Ursache und Ansteckungsquelle bzw. Ausbreitung der Krankheit anzustellen (§ 25 IfSG). Die Betroffenen haben diese Ermittlungen zu dulden. Des weiteren können Kranke, Krankheitsverdächtige und Ansteckungsverdächtige sowie Ausscheider einer Beobachtung unterworfen werden.

Besonders gravierend sind die Entscheidungsbefugnisse bei § 30 IfSG „Quarantäne", in dem die Absonderung von Personen, die an Lungenpest oder an von Mensch zu Mensch übertragbarem hämorrhagischen Fieber erkrankt sind, beschrieben ist. Üblicherweise wird bei der Absonderung von der Freiwilligkeit der Betroffenen und deren Einsicht in das Notwendige ausgegangen. Eine Zwangsabsonderung als freiheitsentziehende Maßnahme stellt das einschneidendste Instrument dar, das allerdings durch richterlichen Beschluss sanktioniert werden muss. Diese weitreichenden Entscheidungsbefugnisse und Maßnahmemöglichkeiten der Gesundheitsämter bzw. der Vollzugsbehörden bedeuten damit auch eine hohe Verantwortung der zuständigen Ärztinnen und Ärzte in Gesundheitsämtern und setzen eine hohe fachliche Kompetenz voraus.

Spezifische Aufgaben des zuständigen Amtsarztes

Bei Verdacht auf das Vorliegen eines bioterroristischen Anschlags muss der zuständige Amtsarzt

- sich vergewissern, ob der Verdachtsfall begründet ist

- sich ggf. Hilfe bei dem für ihn zuständigen Kompetenzzentrum einholen

- die oberste Landesgesundheitsbehörde unverzüglich informieren

- sich vergewissern, ob die notwendigen Schutzmaßnahmen für Personal und Umgebung eingeleitet wurden (Gottschalk *et al.*, 2002).

Neben der Isolation eines oder mehrerer Indexfälle ist das „Management von Kontaktpersonen" die zentrale Aufgabe zur Eindämmung einer gefährlichen Infektionskrankheit, sei es nun auf natürlicher oder auch bioterroristischer Basis (Wirtz *et al.*, 2003). Das Management beinhaltet:

A. Ermittlung von Kontaktpersonen

B. Klassifizierung von Kontaktpersonen

C. Beratung der Kontaktpersonen und ihrer Angehörigen

D. Festlegung von Maßnahmen (Beobachtung, Anraten der Postexpositionsprophylaxe, Desinfektion, Dekontamination, Absonderung usw.)

E. Koordination der Maßnahmen

F. Koordination der Amtshilfe

G. Information (Risikokommunikation).

Checkliste der Arbeitsabläufe im Gesundheitsamt

1. Abklärung des Krankheitsverdachts: Ist der Verdacht begründet?

2. Informationskaskade gemäß Seuchenalarmplan

3. Diagnosesicherung

4. Maßnahmen bezüglich des „Indexfalles": Transport und Absonderung

5. Management von Kontaktpersonen: Ermittlung, Einstufung nach dem Ansteckungsrisiko, Beratung, Maßnahmen (z. B. Beobachtung, Absonderung, Impfung usw.), Risikokommunikation

6. Maßnahmen bei Häufungen

7. Maßnahmen bei Todesfall

8. Beratung zu Diagnostik und Probentransport

9. Beratung zu Dekontamination und Abfallbeseitigung

10. Übermittlung nach IfSG

11. Ermittlung der Infektionsquelle

12. Dokumentation

13. ständig: Planung, Koordination, Information, Weiterleitung

14. Presse- und Öffentlichkeitsarbeit

Unerlässlich beim Management von Kontaktpersonen ist die Beratung der Betroffenen und ihrer Angehörigen. Denn ob und in welcher Form die notwendigen Maßnahmen von dem Betroffenen angenommen werden, hängt entscheidend von der Erstberatung und Überzeugungskraft der Gesundheitsämter ab. Um diesem Auftrag gerecht zu werden, müssen die Gesundheitsämter personell gut ausgestattet sein und die dortigen Schlüsselpersonen sich einer kontinuierlichen Fortbildung unterziehen. Da die beim Gesundheitsamt eingehenden Meldungen über Infektionskrankheiten erst durch ihre Zusammenführung und epidemiologische Analyse richtig gewertet werden können, ist auch die infektionsepidemiologische Fachkompetenz bei den Gesundheitsämtern vorzuhalten. Bei Auftreten von Infektionserkrankungen und/oder Kontaktpersonen in großer Zahl kommt der Amtshilfe durch Polizei, Feuerwehr, Ärzteschaft und ggf. weiteren Institutionen eine entscheidende Rolle zu.

Es empfiehlt sich ein Vorgehen nach der Checkliste der Arbeitsabläufe im Gesundheitsamt (siehe S. 414).

Zusätzlich muss der Amtsarzt dafür sorgen, dass

- eine ausreichende Schaffung von Kapazitäten für die Aufbewahrung von Leichen geschaffen wurde
- eine Optimierung der Identifizierung und Untersuchung der Leichen sichergestellt ist
- die Organisation von Massengräbern und Krematorien geregelt ist.

Da nicht in jedem Gesundheitsamt entsprechende Fachkompetenz für alle gemeingefährlichen Infektionskrankheiten oder für bioterroristisch nutzbare Erreger vorgehalten werden kann, ist die Einrichtung von konsultierenden Fachgruppen unverzichtbar. Ausgehend von dem in der Fachgruppe Seuchenschutz beim RKI entwickelten Konzept zum Management gemeingefährlicher (dort lebensbedrohender, hochkontagiös genannter) Infektionskrankheiten (Fock *et al.,* 1999), (Fock *et al.,* 2000), könnte dieses von den regionalen Kompetenzzentren für Seuchenschutz wahrgenommen werden.

Literatur

CDC (1999). Achievements in Public Health, 1900–1999: Changes in the Public Health System. (Abstract). *MMWR*, **48**, 1141-1147

Fock, R., Wirtz, A., Peters, M., Finke, E.J., Koch, U., Scholz, D., Niedrig, M., Bußmann, H., Fell, G. & Bergmann, H. (1999). Management und Kontrolle lebensbedrohender hochkontagiöser Infektionskrankheiten. *Bundesgesundheitsblatt*, **42**, 389-401

Fock, R., Koch, U., Finke, E.J., Niedrig, M., Wirtz, A., Peters, M., Scholz, D., Fell, G., Bußmann, H., Bergmann, H., Grünewald, T., Fleischer, B. & Ruf, B. (2000). Schutz vor lebensbedrohenden importierten Infektionskrankheiten: Strukturelle Erfordernisse bei der Behandlung von Patienten und anti-epidemische Maßnahmen. *Bundesgesundheitsblatt – Gesundheitsforschung – Gesundheitsschutz*, **43**, 891-899

Graf, P. (2004). Bioterrorismus – Eine Herausforderung für den ÖGD. Gesundheitswesen, 66, 52-55

Gottschalk, R., Stark, S., Bellinger, O., Brodt, H. R., Just, G., Helm, E. B. & Wirtz, A. (2002). Kompetenzzentrum für hochkontagiöse lebensbedrohliche Erkrankungen. *Hessisches Ärzteblatt*, **63**, 307-310

Jernigan, D. B., Raghunathan, P. L., Bell, B. P., Brechner, R., Bresnitz, E. A., Butler, J. C., Cetron, M., Cohen, M., Doyle, T., Fischer, M., Greene, C., Griffith, K. S., Guarner, J., Hadler, J. L., Hayslett, J. A., Meyer, R., Petersen, L. R., Phillips, M., Pinner, R., Popovic, T., Quinn, C. P., Reefhuis, J., Reissman, D., Rosenstein, N., Schuchat, A., Shieh, W. J., Siegal, L., Swerdlow, D. L., Tenover, F. C., Traeger, M., Ward, J. W., Weisfuse, I., Wiersma, S., Yeskey, K., Zaki, S., Ashford, D. A., Perkins, B. A., Ostroff, S., Hughes, J., Fleming, D., Koplan, J. P. & Gerberding, J. L. (2002). Investigation of bioterrorism-related anthrax, United States, 2001: epidemiologic findings. *Emerg.Infect.Dis.*, **8**, 1019-1028

Takahashi, H., Keim, P., Kaufmann, A. F., Keys, C., Smith, K. L., Taniguchi, K., Inouye, S. & Kurata, T. (2004). Bacillus anthracis incident, Kameido, Tokyo, 1993. *Emerg.Infect.Dis.*, **10**, 117-120

WHO. *The European Health Report* 2005. www.euro.who.int/document/e87325.pdf [online, 01.08.2007]

Wirtz, A., Gottschalk, R. & Weber, H. J. (2003). Management biologischer Gefahrenlagen. *Bundesgesundheitsblatt*, **46**, 1001-1009

5.4 Patientenversorgung im Kontaminationsbereich

J. Schreiber, C. Uhlenhaut

Anlässe zur Patientenversorgung im Kontaminationsbereich

Die Sicherheit des Rettungspersonals hat bei allen Einsätzen die höchste Priorität, gefolgt von lebensrettenden Maßnahmen zur Rettung von verletzten und erkrankten Personen. Unter Umständen kann die Sicherheit des Einsatzpersonals nicht nur durch die primäre Gefahrenquelle, wie zum Beispiel einen Brand oder eine Explosion, gefährdet werden. Mögliche Gefahrenquellen können auch radiologische, chemische oder biologische Agenzien sein, die durch unabsichtliche Freisetzung (Labor-, Transportunfall) oder intentionale Ausbringung (krimineller, terroristischer oder militärischer Natur) entstehen.

Wenn beispielsweise Personen im Ausbringungsbereich eines nicht-konventionellen Kampfstoffes verletzt werden oder akut schwer erkranken, zum Beispiel durch Auswirkungen eines konventionellen Sprengstoffanschlages, der mit radiologischen, chemischen oder biologischen Waffen gekoppelt wurde, kann es notwendig sein, lebensrettende Maßnahmen zu ergreifen, bevor die Patienten dekontaminiert werden. Die Versorgung von Patienten im Kontaminationsbereich stellt besondere Anforderungen. Neben den medizinischen Fähigkeiten muss das sichere Arbeiten in persönlicher Schutzausrüstung (PSA) beherrscht werden und die notwendige Infrastruktur sichergestellt sein, nicht nur um die bestmögliche Versorgung für den Patienten, sondern auch die Sicherheit des Rettungspersonals und der Umwelt zu gewährleisten (Kontaminationsverschleppung, Übertragung der Infektion).

Zum Umgang mit biologischen und chemischen Kontaminationen und Gefahrstoffen gibt es viele Parallelen, aber auch gravierende Unterschiede, die in diesem Abschnitt behandelt werden sollen. Die Unterschiede betreffen nicht nur die Reaktionszeit, die man hat, um Schaden abzuwenden, sondern auch die Behandlungsmöglichkeiten,

Übertragungswege und Nachweismöglichkeiten. Alle diese Faktoren bedingen unterschiedliche Vorgehensweisen.

Während chemische Agenzien/Kampfstoffe sofort Reaktionen oder Verletzungen der Haut hervorrufen können, ist bei biologischen Agenzien/Kampfstoffen oder Erregern der Effekt verzögert. Die schnellste Reaktion wird man bei Toxinen sehen (bakterielle Stoffwechselprodukte oder pflanzliche Produkte im Unterschied zu Chemikalien); hier ist eine Reaktion innerhalb von Stunden möglich. Inkubationszeiten von Infektionskrankheiten können sich dagegen zwischen Tagen und Jahren bewegen. Chemische Agenzien/Kampfstoffe schädigen nur die Person, die in direkten Kontakt gekommen ist, das gleiche trifft für die biologischen Toxine und zum Beispiel Anthrax-Sporen zu. Der betroffene Patient erkrankt, verstirbt möglicherweise, aber anders als bei Infektionskrankheiten kann er keine anderen Personen infizieren. Ein ganz anderes Gefährdungspotenzial bergen dagegen die hochinfektiösen Erreger (wie die der Pocken, Lungenpest oder hämorrhagischem Fieber): diese werden vom Patienten ausgeschieden und können ein enormes Infektions- und Ausbreitungsrisiko darstellen.

Die Dringlichkeit der Dekontamination unterscheidet sich für C- und B-Agenzien in verschiedener Hinsicht: während chemische Agenzien/Kampfstoffe sofort auch durch die Haut aufgenommen werden können und ein rasches Entfernen essentiell für die Prognose ist, werden biologische Agenzien nicht über intakte Haut aufgenommen. Die Infektion erfolgt hier über Inhalation oder Ingestion (Verschlucken). Bei Vorliegen von äußeren Verletzungen ist allerdings das Eindringen von biologischen Agenzien auch über diesen Weg möglich. Diese Faktoren sind in das Vorgehen mit einzubeziehen, offenen Wunden ist daher in Bezug auf das mögliche Eindringen von B-Agenzien besondere Aufmerksamkeit zu widmen. Dagegen ist die rein äußerliche Kontamination mit biologischen Agenzien nicht notwendigerweise mit einer daraus folgenden Erkrankung verbunden. Diese Kontamination muss vorsorglich entfernt werden, um eine Schmierinfektion, Inhalation von Partikeln oder Kontaminationsverschleppung zu vermeiden. Hier besteht akute Infektionsgefahr, die aber abgewendet werden kann.

Gänzlich anders stellt sich die Situation für Patienten dar, die an Infektionskrankheiten erkrankt sind, sowie für Kontaktpersonen, die Krankheitserreger möglicherweise oder sichergestellt aufgenommen haben (Ansteckungsverdächtige), ohne bisher Anzeichen der Erkrankung zu zeigen, die jedoch möglicherweise schon infektiös sind. Diese infektiösen Patienten sind jedoch bei einer Einsatzstelle mit ausgebrachten Agenzien nicht zu erwarten und werden nur in Ausnahmefällen, wie zum Beispiel bei einem Verkehrsunfall mit einem Infektionstransport, im Kontaminationsbereich vor Ort versorgt werden müssen. An C-Einsatzstellen sind Patienten alle diejenigen, die mit Chemikalien in Kontakt kamen, also freigesetzte Stoffe inkorporiert haben oder äußerlich mit Stoffen kontaminiert sind und dabei eine Verletzung oder Erkrankung erlitten haben. Der Begriff der Patientenversorgung umschreibt somit alle Rettungs-, Sanitäts- und Betreuungsaufgaben in der Versorgung betroffener Personen.

An Einsatzstellen mit den qualitativen und quantitativen Gefahrendimensionen der täglichen Gefahrenabwehr und entsprechend wenigen Verletzten ist eine Patientenversorgung im Kontaminationsbereich auf die notwendigsten Maßnahmen zur Aufrechterhaltung der Vitalfunktionen zu beschränken. Die Kapazität der Einsatzkräfte, also deren personelle, ausrüstungs- und versorgungstechnische Leistungsfähigkeit und natürlich die benötigte Fach- und Führungsexpertise wird wahrscheinlich ausreichend sein, um Patienten schnell in bestmögliche medizinische Versorgung zu überführen und trotzdem eine Verschleppung der Kontamination und damit die Gefährdung der Allgemeinheit sicher zu verhindern. Ausschließlich bei B-Einsatzlagen, in denen erhöhte Schutzmaßnahmen wegen besonderer Infektionsgefahr erforderlich werden, ist das Einsatzmanagement bereits so umfangreich, dass auch ein einzelner Patient zunächst im Kontaminationsbereich so lange verbleiben und versorgt werden muss, bis eine zweckdienliche Infrastruktur für dessen Weiterbehandlung unter Berücksichtigung des Schutzes anderer Personen und der öffentlichen Sicherheit und Ordnung aufgebaut ist.

Komplexe B/C-Einsatzstellen hingegen, mit einer Vielzahl chemisch Verletzter (Massenanfall chemisch Verletzter, MANC) im Kontaminationsbereich, oder Einsatzstellen mit einer Vielzahl Infizierter (Massenanfall Infizierter, MANI) stellen die Einsatzkräfte vor die besonders schwierige Aufgabe der Patientenversorgung innerhalb des Kontaminationsbereichs, jedoch außerhalb des Wirkungsbereiches der an der Einsatzstelle wirkenden Gefahren. B-Einsätze können in drei Kategorien eingeteilt werden: zum einen gibt es natürliches Seuchengeschehen, hier wird der sichere Transport die Herausforderung sein. Zum zweiten gibt es die Möglichkeit eines verdeckten „Anschlags", der als unbekannte Freisetzung erfolgt, wie beispielsweise die Ausbringung der Salmonellen durch eine Sekte in den USA 1984 (Torok *et al.,* 1997). In diesem Fall würden Patienten nach Ablauf der Inkubationszeit an vielen Orten zeitnah in Praxen niedergelassener Ärzte sowie in Kliniken kommen, also gleichzeitig eine Vielzahl von potentiellen Infektionsbereichen/Einsatzstellen bedingen. Dass die Versorgung im Kontaminationsbereich erfolgen muss, ist bei diesem Szenario ebenfalls eher unwahrscheinlich. Die dritte Möglichkeit ist das bekannte Ausbringen eines biologischen Agens – bekannt oder vermutet durch Ankündigung der Täter oder Erkenntnisse der Dienste oder im Fall eines Unfalls. Wenn diese Möglichkeit besteht und Personen verletzt sind, kann die Versorgung akuter Verletzungen im Kontaminationsbereich notwendig werden. In diesem Fall ist mit Symptomen aufgrund der Infektion oder Aufnahme von B-Agenzien noch nicht zu rechnen, lebensrettende Maßnahmen haben aber Vorrang vor der Dekontamination. Ein besonderes Gefährdungspotenzial besteht hier, weil (mögliche) Infektionen, die wegen der Inkubationszeit nicht zeitnah zur Ausbringung des Agens manifest werden, eine Gefährdung anderer Personen trotz erfolgreicher Dekontamination nach sich ziehen können. Hauptaugenmerk ist daher auf den Schutz des Personals, die Vermeidung von Inkorporation, die äußerliche Dekontamination sowie, falls verfügbar, die schnelle Einleitung einer medikamentösen postexpositionellen Prophylaxe (PEP) zu legen, um eine Erkrankung möglichst zu vermeiden oder den Verlauf günstig zu beeinflussen. Schutzmaßnahmen bei der Behandlung und beim Transport von infektiösen Patienten sind im Beitrag 5.5 ausführlich dargestellt.

Einsatzhinweise zum Verhalten bei Bedrohungen durch Sprengsätze oder Explosionen (Schreiber & Schumann, 2007)

S	Sicherheitsabstand mindestens 50 Meter halten
I	Informationen über die Lage ständig aktualisieren und weitergeben
C	Chemische, biologische, radiologische Kontamination berücksichtigen
H	Heldentum ist tödlich, nur nach Einsatzbefehl im Gefahrenbereich aufhalten
E	Eigensicherung hat Vorrang, komplette PSA tragen, Deckung halten
R	Rückzugswege für Eigensicherung bei Zweitschlag vorbereiten
N	Nachrichtentechnik (Funk, Handy, FME) im Gefahrenbereich sichern

W	Warnung aller anwesenden Personen
A	Absperren und Personen evakuieren
R	Raumordnung herstellen (Kontaminationsbereich, Patientenablage, Dekon)
N	Notruf bei Auffinden verdächtiger Gegenstände, nicht berühren
E	Einsatzmaßnahmen nur nach Freigabe durch Polizei durchführen
N	Nachrückende Einsatzkräfte warnen

H	Handlungen nur auf Weisung der Einsatzleitung durchführen
E	Einsatzmaßnahmen mit Feuerwehr und Polizei koordinieren
L	Leichenteile, Sprengmittel und Gegenstände nicht in der Lage verändern
F	Fachberatung für Rettungs-, Sanitäts- und Betreuungsaufgaben sicherstellen
E	Einweisung Betroffener zur Selbsthilfe, Beratung sicherstellen
N	Notfallversorgung für psychosoziale Handlungsfelder sicherstellen

Am Beispiel von C-Einsatz-Situationen, in denen durch Unfälle mit gefährlichen Stoffen und Gütern (GSG) oder durch deliktisches Verhalten Chemikalien freigesetzt und viele Personen geschädigt wurden, werden Voraussetzungen, Bedingungen und Verfahrensansätze der Patientenversorgung im Kontaminationsbereich nachfolgend thematisiert. Vorausgeschickt sei noch, dass ABC-Einsätze aller Einsatzdimensionen gemäß der Feuerwehr-Dienst-Vorschrift 500 „ABC-Einsatz" (FwDV500) taktisch-technisch von der Gefahrenabwehr unter Berücksichtigung des sonstigen in der Situation relevanten Rechtsrahmens abgearbeitet werden. Hierbei sollte es unerheblich sein, welche Kräfte von welcher behördlichen oder privaten Organisationseinheit die Rettungs-, Sanitäts- und Betreuungsaufgaben durchführen. Daher erscheint es angebracht, Besonderheiten dieser Aufgabengruppe in der Abarbeitung der spezifischen Tätigkeiten in einer Richtlinie zusammenzufassen und einer allgemein gültigen KatS-DV 500 (Katastrophenschutz-Dienstvorschrift) anzuhängen. Somit könnten differenzierten Raum-Zeitzonen grundsätzliche Tätigkeitsprofile auf der Ergebnisbasis der Bund-Länder-AG zur „Dekon-V" zugeordnet werden.

Einflussgrößen der Einsatzstelle

Bei einem MANC handelt es sich nicht um ein in sich abgeschlossenes Ereignis. Vielmehr entwickelt sich seine Gesamt-Gefahrenlage dynamisch so lange weiter, bis die schädigenden Wirkmechanismen der freigesetzten Chemikalien durch die Maßnahmen der Einsatzkräfte der technisch-taktischen Gefahrenabwehr von Feuerwehr und ggf. auch dem THW kontrolliert und isoliert sind und für das Umfeld keine Bedrohung mehr darstellen. Auch der Verletzungs- und Erkrankungszustand von Patienten und die Gesundheitsgefährdung für Betroffene ist mindestens so lange in der Weiterentwicklung, wie die Wirkmechanismen der Chemikalien weiter bestehen. Im Unterschied dazu kann sich die biologische Gefahrenlage auch nach der erfolgten äußerlichen Dekontamination weiter entwickeln – als Infektionskrankheit.

Zusätzlich belastend ist, dass Einsatzkräfte gemäß FwDV500 den Gefahrenbereich und damit auch den Kontaminationsbereich ausschließlich mit PSA, bestehend aus Atemschutz und Körperschutz, zum Schutz vor Inkorporation und Kontamination betreten können. Darüber hinaus ist ein technisches und organisatorisches Eigensicherungs-Management erforderlich. Hierzu gehören unter anderem:

- Detektion und Beurteilung der herrschenden Gefahren an der Einsatzstelle sowie

- Form, Art, Richtung und Geschwindigkeit der Stoffausbreitung

- Menge und Konzentration des Stoffes

- klare Raumordnung mit Kennzeichnung von Gefahren-, Kontaminations- und Reinbereich

- definierte Zutrittsberechtigungen sowie Ein-/Ausgangskontrollen für Personal und Material

- Personal-, Material- und PSA-Steuerung einschließlich Dokumentationsverfahren

- Kontaminationsnachweis und Dekontamination vor Ort

- äußere Absperrung der Einsatzstelle sowie Verkehrssicherungs-Maßnahmen.

Anders als an üblichen Einsatzstellen ist ein sofortiger Zugriff des Rettungsdienstes auf die Verletzten im Kontaminationsbereich des C-Einsatzes im Regelfall nicht möglich. Das zuerst eintreffende medizinische Einsatzpersonal des Rettungsdienstes verfügt nicht über Schutzausrüstungen für den Gefahrenbereich und die Wirkzone freigesetzter Chemikalien. Nur dort, wo die Feuerwehr am Rettungsdienst beteiligt ist, sind die persönlichen Voraussetzungen des Rettungsdienstpersonals zur Nutzung der persönlichen Schutzausrüstung gegeben, jedoch ist die Ausrüstung auf den Rettungsmitteln nicht vorhanden. Darüber hinaus ist die medizinische Versorgung von Patienten unter diesen Bedingungen möglich, bedarf aber erheblichen Aufwands. Dagegen ist der Schutz vor Infektionskrankheiten mit dem Einsatz des Infektionsschutz-Sets, wie es im Rettungsdienst standardmäßig vorhanden sein sollte, relativ gut gewährleistet.

Sollte sich ein Anschlag ereignen, bei dem die Möglichkeit des Einsatzes von nicht-konventionellen Waffen besteht, werden die möglichen Detektionsmaßnahmen für radiologische oder chemische Stoffe relativ schnell Aufschluss geben können. Der Nachweis von B-Agenzien ist im Vergleich dazu sehr viel langwieriger. Hier muss also im Verdachtsfall länger unter PSA gearbeitet werden. Sollte es sich um einen verdeckten Anschlag handeln, ist davon auszugehen, dass das Rettungspersonal zunächst nicht entsprechend geschützt arbeitet. Die Einhaltung von Hygienemaßnahmen und gegebenenfalls das Infektionsschutz-Set sollten jedoch einen gewissen Schutz gewährleisten.

Die Raumordnung an C-Einsatzstellen trennt eindeutig die Wirkzone – hier wirken die freigesetzten Chemikalien –, die Gefahrenzone als Sicherheitsabstand und den Reinbereich voneinander ab. Da die Ausbreitung von biologischen Agenzien ähnlich wie die Verteilung radioaktiver Partikel von den geographischen und klimatischen Gegebenheiten abhängt, werden entsprechende Zonen auch für das Management von Ereignissen, die radiologische oder biologische Waffen involvieren, etabliert. Die Notwendigkeit einer geordneten personellen und materiellen Versorgung der Einsatzstelle, die Einrichtung eines Dekontaminationsplatzes und die medizinische Versorgung von Patienten, bevor sie einer Dekontamination unterzogen werden können, machen die räumliche Entwicklung einer Funktionszone zwingend erforderlich. Wirkzone, Gefahrenzone und Funktionszone ergeben dementsprechend den Gefahrenbereich/Kontaminationsbereich. In der Funktionszone kann eine Patientenablage eingerichtet und so lange betrieben werden, bis die kontaminierten Verletzten nach erfolgter Dekontamination zur qualifizierten medizinischen Behandlung an den Reinbereich übergeben werden können. Erst im Reinbereich herrschen

gleiche Bedingungen wie an jeder anderen „Massenanfall von Verletz-
ten-(MANV-)Einsatzstelle". Hier ist die bestmögliche Behandlung ggf.
durch Einrichtung und Betrieb eines Behandlungsplatzes vor Ort zu
organisieren, bis alle Bedingungen für einen fachgerechten Transport
in eine angemessene Krankenhaus-Versorgung erfüllt sind.

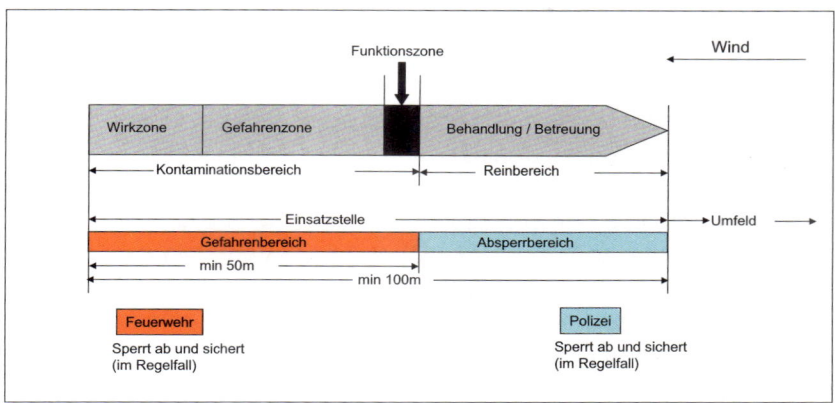

Abb. 1:   Grundsätzliche Raumordnung einer ABC-Einsatzstelle (Quelle:
           Schreiber, nach: [Ausschuss Feuerwehrangelegenheiten, 2004])

Aufgabenstellung für eine Patientenablage im Kontaminationsbereich

Selbstverständlich ist die Menschenrettung für alle Einsatzkräfte das
oberste Einsatzziel. Feuerwehr, THW, ggf. auch der Rettungsdienst,
wenn die erforderliche persönliche Sonderausrüstung verfügbar ist,
werden schon bei Antreffen eines Verletzten in der Gefahrenzone
lebensrettende Sofortmaßnahmen durchführen. Allerdings ist in den
Fällen von C-Einsatzlagen mit einer Vielzahl Betroffener (MANC),
bedingt durch die herrschenden Gefahren, höchste Priorität auf das
Retten aus dem Gefahrenbereich zu legen, um eine weitere Akutge-
fährdung zu vermeiden. Bei biologischen Lagen ist es dagegen ausreichend, zunächst die Inkorporation der ausgebrachten Partikel zu ver-

425

hindern (Atemschutzmaske für den Verletzten, Abdecken und gegebenenfalls Reinigen von Verletzungen). Anschließend werden Verletzte von Einsatzkräften unter den beschriebenen Bedingungen aus der Gefahrenzone zu einem Übergabepunkt gebracht und dort abgelegt. In der Regel, bis auf die Einsatzfälle, bei denen Feuerwehr-Einsatzkräfte mit rettungsdienstlicher Ausbildung und Erfahrung tätig werden, ist dann an der Patientenablage im Kontaminationsbereich erstmals eine medizinische Erkundung über Verletzungsmuster und Vitalitätszustand der Verletzten möglich. Für die Patienten kann, nachdem eine C-Kontamination festgestellt wurde, eine entsprechende medizinische Soforthilfe mit eingeschränkter medizinisch-technischer Ausrüstung eingeleitet werden. Diese medizinische Soforthilfe beschränkt sich auf Basismaßnahmen der Erstversorgung, ohne dass eine medizinische Behandlung durchgeführt wird. Neben Not-Dekontamination und der Sicherung von Atmung und Kreislauf sind vor allem Maßnahmen wie Lagerung entsprechend des Verletzungs- und Allgemeinzustandes, Durchführung angemessener Wundversorgung und Ruhigstellung von Knochenbrüchen, Versorgung lebensbedrohender Blutungen, Wasseranwendung bei Verbrennungen oder Verätzungen angezeigt. In besonderen Vergiftungssituationen muss jetzt der rechtzeitige Einsatz spezieller Antidota oder ggf. eine Sauerstofftherapie erfolgen. Bei der Patientenablage wird durch eine Dekontaminations-Sichtung die Dekontaminations-Reihenfolge festgelegt, und die Patienten werden während der Wartezeit hierauf medizinisch betreut und sollten psychische Unterstützung erhalten. Weitere wesentliche Aufgaben der Patientenablage im Kontaminationsbereich sind eine erste Registrierung und Kennzeichnung der Verletzten, einschließlich Sicherung aller personenbezogenen Informationen über Verletzung und Therapie.

Einsatzplanung für die Patientenablage im Kontaminationsbereich

Neben den MANV-üblichen Erkundungsparametern sind die beschriebenen besonderen Einflüsse der Chemikalienfreisetzung mit einzubeziehen – dieser Faktor kann vernachlässigt werden, wenn es sich nachgewiesenermaßen um ein „reines" B-Agens handelt, dies wird Materialien nicht angreifen. Versorgungsorientiert ist zunächst die Einsatzbereitschaft des Rettungsdienstpersonals für die Patientenablage herzustellen. Die einzusetzenden Helfer müssen mit einer für den Funktionsbereich angemessenen persönlichen Sonderausrüstung gemäß FwDV500 wie z. B. dem neuen ABC-Schutzausrüstungs-Set des Bundes (siehe 6.6) oder dem Infektionsschutz-Set (siehe 6.4, Tab. 6) gemäß SKK (Ständige Konferenz für Katastrophenvorsorge und Katastrophenschutz), DGKM (Deutsche Gesellschaft für Katastrophenmedizin) und DGKH (Deutsche Gesellschaft für Krankenhaushygiene e. V.) ausgerüstet sein. Auch müssen sie über Basiswissen für einen ABC-Einsatz verfügen, wie es in der „standardisierten ABC-Grundausbildung" gemäß Empfehlung der SKK-PG9 vermittelt wird (siehe 3.7).

Stehen Notärzte, Leitender Notarzt und Rettungsdienst-(RD-)Führungskräfte für den Einsatz im Kontaminationsbereich selbst nicht zur Verfügung, weil sie den gesamten Einsatzablauf des Einsatzabschnittes Rettungsdienst nur aus dem Reinbereich heraus steuern und leiten können, ist leistungsfähiges Personal mit hoher RD-Kompetenz an der Patientenablage einzusetzen und im Rahmen der Aufgabendelegation über geeignete Kommunikationsmittel für die Dekon-Sichtung und Patientenversorgung anzuleiten. Dieses Verfahren ist legitim und unterscheidet sich nicht von der täglichen Praxis des Rettungsdienstes, bei der Rettungsassistenten unter den bekannten Bedingungen die Patientenversorgung, auch definierte invasive Maßnahmen, bis zum Eintreffen eines Notarztes eigenverantwortlich durchführen. Der Leiter der Patientenablage im Kontaminationsbereich sollte die ortsübliche Kennzeichnung für Führungskräfte gemäß DV100 tragen. In der Personalplanung ist zu berücksichtigen, dass die hier eingesetzten Helfer nur zeitlich begrenzt leistungsfähig sind und wegen der Nutzung spezieller PSA nur für einen begrenzten Zeitraum arbeiten können und zudem Dekon- und Ausschleusungszeiten einhalten müssen. Nochmals sei betont, dass jedes Ausrüstungsteil, das in den Kontaminationsbereich gebracht wird, durch die Einsatz-Abschnitts-Leitung Rettungsdienst angeordnet sein muss, damit ein gezieltes Materialmanagement für die gesamte Einsatzstelle sichergestellt ist. Die versorgungstechnische Einsatzplanung wird durch die Berücksichtigung der Wirkung von Einflüssen der Gesamt-Einsatzlage abgerundet:

- qualitative und quantitative Kontamination der medizinischen Ausrüstung

- Auswirkung der technisch-taktischen Einsatzmaßnahmen auf die Patientenablage

- logistische und kapazitative Möglichkeiten des Umfeldes

- infrastrukturelle Bedingungen in der Funktionszone der Einsatzstelle

- vorliegende Bedingungen der öffentlichen Sicherheit und Ordnung

- möglicherweise im Einsatzfall vorliegende geänderte rechtliche Situation.

Im Mittelpunkt der patientenorientierten Einsatzplanung steht die Dekontaminationssichtung. Räumlich soll sie direkt im Aufnahmebereich der Patientenablage erfolgen. Zeitlich ist sie dementsprechend direkt nach dem Kontaminationsnachweis angeordnet, so dass sichergestellt ist, dass nicht kontaminierte Patienten direkt im Reinbereich der Einsatzstelle auf dem Behandlungsplatz versorgt werden. Wesentliche Analyse- und Beurteilungskriterien sind:

- der vitale Zustand der Patienten

- deren Mobilität und Kooperationsfähigkeit

- die Verletzungs- und Erkrankungsmuster der Betroffenen

- die Art und der Umfang der Kontamination (Probenahme und Analytik)

- die zu erwartende Belastungsreaktion auf die bevorstehende Dekontamination

- der Einfluss von Dekontaminationsverfahren und Wartezeit auf das „Outcome".

Diese Parameter ergeben dann die Erfordernisse zur Verletztenversorgung auf der Patientenablage im Sinne der Handlungsabläufe des Basic-Life-Support (BLS). Die ersten Maßnahmen müssen dementsprechend auf die Sicherung der Atemwege und der Atmung sowie des Kreislaufs ausgerichtet sein. In dieser besonderen Situation kann dazu ggf. eine Notdekontamination des Gesichtes, möglicher Punktionsstellen einschließlich einer Oberflächenversorgung gegen Kontaminationsverschleppung – der sogenannten Spot-Dekontamination nötig sein. In Abhängigkeit von der Gefährdung ist auch ein Atem-/Augenschutz für die Patienten vorzusehen.

Funktionen der Patientenablage im Kontaminationsbereich

Orientiert an den Faktoren Personalordnung, Raumordnung und Zeitordnung sind die Funktionen so aufeinander abzustimmen, dass ein möglichst reibungsloser Betrieb der Patientenablage von der Übernahme der Patienten bis zu deren Übergabe an die Dekon-Stelle gewährleistet wird. Die Einsatzkräfte des Gefahrenbereiches transportieren die Patienten und legen sie in der Patientenablage ab. Damit sie erneut Verletzte bringen können, müssen sie sich aus einem Material- und Geräte-Pool an der Patientenablage mit Krankentragen neu ausrüsten können. Dieser Pool sollte eingerichtet werden, damit so wenig Material wie möglich für die Grundversorgung an der Patientenablage bereitgehalten werden muss. Es ist zu bedenken, dass im Reinbereich ausreichend Material gebraucht wird, um hier den MANV zu beherrschen. Das Aufnahmeteam ist für die Erstdiagnostik und Durchführung von Not-Gesichts-Dekon und Vitalität sichernden Maßnahmen verantwortlich. Nur in einer Situation, bei der die Anzahl Verletzter überschaubar ist und die rechtzeitige Dekontamination nicht in angemessener Zeit erfolgen kann, ist eine Sauerstoff-Behandlung oder gar die Aerosolbehandlung bei Inhalationstraumata sowie eine Infusionstherapie zur Schock-Vorbeugung möglich. Derartige Therapien sollten erst nach der qualitativen Patientensichtung z. B. am Behandlungsplatz einsetzen, damit sie angemessen bis zur Übernahme in die klinische Behandlung durchgeführt werden können.

Bei der Dekontaminationssichtung an der Patientenablage im Kontaminationsbereich hingegen handelt es sich um eine erste, orientierende Feststellung des Verletzungs- und Kontaminationszustandes eines Patienten durch einen Notarzt. Ist der ärztliche Einsatz im Kontaminationsbereich nicht möglich, macht es Sinn, die manuellen Verfahren dieser Aufgabe einem erfahrenen Rettungsassistenten zu übertragen, der dann die erhobenen Daten dem Sichtungsarzt durch Einsatz von Kommunikationsmitteln weiterleitet. Neben der Anzahl kontaminierter Patienten sind die sichtungsüblichen Daten der Vitalitäts-Störungen und Verletzungsmuster zu erheben. Der Notarzt beurteilt dann:

- Angaben zu Art, Umfang und Bedrohung durch die Kontamination

- Einfluss der nötigen Behandlungsstrategie auf die Dekontaminations-Reihenfolge

- Einfluss der Dekontamination auf die Vitalität des Betroffenen

- Einfluss der Wartezeit auf die Dekontamination.

Mit der Dekontaminationssichtung ist eine vorläufige Kennzeichnung der Verletzten und Betroffenen an der Verletztenablage unumgänglich. Weil Verletzte und Betroffene auf die Dekontamination vorbereitet werden und das vollständige Entkleiden in der Dekon-Stelle bevorsteht, macht die Verwendung der üblichen Dokumentations- und Registraturverfahren keinen Sinn. Eine Möglichkeit ist sicherlich die Beschriftung der Hand-Innenfläche mit einer wasserfest aufgebrachten Ziffer, deren Fortlauf auch die Reihenfolge der Dekontamination dokumentiert. Sicherer sind Verfahren mit vorgefertigten Plaketten, wie sie den Dekon-P-Einheiten mit Bundes-Ausstattung zur Verfügung stehen.

Die Überwachung und Pflege der Patienten ist erforderlich, wenn aufgrund der festgelegten Dekon-Reihenfolge eine Wartezeit bis zum Transport zur Dekon unvermeidbar ist. Bei Veränderung des Vitalitätszustandes eines Patienten ist eine Änderung der Abfolge des Verletztenflusses mit dem einsatzabschnittsführenden Arzt (Leitender Notarzt, LNA) abzusprechen. In den Bereich Pflege fällt auch die psychosoziale Unterstützung der Verletzten und deren Information über den bevorstehenden Ablauf (siehe 5.9). Besonders zu erwähnen ist hier die Herstellung einer größtmöglichen Wahrung der Privatsphäre der Patienten unter Berücksichtigung ethischer und moralischer Grundsätze. Eine Geschlechtertrennung (und wenn auch nur durch einen Sichtschutz) sollte grundsätzlich möglich sein.

Wenn notwendig, ist eine Totenablage in die Patientenablage so zu integrieren, dass sie vom Gesichtsfeld der Verletzten und Betroffenen separiert ist, jedoch durch das hier eingesetzte Personal zu jeder Zeit beaufsichtigt werden kann.

Das Transportmanagement zur Dekon-Stelle fällt ebenfalls in den Aufgabenbereich der Kräfte, die an der Patientenablage eingesetzt sind. Den Transporttrupps sind die erforderlichen Informationen mit auf den Weg zu geben. Ein wichtiger Aspekt des Übergabemanagements betrifft den Informationsfluss patientenbezogener Daten. Die Transporttrupps sind besonders darauf hinzuweisen, dass alle Daten an den Übergabepunkten weitergegeben werden müssen. Nur so kann später im Reinbereich ein Abriss der Informationskette vermieden werden. Das Personal der Patientenablage muss sicherstellen, dass an den beiden Schnittstellen des Dekontaminationsbereichs, am Eingang, bei der Übergabe an das Dekon-Personal einerseits, und am Ausgang, bei der Übergabe zwischen Dekon-Stelle und Sichtungsstelle des Behandlungsplatzes der medizinischen Versorgung im Reinbereich andererseits, keine Datenverluste entstehen, um die unbehinderte Weiterbehandlung der Verletzten sicherzustellen.

Es ist zu beachten, dass im Unterschied zu äußerlicher Kontamination mit biologischen oder chemischen Agenzien Personen, die potenziell oder tatsächlich mit Erregern infiziert sind, zwar ebenfalls äußerlich dekontaminiert werden können, diese aber dennoch potenziell oder tatsächlich infektiös bleiben oder erkranken können. Eine zeitnahe Detektion einer erfolgten Infektion ist bei biologischen Erregern nur selten möglich (Inkubationszeit). Für betroffene Personen sind neben den medizinisch notwendigen Sofortmaßnahmen auch weitere Schutzmaßnahmen zu treffen. Dies kann Atemschutzmasken betreffen, die eine Inhalation von Erregern verhindern, sowie eine anschließende Absonderung der Personen, bis die Inkubationszeit abgelaufen ist.

Wenn am Patienten vor der Dekontamination invasive Maßnahmen durchgeführt wurden, wenn eine Infusionstherapie oder eine Sauerstoffbehandlung, eine Beatmung oder auch eine Versorgung stark blutender Verletzungen stattgefunden hat oder während der Dekontaminationsmaßnahmen aufrecht erhalten werden muss, ist von dem Einsatzpersonal der Patientenablage im Kontaminationsbereich die medizinische Betreuung Verletzter während der Dekontamination durchzuführen. Diese Aufgabe ist immer dann erforderlich, wenn das Personal der Dekontaminationsstelle aufgrund der anderen Fachdienstausbildung oder aus kapazitativen Gründen hierzu nicht in der Lage ist. Sofern die behandelnde Person nicht parallel dekontaminiert werden kann, muss anschließend eine Übergabe an nicht kontaminiertes Personal erfolgen.

Eigendekontamination ist schon frühzeitig, beim Verlegen der letzten Patienten aus der Patientenablage nahtlos anzuschließen, um die Aufenthaltsdauer der Helfer im Kontaminationsbereich nicht unnötig zu verlängern. Aufgabe ist auch, dekontaminationsfähige Ausrüstung für die Geräte-Dekontamination bereitzustellen und Einmalgerät, Reststoffe und Abfälle in stabilen Kunststoffsäcken für die Entsorgung vorzubereiten. Selbstverständlich sollten alle Einsatzkräfte aus dem Kontaminationsbereich eine entsprechende Einsatznachsorge, mindestens bestehend aus psychosozialer Betreuung und arbeitsmedizinischer Betreuung (einschließlich PEP), erfahren. Wenn möglich, sollte entsprechend geimpftes Personal eingesetzt werden.

Literatur

Ausschuss Feuerwehrangelegenheiten, K. u. z. V. (2004). *Feuerwehr-Dienstvorschrift FwDV 500 „Einheiten im ABC Einsatz",* Band 500, Deutscher Gemeindeverlag

Schreiber, J. & Schumann, W. (2007). Einsatzhinweise zum Verhalten bei Bedrohungen durch Sprengsätze oder Explosionen. Merkblatt für Helfer und Führungskräfte. ASB Referat Notfallvorsorge/Einsatzhilfen, 03-2007 (über den Autor zu beziehen)

Torok, T. J., Tauxe, R. V., Wise, R. P., Livengood, J. R., Sokolow, R., Mauvais, S., Birkness, K. A., Skeels, M. R., Horan, J. M. & Foster, L. R. (1997). A large community outbreak of salmonellosis caused by intentional contamination of restaurant salad bars. *JAMA,* 278, 389-395

5.5 Sonderisoliertransport – Mit gemeingefährlichen Infektionskrankheiten unterwegs

C. Bartels, R. Steffler

Infektionstransport hat viele Gesichter

Generell versteht man unter dem Begriff „Infektionstransport" den Transport eines Patienten mit einer infektiösen Erkrankung unter hygienischen Kautelen zum Schutz des betreuenden Personals sowie der Bevölkerung. Nicht selten passiert in der Realität jedoch genau das, was der Begriff im eigentlichen Wortlaut beinhaltet: Der unfreiwillige Transport einer Infektionskrankheit von A nach B, wenn nämlich über die Infektiosität des Patienten nichts bekannt ist.

Rettungsdienstpersonal sieht sich alltäglich mit infektiologischen bzw. hygienischen Begleitaspekten im Rahmen des Patiententransports konfrontiert: Sie reichen vom standardmäßigen Infektions-Eigenschutz gegenüber Erregern wie HIV, Hepatitis B- und C-Virus, über das Hygienemanagement beim Vorliegen einer Kolonisation oder Infektion mit MRSA bis hin zu besonderen Patienten-Schutzmaßnahmen, etwa beim Vorliegen einer Immunsuppression.

Gemeingefährlich – immer noch aktuell

Eine besondere Herausforderung stellt der Transport von Patienten mit einer Infektionskrankheit dar, die nicht nur für den Einzelnen sondern für die Gemeinschaft gefährlich ist. Die Erreger solcher Krankheiten zeichnen sich vor allem aus durch:

- hohe Infektiosität – die Fähigkeit, schon in geringer Dosis eine Infektion auszulösen

- hohe Pathogenität – die Fähigkeit, einen schweren Krankheits-verlauf auszulösen

- unzureichende Prophylaxe- und Behandlungsmöglichkeiten mit Impfstoffen oder Medikamenten.

Ein zusätzliches kritisches Merkmal für einen solchen Erreger stellt eine hohe Kontagiosität dar, das heißt die Fähigkeit, besonders leicht von Mensch zu Mensch übertragbar zu sein. Kontagiosität hängt im Wesentlichen von den möglichen Übertragungswegen eines Erregers ab. Kontakt- und tröpfchenübertragbare Erreger sind weniger konta-giös, als luftübertragbare Erreger, die als Aerosol lange in der Umge-bungsluft "schweben" und weite Strecken zurücklegen können (Bei-spiel: Erreger der Windpocken).

Glücklicherweise sind derzeit nur sehr wenige luftübertragbare Erreger gemeingefährlicher Infektionskrankheiten bekannt (Beispiel: Humanes Pocken-Virus). Allerdings treten im Rahmen invasiver medizinischer Versorgungsprozesse, wie sie auch bei einem Patiententransport erforderlich werden können, Situationen auf, in denen normalerweise nicht luftübertragbare Erreger in eine Aerosolform umgewandelt wer-den (Beispiel: Bronchialsekret beim Absaugen der Atemwege). Zudem befindet sich Personal bei solchen Tätigkeiten in direktem Kontakt zum Patienten.

Der Sonderisoliertransport (SIT)

Patienten, bei denen Erreger mit obengenannten Merkmalen bekannt sind oder vermutet werden, erfordern besondere Kautelen beim Trans-port. Diese gehen deutlich über die Vorkehrungen bei einem „norma-len" Infektionstransport, etwa bei einer bakteriellen Meningitis oder einer offenen Tuberkulose hinaus.

Um diese Transportkategorie deutlich abzugrenzen schlagen wir hier den Begriff „Sonderisoliertransport (SIT)" vor. Dieses Konzept über-trägt das strikte Barrieremanagement einer Sonderisolierstation auf die mobile Ebene, idealerweise unter lückenloser Beibehaltung der Barrierezonen.

Für die Durchführung von Sonderisoliertransporten existieren noch keine bundesweit etablierten Leitlinien, geschweige denn Empfehlungen.

Im Folgenden stellen wir ausgehend von einem systematischen Ansatz mögliche Grundlagen zur Planung und Durchführung von Sonderisoliertransporten vor. Sie orientieren sich vorrangig an den in Deutschland bereits vorhandenen Transportkonzepten für Patienten mit gemeingefährlichen Infektionskrankheiten.

Diese Konzepte konzentrieren sich auf das Management von **einzelnen** Patienten mit hohem infektiologischen Gefährdungspotential (Beispiel: Passagier mit Symptomen eines viral hämorrhaghischem Fiebers am Flughafen). Transportanforderungen wie sie im Rahmen eines Seuchengeschehens auftreten erfordern einen modifizierten Ansatz.

SIT – für welche Erreger?

Unter Gesichtspunkten des Arbeitsschutzes werden Erreger nach der Biostoffverordnung in Risikogruppen von 1 bis 4 eingeteilt. Eine Zuordnung der einzelnen Erreger findet sich in den Technischen Regeln für Biologische Arbeitsstoffe (TRBA) 462 für Viren und 466 für Bakterien.

Für die Durchführung eines SIT sind dabei vor allem die Risikogruppen 3 und 4 relevant:

- Risikogruppe 3: Biologische Arbeitsstoffe, die eine schwere Krankheit beim Menschen hervorrufen können und eine ernste Gefahr für Beschäftigte darstellen können; die Gefahr einer Verbreitung in der Bevölkerung kann bestehen, doch ist normalerweise eine wirksame Vorbeugung oder Behandlung möglich.

- Risikogruppe 4: Biologische Arbeitsstoffe, die eine schwere Krankheit beim Menschen hervorrufen und eine ernste Gefahr für Beschäftigte darstellen; die Gefahr einer Verbreitung in der Bevölkerung ist unter Umständen groß; normalerweise ist eine wirksame Vorbeugung oder Behandlung nicht möglich.

Die Zugehörigkeit eines Erregers zu einer Kategorie ist allerdings noch keine ausreichende Planungsgrundlage für die Durchführung eines Sonderisoliertransports.

Zwar wird bisher übereinstimmend das bestätigte oder vermutete Vorliegen eines jeden Erregers der Risikogruppe 4 (Beispiele: Erreger viral hämorrhaghischer Fieber wie das Ebola-, Lassa- oder Marburg-Virus) und ausgewählter Erreger der Risikogruppe 3 (Beispiel: Yersinia Pestis als Erreger der Lungenpest) als ausreichende Indikation gesehen. Eine lageangepasste und möglichst präzise Gefährdungsanalyse geht jedoch darüber hinaus. Speziell bei neueren Viren muss das Vorliegen veränderter oder schlichtweg noch nicht ausreichend bekannter Eigenschaften in Erwägung gezogen werden, wie sich beispielsweise während der SARS-Krise im Jahr 2003 gezeigt hatte. Auch für ein mögliches Mensch zu Mensch übertragbares hochpathogenes Vogelgrippe-Virus bestünde zunächst Ungewissheit, etwa was die luftgebundene Übertragbarkeit anbelangt.

SIT – für welche Patienten?

Bei Patienten, die unter Sonderisolierbedingungen transportiert werden müssen, ist eine Infektion mit einem der obengenannten Erreger gesichert oder zumindest vermutet. Ein wesentliches Kriterium hierfür ist das Vorliegen entsprechender Krankheitssymptome.

Dies ist auch für die Gefährdungseinschätzung im Rahmen eines Transports ausschlaggebend:

Bei den meisten Erregern gemeingefährlicher Infektionskrankheiten beginnt die Ansteckungsgefahr mit dem Auftreten von Symptomen und steigt mit zunehmender Schwere des Krankheitsbildes. Schwerstkranke Patienten mit Schocksymptomatik etwa bei ausgeprägter Blutungsneigung oder Multiorganversagen erfordern auch während des Transports Behandlungsmaßnahmen wie Volumenersatztherapie oder Beatmung. Die intensiven Kontaktmöglichkeiten mit erregerhaltigen Körpersekreten sowie die erhöhte Gefahr deren Aerosolisierung bedeuten für die Besatzung eine besonders hohe Erregerexposition. Gerade bei Patienten mit viral hämorrhaghischem Fieber kann sich der Zustand innerhalb sehr kurzer Zeit dramatisch verschlechtern. Dieser Umstand erfordert angesichts längerer Vorlaufzeiten und Transportwege bei einem SIT schon in der Planung besondere Aufmerksamkeit.

Besonderheiten

Sonderisoliertransporte unterscheiden sich grundlegend von Rettungsdienst-, normalen Verlegungs- oder Intensivtransporten:

- Schutz der Besatzung und Vermeidung einer Gefährdung der Bevölkerung haben oberste Priorität.

- Gleichzeitig stellen seltene Krankheitsbilder in Verbindung mit schwerem Verlauf hohe Anforderungen an die transportmedizinische Versorgung.

- SIT bedeutet hohen technischen Aufwand (persönliche Schutzausrüstung, Sonderfahrzeuge bzw. spezielle Vorbereitung normaler Transportmittel, Dekontamination bzw. Desinfektion).

- SIT bedeutet hohen Personalaufwand (mindestens zwei Besatzungen mit jeweils drei Einsatzkräften für Transport- und Begleitfahrzeug, Desinfektor).

- SIT bedeutet hohen organisatorischen Aufwand (Anordnung durch Amtsarzt, Abstimmung mit Behandlungszentrum, Vorhaltung zusätzlicher Einsatzkräfte, Regelungen beim länderübergreifenden Transport, Kostenübernahme).

- SIT bedeutet derzeit extrem niedrige Einsatzfrequenz gepaart mit extrem niedriger Fehlertoleranz im Ernstfall.

- SIT erfordert spezielle Ausbildung und regelmäßiges Training für die Besatzungen.

- Deutschlandweit stehen derzeit acht geeignete Zielkliniken in Form von Behandlungszentren mit Sonderisolierstation zur Verfügung.

- Vorlaufzeit, Transportdauer und meist auch -distanz liegen erheblich über denen regulärer Einsätze.

Bei der praktischen Durchführung eines SIT ist eine Reihe von erschwerenden Umständen zu meistern, die in erster Linie durch den Einsatz der PSA bedingt sind:

- Die Besatzung in der Patientenkabine ist durch die verwendeten Gebläserespiratoren von einem kontinuierlichen Geräuschpegel umgeben. Die Kommunikation untereinander sowie zur Fahrerkabine ist nur über Funkverbindung möglich. Dazu werden unter dem Gebläseschutzsystem Headsets getragen, die entweder sprachgesteuert oder durch Taster, die in Griffweite unter dem Schutzanzug liegen, aktiviert werden. Die Verständigung mit dem Patienten sowie die akustische Wahrnehmung von Alarmmeldungen ist maximal eingeschränkt, zumal während des Transports noch Fahrgeräusche hinzukommen.

- Doppelte Handschuhe bzw. die Verwendung von Handschuhen aus dickerem Material beeinträchtigen den Tastsinn und somit bestimmte Versorgungsmaßnahmen am Patienten, wie etwa das Legen eines venösen Zugangs. Die Gebläsehaube macht die Verwendung eines Stethoskops unmöglich, ferner kann das Visier für einige Maßnahmen (Intubation) eine optische Barriere darstellen. Grundsätzlich gilt es, stabilisierende Maßnahmen, die für die Transportphase erforderlich sind (oder erwartet werden müssen), bereits vor dem Transport am Aufnahmeort durchzuführen.

• Gebläseschutzsysteme sind voluminöser als normale Einsatzkleidung und schränken die Beweglichkeit des Trägers ein. In der räumlichen Enge der Patientenkabine ist der Schutzanzug besonderer Beschädigungsgefahr ausgesetzt. Desweiteren können sich, abhängig vom Gerätetyp, bewegliche Teile des Gebläserespirators bei häufigem Positionswechsel während des Transportes lockern. Eine zusätzliche Sicherung mit Klebeband kann hier Abhilfe schaffen.

• Gebläseschutzsysteme sind durch den kontinuierlichen Luftstrom im Inneren zwar komfortabler als herkömmliche PSA. Dennoch bedeuten sie für den Träger eine erhebliche physische Belastung, zumal die empfohlenen Tragezeiten bei einem SIT in der Regel deutlich überschritten werden. Wärmestau und Dehydrierung werden besonders bei hohen Außentemperaturen und nicht klimatisierter Patientenkabine zu einem ernsten Problem. Diese Gefährdung kann über die rechtzeitige Ablösung durch eine zweite Besatzung in einem Begleitfahrzeug minimiert werden.

• Für den wachen Patienten bedeutet ein Transport unter Sonderisolierbedingungen eine enorme psychische Belastung, die sich zu seiner Verunsicherung bezüglich Krankheitsbild und Verlauf addiert. Eine verständliche Erklärung hinsichtlich Transportablauf und -ziel sowie der besonderen Schutzmaßnahmen erleichtert die Situation. Die Vereinbarung einer Basis-Kommunikation über einfache Zeichensprache ermöglicht Patient und Besatzung trotz Isolierbedingungen „in Kontakt" zu bleiben.

Geschlossene versus offene Transportsysteme

Der klassische Ansatz in der Versorgung von Patienten mit gemein-gefährlichen Infektionskrankheiten folgte v.a. der Priorität, die „Infektionsquelle Patient" räumlich auf ein Minimum zu reduzieren, um die Umgebung nicht zu gefährden.

Dies wurde durch den Einsatz sogenannter „Isolatoren" verwirklicht. Dabei handelt es sich um geschlossene „Zelte" aus transparenter Kunststofffolie. An den Seiten sind lange, nach innen gestülpte Handschuhe angebracht, die den Zugang zum innen liegenden Patienten ermöglichen. Ein Unterdruck im Inneren des Isolators sowie ein Hochleistungs-Partikelfilter für die Ausatemluft verhindern zusätzlich eine luftübertragene Ausbreitung von Erregern, etwa wenn die Außenhaut beschädigt wird. Die mobile Variante mit relativ kompakten Abmessungen und akkubetriebener Unterdruckpumpe wird Transportisolator genannt.

Für die transportbegleitende Besatzung bedeutet das geschlossene System auf den ersten Blick eine hohes Maß an Sicherheit: So muss während des Transports keine Schutzausrüstung getragen werden und eine Kontamination des Fahrzeugs ist nicht zu befürchten.

Im Gesamtprozess stehen dem jedoch gravierende Nachteile gegenüber:

- Am Aufnahmeort muss der Patient in den Isolator eingeschleust werden. In dieser kritischen Phase ist das System alles andere als geschlossen. Deswegen muss die Besatzung für das Umlagerungsmanöver zunächst Schutzausrüstung anlegen, anschließend unter Vermeidung von Sekundärkontamination ablegen und entsorgen. Nach dem Einschleusen und Verschließen der Einstiegsluke ist eine erste Dekontamination des Isolators am Aufnahmeort unumgänglich.

- Die Möglichkeiten zur Patientenversorgung in einem Transportisolator sind extrem eingeschränkt. Monitoring, intravenöse Medikamentengabe, Volumenersatztherapie und Beatmung etwa sind aufgrund der geschlossenen Barriere zwischen Patient und Besatzung praktisch nicht zu realisieren.

Geschlossenes Transportkonzept

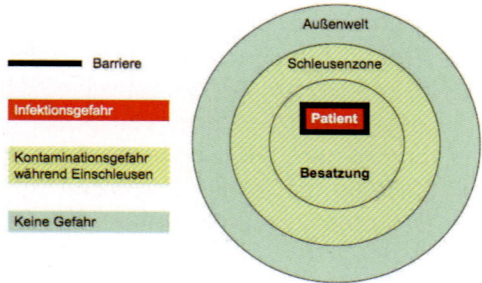

Abb. 1:   Geschlossene Transportsysteme minimieren den infektionsgefährdeten Bereich auf den Patienten und dessen unmittelbare Umgebung. Allerdings verhindert die patientennahe Barriere eine effektive Versorgung während des Transports Während des Einschleusens muss sich die Besatzung vor Kontamination schützen. (Grafik: C. Bartels)

Eine Sonderform des geschlossenen Transports besteht darin, dass der Patient zum Transport ein Infektionsschutz-Set mit einer FFP3-Maske **ohne** Ausatemventil anlegt und anschließend mit einem normalen Fahrzeug transportiert wird. Dieses zeitsparende Vorgehen ist jedoch nur für kurze Transportzeiten zulässig und setzt voraus, dass der Patient absolut stabile Vitalfunktionen aufweist, bei klarem Bewusstsein, kooperativ und gehfähig ist, sowie ein angelegtes Infektionsschutz-Set problemlos toleriert. Ein Anwendungsbeispiel wäre etwa der Transport eines Passagiers mit allenfalls leichter Symptomatik, bei dem jedoch aufgrund der Vorgeschichte eine gemeingefährliche Infektionskrankheit und Ansteckungsgefahr vermutet wird, vom Flughafen in ein nahegelegenes Behandlungszentrum.

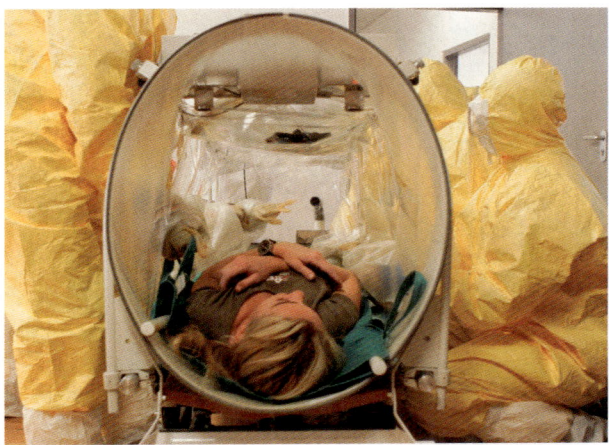

Abb. 2:   Einschleusen eines Patienten in einen Transportisolator (Übung).
            Die Besatzung ist in dieser Phase durch PSA geschützt. Für den
            Transport wird die Stirnseite verschlossen, der Isolator anschlie-
            ßend dekontaminiert. (Foto: C. Bartels)

Aktuelle Konzepte beruhen auf dem sogenannten „offenen Patiententransport". Der Begriff suggeriert zunächst eine fehlende Abschottung
des Patienten zur Umgebung. In Wirklichkeit beschreibt er, dass der
Patient für die Besatzung frei zugänglich ist und somit auch während
des Transports effektiv versorgt werden kann. Der Schutz der Besatzung und die Vermeidung einer Gefährdung für die Bevölkerung wird
dabei auf zwei Wegen gewährleistet:

- Die Patientenkabine des Transportfahrzeuges ist als infektions-
  gefährdete "rote Zone" gegenüber der Außenwelt komplett isoliert.

- Der für die Patientenversorgung zuständige Teil der Besatzung
  arbeitet kontinuierlich mit persönlicher Schutzausrüstung, d.h.
  sowohl beim Ein- und Ausschleusen des Patienten als auch
  innerhalb der Patientenkabine.

Offenes Transportkonzept

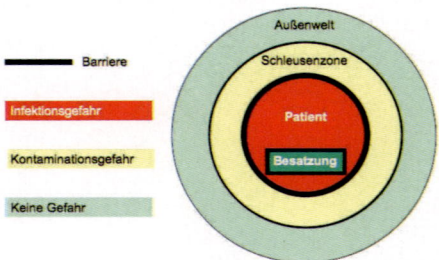

Abb. 3:   Beim offenen Transportsystem liegt die Barriere zwischen Patientenkabine und der restlichen Umgebung. Die Besatzung agiert
im infektionsgefährdeten Bereich mit Gebläseschutzsystemen.
Die Möglichkeit der Patientenversorgung ist weitgehend uneingeschränkt. (Grafik: C. Bartels)

Die auf das Management gemeingefährlicher Infektionskrankheiten
spezialisierten Einrichtungen im Bereich des öffentlichen Gesundheitswesens und der klinischen Versorgung sind in Deutschland in der
sogenannten "Ständigen Arbeitsgemeinschaft der Kompetenz- und
Behandlungszentren - StAKoB" organisiert.

Dieses Netzwerk favorisiert übereinstimmend den offenen Sonderisoliertransport, da er das parallele und komplexe Anforderungsprofil an
den Arbeits- und Bevölkerungsschutz sowie an eine zeitgemäße medizinische Versorgungsqualität derzeit am ehesten erfüllt.

Eine wichtige Konsequenz aus dem offenen Konzept ist derzeit allerdings der Ausschluss luftgebundener Sonderisoliertransporte:

Ein korrektes Barrieremanagement (Beispiel: Abschottung des Cock-
pits zur Patientenkabine) ist weder in Rettungs- und Intensivtrans-
porthubschraubern noch in Ambulanz-Flugzeugen umzusetzen. Desweiteren lassen die sensible Bordelektronik und die Art der Innenaus-
stattung eine effektive Raumdesinfektion nicht zu.

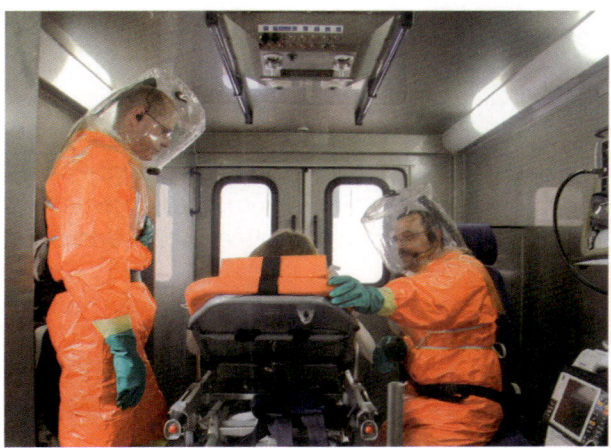

Abb. 4:   Patient und Besatzung in der Patientenkabine (Übung). Die Oberflächen bestehen aus Edelstahl und sind leicht zu desinfizieren. Im
Inneren befindet sich nur die tatsächlich für den Transport benötigte medizinische Ausrüstung. (Foto: G. Lichtfuss)

Das geeignete Fahrzeug

Idealerweise steht für einen SIT ein spezieller Infektions-Rettungswa-
gen (I-RTW) zur Verfügung. Dieses Sonderfahrzeug weist besondere
Konstruktionsmerkmale auf:

- Strenge räumliche Trennung zwischen Fahrer- und Patientenkabine

- Patientenkabine mit möglichst glatten, „wenig komplexen", Oberflächen, die einfach zu reinigen bzw. zu desinfizieren sind

- Verwendung von Innenraummaterialien, die durch eine Raumdesinfektion auf Formaldehyd- oder Peressigsäurebasis nicht
  angegriffen werden

- Verzicht auf Inneneinrichtung wie Schubladen- und Schrankelemente in der Patientenkabine

- Gekapselte elektrische Leitungen und Steuerelemente, die gegen versteckte Kontamination und Raumdesinfektionsverfahren resistent sind

- Thermische Entkeimung oder Filterung mit Hochleistungs-Partikelfiltern der Abluft aus der Patientenkabine, um eine mögliche luftübertragene Abgabe von Erregern an die Außenwelt zu verhindern

- Möglichkeit zur Schaffung eines Unterdruckgradienten von der Patientenkabinen zur Außenwelt

- Medizinische Ausrüstung schließt die Versorgungsmöglichkeit intensivpflichtiger Patienten mit ein

- Medizinische und technische Ausrüstung (einschließlich Sauerstoffversorgungssystem) sind nur von außerhalb der Patientenkabine zugänglich und werden nach Bedarf eingeschleust

Sonderisoliertransporte sind ein integraler Bestandteil im Gesamtmanagement von gemeingefährlichen Infektionskrankheiten. Die damit beauftragte Hilfsorganisation oder Feuerwehr handelt dabei von Anfang an in enger Abstimmung mit den verantwortlichen Gesundheitsbehörden auf Landesebene (Kompetenzzentrum). Desweiteren ist ein I-RTW im optimalen Fall an eine bestimmte Zielklinik mit Sonderisolierstation (Behandlungszentrum) angebunden. Diese räumliche und organisatorische Nähe bringt eine Reihe von Vorteilen mit sich:

- Einheitliche Versorgungsstandards im I-RTW und in der Sonderisolierstation

- Kompatible Standards für die verwendete PSA

- Mehrweg-Komponenten der PSA und der Fahrzeugausstattung können in der Sonderisolierstation wiederaufbereitet werden

- Medizinisches Personal von der Sonderisolierstation stellt einen Teil der Besatzung für den I-RTW. Dadurch ist eine Minimierung der Informationsverluste und Einleitung spezifischer Versorgungsmaßnahmen schon während des Transports möglich

- Bauliche Gegebenheiten und Einschleusungsprozesse sind allen Beteiligten vertraut

- Regelmäßiges gemeinsames Training schafft Sicherheit trotz niedriger Frequenz an realen Einsätzen

- Die Ansprechpartner sind allen persönlich bekannt.

I-RTW´s sind Spezialanfertigungen, die auf die besonderen Anforderungen der jeweiligen Betreiber zugeschnitten sind (Beispiel: Eignung für komplementäre Einsatzanforderungen).

Abb. 5:
Ein typischer I-RTW moderner Bauart (Standort Königswusterhausen). Patientenkabine und Fahrerkabine sind strikt voneinander getrennt, technische und medizinische Ausrüstung in außenliegenden Ladefächern verstaut. Fahrzeuge diesen Typs werden auch außerhalb von SIT´s eingesetzt. (Foto: C. Bartels)

Abb. 6:
Ein I-RTW der neusten Generation auf Wechselladerbasis (Frankfurt am Main). Der Patienten-Container kann bereits als autonome Isolier-Behandlungseinheit für eine erste Versorgungsphase verwendet werden. Ein weiteres Einsatzgebiet liegt im Schwerlasttransport extrem adipöser Patienten. (Foto: Feuerwehr Frankfurt am Main)

Ein alternativer Ansatz liegt in der Bereitstellung eines sogenannten "temporären" I-RTW´s. Dabei handelt es sich um einen herkömmlichen Rettungswagen, der für einen Sonderisoliertransport umgerüstet wird:

- Entfernung sämtlicher verzichtbarer Ausrüstung aus der Patientenkabine, ggf. Verwendung eines "entkernten" Fahrzeugs

- Abhängung sämtlicher Innenwände, der Decke sowie der Schubladen- und Schrankelemente mit Kunststofffolien, die an den Abschlussrändern mit starkem Klebeband fixiert werden

- Deaktivierung sämtlicher Raumlufttechnik in der Patientenkabine.

Optimal trainierte Besatzungen benötigen eineinhalb bis zwei Stunden um den temporären I-RTW einsatzbereit umzurüsten. Bisher wurde die Mehrzahl an "echten" Sonderisoliertransporten mit einem temporären I-RTW durchgeführt.

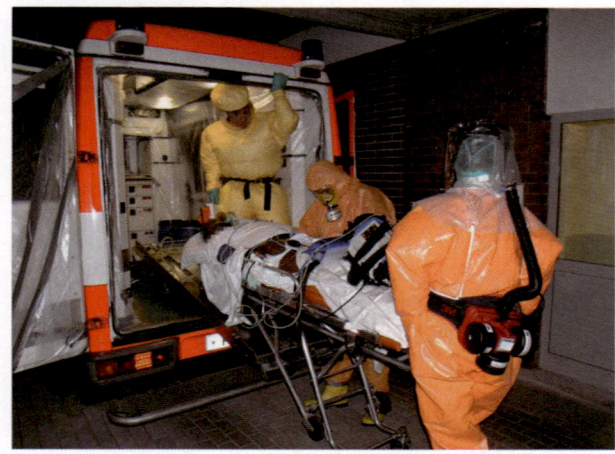

Abb. 7:   Ausschleusen eines Patienten mit Lassa-Fieber am Behandlungszentrum Frankfurt am Main. Bei diesem SIT wurde ein temporärer I-RTW eingesetzt. Die Innenwände der Patientenkabine sind mit Kunststofffolie verkleidet. (Foto: Feuerwehr Frankfurt am Main)

Strukturen in Deutschland

Aktuell (August 2007) gibt es in Deutschland sieben Standorte, an denen ein I-RTW rund um die Uhr zur Durchführung von Sonderisoliertransporten vorgehalten wird:

- Hamburg (Betreiber: Berufsfeuerwehr Hamburg)
- Königswusterhausen, Brandenburg (Betreiber: Die Johanniter)
- Leipzig (Betreiber: Berufsfeuerwehr Leipzig)
- Dortmund (Betreiber: Berufsfeuerwehr Dortmund)
- Frankfurt am Main (Betreiber: Berufsfeuerwehr Frankfurt/M)
- Würzburg (Betreiber: Die Johanniter in Kooperation mit anderen lokal vertretenen Hilfsorganisationen)
- München (Betreiber: Berufsfeuerwehr München)

Die wesentliche Gemeinsamkeit besteht in der Umsetzung des offenen Transportkonzepts unter der Verwendung von isolierten Patientenkabinen und von Gebläseschutzsystemen der Kategorie III für die Besatzung. Auch sind die meisten Standorte in der Nähe von Sonderisolierstationen positioniert, eine wesentliche Grundlage für die Verzahnung der Prozesse im Transport- und Behandlungsmanagement sowie für die Weiterentwicklung gemeinsamer Standards und regelmäßiges Training.

Die Bedeutung einiger Standorte ist zusätzlich durch die Nähe von Großflughäfen gekennzeichnet, bei denen eine erhöhte Importwahrscheinlichkeit für gemeingefährliche Infektionskrankheiten besteht (Frankfurt, Königswusterhausen bei Berlin-Schönefeld, München).

In den einzelnen Prozessschritten eines SIT hingegen gibt es zwischen den einzelnen Standorten zum Teil erhebliche Unterschiede, die in erster Linie durch die lokalen personellen und strukturellen Gegebenheiten bedingt sind. Dies gilt insbesondere für Aspekte wie:

- Realisierung eines Bereitschaftsdienstplans

- Begleitlogistik im Rahmen eines SIT (Reservefahrzeug, Reserve-Besatzung, Materialtransport, Eskortierung)

- Vorgehen nach Übergabe des Patienten an das Behandlungs-zentrum (Dekontamination Besatzung und Fahrzeug, Entsorgung kontaminierten Mülls)

Die Bereitstellung eines I-RTW´s bedeutet für den Kostenträger von Anfang an eine ökonomische Herausforderung. Hoher Anschaffungs-preis, hohe Unterhaltskosten sowie der zusätzliche Bedarf an Per-sonal, Ausbildung und spezieller Ausrüstung machen ihn zu einer extrem teuren Vorhaltungsressource. Angesichts des derzeit seltenen Einsatzaufkommens für Patienten mit gemeingefährlichen Infektions-krankheiten ist eine Amortisierung des Fahrzeugs über Sonderisolier-transporte allein nicht zu realisieren.

Die meisten Betreiber nutzen den I-RTW deshalb im Hybridbetrieb, d. h. auch für andere Einsätze mit speziellem Anforderungsprofil (Intensivtransport, normale Infektionstransporte, Transport hochgradig adipöser Patienten) oder auch im Regelrettungsdienst. Voraussetzung hierfür ist neben der geeigneten Zusatzausstattung des Fahrzeugs eine sorgfältige Disposition, die eine kurzfristige Bereitstellung für einen Sonderisoliertransport gewährleistet.

Ein besonderes Spannungsfeld liegt, analog zur stationären Versor-gung in einem Behandlungszentrum, in der Kostenübernahme bei län-derübergreifenden Sonderisoliertransporten. Ad-hoc-Regelungen im Ereignisfall führen erfahrungsgemäß zu Zeitverzögerungen. Idealer-weise werden Art, Umfang und Vergütung beim länderübergreifenden Transport- und Behandlungsmanagement bereits im Vorfeld durch die Landesregierungen festgelegt, um bundesweit die effektive Nutzung der knappen und kostspieligen Ressourcen zu ermöglichen.

Solche Staatsverträge bestehen derzeit allerdings lediglich zwischen Hessen und Rheinland-Pfalz sowie zwischen Sachsen, Sachsen-Anhalt und Thüringen.

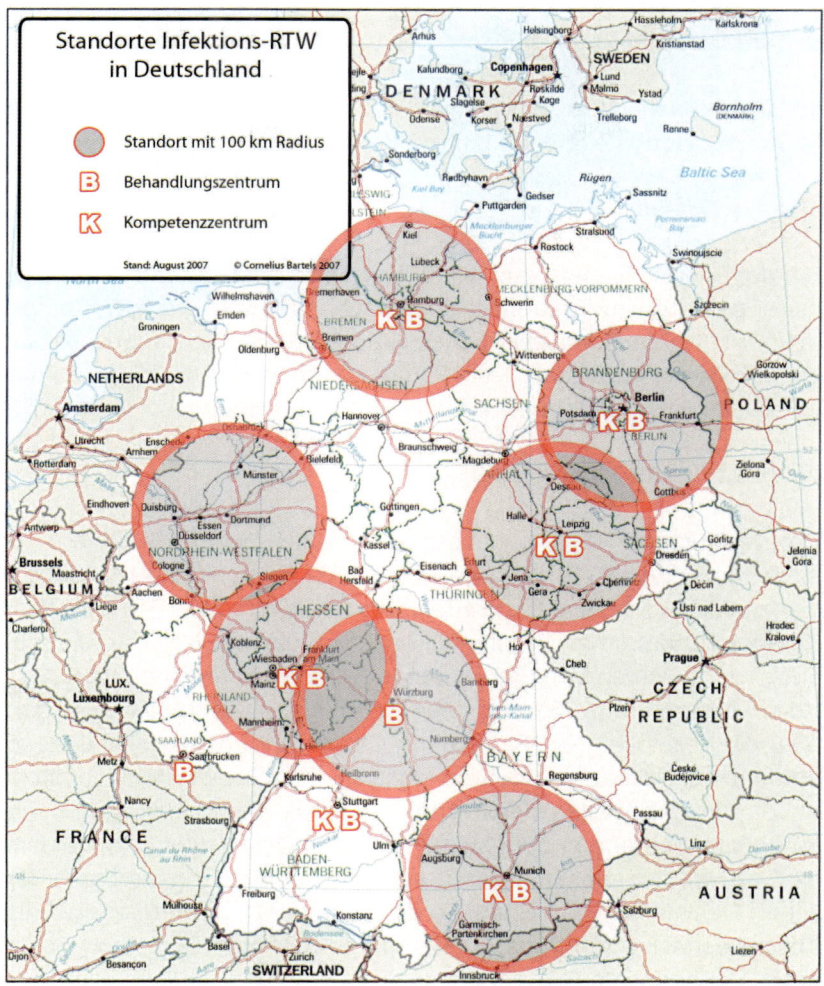

Abb. 8:   Standorte der sieben in Deutschland stationierten I-RTW´s sowie der Kompetenz- und Behandlungszentren.

SIT am Beispiel Leipzig

Im folgenden möchten wir einen SIT Schritt für Schritt am Beispiel des I-RTW der Berufsfeuerwehr Leipzig darstellen:

Ausgangssituation

Ein detaillierter Einsatzplan regelt die Kommunikation und die Koordinierung der Transportmaßnahmen zwischen I-RTW, Leitstelle, Kompetenz- und Behandlungszentrum sowie der Polizei. Die Feuerwehr hält die erforderlichen Einsatzkräfte vor und betreibt zusätzlich den zentralen Desinfektionsstützpunkt für die städtischen Rettungsdienste.

Alarmierung und Vorbereitung

Bei vermutetem oder gesichertem Vorliegen eines Patienten mit einer gemeingefährlichen Infektionskrankheit kontaktiert zunächst der zuständige Amtsarzt am Ereignisort den Amtsarzt des Leipziger Kompetenzzentrums. Dieser stellt nach Prüfung der Kriterien die Indikation zur weiteren Versorgung unter Sonderisolierbedingungen. Das Kompetenzzentrum informiert das Behandlungszentrum und fordert über die Leitstelle den I-RTW an. Zusätzlich wird ein Begleitfahrzeug sowie eine Polizeieskorte bereitgestellt. Das Tranportteam besteht neben einer doppelten Besatzung mit jeweils drei Einsatzkräften einschließlich Fahrer aus dem diensthabenden Desinfektor sowie einem Arzt aus dem Behandlungszentrum. Die für den Transport erforderlichen Desinfektionslösungen werden hergestellt, außerdem wird die Abschlussdesinfektion des Fahrzeugs bereits organisatorisch vorbereitet. Die benötigte PSA (in doppelter Ausführung) und medizinische Ausrüstung wird mit dem Begleitfahrzeug transportiert. Für die Einsatzfähigkeit des I-RTW´s ist eine Vorlaufzeit von eineinhalb bis zwei Stunden erforderlich.

Transport

Kurz vor Eintreffen am Aufnahmeort wird die thermische Abluftentkei-
mung bei 160 °C aktiviert. Die Besatzung, die für die Übernahme und
die Transportbegleitung des Patienten vorgesehen ist, legt ihre PSA
unmittelbar vor der Übernahme am Aufnahmeort an. Die Auswahl der
benötigten medizinischen Ausrüstung hängt von der aktuellen Beurteilung des Patientenzustands ab. Ziel ist es, dass nur die tatsächlich
benötigte Ausrüstung in der Patientenkabine zum Einsatz kommt, um
überflüssige Kontamination zu vermeiden. Eventuell für den Transport
erforderlichen Maßnahmen zur Stabilisierung des Patienten werden
noch am Aufnahmeort durchgeführt. Die Übergabe an die Besatzung
erfolgt durch das Personal am Aufnahmeort, das den Patienten zuletzt
betreut hat. Auf dem Weg zum Fahrzeug wird der Patient mit einer
spritzdichten Decke, etwa einem OP-Tuch abgedeckt und trägt einen
chirurgischen Mund-Nasen-Schutz. Nach dem Einschleusen des Patienten werden die Türen nurmehr durch die Besatzung im Inneren der
Patientenkabine geöffnet.

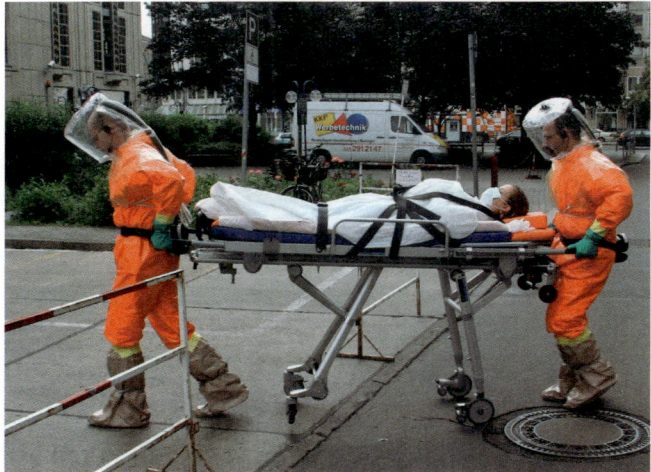

Abb. 9:   Der Patient wird am Aufnahmeort in den I-RTW eingeschleust
(Übung). Die zurückzulegende Distanz zum Fahrzeug wird dabei
so kurz wie möglich gehalten, die Umgebung abgesperrt.
(Foto: G. Lichtfuss)

Wird während des Transports ein Personalwechsel erforderlich, wird zunächst die nähere Umgebung des I-RTW´s durch die Polizei abgesperrt. Vor Ablegen der PSA in diesem abgesperrten Bereich wird das Besatzungsmitglied durch seine Ablösung mit Peressigsäure 1,0% bei fünf Minuten Einwirkzeit dekontaminiert.

Am Behandlungszentrum angekommen wird der Patient zusammen mit dem Personal, das die weitere Versorgung in der Sonderisolierstation übernimmt, eingeschleust.

Im Falle eines Versterbens des Patienten auf dem Transport wird direkt der Desinfektionsstützpunkt angefahren.

Nach dem Transport

Nach der Übergabe des Patienten verlässt die Besatzung die Sonderisolierstation über die Schleuse. Hier wird die PSA dekontaminiert und anschließend abgelegt. Die benutzte PSA wird zusammen mit dem gesamten anderen Abfall, der im Rahmen des Transports entstanden ist, im Behandlungszentrum verbrannt. Die Mehrwegkomponenten, wie etwa die Gebläserespiratoren, werden desinfiziert und wiederaufbereitet.

Im I-RTW wird nach dem Ausschleusen zunächst eine Zwischendesinfektion durchgeführt. Die thermische Raumluftdesinfektion bleibt bis zum Eintreffen am Desinfektionsstützpunkt in Betrieb. Hier erfolgt eine Abschlussdesinfektion mit Peressigsäure 1% bei einer Reaktionszeit von einer Stunde auf Flächen ohne organische Belastung und von vier Stunden auf Flächen mit organischer Belastung.

Fazit

Ein SIT ist nur für ein begrenztes Patientenspektrum, bei gesichertem oder vermutetem Vorliegen einer gemeingefährlichen Infektionskrankheit vorgesehen. Im Ereignisfall ist er jedoch das Schlüsselmedium, um bundesweit flächendeckend die zeitnahe Versorgung in einem der acht Behandlungszentren sicherzustellen.

Die Grundlage der Einsatzplanung liegt in einer sorgfältigen Gefährdungsanalyse auf Basis der Erregereigenschaften sowie des Zustands des Patienten. Die Objektivierung der realen Luftübertragbarkeit des Erregers hat dabei für Einschätzung der Infektionsgefahr einen besonders hohen Stellenwert.

Das offene Transportkonzept ist seitens der Kompetenz- und Behandlungszentren als fester Standard etabliert.

Ein spezieller I-RTW stellt eine kosten- und personalintensive Ressource dar, dem derzeit ein sehr niedriges reales Einsatzaufkommen an Sonderisoliertransporten gegenübersteht. Sein effektiver Betrieb verlangt Sicherheit im Umgang mit PSA und im Barrieremanagement. Die Basis liegt in regelmäßigem Training durch die Besatzungen sowie in einer engen Zusammenarbeit mit dem nächstgelegenen Behandlungszentrum. Synergismen für die länderübergreifende Versorgung sind idealerweise über frühzeitig abgeschlossene Staatsverträge gebahnt.

Ein gesteigertes Transportaufkommen, etwa im Rahmen eines außergewöhnlichen Seuchengeschehens, bedarf der lageangepassten Bereitstellung zusätzlicher Kapazitäten in Form von temporären I-RTW´s.

5.6 Management von Ansteckungsverdächtigen: Ermittlung, Klassifizierung, Beratung und anti-epidemische Maßnahmen

P. Graf, E.-J. Finke, K. Fleischer, H. Huber, G. Pfaff

Den Gesundheitsämtern kommt bei der Verhütung und Bekämpfung von gemeingefährlichen Infektionskrankheiten seit jeher eine zentrale Rolle zu. Diese Rolle ist im Infektionsschutzgesetz (IfSG) verankert (siehe 5.3). Bioterroristische Bedrohungen stellen für die Gesundheitsämter eine große Herausforderung dar, denn bioterroristisch relevante Erreger sind hinsichtlich ihrer Infektiosität (Ansteckungsfähigkeit), Kontagiosität (Mensch-zu-Mensch Ansteckungsfähigkeit), Morbidität (Erkrankungsrate), Letalität (Sterberate der Erkrankten) und Umweltresistenz weit weniger berechenbar als natürliche Erreger.

Gesetzliche Grundlagen

Beim Management gemeingefährlicher Infektionskrankheiten sind die rasche Ermittlung, Klassifizierung, Beratung und Absonderung von Ansteckungsverdächtigen erforderlich, um eine epidemische Ausbreitung zu vermeiden bzw. Seuchenherde zu bekämpfen. Als Ansteckungsverdächtige gelten:

* alle noch „gesunden" Personen, die ungeschützt infektiösen biologischen Agenzien direkt oder indirekt ausgesetzt waren (= B-Exponierte)

* Kontaktpersonen zu Krankheitsverdächtigen und Kranken.

Die Ermittlung und Erfassung beider Gruppen von Ansteckungsverdächtigen ist auf der Grundlage eines Bundesgesetzes, dem IfSG, für alle potenziellen, vermehrungsfähigen B-Agenzien, d. h. auch für

Pockenviren oder neuartige (*re-* und *newly emerging* oder ggf. gentechnisch veränderte) Krankheitserreger, geregelt.

Management von Ansteckungsverdächtigen

Das Ziel des Managements besteht darin, bereits frühzeitig, auch wenn das biologische Agens und damit Übertragungsrisiken noch unbekannt sind bzw. sobald Erreger gemeingefährlicher Infektionskrankheiten nachgewiesen wurden, weitere Erkrankungsfälle, insbesondere jedoch Epidemien zu verhüten.

Zur effektiven Seuchenbekämpfung sind primär:

- Kranke und Krankheitsverdächtige umgehend zu isolieren und zu behandeln

- Ansteckungsverdächtige schnell aufzuspüren und zu beobachten, ggf. abzusondern, sowie einer postexpositionellen Chemoprophylaxe oder Impfung zu unterziehen

- *First Responder* und bisher nicht Exponierte durch persönliche Schutzausrüstung und ggf. präexpositionelle Immun- bzw. Chemoprophylaxe zu schützen

- Maßnahmen der allgemeinen Hygiene, der Desinfektion und ggf. Schädlingsbekämpfung zu verstärken.

Das Management von Ansteckungsverdächtigen umfasst mindestens die folgenden Maßnahmen:

- Ermittlung und ggf. Aufsuchen von Ansteckungsverdächtigen

- Klassifizierung (d. h. Sichtung hinsichtlich der Wahrscheinlichkeit und des Grades der Ansteckung)

- Beratung, Betreuung und Belehrung

- Festlegen von prophylaktischen und hygienisch-anti-epide-
mischen Maßnahmen

- Koordination und Kontrolle der Maßnahmen und der notwendigen Amtshilfe

- Risikokommunikation.

Besonders wichtig für die Ermittlung von Ansteckungsverdächtigen ist die Kenntnis der Intensität und Dauer einer Exposition gegenüber biologischen Erregern oder des Kontakts mit Ansteckungsfähigen (Kranken, Krankheitsverdächtigen) bzw. deren infektiösen Ausscheidungen/ Geweben oder anderen erregerhaltigen Objekten. Dabei muss auch die mögliche Lebensfähigkeit von biologischen Agenzien, die absichtlich freigesetzt wurden, unter verschiedenen Umweltbedingungen berücksichtigt werden. Nach angekündigten Anschlägen, bei denen Ort und Zeit bekannt sind, sollte sich die Ermittlung zuerst auf den Personenkreis konzentrieren, der sich im Bereich der mutmaßlichen Ausbringungsstelle des Infektionserregers befand. Des Weiteren sind auch alle Personengruppen, die sich ungeschützt zur Hilfeleistung in den biologischen Wirkungsherd begeben haben, zu erfassen und als Ansteckungsverdächtige zu betrachten.

Aktive Fallsuche

Bei B-Großschadenlagen mit limitierten Personal- und Sachmittelressourcen sollte einer aktiven Fallsuche – über die Fallfindung, die sich durch die Sichtung von Kontaktpersonen ergibt, hinaus – geringere Priorität eingeräumt werden. Sonst werden wesentliche Personalkapazitäten von der Seuchenbekämpfung abgezogen. Kranke und Krankheitsverdächtige, die sich in Arztpraxen, Krankenhäusern usw. einfinden, werden die aufnehmenden Institutionen ohnehin maximal belasten.

Quellensuche

Anders als beim gängigen Ausbruchsmanagement werden die Erkenntnisse aus der Quellensuche (z. B. bei Pocken und Pest) zur Seuchenbekämpfung nur indirekt beitragen, denn die Befragung von schwer kranken Patienten bei einer B-Großschadenlage bietet zur Quellensuche nur wenig verwertbare Informationen. Dies gilt insbesondere für die Befragung zu Aufenthaltsorten in der Inkubationszeit: War die Infektionsquelle ein Kranker, so ist dieser bis zum Zeitpunkt des Entdeckens entweder schwer krank oder bereits verstorben und vermag damit Dritte kaum mehr anzustecken. War die Infektionsquelle ein in die Umwelt ausgebrachtes Agens, so wird der Ort der Ausbringung nur bei umweltstabilen Erregern, wie z. B. Anthraxsporen, noch lebensfähige Infektionserreger aufweisen.

Dagegen sind Befragungen zur Quellensuche für kriminaltechnische Ermittlungen und zur Terrorbekämpfung wichtig. Sie dienen dann nicht unmittelbar der Seuchenbekämpfung, wohl aber mittelbar, da die erfolgreiche Terrorbekämpfung weitere Anschläge verhindern kann.

Klassifizierung von Exponierten (Ansteckungsverdächtigen)

Die Ermittlung und Erfassung von Exponierten beinhaltet auch deren Klassifizierung in bestimmte Kategorien und die Festlegung entsprechender Absonderungs- und Vorbeugungsmaßnahmen (Fock *et al.,* 2005). Die Wahrscheinlichkeit einer Ansteckung hängt ab von der Art und Dosis des biologischen Agens, seiner Virulenz, der Art, Dauer und Intensität der Exposition sowie von der Konstitution des Wirts (= Betroffener).

Ansteckungsverdächtige sind Personen, von denen anzunehmen ist, dass sie infektiöse Erreger aufgenommen haben, ohne schon krank/ krankheitsverdächtig zu sein. Bei einigen Krankheiten sind diese Personen bis zum Auftreten klinischer Zeichen nicht ansteckungsfähig (z. B. virale hämorrhagische Fieber), bei anderen können auch schon vor den ersten Symptomen Erreger ausgeschieden werden (z. B.

Influenza, Pocken ab Veränderung der Mundschleimhaut). In den Empfehlungen der Fachgruppe Seuchenschutz am RKI sind die Kontaktpersonen klassifiziert und entsprechende Maßnahmen praktikabel festgelegt worden (Fock *et al.*, 2000). Es ist davon auszugehen, dass je nach aufgenommener Virusmenge und der Virusart die Dauer der Inkubationszeit und damit der Beobachtungszeitraum variieren kann.

Bei einigen Infektionskrankheiten bietet sich eine Postexpositionsprophylaxe (PEP) für Ansteckungsverdächtige an, z. B. Antibiotika bei bakteriellen Erregern oder eine postexpositionelle Impfung innerhalb der ersten Tage nach einer Pockeninfektion (Henderson *et al.*, 1999; siehe auch Friesecke *et al.*, 2007).

Auch bei einer hohen Zahl von Ansteckungsverdächtigen sollten diese möglichst vollständig erfasst werden. Die separate Absonderung von Kontaktpersonen, die einer erhöhten Ansteckungsgefahr ausgesetzt waren (Personen, die mit einem Kranken in einer Wohngemeinschaft gelebt haben bzw. intensiven Kontakt im Sprechabstand, d. h. < 2 m, gehabt haben), und den übrigen Ansteckungsverdächtigen ist sinnvoll. Zu berücksichtigen ist auch eine besondere Gruppe von „Ansteckungsverdächtigen", nämlich die Personen, die von sich selbst glauben – auch ohne konkrete Anhaltspunkte –, mit den Erregern in Kontakt gekommen zu sein, d. h. Selbstanmelder, deren „Exposition" nur auf der eigenen Vermutung basiert.

Vorgehen bei kontagiösen Erregern (am Beispiel Pocken)

Pockenkranke müssen in einer Sonderisolierstation isoliert oder zumindest auf einer dafür geeigneten Infektionsstation, räumlich getrennt von anderen Gebäuden bzw. Gebäudeteilen, behelfsmäßig isoliert werden (siehe 5.7). Pockenkranke sind vom Auftreten der ersten Symptome bis zum Abfall der letzten Kruste als kontagiös anzusehen.

Krankheitsverdächtige müssen in einer Vorisolierstation mit Niveau einer Krankenstation, aber räumlich getrennt von Pockenkranken abgesondert werden. Die Absonderung ist zu überwachen. Bei Bestätigung des Verdachts ist eine unverzügliche Absonderung in einer Sonderisolierstation oder behelfsmäßigen Isolierstation für Pockenkranke zu veranlassen.

Ansteckungsverdächtige sollen abgesondert werden. Dies kann in Quarantäneeinrichtungen (Krankenhäuser, Reha-Einrichtungen, Hotels, Schulen, Schiffen usw.) oder in häuslicher Quarantäne erfolgen. Wegen des geringeren Übertragungsrisikos ist kleinen Raumeinheiten der Vorzug zu geben. Ansteckungsverdächtige, die einer erhöhten Ansteckungsgefahr ausgesetzt waren, sind separat von den übrigen Ansteckungsverdächtigen abzusondern. Die Entscheidung häusliche Quarantäne oder stationäre (Kohorten-) Quarantäne hängt von der jeweiligen Situation ab. Bei wenigen Kontaktpersonen wird häufig einer stationären Quarantäne der Vorzug gegeben – soweit machbar. Logistische Probleme (Versorgung der Abgesonderten, Transport usw.) stellen den limitierenden Faktor dar. Auch werden Personen, die sich selbst allein schlecht versorgen können, vorzugsweise in einer Quarantäneeinrichtung abgesondert. Ab einer größeren Zahl von Ansteckungsverdächtigen könnte – aufgrund der logistischen Limitationen – auch die häusliche Quarantäne in Betracht kommen. Eine Überwachung der häuslichen Quarantäne ist wünschenswert, bei großen Zahlen von Ansteckungsverdächtigen aber wohl nicht mehr adäquat durchführbar. Sie sollte nur in Betracht gezogen werden, wenn die Ansteckungsverdächtigen nur ein geringes Erkrankungsrisiko haben und die Kontaktpersonen zu Hause durch Impfung (s. u.) vor einer Ansteckung geschützt sind. Eine häusliche Quarantäne ist nicht zulässig, wenn sich in den entsprechenden Räumlichkeiten vorher ein Pockenkranker aufhielt. Solche kontaminierten Räumlichkeiten müssen erst durch Formaldehydbegasung desinfiziert werden.

Dekontaminationsmaßnahmen bei Pockenansteckungsverdächtigen

Personen, bei denen eine frische (maximal 24 Stunden zurücklie-
gende) Exposition mit Pockenviren stattgefunden hat, sollen sich
sofort einer Ganzkörper- und Haarwäsche (Duschen) unterziehen. Die
abgelegte Bekleidung und die persönlichen Gegenstände, sofern sie
nicht beim Duschen mitgewaschen werden können, werden in einen
doppelten Plastiksack gepackt und an eine ausgewiesene Stelle zur
ordnungsgemäßen Desinfektion übergeben.

*Postexpositionsprophylaxe (PEP) bei Pockenansteckungs-
verdächtigen*

Möglichst bei allen Ansteckungsverdächtigen sollte umgehend eine
Pockenimpfung durchgeführt werden. Als Impfstoff ist die Elstree-Vak-
zine (derzeit auf Bundesebene eingelagert) einzusetzen. Die Impfung
muss unverzüglich allen *first responders* (Einsatzkräften) und dem in
die Pockenbekämpfung involvierten medizinischen Personal zugänglich gemacht werden. Am ersten oder zweiten Tag der Inkubation
durchgeführte Impfungen sind in der Lage, den Ausbruch der Pocken
zu verhüten oder zumindest abzuschwächen. Spätere Impfungen können die Symptome der Variola vermutlich auch noch abschwächen,
ab dem fünften Tag sind Inkubationsimpfungen wirkungslos. Der Impfschutz entwickelt sich ab ca. dem vierten Tag, das Maximum des Impfschutzes wird erreicht ab dem 14. Tag und hält mindestens zwei Jahre
an. Experten aus den USA postulieren einen relativ sicheren Impfschutz über 3 Jahre (Henderson *et al.,* 1999). Bei nachgewiesener
Exposition gegen Pocken sollte die Impfung – als Inkubationsimpfung
– immer aufgefrischt werden. Einzelheiten zur Pockenimpfstrategie des
Bundes sind im Dokument der Bund-Länder-Arbeitsgruppe „Pocken-
schutzimpfung" enthalten.

Vorgehen bei nicht kontagiösen Erregern (am Beispiel Milzbrand)

Personen, die Kontakt zu einem an Milzbrand Erkrankten hatten, sind in der Regel nicht ansteckend und müssen deshalb nicht isoliert werden, eine Beobachtung ist ausreichend. Voraussetzung für das Gelingen dieser Vorgehensweise ist wiederum die adäquate Beratung, auch hinsichtlich der ärztlichen Kontrolle. Bei bioterroristischen Szenarios können Milzbrandsporen in die Umwelt bzw. in Gebäude ausgebracht werden. In einem solchen Fall sollte die Infektionsquelle und somit weitere Exponierte möglichst schnell ermittelt werden, um sie einer PEP zuzuführen. Folgende Vorgehensweise für Kontaktpersonen bei vermutetem Kontakt mit Milzbrandsporen (nicht mit an Milzbrand Erkrankten) hat sich bewährt:

Tab. 1: Vorgehensweise bei vermutetem Kontakt mit Milzbrand

A. Geringfügige, d. h. nicht sichbare Kontamination	B. Mittelgradige, d. h. sichtbare Kontamination	C. Hochgradige Kontamination
Hände und Gesicht reinigen Hände desinfizieren (Peressigsäure) Beratung Beobachtung ggf. PEP anraten	Zusätzlich zu A: Oberkleidung asservieren evtl. Kleidung zu Hause ablegen und waschen ggf. Schuhe asservieren bis zum negativen Labornachweis	Duschen vor Ort (Duschanlage durch Feuerwehr) Kleidung, Schuhe asservieren bis zum negativen Labornachweis

Die Anthrax-Kontaminationen in den USA haben gezeigt, dass eine wünschenswerte, 100%ige Dekontamination nicht durchführbar ist. Die in der Tabelle 1 aufgeführten Maßnahmen sind somit als Risikoreduktion im Sinne einer Risikominimierung zu verstehen. Auch greifen die Maßnahmen nur bei gezielten Hinweisen auf Milzbrandsporen, d. h. auf den Ort und ggf. die Mittel der Ausbringung. Bei einem verdeckten B-Anschlag werden erst Milzbranderkrankte auf das Ereignis aufmerksam machen.

Beratung von Kontaktpersonen

Unerlässlich beim Management von Kontaktpersonen sind die Beratung und Betreuung der betroffenen Kontaktpersonen. Ob und in welcher Form die notwendigen Maßnahmen von den Betroffenen eingehalten werden, hängt entscheidend von der Erstberatung durch die Gesundheitsämter ab (siehe 5.9).

Amtshilfe und Koordination der Maßnahmen

Schon bei den gängigen Ermittlungen zu lebensbedrohlichen Infektionskrankheiten wird – wenn die Ermittlung sich schwierig gestaltet – die Polizei hinzugezogen. Bei Massenerkrankungen ist die Amtshilfe durch Sicherheitskräfte wie Polizei, Feuerwehr und ggf. weitere Institutionen unerlässlich, wobei man bedenken muss, dass bei einem terroristischen Anschlag ein Großteil dieser Kräfte durch eigene Ermittlungstätigkeiten und Sicherungsaufgaben bereits ausgelastet sein dürfte.

Ausblick und Schlussfolgerungen

- Das Infektionsschutzgesetz setzt die Erkenntnis um, dass die Bekämpfung übertragbarer Krankheiten wesentlich vom fachgerechten Management der Ansteckungsverdächtigen abhängt, da diese maximal zur Ausbreitung einer Infektionskrankheit beitragen können.

- Das Management von Ansteckungsverdächtigen hängt von personell gut ausgestatteten Gesundheitsämtern und der kontinuierlichen Fortbildung der dortigen Schlüsselpersonen ab.

- Bei einer großen Zahl von Kranken, Krankheitsverdächtigen und/oder Ansteckungsverdächtigen kommt der Amtshilfe durch Polizei, Feuerwehr, Ärzteschaft und ggf. weitere Institutionen eine entscheidende Rolle zu.

- Ab einer bestimmten Größenordnung, abhängig von der Art des wirksamen biologischen Agens, ist das Management von Ansteckungsverdächtigen nicht mehr adäquat durchführbar. Es werden – vereinzelt oder vermehrt – infizierte Kontaktpersonen nicht erfasst werden, und die entsprechende Krankheit kann sich weiter ausbreiten.

Literatur

Fock, R., Finke, E.-J., Fleischer, K., Gottschalk, R., Graf, P., Grünewald, T., Koch, U., Michels, H., Peters, M., Wirtz, A., Andres, M., Bergmann, H., Fell, G., Niedrig, M. & Scholz, D. (2005). Management gemeingefährlicher Infektionskrankheiten und außergewöhnlicher Seuchengeschehen (Übersicht). In: Bundesamt für Bevölkerungsschutz und Katastrophenhilfe (hrsg.), *Biologische Gefahren: Beiträge zum Bevölkerungsschutz.*), pp. 231-253. Bonn: Bundesamt für Bevölkerungsschutz und Katastrophenhilfe

Fock, R., Koch, U., Finke, E. J., Niedrig, M., Wirtz, A., Peters, M., Scholz, D., Fell, G., Bußmann, H., Bergmann, H., Grünewald, T., Fleischer, B. & Ruf, B. (2000). Schutz vor lebensbedrohenden importierten Infektionskrankheiten: Strukturelle Erfordernisse bei der Behandlung von Patienten und anti-epidemische Maßnahmen. *Bundesgesundheitsblatt – Gesundheitsforschung – Gesundheitsschutz,* **43,** 891-899

Friesecke, I., Biederbick, W., Boecken, G., Gottschalk, R., Koch, U., Peters, G., Peters, S., Sasse, J. & Stich, A. (2007). *Biologische Gefahren 2: Entscheidungshilfen zur medizinischen Versorgung.* Bonn: Bundesamt für Bevölkerungsschutz und Katastrophenhilfe

Henderson, D. A., Inglesby, T. V., Bartlett, J. G., Ascher, M. S., Eitzen, E., Jahrling, P. B., Hauer, J., Layton, M., McDade, J., Osterholm, M. T., O'Toole, T., Parker, G., Perl, T., Russell, P. K. & Tonat, K. (1999). Smallpox as a Biological Weapon. *JAMA,* **281 (22),** 2127-2137

5.7 Struktur zur Versorgung von Patienten

U. Koch, H. Michels

Seuchenmanagement in einem Krankenhaus der Grund- und Regelversorgung

Im Grundsatz richtet sich das Hygieneregime im Falle einer drohenden Sekundärverbreitung durch Mensch-zu-Mensch-Übertragung nach dem/den möglichen Übertragungsweg/en des in Frage kommenden Erregers. Auch wenn der Erreger labortechnisch noch nicht verifiziert ist, gibt die epidemiologische Analyse des Herdgeschehens eventuell schon Hinweise auf die vermutlichen (Haupt-) Übertragungswege. Die Art der Primärexposition gegenüber einem biologischen Agens spielt für Folgeinfektionen keine Rolle! Der am schwersten beherrschbare Übertragungsweg, bei dem in Folge auch von den primär betroffenen Patienten noch eine wesentliche Gefahr der Weiterverbreitung ausgeht, ist der Luftpfad über feuchte (Tröpfchen) oder trockene (Mikropartikel) Schwebeaerosole (siehe 6.2). Dieses Szenario gilt besonders für Lungenpest, Pocken (Variola, Affenpocken), Milzbrand und (möglicherweise veränderte) hämorrhagische Fieberviren. Es besteht evtl. Kontagiosität bereits vor dem Auftreten erster klinischer Symptome.

Bereits eine offene Form der Lungentuberkulose mit entsprechender Erregerausscheidung über die Atemwege stellt erhöhte Anforderungen an das Hygieneregime bzw. an die Kompetenz des Personals bei der Behandlung, wenn Patientenzimmer mit Vorraum, der als Durchgangsschleuse genutzt werden könnte, nicht vorhanden sind. Viele Krankenhäuser haben aber leider in Folge des zunehmenden Kostendrucks seitens der Kostenträger (neue Abrechnungsgrundsätze, DRGs = *Diagnosis-Related Groups,* Fallpauschalen) selbst vorhandene Infektionsstationen alter, konventioneller Art stillgelegt, eventuell sogar zurückgebaut. Oft würde auch der verbliebene Personalschlüssel den erhöhten hygienischen Anforderungen an die Behandlung von Infektionserkrankten nicht mehr gerecht.

Die folgenden Überlegungen beziehen sich daher auf das hygienische Management jener Problemerkrankungen, die nicht selbst limitierende Verläufe in einer empfänglichen Population nehmen würden (Seuchenszenario) und in so großer Fallzahl auftreten, dass die nach dem Konzept der Fachgruppe Seuchenschutz am RKI aufgestellten, länderübergreifend arbeitenden Behandlungszentren überlastet sind, so dass die Behandlung in nicht speziell dafür ausgerüsteten Krankenhäusern auch der Grund- und Regelversorgung durchgeführt werden muss (Fock *et al.*, 2000; Fock *et al.*, 1999).

Rechtliche Grundlagen

Nach § 30 Abs. 1 Infektionsschutzgesetz (IfSG) hat die zuständige Behörde anzuordnen, dass Personen, die an Lungenpest oder an von Mensch zu Mensch übertragbarem hämorrhagischen Fieber erkrankt oder dessen verdächtig sind, unverzüglich in einem Krankenhaus oder in einer für diese Krankheit geeigneten Einrichtung abgesondert werden. Bei sonstigen Kranken sowie Krankheitsverdächtigen, Ansteckungsverdächtigen und Ausscheidern kann angeordnet werden, dass sie in einem geeigneten Krankenhaus oder in sonst geeigneter Weise abgesondert werden, bei Ausscheidern jedoch nur, wenn sie andere Schutzmaßnahmen nicht befolgen können oder befolgen würden und so ihre Umgebung gefährden. Bei Nicht-Einhalten einer entsprechenden Anordnung sind freiheitsentziehende Maßnahmen möglich.

Nach § 30 Abs. 6 IfSG haben die Länder dafür Sorge zu tragen, dass die nach Abs. 1 Satz 1 notwendigen Räume, Einrichtungen und Transportmittel zur Verfügung stehen. Diese Verpflichtung der Länder bezieht sich jedoch nur auf Personen, die an originär quarantänepflichtigen Erkrankungen wie Lungenpest oder von Mensch zu Mensch übertragbarem hämorrhagischen Fieber erkrankt oder dessen verdächtig sind. Für übrige Absonderungsmöglichkeiten haben die zuständigen

Gebietskörperschaften nach § 30 Abs. 7 IfSG zu sorgen. Die Absonderungsmaßnahmen sind in der Regel von der zuständigen Behörde, z. B. der Kreisverwaltung oder der Ortspolizeibehörde, anzuordnen. Bei Gefahr im Verzug können diese Maßnahmen auch vom Gesundheitsamt selbst angeordnet werden.

Beratung durch Kompetenzzentren

In dem Konzept der Ständigen Arbeitsgruppe der Kompetenz- und Behandlungszentren (StAKoB) sind für verschiedene Regionen Deutschlands neben den oben erwähnten Behandlungszentren am selben Standort auch so genannte Kompetenzzentren vorgesehen (Gottschalk, 2007). Sie geben nähere Informationen zu weiteren Fragen des Managements derartiger Fälle, bieten im Einzelfall konkrete Beratung und Entscheidungshilfe an und sind 24 Stunden am Tag erreichbar. Gegebenenfalls kann von einem Kompetenzzentrum auch vor Ort (konsiliarische) Hilfestellung geleistet werden, insbesondere bei der Entscheidung über die Verlegung eines Patienten und der Organisation eines notwendigen Krankentransports. Das Kompetenzzentrum sollte auch die anti-epidemischen Maßnahmen koordinieren, die Presse- und Öffentlichkeitsarbeit unterstützen, fehlende spezielle Personenschutzausrüstung vermitteln sowie hinsichtlich Desinfektions- und Abfallbeseitigungsmaßnahmen und ggf. der Organisation der Obduktion und der Bestattung beraten. Inwiefern diese Einrichtungen im Falle eines größeren (deutschland-, europa- oder gar weltweiten) Ausbruchsgeschehens hierzu noch in der Lage wären, bliebe abzuwarten. Auf alle Fälle sollte vor Beginn von Behandlungs- und Quarantänemaßnahmen dieser weitreichenden Art versucht werden, dort Rücksprache zu nehmen.

Patientenversorgung bei Massenanfall von Infizierten

Die Sonderisolierstationen in den Behandlungszentren sind nicht dafür konzipiert, größere Fallzahlen von Patienten zu betreuen. Bei einem

Massenanfall von leicht übertragbaren Infektionskrankheiten werden deshalb nur regionale Absonderung und Behandlung in Frage kommen. Hierfür sind frühzeitige Planungen erforderlich, und es muss bereits im Vorfeld durch die zuständigen Gebietskörperschaften geklärt werden, wo größere Fallzahlen schwer kranker und hochinfektiöser Menschen behandelt werden könnten. Abstriche am individualmedizinisch orientierten Behandlungsstandard in der Patientenversorgung müssen – je nach Lage – evtl. hingenommen werden (siehe 5.8).

Im Folgenden werden zwei Möglichkeiten vorgestellt:

1. Isolierung im Krankenhaus der Grund- und Regelversorgung

2. Isolierung außerhalb von Krankenhäusern

Seuchenmanagement in einem Krankenhaus der Grund- und Regelversorgung

Kohortenbildung

Bevor ein Krankenhaus für eine behelfsmäßige Isolierung herangezogen werden kann, muss die Aufrechterhaltung der Versorgung von Nicht-Infektionskranken sichergestellt sein. Das heißt, nicht zu der Kohorte der Infektionskranken zählende Patienten müssen entlassen bzw. ersatzweise in eine andere Einrichtung (z. B. verlegungsfähige Patienten in eine stationäre Rehabilitationseinrichtung, Kurklinik, Sanatorium, bei mehreren Krankenhäusern vor Ort ggf. in ein anderes Krankenhaus) oder zumindest in einen anderen Bereich des Krankenhauses verlegt werden. Der so geschaffene behelfsmäßige Isolierbereich muss in solchen Fällen strikt vom übrigen Versorgungsbereich abgetrennt werden. Das Personal, welches im Isolationsbereich eingesetzt wird, kann nicht zusätzlich in anderen Versorgungsbereichen zum Einsatz kommen.

Derartige Szenarien erfordern eine detaillierte Vorausplanung. Hierbei wäre unter anderem zunächst zu prüfen, ob die für die behelfsmäßige Isolierung vorgesehene Einrichtung personell und materiell in der Lage wäre, Behandlungen unter Seuchenschutzbedingungen auch wirklich autark durchzuführen bzw. wie die Unterstützung durch andere erfolgen kann. In den meisten Bundesländern existieren Gesetze, die die Krankenhäuser zur Vorbereitung auf interne oder externe Schadenlagen in speziell anzufertigenden Alarmplänen verpflichten. Der Ausbruch einer „Seuche" stellt eine solche Lage dar.

Einzelne Patientenzimmer oder eine zentral gelegene Station im Krankenhaus hierfür vorzusehen, dürfte den zu erwartenden Fallzahlen des Szenarios nicht gerecht werden und das notwendige Hygieneregime soweit erschweren, dass letztlich die hygienische Sicherheit nicht ausreichend gegeben wäre. Kämen schließlich im zeitlichen Verlauf tatsächlich nur Einzelfälle zur Aufnahme, so würde das hygienische Management dem im *Bundesgesundheitsblatt* veröffentlichten Konzept der Fachgruppe Seuchenschutz folgen (Versorgung der einzelnen Patienten in den vorgesehenen Behandlungszentren bzw. Verlegung der Patienten dorthin [Fock *et al.*, 2000]).

Patientenversorgung

Das Personal der hierzu bestimmten Einrichtung arbeitet unter Quarantänebedingungen weiter (ansteckungsverdächtige Kontaktpersonen gemäß IfSG), d. h. es bleibt ebenfalls abgesondert oder steht zumindest unter seuchenhygienischer Beobachtung, soweit effektive personenbezogene Schutzausrüstung (siehe Managementkonzept Fock *et al.,* 2000) nicht schon zu Behandlungsbeginn zur Verfügung stand bzw. die Krankheit nicht von Anfang an erkannt wurde – auch dann, wenn vorhandene, aber unzureichende Schutzkleidung (z. B. einfacher OP-Mundschutz aus Papiervlies, Überwurfkittel usw.) angelegt wurde. Die Wahrscheinlichkeit, dass die infektions- und arbeitsschutzadäquate persönliche Schutzausstattung (PSA) in ausreichendem Umfang auch wirklich vor Ort zur Verfügung steht, erscheint gering, da Krankenhäuser der Grund- und Regelversorgung wohl schon allein aus Kostengründen derartige Vorhaltemaßnahmen restriktiv behandeln werden. Für den echten Bedarfsfall wären ja auch erhebliche Mengen davon vorzuhalten. Umgekehrt darauf zu hoffen, den benötigten Bedarf *just in time* beschaffen zu können, ist auch deshalb illusorisch, da die bisherigen Erfahrungen selbst der Behandlungszentren gezeigt haben, dass weder die Industrie noch der ebenfalls Bedarf entwickelnde „Nachbar" unter solchen Bedingungen einer extrem gesteigerten Nachfrage in der Lage sind, kurzfristig auszuhelfen.

Daher sind folgende logistische Forderungen und Rahmenbedingungen bereits in der Vorplanungsphase zu berücksichtigen:

- Möglichkeit einer Familienbetreuung für die Angehörigen des unter Quarantäne stehenden Personals

- Notwendigkeit adäquater Unterkunft und Verpflegung für das Personal

- Ergänzung der eigenen Ressourcen, die durch Personalerkrankungen oder Absetzbewegungen entstanden sind

- besondere Expertise, die nicht vor Ort vorhanden ist, aber benötigt wird (z. B. von Infektiologen), muss zugeführt werden

- letzteres gilt evtl. auch für Teile der apparativen Ausstattung

- Depots für adäquate Schutzkleidung

- vorbereitete Seuchenalarmpläne

- Management von genesenen Personalressourcen und eventueller Wiedereinsatz nach Erwerb einer Immunität nach Erkrankung.

Einteilung von Hygienezonen innerhalb der Behandlungseinrichtung

Innerhalb der Einrichtung müssen drei Bereiche unterschiedlich zu erwartender Kontaminationsgrade ausgewiesen werden, um sicherzustellen, dass eine Infektionsverbreitung mit hinreichender Sicherheit vermieden werden kann. Folgende Vorgehensweise bietet sich dafür an:

- Festlegung der unmittelbaren Patientenbehandlungsbereiche (Stationen mit den Patientenzimmern, Funktions- und Diagnostikräumen, Labore, Wege dorthin), die nur mit vollständiger Schutzkleidung betreten werden dürfen (Schwarzbereich, teilweise auch Rotbereich genannt). Zu verlassen ist dieser Bereich über eine Dekontaminationsstelle (Ablegen der gebrauchten Schutzkleidung und Desinfektion). Unkontrollierte Zu- oder Abgangsbewegungen müssen (möglichst schon baulich) ausgeschlossen sein. Auf ausreichenden Abstand zu den anderen Hausbereichen ist zu achten, Klima- oder Lüftungsanlagen ohne virussichere Filter sind abzuschalten (Übertragbarkeit der Erreger über die Luft).

- Festlegung der mittelbaren Übergangsbereiche (Zu- und Abgangswege), die räumlich getrennt entweder der Ein- oder Ausschleusung von Material und/oder Personal dienen und somit zugangseitig nur in frischer Schutzkleidung betreten werden dürfen oder ausgangseitig nach Passieren der Dekontaminationsstelle in Bereichskleidung (Graubereich, teilweise auch Gelbbereich genannt); zu verlassen ist dieser Bereich über einen neuerlichen Desinfektionspunkt. Die notwendigen Umkleidebereiche sind großzügig zu bemessen, das selbe gilt für die Zwischenlagerung der auszuschleusenden Abfälle. Die Effektivität der Dekontamination ist zu überwachen (Kontrollpunkte).

- Bereiche wie Küche, Verwaltung, Technik, Personalumkleiden usw., die als nicht kontaminiert angesehen und in normaler Bereichs- oder Straßenkleidung betreten werden können (Weißbereich, teilweise auch Grünbereich genannt).

Probleme in der Praxis

Daneben sind innerhalb der Einrichtung – ausreichend getrennt von den Behandlungsbereichen für die „echten Fälle", aber angebunden über die Übergangsbereiche – Bereiche für „Verdachtsfälle" vorzusehen, die zum Zeitpunkt der Aufnahme klinisch nicht eindeutig den Falldefinitionen zugeordnet werden können und sich evtl. als Erkrankungen anderer Genese erweisen. Diese Patienten dürfen keinesfalls in die Kohorte der diagnostizierten Kranken aufgenommen oder als einheitliche Kohorte angesehen werden. Es muss also eine nosokomiale Infektion durch korrekte Hygienebarrieren zu jedem einzelnen Patienten ausgeschlossen werden. Zweckmäßigerweise wären diese in Einzelzimmern mit Vorraum (Schleuse) unterzubringen. Gelingt eine solche behelfsmäßige Isolierung nicht, würde bei diesen Patienten eine nosokomiale Infektion billigend in Kauf genommen werden; sie müssten dann wie „Echtfälle" behandelt werden. Insbesondere in der meist zentralen Patientenaufnahme in einem Krankenhaus sind solche Zwischenabsonderungsmöglichkeiten vorzusehen, was auch eine getrennte Wegeführung für Kranke und Krankheitsverdächtige bzw. nicht-ansteckungsverdächtige Patienten beinhaltet, um in diesem sensiblen Bereich frühzeitig eine Patientenvermischung zu unterbinden. Kranke und Krankheitsverdächtige sollten deshalb überhaupt nicht über eine zentrale Aufnahme, sondern – angemeldet über die Leitstelle – in separate Isolierbereiche eingeliefert werden.

Das aufgeführte Management setzt sowohl in personeller als auch materieller Hinsicht effektive Vorplanungen voraus; diese sollten in Frage kommende Krankenhäuser in Abstimmung mit dem zuständigen Gesundheitsamt in ihren Alarmplänen bereits im Vorfeld umsetzen. Optimal und eigentlich unverzichtbar sind in diesem Zusammenhang auch Alarmübungen, und sei es nur mit dem Ziel, das Personal auf derartige Eventualitäten „emotional" vorzubereiten.

Grundsätze für Pflege und Behandlung: Barrier nursing

Invasive Eingriffe (auch z. B. Endoskopien), Blutentnahmen und die Labordiagnostik sind bei den kontagiösen Patienten auf das Notwendigste zu beschränken. Personal ist für die Versorgung ausschließlich dieser Patienten abzustellen und darf andere Stations- oder Funktionsbereiche nicht betreten. Ein Betreten der Schwarzzone ist nur mit geeigneter Schutzkleidung (vergleiche oben) gestattet und muss über Dekontaminationsschleusen erfolgen. Eine evtl. vorhandene raumlufttechnische Anlage, die nicht auf Unterdruckbetrieb umgestellt werden kann und keine geeigneten Filtersysteme besitzt, muss ausgeschaltet werden. Nach jedem Wechseln bzw. Ablegen der Handschuhe ist eine hygienische Händedesinfektion vorzunehmen. Die Schutzkleidung ist in den Schleusenbereichen zu lagern. Dasselbe gilt für auszuschleusende Abfälle. Nach allen bisherigen Erfahrungen der Behandlungszentren ist der Raumbedarf – selbst bei Einzelfällen gemeingefährlicher Infektionskrankheiten – in diesen Bereichen erheblich; sie können also gar nicht zu groß geplant werden. Die Schwarzzone muss mit den notwendigen Instrumenten, Apparaten und Verbrauchsmaterialien ausgestattet sein.

Beim Ausschleusen ist die Schutzkleidung abzulegen. Auf eine sorgfältige Dekontamination ist zu achten. Instrumente, Geschirr, Wäsche und Textilien sind innerhalb der Schwarzzone erstmalig zu desinfizieren oder einschweißend luftdicht zu verpacken, um dann den Grauzonenbereich in außen nicht kontaminierten Zweitgebinden umverpackt zu verlassen. Die Entsorgung der Abfälle sollte möglichst über einen Autoklaven erfolgen. Wenn in Anbetracht der Mengen nicht adäquat vorhanden, muss ein Fremdunternehmen mit der Abfallentsorgung der „C-Abfälle" beauftragt werden. Es sollte die Zuverlässigkeit gewährleistet sein und ggf. die Genehmigung der zuständigen Behörden hierzu vorliegen. Ausscheidungen des Patienten sollten durch Zellulose gebunden und mit den Abfällen hygienisch einwandfrei behandelt und entsorgt werden, wenn eine Abwasserdekontamination vor Ort nicht möglich ist, was wohl der Regelfall sein wird, da nur wenige Krankenhäuser noch über derartige Anlagen verfügen. Demnach sind auch für alle Reinigungsmaßnahmen Wasser sparende Verfahren vorzusehen; evtl. muss Abwasser aus dem Schwarzbereich chemisch vor Entleerung in speziell hierfür vorgesehenen Becken desinfiziert werden.

Absonderungsmöglichkeiten außerhalb von Akut-Krankenhäusern

Es wird geschätzt, dass die Kapazität bestehender Krankenhäuser durch Entlassung gehfähiger Patienten um ca. 30 % gesteigert werden kann. Maßnahmen wie die Unterbrechung der laufenden Patientenversorgung, so weit möglich, sowie die Beendigung aller sonstigen operativen Eingriffe mit Ausnahme von Notfallbehandlungen, die Schaffung zusätzlicher Intensiv-Behandlungsmöglichkeiten durch Verlegung von Patienten auf Normalstationen oder andere Krankenhäuser, Schaffung zusätzlicher Intensivbehandlungsplätze in Aufwacheinheiten und zusätzlichen Räumen eines Krankenhauses wie zum Beispiel Krankenpflegeschulen, sind Maßnahmen, die zwar für eine größere Zahl verletzter Personen eine sinnvolle Alternative darstellen können, die aber bei leicht übertragbaren Infektionskrankheiten nicht in Frage kommen. Hierdurch käme es zu einer Gefährdung der Patienten, die aufgrund der Schwere ihres Krankheitsbildes zur Behandlung im Krankenhaus verbleiben müssen. Es muss auch bedacht werden, dass sich in den Krankenhäusern das Patientenkollektiv durch die Einführung der *Diagnosis-Related Groups* (DRG) und eines modernen Medizincontrollings geändert hat. Patienten mit weniger schweren Krankheitsbildern werden nur noch selten zur stationären Aufnahme kommen. Ob daher im Notfall tatsächlich die Möglichkeit einer Kapazitätssteigerung in der angegebenen Höhe besteht, bleibt abzuwarten.

Früher standen sog. **Hilfskrankenhäuser** für Katastrophenereignisse zur Verfügung. Diese sind nach Beendigung des „kalten Krieges" jedoch bundesweit aufgegeben worden. Das Konzept der Hilfskrankenhäuser hatte den Sinn, mit einer Vorlaufzeit von zwei bis drei Tagen komplette zusätzliche Krankenhauseinheiten in Betrieb zu nehmen. Problematisch am Konzept der Hilfskrankenhäuser war jedoch, dass das für den Betrieb der Hilfskrankenhäuser notwendige Personal aus den umgebenden Krankenhäusern und aus dem niedergelassenen Bereich zusammengestellt werden sollte. Dies hätte zum einen dazu geführt, dass Personal aus verschiedensten Bereichen, welches bis dahin noch nicht zusammen gearbeitet hatte, plötzlich ein Team hätte bilden müssen. Zum zweiten hätte man die Versorgungskapazitäten der originären Krankenhäuser und des ambulanten Bereiches deutlich verringert.

In der Regel waren solche Hilfskrankenhäuser im Bereich von Schulen eingerichtet worden, wobei in Kellerräumen der Schulen „B- und C-sichere" operative Behandlungseinheiten und Diagnostikräume mit entsprechender Filter- und Lüftungstechnik vorhanden waren. Als Krankenzimmer dienten in solchen Fällen die Klassenräume der jeweiligen Schulen. Für die Behandlung von Patienten mit übertragbaren Krankheiten wären diese Hilfskrankenhäuser aufgrund ihrer Infrastruktur nur geeignet, wenn sie ausreichend Räume mit geeigneter Filtertechnik besitzen.

Eine weitere Möglichkeit, die bei einem Massenanfall von Patienten mit leicht übertragbaren Infektionen in Frage käme, wäre die Inanspruchnahme der in der Region vorhandenen **Sanatorien und Kurkliniken.** In diesen stationären Rehabilitationseinrichtungen ist es leicht möglich, die Patienten zu entlassen, da hier hauptsächlich gehfähige Patienten behandelt werden. Dieses spezielle Patientenkollektiv ist auch in der Regel nicht so schwer erkrankt, dass eine Entlassung in die ambulante Versorgung nicht verantwortet werden könnte. Zusätzlich ist in solchen Kliniken Fachpersonal (ärztliches und nichtärztliches) vorhanden. Sicherlich wäre auch dieses Personal insbesondere aufgrund seiner Ausbildung und praktischen Erfahrung nicht in der Lage, ohne zusätzliche personelle Verstärkung eine solche Situation zu meistern. Diese personelle Aufstockung wird jedoch keine so großen Lücken in die sonstige medizinische Versorgung reißen, dass eine massive Gefährdung der sonstigen ambulanten und stationären Versorgung zu befürchten wäre. Neben dem Vorhandensein zahlreicher Einzelzimmer wäre ein weiterer Vorteil einer Requirierung von Sanatorien, dass dort zumindest in einem gewissen Umfang Nebenräume und Funktionsräume vorhanden sind. In erster Linie sind diese Einrichtungen somit zur Unterbringung und Betreuung leicht erkrankter, behandlungsbedürftiger Personen geeignet und sollten, wie oben erwähnt, nur im Falle eines Massenanfalls von Patienten mit übertragbaren Krankheiten als Ausweichlösung gewählt werden, wenn alle anderen Möglichkeiten ausgeschöpft sind.

Sollten Kurkliniken und Sanatorien nicht vorhanden sein, könnte man auf abseits gelegene größere **Hotels** ausweichen, in denen man notfallmäßig Patienten isolieren könnte. Auch Hotels bieten den Vorteil zahlreicher Einzelzimmer mit sanitären Anlagen. Sie hätten allerdings den Nachteil, dass dort sowohl Personal als auch medizinische Ausstattungsgeräte und Verbrauchsgüter erst bereit gestellt werden müssten, was sicherlich mindestens zu einer Vorlaufzeit von zwei bis drei Tagen (wie bei den originären Hilfskrankenhäusern) führen würde. Deshalb sollten Hotels möglichst nur zur Unterbringung leicht erkrankter, kaum behandlungsbedürftiger Patienten bzw. am besten nur nicht erkrankter Kontaktpersonen, die aufgrund behördlicher Anordnung einer besonderen Beobachtung oder Absonderung unterworfen wurden, in Betracht gezogen werden.

Zur Isolierung und Behandlung von Patienten mit nicht oder nur gering kontagiösen übertragbaren Erkrankungen, die zudem keine intensive medizinische Betreuung benötigen, oder im Falle einer anders nicht aufrecht zu erhaltenen Versorgungslogistik, wäre dies als Alternative zur häuslichen Absonderung und Behandlung zu betrachten.

Bedacht werden muss auch, dass ein erster Fall einer leicht übertragbaren Infektionskrankheit in jeder Arztpraxis und jedem Krankenhaus einer Region vorstellig werden kann, so dass ein Mindestmaß an infektiologischem Grundwissen bei der medizinischen Ausbildung gewährleistet werden muss. In den genannten Einrichtungen muss auch eine Mindestmenge an PSA für das eigene Personal vorgehalten werden, um in solchen Situationen eine Minimierung des Ansteckungsrisikos zu erreichen.

Sicherung

Die zur behelfsmäßigen Isolierung bestimmte Behandlungseinrichtung ist gegen unbefugten Zutritt und gegen unbefugtes Verlassen zu sichern. Der Eingriff in die verfassungsmäßigen Freiheitsrechte erfolgt in jedem Einzelfall aufgrund richterlicher Verfügung bzw. bis dahin durch die Exekutive gemäß IfSG oder durch Zustimmung des Patienten. Da mit erheblicher Unruhe in der Bevölkerung und auch unter dem Personal zu rechnen ist, sind geeignete Vorkehrungen zu treffen, um die Sicherheit der Behandlungseinrichtung zu gewährleisten. Der Bedarf an Sicherheitskräften wird dabei erheblich sein und durch die örtliche Polizei nicht gedeckt werden können. In der Vorplanung ist bereits an notwendige Hilfskräfte zu denken, die in die konkreten Aufgaben eingewiesen sein müssen.

Management und Öffentlichkeitsarbeit

Um die notwendigen Maßnahmen zu koordinieren und die Verantwortlichkeiten eindeutig festzulegen, ist es empfehlenswert, am betreffenden Krankenhaus ein sog. Managementteam (Fock *et al.,* 1999) zu bilden. Dieses sollte aus weisungsbefugten Vertretern des ärztlichen und pflegerischen Bereiches, der Krankenhausverwaltung, des Gesundheitsamtes und ggf. der Polizei- oder Ordnungsbehörde bestehen, ggf. sind die Mitarbeiter eines Kompetenzzentrums hinzuzuziehen. Das Managementteam ist für die korrekte Organisation, Durchführung und Kontrolle aller Maßnahmen einschließlich Personalmanagement und Öffentlichkeitsarbeit verantwortlich. Es entscheidet, wenn möglich, in enger Kooperation mit dem Kompetenzzentrum.

Alle Presseverlautbarungen sollten zwischen den vor Ort Beteiligten, den Landesgesundheitsbehörden, dem Diagnostiklabor und dem RKI abgestimmt sein, um eine Übereinstimmung von Informationen und Empfehlungen zu gewährleisten. Nur so können der Öffentlichkeit die notwendige Glaubwürdigkeit und Kompetenz vermittelt werden (siehe Kapitel 4).

Desinfektionsmittel

Die Verfügbarkeit auch viruzider Präparate für Haut- und Flächen-, Instrumenten- und Raumdesinfektion in ausreichender Menge ist zu gewährleisten (siehe 6.8).

Krankentransport

Für den Transport der Kranken und Krankheitsverdächtigen gilt analog logistisch auch die Forderung nach den jeweiligen Kohorten zugeordneter Fahrzeug-Pools. Die Organisation der notwendigen Krankentransporte muss dieses berücksichtigen. Nach Beendigung des Einsatzes dürfen die Rettungsmittel erst nach fachgerechter Dekontamination wieder außerhalb der Kohorte verwendet werden (siehe 5.5).

Abfallbeseitigung

Die organisatorische Sicherstellung der Bewältigung riesiger Abfallmengen, die alle als Abfälle der Gruppe C behandelt werden müssen, ist vorzuplanen. Da geeignete hauseigene Abfallautoklaven meistens nicht zur Verfügung stehen dürften, ist eine externe Durchführung durch geeignete Spezialunternehmen einzuplanen.

Fazit

Ein allgemein gültiger, bis in Einzelheiten ausgearbeiteter Plan für alle Kommunen der Bundesrepublik ist nicht möglich, da regionale Gegebenheiten wie das Vorhandensein bzw. Nicht-Vorhandensein bestimmter Einrichtungen eine entscheidende Rolle spielen. So werden auch hier nur Rahmenempfehlungen abgegeben werden können, die die sorgfältige regionale Planung nicht ersetzen. Die Ereignisse der letzten Jahre zeigen jedoch, dass wir es uns nicht mehr leisten können, derartige Planungen nicht in Angriff zu nehmen. Bestehende Konzepte müssen an die denkbaren Situationen angepasst und aktualisiert werden. Zusätzlich ist bei allen Modellen die Einlagerung von Mindestmengen an Medikamenten, Impfstoffen, PSA und Verbrauchsgütern erforderlich. Die Gesundheitsämter müssen durch gesetzliche Änderungen bundesweit wieder in die Lage versetzt werden, die Angehörigen aller medizinischen Berufe mit Personaldaten zu erfassen, um im Ereignisfall rasch auf die erforderlichen Berufsgruppen zurückgreifen zu können.

Literatur

Fock, R., Wirtz, A., Peters, M., Finke, E. J., Koch, U., Scholz, D., Niedrig, M., Bußmann, H., Fell, G. & Bergmann, H. (1999). Management und Kontrolle lebensbedrohender hochkontagiöser Infektionskrankheiten. *Bundesgesundheitsblatt, 42*, 389-401

Fock, R., Koch, U., Finke, E. J., Niedrig, M., Wirtz, A., Peters, M., Scholz, D., Fell, G., Bußmann, H., Bergmann, H., Grünewald, T., Fleischer, B. & Ruf, B. (2000). Schutz vor lebensbedrohenden importierten Infektionskrankheiten: Strukturelle Erfordernisse bei der Behandlung von Patienten und anti-epidemische Maßnahmen. *Bundesgesundheitsblatt - Gesundheitsforschung - Gesundheitsschutz, 43, 891-899*

Gottschalk, R. (2007). Die Ständige Arbeitsgemeinschaft der Kompetenz- und Behandlungszentren. In: *Biologische Sicherheit in Deutschland.* Kongressband zur German BioSafety 2005. Bonn: Bundesamt für Bevölkerungsschutz und Katastrophenhilfe, in Druck

5.8 Medizinische Maßnahmen im Management von Betroffenen einer B-Gefahrenlage

I. Friesecke, J. Sasse, G. Boecken, R. Gottschalk, U. Koch, G. Peters, S. Peters, A. Stich, W. Biederbick

Eine B-Gefahrenlage, wie sie in diesem Beitrag gemeint ist, beschreibt die Situation, in der ein bioterroristisch geeignetes Agens (sog. BT-Agens) vermutet oder gesichert mit dem Ziel ausgebracht wurde, Krankheit oder Tod bei Menschen zu verursachen. Biologische Agenzien sind üblicherweise Bakterien, Viren, Pilze und Toxine. Einige von ihnen können durch Konzentrationsprozesse, Selektion, genetische Manipulation, Stabilisatoren oder andere Zusätze zu biologischen Kampfstoffen gemacht werden. Erst nach ihrer Verbringung in Vorrichtungen zur Dispersion und Dissemination spricht man von biologischen Waffen. Potenziell können sie viele Tausend Opfer erzeugen. Sie werden zu den Massenvernichtungswaffen gezählt.

Nach internationaler Einschätzung stellen Massenvernichtungswaffen auf der Basis biologischer Agenzien derzeit für Terroristen geeignete Systeme dar, da sie überall (z. B. aus der Natur) erhältlich und (zumindest theoretisch) einfach herzustellen sind. Von verschiedenen Ländern und Organisationen werden unterschiedliche BT-Agenzien als möglicherweise geeignet für den Einsatz als Biowaffe angesehen. Beispielhaft genannt sei hier die Liste der amerikanischen Centers for Disease Control and Prevention (CDC) mit ca. 20 humanpathogenen Erregern/Erregergruppen und Toxinen (siehe www.cdc.gov) und die des Sanitätsdienstes der US-Armee, die das sog. *dirty dozen* definiert (siehe *Blue Book,* http://www.usamriid.army.mil/education/bluebook-pdf/USAMRIID%20Blue%20Book%205th%20Edition.pdf) (siehe 1.3).

Keine dieser Listen beinhaltet Erreger, die zu einer alleinigen Schädigung von Pflanzen oder Tieren führen. Entsprechende Keime können jedoch ebenfalls großen ökologischen und ökonomischen Schaden anrichten (z. B. durch Beeinträchtigung der Lebensmittelproduktion). Zudem ist auch der Einsatz anderer humanpathogener Keime denkbar, die erhebliche Störungen im „normalen Alltag" einer Gesellschaft hervorrufen können (z. B. Noroviren). Zudem muss auch der Einsatz so genannter „Neuer Biowaffen" befürchtet werden, bei denen durch genetische Manipulationen bekannter Agenzien klassische Erregereigenschaften (z. B. Umweltstabilität, Virulenz oder Antibiotikaresistenzen) abgewandelt wurden.

Unabhängig davon, welche Erreger als potenziell biowaffenfähig eingestuft werden, sollte ein bioterroristischer Anschlag in Betracht gezogen – oder zumindest ausgeschlossen – werden, wenn Besonderheiten bei Krankheitsausbrüchen, Krankheitsverläufen, Expositionswegen, Erregereigenschaften oder Erkrankungsraten auftreten. Im Einzelnen zu nennen sind hier:

- ungewöhnliche, unerwartete Häufung von Erkrankungen

- ungewöhnliche Verteilung von Erkrankungen

- Hinweise auf ungewöhnliche Übertragungswege für Erkrankungen

- untypische Krankheitsverläufe

- Auftreten von unbekannten oder atypischen Erregern

- Fehlen typischer Vektoren, Reservoire oder „natürlicher" Ursachen

- synchronisierte epidemiologische Kurve mit steilem Anstieg.

Auch indirekte Hinweise sollten beachtet werden. Hierzu zählen:

- nachrichtendienstliche/kriminalistische Hinweise

- Auffinden technischer Mittel zum Ausbringen von B/C-Agenzien

- ungewöhnliche labormedizinische Untersuchungsaufträge oder ungewöhnlich hohe Zahl an Einsendungen gleichen Probenmaterials

- ungewöhnlich hohe Verschreibung/Ausgabe von Antibiotika oder Pharmaka gleicher Indikationsgruppen

- gehäufte Inanspruchnahme von Giftnotrufzentralen

- Meldungen von Rettungsdienstleitstellen über gleichartige Erkrankungen/Transporte.

In einer B-Gefahrenlage kann jeder in die Situation kommen, Hilfe leisten zu müssen. Deshalb sollte ärztliches und nicht-ärztliches Personal im Gesundheitswesen zumindest über die allgemeine Vorgehensweise, über die derzeit als relevant eingestuften Agenzien und die von ihnen hervorgerufenen Krankheitsbilder informiert sein.

Im Falle eines vermuteten oder nachrichtendienstlich gesicherten BT-Anschlags können weder die Anzahl der betroffenen Personen noch der Zeitpunkt des Auftretens der Erkrankungen sicher vorhergesehen oder rückverfolgt werden. Darüber hinaus können Zeitpunkt des Ausbringens eines Krankheitserregers und Erkrankungsbeginn divergieren.

Für das Management einer optimalen medizinischen Versorgung von Betroffenen einer B-Gefahrenlage sollten deshalb vorab folgende Aspekte berücksichtigt werden, auf deren Basis sich Triage, ambulante und/oder stationäre Versorgung sowie andere notwendige Maßnahmen planen lassen:

- Die Anzahl der Betroffenen

  - *Einzelne Betroffene*

    Unabhängig von möglichen BT-Erregern erscheint die medizinische Versorgung Einzelner unproblematisch, da die Kapazitäten der vorhandenen medizinischen Infrastruktur wie Betten, medizinisches Personal, Medikamente etc. voraussichtlich nicht überfordert werden.

- *Viele Betroffene*

Eine optimale individualmedizinische Behandlung kann nur noch unter Erweiterung der vorhanden Ressourcen (z. B. Aufstockung der normalen Bettenkapazität in Krankenhäusern, Änderung der Schichteinteilung für das versorgende Personal) und der Einbeziehung von zusätzlichen Hilfeleistungen von Außen (z. B. durch andere Krankenhäuser, andere Länder) erreicht werden. Die Versorgung anderer Patienten kann gewährleistet werden.

- *Massenhaft Betroffene*

Jegliche verfügbare Betten- und Behandlungskapazität wird überschritten. Nicht mehr jeder Patient wird unter individualmedizinischen Gesichtspunkten behandelt werden können. Auf Grund dieser Situation kann auch die Versorgung anderer Patienten nicht mehr gewährleistet werden.

- Differenzierung der Betroffenen nach Intensität der Exposition (nach Fock *et al.*, siehe 5.2)

  - *Hohes Infektionsrisiko (Kategorie 1a):*

    ungeschützte Personen, die mit hoher Wahrscheinlichkeit BT-Agenzien inkorporiert (eingeatmet, verschluckt, über die Schleimhaut oder perkutan bzw. über Hautläsionen aufgenommen) haben

  - *Mäßiges Infektionsrisiko (Kategorie 1b):*

    ungeschützte Personen, die über ihre intakte Haut mutmaßlich Kontakt mit BT-Agenzien hatten

- *Geringes Infektionsrisiko (Kategorie 2):*

  ungeschützte Personen, die durch ihre räumliche Nähe oder ungeschützten Kontakt mit kontaminierten Gegenständen oder Exponierten infiziert sein könnten, sowie Personen, die nur eine leichte Schutzausrüstung getragen haben und bei denen keine Immun- oder Chemoprophylaxe durchgeführt wurde

- *Infektion unwahrscheinlich (Kategorie 3):*

  Personen, die eine leichte Schutzausrüstung getragen haben, ausreichend dekontaminiert wurden und eine effiziente postexpositionelle Immun- oder Chemoprophylaxe erhalten haben sowie Personen, die während der Exposition eine ausreichende persönliche Schutzausrüstung (PSA) getragen haben

• Form der Infektionskrankheit/Übertragung
  (für BT-Erreger siehe Tab. 3)

  - *Hochkontagiöse, aerogen Mensch-zu-Mensch übertragbare Erkrankungen*

    Dazu zählen: Lungenpest, direkt übertragbare virale hämorrhagische Fieber (VHF), das schwere akute respiratorische Syndrom (SARS), Affenpocken (humane Pockenstämme werden offiziell nur noch in zwei verschiedenen Hochsicherheitslaboratorien konserviert) sowie bislang noch unbekannte Erreger neu auftretender Infektionserkrankungen (*Emerging Infectious Diseases*, bspw. pandemische Influenzastämme). Die Behandlungsoptionen für diese Erkrankungen sind begrenzt. Alle Betroffenen müssen abgesondert werden (siehe 5.6 und 5.7). Für die PSA ist die höchste Schutzstufe erforderlich (siehe 6.4 und 6.6).

Für die Versorgung solcher Patienten stehen in Deutschland derzeit Sonderisolierstationen mit ca. 20 Betten zur Verfügung (Zentren mit Einzelisolierbetten in Berlin, Frankfurt am Main, Hamburg, Leipzig, München, Stuttgart, Saarbrücken und Würzburg) (siehe 5.1).

- *Sonstige Mensch-zu-Mensch übertragbare Erkrankungen*

Hierzu zählen beispielsweise Infektionserkrankungen wie Pest unter adäquater Therapie, Bubonenpest, Salmonellosen, Shigellosen oder Erkrankungen durch enterohämorrhagische *E. coli*-Stämme (EHEC). Es bestehen für die Erkrankungen gute Behandlungsoptionen. Eine Isolation der Patienten zur Verhinderung einer Ausbreitung ist notwendig.

- *Nicht Mensch-zu-Mensch übertragbare Erkrankungen*

Sehr selten, d. h. nur Einzelfälle beschrieben, bei Anthrax, Brucellose, Melioidose, Q-Fieber, Rotz. Keine Beschreibungen liegen vor für Tularämie und Venezuelanische Pferdeenzephalitis (VEE) sowie Botulinumtoxin-, Rizin- oder Staphylokokken-Enterotoxin B- (SEB)-bedingte Erkrankungen. Sollte es der klinische Status der Patienten zulassen, ist auch eine ambulante Behandlung möglich. Im direkten Umgang mit den Patienten ist dennoch die Einhaltung von Hygienestandards und Barrieretechniken empfehlenswert, da für Einsatz- und Pflegekräfte das Risiko einer Exposition gegenüber den häufiger und in größerer Zahl auftretenden Erregern erhöht ist.

Neben der Anzahl der Betroffenen, ihrer Kategorisierung nach Risiken und der Art der Erkrankung basieren die Entscheidungen zum medizinischen Vorgehen auf einer detaillierten Anamnese, den objektivierbaren Befunden sowie dem klinischen Bild. Die Anamnese liefert wichtige Anhaltspunkte für die Inkubationszeit (siehe Tab. 1), den Übertragungsweg (siehe Tab. 2) sowie die Infektiosität (siehe Tab. 3) eines Erregers.

Tab. 1:   Inkubationszeiten für Infektionserkrankungen und Vergiftungen
durch BT-relevante Erreger (sog. *dirty dozen*)

Stunden	Botulismus (wenige h möglich) Lungenpest (24–72 h) Ricin (5–48 h) SEB (1–12 h)
Tage bis Wochen	Anthrax (1–12 d) Botulismus (bis 10 d oder mehr) Brucellose (5–30 d) Bubonenpest (2–6 d) Melioidose (1–12 d) Pocken (7–19 d) Q-Fieber (2–29 d) Rotz (1–7 d) Tularämie (1–21 d) VEE (1–6 d), VHF (3–21 d)
Monate	Anthrax (> 3 Mon. möglich) Brucellose (mehrere Mon. möglich) Melioidose (Monate bis Jahre möglich)

Inkubationszeiten können in Abhängigkeit von der Infektionsdosis, dem Infektionsweg und der Virulenz des Erregers variieren. Stark verkürzte Inkubationszeiten können hinweisend auf eine Erkrankung nicht natürlichen Ursprungs sein.

Ausgehend von den anamnestischen Informationen bzw. dem klinischen Bild der Infektionserkrankung muss Material gewonnen werden, aus dem sich eine Erregerdiagnose stellen lässt. Für die mikrobiologisch-virologische Diagnostik kommen dazu Blut, Liquor, Sputum, Stuhl, Urin, Abstriche, Punktate, Lavage- und Sektionsmaterial in Frage. Das entnommene Material muss in sterilen, flüssigkeitsdicht verschließbaren Probengefäßen unter optimalen Bedingungen (in der Regel Raumtemperatur und Transportzeiten unter vier Stunden) an

Tab. 2: Übertragungswege für Infektionserkrankungen und Vergiftungen durch BT-relevante Erreger (sogenannten *dirty dozen*)

	Kontakt-infektion		Inhalative Infektion		Inokulation[+]
	Schmierinfektion	Ingestion	Tröpfchen-Infektion (Aerosol)	Staub (Aerogen)	Vektorübertragen
Anthrax	X	X		X	X (mechanisch)
Brucellose	X	X	(x)	X	
Melioidose	X	X	(x)	X	
Pest	X	X	X	X	X
Q-Fieber	X	X	(x)	X	X
Rotz	X	X	(x)	(x)	
Tularämie	X	X	(x)	X	X
Pocken	X		X	X	
VEE			(x)		X
VHF*	X	X	X	X	X
Botulismus**		X	(x)	(x)	
Ricin**		X	(x)	(x)	
SEB**		X	(x)	(x)	

Die natürlichen Übertragungswege sind durch ein großes X gekennzeichnet. Artifizielle Übertragungswege, die z. B. für medizinisches Personal zusätzlich zu den natürlichen Übertragungswegen auftreten können, sind mit einem geklammerten kleinen (x) dargestellt.

+ verletzungsbedingte Inokulationen sind immer möglich und deshalb nicht gesondert erwähnt
* kann je nach ursächlicher Virusspezies sehr unterschiedlich sein
** hier ist Infektion durch Exposition zu ersetzen

das untersuchende Labor geschickt werden. Wichtig für die Labordiagnostik ist auch der Vermerk auf der Untersuchungsanforderung des genauen Abnahmezeitpunkts des Materials, der Verdachtsdiagnose bzw. der klinischen Symptomatik sowie der bisherigen antimikrobiellen Behandlung.

Tab. 3: Angaben zur Infektiosität für Infektionserkrankungen und Vergiftungen durch BT-relevante Erreger (sog. *dirty dozen*)

Mensch-zu-Mensch-Übertragung	
in der Regel übertragbar	Lungenpest Pocken VHF (in unterschiedlich hohem Maß, je nach Virus)
in der Regel nicht übertragbar	Anthrax (kommt nur in Ausnahmefällen vor) Brucellose (ist nur in Einzelfällen beschrieben) Melioidose (bei sehr engem Kontakt in Einzelfällen beschrieben) Q-Fieber (sehr selten) Rotz (sehr selten) Beulenpest, Pestsepsis (sekundäre Lungenpest kann sich entwickeln) VEE Botulismus* Ricin* SEB*
möglicherweise übertragbar	Tularämie (als absolute Raritäten wahrscheinlich, aber bisher nicht zweifelsfrei bewiesen)

* gilt nur für das Toxin (denn: Mensch-zu-Mensch-Übertragungen von *C. botulinum* und *S. aureus* sind möglich!)

Für den Versand von Proben zur Bestätigungsdiagnostik und von nicht-inaktiviertem klinischem Material sind die Bestimmungen für Gefahrguttransporte zu beachten (siehe 2.6).

Zur mikrobiologisch-infektiologischen Diagnostik werden prinzipiell die Mikroskopie, die Erregerkultur, die Serologie, die Molekularbiologie sowie Tierversuche herangezogen. Sie unterscheiden sich in ihrer Spezifität, der Sensitivität und der Dauer, bis ein aussagefähiges Ergebnis vorliegt. Sollte der Verdacht auf einen BT-Anschlag bestehen, muss dies dem untersuchenden Labor unbedingt mitgeteilt werden, damit dort die nötigen Schutzmaßnahmen getroffen werden können (siehe 2.7).

Für die meisten BT-relevanten Agenzien können Speziallaboratorien schon innerhalb von Stunden durch elektronenmikroskopische Untersuchungen eine Verdachtsdiagnose bzw. durch PCR-Verfahren eine nahezu gesicherte Diagnose geben. Diese sind damit richtungweisend für das weitere diagnostische (und ggf. therapeutische) Vorgehen. Bis zur endgültigen, dann definitiven Erregeridentifizierung können allerdings Tage bis Wochen vergehen.

Unabhängig von einer mikrobiologisch-infektiologisch gesicherten Diagnose muss bei Patienten mit klinisch manifesten Zeichen einer akuten bakteriellen Infektionserkrankung umgehend eine adäquate Therapie eingeleitet werden. Diese so genannte „kalkulierte Chemotherapie", insbesondere die Auswahl eines Antibiotikums folgt dabei den allgemein gültigen Regeln zur Behandlung einer hochakuten bakteriell bedingten Erkrankung. Derzeit sollte bei Verdacht auf eine BT-bedingte Erkrankung in erster Linie eine Monotherapie mit Carbapenemen oder modernen Chinolonen eingeleitet werden. Auch eine Kombinationstherapie aus Vertretern mehrerer Substanzgruppen kann indiziert sein.

Die Durchführung einer kalkulierten antiviralen Therapie oder die Verabreichung aktiver bzw. passiver Impfungen kann derzeit nicht grundsätzlich empfohlen werden. Eine Einzelfallentscheidung ist immer erforderlich, hierbei sollte die Expertenmeinung von Spezialisten (z. B. der StAKoB) hinzugezogen werden. Ist der Erreger identifiziert, muss auf eine gezielte Therapie umgestellt werden.

Für die Behandlung exponierter, aber (bisher) nicht erkrankter Personen nach einer vermuteten oder gesicherten Exposition gegenüber B-Kampfstoffen kann ggf. eine chemotherapeutische Postexpositionsprophylaxe (PEP) erfolgen. Diese soll eine Infektion entweder vollständig verhindern bzw. die Entwicklung der Krankheit nach erfolgter Infektion unterdrücken oder den Krankheitsverlauf zumindest abschwächen. Die Durchführung der PEP wird von der zuständigen Gesundheitsbehörde empfohlen. Zu berücksichtigen ist hier die Differenzierung der Betroffenen nach der Intensität der Exposition (s. o.). Hinsichtlich bakterieller Erreger bestehen im Allgemeinen gute Prophylaxemöglichkeiten. Nach heutigem Kenntnisstand sind hierzu Tetrazykline, moderne Chinolone, moderne Makrolide oder Oxazolidinone sowie Rifamycine geeignet. Nach einer Erregerdifferenzierung und Resistenztestung muss auf eine gezielte Therapie umgestellt werden. Die Einnahme der Antibiotika ist für die Dauer der maximalen Inkubationszeit der Infektionserkrankung fortzusetzen. Treten im Verlauf der PEP Krankheitszeichen auf, sind die betroffenen Patienten unverzüglich wie Erkrankte zu behandeln.

Für virale BT-Agenzien, vor allem wenn der Erreger unbekannt ist, und für Toxine stehen nur begrenzte (Ribavirin, einige Antidota) bzw. keine Prophylaxemöglichkeiten zur Verfügung. Virustatika, Hyperimmunseren zur passiven Impfung, aktive Impfstoffe oder Antitoxine können üblicherweise erst nach einer Erregeridentifikation eingesetzt werden. Ferner gilt, auch wenn es keine anerkannte Chemoprophylaxe gegen VHF-Fieber gibt, dass bei Hochrisiko-Kontaktpersonen Ribavirin z. B. bei Verdacht auf Lassa, CCHF oder RVF eingesetzt werden kann.

Einsatzkräfte im Rettungsdienst und medizinisches Personal sollten die von der ständigen Impfkommission (STIKO) empfohlenen Impfungen aus beruflichem Anlass vollständig erhalten haben.

Für den Eigenschutz im Umgang mit erkrankten, d. h. symptomatischen Patienten sollte – solange kein Erreger abschließend identifiziert ist – der schlimmste Fall angenommen werden, d. h. es sollte von einem aerogen Mensch-zu-Mensch übertragbaren, hochkontagiösen Erreger ausgegangen werden. Alle Basis- und spezifischen Hygienemaßnahmen müssen streng eingehalten werden. Zum Einsatz am Patienten sollte nach Möglichkeit nur entsprechend geschultes Personal mit der entsprechenden PSA kommen.

Fehlender Impfschutz

Da eine fehlende Impfung ein Einsatzhindernis darstellen kann, sollten Arbeitgeber bzw. Träger und Gefährdete arbeitsvertraglich festlegen, welche Schutzimpfungen unbedingt erforderlich sind und Gegenstand einer solchen Vereinbarung sein sollten. Dies gilt besonders für Helfer, deren Organisationen (bisher) nicht dem Geltungsbereich der Biostoff-Verordnung zugerechnet werden, also z. B. für die Freiwilligen Feuerwehren. Die Erfahrungen aus den Flutkatastrophen der letzten Jahre haben gezeigt, dass eine solche Vereinbarung im Vorfeld, z. B. bezüglich einer Hepatits-A-Schutzimpfung, dazu beigetragen hätte, Unsicherheit bei den Einsatzkräften abzubauen.

Um bei einem BT-Anschlag oder einem außergewöhnlichen Seuchengeschehen durch einen unbekannten Erreger Epidemien zu verhindern bzw. bereits entstandene Infektionsherde einzugrenzen und letztendlich zu beseitigen, müssen durch die zuständigen Behörden (zumeist das regional zuständige Gesundheitsamt) entsprechende Maßnahmen angeordnet werden. Rechtliche Grundlage dieser Maßnahmen bildet das Infektionsschutzgesetz (IfSG) vom 20. Juli 2000, insbesondere die §§ 16 (Gefahrenabwehr), 18 (Entseuchung, Entwesung), 20 (Schutzimpfungen, allg. Prophylaxe), 25 (Ermittlungen), 28 (Schutzmaßnahmen), 29 (Beobachtung), 30 (Quarantäne) und 31 (Tätigkeitsverbote) IfSG.

Detaillierte Informationen zu den unter der Bezeichnung *dirty dozen* bekannten Erregern, den durch sie ausgelösten Erkrankungen, der Diagnostik zur ihrer Identifikation sowie den aktuellen Therapie- bzw. Präventionsmaßnahmen finden sich in einer gesonderten Veröffentlichung dieser Reihe mit dem Titel „Entscheidungshilfen zu medizinisch angemessenen Vorgehensweisen in einer B-Gefahrenlage".

Literatur

Friesecke, I., Biederbick, W., Boecken, G., Gottschalk, R., Koch, U., Peters, G., Peters, S., Sasse, J. & Stich, A. (2007). *Biologische Gefahren II: Entscheidungshilfen zur medizinischen Versorgung.* Bonn: Bundesamt für Bevölkerungsschutz und Katastrophenhilfe

5.9 Psychosoziale Betreuung Betroffener und massenpsychologische Aspekte

J. Helmerichs

Psychosoziale Hilfe für Überlebende, Angehörige und Helfer in Großschaden- und Katastrophenlagen

Neben technischer und medizinischer Hilfeleistung finden im Katastrophenmanagement seit einigen Jahren psychologische und seelsorgerische Unterstützungsangebote immer stärkere Beachtung. Die psychosoziale Betreuung von Überlebenden, der Umgang mit Angehörigen und Hinterbliebenen, aber auch die Beschäftigung der Einsatzkräfte mit ihren eigenen beruflichen Anforderungen und Belastungen wird zunehmend thematisiert. Im Folgenden werden Aspekte der psychosozialen Notfallversorgung vorgestellt.

Bei schweren Unglücksfällen und Katastrophen sind in der Regel viele verschiedene Personen und Gruppen involviert: Überlebende und deren Angehörige, Freunde und Bekannte, Augenzeugen, Ersthelfer und Einsatzkräfte. Alle direkt oder indirekt beteiligten Personen reagieren individuell sehr verschieden auf die Extremsituation, die für die meisten plötzlich und unerwartet in ihr Leben einbricht.

Zur Situation Überlebender

Auf Überlebende von schweren Unglücksfällen und Katastrophen wirken in der Unglückssituation eine Reihe verschiedener, mehr oder minder belastender Faktoren ein wie z. B. die eigene Lage (eingeklemmt, verschüttet etc.), die Umgebungsbedingungen (Hitze, Kälte, Lärm, Rauch, Licht, Dunkelheit etc.), die Situation weiterer beteiligter Personen (Verletzte, Tote) und deren Verhalten (schreiend, weinend, stumm, starr, hyperaktiv), das Verhalten von Augenzeugen und Helfern, die Art der Verletzung (innerlich, äußerlich, Verbrennung, Vergiftung, Psychotrauma etc.) sowie deren Schwere und das damit verbundene Ausmaß von Schmerzen.

Überlebende von Notfällen werden abrupt aus ihren bisherigen Lebensbezügen herausgerissen und unvorbereitet in eine unbekannte Situation hineingeworfen, die nicht selten extreme Folgen nach sich zieht. Daher treten bei den Betroffenen häufig eine Vielzahl bislang nicht bekannter Gefühle, Gedanken und Ängste auf, für die in der Regel keine Bewältigungsstrategien zur Verfügung stehen und die dadurch eine starke Belastung und Überforderung des Einzelnen darstellen.

Als gravierender Einschnitt wird meist die Tatsache empfunden, dass die Situation, in der man sich plötzlich befindet, der eigenen Kontrolle weitgehend entglitten ist. Notfallüberlebende sind den Umständen ausgeliefert, nicht selten hängt ihr Überleben vom verlässlichen Einsatz fremder Menschen ab. Auch die soziale Hierarchie hat sich abrupt geändert und sie sehen sich gezwungen, Anweisungen fremder Personen (Rettungsdienstmitarbeiter, Ärzte, Polizisten) widerspruchslos Folge zu leisten.

Was körperliche Schädigungen betrifft, kann eine deutlich sichtbare Verletzung, z. B. eine klaffende, stark blutende Wunde am Kopf, ein ausgeprägtes Gefühl der Bedrohung auslösen, während eine lebensgefährliche innere Verletzung nicht registriert und somit nicht als bedrohlich wahrgenommen wird. Wunden im Gesichtsbereich (Verlust der Zähne, Platz- oder Schnittwunden) werden als besonders belastend erlebt. Die Befürchtung, durch die Verletzung entstellt zu sein, bedeutet eine tiefgreifende Störung des Selbstwertgefühls.

Das Ausmaß, in dem lebenswichtige Organe betroffen sind, ist eine weitere Quelle von massiven Ängsten. Das Bewusstsein, lebensnotwendige Funktionen eingebüßt zu haben, führt zu einer seelischen Erschütterung bis tief in die Persönlichkeit hinein. Auch Verletzungen, die zu einer schweren Immobilität der Extremitäten führen, werden als große Bedrohung wahrgenommen. Beispielsweise assoziieren Verletzungen des Rückens sofort die Angst vor Querschnittslähmungen. Die Angst vor lebenslanger Körperbehinderung tritt auch auf, wenn schwere offene Frakturen der Beine vorliegen oder wenn Sinnesorgane, insbesondere die Augen, in Mitleidenschaft gezogen sind. Von panischen Angstzuständen begleitet werden häufig auch Verbrennungen.

Das Hauptaugenmerk dieses Bandes liegt auf den biologischen Gefahren. Es sei deshalb hier erwähnt, dass in der Fachdiskussion zunehmend auch der Aspekt der psychosozialen Betreuung von Menschen mit einer absichtlich (terroristisch motivierten) beigebrachten oder durch natürlichen Seuchenausbruch herbeigeführten Exposition mit biologischen Erregern berücksichtigt wird. Beispielsweise sei hier die WHO (WHO, 2005) erwähnt. Demnach muss die Zeit der Ungewissheit eines Opfers nach einer biologischen Exposition bis zu dem Zeitpunkt der Gewissheit, ob eine Krankheit zum Ausbruch gekommen ist, als sehr quälend und belastend empfunden werden. In nicht wenigen Fällen (zum Beispiel nach den Anthrax-Anschlägen in den USA 2001) kommt es zur vorbeugenden Einnahme von Antibiotika oder anderen prophylaktischen Medikamenten, die wiederum unerwünschte Nebenwirkungen haben können. Auch besteht bei (möglicherweise) Exponierten nicht selten die Sorge, Dritte (zum Beispiel ihre Familien und Freunde) im weiteren Verlauf anzustecken.

In diesem Bereich steht das Fachgebiet der psychosozialen Notfallversorgung noch am Beginn der Entwicklung spezifischer und überprüfbar effektiver Hilfsmaßnahmen für diese Personengruppe. Als eine wesentliche Aufgabe ist bereits jetzt zu erkennen, dass die Helfer der psychosozialen Notfallversorgung mit entsprechendem Grundwissen ausgestattet sein müssen. Das BBK widmet sich dieser Aufgabe in den kommenden Monaten unter anderem mit Veranstaltungen von Experten-Workshops. Abschließend sei noch erwähnt, dass auch eben diese Helfer im Falle eines letztlich ja möglichen Anschlages zum Beispiel mit B-Waffen auch selbst belastet sein können und es besonderer Schulung und Betreuung bedarf, um auch in dieser Situation professionell zu handeln.

Sofortmaßnahmen an der Unglücksstelle

Besonders wichtig im Umgang mit Notfallüberlebenden ist es, dem hohen Informationsbedürfnis der Betroffenen und deren Bedürfnis nach dem Wiedererlangen der Kontrolle über die Situation entgegenzukommen. Eine kurze Mitteilung über die Art der Verletzung und die Art und Dauer der eingeleiteten Maßnahmen kann die Schmerztoleranz eines Verletzten stark erhöhen. Dagegen ist ein Überlebender, der ohne Hoffnung auf erkennbare Hilfe alleingelassen ist, massiven Ohnmachtserfahrungen ausgeliefert, die eine innere Distanz zum physischen Schmerz unmöglich machen. Aus diesem Grund kommt der sozialen Unterstützung von Überlebenden unmittelbar nach dem Ereignis große Bedeutung zu. Nachweislich hilfreich ist es auch, Überlebende am Unglücksort, wenn möglich, zu einfachsten Aufgaben (etwas beobachten oder halten) heranzuziehen, um die eingebüßte Selbstkompetenz zu stärken.

Unterstützung bei der Reintegration in das soziale Umfeld

Für Katastrophenüberlebende und deren Angehörige hat sich das Leben schlagartig grundlegend geändert. Sie kommen emotional verändert in ihr soziales Umfeld zurück und haben hier zusätzlich zahlreiche administrative und juristische Fragen und Anforderungen zu bewältigen, auf die sie in keiner Weise vorbereitet sind. Außenstehende hingegen (wie entfernte Verwandte, Freunde, Nachbarn, Bekannte) reagieren zwar in der Regel zunächst mit Interesse und einer zugewandten Haltung, innerhalb weniger Wochen, nach durchschnittlich zwei bis drei Monaten, aber mit Rückzug und im ungünstigsten Fall mit Ratschlägen, wie „sich nicht hängen zu lassen", „wieder nach vorne zu sehen" u. ä. Aber auch unter Überlebenden und ihren engsten Angehörigen können sich Kommunikationsstörungen und Krisen entwickeln, vor allem wenn die unmittelbar Betroffenen typische Belastungsreaktionen (Albträume, Schreckreaktionen, Gereiztheit, Vermeidung bestimmter Orte und Personen u. a.) zeigen, die für die Familienmitglieder aus Unkenntnis und aufgrund fehlender eigener

Erfahrungen mit Extremsituationen dieser Art nicht nachvollziehbar sind. Zur langfristigen Betreuung nach Unglücksfällen und Katastrophen gehört deshalb das Angebot von Ansprechpartnern für die Familie zur Unterstützung der Überlebenden bei ihrer Reintegration in das soziale Umfeld.

Zur Situation Hinterbliebener

Auch die Angehörigen von Notfallopfern befinden sich in einer Ausnahmesituation. Wenn sie eine Todesnachricht erhalten, reagieren sie mit individuell sehr unterschiedlichen ersten Trauerreaktionen, die von völliger Erstarrung oder scheinbarer Unberührtheit bis zu lautem Schreien oder heftigem Weinen reichen können. Hinterbliebene haben ein hohes Informationsbedürfnis, gleichzeitig sind sie sehr empfänglich für Schuldgefühle, so dass die Wahl der Worte ihnen gegenüber eine bedeutende Rolle spielt.

Angehörige von Todesopfern empfinden sich in den ersten Tagen nach der Katastrophe als Beobachtende all dessen, was um sie herum vorgeht und als automatisch Handelnde. Erst wenn der Verlust des nahestehenden Menschen gefühlsmäßig zur Realität wird, beginnt für die Hinterbliebenen intensives Leid und körperlicher Schmerz. Viele sind von der Intensität der empfundenen Trauer irritiert. Sie sind sich selbst fremd und nicht darauf eingestellt, dass Trauer den ganzen Menschen erfasst und verändert, seinen Körper, seine Empfindungen und sein Denken.

Die meisten Trauernden können ihre Gedanken lange Zeit nicht ordnen und leiden unter Konzentrationsstörungen. Sie müssen unaufhörlich über den Verlust und die Todesumstände nachgrübeln und empfinden eine tiefe Sehnsucht nach dem verlorenen Menschen. Das Selbstwertgefühl Trauernder schwankt, vor allem in der ersten Trauerzeit, erheblich. Nicht selten werden sie von Gefühlen der Hilflosigkeit, Einsamkeit und Gereiztheit überrascht. Auch Gefühle der Niedergeschlagenheit, Erschöpfung und Interesselosigkeit lassen sich häufig beobachten. Schließlich gehört zur Trauer ein breites Spektrum körperlicher Beschwerden wie Kreislaufstörungen, Kopfschmerzen, Überempfindlichkeit gegen Lärm, Appetitstörungen, Kurzatmigkeit u. a.

Hilfe beim Abschied nehmen

Um trauern zu können, muss man den Verlust begreifen. Hilfreich für das Trauern um einen nahestehenden Menschen ist deshalb, den Toten noch einmal zu sehen. Auch wenn viele Hinterbliebene erfahrungsgemäß zunächst mit Angst und Abwehr auf ein solches Angebot reagieren und für ihre Entscheidung Zeit benötigen, zeigt die Erfahrung, dass das Abschiednehmen vom Gestorbenen sich später meist günstig auf den Trauerverlauf auswirkt. Das Abschiednehmen in der Notfallsituation muss jedoch durch einen qualifizierten Ansprechpartner angeboten und begleitet werden.

Bei gestorbenen Opfern von Katastrophen sind allerdings oft besondere Schwierigkeiten zu bedenken. Die Körper der Toten sind in der Regel verletzt, unter Umständen wirkten starke physische Kräfte auf den Körper ein, die dann zum Tode führten durch Quetschungen, innere und äußere Blutungen, abgerissene Gliedmaßen. Trotzdem sollte durch die Betreuenden vor Ort sorgfältig geprüft werden, ob es Möglichkeiten des Abschiednehmens für die Hinterbliebenen gibt. So kann der sehr verletzte Körper bedeckt und ein unverletztes Körperteil gesehen und berührt werden. Manchmal können die Hinterbliebenen auch Abschied nehmen über Teile von Kleidungsstücken oder über Schmuckstücke, die der gestorbene Mensch getragen hat. Es hat sich gezeigt, dass bei aller Härte der Realität ein Abschied in dieser Art für die Hinterbliebenen günstiger sein kann, als ausschließlich mit den quälenden Bildern der eigenen Phantasie, die die Grausamkeit der Realität oft übersteigen, weiterleben zu müssen.

Im Übrigen ist zu bedenken, dass die kulturspezifischen Formen des Abschieds von den Verstorbenen, wo immer dies möglich ist, respektiert werden sollten.

Wenn der tote Körper des nahestehenden Menschen nicht mehr existiert, wie bei Betroffenen von Flugzeugabstürzen über Gewässern
und wie auch bei den meisten Toten des Anschlags auf das World
Trade Center in New York 2001, stellt dies meist eine hohe zusätzliche
Belastung für die Hinterbliebenen dar. Abschiednehmen ist dann nur
noch über Gedenkrituale möglich. Gedenkrituale sind auch sinnvoll,
wenn nach dem Tod an einer gemeingefährlichen Infektionskrankheit
eine Abschiedsnahme aus seuchenhygienischen Gründen abgelehnt
wurde.

An dieser Stelle ist darauf hinzuweisen, dass ein Verbot einer
Abschiedsnahme aus seuchenhygienischen Gründen aus Unkenntnis
häufiger ausgesprochen wird als nötig. Zu empfehlen ist, im Falle von
Tod durch Infektionskrankheiten, immer den seuchenhygienischen
Sachverstand des Öffentlichen Gesundheitsdienstes einzubinden.

Langfristige Betreuungsangebote

Zwei bis drei Wochen nach einem schweren Unglück wird in der Regel
ein Gedenkgottesdienst/eine staatliche Gedenkfeier veranstaltet. Für
die Überlebenden, deren Angehörige und für Hinterbliebene ist diese
öffentliche Feier von hoher Bedeutung. Besonders unterstützend wirkt,
wenn in den Gedenkansprachen und Predigten nicht nur an die Toten
erinnert wird, sondern diese – durch das Verlesen ihrer Namen – individuell gewürdigt werden. Diese Geste wird zumeist verbunden mit
dem Aufstellen und Anzünden einer Kerze oder dem Ablegen von Blu-
men. Von elementarer Bedeutung ist dabei, den Überlebenden, Angehörigen und Hinterbliebenen vor, während und nach der Trauerfeier
durchgängig qualifizierte Ansprechpartner zur Seite zu stellen.

Eine wichtige Stütze in der Zeit der Trauer kann die Beteiligung an einer
Gruppe sein, in der sich die Hinterbliebenen in regelmäßigen Abständen treffen. In dieser Schicksalsgemeinschaft bleibt, im Gegensatz zum
sozialen Umfeld, das Verständnis für die Situation der jeweiligen anderen dauerhaft bestehen und es werden keine unrealistischen Erwar-

tungshaltungen formuliert (z. B. Überwinden der Trauer nach wenigen Wochen). Ein weiteres Element in der Bewältigung der Trauer kann die Errichtung einer Gedenkstätte in direkter Nähe zum Unglücksort sein, wobei die Hinterbliebenen unbedingt in die Gestaltung eines solchen Ortes miteinbezogen werden sollten. Zur Hilfe durch Gedenkrituale gehört des Weiteren die Gestaltung des Jahrestages eines Unglücks oder einer Katastrophe. Dieser Tag, vor allem der erste Jahrestag, ist für die Betroffenen erfahrungsgemäß ein wesentlicher gefühlsmäßiger Einschnitt in der Zeit ihrer Trauer. Nicht wenige nehmen weite Wege in Kauf, um an Gedenkfeierlichkeiten teilzunehmen oder den Unglücksort aufzusuchen.

Zur Situation der Einsatzkräfte

Auch Einsatzkräfte sind bei schweren Unglücksfällen erheblichen Belastungen ausgesetzt. Als hohe bis extrem hohe psychische Belastung für Einsatzkräfte ist nachgewiesen:

- der Anblick von Verletzten, Verstümmelten und Toten, dabei insbesondere von Kindern und zuvor bekannten Personen

- eingeklemmte Notfallopfer, deren Befreiung lange dauert, nicht gelingt oder nur durch Amputation möglich ist

- Gerüche (Brand, Leichen) und Schreie

- Sichtung (Verletzte werden „gesichtet" und je nach Überlebensprognose betreut oder zunächst unversorgt zurückgelassen)

- Verletzung oder Tod von Kollegen und Kameraden

- Zuschauer und Sensationsjournalisten.

Viele Einsatzkräfte zeigen in der Folge des Erlebens eines hochbe-
lastenden Ereignisses akute Belastungsreaktionen. Anzeichen sind
emotionale Taubheit (Rückzug, Interesselosigkeit), sich aufzwingende
belastende Gedanken oder Erinnerungen, erhöhtes Erregungsniveau
(Schlafstörungen, Reizbarkeit, Schreckhaftigkeit), Vermeidungsver-
halten (bezogen auf das belastende Ereignis). Diese Symptomatik
beginnt während oder nach dem belastenden Ereignis, erhält meist
nach einigen Tagen maximale Intensität und hält zwei Tage bis max.
vier Wochen an. Die akute Belastungsreaktion ist eine normale Reaktion auf ein anormales Ereignis und kann als kurzfristiger psychischer
Schutzmechanismus angesehen werden. Bestehen die Symptome
über mehrere Wochen fort, ist von einer behandlungsbedürftigen psychischen Erkrankung auszugehen.

Langfristige psychosoziale Auswirkungen einer Katastrophe

Wenngleich die meisten der Überlebenden und der Helfer nur vorü-
bergehend stärkere psychische Belastungen zeigen, sind die erlebten
Unglücksfälle für einen kleineren Teil der betroffenen Menschen eine
traumatische Erfahrung, auf die sie mit anhaltenden gesundheitlichen
Problemen, die dann fachkundige psychologische oder ärztliche psy-
chotherapeutische Hilfe erfordern, reagieren. Typisch sind vor allem
Depressionen und Angststörungen, die Monate bis Jahre anhalten
können, oder eine posttraumatische Belastungsstörung (PTB), deren
Kernsymptome beständiges Wiedererleben des Ereignisses, Vermeidung von traumarelevanten Reizen sowie ein erhöhtes Erregungsniveau sind und die etwa vier Wochen nach dem traumatischen Ereignis
zu diagnostizieren ist. Auch körperliche, insbesondere psychosoma-
tische Erkrankungen infolge der Extremerlebnisse werden insbesondere bei Einsatzkräften immer wieder beobachtet. Der Anteil all dieser
genannten spezifischen gesundheitlichen Folgeerscheinungen wird
bezogen auf Überlebende von der WHO mit insgesamt etwa 10 bis
20 % angegeben [WHO, 2003]. An anderer Stelle wird ausgeführt,
dass ein Viertel bis ein Drittel der Überlebenden mit anhaltenden Pro-

blemen, vor allem mit Depressionen und Angststörungen zu kämpfen hat [Malt *et al.*, 1998].

Für Einsatzkräfte lassen sich aufgrund bisher erst weniger systematischer Studien noch keine genauen Zahlen nennen. So schwanken die in deutschen Studien gefundenen Prävalenzraten für posttraumatische Belastungsstörungen erheblich zwischen 3 % und 36 % (Wagner *et al.*, 1998; Teegen, 1999; Butollo *et al.*, 2006) Nach aktuellen Erkenntnissen scheinen sie auch stark abhängig zu sein von der Intensität und Qualität psychologischer Einsatzvorbereitung (Butollo *et al.*, 2006). Auch die Tätigkeit im Einsatzwesen als haupt- oder ehrenamtliche Kraft scheint eine Rolle zu spielen. Für andere Belastungsfolgen mit Krankheitswert liegen noch keine genauen Angaben vor.

Hilfe für Helfer

Erfahrungen der Notfallpsychologie und Notfallseelsorge der letzten Jahre sowie Erkenntnisse der wissenschaftlichen Psychologie, dabei insbesondere der Psychotraumatologie, haben zu vielfältigen Erkenntnissen über wirksame „Hilfe für Helfer" geführt. Es besteht Einigkeit darüber, dass diese Hilfe auf drei Ebenen erfolgen muss:

- präventiv (z. B. Einsatzvorbereitung durch entsprechende Wissensvermittlung zu Stress und Stressbewältigung, Vermittlung von Entspannungstechniken, Schulung der Einsatzleiter, Supervision)

- akut versorgend während eines belastenden Einsatzes (Vorortpräsenz von psychologisch geschulten Fachkräften, die mit den Rahmenbedingungen, Abläufen und Aufgaben von Einsätzen praktisch vertraut sind)

- nachsorgend (regelmäßige Nachbesprechung in Gruppen oder einzeln, verbunden mit einer Wertschätzung der geleisteten Arbeit)

Im Gegensatz zur Hilfe für überlebende Opfer und Angehörige sind die Empfehlungen zur psychosozialen Unterstützung von Einsatzkräften wesentlich schwieriger umzusetzen und in die jeweiligen Organisationsstrukturen zu implementieren. Außerdem ist die Akzeptanz eines solchen Hilfsangebots unter den Einsatz- und Führungskräften zwar in den letzten Jahren kontinuierlich gestiegen, insgesamt gesehen aber noch zu verbessern. Insbesondere eine Einstellungsänderung gegenüber der eigenen psychischen Gesundheit („Professionelles Handeln ist sorgsamer Umgang mit der eigenen Gesundheit") kann erst langfristig wirksam werden und seine nachweislich protektive Wirkung entfalten.

Psychosoziale Unterstützungsgruppe des Öffentlichen Gesundheitsdienstes in Hamburg während der Fußball-WM 2006 in Hamburg

M. Dirksen-Fischer, H. Harms, H. Poser, U. Dapp

Bekanntlich wurde Anfang des Jahres 2003 eine zentrale Stelle zu Koordinierung der Nachsorge (Nachsorge, Opfer- und Angehörigenhilfe, NOAH) für von schweren Unglücksfällen oder Terroranschlägen im Ausland betroffene Deutsche geschaffen und in das Bundesamt für Bevölkerungsschutz und Katastrophenhilfe (BBK) integriert. Das BBK hat sich in den letzten Jahren verstärkt diesem Arbeitsgebiet gewidmet, so dass auch im Vorfeld der WM 2006 unter Federführung des BBK eine bundesweit koordinierte Vorbereitung für den Bereich der psychosozialen Unterstützung (PSU) stattgefunden hat. So wurden unter Berücksichtigung der jeweiligen lokalen Bedingungen der psychosozialen Unterstützung für die einzelnen Austragungsorte in Deutschland entsprechende Konzepte zur Bewältigung eventuell notwendiger psychosozialer Unterstützungsmaßnahmen im Rahmen der Fußball-WM 2006 erstellt.

Im Folgenden wird über die lokale Umsetzung in Hamburg berichtet.

In der Freien und Hansestadt Hamburg arbeiten seit geraumer Zeit im Bereich der täglichen Versorgung das Kriseninterventionsteam des Roten Kreuzes (KIT) sowie die Notfallseelsorge (NFS) der Kirche (Nordelbische Evangelisch-Lutherische Kirche in Zusammenarbeit mit der Katholischen Kirche). Diese beiden seit Jahren etablierten und sehr geschätzten Angebote wurden ergänzt durch ein spezifisches Angebot des Öffentlichen Gesundheitsdienstes (ÖGD). Diese Gruppe von 13 Mitarbeitern der Gesundheitsbehörde und der Gesundheitsämter der Bezirke setzt sich unter anderem zusammen aus Psychologen, Psychiatern, Kinderärzten, Soziologen, Krankenschwestern und Verwaltungsmitarbeitern mit zumeist langjähriger Erfahrung im ÖGD. Sämtliche Mitarbeiter der PSU-Gruppe des ÖGD Hamburg waren während der WM 2006 jederzeit auf Abruf hin mobilisierbar und hatten sich freiwillig für diese Maßnahme zur Verfügung gestellt.

Grundlage der psychosozialen Unterstützungsgruppe des ÖGD
Grundlage für die Einrichtung der PSU-Gruppe des Öffentlichen Gesundheitsdienstes war eine entsprechende Entscheidung des Senates der Freien und Hansestadt Hamburg im Jahre 2005. Diese Entscheidung wurde getroffen, um die Anzahl der PSU-Fachkräfte in Hamburg zu erhöhen und um den speziellen Sachverstand des Öffentlichen Gesundheitsdienstes mit einzubinden.

Finanzierung der psychosozialen Unterstützungsgruppe des ÖGD
Die finanzielle Ausstattung sowie die Erstellung einer Begleitstudie (Dapp & Dirksen-Fischer, 2006) wurde durch die Behörde für Inneres (BfI) der Freien und Hansestadt Hamburg sichergestellt. Die Kosten für die technische Grundausrüstung übernahm ein Bezirksamt.

Schulungsmaßnahmen der psychosozialen Unterstützungsgruppe des ÖGD
Die Leitungsebene der PSU-Gruppe hat an den Fachseminaren des BBK zur Vorbereitung auf die Fußball WM 2006 in Ahrweiler teilgenommen. Die Seminare wurden als sehr positiv wahrgenommen.

Insbesondere der so ermöglichte bundesweite Austausch über die Spielstätten hinweg wurde als sinnvoll erlebt. So konnten zahlreiche Anregungen aus anderen Bundesländern für Hamburg aufgenommen werden.

Alle Mitglieder der Hamburger PSU-Gruppe nahmen an einer zweitägigen Einweisung in CISM (Critical Incident Stress Management) teil, deren Kosten ebenfalls durch die Behörde für Inneres, Hamburg, übernommen wurden. In diese Schulung konnten die langjährigen Erfahrungen der Beteiligten zum Beispiel als Psychologin oder auch als Psychiater gut integriert werden. Darüber hinaus haben Mitglieder der PSU-Gruppe an den Katastrophenschutzübungen der Gesundheitsbehörde Hamburg teilgenommen.

Im Vorfeld der WM fand in Hamburg wie auch in anderen Städten eine Großübung, auch unter Integration der erwähnten lokalen PSU-Kräfte (KIT, NFS und ÖGD), statt. Die verschiedenen Organisationen entsandten Fachberater in den Zentralen Katastrophendienststab der Innenbehörde, um den dort integrierten PSU-Beauftragten zu unterstützen.

Fazit
Während der WM kam es zu keinen Einsätzen der Gruppe, da glücklicherweise kein entsprechender Einsatzbedarf vorlag. Dies gilt auch für das zusätzliche Angebot der Psychotherapeuten-Kammer Hamburg. Die Kammer hatte während der WM eine Hotline eingerichtet, um bei eventuellen Ereignissen sofortige Therapieplätze anzubieten. Mit dieser Organisation laufen zurzeit Gespräche, um das Angebot an entsprechender Hilfe in Hamburg weiter zu erweitern. Die beiden anderen Organisationen haben während der WM das in einer Großstadt wie Hamburg anfallende Tagesgeschäft erledigt, ohne dass besondere Spitzen zu beobachten waren.

Es erscheint aus Sicht der Autoren sinnvoll, die neu etablierte PSU-Gruppe des ÖGD weiter auszubauen. Ein Vorteil dieser Gruppe ist der sehr hohe Anteil von medizinisch geschulten und mit Verwaltungsabläufen vertrauten Mitarbeitern. Insbesondere bei durchaus möglichen Terroranschlägen mit zum Beispiel chemischen oder nuklearen Waffen, aber auch mit biologischen Erregern, kann der Sachverstand der PSU-Gruppe des ÖGD nützlich sein.

Literatur:

Dapp, U. & Dirksen-Fischer, M. (2006). Konzept-Studie Hamburg zum Aufbau der psychosozialen Unterstützung (PSU) bei Katastrophen und Großschadenslagen – Teilnehmende Beobachtung am Beispiel der FIFA-Fußball WM 2006 in Hamburg. Freie und Hansestadt Hamburg: Behörde für Inneres, unveröffentlicht (über die Autoren zu beziehen)

Literatur

Beerlage, I., Hering, Th. & Nörenberg, L. (2006). *Entwicklung von Standards und Empfehlungen für ein Netzwerk zur bundesweiten Strukturierung und Organisation psychosozialer Notfallversorgung.* Schriftreihe der Schutzkommission beim Bundesminister des Innern. Hrsg.: Bundesamt für Bevölkerungsschutz und Katastrophenhilfe im Auftrag des BMI. Neue Folge Band 57, Bonn: Bundesamt für Bevölkerungsschutz und Katastrophenhilfe

Bengel, J. (Hrsg.) (2004). *Psychologie in Notfallmedizin und Rettungsdienst.* 2. erw. Aufl. Berlin: Springer

Butollo, W., Kruesmann, M., Karl, R., Schmelzer, M., Müller-Cyran, A. (2006). *Untersuchung bestehender Maßnahmen zur sekundären Prävention (Intervention/Nachsorge) und Entwicklung einer Methodik und eines zielgruppenorientierten Programms zur effektiven sekundären Prävention einsatzbedingter Belastungsreaktionen und -störungen.* Forschungsprojekt im Auftrag des Bundesministeriums des Innern. Endbericht, Bonn. (http://www.einsatzkraft.de)

Flatten, G., Hofmann, A., Liebermann, P., Wöller, W., Siol, T. & Petzold, E. (2001). *Posttraumatische Belastungsstörungen. Leitlinien und Quellentext.* Stuttgart: Schattauer

Helmerichs, J. (2002a). 11. September 2001. Begleitung von Angehörigen der Opfer in Deutschland. In: *Ans rettende Ufer. Referateband des 5.*

Bundeskongresses für Notfallseelsorge und Krisenintervention. Frankfurt/M.: Verlag für Polizeiwissenschaft. S. 101-109

Helmerichs, J. (2002b). Psychosoziale Hilfe für Opfer, Angehörige und Helfer in Katastrophenfällen und bei terroristischen Anschlägen. In: Thamm, V. B. (Hrsg.): *Terrorismus. Ein Handbuch über Täter und Opfer.* Hilden/ Rhld.: Verlag Deutsche Polizeiliteratur, S. 457-505

Helmerichs, J., Marx, J. & Treunert, R. (2002c). Hilfe für die im Einsatz. Nachsorge für Polizeikräfte – Erfahrungen aus Erfurt. *Deutsche Polizei, 7,* 6-14

Helmerichs, J. (2003). Nachsorge für Einsatzkräfte beim ICE-Unglück in Eschede. In: Zielke, M., Meermann, R., Hackhausen, W. (Hrsg.): *Das Ende der Geborgenheit.* Lengerich: Pabst, S. 97-115

Lueger-Schuster, B., Krüsmann, M. & Purtscher, K. (2006). *Psychosoziale Hilfe bei Katastrophen und komplexen Schadenslagen.* Wien, New York: Springer

Malt, U.F., Blikra, G. & Hoivik, B. (1998). The three-year biopsychosocial outcome of 551 hospitalized accidentally injured adults. *Acta Psychiatr. Scand.* 355, 84-93

Müller-Lange, J. (Hrsg.) (2005): Critical Incident Stress Management. Handbuch Einsatznachsorge. 2. erw. Aufl. Edewecht: Stumpf & Kossendey.

Müller-Lange, J. (Hrsg.) (2006). *Handbuch Notfallseelsorge.* 2. erw. Aufl. Edewecht: Stumpf & Kossendey

Lasogga, F. & Gasch, B. (Hrsg.) (2000). *Notfallpsychologie.* Edewecht: Stumpf & Kossendey

Teegen, F. (1999). Berufsbedingte Traumatisierung bei Polizei, Feuerwehr und Rettungsdienst. *Z. Polit. Psychol.,* 7, 437-453

Wagner, D., Heinrichs, M. & Ehlert, U. (1998). Prevalence of symptoms of posttraumatic stress disorder in German professionell firefighters. *Am. J. Psychiat.,* **155**, 1727-1732

WHO (Weltgesundheitsorganisation) (2003): *Mental health in emergencies.* Genf. online unter: www.who.int/mental_health/resources/emergencies/ en/index.html [online, 01.08.2007]

WHO (Weltgesundheitsorganisation) (2005): Mental Health of Populations Exposed to Biological and Chemical Weapons. Genf. online unter: www. who.int/mental_health/media/bcw_and_mental_heath_who_2005.pdf [online, 01.08.2007]

5.10 Maßnahmen bei Todesfall an gemeingefährlichen Infektionserregern

*W. Eisenmenger, R. Gillich, P. Graf, S. Ippisch,
A. Nerlich, A. Riepertinger*[1]

Stirbt ein Patient an einer gemeingefährlichen Infektionskrankheit, müssen sich die Tätigkeiten beim Umgang mit dem Leichnam auf ein Minimum beschränken. Eine Einbalsamierung ist grundsätzlich nicht gestattet, eine Abschiednahme am offenen Sarg darf ebenfalls nicht zugelassen werden. Die Entfernung eventuell vorhandener Implantate wie Herzschrittmacher etc. hat zu unterbleiben. Bei jeder Handlung am Verstorbenen sind die Schutzmaßnahmen zum Umgang mit hochkontagiösen Erkrankungen und die anerkannten Regeln der Technik (z. B. Biostoffverordnung Schutzstufen nach Risikogruppe 3 und 4, TRBA 250) einzuhalten (Berufsgenossenschaft für Fahrzeughaltungen, 2005; Graf *et al.*, 2007).

Kontagiosität eines Leichnams

Hinsichtlich der potenziellen Infektiosität von Leichen wird auf die unterschiedlichen Angaben in der zitierten Literatur verwiesen (Berufsgenossenschaft für Fahrzeughaltungen, 2005; Morgan, 2004; Uysal & Kaaden, 1993). So ist zum einen die Art des Erregers und der möglichen Übertragungswege ausschlaggebend, zum anderen seine zeitliche Überlebensfähigkeit in anhaftenden Körperflüssigkeiten oder im Körper eines verstorbenen Patienten. So wird beim HI-Virus bereits nach wenigen Stunden bis drei Tagen bei einer Kühltemperatur des Leichnams von + 6° C die Virulenz deutlich abgesenkt, andererseits sind Prionen, die Erreger der Creutzfeldt-Jakob–Krankheit, noch bis zu drei Jahren nach der Beerdigung im Erdreich des Grabes nachweisbar. Dazu wird in Berufsgenossenschaftlichen Informationen als

---

1 Autoren wurden in alphabetischer Reihenfolge genannt. Ansprechpartner: Siegfried W. W. Ippisch, Alfred Riepertinger

mögliche Kontagiosität für Erreger der Hepatitis C (1 bis 2 Tage), Diph-
theriebakterien (2 bis 3 Wochen), Hepatitis B (bis zu 80 Tage), Staphylokokken (1 bis 2 Monate), Tuberkulose Bakterien (mehrere Jahre)
oder der Milzbranderreger sogar mit Jahrzehnten angegeben. Hinzu
kommt das stete Auftreten neuer sowie die Veränderung bekannter
Erregerstämme und deren immer neu zu bewertendes Gefährdungspotenzial.

Aus diesem Grund empfiehlt es sich, beim Umgang mit dem Leichnam
eines infektiösen Patienten und dessen eventuell austretenden Körperflüssigkeiten, Schutzmaßnahmen auf das notwendige Niveau und
abgestimmt auf das vorliegende bzw. vermutete Agens anzusetzen.

Vorgehensweise bei der Obduktion/rechtsmedizinischen Untersuchung

Eine innere Leichenschau (Obduktion, Autopsie) sollte nur unter den
Bedingungen der Sicherheitsstufen S 3 bzw. 4 (z. B. in einigen der
genannten Behandlungszentren mit Sonderisolierstation) oder in
mobilen Isoliereinheiten mit HEPA-Filter erfolgen. Als Personenschutz-
maßnahmen sind gleichwertige Atem- und Körperschutzsysteme ähnlich der Infektionspatientenversorgung zu wählen (z. B. Maske mit
ABEK2 P3-Filter, gebläseunterstützte Vollschutzanzüge oder umluftunabhängige Systeme – siehe 6.3 und 6.4).

Zur Gewinnung von Material zur Abklärung anderer schwer verlau-
fender Erkrankungen wie Malaria und dessen Versand in die entsprechenden S3/4-Laboratorien sind minimal-invasive Untersuchungen,
z. B. eine Blutentnahme und/oder Biopsie meist ausreichend (Burton,
2003; Nolte *et al.*, 2002).

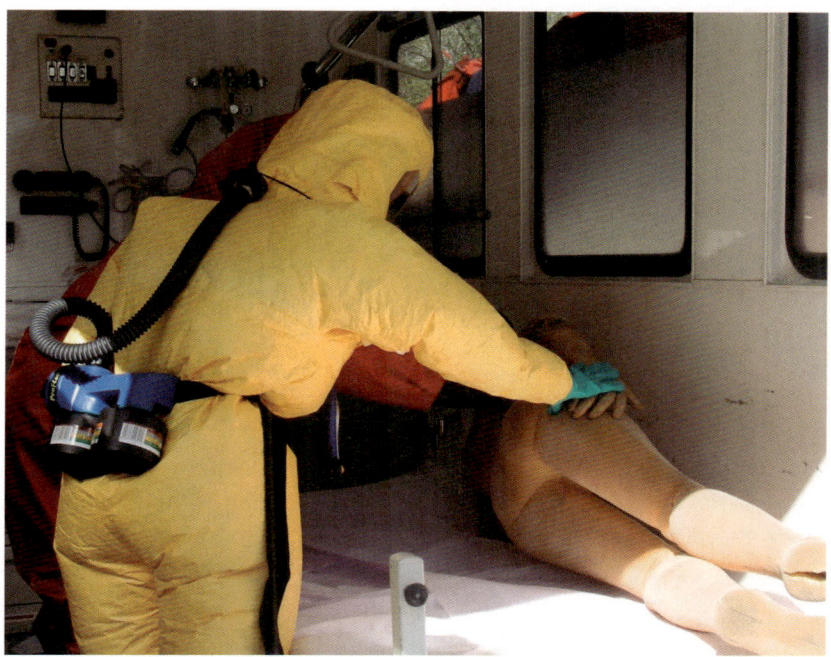

Abb. 1: Rechtsmedizinische Untersuchung mit Leichenblutentnahme während einer Übung (München, Hurtiger Hippokrates 20.04.2004) (Foto: ReslazGrp 7609/7610)

Maßnahmen nach erfolgter Obduktion/rechtsmedizinischer Untersuchung

Das gesamte Sektionsinstrumentarium ist in einer von den Gesundheitsbehörden (Robert Koch-Institut [RKI]) zugelassenen und geeigneten (erregerwirksamen) Desinfektionsmittellösung (z. B. Peressigsäurelösung) ausreichend zu desinfizieren.

Grundsätzlich ist direkt nach der Einsargung bzw. Probeentnahme oder Obduktion eine Raumdesinfektion mit Formaldehyd oder vergleichbaren Desinfektionsmethoden durchzuführen. Sektionstische, Präparieraufsätze und Schneidebretter sind nach Beendigung der

Obduktion oder der rechtsmedizinischen Untersuchung des Verstorbenen mittels Scheuer-Wischdesinfektion mit entsprechenden Mitteln
zu desinfizieren. Eine Überlegung der Autoren ist es, bei unbekannten,
aber nicht ausschließbaren gemeingefährlichen Erregern zuerst
eine Raumdesinfektion, dann eine Scheuer-Wischdesinfektion und
anschließend eine nochmalige Raumdesinfektion als Schlussdesinfektion durchzuführen, um möglichst annähernd 100%igen Schutz bieten zu können (Berufsgenossenschaft für Fahrzeughaltungen, 2005;
Graf *et al.,* 2007; Prantl & Riepertinger, 1987).

Versorgung des Leichnams

Der Verstorbene sollte unmittelbar nach der erfolgten Leichenschau
und evtl. weiteren notwendigen medizinischen Untersuchungen
(Gewebeprobe bzw. Blutentnahme) vollständig mit einem speziellen-
Absorbens bestreut werden. Dieses hat die Eigenschaft, die austre-

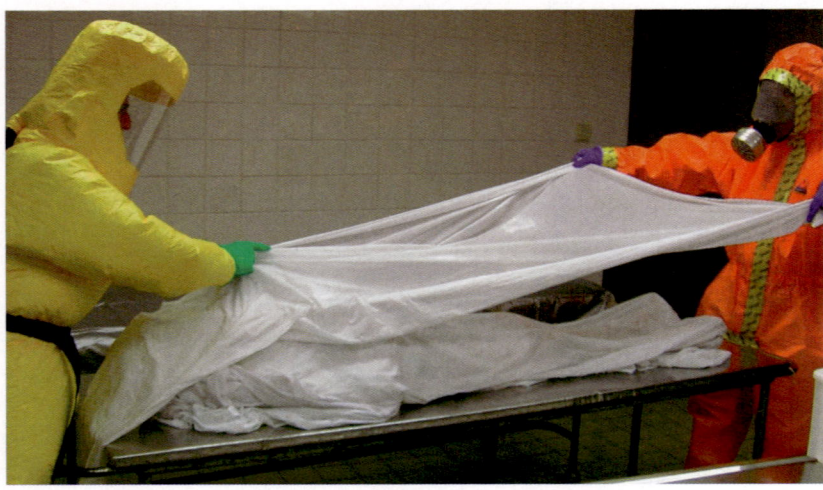

Abb. 2:   Der Leichnam wird in zwei formalingetränkte Tücher
            eingeschlagen (Foto: S. Ippisch)

tenden Körperflüssigkeiten des Leichnams zu binden, darüber hinaus hat es eine desinfizierende Wirkung.

Danach ist der Leichnam in zwei formalingetränkte Tücher (10%ige Lösung) zu hüllen. Anschließend muss der Verstorbene in zwei gut verschließbare, flüssigkeitsdichte Leichenhüllen aus Kunststoff (z. B. innen silbergrau, außen weiß) gelegt werden. Die Verschlüsse dieser Hüllen sind mit flüssigkeitsdichtem Tape zu verkleben bzw. zu versiegeln. Die Hüllen sind danach jeweils von außen mit einem erregergerechten und geeigneten Desinfektionsmittel (RKI-Liste) zu desinfizieren (Graf *et al.*, 2007).

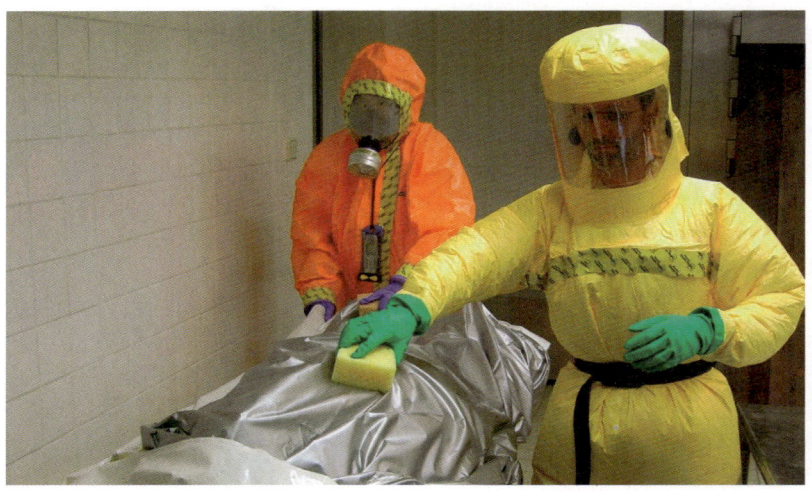

Abb. 3:   Ein Verstorbener wird in zwei gut verschließbare, flüssigkeitsdichte Leichenhüllen aus Kunststoff – innen silbergrau und Außenhülle weiß – gelegt. Jede Hülle wird eigens desinfiziert (Foto: S. Ippisch)

Nach Ende der Einwirkzeit kann der so verpackte Leichnam ausgeschleust und eingesargt werden. Die Leichenhüllen sind (nach VDI-Richtlinien 3891) biologisch abbaubar bei Erdbestattungen und verbrennen rückstandsfrei bei der Feuerbestattung. Kremationen sind der Erdbestattung vorzuziehen. Für die möglichst unverzügliche Kremation ist ein Holzsarg zu verwenden. Der Boden muss mit einer ausreichend hohen Schicht (mindestens 5 cm) aufsaugender Stoffe (Sägemehl, Hobelspäne, Vlies u. ä.) bedeckt sein (Graf *et al.*, 2007).

Für das Bestattungspersonal, welches den Leichnam nach den oben genannten Maßnahmen übernimmt, sind somit keine besonderen Schutzmaßnahmen mehr erforderlich. Der Sarg muss fest verschlossen und deutlich sichtbar mit einem Biohazard-Zeichen und als „hochinfektiös" (eigentlich „hochkontagiös") gekennzeichnet sein und bis zur Einäscherung in einem, wenn möglich separaten, auf alle Fälle aber gesicherten und gekühlten Raum aufbewahrt werden. Im Falle der Ablehnung der Feuerbestattung durch die Angehörigen wird die zuständige Gesundheitsbehörde unter Berücksichtigung des § 28 Infektionsschutzgesetz (IfSG) entscheiden. Dem beauftragten Bestattungsunternehmen sind Anleitung und Unterstützung beim Umgang mit dem hochkontagiösen Leichnam zu geben, damit es aus Vorbehalten und Unkenntnis nicht zur Ablehnung der Übernahme des Verstorbenen zur Bestattung kommt (Graf *et al.*, 2007).

Transport

Für die Überführung vom Sterbeort zum nächstgelegenen Krematorium ist geschultes Personal erforderlich. Der Transport des Leichnams muss behördlicherseits überwacht werden. Bei Massenanfall von Verstorbenen kann von dieser Vorgabe abgewichen werden (Graf *et al.*, 2007).

Flächendesinfektion von Fahrzeugen

Der Sargraum eines jeden Bestattungskraftwagen ist vom Fahrzeugverantwortlichen standardisiert wöchentlich mittels Sprüh- und Wischdesinfektion zu desinfizieren. Es ist darauf zu achten, dass die Wände des Sargraumes flächendeckend mit Desinfektionslösung benetzt sind und darüber hinaus die Wischdesinfektionstechnik angewandt wird. Bei geschlossenem Fahrzeug ist eine Einwirkzeit der Desinfektionslösung laut Herstellerangabe einzuhalten. Handkontaktflächen des Fahrzeuges wie beispielsweise das Lenkrad, die Armaturen oder die Türgriffe sind in diese Hygienemaßnahmen mit einzubeziehen. Dabei sind unter Umständen auch geeignete Einmal-Desinfektionstücher nützlich. Da bei manchen Kunststoff-Lenkrädern Probleme in Form von Materialerweichung auftreten können, sollte hierfür auf geeignetes Desinfektionsmittel zurückgegriffen werden.

Massenanfall von kontagiösen Toten (MankT)

Ist die Sterberate beispielsweise in Epidemien, Pandemien oder auch in Großschadensfällen außergewöhnlich hoch, so ist eine schnelle Bestattung anzustreben, individuelle Verabschiedungen am offenen Sarg sind dabei zu unterlassen. Feuerbestattungen sollten grundsätzlich Vorrang gegenüber der Erdbestattung haben. Kohortenfahrten sind bei MankT praxisnah. Im Besonderen muss Rücksprache mit den zuständigen Gesundheitsbehörden genommen werden.

Informationen über die Vorgehensweise bei der Hong Kong-Influenzapandemie in München im Jahre 1968 hatten zur Folge, dass Erdbestattungen – die in dieser Zeit der Feuerbestattung vorgezogen wurden – im halbstündigen Rhythmus durchgeführt wurden. Aufbahrungen mit offenem Sarg waren während der Pandemie – bei ca. 60 Sterbefällen pro Tag – auch aus Zeitgründen nicht möglich.

Aktuell ist nach Möglichkeit die Feuerbestattung der Erdbestattung vorzuziehen.

Der Kremationsbetrieb könnte nach Rücksprache mit dem jeweiligen Betreiber auf die erforderliche Bedarfskapazität hochgefahren werden.

Abb. 4:   Blick in eine Brennkammer (Foto: S. Ippisch)

Um den maximalen Personalstand im Bestattungsbereich bzw. im Bereich der Leichenversorgung zu erreichen, wäre das Verhängen einer Urlaubssperre zu überdenken. Damalige Überlegungen zur Unterstützung der Durchführung von Erdbestattungen waren, eventuell die Bundeswehr zum Öffnen und Schließen der Gräber hinzuzuziehen. Einzelne Details zur tatsächlichen Durchführung sind mit den Bestattungsunternehmen und den Friedhofsverwaltungen abzusprechen. Medizinische Institute (Pathologie, Rechtsmedizin) haben grundsätzlich die Abholung der Verstorbenen für einen möglichst reibungslosen Ablauf mit den Bestattungsunternehmen zu koordinieren und abzusprechen. Es empfiehlt sich, bereits in den Planungsphasen mit diesen Institutionen Kontakt aufzunehmen, um so gemeinsame Maßnahmen im Vorfeld abzustimmen.

Literatur

Berufsgenossenschaft für Fahrzeughaltungen (2005). Biologische Arbeitsstoffe beim Umgang mit Verstorbenen – BGI 5026 [online unter: www.baumaschine.de/Portal/TbgT/biologische_arbeitsstoffe_2005/thema2/a379_391.php4]

Burton, J.L. (2003). Health and safety at necropsy. *J.Clin.Pathol.*, **56**, 254-260

Graf, P., Eisenmenger, W., Finke, E.J., Guggemos, W., Ippisch, S., Riepertinger, A. & Wurster, K. (2007).

Management hochinfektiöser Verstorbener. *Rechtsmedizin*, **16**, 4, 200-204
Morgan, O. (2004). Infectious disease risks from dead bodies following natural disasters. *Rev.Panam.Salud Publica*, **15**, 5, 307-312

Nolte, K. B., Taylor, D. G. & Richmond, J. Y. (2002). Biosafety considerations for autopsy. *Am.J.Forensic Med.Pathol.*, **23**, 2, 107-122

Prantl, F. & Riepertinger, A. (1987). AIDS – Wissenswertes für Präparatoren und technisches Personal in der Pathologie. *Der Präparator*, **33**, 97-102

Uysal, A. & Kaaden, O.-R. (1993). Zum Umgang mit unkonventionellen Erregern. *Der Pathologe*, **14**, 351-354

Relevante und interessante Informationen zum Thema findet man unter anderem auch im Infektionsschutzgesetz, der Biostoffverordnung, dem Arbeitsschutzgesetz, den Deutschen Normen (z. B. DIN EN 15017 Bestattungs-Dienstleistungen), den berufsgenossenschaftlichen Schriften (z. B. BGI 5026, BGR 189, 206, 208, http://www.bgw-online.de), der Handlungshilfe der BGF „Sicherheits-Check" für Unternehmen des Bestattungsgewerbes mit den jeweiligen Regeln, den Unfallverhütungsvorschriften z. B. Friedhöfe und Krematorien (VSG 4.7), den Beschlüssen des Ausschusses für Biologische Arbeitsstoffe (ABAS-Beschlüsse 601 bis 609), den Technischen Regeln für Biologische Arbeitsstoffe im Gesundheitswesen und in der Wohlfahrtspflege (z. B. TRBA 250, 400, 500), den Mitteilungen der Kommission für Krankenhaushygiene und Infektionsprävention am Robert Koch-Institut und der Liste der vom Robert Koch-Institut geprüften und anerkannten Desinfektionsmittel und -verfahren, ADR – Regelungen für die Beförderung von ansteckungsgefährlichen Stoffen sowie den Richtlinien über die ordnungsgemäße Entsorgung von Abfällen aus Einrichtungen des Gesundheitsdienstes der Länderarbeitsgemeinschaft Abfall (LAGA-Richtlinie).

6 Infektionsschutz: Schutzausrüstung und Maßnahmen

6.1 Einführung

Dieses Kapitel betrachtet den Infektionsschutz unter dem Aspekt der biologischen Gefahrenlage außerhalb der Klinik. Im klinischen Umfeld ist der Infektionsschutz gut definiert und verankert, um das Klinikpersonal oder den Hausarzt vor einer Infektion mit dem Erreger des Patienten zu bewahren bzw. den immunsupprimierten Patienten vor ubiquitären Erregern zu schützen. Die klinische Umgebung ist auf diese Maßnahmen eingestellt, sie sind in den Arbeitsablauf und auch baulich integriert. Angesichts von biologischen Gefahren im weiteren Sinne, die auch den Einsatz biologischer Waffen (Bioterror, krimineller Hintergrund oder als Massenvernichtungswaffen) einschließen, muss der Infektionsschutz erweitert werden. Dies trifft auch für natürliche Seuchengeschehen zu, wie eine mögliche Influenzapandemie und importierte Einzelfälle (z. B. Lassa) und die Bekämpfung von Tierseuchen wie der Maul-und-Klauenseuche oder Geflügelpest, die vorwiegend wirtschaftliche Schäden anrichten. Neben dem Schutz von Personen (Einsatzpersonal, aber auch der allgemeinen Bevölkerung) ist ein wichtiger Aspekt die Schnelligkeit, mit der Infektionsschutzmaßnahmen vor Ort etabliert werden können, damit sie schnell und sicher greifen können.

Der erfolgreiche Infektionsschutz setzt voraus, dass man sich der biologischen Gefahr bewusst ist. Wie in Beitrag **6.2 Grundlagen des Infektionsschutzes** dargelegt, bietet bereits die Anwendung grundlegender Hygieneregeln einen gewissen Schutz. Besonderer Schutz wird durch weitergehende Maßnahmen geboten, dazu zählen beispielsweise Impfungen, aber auch das Tragen von Atemschutzmasken und persönlicher Schutzausrüstung (PSA). Um eine einsetzende Epidemie zu unterbinden, ist es eine wesentliche Voraussetzung zu verstehen, wie Infektketten entstehen und aufrecht erhalten werden.

Der Schutz des Einzelnen – insbesondere der Einsatzkräfte und Ersthelfer – im Rahmen des Schutzes der Gesamtbevölkerung in biologischen Lagen stellt uns vor Herausforderungen. Wichtige rechtliche Regelungen werden im Beitrag **6.3 Arbeitsschutz bei Infektions-**

gefährdung erläutert. Von besonderer Bedeutung ist die rechtliche Situation für ehrenamtlich tätige Personen, die bei der Bewältigung großer biologischer Lagen oder Katastrophen zum Einsatz kommen. Dieser Personenkreis ist über das Unfallversicherungsrecht geschützt. Dagegen gilt für hauptberuflich tätige Personen, die Umgang mit biologischen Gefahrstoffen haben, das Arbeitsschutzgesetz. Aspekte im Umgang mit biologischen Gefahrstoffen und der PSA werden in verschiedenen Rechtsvorschriften geregelt, die hier erläutert werden.

Die richtige Wahl und der Umgang mit der PSA sind wesentlich für deren sichere Nutzung. Erläuterungen und Hilfestellung hierzu werden in Beitrag **6.4 Persönliche Schutzausrüstung** ausführlich beschrieben. Die PSA besteht aus mehreren Komponenten wie Atemschutz, Fußschutz und Schutzanzug. Je nach Dichtigkeit wird die Ausrüstung in verschiedene Schutzklassen eingeteilt. Das Arbeiten unter PSA kann je nach Schutzklasse sehr anstrengend sein, zudem ist die Zeit, die unter PSA gearbeitet werden kann, begrenzt (beispielsweise durch den Einsatz von Atemgerät). Der Beitrag bietet eine Risikoanalyse und weist auf häufig auftretende Fehler im Umgang mit PSA hin.

Nach Festlegung der für den aktuellen Einsatz am besten geeigneten PSA, muss diese für bestmöglichen Schutz auch richtig an- und wieder abgelegt werden. Im Beitrag **6.5 Anlegen und Ablegen des Infektionsschutz-Sets** wird anhand von anschaulichen Fotos, eine gut erprobte Möglichkeit beschrieben, wie Schutzkleidung außerhalb von Krankenhäusern, wenn keine anderen Möglichkeiten zur Verfügung stehen, sicher an- und abgelegt wird. Ein wichtiger Aspekt ist dabei auch der Schutz der Person, die beim An- und Ablegen hilft. Damit im Ernstfall keine Fehler unterlaufen, ist ein kontinuierliches Training unabdingbar. Auch der Film auf beiliegender CD-Rom widmet sich ausführlich dieser Thematik.

Für den Katastrophenschutz wird den Ländern vom Bundesamt für Bevölkerungsschutz und Katastrophenhilfe eine persönliche Schutzausrüstung für die Katastrophenschutzhelfer aller Fachdienste zur Verfügung gestellt. In Beitrag **6.6 Die persönliche Schutzausrüstung des Bundes** wird dargelegt, welche Gründe zur Auswahl der

Schutzausrüstung führten, aus welchen Komponenten sie besteht und welche Schutzwirkung diese besitzen.

Einige hochpathogene Erreger können über den Luftweg auf die Atemorgane übertragen werden. Daher kommt diesem Teil des Schutzes eine besondere Bedeutung zu. Die richtige Wahl und vor allem die richtige Anwendung der FFP3-Maske ist nicht einfach, wie in Beitrag **6.7 Auswahl der richtigen FFP3-Maske** erläutert, da es über 50 Hersteller von FFP3-Masken in verschiedenen Varianten gibt, und bei weitem nicht jede Maske kann jedem Gesicht dicht angepasst werden. Wichtig ist der Hinweis auf den „Fit-Test" der Masken, der in Deutschland meist nicht zur Anwendung kommt, obwohl er integraler Bestandteil des Arbeitschutzes sein sollte.

Das sichere Entfernen oder Inaktivieren von Erregern in Gefahrenlagen kann ausschlaggebend für den Verlauf einer Epidemie sein. Die Begriffe Dekontamination und Desinfektion werden in Beitrag **6.8 Desinfektion und Dekontamination bei B-Lagen durch operative Kräfte der Gefahrenabwehr** definiert und rechtliche Grundlagen erläutert. Es gibt Listen geprüfter und zugelassener Desinfektionsmittel für unterschiedliche Bereiche, wie den klinischen Bereich oder die Tierseuchenbekämpfung. Bei Anwendung dieser Mittel zur Abwendung von biologischen Gefahren in der Umwelt sind unterschiedliche Parameter zu beachten, damit die Wirksamkeit auch unter den jeweiligen Gegebenheiten garantiert ist, so können zum Beispiel pH- oder Temperaturfehler die Wirksamkeit beeinträchtigen. Für die Wahl des richtigen Desinfektionsmittels sind der jeweilige Wirkmechanismus sowie die weiteren chemischen Eigenschaften ausschlaggebend.

Ein Beispiel für eine besondere Herausforderung im Hinblick auf die Dekontamination im Einsatz ist die, in Beitrag **6.9 Praktische Hinweise zur Personen- und Fahrzeugdekontamination** beschriebene, Dekontamination von Fahrzeugen zur Verhinderung einer Kontaminationsverschleppung. In diesem Fall muss die Dekontamination nicht nur nach den Regeln, die für den Aufbau eines allgemeinen Dekontaminationsplatzes gelten, sondern auch ausreichend für große Fahrzeuge (wie Löschfahrzeuge oder Transportfahrzeuge für gekeulte Tiere) angelegt sein.

6.2 Grundlagen des Infektionsschutzes

J. Sasse, C. Uhlenhaut

Der Einsatz effektiver Schutzmaßnahmen setzt ausreichende Kenntnisse des Infektionsschutzes voraus. Wie können Erreger in einen Menschen eindringen? Wie lösen sie eine Infektion aus? Und welche Möglichkeiten gibt es, das Risiko einer Infektion zu vermindern?

Das „A und O" des Infektionsschutzes ist die Beachtung ganz grundsätzlicher Hygienemaßnahmen. Auf den Punkt gebracht hat es der Inhaber des ersten Lehrstuhls für Hygiene in München, Max von Pettenkofer, dem folgender, heute noch gültiger Satz nachgesagt wird (Höffler, 2000):

„Fehler wider die Hygiene können mit dem Tode bestraft werden."

Die grundsätzlichen Hygienemaßnahmen, deren Einführung vor mehr als hundert Jahren einen riesigen Fortschritt bedeutet hat, vergleichbar mit der Entdeckung der Antibiotika, werden heute oft unterbewertet. Die Tatsache, dass heute mit dem technischen Infektionsschutz (siehe 6.4, 6.6) weitere Möglichkeiten zur Verfügung stehen, mindert in keiner Weise die grundlegende Bedeutung der Basis-Hygienemaßnahmen.

Zu den wichtigsten Schutzmaßnahmen zählen:

- Händehygiene (siehe unten)

- Impfung, medikamentöse Prophylaxe (siehe unten)

- Tragen von Persönlicher Schutzausrüstung (PSA, siehe 6.4–6.7)

- Isolation infektiöser Personen, Schutz beim Patientenkontakt, Umweltkontrolle (z. B. Reinigung von Kleidung und Bettwäsche, Abfallmanagement) (siehe Kapitel 5)

- sachgerechte Aufbereitung von (medizinischen) Geräten

Übertragungsmöglichkeiten und -wege

Die Aufnahme von Krankheitserregern in den Körper kann auf folgenden Wegen erfolgen:

- nach direktem Körperkontakt mit infizierter oder kolonisierter Person/Tier auf den Empfänger meist über kontaminierte Hände, aber auch durch sexuelle Kontakte, Tierbisse, Lebensmittel etc.

- auf dem Luftweg („Tröpfcheninfektion"/aerogen): durch Tröpfchen beim Sprechen, Husten, Niesen, sonstige Aerosole und durch Stäube (siehe Tab. 1)

- durch Kontakt- oder Schmierinfektion von Flächen und Gegenständen, meist oral ebenfalls über Hände, selten über die Haut (winzige Hautläsionen), durch Lebensmittel, Telefone, Türklinken etc.

- durch tierische Vektoren: direkt durch Stechmücken, Flöhe, Zecken etc. oder durch Ausscheidungen von Ratten und Mäusen nach Austrocknung der Exkremente entweder oral oder inhalativ

- bei Unfällen (z. B. Nadelstichverletzungen)

Die Verbreitung von Infektionen erfolgt über Infektionsketten: dieser Begriff bezeichnet die Weitergabe eines Erregers von einem Wirt auf den nächsten, wobei nicht jeder Wirte notwendigerweise erkranken muss. Krankheitserreger können

- von Mensch zu Mensch (z. B. Influenza, Masern, Lungenpest)
- von Tier zu Mensch (Zoonosen; z. B. Vogelgrippe, Tollwut)
- von unbelebter Materie auf den Menschen (z. B. Noroviren, Anthraxsporen)
- über Lebensmittel, einschließlich Trinkwasser (z. B. Toxine, Salmonellen)

übertragen werden.

In unseren Breiten sind Übertragungen von Mikroorganismen vor allen Dingen im Wege der fäkal-oralen Aufnahme von Bakterien und Viren, aber auch über Tröpfchen oder Staub am häufigsten. In anderen Klimazonen werden sehr viele Erkrankungen von Vektoren (Insekten wie Mücken, Fliegen, Zecken, Flöhen) übertragen. Ein adäquater Infektionsschutz setzt voraus, dass die möglichen Übertragungswege und Erregerreservoirs bekannt sind.

Um eine Infektionskette erfolgreich zu unterbrechen, sind daher folgende Informationen wichtig:

1. Welcher Erreger/welches Agens (z. B. Bakterium, Virus)

2. Welches Erreger-Reservoir (z. B. Mensch, Nagetier)

3. Welcher Überträger (z. B. Zecke, Floh)

4. Welcher Übertragungsweg (z. B. Schmierinfektion, Tröpfchen)

5. Welche Eintrittspforte (z. B. Schleimhaut, offene Hautstellen, über die Nahrung)

6. Welche Personen sind besonders gefährdet (z. B. Immunsupprimierte, besonders Exponierte wie beispielsweise Keulungsperso-
nal im Tierstall, Laborpersonal, Pflegekräfte)

Begriffsdefinition Infektketten

Man unterscheidet homologe Infektionsketten, Kreuzinfektionen
und heterologe Infektionsketten.

- Bei **homologen Infektionsketten** wird der Erreger unter
  Wirten der gleichen Spezies weitergegeben (zum Beispiel
  von Mensch zu Mensch).

- **Kreuzinfektionen** beschreiben eine Infektionskette, bei der
  der Erreger von einem Wirt auf andere übertragen wird und
  von diesen Neu-Infizierten wieder zurück auf den ursprünglich Infizierten. Dieses Geschehen kann in Einrichtungen
  wie Alten- oder Pflegeheimen und auch Krankenhäusern
  eintreten. Eine weiter gefasste Definition der Kreuzinfektion
  umfasst das gegenseitige Anstecken mit unterschiedlichen
  Erkrankungen (zum Beispiel im Kindergarten).

- Die **heterologe Infektionskette** beschreibt die Übertragung
  über Speziesgrenzen hinweg, bei denen tierische Erreger
  aus einem Wirt/Reservoir auf Menschen übertragen werden.

Während man sich gegen Erreger, die über Tröpfchen übertragen
werden, durch das Einhalten eines Abstandes von rund zwei Metern
schützen kann, ist der Abstand zu einer Infektionsquelle bei aerogenen
Übertragungen für den Infektionsschutz nicht ausschlaggebend – hier
muss der Atemschutz sorgfältig geplant werden. Die so genannten
Tröpfchenkerne entstehen, wenn die Flüssigkeit von Tröpfchen, die
kleiner als 100 µm sind, verdunstet. Sie sind so klein und leicht, dass
sie über Stunden in der Luft schweben können. So können sich auch
Personen, die den Raum erst betreten, wenn der Erkrankte ihn schon

lange verlassen hat, infizieren. Auch können diese schwebenden Partikel durch Luftzug über weite Distanzen verbreitet werden.

Tab. 1:   Unterschiede zwischen der Übertragung durch Tröpfchen und durch Tröpfchenkerne.

	Tröpfchen	Aerogen (Tröpfchenkerne)
Größe	100 µm – 2 mm	< 10 µm (andere Quellen: < 5 µm)
Weg	Gerichtet, vom Patienten aus ca. zwei Meter weit	Ungerichtet, lange im Raum schwebend, verteilt sich über weite Distanzen
Ursprung	Patient	Patient, Staub, Ausbringung
Eintritts-pforte	Schleimhäute (Mund, Bindehaut, Nase)	Lunge, Schleimhäute
Schutz	Abstand, Barriere (zusätzlicher Atemschutz sinnvoll, insbesondere, wenn der Mindestabstand nicht eingehalten werden kann, wie z. B. in Rettungswagen), ggf. Impfung, Prophylaxe	Atemschutz, Schutz-Brille, Schutzanzug, ggf. Impfung, Prophylaxe
Beispiel	Lungenpest, Meningokokken-Infektion, Influenza, Noroviren-Infektion (während des Erbrechens, sonst Kontaktinfektion)	Windpocken, Masern, Anthraxsporen (waffenfähig gemacht), andere veränderte (z. B. waffenfähig gemachte) Erreger/Agenzien, nach einigen Quellen möglicherweise auch Influenza

Es kann durchaus vorkommen, dass eine Person sich infiziert, aber nicht erkrankt, also ohne Symptome (asymptomatisch) ist. Eine solche Person wird als „Ausscheider" bezeichnet, wenn sie durch das Ausscheiden von Krankheitserregern eine Ansteckungsquelle darstellt, aber selbst nicht krank oder krankheitsverdächtig ist (§ 2 IfSG). Typische Beispiele sind Ausscheider von Salmonellen und (besonders bei Ausbrüchen) die Ausscheider von Meningokokken.

Infektionsquelle Türklinke

Infektionsgefahr geht nicht nur vom Infizierten selbst aus, sondern häufig auch von Gegenständen, die der Patient angefasst hat. Um das Risiko besser beurteilen zu können, wurden 15 Personen, die nachweislich eine Erkältungskrankheit mit Rhinoviren hatten, über Nacht allein in Hotelzimmern untergebracht. Bei einem anschließenden Test fanden sich Rhinoviren auf 35 % der untersuchten Flächen, z. B.

- der Fernbedienung (in 5 Zimmern),
- dem Telefon (in 5 Zimmern),
- den Lichtschaltern (in 6 Zimmern),
- und am häufigsten auf den Türklinken (in 7 Zimmern).

Auch wenn dies nicht der „effizienteste" Übertragungsweg ist, waren die Viren bei dieser Studie der Universität von Virginia auch 24 Stunden, nachdem der Gast das Hotel verlassen hatte, noch nachweisbar (Winther *et al.*, 2006).

Eine Person, von der anzunehmen ist, dass sie Krankheitserreger aufgenommen hat, ohne krank, krankheitsverdächtig oder Ausscheider zu sein (§ 2 IfSG), gilt als „ansteckungsverdächtig". Bei diesen Personen kann es sinnvoll sein, sie ggf. zu quarantänisieren und bestimmte Schutzmaßnahmen einzuhalten (siehe 5.6). Anders gelagert ist der Fall, wenn eine Person immun ist bzw. eine Erkrankung und die damit verbundene Ausscheidung von Erregern durch rechtzeitige Medikamenteneinnahme verhindert werden kann. Eine solche Person ist gesund.

Bei den Basishygienemaßnahmen geht es nicht nur um den Schutz am Einsatzort oder Arbeitsplatz, sondern auch um den Schutz aller Kontaktpersonen der Einsatzkräfte im sonstigen öffentlichen und im privaten Bereich.

Risikoreiche Erholungspause

Die Gefahr sich anzustecken, lauert nicht nur im Einsatz selbst, sondern gerade auch im Anschluss, wenn die Gefahr vermeintlich vorüber ist. So können sich Fehler bei Hygienemaßnahmen einschleichen, wenn z. B. die PSA nicht richtig oder nicht vollständig dekontaminiert oder abgelegt wurde. Die Maske wird beispielsweise auf die Stirn geschoben und die erste Pause eingelegt. Wenn dann die Maske entsorgt werden soll, hat man keine Handschuhe mehr an, fasst die Maske also direkt mit den Fingern an, mit denen man sich kurz darauf das Auge reibt oder das Butterbrot zum Mund führt.

Schutzmaßnahmen

Die im Folgenden erläuterten Schutzmaßnahmen betreffen die Basishygiene, die nicht nur direkt am Einsatzort oder dem Arbeitsplatz gilt, sondern „rund um die Uhr" einzuhalten ist. Sie dient nicht nur dem Eigenschutz, sondern gleichermaßen dem Schutz der Gesundheit von Kollegen, Familienangehörigen und sonstigen Kontaktpersonen einschließlich zu versorgender Patienten.

Händehygiene

Unbestritten ist, dass die menschliche Hand der häufigste Überträger von Krankheitserregern ist. Ursache sind meist allzu menschliche Eigenschaften wie Trägheit, Bequemlichkeit, Vergesslichkeit und die Fehleinschätzung tatsächlicher Übertragungswege. Hinzu kommt, dass man Erreger auf der Haut in der Regel nicht wahrnimmt, man also optisch „saubere" Hände trotzdem waschen muss, um sich und andere zu schützen.

Praxisbeispiel: Vogelgrippe-Ausbruch 2003 in den Niederlanden

Nach dem Vogelgrippe (Geflügelpest)-Ausbruch im Dreiländereck Deutschland/Belgien/Niederlande im Frühjahr 2003 wurden Kontaktpersonen von Mitarbeitern der betroffenen Betriebe auf Antikörper getestet. Von den ermittelten 56 Kontaktpersonen, bei denen als sicher galt, dass sie keinen Kontakt zu infiziertem Geflügel hatten, wurden 35 (59 %) seropositiv getestet. Vier dieser Kontaktpersonen erfüllten die Falldefinition einer Bindehautentzündung (Konjunktivitis). Nach den von niederländischen Wissenschaftlern erhobenen und veröffentlichten Daten erhöhte die Benutzung desselben Handtuchs (zwei Erkrankungen von zwölf) und derselben Waschlappen (zwei Erkrankungen von acht) die Wahrscheinlichkeit einer Konjunktivitis-Infektion, allerdings ist diese Erhöhung statistisch nicht signifikant und kann somit nur vermutet, aber nicht belegt werden.

Hier einige Daten aus der Erhebung zum Ansteckungsrisiko der Kontaktpersonen, die z. B. zeigen, dass alle 7 Kontaktpersonen in Haushalten mit Vögeln als Haustiere, sero-positiv getestet wurden:

Risikofaktor	Kontaktpersonen insgesamt	Sero-Positive Kontaktpersonen
Vögel als Haustiere	7	7
Haustiere insgesamt	34	21
Stofftaschentücher	17	14
Papiertaschentücher	27	12
Händewaschen mit Seife	20	9
Gemeinsames Schlafzimmer	40	22
Rauchen	5	5
Anwendung von Oseltamivir	2	2

(Du Ry van Beest Holle *et al.*, 2005)

Händewaschen

Eine sorgfältige und sachgerecht durchgeführte Händehygiene ist die wichtigste Maßnahme. Grundsätzlich gilt: stark verschmutzte Hände werden zunächst vorsichtig abgespült und gründlich (am besten mit Seife) gewaschen, wobei darauf zu achten ist, dass die Haut nicht durch mechanische Reizung verletzt wird und dass Umgebung und Kleidung nicht bespritzt werden. Optimal sind berührungsfreie Armaturen oder solche, die mit dem Unterarm bedient werden können. Bei gängigen Armaturen ist eine einfache und bewährte Methode zum Schutz vor Kontamination, den Wasserhahn nur mit einem frischen Papierhandtuch und nicht mit der Hand zu berühren.

Händedesinfektion

Bei tatsächlicher wie auch möglicher mikrobieller Kontamination der Hände ist eine hygienische Händedesinfektion erforderlich. Sie erfolgt

- vor und nach jedem Kontakt mit Wunden

- nach Kontakt mit potenziell oder definitiv infektiösem Material (Blut, Sekret oder Exkremente) oder infizierten Körperregionen

- nach Kontakt mit potenziell kontaminierten Gegenständen, Flüssigkeiten oder Flächen

- nach Kontakt mit Patienten, von denen Infektionen ausgehen können (Nassauer, 2005).

Von entscheidender Bedeutung ist die richtige Anwendung des Desinfektionsmittels. Üblicherweise werden die Hände zunächst mit einer ausreichenden Menge einer geeigneten Desinfektionslösung benetzt. Das Präparat wird am besten in die hohle Hand gegeben und über sämtliche Bereiche der trockenen Hände unter besonderer Berücksichtigung der Innen- und Außenflächen einschließlich Handgelenke, Flächen zwischen den Fingern, Fingerspitzen, Nagelfalze und Daumen eingerieben; die Haut muss für die Dauer der Einwirkzeit (in der Regel 30 Sekunden – aber Angaben der Hersteller beachten) feucht gehalten werden (Nassauer, 2005). Als Voraussetzung für eine erfolgreiche Händehygiene dürfen in Arbeitsbereichen mit erhöhter Infektionsgefährdung an Händen und Unterarmen keine Schmuckstücke einschließlich Uhren und Eheringe getragen werden (Robert Koch-Institut, 2002).

Amtlich geprüfte Desinfektionsmittel sind in der RKI-Desinfektionsmittelliste aufgeführt. Die in der Tabelle aufgeführten Zeiten sind Mindestwerte (Robert Koch-Institut, 2003). Je nach Gefährdungseinschätzung können auch höhere Anforderungen gestellt werden. Sie gelten für alle Einsatzkräfte und nicht nur für medizinisches Fachpersonal.

Die RKI-Desinfektionsmittelliste ist nicht für die Anwendung im Feld ausgerichtet. Hier können Adaptionen in Rücksprache mit Desinfektoren und anderem Fachpersonal notwendig sein. Informationen für die Anwendung im alltäglichen Gebrauch enthält die Desinfektionsmittelliste des Verbundes für Angewandte Hygiene (VAH) (siehe 6.8).

Hände desinfizieren oder waschen?

Die Reduktion der Erregerzahl ist bei der Desinfektion höher als beim Waschen (siehe Abb. 1). Alkoholische Desinfektionsmittel, denen Rückfettungsmittel zugesetzt wurden, sind (üblicherweise) hautverträglicher als Seife (Kramer, 2006).

Experimente zeigen aber, dass Sporen durch Wasser und Seife mechanisch sehr gut entfernt werden können (Abb. 1, Abb. 2), wohingegen Alkohol z. B. bei Sporen vollkommen ineffektiv ist (Abb. 2). Bacillus-Sporen können monatelang in Alkohol überleben (Weber *et al.,* 2003).

Auch hier zeigt sich, dass das Wissen über den Erreger entscheidende Bedeutung für die richtigen hygienischen Maßnahmen hat. Sofern möglich, sollte Händewaschen in einer biologischen Lage mit Händedesinfektion kombiniert werden. Auch eine richtige Händewaschtechnik kann bereits großen Nutzen haben.

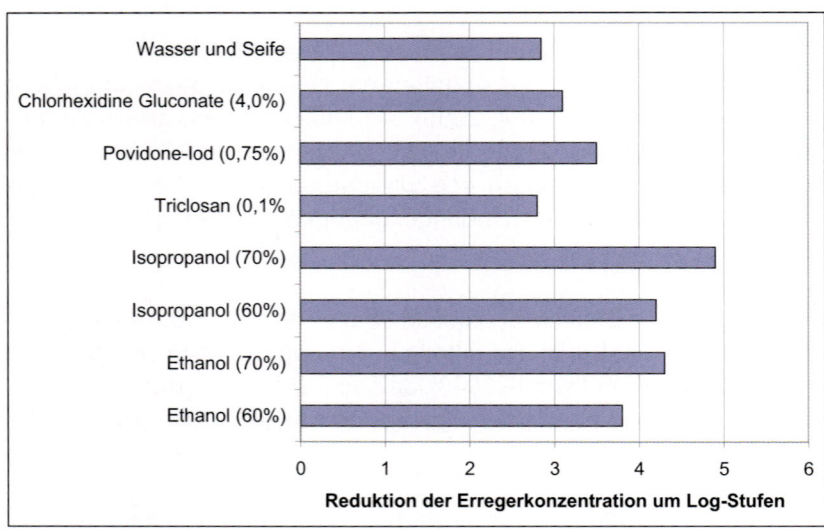

Abb. 1:   Wirksamkeit von Desinfektionsmitteln zur Händehygiene nach einer Minute Einwirkung (nach Rotter, 1999)

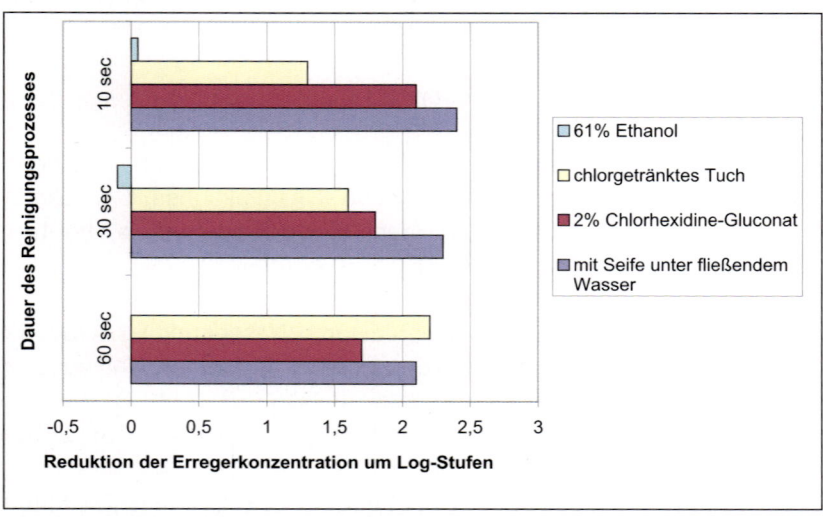

Abb. 2:   Wirksamkeit verschiedener Methoden zur Händereinigung nach Kontamination mit Sporen von *Bacillus atrophaeus,* aufgetragen ist die Sporenreduktion in log-Stufen über der Zeit (Weber *et al.,* 2003)

Die Händedesinfektion sollte „in Fleisch und Blut übergegangen" und zur Gewohnheit geworden sein, ansonsten wird sie gerade in kritischen Situationen vergessen. Vor allen Dingen aber müssen die entsprechenden Mittel immer verfügbar sein. Dass heißt, bei einem Einsatz, bei dem Desinfektionsmittelspender noch nicht angebracht werden konnten, müssen Desinfektionsmittel in anderer Form (z. B. kleine Flaschen für den einmaligen Gebrauch) verfügbar sein.

Hautpflege

Hautschutz und -pflege gehören ebenfalls zur beruflichen Pflicht, denn eine gesunde Haut ist der sicherste Schutz vor Infektionen, diese wird insbesondere auch durch häufiges Händewaschen und -desinfizieren geschädigt. Bereits kleinste Risse können das Eindringen von Erregern ermöglichen.

Dem kann die Verwendung von Hautpflegemitteln vorbeugen. Diese sollten aus Spendern oder Tuben (keinesfalls aus Tiegeln) entnommen werden, da bei diesen Behältnissen ein direkter Eintrag von Keimen in die Creme vermieden wird. Hierbei sind die präparatabhängige Wirkungsbeeinträchtigung der alkoholischen Händedesinfektion bzw. die vom Hersteller beigefügten Anwendungshinweise zu beachten (Nassauer, 2005).

Umweltstabilität von Erregern (Tenazität)

Im Hinblick darauf, dass Infektionsgefahr nicht nur von Patienten sondern insbesondere auch von kontaminierten Gegenständen ausgeht, ist die Stabilität der Erreger in der Umwelt von Bedeutung. Unter natürlichen Umweltbedingungen bleiben Erreger unterschiedlich lange aktiv. Tabelle 2 zeigt einige Beispiele.

Die Schnelligkeit der Inaktivierung hängt dabei von verschiedenen Faktoren, wie z. B. der Luftfeuchtigkeit und der Temperatur ab. Es gibt keine allgemeingültigen Kriterien für die Umweltstabilität von Mikroorganismen. Grundsätzlich kann gesagt werden, dass die meisten Bakterien, Viren und Pilze bei geringen Temperaturen (4–6 °C) und bei höherer Luftfeuchtigkeit (> 70 %) stabiler sind (Kramer *et al.*, 2006). Dass es von allen Regeln Ausnahmen gibt, zeigt z. B. das Vaccinia-Virus (Pockenimpfvirus); es ist z. B. bei geringer Luftfeuchtigkeit stabiler als bei hoher (Henderson *et al.*, 1999).

Tab. 2: Inaktivierung verschiedener Erreger durch Trocknung auf Oberflächen (einzelne Beispiele nach Kramer *et al.*, 2006)

Durchschnittliche Persistenz an trockenen Oberflächen	
Bakterien	
Vibrio cholerae	1–7 Tage
Staphylococcus aureus (einschließlich MRSA*)	7 Tage bis 7 Monate
Sporen	Jahre
Viren	
SARS-Virus	72–96 Stunden
Noroviren	8 Stunden bis 7 Tage
Influenzaviren	1–2 Tage
Rotaviren	6–60 Tage
Hefen	
Candida albicans	1–120 Tage

* MRSA = Methicillin-resitenter *Staphylococcus aureus*

Mögliche Maßnahmen der medikamentösen Prophylaxe

Die Prävention von Infektionskrankheiten kann auf verschiedenen Ebenen stattfinden. Die primäre Abwehr besteht in der Eliminierung der Ursache. Dies kann durch Impfung (aktiv oder passiv) geschehen. Ein Beispiel für die erfolgreiche Anwendung der aktiven Immunisierung ist die Ausrottung der humanen Pocken.

Eine medikamentöse Postexpositionsprophylaxe (PEP) wird gezielt nach einer potenziellen Infektion empfohlen. Dabei werden die eingesetzten Medikamente gezielt gegen den vermuteten Infektionserreger eingesetzt (z. B. bei Exponierten der „Anthraxbriefe" in den USA). Die sekundäre Prävention versucht, Frühstadien zu erkennen und mit einer raschen Antwort die Schwere und/oder die Folgen der Infektion zu minimieren und die Weiterverbreitung zu unterbinden. In diesen Bereich fällt auch die Untersuchung von Kontaktpersonen. Die tertiäre Prävention wird entweder eingesetzt, um Sekundärinfektionen zu verhindern oder um die Folgen einer chronischen Infektion zu bekämpfen und Spätfolgen günstig zu beeinflussen. Dieser Teil der Prävention dient auch dazu, die Gesundheit so weit wieder herzustellen, dass ein normales Alltagsleben (beispielsweise die Arbeits- oder Schulfähigkeit) möglich ist.

Prävention findet auch in Bezug auf die Ausmaße in verschiedenen Ebenen statt. Die erste Ebene befasst sich mit dem einzelnen Patienten, die zweite Ebene betrifft Institutionen wie Krankenhäuser und die dritte Ebene die Gesamtbevölkerung (Miksits & Kramer, 2004).

Schutzimpfungen

Eine effektive und zugleich kostengünstige Maßnahme zum Infektionsschutz ist die Schutzimpfung.

- Bei einer **aktiven Immunisierung** wird der menschliche Körper abgeschwächten, inaktivierten oder auch nur Teilen von Krankheitserregern ausgesetzt. Das menschliche Immunsystem wird dadurch angeregt, Antikörper gegen die Erreger zu bilden. Bei der aktiven Impfung ist zu beachten, dass der Aufbau eines Immunschutzes einige Tage bis Wochen dauert. Auf einen optimalen Impfschutz sollte daher jederzeit geachtet werden, da eine biologische Lage schnell eintreten kann. Beispiele für Lebendimpfungen sind die Gelbfieberimpfung oder die Masern-Mumps-Röteln-Impfung. Totimpfstoffe gibt es z. B. gegen Grippe, Hepatitis A und B und Tollwut (Paul-Ehrlich-Institut, 2007).

- Bei einer **passiven Immunisierung** (Impfsera) erhält der Impfling in hoher Konzentration direkt die spezifischen Antikörper gegen den Erreger. Das Immunsystem muss sie also nicht selber produzieren. Üblicherweise hält der Impfschutz nach passiver Impfung weniger lange an als nach aktiver Impfung und muss daher regelmäßig wiederholt werden. Vorteil der passiven Impfung ist, dass der Schutz sofort besteht bzw. auch noch nach einer Infektion angewendet werden kann. Impfsera gibt es z. B. gegen Hepatitis B, Tollwut, Tetanus, Windpocken. Aus Tieren gewonnen gibt es z. B. Antitoxin gegen Botulismus (Paul-Ehrlich-Institut, 2007).

Gegen manche Krankheit, wie z. B. Fleckfieber, Leptospirose, Pest oder auch Anthrax sind zwar Impfstoffe vorhanden, aber in Deutschland nicht zugelassen. Auch ist es wichtig, sich über die Art der Schutzwirkung zu informieren; so schützt der (nirgendwo auf der Welt zugelassene) Pestimpfstoff z. B. nicht vor einer Infektion mit Lungenpest über Aerosol, sondern nur gegen eine Infektion über Flohstiche (Rakin, 2003).

Eine Antikörperbestimmung nach der Impfung ist üblicherweise nicht notwendig, da die meisten Impfungen zu sehr hohen Prozentsätzen erfolgreich sind. Lediglich in Ausnahmefällen kann die Überprüfung für Personen mit besonderem Risiko, z. B. nach einer Hepatitis B, empfohlen sein, da hier die Rate der sog. Non- oder Low-Responder immerhin ca. 5 % beträgt.

Medikamentöse Prophylaxe

Zur Prophylaxe stehen auch Medikamente zur Verfügung. Hierbei muss beachtet werden, dass Medikamente nur in dem Zeitraum schützen, in dem sie eingenommen werden.

Gegen **bakterielle Erreger** stehen verschiedenen Antibiotika zur Verfügung. Diese hindern entweder Bakterien an der Vermehrung (bakteriostatisch) oder töten Bakterien ab (bakterizid). Angriffspunkte sind zumeist die Zellwand oder der Stoffwechsel der Bakterien. Da diese sich stark unterscheiden können, muss das richtige Antibiotikum gewählt werden. Um eine Resistenzbildung zu verhindern, ist eine genaue und ausreichende Einnahme der Antibiotika erforderlich (*compliance*).

Gegen einige **Viren** stehen antivirale Substanzen zur Verfügung. Allerdings ist gerade in diesen Fällen die Wirksamkeit nur begrenzt bzw. nur in wenigen Fällen durch wissenschaftliche Studien belegt, so dass eine Verordnung nur in Ausnahmefällen in Betracht kommen wird. Die Einnahme in der richtigen Dosierung und genau zu den angegebenen Zeiten gilt besonders für Virustatika, da deren Abbau im Körper relativ rasch erfolgt und eine Gabe nicht selten alle vier bis sechs Stunden erfolgen muss. Diese Gesichtspunkte sind bei der Personalplanung und -führung zu berücksichtigen, da nach der Medikamenteneinnahme mit Nebenwirkungen gerechnet werden muss, die die Einsatzfähigkeit der Mitarbeiter beeinträchtigen könnten. Eine gute Übersicht über Diagnostik- und Behandlungsoptionen bieten z. B. Friesecke *et al.*, 2007 und Mertens *et al.*, 2004.

Literatur

Du Ry van Beest Holle, M., Meijer, A., Koopmans, M., de Jager, C.M., van de Kamp, E.E.H.M., Wilbrink, B., Conyn-van Spaendonck, M.A.E. & Bosman, A. (2005). Human-to-human transmission of avian influenza A/H7N7, The Netherlands, 2003. *Euro Surveill 2005,* **10** (12), 264-268

Friesecke, I., Biederbick, W., Boecken, G., Gottschalk, R., Koch, U., Peters, G., Peters, S., Sasse, J., & Stich, A. (2007) *Biologische Gefahren 2: Entscheidungshilfen zur medizinischen Versorgung,* 1. Auflage, Bundesamt für Bevölkerungsschutz und Katastrophenhilfe, Bonn

Henderson, D. A., Inglesby, T. V., Barlett, J. G., Ascher, M. S., Eitzen, E., Jahrling, P. B., Hauer, J., Layton, M., McDade, J., Osterholm, M. T., O'Toole, T., Parker, G., Perl, T., Russell, P.K., & Tonat, K. (1999). Smallpox as Biological Weapon. *JAMA: The Journal of the American Medical Association,* **281**(22), 2127-2137

Höffler, U. (2000) *Kursbuch Krankenhaus- und Praxishygiene,* Schlossdruckerei Steffen, Limburg

Kramer, A. (2006) Übersichtsarbeit: Händehygiene - Patienten- und Personalschutt. *GMS Krankenhaushyg.Interdiszip.*, **1**

Kramer, A., Schwebke, I., & Kampf, G. (2006) How long do nosocomial pathogens persist on inanimate surfaces? A systematic review. *BMC. Infect.Dis.*, **6**, 130

Mertens, T., Haller, O., & Klenk, H.D. (2004) *Diagnostik und Therapie von Viruskrankheiten: Leitlinien der Gesellschaft für Virologie,* 2. Auflage, Urban & Fischer Bei Elsevier

Miksits, K. & Kramer, A. (2004). *Prävention von Bakterien- und Virus-Infektionen. Medizinische Mikrobiologie und Infektiologie* (Hrsg.: H. Hahn, D. Falke, S. H. E. Kaufmann, & U. Ullmann), pp. 155-159. Springer Verlag, Heidelberg

Nassauer, A. (2005). Hygiene im Einsatz. Biologische Gefahren - Beiträge zum Bevölkerungsschutz (Hrsg.: Bundesamt für Bevölkerungsschutz und Katastrophenhilfe), pp. 347-359. Bonn

Rakin, A. (2003). Yersinia pestis - Eine Bedrohung für die Menschheit. *Bundesgesundheitsblatt - Gesundheitsforschung - Gesundheitsschutz,* 46, 949-955

Robert Koch-Institut (Bekanntmachung) (2003). Liste der vom Robert Koch-Institut geprüften und anerkannten Desinfektionsmittel und -verfahren. *Bundesgesundheitsblatt - Gesundheitsforschung - Gesundheitsschutz,* **46**, 72-95

Robert Koch-Institut [Ed] (2002). *Richtlinie für Krankenhaushygiene und Infektionsprävention. Anlage „Händehygiene" zur Richtlinie für Krankenhaushygiene und Infektionsprävention,* 18. Nachlieferung, Gustav Fischer Verlag, München Jena

Rotter, M. (1999). *Hand washing and hand disinfection. Hospital Epidemiology and Infection Control* (Hrsg.: Mayhall CG), pp. 1339-1355. Williams Wilkins, Baltimore

Weber, D.J., Sickbert-Bennett, E., Gergen, M.F., & Rutala, W.A. (2003) Efficacy of selected hand hygiene agents used to remove *Bacillus atrophaeus* (a surrogate of *Bacillus anthracis*) from contaminated hands. *JAMA.,* **289**, 1274-1277

Winther, B., McCue, K., Ashe, K., Rubino, J., & Hendley, J.O. (2006). Contamination of environmental surfaces during normal daily activities of hotel guests with rhinovirus colds. *46th annual ICAAC,* 27. - 30.09.2006

6.3 Arbeitsschutz bei Infektionsgefährdung

S. Niemeyer, E. Turcer, C. Kühl, J. Mertsching,
U. Schies, S. Ippisch

Ziel des Arbeitsschutzes ist es, die Sicherheit und Gesundheit des einzelnen Beschäftigten zu gewährleisten. Die dafür erforderlichen Maßnahmen zu identifizieren, festzulegen und für deren Durchführung zu sorgen, ist Pflicht des jeweiligen Arbeitgebers. Diese Pflichten sind im Einzelnen in speziellen Rechtsvorschriften verankert.

Rechtsgrundlagen des Arbeitsschutzes

Die deutsche Rechtsetzung wird zunehmend durch die Europäische Union beeinflusst. Diese Verflechtung ist mit der Realisierung des Binnenmarktes weit vorangeschritten, obwohl Handelshemmnisse abzubauen und die unterschiedlichen sozialen Verhältnisse in den Mitgliedsstaaten anzugleichen waren. Dabei beruhen die Arbeitsschutzrichtlinien der EG in der Regel auf Artikel Art. 137 des EG-Vertrages und legen lediglich Mindestanforderungen fest. EG-Richtlinien müssen immer in nationales Recht umgesetzt werden.

Von besonderer Bedeutung für den Arbeitsschutz ist die Richtlinie 89/391/EWG des Rates vom 12. Juni 1989 über die Durchführung von Maßnahmen zur Verbesserung der Sicherheit und des Gesundheitsschutzes der Arbeitnehmer bei der Arbeit (Arbeitsschutzrahmenrichtlinie) – ABl. L 183 vom 29.6.1989, S. 1–8. Sie wird durch Einzelrichtlinien untersetzt. Zu diesen Einzelrichtlinien gehören z. B. die Richtlinie 2000/54/EG zum Schutz vor Gefährdungen durch biologische Arbeitsstoffe bei der Arbeit und die Richtlinie 2004/37/EG zum Schutz gegen Gefährdungen durch Karzinogene oder Mutagene bei der Arbeit. Dieses System findet sich im nationalen Arbeitsschutzrecht wieder.

Das Arbeitsschutzgesetz regelt die Grundanforderungen und ist gleichzeitig die Rechtsgrundlage für spezielle – überwiegend gefährdungsorientierte – Verordnungen. Viele dieser Verordnungen werden ihrerseits wiederum durch technische Regelwerke konkretisiert: Diese werden von Fachausschüssen, die das zuständige Ministerium für Arbeit und Soziales beraten, erarbeitet (siehe Abb. 1). Die Ausschüsse (z. B. Ausschuss für Biologische Arbeitsstoffe – ABAS; Ausschuss für Gefahrstoffe – AGS; Ausschuss für Betriebssicherheit – ABS) beantworten auch Einzelanfragen von grundsätzlicher Bedeutung und können über die Geschäftsstellen bei der Bundesanstalt für Arbeitsschutz und Arbeitsmedizin (BAuA) kontaktiert werden.

Bei Einhaltung der Technischen Regeln kann der Arbeitgeber davon ausgehen, dass er die Anforderungen der jeweiligen Verordnung in diesen Punkten erfüllt (sog. Vermutungswirkung).

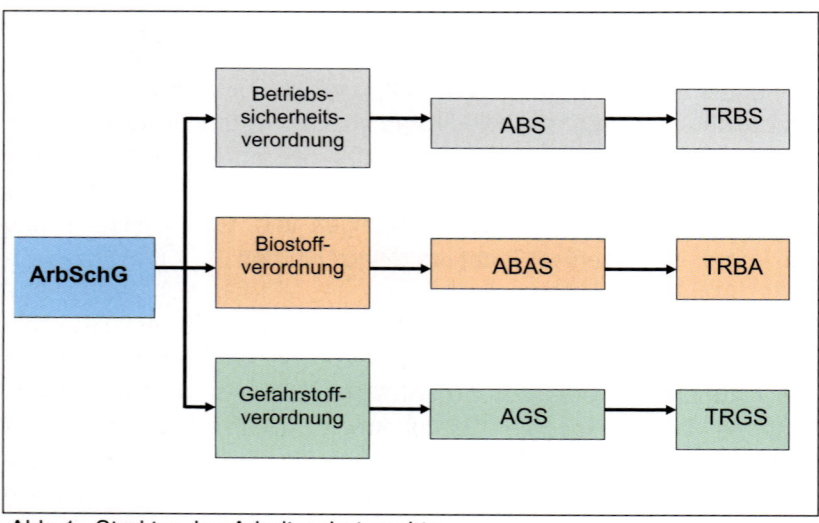

Abb. 1: Struktur des Arbeitsschutzrechts

Die Technischen Regeln stehen im Internet auf der Seite der Bundesanstalt für Arbeitsschutz und Arbeitsmedizin zur Verfügung (www. baua.de); die Technischen Regeln für biologische Arbeitsstoffe sind zu finden unter der genauen Adresse www.baua.de/de/Themen-von-A-Z/ Biologische-Arbeitsstoffe/TRBA/TRBA.html__nnn=true.

Das früher wichtige Unfallversicherungsrecht ist mittlerweile in den Hintergrund getreten. Die meisten Unfallverhütungsvorschriften wurden aufgehoben. Mit den Regelungen der BGV A1/GUV-V A1 (Berufsgenossenschaftliche Vorschrift) „Grundsätze der Prävention" übernehmen die Unfallversicherungsträger nunmehr de facto das staatliche Arbeitsschutzrecht in ihren Aufgabenbereich. Dies hat zu einer deutlichen Reduzierung der Vorschriften und zu einer Vereinheitlichung und damit zu Erleichterungen für den Anwender geführt. Wichtige Informationen für die Praxis sind aber weiterhin in den Regeln und Merkblättern der gesetzlichen Unfallversicherungsträger enthalten, z. B. Berufsgenossenschaftliche Regeln (BGR), Regeln der Gemeindeunfallversicherer (GUV-R) bzw. Informationen der Berufsgenossenschaften (BGI) und Informationen der Gemeindeunfallversicherer (GUV-I), die allerdings lediglich empfehlenden Charakter haben.

Arbeitsschutz in biologischen Gefahrenlagen

In biologischen Gefahrenlagen treten neben dem Arbeitsschutz weitere Schutzziele wie Bevölkerungsschutz, Aufrechterhaltung der öffentlichen Sicherheit und Ordnung und Sicherheit Kritischer Infrastrukturen in den Vordergrund. Die Verantwortlichen werden also vor komplexe Aufgaben gestellt, von denen der Arbeitsschutz einen Teilaspekt abdeckt; allerdings sind Maßnahmen des Arbeitsschutzes vielfach auch für die Erreichung der anderen Schutzziele geeignet.

Rechtslage in biologischen Gefahrenlagen

Status von Ehrenamtlichen

Im Einsatz bei biologischen Gefahrenlagen wird es voraussichtlich unmöglich sein, flächendeckend eine kompetente Einsatzabwicklung zu gewährleisten, ohne auf ehrenamtliches Personal zurückzugreifen. Ehrenamtliche sind bei ihrer Tätigkeit grundsätzlich den gleichen Risiken ausgesetzt, zusätzlich ist ihr Risiko für unfallträchtige Fehlhandlungen möglicherweise aufgrund geringeren persönlichen Trainings und mangelnder Erfahrung erhöht.

Dieser Personenkreis gehört nach der Definition des Arbeitsschutzgesetzes aber nicht zu den „Beschäftigten". Trotzdem wird er über das Unfallversicherungsrecht (BGV A1, GUV-V A1 „Grundsätze der Prävention") in den Schutzbereich der Arbeitsschutzvorschriften einbezogen, u. a. fallen „im Zivilschutz unentgeltlich, insbesondere ehrenamtlich tätige Personen" unter die gesetzliche Unfallversicherung des SGB VII. Gleiches gilt auch für Personen, die bei „gemeiner Gefahr oder Not Hilfe leisten".

In diesem Zusammenhang stellt sich – nicht zuletzt auch wegen der Kosten – die Frage, wer als Arbeitgeber die Verantwortung für den Arbeitsschutz zu tragen hat. Nach dem Arbeitsschutzgesetz sind Arbeitgeber natürliche und juristische Personen und rechtsfähige Personengesellschaften, für die Beschäftigte tätig sind. Dies hat einerseits zur Folge, dass beim Einsatz unterschiedlicher Hilfsdienste auch verschiedene Arbeitgeber vor Ort über Arbeitsschutzmaßnahmen entscheiden müssen und andererseits für Ehrenamtliche rechtlich gesehen kein Arbeitgeber existiert, der diese Aufgabe übernimmt. Es ist also erforderlich, auch für den Arbeitsschutz bereits im Vorfeld klare Verantwortungen festzulegen.

Wichtig ist in jedem Fall eine enge Zusammenarbeit aller Beteiligten. Dazu gehört auch eine Einbindung der zuständigen Arbeitsschutzbehörden.

Rechtsvorschriften

In biologischen Gefahrenlagen sind insbesondere folgende Rechtsvorschriften relevant:

- Verordnung über Sicherheit und Gesundheitsschutz bei Tätigkeiten mit biologischen Arbeitsstoffen (Biostoffverordnung)

- Verordnung zum Schutz vor Gefahrstoffen (Gefahrstoffverordnung)

- Verordnung über Sicherheit und Gesundheitsschutz bei der Benutzung persönlicher Schutzausrüstungen bei der Arbeit (PSA-Benutzungsverordnung).

An dieser Stelle wird vorrangig auf die Biostoffverordnung eingegangen, da sie die maßgeblichen Regelungen im Zusammenhang mit biologischen Gefährdungen enthält. Auf die konkreten Inhalte wird nur punktuell eingegangen. In einer biologischen Gefahrenlage wird es erforderlich sein, die anzuwendenden Rechtsvorschriften zu erkennen und umfassend anzuwenden.

Soweit öffentliche Belange dies zwingend erfordern, insbesondere zur Aufrechterhaltung oder Wiederherstellung der öffentlichen Sicherheit oder Ordnung, kann u. a. bei Einrichtungen des Zivilschutzes ganz oder teilweise von Vorgaben des Arbeitsschutzgesetzes und der darauf erlassenen Verordnungen abgewichen werden. In diesen Fällen ist unter Berücksichtigung der Ziele des Arbeitsschutzgesetzes in besonderen Dienstvorschriften oder im konkreten Einzelfall festzulegen, wie vorgegangen werden soll. Für den Geschäftsbereich des Bundesministers des Innern ist Näheres in der "Verordnung über die modifizierte Anwendung von Vorschriften des Arbeitsschutzgesetzes für bestimmte Tätigkeiten im öffentlichen Dienst des Bundes im Geschäftsbereich des Bundesministeriums des Innern (Bundesministerium des Innern – Arbeitsschutzgesetzanwendungsverordnung – BMI-ArbSchGAnwV)" geregelt (217.160.60.235/BGBL/bgbl1f/b100007f.pdf).

Ablaufplan Arbeitsschutz

Grundlage des Arbeitsschutzes ist die Gefährdungsbeurteilung. Hierzu bedarf es möglichst umfassender Kenntnisse über die relevanten Mikroorganismen und die durchzuführenden Tätigkeiten und deren systematischer Analyse und Bewertung. Auf der Grundlage dieser Bewertung werden die erforderlichen Schutzmaßnahmen festgelegt und durchgeführt. Dabei gilt grundsätzlich eine feste Rangordnung der Schutzmaßnahmen nach dem **TOP**-Prinzip:

1. **T**echnisch, baulich – einschließlich Substitution (Ersatz) gefährlicher Stoffe oder Verfahren

2. **O**rganisatorisch

3. **P**ersönlich

Die arbeitsmedizinische Vorsorge ist dabei ein integraler Bestandteil des Gesamtpräventionskonzeptes von Biostoff- und Gefahrstoffverordnung (siehe Arbeitsmedizinische Vorsorge).

Die Gefährdungsbeurteilung muss fachkundig durchgeführt werden; d. h. der Arbeitgeber muss sich entsprechend beraten lassen. Bei arbeitsmedizinischen Fragestellungen sollte deshalb ein Arzt hinzugezogen werden.

Auch in biologischen Gefahrenlagen gilt grundsätzlich das TOP-Prinzip. Es wird allerdings nur eingeschränkt Anwendung finden können, so ist eine Substitution naturgemäß nicht möglich. Auch technische Schutzmaßnahmen werden nicht immer realisierbar sein. Der Schwerpunkt wird deshalb auf der Organisation sowie den persönlichen Schutzmaßnahmen und der arbeitsmedizinischen Vorsorge liegen müssen.

Die Gefährdungsbeurteilung sollte – soweit wie möglich – bereits im Vorfeld z. B. im Rahmen von Katastrophenschutzplänen oder -übungen auf der Grundlage verschiedener Szenarien durchgeführt werden.

Die Biostoffverordnung sieht eine Zuordnung der Tätigkeiten in die Schutzstufen 1 bis 4 vor. Die Schutzstufenzuordnung orientiert sich an der Risikogruppe des gefährlichsten, relevanten biologischen Arbeitsstoffes. Dabei reicht die Einstufung von Risikogruppe 1 (unwahrscheinlich, dass eine Krankheit verursacht wird) bis Risikogruppe 4 (schwere Krankheit, Gefahr für Verbreitung in der Bevölkerung, wirksame Vorbeugung oder Behandlung nicht möglich). Die Eingruppierung sagt nichts darüber aus, wie ansteckend ein Erreger ist oder wie resistent gegen Desinfektionsmaßnahmen oder Umweltbedingungen.

Auflistungen der Einstufungen einzelner Erreger in Risikogruppen finden sich in den – die Biostoffverordnung (BioStoffV) konkretisierenden – Technischen Regeln für biologische Arbeitsstoffe (TRBA):

TRBA 466 – Einstufung von Bakterien,
TRBA 462 – Einstufung von Viren,
TRBA 460 – Einstufung von Pilzen,
TRBA 464 – Einstufung von Parasiten.

Die Einstufungskriterien sind in der TRBA 450 beschrieben.

Da in biologischen Gefahrenlagen mögliche Krankheitserreger nicht immer gleich bekannt sein werden, wird, wenn keine anderen Erkenntnisse vorliegen, die Beurteilung der Situation deshalb den ungünstigsten Fall zu Grunde legen. Das kann bedeuten, dass zunächst von Tätigkeiten der Schutzstufe 4 nach Biostoffverordnung auszugehen ist.

Hilfestellung bei der Gefährdungsbeurteilung geben die technischen Regeln zur Biostoffverordnung (TRBA 400 „Handlungsanleitung zur Gefährdungsbeurteilung und für die Unterrichtung der Beschäftigten bei Tätigkeiten mit biologischen Arbeitsstoffen") und zur Gefahrstoffverordnung (TRGS 400 „Ermitteln und Beurteilen der Gefährdungen durch Gefahrstoffe am Arbeitsplatz: Anforderungen").

Organisatorische Schutzmaßnahmen

Wichtig ist die Beschränkung der Zahl der exponierten Personen auf die unbedingt erforderliche Zahl. Bevorzugt sind Personen einzusetzen, die über erforderliche Fachkenntnisse und ggf. Erfahrungen verfügen. Gleichzeitig sind Dekontamination/Desinfektion/Abfallentsorgung zu organisieren, geeignete Pausenmöglichkeiten zu schaffen usw. Ein weiterer wesentlicher Punkt sind die Betriebsanweisung und die Unterweisung der Betroffenen, die ggf. durch eine spezielle Arbeitsanweisung ergänzt werden muss. Personal von Feuerwehren und Hilfsdiensten, die bei biologischen Gefahrenlagen zum Einsatz kommen sollen, sollten regelmäßige Übungen durchführen, damit sie über die erforderliche Fachkunde verfügen.

Persönliche Schutzmaßnahmen

In Beitrag 6.4 wird auf die persönlichen Schutzausrüstungen ausführlich eingegangen, so dass an dieser Stelle nur ein Überblick erfolgt.

Das Tragen persönlicher Schutzausrüstungen, speziell von Atemschutz, ist in der Regel belastend. Dies gilt besonders, wenn die Arbeitsbedingungen erschwert sind (z. B. enge Räume, Hitze, Kälte, schwere körperliche Arbeit). Schutzanzüge in Verbindung mit Atemschutzgeräten der Gruppe 3 stellen eine weitere zusätzliche Belastung für den Träger dar. Bei Schutzanzügen ist die Belastung durch Gewicht, Mikroklima, psychische Einflüsse (Platzangst) und Umgebungseinflüsse (Notfallsituation) gegeben. Bei der Auswahl ist dies zu berücksichtigen. Atemschutz, bei dem der Atemwiderstand erhöht ist, darf nur von Personen getragen werden, die daraufhin arbeitsmedizinisch untersucht wurden. Nähere Informationen zum Atemschutz enthält die berufsgenossenschaftliche Regel BGR 190, GUV-R 190 („Benutzung von Atemschutzgeräten"). Auch in den Beschlüssen des Ausschusses für biologische Arbeitsstoffe (ABAS) 608 („Empfehlung spezieller Maßnahmen zum Schutz der Beschäftigten vor Infektionen durch hochpathogene aviäre Influenzaviren [Klassische Geflügelpest, Vogelgrippe]") und 609 („Arbeitsschutz beim Auftreten von nicht impfpräventabler Influenza unter besonderer Berücksichtigung des Atemschutzes") wird u. a. auf den Atemschutz eingegangen.

Arbeitsmedizinische Vorsorge

Um Beschäftigte vor vermeidbaren Gesundheitsgefahren am Arbeitsplatz zu schützen, ist in der Biostoff- und der Gefahrstoffverordnung, festgelegt, dass der Arbeitgeber für eine angemessene arbeitsmedizinische Vorsorge sorgen muss (§ 15 Abs. 1 Biostoff- und Gefahrstoffverordnung).

Art und Umfang richten sich nach der Gefährdung und werden im Rahmen der Gefährdungsbeurteilung festgelegt. Nach Gefahrstoff- und Biostoffverordnung gehören zur arbeitsmedizinischen Vorsorge nicht nur arbeitsmedizinische Vorsorgeuntersuchungen, sondern auch

- die arbeitsmedizinische Beurteilung der Arbeitsbedingungen und die Empfehlung von Schutzmaßnahmen; dies geschieht – soweit dabei arbeitsmedizinische Fragestellungen relevant sind – durch Beteiligung eines Arbeitsmediziners an der Gefährdungsbeurteilung

- eine allgemeine arbeitsmedizinische Beratung im Rahmen der vom Arbeitgeber durchzuführenden Unterweisung. Bei dieser Beratung sind den Beschäftigten die wichtigsten medizinischen Informationen in allgemeinverständlicher Form zu vermitteln. Die Beratung selber muss nicht von einem Arbeitsmediziner durchgeführt werden, wenn auch anders sichergestellt werden kann, dass die erforderlichen Inhalte umfassend und verständlich dargelegt werden.

Arbeitsmedizinische Vorsorgeuntersuchungen müssen durchgeführt werden bei den in Anhang IV der Biostoffverordnung bzw. § 16 in Verbindung mit Anhang V Nr. 1 und Nr. 2.1 der Gefahrstoffverordnung genannten Fällen sowie bei Tätigkeiten, die der Schutzstufe 4 nach Biostoffverordnung zuzuordnen sind. Diese Untersuchungen werden auch als Pflichtuntersuchungen bezeichnet, da der Arbeitgeber nur solche Beschäftigte die entsprechende Tätigkeit ausüben lassen darf, die untersucht wurden. Die Pflichtuntersuchungen nach der Biostoffverordnung beziehen sich auf besonders gefährdende Tätigkeiten mit chronisch schädigenden und impfpräventablen biologischen Arbeitsstoffen. Ziel der Untersuchungen bei impfpräventablen biologischen Arbeitsstoffen ist vorrangig die Impfung. In Deutschland gibt es keine Impfpflicht. Die Kopplung des Impfangebots an die Pflichtuntersuchung und die damit zusammenhängende Beratung durch den Arzt dient der Förderung der Impfbereitschaft.

Die Anlässe für Pflichtuntersuchungen sind in den Verordnungen abschließend aufgezählt. Näheres ist den §§ 15, 15a Biostoffverordnung bzw. §§ 15, 16 Gefahrstoffverordnung zu entnehmen.

Untersuchungsverpflichtungen können sich bis zum Erlass der geplanten Verordnung zur arbeitsmedizinischen Vorsorge auch aus der Unfallverhütungsvorschrift BGV A4, GUV-V A4 („Arbeitsmedizinische Vorsorge") ergeben. Hierzu gehören auch die arbeitsmedizinischen Vorsorgeuntersuchungen beim Tragen von belastendem Atemschutz.

In Fällen, in denen keine Pflichtuntersuchung vorgeschrieben ist, hat der Arbeitgeber den Beschäftigten ggf. eine Untersuchung anzubieten. Nach der Biostoffverordnung ist das immer dann der Fall, wenn Tätigkeiten der Schutzstufe 3 durchgeführt werden. Bei Tätigkeiten der Schutzstufe 2 sind Angebotsuntersuchungen nur dann vorgesehen, wenn nicht aufgrund der Schutzmaßnahmen und der Gefährdungsbeurteilung eine erhöhte Gefährdung ausgeschlossen werden kann. Die konkrete Festlegung des betroffenen Personenkreises erfolgt mit der Gefährdungsbeurteilung. Dabei ist dann im Einzelfall auch zu prüfen, ob aufgrund der Gefährdung ein Impfangebot gemacht werden sollte. In biologischen Gefahrenlagen sollte grundsätzlich angestrebt werden, dass alle Helfer gegen Diphtherie, Tetanus und Hepatitis B geimpft werden. Impfungen gegen Hepatitis A, Influenza, Pneumokokken und Poliomyelitis können ergänzend erwogen werden. Impfstoffe gegen Milzbrand und Pocken sind in Deutschland nicht zugelassen.

Der Pockenschutzimpfstoff würde erst im Falle eines Ausbruchs per Verordnung gemäß Pockenrahmenplan in Verkehr gebracht werden. Bei Milzbrand stehen Antibiotika zur Prophylaxe und Behandlung zur Verfügung (siehe Friesecke *et al.*, 2007).

Die arbeitsmedizinischen Vorsorgeuntersuchungen sind vor Aufnahme der Tätigkeit durchzuführen und danach in regelmäßigen Abständen zu wiederholen. Dabei kann bei biologischen Gefahrenlagen ein engerer Untersuchungszeitraum erforderlich sein als bei regelmäßigen Tätigkeiten mit biologischen Arbeitsstoffen unter Normalbedingungen.

Die Annahme des Untersuchungs- und des Impfangebots liegt im freien Ermessen des einzelnen Beschäftigten.

Bei den arbeitsmedizinischen Vorsorgeuntersuchungen festgestellte individuelle Besonderheiten können dazu führen, dass gegen die Ausübung einzelner Tätigkeiten gesundheitliche Bedenken bestehen. Darüber erhält der Arbeitgeber ohne ausdrückliche Zustimmung des Beschäftigten aber nur Kenntnis, wenn es sich um eine Pflichtuntersuchung gehandelt hat. Die Mitteilung des sog. Untersuchungsergebnisses erfolgt ohne medizinische Details und beinhaltet nur die Aussage, ob gegen die Ausübung der jeweiligen Tätigkeit gesundheitliche Bedenken bestehen oder nicht; gleichzeitig nennt sie auch den nächsten Untersuchungszeitpunkt. Die Ablehnung eines Impfangebots nach Biostoffverordnung rechtfertigt alleine nicht, gesundheitliche Bedenken auszusprechen.

Die Kosten für die Untersuchungen/Impfungen dürfen dem Beschäftigten nicht auferlegt werden.

Als Hilfestellung für den untersuchenden Arzt haben die Unfallversicherungsträger Empfehlungen erarbeitet, die in dem Regelwerk der Berufsgenossenschaftlichen Grundsätze für arbeitsmedizinische Vorsorgeuntersuchungen – den sog. G-Grundsätzen – zusammengefasst sind. In Bezug auf biologische Gefahrenlagen sind beispielhaft der berufsgenossenschaftliche Grundsatz 26 (G 26) für das Tragen von

Atemschutzausrüstung und der Grundsatz 42 (G 42) für Tätigkeiten mit Infektionsgefährdung zu nennen.

Zusammenfassung

Eine Reduzierung der Gefährdung für die Einsatzkräfte bei biologischen Gefahrenlagen ist möglich, wenn ein differenziertes Schutzkonzept im Vorfeld erarbeitet wurde und konsequent umgesetzt wird. Die verbindliche Rechtsgrundlage dafür ist mit dem Arbeitsschutzgesetz und den assoziierten Verordnungen gegeben. Die Gefährdung der Beschäftigten betrifft aber nur einen Teilaspekt der komplexen Problemstellungen, so dass eine enge Zusammenarbeit der Beteiligten unter Berücksichtigung aller Schutzziele erforderlich ist.

Literatur

Friesecke, I., Biederbick, W., Boecken, G., Gottschalk, R., Koch, U., Peters, G., Peters, S., Sasse, J. & Stich, A. (2007). *Biologische Gefahren II: Entscheidungshilfen zur medizinischen Versorgung.* Bonn: Bundesamt für Bevölkerungsschutz und Katastrophenhilfe

6.4 Persönliche Schutzausrüstung

D. Friederichs, Th. Grünewald, S. Ippisch, H. Krüger,
C. Kühl, R. Plum, M. Pulz, A. Schild, U. Schies,
J. Schreiber, R. Steffens[1]

Wenn gefährliche Substanzen/Krankheitserreger freigesetzt worden sind oder ein entsprechender Umgang erforderlich ist, ist gleich eine ganze Palette von Arbeitsschutz-Maßnahmen durchzuführen. Dabei spielt der korrekte Einsatz von persönlicher Schutzausrüstung (PSA) eine wichtige Rolle. Diese dient dem Eigenschutz des Helfers und der Vermeidung einer weiteren Ausbreitung der Krankheit. Nachstehend wird ein Überblick für die Auswahl geeigneter PSA gegeben. Dabei kann dieser Artikel eine fachkundige Beratung vor Ort nicht ersetzen und sollte daher als Hilfe- oder Nachschlagewerk betrachtet werden. Das Ergebnis einer Risikoanalyse kann zur Folge haben, dass die ausgewählte PSA mit den Vorschriften für die Einsatzkräfte in Konflikt kommt. So kann die Verwendung eines Schutzhelms in Kombination mit einem Schutzanzug nicht immer die optimale Lösung sein und eventuell den Träger sogar gefährden. Solange die Lage jedoch noch nicht bekannt ist, ist aus Sicht der Autoren ein maximaler Schutz sinnvoll. Danach sollte die Entscheidung gemäß ständig aktualisierter Lagebeurteilung erfolgen (siehe 2.4).

Wichtige Vorbemerkungen

Anschließende C-Lage durch Dekontamination bedenken!

Bei der Auswahl von PSA ist zu berücksichtigen, dass bei einer B-Lage immer mit einer Dekontaminationsmaßnahme (Dekon) gerechnet werden muss. Die PSA muss die anschließenden Dekontaminationsmaßnahmen mit ihren vielfältigen Expositionen aushalten können:

---

1 Die Autoren sind in alphabetischer Reihenfolge genannt.
   Korrespondenzadresse: Siegfried W. W. Ippisch

- Schutz der zu dekontaminierenden Person gegen die Dekonmittel,

- Schutz der Einsatzkräfte gegen die Dekonmittel bei der Personendekontamination,

- Schutz der Einsatzkräfte bei der Entsorgung der Dekonmittel.

Aus diesem Grund ist z. B. ein geeigneter, auf das Dekontaminations-
Prozedere und -mittel abgestimmter Gasfilter bzw. entsprechender
Chemikalienschutzfilter mitzuführen. Hierfür sind Verfahrensanwei-
sungen, sogenannte SOPs (Standard Operating Procedure, Standar-
deinsatzregel), hilfreich.

Auf Kompatibilität der Komponenten der Schutzausrüstung achten!

Als Beispiel sei hier der Einsatz von einfachsten Einmalhandschuhen
ohne PSA-Deklaration in Kombination mit P3-Atemschutz erwähnt,
womit der Atemschutz gewährleistet sein kann, der Handschutz
jedoch nicht.

*Stand der Technik beachten – Normung/Standards allein sind nicht
ausreichend!*

Die vom Unternehmer der Einrichtung zu stellende Schutzausrüstung
muss nach Arbeitsschutzgesetz (ArbSchG) oder nach den Vorgaben der Unfallversicherungsträger dem aktuellen Stand der Technik
entsprechen (siehe 6.3). Europaweit gelten zwar einheitliche Standards, die das Inverkehrbringen von PSA über Anforderungen regeln,
ihre Vielfalt ist allerdings für den Anwender schwer zu überblicken.
Erschwerend kommt hinzu, dass existierende Normen und Standards
nicht unbedingt dem Stand der Technik entsprechen.

Dies ist darauf zurückzuführen, dass die Anwendung von Normen das
Vergleichen einer Eigenschaft erlaubt, ohne dass durch die Methode
unterschiedliche Stoffe oder Dinge diskriminiert werden. Um das zu

gewährleisten, ist es nicht immer möglich, den Stand der Technik anzuwenden. Die Zeit zur Erstellung einer Norm beträgt meist 5 Jahre oder mehr. Wird die Norm dann publiziert, ist der Stand der Technik häufig wesentlich weiter. Alle in diesem Beitrag zitierten europäischen Normen sind am Ende des Beitrags aufgeführt.

Rechtlich gesehen ist daher der Anwender dazu aufgefordert, sich darüber zu informieren, ob die von ihm benutzte PSA dem Stand der Technik entspricht. Im Zweifelsfall bedeutet das, dass ein Anwender hierzu den Hersteller der PSA befragen sollte. Die Antwort sollte aus Rechtssicherheitsgründen abgelegt werden. Aussagen von Expertengruppen wie dem ABAS können hilfreich sein, geben aber keine Rechtssicherheit, insbesondere dann nicht, wenn die Fachkunde des Anwenders eine bessere Aussage erlauben würde.

Tab. 1:   CE-Zertifizierung der PSA

Kategorie I	Kategorie II	Kategorie III
Grundlegende Sicherheits- und Gesundheitsanforderungen	Grundlegende Sicherheits- und Gesundheitsanforderungen	Grundlegende Sicherheits- und Gesundheitsanforderungen
Konformitätserklärung Technischer File Anbringen des CE-Zeichens	Konformitätserklärung Technischer File Baumusterprüfung Information des Herstellers Anbringen des CE-Zeichens	Konformitätserklärung Technischer File Baumusterprüfung Qualitätsüberwachung Information des Herstellers Anbringen des CE-Zeichens
CE-Zeichen ohne Nummer	CE-Zeichen mit Nummer der Behörde, die die Baumusterprüfung macht	CE-Zeichen mit Nummer der Behörde, die die Qualitätsüberprüfung macht

PSA muss immer mit einem CE-Zeichen versehen sein; die gegenüber biologischen Gefahren erforderliche PSA entspricht der hochwertigsten Kategorie III, hier wird eine Baumusterprüfung durchgeführt, und fertige Endprodukte unterliegen einer stichprobenartigen Qualitätskontrolle. Das CE-Zeichen für die Kategorie III trägt die 4-stellige Kennzahl der Qualitätskontrollbehörde. Jeder Handelseinheit einer PSA muss eine Information des Herstellers in deutscher Sprache beigefügt sein, diese enthält auch Gebrauchs- und Pflegehinweise und gegebenenfalls Warnhinweise und Erläuterungen. CE-Zeichen der Kat. II und der Kat. III können nur anhand der Etikettierung bzw. der Packungsbeilage (oder Information durch den Hersteller) unterschieden werden.

Komponenten der PSA

Unterschieden werden kann persönliche Schutzausrüstung z. B. nach den möglichen Eintrittspforten bzw. nach den zu schützenden Körperregionen (die Einteilungen entsprechen den Einteilungen für die Normenkomitees):

- Atemschutz (umluftabhängig oder umluftunabhängig)
- Augenschutz
- Arm-, Bein- und Rumpfschutz (z.B. Handschuhe, Schutzanzüge)
- Kopfschutz (Helme etc.)
- Fußschutz (Schuhe, Stiefel)

Atemschutz

Atemschutzgeräte sind persönliche Schutzausrüstungen, die den Träger vor dem Einatmen von Schadstoffen aus der Umgebungsatmosphäre oder vor Sauerstoffmangel schützen. Sie bestehen aus einem Atemanschluss (z. B. Halb- oder Vollmaske), der die **Atemwege** des **Trägers** mit den übrigen Teilen des Atemschutzgerätes verbindet und sie vor der Umgebung schützt, und einem Funktionsteil (z. B. Gasfilter), der die Versorgung mit Atemluft sicherstellt. Beispiele für verschiedene Atemmasken sind in Abb. 1 und 2 dargestellt.

Die für eine B-Lage entscheidende Bezeichnung der Maske ist die Effizienz der Partikelfilter „P", mit steigender Schutzwirkung von P1 bis P3 (siehe Tab. 2).

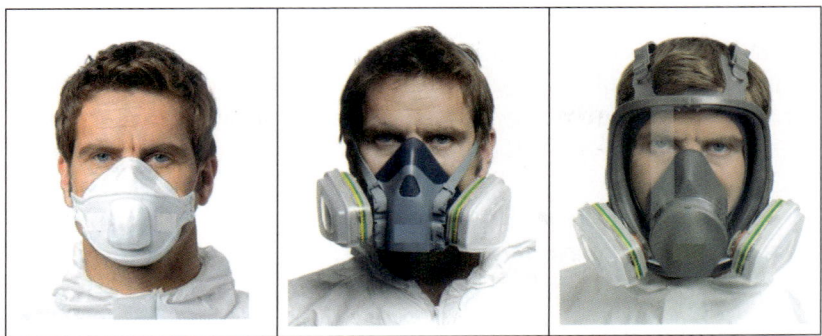

Abb. 1:   von links: FFP-Maske mit abgedecktem Ausatemventil; Halbmaske; Vollmaske (Fotos: 3M)

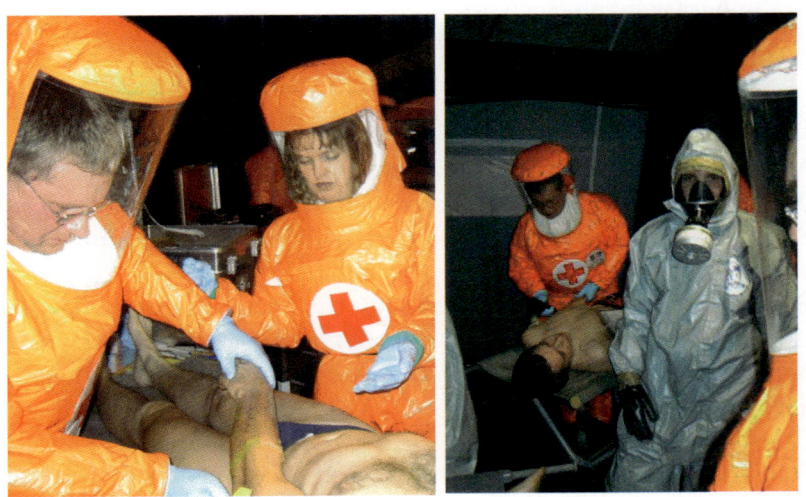

Abb. 2:   PSA in der Praxis, z. B. bei der Verletztenversorgung im unreinen Bereich. Bilder von der Übung Verletztendekon in München zeigen den Schutz des medizinischen Personales
[links: Schutzanzug mit integrierter und gebläseunterstützter Kopfhaube mit Kombinationsfilter ABEK2-P3, rechts: Vollmaske mit Kombinationsfilter ABEK2-P3; Fotos: S. Ippisch, BRK Facharbeitsgruppe CBRN(E)]

Mund-Nasen-Schutz (MNS), auch medizinischer Mund-Nasen-Schutz oder OP-Masken genannt, soll in erster Linie den Patienten vor Infektionen durch Erreger in der Ausatemluft der behandelnden Person schützen. Für MNS gibt es keine Schutzklassen.

Tab. 2: Vergleich der drei Schutzklassen von FFP-Masken:
Anforderungen und Prüfungen werden in der EN 149 beschrieben

Maskentyp	FFP1	FFP2	FFP3
Zugelassene Belastung der Umgebung	bis zum 4-fachen des Grenzwertes	bis zum 10-fachen des Grenzwertes	bis zum 30-fachen des Grenzwertes
Mindestrückhaltevermögen	80 %	94 %	99 %
maximal zulässige Gesamtleckage an Probanden	22 %	8 %	2 %

Auch wenn MNS in jüngster Zeit nach **verringerten Anforderungen** der EN 149 als FFP1-Maske geprüft wurde, kann er einen vollwertigen Partikelschutz gegen biologische Arbeitsstoffe **nicht** ersetzen!

Partikelfiltrierende Halbmasken sind vollständige Atemschutzgeräte, die ganz oder überwiegend aus nicht auswechselbarem Filtermaterial bestehen und gegen Aerosole aus festen oder flüssigen, nicht leicht flüchtigen Partikeln schützen.

Zum Schutz vor Krankheitserregern sind grundsätzlich Partikelfilter (z. B. P3-Filter, siehe Tab. 2) ausreichend, sie bieten allerdings gegenüber Gasen keinen Schutz. Insbesondere partikelfiltrierende Halbmasken (FFP) sind daher nur eingeschränkt geeignet, wenn nach der Anwendung eine Dekontamination des Anwenders vorgesehen ist.

Über die Schutzwirkung gegenüber Chemikalien, die z. B. für die Dekon eingesetzt werden, geben die Buchstaben im Filternamen Auskunft (zur Bedeutung der Buchstaben siehe 6.6).

FFP-Masken sind ohne und mit Ausatemventil erhältlich; das Ventil verringert die Atemarbeit. Wann immer bisher bei infektiösen Krankheiten Personal- und Patientenschutz kombiniert werden musste, kamen **nur** FFP3-Atemschutzmasken **ohne Ausatemventil** in Frage, da durch das Ausatemventil Erreger an die Umwelt abgegeben werden könnten. Diese Masken erschweren jedoch das Ausatmen und stellen eine zusätzliche Belastung für den Träger dar.

Das speziell abgedeckte Ausatemventil verringert den Atemwiderstand deutlich spürbar, gleichzeitig bildet sich weniger Hitze und Feuchtigkeit. Zudem darf eine Maske ohne Ausatemventil nur 75 Minuten getragen werden, eine Maske mit Ventil 120 Minuten, bevor eine Pause von 30 Minuten einzulegen ist (BGR 190, Tragezeitbegrenzung). Eine Lösung bietet eine FFP3-Atemschutzmaske mit Zwei-Wege-Schutz und Ausatemventil. Sie hat eine doppelte Zulassung und Schutzwirkung (siehe Abb. 1):

1. Schutz von mehr als 98 % vor Bakterien (Mundschutz Typ 2R) gemäß **EN14683:2005** - Wirkung von Innen nach Außen

2. Geprüfter Atemschutz gemäß **EN149:2001** FFP3 – Schutz von Außen nach Innen

Mindestens Atemschutzmasken der Schutzstufe FFP3 sollten bei B-Gefahren und Erregern der Stufe 3 oder bei Viren im Allgemeinen verwendet werden, selbst wenn geringere Stufen erlaubt wären. Die Vorteile: keine Verwechslungsgefahr, sicherer Schutz, kleinere Gesamtleckagen, bessere Preisverhandlung, Schutz für mehrere Erreger inkl. der Stufe 2 und der Stufe 3 etc.

Beispiele aus der Praxis:

Zur Verminderung der Infektionsgefahr kann auch infektiösen Patienten eine FFP-Maske (ohne Ausatemventil!) aufgesetzt werden. Ausnahmen sind Infektionspatienten, die unter Atemnot leiden. Hier könnten, trotz der etwas höheren Infektionsgefahr, MNS oder alternativ FFP-Masken mit Ausatemventil verwendet werden, sofern diese über einen zusätzlichen Filter über dem Ausatemventil verfügen. Beide Maßnahmen dienen zumindest der Verminderung der Streuwirkung.

Gegenbeispiel:

MNS als Schutz für das Personal ist nicht empfehlenswert, in Notlagen jedoch besser als gar keine Schutzwirkung. Jedes Krankenhaus oder Einrichtung, die mit B-Lagen rechnen könnte, sollte auf solche biologischen Notlagen genauso gut vorbereitet sein wie z. B. auf einen Flugzeugabsturz, Brand oder die Evakuierung. Entsprechende Vorhaltungen und Planungen sind hierfür empfehlenswert.

Bei Operation von infektiösen Patienten:

Um sowohl den Arzt vor dem Patienten als auch den Patienten vor dem Arzt zu schützen, bieten FFP-Masken ohne Ausatemventil oder Produkte mit Ausatemventil und mit gleichzeitigem Filter über dem Ausatemventil eine adäquate Lösung.

Vollmasken bieten neben der Atemschutzfunktion auch einen Gesichtsschutz, allerdings ist der Atemwiderstand meist höher als bei FFP-Masken. Hier stellen gebläseunterstützte Atemschutzgeräte eine Alternative dar, die allerdings einen höheren Wartungsaufwand erfordert und höhere Kosten verursacht.

Abhängig von der Art des Atemschutzes und der Tragedauer sind grundsätzlich arbeitsmedizinische Vorsorgeuntersuchungen durchzuführen, bevor der Atemschutz angewandt wird (siehe 6.3).

Schutzniveau von Atemschutzmasken

Atemschutz dient dem Schutz vor einatembaren Schadstoffen. Dabei können durch modulare Komponenten und Konzepte unterschiedliche Schutzstufen erreicht werden (siehe Tab. 3):

- umluftabhängig (FFP-Masken, Vollmasken mit Filter, gebläseunterstützte Filtersysteme), z. B. CE KAT III, EN 141, EN 143, EN 149, EN 12941, EN 12942

- umluftunabhängig (Pressluftatmer, Regenerations- oder Schlauchgeräte), z. B. CE KAT III, EN 137, EN 138, EN 139, EN 145, EN 269, EN 270, EN 271

Tab. 3:   Schutzniveau von Atemschutz

niedrig			**hoch**
Partikelfiltrierende Halbmasken(FFP) FF= filtering facepiece P= particle	Partikelfilter: Halb-/Vollmasken oder gebläseunterstützte Masken/Hauben	Partikel- und Gasfilter Halb-/Vollmasken oder gebläseunterstützte Masken/Hauben/Schutzanzüge	Umluftunabhängiger Atemschutz (z. B. Chemikalienschutzanzug, CSA)
Umluftabhängiger Atemschutz			

Dichtsitzprüfung

Entscheidend für die Schutzwirkung des Atemschutzgerätes ist der Dichtsitz des Atemanschlusses. Personen mit Bärten oder Koteletten im Bereich der Dichtlinien von Voll- und Halbmasken und filtrierenden Atemanschlüssen sind für das Tragen dieser Atemanschlüsse ungeeignet. Dies trifft auch auf Personen zu, die z. B. aufgrund ihrer Kopfform oder tiefer Narben keinen ausreichenden Maskendichtsitz erreichen.

In der Praxis ist die Dichtheit des Atemanschlusses mit einer der nachfolgend aufgeführten Methoden zu prüfen:

Prüfung mit Unterdruck

Bei filtrierenden Halbmasken ist die Halbmaske mit beiden Händen zu umschließen. Durch tiefes Einatmen und Anhalten der Luft entsteht in der Maske ein Unterdruck, der erhalten bleiben muss. Bei Einströmen von Luft über den Dichtrand ist die Maske neu anzupassen.

Prüfung mit Geruchs- oder Geschmacksstoffen (Fit-Test, siehe 6.7)

Der Geräteträger wird mit angelegtem Atemanschluss einer mit Geschmacks- oder Geruchsstoffen als Aerosol angereicherten Atmosphäre ausgesetzt. Werden diese Stoffe vom Geräteträger nach einer bestimmten Zeit wahrgenommen, ist der Atemanschluss für diesen Anwender nicht geeignet.

Tragedauer und Wechsel der Atemschutzmaske

In keinem Fall darf der Atemschutz im kontaminierten Bereich gewechselt werden, bei gebläseunterstütztem Atemschutz sollte dort kein Akkuwechsel erforderlich werden. Die Halbmasken bzw. Partikelfilter sollten nicht länger als einen Tag und Halbmasken nur von einer Person benutzt werden. Wird bereits vorher ein erhöhter Atemwiderstand wegen Sättigung des Filters oder gar ein „Durchschlagen" des Filters (z. B. Geruch) bemerkt, ist dieser unverzüglich zu wechseln. Die Dichtigkeit von Atemschutz kann bei verstopften Partikelfiltern (insbesondere bei FFP-Masken) herabgesetzt sein.

Augenschutz

FFP-Masken umschließen Mund und Nase, das übrige Gesicht wird nicht vollständig abgedeckt. Bei einer Gefährdung durch Krankheitserreger sollte zusätzlich Augenschutz getragen werden, der ggf. mit dem Schutzanzug verklebt wird. Ziel ist ein vollständiger Schutz des Gesichtes, insbesondere auch der Augenschleimhäute, über die biologische Agenzien leicht in den Körper eindringen können. Zudem kann eine Schutzbrille die Dichtigkeit des Atemschutzes erhöhen.

Für Brillenträger (CE KAT III, EN 166 beschlagfrei, beständig gegen Beschlagen – zusätzlich Kennzeichnung N – nach EN 168: 8 Sek., unbelüftet und EN 170 UV-Schutz) oder bei starkem Schwitzen ergeben sich Probleme durch Undichtigkeiten oder durch ein Anlaufen der Gläser. Es empfiehlt sich eine Vorbehandlung mit Antibeschlagspray (insbesondere bei kalter Witterung), wodurch allerdings häufig nur die Zeit bis zum Beschlagen verzögert wird. Eine andere Alternative bietet Antibeschlagfolie. Gebläseunterstützte Atemschutzsysteme verringern dieses Problem (siehe Atemschutz, Abb. 2).

Schutzanzüge

Testung von Schutzanzügen

Schutzanzüge, die zum Einsatz gegen biologische Agenzien vorgesehen sind, basieren grundlegend auf Chemikalienschutzanzügen, die nach Kategorie III (siehe Tab. 1) zertifiziert sind.

Für den Einsatz gegen biologische Agenzien werden die Schutzanzugmaterialien zusätzlich mit maximal 4 verschiedenen Methoden gegen Bakterien und Viren getestet (siehe Abb. 3). Daher unterliegen diese Schutzanzüge auch gleichen Regelungen wie Chemikalienschutzanzüge und werden auch entsprechend gekennzeichnet.

Die Ergebnisse der Tests gegen biologische Agenzien dienen dazu, den Typen der Chemikalienschutzkleidung das „B" zuzuordnen (Beispiel: Typ 3B). Aufgrund der Norm EN 14126 ist es unerheblich, welche der genannten 4 Tests bestanden werden. Da die Erweiterung „B" somit für den Typ keine klare Aussage über die gesamte Biobarriere macht, ist es empfehlenswert, die möglicherweise fehlenden Informationen vom Hersteller zu besorgen, um den Einsatz der angebotenen Schutzanzüge besser beurteilen zu können.

Materialtests nach EN 14126

- alle Tests entsprechend dem Normbezug für die Typen
- wenn Dekontamination: Permeationstests für die entspr. Mittel

Materialtest zur Bestimmung des Drucks für die Penetrationstests

Barriere gegen synthetisches Blut, unter Druck nach ISO/FDIS 16603

Materialtests - Penetration gegen infektiöse Agentien

- Barriere gegen Bakteriophagen, unter Druck nach ISO/FDIS 16604
- Barriere gegen direkten Kontakt nach ISO/DIS 22610
- Barriere gegen flüssige Aerosole nach ISO/DIS 22611
- Barriere gegen feste Partikel nach ISO/DIS 22612

Abb. 3:   Ablauf des Materialtests nach EN 14126. Der Test auf synthetisches Blut ist ein Vortest, dessen Resultat als Vorgabe für die weiteren Flüssigkeitstests verwendet wird.

Häufig werden Schutzanzüge gegen biologische Agenzien nur nach ihrer Barriere gegen synthetisches Blut für einen Einsatz in B-Lagen empfohlen, obwohl dieser Test nach EN 14126 nur als Vortest für die weiteren 4 Barrieretests verwendet werden darf.

Abb. 3 zeigt eine Zusammenfassung der EN 14126, die Normbezüge der Typen können Tabelle 5 entnommen werden. Permeationstests für Dekon-Mittel werden durchgeführt, da Dekon-Substanzen auch Gefahrstoffe sind und es sich um eine Kombination aus Schutz gegen

Chemikalien (siehe Typen) und biologische Agenzien handelt (Zusatz „B"). Um den Schutz des Trägers zu gewährleisten, muss auch der Schutz gegen die Chemikalie gefordert werden. Sinnvoll ist dabei die Angabe der Permeation, da Penetrationsdaten nach dem Gutter-Test (EN 368 oder EN ISO 6530) nur eine Exposition von maximal einer Minute darstellen.

Begrenzung der Tragezeit bei Schutzanzügen

Der Einsatz von Schutzkleidung und die sich daraus ergebenden Begrenzungen sind in der BGR 189 geregelt. Tragezeitbegrenzungen werden jedoch für gasdichte Schutzkleidungssysteme bzw. Schutzkleidung ohne Wärmeaustausch angegeben. Ebenso ist es hilfreich, für Gebläseschutzanzüge die in der BGR 190 (Benutzung von Atemschutzgeräten) genannten Empfehlungen zur Tragezeit, zu Ruhepausen und zu Anwendungshäufigkeiten zu beachten. Beachtet werden sollte, dass die BGR 190 eine Regelung ist, die den Unternehmer in die Pflicht nimmt, um Gesundheitsgefahren vorzubeugen, wohingegen die G 26 eine arbeitsmedizinische Vorsorgeuntersuchung für den Atemschutz darstellt und daher die Tragezeitbegrenzung nach der BGR 190 nicht aushebelt. Die physiologische Belastung für den Träger ist für Einmalschutzanzüge häufig deutlich unter der für Mehrweganzüge aufgrund ihres Gewichts und der Bewegungseinschränkung. Das ist in B-Lagen oft ein Vorteil, besonders wenn vor dem Einsatz die Einsatzdauer unbekannt und die Zahl der Einsatzträger begrenzt ist.

Für Schutzanzüge gibt es eine Reihe von Normen und Regelungen, die die Auswahl eines geeigneten Produkts erleichtern können. Als Beispiele seien hier die schon erwähnten BGR 189 und 190 genannt sowie die EN 340 – Allgemeine Anforderungen an Schutzbekleidung. Teilweise sind auch schon die bei Rettungs- und Hilfsorganisationen für originäre Aufgaben benutzten Schutzanzüge bedingt für den B-Einsatz nutzbar (z. B. Infektionsschutz-Sets, Einsatzbekleidung im Rettungsdienst nach dem vorgegebenen Stand des Gemeindeunfallversicherers [GUV], flüssigkeitsabweisende Einwegoveralls oder auch Brandschutzkleidung der Feuerwehren).

Schutzniveau von Schutzanzügen

Schutzanzüge gegen B-Lagen entsprechen in erster Linie den definierten Schutzklassen bei C-Lagen, nur sind sie zusätzlich durch ein „B" gekennzeichnet (siehe Testung von Schutzanzügen).

Innerhalb der Kategorie III Chemikalienschutz wurden Schutzklassen in nachfolgende Typisierungen definiert:

Tab. 4: Definition von Chemikalienschutzanzügen

Typ	Definition (Scope)	Norm
1	Schutzkleidung gegen flüssige und gasförmige Chemikalien, einschliesslich Flüssigkeitsaerosole und feste Partikel - gasdichte Chemikalienschutzanzüge	EN 943-1
2	Schutzkleidung gegen flüssige und gasförmige Chemikalien, einschliesslich Flüssigkeitsaerosole und feste Partikel - nicht-gasdichte Chemikalienschutzanzüge	EN 943-1
3	Ganzkörperschutzkleidung mit flüssigkeitsdichten Verbindungen zwischen den verschiedenen Teilen der Bekleidung, wenn anwendbar, flüssigkeitsdichte Verbindungen zwischen den Komponenten (Handschuhe, Visiere etc.)	EN 14605
4	Ganzkörperschutzkleidung mit sprühdichten Verbindungen zwischen den verschiedenen Teilen der Bekleidung, wenn anwendbar, sprühdichte Verbindungen zwischen den Komponenten (Handschuhe, Visiere etc.)	EN 14605
5	Ganzkörperschutzkleidung, die Rumpf, Arme und Beine bedeckt und eine Barriere gegen feste, sich in der Luft befindliche Schwebeteilchen hat	EN ISO 13982-1
6	Schutzkleidung die mindestens Körper und Gliedmasse bedeckt, und gegen geringes Sprühen, flüssige Aerosole und kleine Spritzer bei geringem Druck schützt, wobei keine Permeationsbarriere erforderlich ist.	EN 13034

Für die Bio-Barriere von Schutzanzugsmaterialien – nicht der Schutzanzüge – wurde gemäß EN 14126 die Definition wie folgt gewählt (siehe Tab. 5).

Die Normbezüge für die Typen 3B und 4B in Tab. 5 sind im Gegensatz zu Tab. 4 historisch zu erklären und stellen für die finale Zertifizierung und die Anwendung kein Problem dar. Wichtig ist, dass Schutzanzüge, die vom Hersteller für B-Lagen vorgesehen sind, einem Chemikalienschutzanzug eines bestimmten Dichtigkeitslevels entsprechen und zusätzlich mit dem Buchstaben „B" gekennzeichnet sind.

Tab. 5:   Schutzanzugsmaterialien nach EN 14126 für den B-Einsatz

Typ (incl. Endung "B")	Normbezug
1a, 1b, 1c, 2B	EN 943-1, EN 943-2
3 B	EN 466
4 B	EN 465
5 B	prEN 13982-1
6 B	prEN 13034
Teilkörperschutz	EN 467

Empfehlenswert ist es, in B-Lagen einen Schutztyp 4 oder höher einzusetzen, da ab diesem Typ die Nähte deutlich dichter sind und das Material als flüssigkeitsdicht eingestuft werden kann. Diese Eigenschaft ist wichtig, weil nach Ende einer Anwendung häufig eine Dekontamination mit entsprechenden Flüssigkeiten erfolgt und der Träger ab dem Typ 4 einen Schutz gegen die eingesetzten Mittel erwarten kann. Vorsicht ist jedoch geboten, denn die Art der Dekontamination kann die Dichtigkeit des Typen 4 nicht mehr gewährleisten, wenn zum Beispiel der gesamte Anzug bei der Dekontamination abgerieben oder abgebürstet wird. Bei dieser Form der Dekontamination bietet erst der Typ 3 für den Träger den sicheren Schutz gegen das Durchdringen des Dekontaminationsmittels.

Zudem gibt es unterschiedliche Konfektionen von Schutzanzügen (integrierte Kapuze, angearbeitete Füßlinge oder Socken etc.). Schutzanzüge mit integrierter Kapuze sind sinnvoll, wenn nicht die Funktion einer integrierten Kapuze durch einen gebläseunterstützten Atemschutz abgedeckt ist. Angearbeitete Füßlinge vermeiden Undichtigkeiten am Übergang vom Schuhwerk zum Anzug, trotzdem ist das Tragen von Schuhen oder Überschuhen sinnvoll, um den Schutzanzug vor Undichtigkeiten oder Beschädigungen durch Umwelteinflüsse zu bewahren. Um einen optimalen Schutzerfolg zu erreichen, müssen Schutzanzüge in verschiedenen Größen vorgehalten werden, da hier nicht die allseits gern verwendete und altbekannte Größe „passt schon" angesetzt werden kann. Nur ein exakt passender Schutzanzug kann dem Träger den zertifizierten Schutz bieten; nicht umsonst sprechen wir hier von „persönlicher" Schutzkleidung und nicht von allgemeiner Schutzkleidung.

Schutzhandschuhe

Schutzhandschuhe sollen vor der Einwirkung von Krankheitserregern, vor mechanischen Einflüssen und ggf. auch vor der Einwirkung von Chemikalien schützen und dem Anwender trotzdem gestatten, seinen Auftrag zu erfüllen. Einen Schutz vor Krankheitserregern bieten Handschuhe, die entsprechend zertifiziert sind und einen AQL-Wert *(accepted quality level,* statistisches Verfahren zur Qualitätsbestimmung) mit 1,5 oder niedriger (z. B. 0,65) aufweisen.

Materialien von Schutzhandschuhen

Latexhandschuhe können Allergien verursachen und sind gegenüber Chemikalien weniger widerstandsfähig (können bei weitem mehr Löcher haben). Einen besseren Schutz bieten für solche Gegebenheiten Handschuhe aus Nitril oder Butyl (z. B. CE KAT III, EN 374, EN 388, EN 420, EN 455 mit AQL 1,5 oder niedriger).

Schutzniveau von Schutzhandschuhen

Das Tragen von zwei Handschuhen übereinander verbessert das Schutzniveau und ermöglicht es, bei Löchern oder starker Verschmutzung den oberen Handschuh zu wechseln, ohne allen Schutz aufzugeben. Insbesondere bei dem außen getragenen Handschuh sollte auf eine verbesserte mechanische Beanspruchbarkeit geachtet werden, sinnvoll sind ebenfalls etwas längere Stulpen.

Beispiel aus der Praxis

Bei der Vogelgrippe hat sich gezeigt, dass es insbesondere beim Einsammeln von Tieren mit scharfen Krallen wichtig sein kann, einen erhöhten mechanischen Schutz – z. B. Arbeitshandschuhe, Chemikalienschutzhandschuhe, Kettenhandschuhe oder Einweghandschuhe mit mechanischer Beanspruchbarkeit – über die biologischen Einwegschutzhandschuhe anziehen. Hierbei sollte erneut die Größe kontrolliert werden, da eine Nummer größer angezeigt sein könnte!

Wird ein farbiger, dicht anliegender Handschuh und darüber ein durchsichtiger Überhandschuh verwendet, dann werden Löcher im Überhandschuh bei Flüssigkeitseintritt sofort durch Verfärbung des Handschuhs erkennbar. Die Handschuhstulpen können mit flüssigkeitsdichtem Klebeband mit den Schutzanzügen verklebt werden, so dass zusätzliche Undichtigkeiten in diesem mechanisch hoch beanspruchten Bereich vermieden werden.

Sonstige sinnvolle Ausrüstung

Einmalbekleidung zum Unterziehen sollte vorne offen sein und beim Anziehen nur mit Klebeband verklebt werden. So muss sie nach dem Einsatz beim Entkleiden nicht über den Kopf gezogen werden. Eine dünne Ausführung für den Sommer oder geheizte Gebäude, eine wärmende Ausführung (Thermo) für kalte Nächte draußen oder bei winterlichen Verhältnissen.

Einmalschutz-Überziehschuhe können getragen werden, bevor der Anzug angezogen wird, und bieten beim Auskleiden Schutz, so dass kein Desinfektionsmittel an die Haut gelangen kann. Der Nutzer steht nicht barfuß im entsprechenden Dekontaminationsbereich.

Der Einsatzstelle entsprechender **Fußschutz** muss getragen werden. Gummistiefel sind z. B. bei einem Einsatz im Außenbereich sehr zu empfehlen. Halbschuhe sind vor allem in Infektionspflegestationen sowie generell im Innenbereich weit verbreitet. Beide müssen nach dem Einsatz entsorgt werden, sofern sie nicht (je nach Ausführung) wieder aufbereitet bzw. desinfiziert werden können. Falls ein Schutzstiefel getragen werden muss, ist auf Stiefel entsprechend CE-Zertifizierung zu achten (z. B. S3 oder S5-Stiefel, gemäß EN 345).

Durch das Tragen von festem Schuhwerk in einer an einem Schutzanzug angearbeiteten Socke wird die vorgesehene Schutzwirkung häufig nicht erreicht, da die Socke beschädigt werden kann. Somit ist nur das Tragen von Schuhen über dem angearbeiteten Schutzanzugsocken sinnvoll. In der Klinik ist das Tragen von Gummistiefeln nicht praktikabel, da stundenlanges Tragen zu starkem Schwitzen führt. Nur Socken zu tragen ist aufgrund von Durchstich-Verletzungen nicht möglich, es sollte deshalb Schuhwerk mit Schutzstufe 3 (S3) verwandt werden.

Zusätzliche Hinweise und Empfehlungen findet man in den Berufsgenossenschaftlichen Regelungen (BGR), für Fuß- und Beinschutz in der BGR 191 und in der BGR 189 Schutzkleidung.

Plastik-Einmalschürzen können über den Schutzanzug gezogen werden und bieten zusätzlichen Schutz für die Anzugfrontseite vor eventuellen Spritzern, z. B. beim Behandeln bzw. der Notfallversorgung oder beim Einsargen von Leichen. Das Risiko eines Erregerkontaktes – bei vorheriger Entsorgung der Schürze – wird bei der Dekontamination so erheblich verringert.

Sogenannte **Armhülsen** aus verschiedensten Materialien können dem zweiten Paar Handschuhe als Abstandshalter dienen, um nach Gebrauch der Schutzbekleidung das Ausziehen zu erleichtern. Alternativ stehen heute Ärmelschoner mit angearbeiteten Handschuhen oder spezielle zertifizierte Handschuhadaptersysteme zur Verfügung.

Sollen in einer biologischen Gefahrenlage im Gefahrenbereich **Funkgeräte oder Mobiltelefone** benutzt werden, hat es sich bewährt, diese in einer luft-, flüssigkeits-, staub- und keimdichten Verpackung unterzubringen. Schutztaschen z. B. AquapacTM (siehe Abb. 4) sind laut Herstellerangaben zum Schutz von Geräten (wie z. B. Funkgeräte, Palm Tops, Handys) wasserdicht und damit aerosoldicht. Damit kann angenommen werden, dass sie zum Schutz von Materialien vor Kontamination mit infektiösem Material geeignet sind. Das Gerät ist in der Schutzhülle voll funktionsfähig und noch gut zu bedienen. Der Inhalt der Schutzhülle lässt sich nach möglicher Kontamination in Desinfektionsmittel komplett eintauchen und ist so für Seuchenalarme voll einsetzbar. Eine kontaminierte Schutzhülle ist nach den einschlägigen Bestimmungen zu entsorgen. Entsprechende Schutzhüllen werden leider nicht für alle und vor allem nicht für größere Gerätschaften angeboten, so dass man hier z. T. noch selbst andere Lösungen finden muss.

> Defibrillatoren auf dem Rettungstransportwagen (RTW) können auch mit Folie eingepackt werden. Kabel nach außen mit getestetem Klebestreifen verschließen. Mögliche Überhitzung ist bei langem Einsatz zu bedenken.

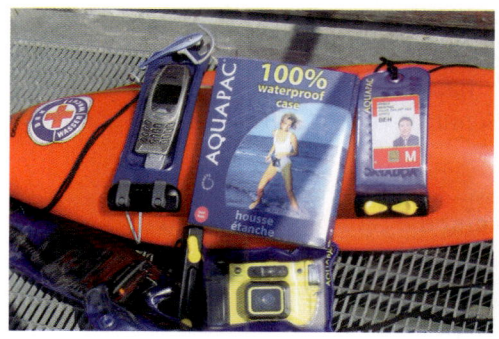

Abb. 4:
Schutzhüllen für Funkgeräte (Foto: S. Ippisch)

Operations-Hauben (OP-Hauben) können bei längeren Haaren eine wertvolle Hilfe bieten, mit ihnen kann man sich das Abkleben der Schwachstellen erheblich erleichtern.

Entsorgungsbeutel dienen in verschiedenen Größen der Entsorgung von gebrauchten Handschuhen, Gummistiefeln, Unterziehkleidung oder einfach nur zur Aufbewahrung von persönlichen Wertgegenständen vor dem Ankleiden. Werden direkt an der Einsatzstelle gesammelt und dann in geeignete und besonders gekennzeichnete Sammelbehälter entsorgt.

Kennzeichnungs- und Funktionswesten (siehe Abb. 5) kennzeichnen Funktionsträger (z. B. den Ansprechpartner oder Einsatzleiter der Gesundheitsbehörden bzw. Fachberater für biologische Einsatzlagen), ein einheitliches Konzept ist hier bundes- und länderweit anzustreben.

Abb. 5:
Kennzeichnungsweste (Foto: S. Ippisch)

Hinweis für die Praxis: Insbesondere bei Außeneinsätzen ist über sogenannte **„Camelbags"** nachzudenken (Trinkwasserbehälter für Mitarbeiter, die unter dem Schutzanzug mitgeführt werden können).

Praktische Beispiele für verschiedene Schutzstufen

Schutzstufe 1

Einsatzkräfte, für die das Risiko des Kontakts mit Erregern gemeingefährlicher Infektionskrankheiten besteht, benötigen eine umfangreichere Schutzausstattung, die zusätzlich einen flüssigkeitsdichten Schutzanzug sowie einen Gesichtsschutz beinhalten sollte. Diese Schutzstufe 1 entspricht dem „Infektionsschutz-Set" (siehe Tab. 6,

Tab. 6: Infektionsschutz-Set

Artikel	Beschreibung	Anzahl
Schutzanzug	Einmal-Overall mit angearbeiteter Kapuze mit integrierten Füßlingen/Socken, flüssigkeitsabweisend (CE Kat. III mind. Typ 4B, s. Abb. 6).	1 Stck.
Atemschutz	Partikelfiltrierende Halbmaske Schutzklasse FFP3 (EN 149)	1 Stck.
Einmal-Schutzbrille	ohne Belüftung (CE KAT III, EN 166 beschlagfrei inkl. Kennzeichnung N mit mind. 30 Sek., unbelüftet, EN 170 UV-Schutz)	1 Stck.
Schutzhandschuhe	Material: Nitril (CE KAT III, EN 374-3, EN 388, EN 420, EN 455 mit AQL 1,5 oder niedriger z. B. 0,65), wenn möglich mit extralanger Stulpe	2 Paar
Überziehschuhe	Zum Tragen über dem Füßling, wenn notwendig. Antirutsch beachten.	1 Paar
Entsorgungsbeutel	Abfallgruppe C, flüssigkeitsdicht, Beschriftung „Abfall Gruppe 5", „Ansteckungsgefährdender Abfall" mit Biogefahrenzeichen	1 Stck.
Kabelbinder	Kabelbinder zum zusätzlichen Verschließen des Plastiksackes	1 Stck.
Verpackung	Folienschutzbeutel mit Wiederverschluss	1 Stck.

Abb. 6), eine Dekontamination ist hier wegen des fehlenden Gasfilterschutzes nur bedingt möglich.

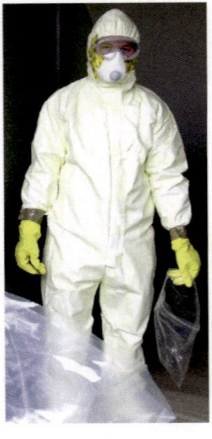

Abb. 6:
Handschuhe und Überhandschuhe, Schutz-brille, FFP3-Maske, Schutzanzug Typ 4B mit Kapuze und Füßlingen. Übergänge sind flüssigkeitsdicht abgeklebt. Das Material des Schutzanzugs ist in geringem Umfang was-serdampfdurchlässig, um die Beanspruchung beim Tragen zu reduzieren (Foto: S. Ippisch)

Schutzstufe 2

Einsatzkräfte bei kontinuierlicher Exposition in B-Lagen benötigen eine sicherere Schutzausstattung, die eine standardisierte Dekonta-mination nach dem Einsatzende zulässt.

Abb. 7:
Handschuhe und Überhandschuhe, Vollmaske mit Kombinationsfilter ABEK2-P3, Schutzanzug mit Kopfhaube und Füßlingen, Gummistiefel. Bestenfalls Handschuhadaptersysteme verwenden. Ansonsten Übergänge flüssigkeitsdicht abkleben (richtiges Klebeband verwenden, z. B. Polyesterpackband – ansonsten besteht die Gefahr, dass Chemikalien in die Kleberschicht eindringen oder sich das Klebe-band beim Schwitzen löst und ggf. auch den Anzug beschädigt). Das Material des Schutzanzugs ist flüs-sigkeitsdicht und erlaubt daher eine Dekontamination, dadurch wird jedoch die Beanspruchung beim Tragen erhöht z. B. EN 14126 CE, Kat. III, Typ 3B, 4B, 5 und 6. (Foto: S. Ippisch)

Schutzstufe 3

Einsatzkräfte, die für lange Zeit Kontakt bei hoher Erregerkonzentration haben, benötigen eine sichere Schutzausrüstung der Schutzstufe 3 (siehe Abb. 8 und 9).

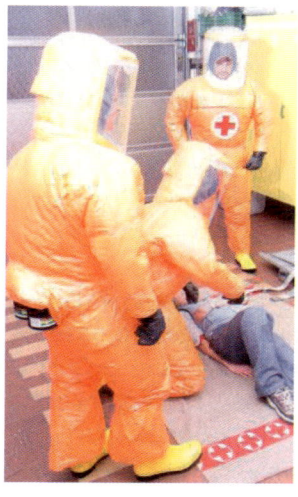

Abb. 8:
Schutzanzug mit integrierter Kopfhaube und Gesichtsspritzschutz, Füßlingen und Handschuhen. Das gebläseunterstützte Atemschutzgerät ist auf der Abb. mit Kombinationsfilter ABEK2-P3 ausgestattet. Das Material des Schutzanzuges ist flüssigkeitsdicht und erlaubt eine Ganzkörperdekontamination (Duschen).
(Foto: BRK SEG-GSG-Garmisch-Partenkirchen)

Abb. 9:
Chemikalienschutzanzug mit umluftunabhängigem Atemschutz. Das Material des Schutzanzugs ist flüssigkeitsdicht/gasdicht, hält erhöhter mechanischer Belastung stand und erlaubt eine Gesamtkörperdekontamination und ein erweitertes Arbeitsspektrum. Der Anzug kann stärker beansprucht werden.
(Foto: D. Friederichs)

Behelfsmäßiger Schutz bei Ressourcen-Knappheit

Als Behelfsschutz kann man alles bezeichnen, was die Aufnahme von Schadstoffen für den menschlichen Körper vermindert, jedoch nicht verhindert. Die Wirksamkeit kann nicht mit genormter PSA verglichen werden, und über die tatsächliche Schutzwirkung von Behelfsschutz kann keine Aussagen getroffen werden. Behelfsschutz stellt also den minimalsten Eigenschutz dar. Für den Fall nicht vorhandener PSA (lange Lagen, spontane Helfer u. ä.) können mit diesem also trotzdem Maßnahmen für den minimalen Eigenschutz getroffen werden. Schutz gegen chemische Gase und Dämpfe ist kaum möglich, so dass sich das Augenmerk auf den Schutz vor biologischen oder chemischen Stoffen konzentriert.

Alle Kleidungsstücke, insbesondere solche aus wasserundurchlässigen Materialen (Wetterschutz- und Motorradkombi, Spritzanzüge, Regenmäntel o. ä.) bieten einen gewissen Schutz. Zum Schutz der Augen können Skibrillen, Schwimmbrillen oder Taucherbrillen/Tauchermasken verwendet werden. Noch ungeschützte Körperflächen sollten abgedichtet werden (z. B. durch Klebeband, Heftpflaster).

Abb. 10:   Verschiedene Behelfs-Schutzbrillen (Fotos: BRK-Wasserwacht, Erding)

Atemschutzbehelfsschutz kann durch möglichst dichte (textile) trockene Materialien (z. B. Filz, Zellstoff) bewirkt werden. Dabei gilt die Faustregel: je stärker der Atemwiderstand durch das Material, desto höher die Filterwirkung (aber Atemwiderstand beachten). Undichtigkeiten durch Nebenluftströme sind unbedingt zu vermeiden (z. B. durch Abkleben oder Einbinden des Filtermaterials in geeignete „Maskenkörper" wie Kunststofftüten o. ä.), da sonst Schwebstoffe ungefiltert in die Atemwege gelangen.

Allgemeine Hinweise

Bei der Anwendung von PSA ist die Möglichkeit der Kommunikation eingeschränkt, dies gilt insbesondere für Vollmasken und gebläseunterstützten oder umluftunabhängigen Atemschutz. Hier sollte angestrebt werden, soweit erforderlich Funkgeräte (ggf. auch Mobiltelefone) mit Headsets einzusetzen, um jederzeit eine adäquate Kommunikationsmöglichkeit zu gewährleisten.

Risikoanalyse

Der Schutzbedarf für einen Einsatz basiert auf einer Risikoanalyse, die die wechselnden Einsatzbedingungen berücksichtigen sollte. Tabelle 7 stellt das Ergebnis einer Risikoanalyse in einem Zusammenhang mit PSA mit und ohne Schutzwirkung bei verschiedenen Expositionsformen dar. Diese Darstellung wurde gewählt, um dem Leser den optimalen Einsatz von PSA darzustellen und darauf hinzuweisen, dass „irgendeine" PSA die gewünschte Schutzwirkung häufig verfehlen kann und den Träger einem erhöhten Risiko aussetzt. Die Tabelle enthält Beispiele und erhebt keinen Anspruch auf Vollständigkeit.

Tab. 7:   Entscheidungshilfe zur Auswahl der richtigen PSA aufgrund einer
Risikoanalyse

Risikoanalyse	PSA-Element **mit** entsprechender Schutzwirkung	PSA-Element **ohne** entsprechende Schutzwirkung
Expositionsform		
Gas	Anzug: luft-gasdicht (Typ 1) Atemschutz: umluftunabhängig oder geeignete Gasfilter	Anzug: luft- und gasdurchlässig Atemschutz: Partikelfilter
Flüssigkeit	Anzug: Schwalldruck (Typ 3) Tröpfchen (Typ 4) Nebel (Typ 6) Atemschutz: flüssige Aerosole	Anzug: schützt vor festen Partikeln (Typ 5) Atemschutz: Partikelfilter
Partikel	Anzug: Schwebpartikel (Typ 5) Atemschutz: Partikelfilter	Anzug: einfacher Kategorie I Atemschutz: Mund-Nasenschutz
Expositionsdauer	Anzug: durchgegangene Gefahrstoffmenge unter der Giftigkeitsgrenze Atemschutz: siehe Anzug	Anzug: durchgegangene Gefahrstoffmenge höher als Giftigkeitsgrenze Atemschutz: siehe Anzug
Mechanische Belastung	Anzug: kein Barriereverlust durch spitze, scharfe Gegenstände, keine Risse durch Bewegung Atemschutz: keine Undichtigkeiten durch Bewegung	Anzug: durch Bewegung oder Tätigkeit werden Löcher oder Risse erzeugt. Atemschutz: Undichtigkeiten durch Bewegung
Witterungsverhältnisse	Anzug: kein Barriereverlust durch Regen, Sonne, Hitze, Kälte. Regen geht nicht durch Atemschutz: siehe Anzug	Anzug: Regen, Sonne, Hitze, Kälte erzeugen Material- und Bauteilschaden. Regen geht durch Atemschutz: siehe Anzug

Risikoanalyse	PSA-Element mit entsprechender Schutzwirkung	PSA-Element ohne entsprechende Schutzwirkung
Gefahrstoff	Anzug: Schutz für die vorgesehene Tragezeit, keine Gefährdung des Trägers durch die Giftigkeit des Gefahrstoffs Atemschutz: siehe Anzug	Anzug: vorgesehene Tragezeit nicht gewährleistet, durchgedrungener Gefahrstoff gefährdet den Träger Atemschutz: siehe Anzug
Arbeitsaufwand, Tätigkeit	Anzug: geringfügige Einschränkung des Arbeitsablaufes durch Passform Akzeptabler Hitzestress Atemschutz: geringfügige Einschränkung des Arbeitsablaufs	Anzug: deutliche Behinderung des Arbeitsablaufs durch Passform Hitzestress inakzeptabel Atemschutz: deutliche Behinderung des Arbeitsablaufs
Tageszeiten	Anzug: gute Sichtbarkeit auch bei eingeschränkten Sichtverhältnissen Atemschutz: nicht anwendbar	Anzug: sehr geringe Sichtbarkeit Atemschutz: nicht anwendbar

Häufige Fehler in der Anwendung von PSA

Neben der Auswahl einer falschen PSA, wie gerade in Tab. 7 dargestellt, kommt es in der Praxis oft zu Fehlern im Umgang mit PSA durch den Anwender. Beispiele für Fehler werden im Folgenden dargestellt.

- Desinfektion Hände/Handschuhe

    - Handschuhe werden über noch feuchte, gerade desinfizierte Hände gezogen. Eine Barrierebeeinträchtigung der Handschuhe durch das Desinfektionsmittel ist dadurch möglich

- Wiederverwendung von Einmal-PSA

- Einmal-PSA wurde nur für den Einmalgebrauch geprüft und zertifiziert. Anwendungen außerhalb der Zertifizierung sind unzulässig. Falls Einmal-PSA mehrfach eingesetzt wird, entfällt die Produkthaftung des Herstellers.

- Nicht sinnvolle Kombination von PSA

  - Schutzanzug mit höchster Leistung gegen biologische Arbeitsstoffe und Mund-Nasen-Schutz als vermeintlichen „Atemschutz".

- Nichtbeachtung von Ergebnissen der Risikoanalyse

  - Einsatz eines Schutzanzugs für Partikelschutz bei Exposition gegen Flüssigkeiten (Typ 5, 6 statt Typ 3).

- Ein- und Auskleiden

  - Einkleiden, ohne den Reißverschluss am Schutzanzug vollständig zu verschließen.

  - Schnelles Auskleiden ohne Dekontamination

Praxisbeispiel für ein nicht adäquates Vorgehen

Ein Einsatz mit Vollschutz und Pressluftatmer in einem Luftverkehrsmittel (Flugzeug), Altenheim bei gleichzeitiger Anwesenheit von ungeschützten Passagieren oder Altenheimbewohnern.
Dies kann bei unbeteiligten Zuschauern und Betroffenen Panik auslösen. Der Einsatz von PSA in einer B-Lage muss daher der Situation vor Ort angepasst sein.

Bei der Benutzung von PSA können z. B. durch eingeschränkte Sicht, herabgesetzte Bewegungsfreiheit, begrenzte Atemluft, erschwerte Kommunikation sowie hohe psychologische und physiologische

Belastung der Einsatzkräfte zusätzliche Gefahren auftreten. Je höher die gewählte Schutzstufe der PSA ist, desto größer ist häufig die damit verbundene Beanspruchung des Trägers. Deshalb gilt es, die Einsatzkräfte bereits im Vorfeld in Funktionalität und Anwendung der PSA auszubilden und besonders auf Problembereiche bei der Arbeit einzugehen. Eine Überwachung der Einsatzkräfte, die PSA tragen, hilft Fehler zu vermeiden. Die Beachtung der empfohlenen Trage- und Pausenzeiten nach BGR 190 (Berufsgenossenschaftliche Regel 190 "Benutzung von Atemschutzgeräten") vermeidet eine übermäßige körperliche Belastung, die sonst die erneute Einsatzbereitschaft auch von Einsatzkräften in Frage stellen kann.

Literatur

Europäische Normen, auf die im Text verwiesen wird:

EN 137:   Atemschutzgeräte – Behältergeräte mit Druckluft (Pressluftatmer); Anforderungen, Prüfung, Kennzeichnung

EN 138:   Atemschutzgeräte – Frischluft-Schlauchgeräte in Verbindung mit Vollmaske, Halbmaske oder Mundstückgarnitur; Anforderungen, Prüfung, Kennzeichnung (bisher: DIN 58 649 Teil 1)

EN 139:   Atemschutzgeräte – Druckluft-Schlauchgeräte in Verbindung mit Vollmaske, Halbmaske oder Mundstückgarnitur; Anforderungen, Prüfung, Kennzeichnung (bisher: DIN 58 648 Teil 1)

EN 141:   Atemschutzgeräte – Gasfilter und Kombinationsfilter – Anforderungen, Prüfung, Kennzeichnung

EN 143:   Atemschutzgeräte – Partikelfilter; Anforderungen, Prüfung, Kennzeichnung

EN 145:   Atemschutzgeräte – Regenerationsgeräte mit Drucksau-
            erstoff oder Drucksauerstoff/-stickstoff; Anforderungen,
            Prüfung, Kennzeichnung

EN 149:   Atemschutzgeräte – Filtrierende Halbmasken zum
            Schutz gegen Partikeln – Anforderungen, Prüfung,
            Kennzeichnung

EN 166:   Persönlicher Augenschutz – Anforderungen

EN 170:   Persönlicher Augenschutz – Ultraviolettschutzfilter
            – Transmissionsanforderungen und empfohlene Anwen-
            dung

EN 269:   Atemschutzgeräte – Frischluft-Schlauchgeräte mit
            Motorgebläse in Verbindung mit Haube; Anforderungen,
            Prüfung, Kennzeichnung

EN 270:   Atemschutzgeräte – Druckluft-Schlauchgeräte in Verbin-
            dung mit Haube; Anforderungen, Prüfung, Kennzeich-
            nung

EN 271:   Atemschutzgeräte – Druckluft-Schlauchgeräte oder
            Frischluft-Schlauchgeräte mit Luftförderer mit Haube für
            Strahlarbeiten; Anforderungen, Prüfung, Kennzeichnung

EN 340:   Schutzkleidung – Allgemeine Anforderungen

EN 345:   Sicherheitsschuhe für den gewerblichen Gebrauch

EN 368:   Schutzkleidung – Schutz gegen flüssige Chemikalien;
            Prüfverfahren: Widerstand von Materialien gegen die
            Durchdringung von Flüssigkeiten

EN 374:   Schutzhandschuhe gegen Chemikalien und Mikroorga-
            nismen

EN 388: Schutzhandschuhe gegen mechanische Risiken

EN 420: Schutzhandschuhe – Allgemeine Anforderungen und Prüfverfahren

EN 455: Medizinische Einmalhandschuhe

EN 465: Chemikalienschutzkleidung – Schutz gegen flüssige Chemikalien; Leistungsanforderungen; Ausrüstung Typ 4; Schutzanzüge mit spraydichten Verbindungen zwischen den verschiedenen Teilen des Schutzanzuges

EN 466: Chemikalienschutzkleidung – Schutz gegen flüssige Chemikalien (einschließlich Flüssigkeitsaerosole); Leistungsanforderungen; Ausrüstung Typ 3; Chemikalienschutzkleidung mit flüssigkeitsdichten Verbindungen zwischen den verschiedenen Teilen der Kleidung

EN 467: Chemikalienschutzkleidung – Schutz gegen flüssige Chemikalien; Leistungsanforderungen; Ausrüstung Typ 5; Kleidungsstücke, die für Teile des Körpers einen Schutz gegen Chemikalien gewähren

EN 943-1: Schutzkleidung gegen flüssige und gasförmige Chemikalien, einschließlich Flüssigkeitsaerosole und feste Partikel – Teil 1: Leistungsanforderungen für belüftete und unbelüftete „gasdichte" (Typ 1) und „nicht-gasdichte" (Typ 2) Chemikalienschutzanzüge

EN 943-2: Schutzkleidung gegen flüssige und gasförmige Chemikalien, einschließlich Flüssigkeitsaerosole und feste Partikel – Teil 2: Leistungsanforderungen für gasdichte (Typ 1) Chemikalienschutzanzüge für Notfallteams

EN ISO 6530: Schutzkleidung – Schutz gegen flüssige Chemikalien – Prüfverfahren zur Bestimmung des Widerstands von Materialien gegen die Durchdringung von Flüssigkeiten

EN 12941: Atemschutzgeräte – Gebläsefiltergeräte mit einem Helm oder einer Haube; Anforderungen, Prüfung, Kennzeichnung

EN 12942: Atemschutzgeräte – Gebläsefiltergeräte mit Vollmasken, Halbmasken oder Viertelmasken; Anforderungen, Prüfung, Kennzeichnung

EN 13034: Schutzkleidung gegen flüssige Chemikalien – Leistungsanforderung an Chemikalienschutzkleidung mit eingeschränkter Schutzleistung gegen flüssige Chemikalien (Ausrüstung Typ 6 und Typ PB[6]);

EN ISO 13982-1: Schutzkleidung gegen feste Partikeln – Teil 1: Leistungsanforderungen an Chemikalienschutzkleidung, die für den gesamten Körper einen Schutz gegen luftgetragene feste Partikeln gewährt (Kleidung Typ 5)

EN 14605: Schutzkleidung gegen flüssige Chemikalien – Leistungsanforderungen an Chemikalienschutzanzüge mit flüssigkeitsdichten (Typ 3) oder spraydichten (Typ 4) Verbindungen zwischen den Teilen der Kleidung, einschließlich der Kleidungsstücke, die nur einen Schutz für Teile des Körpers gewähren (Typen PB [3] und PB [4])

EN 14126: Leistungsanforderungen und Prüfverfahren für Schutzkleidung gegen Infektionserreger

EN 14683: Chirurgische Masken – Anforderungen und Prüfverfahren

6.5 Anlegen und Ablegen des Infektionschutz-Sets

D. Friederichs, Th. Grünewald, S. Ippisch, H. Krüger,
C. Kühl, R. Plum, M. Pulz, A. Schild, U. Schies,
J. Schreiber, R. Steffens[1]

Vor der Ausstattung mit persönlicher Schutzausrüstung (PSA) muss entschieden werden, welches Schutzziel erreicht werden soll und welche finanziellen und logistischen Ressourcen dafür bereit stehen (siehe 6.4).

Die Helfer sind ggf. vor der Anwendung arbeitsmedizinisch zu untersuchen, sie müssen in der Thematik CBRN(E) (chemisch, biologisch, radiologisch, nuklear, explosiv)- auch bekannt als ABC (atomar, biologisch, chemisch)-Gefahren geschult werden. Das Anlegen, das Arbeiten und das Umgehen und Ablegen von PSA muss regelmäßig geübt werden.

Das Tragen von PSA bietet auch keinen 100 %-igen Schutz, deshalb ist immer das Gesamtkonzept mit Dekontamination und Desinfektionsmaßnahmen, Logistik und Schulung erforderlich, um einen bestmöglichen Schutz zu gewährleisten und so eine Verschleppung von Erregern weitestgehend zu vermeiden.

Das richtige Ankleiden und vor allem auch das richtige Ablegen der PSA ist von höchster Bedeutung, um den bestmöglichen Schutz gegen die Gefahrstoffe zu gewährleisten. Anhand einer Fotoserie wird im Folgenden eine gut erprobte Möglichkeit des richtigen An- und Ablegens des Infektionsschutz-Sets (siehe Abb. 1, Nr. 1) bzw. des Schutzanzugs mit Vollmaske (Abb. 1, Nr. 2) dargestellt. Bei den Fotos handelt es sich um nachgestellte Bilder.

---

1 Die Autoren sind in alphabetischer Reihenfolge genannt.
   Korrespondenzadresse: Siegfried W. W. Ippisch

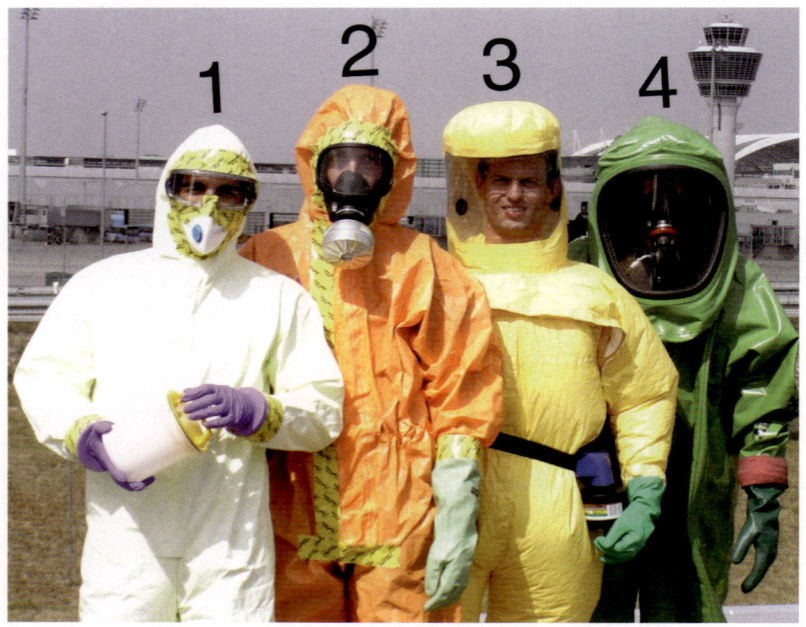

Abb. 1   1 Infektionsschutz-Set
          2 Schutzanzug mit Vollmaske
          3 Schutzanzug mit Filtergebläse
          4 Chemikalienschutzanzug (CSA)   (Foto: S. Ippisch)

Allgemeine Hinweise

Bei der Anwendung der PSA ist die Möglichkeit der Kommunikation eingeschränkt, dies gilt insbesondere für Vollgesichtsmasken und gebläseunterstützten oder umluftunabhängigen Atemschutz. Hier sollte angestrebt werden, soweit erforderlich Funkgeräte (ggf. auch Mobiltelefone) mit Headsets einzusetzen, um eine Kommunikationsmöglichkeit zu gewährleisten.

Verfahren und Vorgehen beim Ankleiden

Alle Gegenstände sind vor dem Anlegen auf Dichtigkeit und Herstellungsdatum zu überprüfen.

Tipp aus der Praxis

Haltbarkeit von PSA bei Lagerung gemäß den Angaben des Herstellers: nach Herstellerangabe oder nach Definition der Normen. Information zum Herstellungsdatum findet man typischerweise auf dem PSA-Etikett (meist innen liegend). Üblicherweise steht dort nur ein Herstellungsjahr, für Schutzbekleidung Typ 3, 4 und 5 bedeutet das, die Haltbarkeit ist mindestens 2 Jahre nach Herstellungsdatum. Wird der Monat noch angegeben, ist die Haltbarkeit geringer als zwei Jahre. Für die Typen 1 und 5 gilt diese Einschränkung nicht, dort wird nur das Herstellungsdatum als Jahr gefordert oder spezielle Information zur Haltbarkeit, zum Beispiel 5 Jahre nach Herstellungsdatum. Sind solche Angaben nicht vorhanden, kann es sinnvoll sein, den Hersteller danach zu fragen. Nach den CE-Zertifizierungsrichtlinien ist er zur Auskunft verpflichtet.

Jeder ist selbst für seine Ausrüstung zuständig und mit verantwortlich. Beim Anziehen assistiert ein Springer bzw. Helfer. Schmuck etc. ablegen, Wäsche wechseln, Schutzunterbekleidung anziehen (Oberteil vorn offen, mit Tape verschließen), Halstuch bzw. Handtuch nach Wunsch.

Funkgerät einschalten und auf Funktion überprüfen, Funkgerät in vorbereitetes Aquapac stecken und ordnungsgemäß verschließen, Lautstärke und Handhabung kontrollieren.

OP-Haube nach Bedarf. Erstes Paar Handschuhe (lang) anziehen und am Unterarm mit einem kleinen Klebestreifen gegen Verrutschen fixieren (Abb. 2), Einweg-Schutzschuhe sollten unter dem Overall sein (damit bei der Dekontamination keine Lösung eintreten kann) und mit Pflaster (senkrecht) fixiert werden.

Schutzanzug anziehen, zweites Paar Handschuhe anziehen, Handschuhe am Bündchen des Ärmels mit Klebeband festkleben – am besten mit Armhülsen (Abb. 3 und 4); zirkuläres (Abb. 5) sowie der Armlänge nach Verkleben (Abb. 6) ist möglich, aber besser noch zertifizierte Handschuhadaptersysteme verwenden.

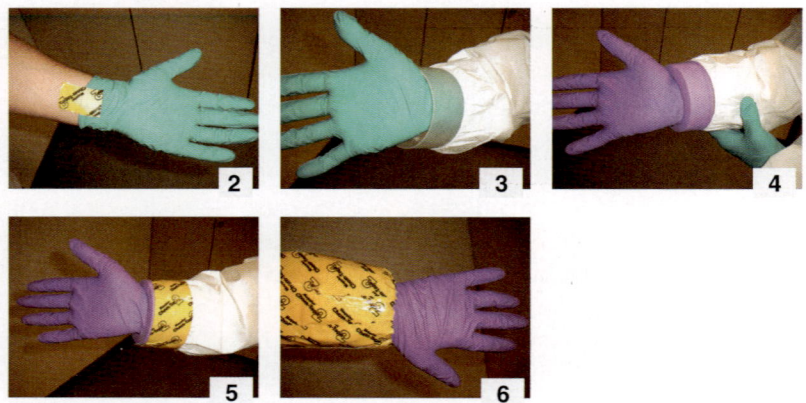

Abb. 2 - 6: Anziehen und verkleben der Handschuhe (Fotos: S. Ippisch)

Gummistiefel anziehen. Das Verkleben der Gummistiefel mit dem Anzug ist nur bei der Schutzanzugversion ohne angearbeitete Füßlinge erforderlich (Abb. 7).

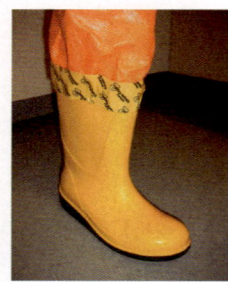

Abb. 7:
Verkleben der Gummistiefel mit dem Anzug
(Foto: S. Ippisch)

Funkgerät umhängen, FFP3-Einmal-Atemschutzmaske und Einmal-Schutzbrille bzw. Gesichtsspritzschutz oder Vollmaske aufsetzen (Abb. 8 und 9), anschließend Kopfhaube des Schutzanzuges drüberziehen und den Anzug ordnungsgemäß verschließen bzw. verkleben (Abb. 10), nun alle noch ungeschützten Stellen zwischen Maske, Brille etc. verschließen (Abb. 11, 12 und 13). Abschließend erfolgt eine nochmalige Sicherheitsüberprüfung durch den Partner bzw. einen weiteren Helfer.

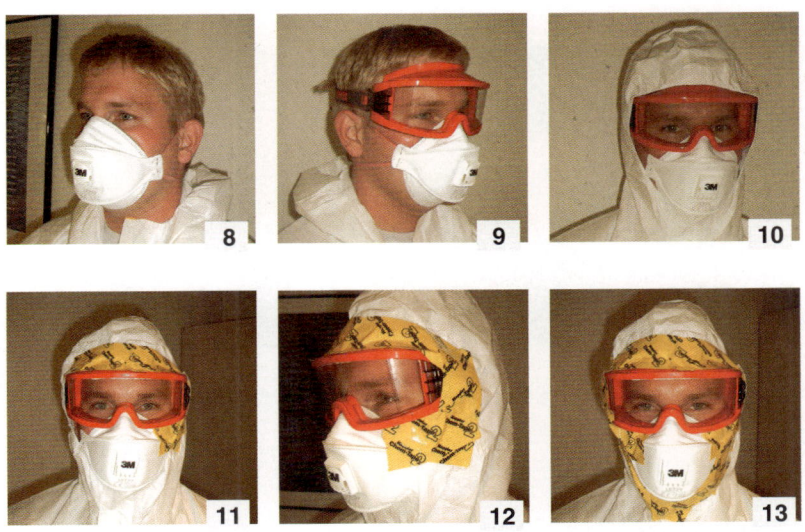

Abb. 8 - 13: Anlegen und Abkleben der Eimalschutzbrille (Fotos: S. Ippisch)

Kontaminierte Einmalhandschuhe richtig ausziehen

Bei einer möglichen biologischen Kontamination der Handschuhe zuerst die Handschuhdesinfektion mit einem wirksamen Desinfektionsmittel durchführen. Anschließend den Handschuh der rechten Hand vorsichtig mit der linken Hand von oben nach unten bis zum Daumengrundgelenk streifen bzw. abrollen, so dass die Außenfläche nach innen gekehrt wird und in keinem Fall ein Kontakt mit der kontaminierten Seite erfolgt. Handschuh der linken Hand vorsichtig mit der rechten Hand von oben nach unten abstreichen und umgestülpten Handschuh der linken Hand in der rechten Hand lassen und in die Hand einschließen. Nun mit der sauberen linken Hand an der nicht kontaminierten Seite des rechten Handschuhs eingreifen und den rechten Handschuh abstreifen, wobei der gebrauchte linke Handschuh gleich mit eingestülpt wird und wieder die nichtkontaminierte Fläche nach oben gekehrt ist.

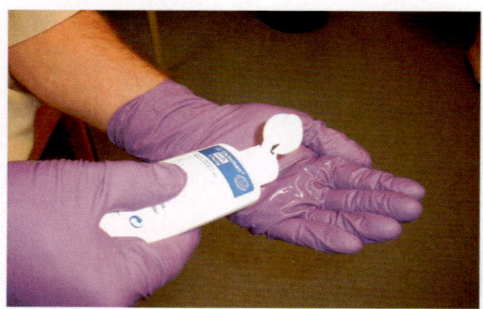 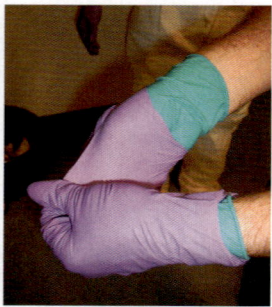

Abb. 14 u. 15: Handschuh-Desinfektion und Ausziehen durch „Auf-links-ziehen" (Fotos: S. Ippisch)

Dekontamination und Ablegen der PSA

Das Ausziehen eines Schutzanzuges unter optimalen Bedingungen, wie z. B. in der Isolierstation eines Behandlungszentrums, ist standardisiert; hier soll eine „Feld-, Wald- und Wiesen-Variante" ohne optimale Infrastruktur dargestellt werden, wie sie z. B. bei Einsätzen im offenen Gelände vorkommen kann, wenn vor Ort keine anderen Möglichkeiten zur Verfügung stehen.

Entscheidende Faktoren sind: Der Anzug kann auch von hinten aufgeschnitten werden (z. B. Anzug ist an der Frontseite stark mit infektiösem Material verschmutzt), dies sollte aber eher die Ausnahme darstellen, da Tests in einer anerkannten Teststaubkammer zeigten, dass bei dieser Variante leichter eine Kontaminationsverschleppung auf die Unterbekleidung stattfinden kann als bei der „Bananen-Auszieh-Methode". Der kontaminierte Anzug darf beim Ausziehen vom zweiten Helfer nur außen berührt werden, dies kommt hauptsächlich in Isolierstationen vor, wo der zweite Helfer zuerst beim Auskleiden hilft und sich anschließend (Schichtwechsel) in den kontaminierten Raum zur weiteren Patientenversorgung oder Aufbereitung einschleust. Oder der zweite Helfer schält den Anzug ab wie eine Banane („Bananentechnik" ähnlich wie beim Strahlenschutz) – man versucht hier als sauberer Helfer (mit gleicher Schutzstufe wie der zu Dekontaminierende) den Kontakt mit infektiösem Material zu vermeiden, um sich anschließend sofort selbst dekontaminieren zu lassen.

Ob man auf die saubere Innenseite des Anzuges greifen darf, richtet sich u. a. danach, um welche Gefahren CBR (chemisch, biologisch, radiologisch) es sich handelt und ob der Helfer anschließend wieder in einen kontaminierten Bereich geht oder ob er sich auch dekontaminieren lassen muss bzw. kann.

Die kontaminierte Person geht zum abgegrenzten und vorbereiteten Dekontaminationsplatz. Hier steht ein Helfer in gleicher Schutzausrüstung bereit. Die kontaminierte Person soll sich vor dem Ausziehen vom Helfer mit einem wirksamen Flächendesinfektionsmittel besprühen (höchstens ca. 10 bis 15 cm Abstand zur desinfizierenden Fläche), besser noch mit einem mit entsprechender Desinfektionslösung durchtränkten Tuch abreiben lassen. Dadurch wird erregerhaltiges Material gebunden und eine Staubaufwirbelung oder die Aerosolbildung des Mittels so gering wie möglich gehalten.

Ablegen der PSA

Verfahren und Vorgehen beim Entkleiden – nachgestellte Bilder z. T. mit Übungsmaterial – aus einer Demonstration/Schulung:

Die zu kontaminierende Person (Person 1) legt das Funkgerät mit Schutzhülle in den vorbereiteten Behälter zur Desinfektion.

Abreibdekontamination (Scheuer-, Wischdesinfektion, Abb. 16) des Schutzanzuges von Person 1 durch einen Helfer (Person 2). Person 1 zieht die Gummistiefel aus und macht währenddessen einen Schritt auf die Dekonplane bzw. den Platz oder direkt in einen großen PE-Sack. Person 1 zieht Schutzhandschuhe (mechanische Belastung) aus (Abb. 17).

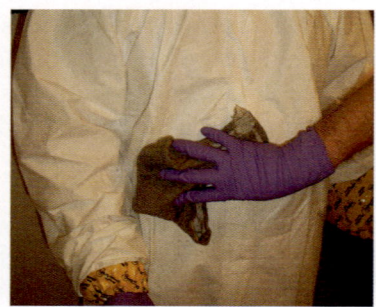 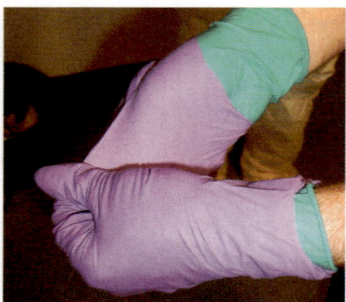

Abb. 16 u. 17: Wischdesinfektion und Ausziehen der Handschuhe durch „Auf-links-ziehen" (Fotos: S. Ippisch)

Person 1 bzw. Person 2 löst die Klebebänder von Vollgesichts- bzw. Einweg-Atemschutzmaske (Abb. 18), löst die Klebebänder am Schutzanzug (Abb. 19) und öffnet den Klebestreifen des Anzuges (Abb. 20).

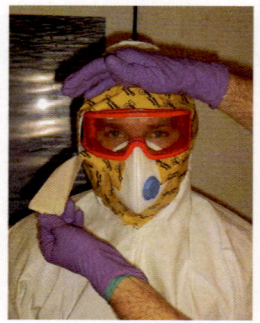 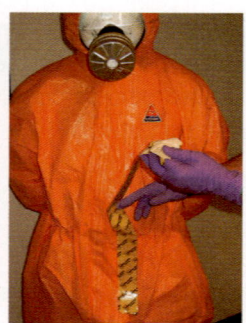 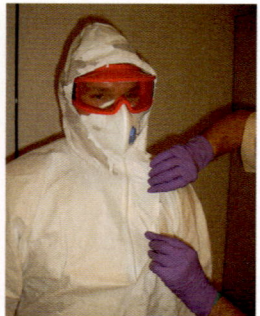

Abb. 18 - 20: Ablösen der Klebebänder (Fotos: S. Ippisch)

Person 2 führt nun eine Handschuhdesinfektion und einen Handschuhwechsel durch (Abb. 21 und 22).

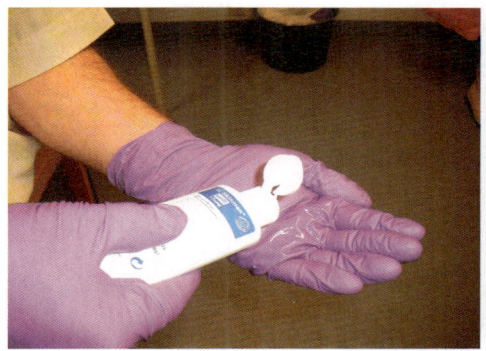 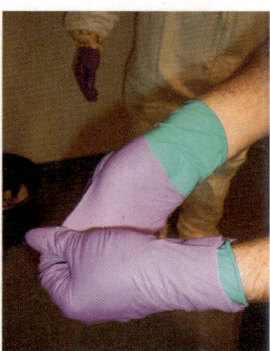

Abb. 21 u. 22: Handschuh-Desinfektion und Ausziehen durch „Auf- links-ziehen" (Fotos: S. Ippisch)

Person 2 öffnet den Reißverschluss (Abb. 23), welcher nicht kontaminiert sein dürfte. Trotzdem führt Person 2 anschließend erneut eine Handschuhdesinfektion (Abb. 24) und einen Handschuhwechsel durch.

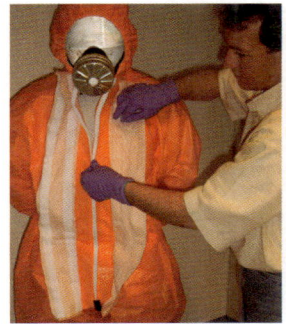 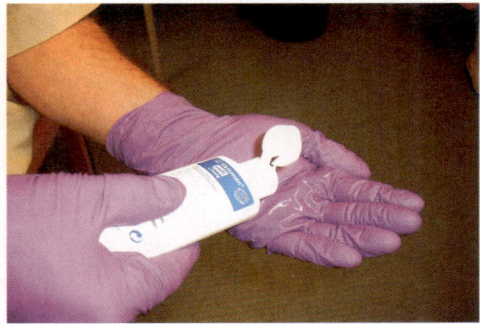

Abb. 23 u. 24: Öffnen des Reißverschlusses und anschließende Handschuhdesinfektion und -wechsel des Helfers (Person 2) (Fotos: S. Ippisch)

Person 2 fährt mit den Händen in den Schutzanzug von Person 1 und schält diesen vorsichtig über die Schultern direkt in den vorbereiteten Kunststoffsack aus – wie bei einer Banane (Abb. 25 und 26). Person 2 streift den Anzug von Person 1 nach unten ab, so dass sie die Außenseite (kontaminiert) nicht berührt (Abb. 27 und 28).

Nachdem das zweite Paar Handschuhe der kontaminierten Person 1 an der Anzugaußenseite befestigt ist (z. B. mit Armhülsen oder anderen Adaptersystemen), werden diese mit ausgeschält (Abb. 29). Person 1 steigt aus dem Anzug auf die reine Seite des Dekontaminationsplatzes, Person 2 beseitigt sofort den kontaminierten Anzug in die dafür bereit gestellten robusten Kunststoffsäcke, welche nach Gebrauch verschlossen werden (z. B. verknotet oder mit starken Kabelbindern).

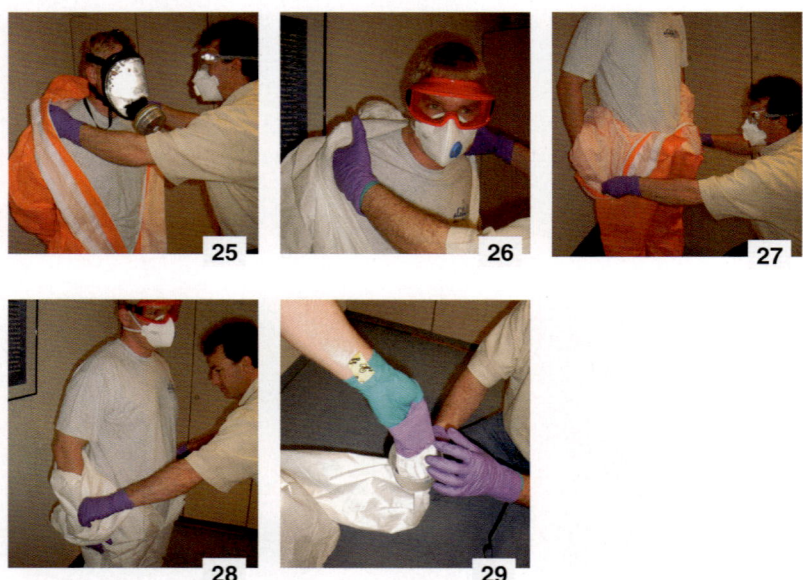

Abb. 25 - 29: Ausziehen des Schutzanzugs (Fotos: S. Ippisch)

Person 2 führt danach wieder eine Handschuhdesinfektion und einen Handschuhwechsel durch (Abb. 30 und 31).

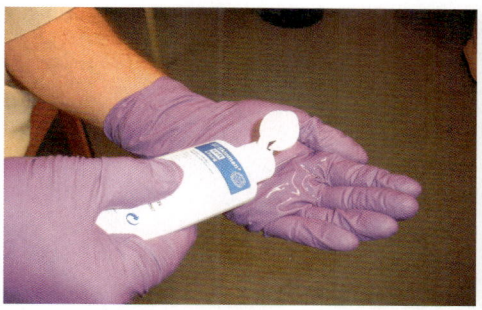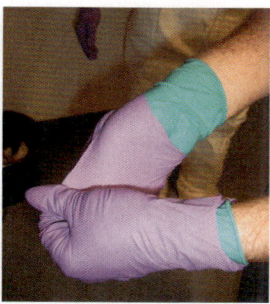

Abb. 30 u. 31: Handschuh-Desinfektion und Ausziehen durch „Auf-links-ziehen" (Fotos: S. Ippisch)

Person 1 nimmt – je nach Gefahreneinschätzung – unter Hilfe von Person 2 zuerst Gesichtsschutz/Brille/Vollmaske (Abb. 32 und 33) ab. Bei
Verwendung der FFP3-Maske diese noch nicht abnehmen.

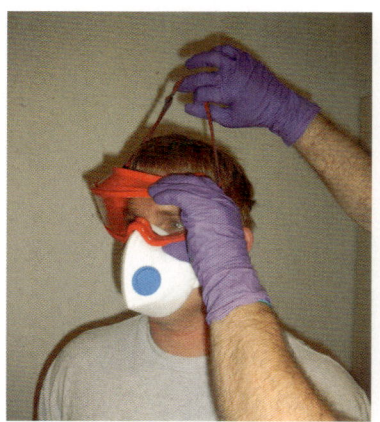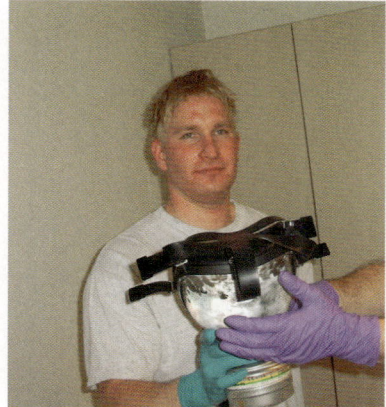

Abb. 32 u. 33: Ausziehen von Gesichtsschutz/Brille/Vollmaske
(Fotos: S. Ippisch)

Bei der Variante mit FFP3-Maske muss vor dem Ablegen des Atemschutzes eine Handschuhdesinfektion und ein Handschuhwechsel
erfolgen (Abb. 34 und 35).

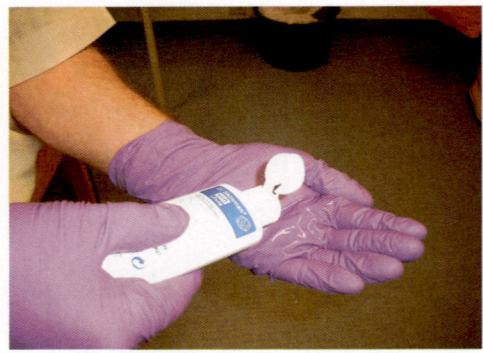 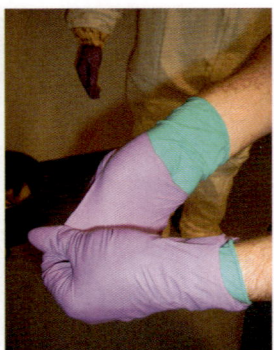

Abb. 34 u. 35: Handschuh-Desinfektion und Ausziehen durch „Auf-links-ziehen" (Fotos: S. Ippisch)

Erst jetzt wird die FFP-Maske entfernt (Abb. 36 bis 37).

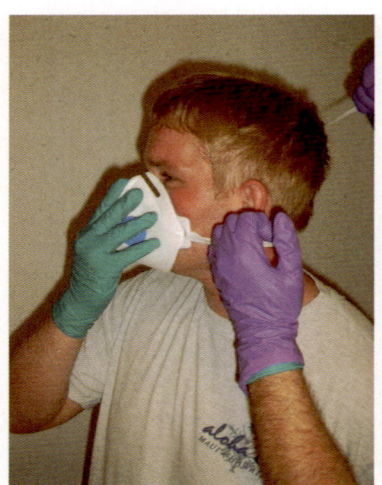 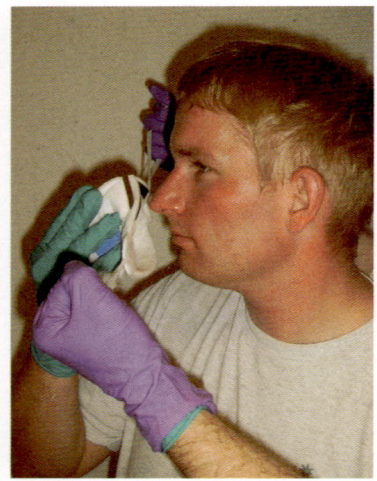

Abb. 36 u. 37: Entfernen der FFP-Maske (Fotos: S. Ippisch)

Bevor die Handschuhe von Person 1 abgestreift werden, wird wieder
eine Handschuhdesinfektion und ein Handschuhwechsel von Person
2 durchgeführt (Abb. 38 und 39).

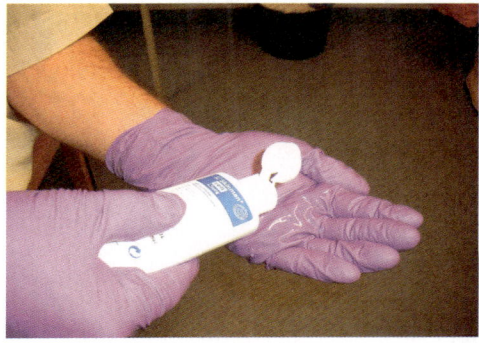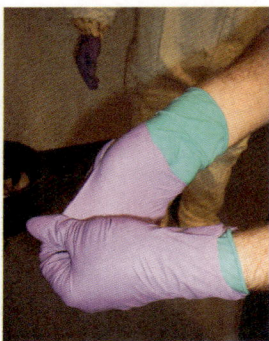

Abb. 38 u. 39: Handschuh-Desinfektion und Ausziehen durch „Auf-links-ziehen" (Fotos: S. Ippisch)

Person 1 zieht nun die Einmalhandschuhe aus, wie oben im Absatz
„Kontaminierte Einmalhandschuhe richtig ausziehen" beschrieben oder
unter Hilfe von Person 2 (Abb. 40 und 41), welche dann von Person 2
in doppelte Kunststoffsäcke entsorgt werden. Auch hier sollte nach der
Entsorgung des Restmateriales von Person 2 ein Handschuhwechsel
vollzogen werden, damit sie für das Auskleiden gerüstet ist.

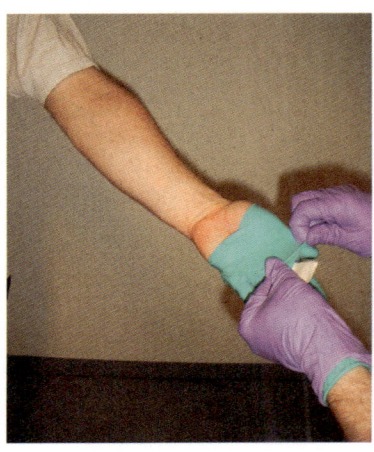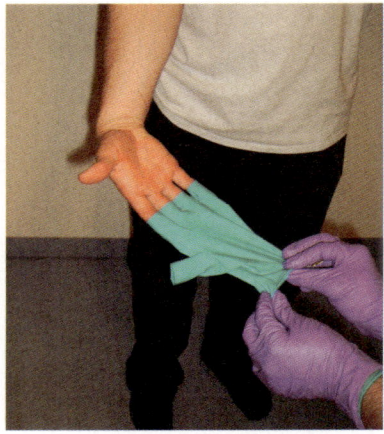

Abb. 40 u. 41: Handschuh-Ausziehen durch „Auf-links-ziehen"
(Fotos: S. Ippisch)

Person 1 sollte eine zweimalige hygienische Händedesinfektion durchführen. Eine dritte Person hilft nun Person 1 beim weiteren Entkleiden bzw. Umziehen (Halstuch etc.).

> Achtung: Die beim Ausziehvorgang benutzte Desinfektionsmittelflasche gilt als kontaminiert. Daher muss zum Schluß eine nicht kontaminierte Desinfektionsmittelflasche benutzen werden.

Nun beginnt der ganze Vorgang von vorne, mit dem Unterschied, dass Person 3 die Person 2 wie oben beschrieben entkleidet; die Entsorgung geschieht wieder über doppelt zu verschließende Kunststoffsäcke. Die Säcke werden alle in einer vorbereiteten und entsprechend gekennzeichneten Beseitigungstonne gesammelt und anschließend situationsgerecht entsorgt. Person 3 bekommt, falls erforderlich, einen 4. Helfer, und so könnte dies beliebig weitergeführt werden. Allerdings kann ab dem Entkleiden von Person 2 festgelegt werden, immer eine Schutzstufe unter der des Auszukleidenden zu liegen. Das Team Person 1 und Person 2 können sich selbstverständlich gegenseitig entkleiden, ohne eine Person 3 oder 4 zu haben.

Zum Schluss der Felddekontaminationsphase ist es sinnvoll, nochmals eine zweimalige hygienische Händedesinfektion und eine antimikrobielle Ganzkörperwaschung (Duschen) vorzunehmen. Bei solch schwerwiegenden Schadensereignissen spielen insbesondere die psychologischen Belange und die anschließende Bewältigung eine tragende Rolle. Die fachgerechte Betreuung des Einsatzpersonals darf unter keinen Umständen vernachlässigt werden, dazu gehört bei biologischen Lagen:

- Menschenrettung steht vor allem
- Eigenschutz geht jedoch vor Fremdrettung und
- höchste Priorität hat die Minimierung der Erregerausbreitung!

Siehe zum Thema an- und ablegen der Schutzkleidung auch den Film auf beilieger DVD.

6.6 Die persönliche Schutzausrüstung des Bundes

U. Bachmann

Einleitung

Das Bundesamt für Bevölkerungsschutz und Katastrophenhilfe (BBK) beschafft Ausstattung, die den Ländern im Rahmen des erweiterten Katastrophenschutzes (KatS) zur Verfügung gestellt wird. Dazu gehören u. a. Fahrzeuge wie der ABC-Erkundungskraftwagen mit seiner Messausstattung (ein ausführlicher Artikel über den ABC-Erkunderkraftwagen war in der 2. Auflage dieses Buches enthalten, Beitrag 2.3. Der Text ist auf der beiliegenden CD-Rom als pdf verfügbar) und der Dekon-P-LKW zur Dekontamination von Personen (siehe 6.9) ebenso wie Schutzausrüstung für die Helfer.

Die Entwicklung der persönlichen Schutzausrüstung im Zivil- und Katastrophenschutz hat eine längere Geschichte. Bereits in den achtziger Jahren gab es für die Helfer in den damaligen ABC-Zügen eine persönliche Ausstattung, die sie vor der Einwirkung von CBRN-Gefahren schützte. Sie bestand aus der Schutzmaske M 65 Z, dem Schraubfilter KS 80, dem Schutzanzug Zodiak, Schutzstiefeln, einer Handschuhkombination aus Unterzieh- und Schutzhandschuhen sowie einer Unterziehbekleidung.

Für die KatS-Helfer aller Fachdienste gab es zunächst keinen wirksamen Körperschutz. Der Schutzanzug Zodiak erwies sich als sehr stark physiologisch belastend, als dass er für alle Fachdienste hätte verwendet werden können. Daher wurde die „ABC-Schutzbekleidung Pers" eingeführt. Sie bestand aus einem Overgarment (einem zweiteiligen Anzug aus Jacke und Hose) und Zubehör in Form von ABC-Schutzhandschuhen, Textilunterziehhandschuhen sowie einer Tragetasche zur Aufnahme dieser Teile. Das Overgarment war im Gegensatz zum impermeablen Zodiak ein sogenannter semipermeabler Anzug mit der Fähigkeit, den Schutz gegen flüchtige und sesshafte

Kampfstoffe sowie auftreffende Kampfstofftröpfchen zu gewährleisten und gleichzeitig durch seine Luftdurchlässigkeit von innen nach außen die körperliche Belastung für den Träger gering zu halten.

Im Jahre 2004 begann die Beschaffung von ca. 52.000 kompletten Sätzen einer neuen Generation von persönlicher Schutzausrüstung für alle Helfer. Sie sollte von Beginn an so weit wie möglich aktuellen Normen entsprechen und damit handelsüblich sein.

Die neue persönliche ABC-Schutzausrüstung ist für alle den bundeseigenen Einsatzfahrzeugen des Katastrophenschutzes im Zivilschutz zugeordneten Helferinnen und Helfer vorgesehen. Sie soll sie vor den Gefahren durch radioaktive, biologische und chemische Kontamination schützen. Die Bestandteile sind zum großen Teil vergleichbar mit denen der bisherigen Ausrüstung, jedoch sind sie auf einen modernen Stand gebracht worden. Neu aufgenommen wurde ein flüssigkeitsdichter Schutzanzug, der Spritzer von Flüssigkeiten abhält. Beim flüssigkeitsdichten Schutzanzug, bei den Chemikalienschutzhandschuhen, den Schutzschuhen, der Atemschutzmaske und dem Filter entspricht die Ausrüstung den europäischen Normen. Im Falle von Overgarment, Unterziehhandschuhen und der Tragetasche für Maske und Filter gibt es diese nicht. Es wurden daher die militärischen Anforderungen zugrunde gelegt und für die Zwecke des Bevölkerungsschutzes angepasst.

Als Nachfolger für den alten Zodiak wurde 2001/2002 zusammen mit dem o. g. ABC-Erkundungskraftwagen ein neuer, moderner impermeabler Schutzanzug ausgeliefert.

Die einzelnen Bestandteile

Overgarment

Das neue Overgarment ist eine Überarbeitung des alten Typs aus den achtziger Jahren mit neuer Konfektionierung und modernen Materialeigenschaften. Das Overgarment ist **kein gasdichter Schutzanzug** im Sinne eines impermeablen Chemikalienschutzanzuges, sondern ein Einsatzanzug, der wegen seiner semipermeablen (also halbdurchlässigen) Eigenschaften auch über mehrere Stunden hinweg getragen werden kann. Das Material ist ein zweilagiger textiler Stoffverbund und besteht aus einem Oberstoff aus Baumwolle mit öl- und wasserabweisender Ausrüstung und dem Filter. Der Filter ist ein Laminat bestehend aus einem Futterstoff aus Baumwolle und Polyester, auf dem Kugeladsorber aus Aktivkohle aufgebracht sind. Die Adsorber sind abgedeckt mit einem Polyamid-Gewebe.

Das Overgarment ist ein Einsatzanzug zum Schutz gegen die Dämpfe chemischer Kampfstoffe. Außerdem schützt es gegen chemische Kampfstoffe in Form kleiner Tröpfchen, die auf der Fläche des Oberstoffes durch die Ausrüstung aufgehalten werden. Es darf nur gegen chemische Kampfstoffe eingesetzt werden. Das Overgarment schützt nicht gegen Flüssigkeiten gleich welcher Art, die die Kugeladsorber erreichen können. Daher darf es gegen andere Stoffe als chemische Kampfstoffe in der oben genannten Form nicht eingesetzt werden. Die Schutzleistung lässt bei starker Durchnässung mit Wasser (z. B. Regen) nach. Der Anzug kann bei längerer Einsatzdauer in solchen Fällen mit der flüssigkeitsdichten Schutzkleidung kombiniert werden. Dabei ist aber zu beachten, dass die guten physiologischen Eigenschaften des Overgarments wegen der Luftundurchlässigkeit des flüssigkeitsdichten Anzuges wegfallen.

Eine Grundlage für die Beschaffung waren die Anforderungen der Bundeswehr an ihre leichte ABC-Schutzbekleidung mit dem Stand vom Mai 2003. Das bedeutet, dass das neue Overgarment die gleichen adsorptiven und mechanischen Eigenschaften besitzt. Der Schnitt wurde in Zusammenarbeit mit der Feuerwehr angepasst. Der Anzug ist jetzt einteilig statt zweiteilig, und er besitzt wie das Bundeswehrmodell eine Bergevorrichtung im Rückenteil, die über einen Klettverschluss zugänglich ist.

Die Lagerung erfolgt in der mitgelieferten teilevakuierten Verpackung in einem trockenen Raum, der frei von Schadstoffen ist und in dem der Anzug vor direkter Sonneneinstrahlung geschützt ist. Auf diese Weise ist der Anzug mindestens 15 Jahre lagerfähig.

Abb. 1:
Overgarment mit den übrigen Teilen der Ausrüstung (Foto: BBK)

Das Overgarment kann bei 40 °C im Schonwaschgang und mit Feinwaschmittel ohne Weichspüler bis zu sechs Mal gewaschen werden. Es darf jedoch nicht kontaminiert sein. Das Waschen dient lediglich der Reinigung nach dem Tragen und ist kein Dekontaminationsvorgang. Nach dieser Anzahl an Waschgängen darf es nur noch als Übungsanzug, aber nicht mehr für Einsätze verwendet werden. Wichtig ist auch, dass nach jedem Waschen und Trocknen die Außenkleidschicht sorgfältig (bei maximal 150°C) gebügelt wird. Damit reaktiviert man die öl- und wasserabweisenden Eigenschaften. Wurde der Anzug gewaschen, sollte er gründlich getrocknet und möglichst luftabgeschlossen (in einer Kunststofffolie oder einem Kunststoffbeutel) gelagert werden, damit sichergestellt ist, dass sich während der Lagerung auf der Kohle keine Substanzen anreichern. Dadurch würde die Adsorptionsfähigkeit eingeschränkt.

Das Overgarment der persönlichen ABC-Schutzausrüstung des Bundes ist der erste Anzug seiner Art, der ein CE-Zeichen erhalten hat (siehe 6.4).

Flüssigkeitsdichte Schutzkleidung

Diese Schutzkleidung ist ein Bestandteil der persönlichen ABC-Schutzausrüstung, den es früher nicht gegeben hat. Es ist ein leichter Anzug, der vielfältig einsetzbar ist. Die europäischen Normen für Schutzkleidung mit ihrer Typ-Einteilung waren bestimmend für die Auswahl des Anzuges. Der hier beigefügte Schutzanzug ist ein Anzug nach Typ 3 der im Jahr 2003 einschlägigen europäischen Norm EN 466. Heute wird dieser Typ durch die EN 14605 beschrieben (siehe 6.4). Der Anzug erfüllt ebenfalls die EN 14126 (Leistungsanforderungen für Schutzkleidung gegen Infektionserreger).

Die Schutzkleidung soll gegen Spritzer von flüssigen Chemikalien und als Schutz gegen radioaktive (z. B. in der Form von Staub) und biologische Kontamination eingesetzt werden. Sie schützt nicht nur vor vielen konzentrierten anorganischen Säuren, Laugen und Salzlösungen, sondern auch vor einer Vielzahl von Industriechemikalien in flüssiger Form. Schwefel-Lost und Sarin als Stellvertreter für Haut- bzw. Nervenkampfstoffe werden ebenfalls über eine gewisse Zeit zurückgehalten. Vor radioaktiver Strahlung schützt der Anzug nicht. Zusätzlich ist die Schutzkleidung zum Schutz des Overgarments gegen Regen vorgesehen.

Das Grundmaterial ist Tyvek, ein Vlies, das für die gute Reißfestigkeit verantwortlich ist. Der breitbandige Chemikalienschutz wird durch ein Laminat aus verschiedenen Kunststoffschichten bewirkt. Der Schutzumfang entspricht dabei dem eines impermeablen Chemikalienschutzanzuges. Wegen der nicht gasdichten Abschlüsse ist dies aber **keine gasdichte Schutzkleidung**.

Abb. 2:
Flüssigkeitsdichte Schutzkleidung mit Maske, Filter, Schutzhand-schuhen und Schutzschuhen (Foto: BBK)

Die Kleidung ist so konfektioniert, dass sie sowohl ohne als auch über dem Overgarment getragen werden kann. Die Abschlüsse an den Füßen sind weiter als beim Standard-Modell konfektioniert, so dass auch bei angezogenen Stiefeln ein Einsteigen möglich ist. Anderer-seits setzt die Verwendung der Kleidung damit das Tragen von sta-bilen Schutzschuhen voraus, da andernfalls die gewünschte Dichtheit nicht erreicht werden kann. Diese lässt sich an den Dichtlinien durch Abkleben mit Klebeband verbessern. Die Lagerung erfolgt in der Ver-packung an einem trockenen und lichtgeschützten Platz.

Schutzhandschuhe

Zu Overgarment und flüssigkeitsdichter Schutzkleidung werden die Schutzhandschuhe (Abb. 3) getragen. Die Handschuhe sind nach

DIN 374 Teil 1 gefertigt und aus reinem Butylkautschuk hergestellt. Sie haben demzufolge das für Butyl-Materialien typische Rückhaltespektrum, das sich auch bei impermeablen Chemikalienschutzanzügen aus dem gleichen Material findet. Zusätzlich sind sie auf Rückhalteleistung gegen chemische Kampfstoffe geprüft. Bei den Schutzhandschuhen ist jedoch zu beachten, dass sie ohne Gewebe hergestellt wurden und daher eine geringere mechanische Festigkeit besitzen.

Damit Ozon- und Alterungsschäden vermieden werden, sollten die Handschuhe nicht dem Sonnenlicht oder künstlichen Lichtquellen (z. B. Neonbeleuchtung) bzw. ozonbildenden Geräten ausgesetzt werden. Eine Stapelbelastung von 5 kg soll nicht überschritten werden.

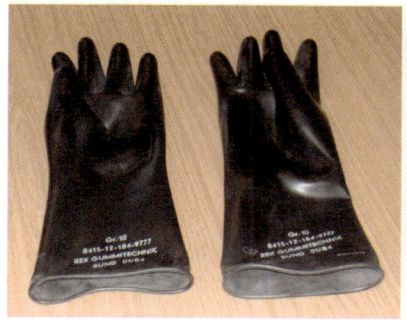 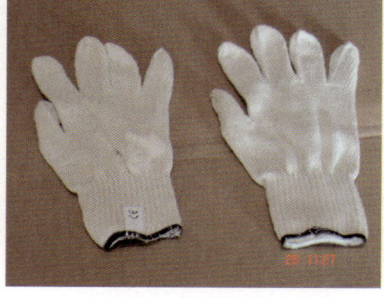

Abb. 3:   Schutzhandschuhe aus Butylkautschuk (Foto: BBK)

Abb. 4:   Unterziehhandschuhe für besseren Tragekomfort (Foto: BBK)

Unterziehhandschuhe

Die Unterziehhandschuhe (Abb. 4) sollen eine bessere Griffigkeit innerhalb des glatten Butyl-Handschuhes ermöglichen. Sie sind aus Baumwolle gefertigt und bei 30 °C waschbar. Sie können durch das Waschen und Trocknen leicht einlaufen und müssen gegebenenfalls wieder in Form gezogen werden. Die Lagerung erfolgt unter trockenen Raumbedingungen.

Schutzschuhe

Die Schutzschuhe (Abb. 5) sind Schuhe nach EN 345 S5, wobei S5 die Kategorie gemäß der genannten Norm bezeichnet (Anforderungen zu Antistatik, Energieaufnahmevermögen, Durchtrittsicherheit und Laufsohle). Sie sind auf der Basis einer Butylkautschukmischung gefertigt und besitzen eine ölbeständige Sohle. Das Material ist auf Rückhalteleistung gegen Schwefel-Lost geprüft. Gelagert werden die Schutzschuhe trocken, belüftet und unter Lichtabschluss.

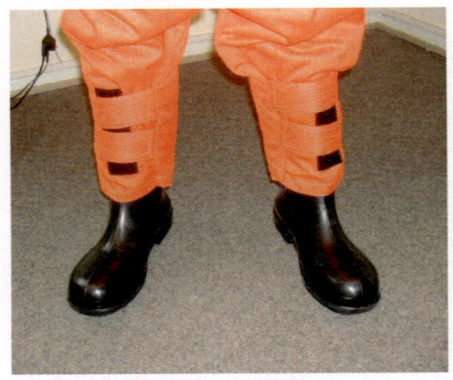

Abb. 5:   Schutzschuhe mit
            ölbeständiger Sohle

Abb. 6:   Funktionssocken
            (Fotos: BBK)

Funktionssocken

Die Socken (Abbl 6) sollen einen besseren Halt in den Schutzschuhen gewährleisten und insgesamt den Tragekomfort verbessern. Sie sind aus einem Fasergemisch, bestehend aus Baumwolle, Polyacryl, Polyamid und Polypropylen (Klimafaser) gefertigt und daher atmungsaktiv. Sie können gewaschen werden, jedoch – wie bei Funktionskleidung üblich – ohne Weichspüler. Andernfalls verlieren sie die klimatischen Eigenschaften, da die Faserhohlräume verstopfen. Die Funktionssocken sind trocken zu lagern.

Atemschutzmaske

Die Maske dient als Atemanschluss nach EN 136 Klasse 3 und vfdb-Richtlinie 0802 in Normaldruckausführung. Der Maskenkörper ist aus einer Naturkautschukmischung gefertigt, und das Material ist auf Rückhalteleistung gegen Schwefel-Lost geprüft.

Die Atemschutzmaske ist unter Lichtabschluss zu lagern. Für eine Langzeitlagerung sollte ein starkes Verformen des Maskenkörpers vermieden werden.

Abb. 7:
Maske mit ABEK2-Hg-P3-Filtereinsatz (Foto: BBK)

Filtereinsatz

Der Filter ist ein ABEK2-Hg-P3-Filter nach EN 141. Die Buchstaben stehen für die Fähigkeit des Filters, verschiedene Stoffe bzw. Stoffgruppen zurückzuhalten. Dabei bedeutet

A: Organische Gase und Dämpfe mit einem Siedepunkt über 65 °C

B: Anorganische Gase und Dämpfe, z. B. Chlor, Schwefelwasserstoff, Blausäure (nicht gegen Kohlenmonoxid)

E: Schwefeldioxid, andere saure Gase und Dämpfe

K: Ammoniak und organische Ammoniak-Derivate

Die Zahl 2 steht für eine mittlere Aufnahmekapazität des Gasfilters.

Hg: Der Filter besitzt die Fähigkeit, zusätzlich Quecksilber (Hg) abzu-scheiden

P3: Partikel

Die Zahl 3 steht für eine hohe Abscheideleistung des Partikelfilters. Durch diesen Teil eignet sich der Filter auch für B-Lagen. Zu einem kompletten Satz gehören zwei Filter.

Die Filtereinsätze sind bei -10 °C bis 55 °C verschlossen und trocken zu lagern.

Tragetasche für Atemschutzmaske und Filter

Die Tragetasche (Abb. 8) wurde nach Spezifikationen der Bundeswehr beschafft. Sie kann durch den verstellbaren Tragegurt über der Schul-ter oder quer über der Brust getragen werden. Zur Reinigung kann die Tasche mit einem weichen, feuchten Schwamm abgerieben werden.

Abb. 8:
Tragetasche für Maske, Filter und ABC-Selbsthilfesatz (Foto: BBK)

Die Lagerung ist wegen des alterungsbeständigen Materials fast unbegrenzt möglich. Besondere Lagerungsbedingungen sind nicht einzuhalten.

Selbsthilfesatz

Zu der persönlichen Schutzausrüstung gehört auch ein Selbsthilfesatz, der zurzeit im Rahmen eines Forschungsvorhabens entwickelt und nach Fertigstellung nachgeliefert wird.

Impermeabler Chemikalienschutzanzug (CSA)

Der Nachfolger des in der Einleitung erwähnten Schutzanzuges Zodiak ist ein Chemikalienschutzanzug (CSA) nach Typ 1 der EN 943 Teil 2 (Abb. 9). Dies heißt, er erfüllt die Leistungsanforderungen für gasdichte Chemikalienschutzanzüge (Typ 1b-ET) für Notfallteams. Dabei wird der Pressluftatmer außerhalb des Anzuges getragen.

Abb. 9
Zodiak-Nachfolge-Anzug, hier mit Filter getragen (Foto: BBK)

Die Maske ist in den Anzug eingebaut, so dass er auch mit einem Filter verwendet werden kann. Das Material des Anzuges ist ein Gemisch aus beschichtetem Gewebe und einem Kunststofflaminat, das ein breitbandiges Rückhalteleistungsspektrum besitzt. Es vereint die gute Chemikalienbeständigkeit des Laminats mit den guten mechanischen Eigenschaften des beschichteten Gewebes.

Der CSA wurde zu jeweils zwei Stück auf jeden ABC-Erkundungs-kraftwagen verlastet. Insgesamt wurden damit 742 Anzüge beschafft und mit den Fahrzeugen an die Länder ausgeliefert. Dazu wurden die entsprechenden Pressluftatmer und Flaschen, aber auch zusätzliche Filter und Masken beigestellt.

An- und Auskleiden der Schutzausrüstung

Auf der beiliegenden CD-ROM sind zwei Präsentationen zu dieser Thematik vorhanden. Sie sind als Hinweis zu verstehen, wie das An- und Auskleiden vonstatten gehen kann. Variationen sind durchaus denkbar. So kann beim Ankleiden auch die Maske vor den Handschuhen angezogen werden. Beim Auskleiden ist zu beachten, dass der Helfende selber kontaminiert wird.

Literatur

Die in diesem Artikel genannte Normen und Richtlinien sind:

vfdb-Richtlinie 0802 Regeln für die Auswahl von Atemschutzgeräten und Chemikalienschutzanzügen für Einsatzaufgaben bei den Feuerwehren

EN 136: Atemschutzgeräte – Vollmasken – Anforderungen, Prüfung, Kennzeichnung

EN 141:   Atemschutzgeräte – Gasfilter und Kombinationsfilter – Anforderungen, Prüfung, Kennzeichnung

EN 345:   Sicherheitsschuhe für den gewerblichen Gebrauch

DIN 374 Teil 1: Schutzhandschuhe gegen Chemikalien und Mikroorganismen – Teil 1: Terminologie und Leistungsanforderungen EN 466:   Schutzkleidung – Schutz gegen flüssige Chemikalien – Teil 1: Leistungsanforderungen an Chemikalienschutzkleidung mit flüssigkeitsdichten Verbindungen zwischen den verschiedenen Teilen der Ausrüstung (Ausrüstung Typ 3)

EN 943 Teil 2 Schutzkleidung gegen flüssige und gasförmige Chemikalien, einschließlich Flüssigkeitsaerosole und feste Partikel – Teil 2: Leistungsanforderungen für gasdichte (Typ 1) Chemikalienschutzanzüge für Notfallteams

EN 14126: Leistungsanforderungen und Prüfverfahren für Schutzkleidung gegen Infektionserreger

EN 14605: Schutzkleidung gegen flüssige Chemikalien – Leistungsanforderungen an Chemikalienschutzanzüge mit flüssigkeitsdichten (Typ 3) oder spraydichten (Typ 4) Verbindungen zwischen den Teilen der Kleidung, einschließlich der Kleidungsstücke, die nur einen Schutz für Teile des Körpers gewähren (Typen PB [3] und PB [4])

6.7 Auswahl der richtigen FFP3-Maske

G. Lichtfuss, C. Bartels

Der FFP3-Maske wird hier noch ein gesondertes Kapitel gewidmet, da schon die Auswahl der richtigen Maske und deren Einsatz weniger trivial ist, als die Anordnung „es ist eine FFP3-Maske anzulegen" vermuten lässt.

Die FFP3-Maske ist Teil eines Schutzkonzeptes

Grundlegend ist voranzustellen, dass der alleinige Nutzen einer solchen Maske relativiert betrachtet werden muss und die Schutzwirkung nicht als vollkommen oder sicher angesehen werden kann – eine FFP3-Maske alleine stellt kein zuverlässiges Schutzkonzept dar. Das liegt primär in der Entwicklungsgeschichte der Maske begründet, welche für den industriellen Arbeitsschutz konzipiert wurde, um vor schädlichen chemischen Partikeln zu schützen. Dort kommt es darauf an, eine Schadstoffkonzentration signifikant zu senken. Dies spiegelt sich auch in der Zertifizierung wider, welche auch in der Schutzstufe 3 einen ungefilterten Fehllufteinstrom von einem Prozent erlaubt (Schadstoffkonzentrationsminderung auf 1 % der Umluft).

Für den Infektionsschutz sind drei Faktoren ausschlaggebend für den Nutzen der Maske:

- der korrekte Sitz der Maske am Träger (maximal 1 % ungefilterter Lufteinstrom)

- die vorherrschende Konzentration des Agens in der Umluft

- die infektiöse Dosis des Agens (im Zusammenhang mit der FFP3-Maske ist die Frage entscheidend, ob 1 % der vorherrschenden Erregerkonzentration eine Infektion auslösen kann)

Aus diesem Grund kann eine optimale Schutzwirkung nur in einer Kombination von Komponenten erreicht werden, welche die Wirkung der Maske erhöhen: Dazu zählen zum Beispiel die Überprüfung des korrekten Sitzes der Maske, Distanz, Präexpositionsprophylaxe oder, im Laborbereich, der Nutzung einer Laminar-Airflow. Eine weitere essentielle Komponente muss eine regelmäßige Risikoanalyse in Bezug auf die Qualität des Agens und der Wahrscheinlichkeit einer Exposition sein. Im Rahmen dieser Risikoanalyse sollte eine Abwägung von alternativen Präventionskonzepten nicht außer Acht gelassen werden. Im Zweifel sollte die Nutzung einer FFP3-Maske nur in Kombination mit Schutzbrille und vollständiger Schutzkleidung (PSA) erfolgen. Auch ein Ausweichen auf umluftunabhängige Ganzkörperschutzsysteme oder gebläsegestützte Systeme muss eventuell in Betracht gezogen werden.

Maskentypen

Aus den bereits in den vorangegangenen Kapiteln erläuterten Gründen kommt für den Infektionsschutz nur eine partikelfiltrierende Halbmaske der Schutzstufe 3 (FFP3) in Frage. Trotz dieser klaren Empfehlung kann die Wahl einer Maske schwer fallen, da die Auswahl enorm ist. Zertifizierte Einweg-FFP3-Halbmasken werden von weltweit über 50 Herstellern produziert und es gibt sie in verschiedensten Designs:

- diverse Typen an Falt- oder Korbmasken
- mit und ohne Dichtlippen und
- mit und ohne Ausatemventil.

Ebenso variabel ist der Anschaffungspreis, der, je nach Auftragsvolumen, zwischen einem Euro und zehn Euro pro Stück liegen kann.

Dichtigkeit als oberstes Auswahlkriterium

Unabhängig von Preis und Design sollte der passende Dichtsitz am Menschen das ausschlaggebende Kriterium bei der Anschaffung sein. Dabei muss speziell von Arbeitgebern akzeptiert und vom Benutzer beachtet werden, dass es keine „optimale" Maske gibt, die jedem passt. Eine individuelle Abstimmung muss für jeden einzelnen Arbeitnehmer erfolgen. Ehe über die Anschaffung entschieden wird, sollte **jeder** potenzielle Träger verschiedene Masken in einer Reihe von einzelnen Dichtigkeitstests überprüfen. Dies kann recht simpel mit Hilfe eines qualitativen Fit-Tests geschehen (siehe Fit-Test weiter unten).

Beispiel aus der Praxis
Haus-intern wurden 2007 im Robert Koch-Institut an 26 – aufgrund der Mitarbeiterstruktur in Labor – überwiegend weiblichen Beschäftigten verschiedene FFP3-Atemschutzmasken diverser Designs mit Hilfe des qualitativen Fit-Tests getestet. Dabei zeigte sich, dass, unabhängig vom Design der Maske, durchschnittlich nur zwei von sechs getesteten Masken nach dem Anlegen dicht saßen. Bei jedem Probanden waren dies individuell andere Masken-Typen. Auffallend war ein deutlich besserer Dichtsitz bei Masken mit breiter, nicht-konturierter Dichtlippe.

Auch das Anlegen einer FFP3-Maske muss geübt werden

Das alleinige Zurverfügungstellen einer Atemschutzmaske ist nicht ausreichend, um einen genügenden Schutz des Trägers zu gewährleisten. Bei technisch aufwändigeren Atemschutzgeräten ist es offensichtlich, dass eine professionelle Einweisung notwendig ist. Ebenso ist auch für die FFP3-Maske eine professionelle Einweisung notwendig. Zwar liegen den meisten Verpackungen leicht verständliche Piktogramm-Anleitungen bei, dennoch werden diese schon bei Übungen selten beachtet; der einfache Aufbau der FFP3-Maske täuscht eine bedenkenlose Handhabung vor.

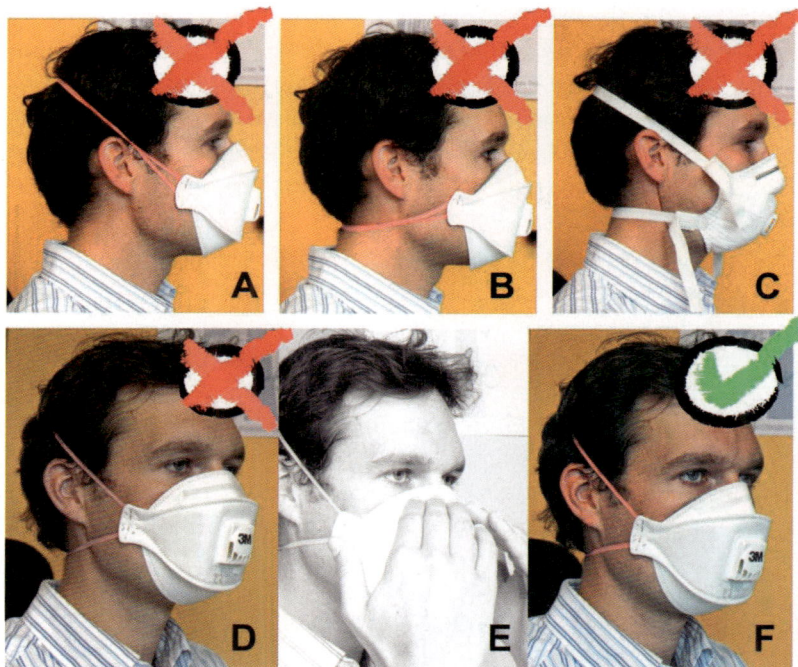

Abb. 1: Die gängigsten Fehler beim Anlegen der Maske: **A** und **B**, die Bebänderung ist nicht korrekt angelegt, in der Regel ist ein Band über das Ohr, das zweite in den Nacken zu legen; **C**, die justierbare Bebänderung ist zu fest gezogen und drückt auf Nase und Kinn; **D**, die Bebänderung ist korrekt angelegt, aber der Nasenbügel ist nicht angedrückt; **E**, Andrücken des Nasenbügels; **F**, korrekt angelegte Maske: Die Bebänderung ist richtig angelegt, ein Band über, ein Band unter dem Ohr und der Nasenbügel ist angepasst. Unbedingt ist nun der Sitz mit einem orientierenden Dichtigkeitstest zu überprüfen: Dazu müssen beide Hände um die Maske herum so an den Filter gelegt werden, dass eine möglichst große Fläche des Filters bedeckt ist. Bei tiefem, stoßartigem Ein- und Ausatmen darf kein Luftstrom um die Maskenränder (meist besonders am Kinn und um den Nasenrücken) zu spüren sein. (Graphik: G. Lichtfuss)

Beispiel aus der Praxis

Bei einer Übung in einer Klinik, bei der ein hochkontagiöser Patient in der Notaufnahme versorgt werden sollte, wurden dem teilnehmenden Klinikpersonal notwendige PSA zur Verfügung gestellt, darunter auch FFP3-Masken verschiedener Hersteller. Aufdrucke der Packung wurden nie gelesen, die Packungen aufgerissen und die Masken angelegt. Dabei wurde nicht beachtet,

- ob sich noch Verpackung in den Maskenkörpern befand,
- ob die Bebänderung richtig angelegt wurde,
- ob die Nasenklemme angedrückt wurde und
- ob die Maske grundsätzlich überhaupt passte.

Bei Masken mit einstellbarer Bebänderung wurde diese oft so fest wie möglich gezogen, was im Laufe der Zeit zu extremen Schmerzen führte und ein weiteres Tragen qualvoll bzw. nicht mehr möglich war.

Kompatibilität zur Schutzbrille

Wenig untersucht ist bislang die Auswirkung der Schutzbrille auf die Dichtigkeit von FFP3-Masken, obwohl viele Situationen, die das Tragen einer Maske erfordern, ebenfalls die Benutzung einer Schutzbrille verlangen, um ein Eindringen des Agens über die Augenschleimhäute zu verhindern.

Aus diesem Grund sollte zusätzlich jeder Träger individuell verschiedene Brillen mit verschiedenen (dicht-getesteten) Masken ausprobieren, da es auch hier keine Musterlösung gibt.

Zu großen Schwierigkeiten kann es kommen, wenn der Träger der Maske auf eine eigene Brille als Sehhilfe angewiesen ist. Es ist unbedingt notwendig vor einem Ernstfall eigene Tests durchzuführen und sich ggf. spezielle Brillenkonstruktionen zuzulegen.

Der Fit-Test

Zur Überprüfung der Dichtigkeit einer Atemschutzmaske kann ein so genannter Fit-Test durchgeführt werden. Aufgrund der unterschiedlichen Zulassungskriterien der US- und EU-Behörden wird ein Fit-Test in den USA als unbedingt notwendiger Teil der Arbeitsschutzunterweisung angesehen, da dort Dichtigkeit an den Maskenrändern kein Kriterium der Zulassung ist. In Deutschland hingegen kommt er bis jetzt in der Regel nicht zur Anwendung.

Der Fit-Test dient in erster Linie zur Überprüfung, ob das Atemschutzgerät eine zufrieden stellende Barriere zwischen kontaminierter Außenluft und Träger herstellt, die aufgrund der hohen Variabilität der Gesichtscharakteristika von dem Träger wie auch von den unterschiedlichen Eigenschaften der Masken abhängt. Neben der Dichtigkeitsüberprüfung kann die Fit-Testung auch einer Überprüfung des Wissenstandes des Trägers über das richtige Anlegen der Maske dienen, da eine korrekt passende Maske keinen Schutz bieten kann, wenn sie nicht richtig angelegt wird.

Grundsätzlich gibt es zwei unterschiedliche Arten des Fit-Tests: einen Quantitativen und einen Qualitativen.

Der quantitative Fit-Test (QNFT) bestimmt mit Hilfe eines elektronischen Detektors die Konzentration eines Moleküls in der Umgebungsluft und vergleicht diese mit der Konzentration in der Atemluft. Bei dichtem Sitz sollte die Molekülkonzentration innerhalb der Maske mindestens um das hundertfache (FFP3) geringer sein als in der umgebenden Außenluft (= Fit-Faktor 100).

Der qualitative Fit-Test (QLFT) ist ein „ja/nein-Test", der eine Reaktion des Maskenträgers auf einen Versuchsstoff, der zum Beispiel auf Geschmack, Geruch oder Reizung basiert, hervorruft. Reagiert der Proband zu irgendeinem Zeitpunkt des Fit-Tests auf den Versuchsstoff, verlief der Test negativ: die Maske liegt nicht dicht genug an.

Den Test gibt es auf Basis von vier unterschiedlichen Indikatorstoffen: Isoamyl-Acetat (Bananenöl, Geruchsprobe), Saccharin (Süß-Stoff, Geschmacksprobe) oder Bitrex-Lösung (Bitterstoff, Geschmacksprobe) und Zinnchlorid ($SnCl_4$, Reizung der Schleimhäute durch Dämpfe).

Durchführung eines Fit-Tests mit Geschmacksstoff

Für den alltäglichen Gebrauch am besten geeignet ist ein Fit-Test auf Bitrex- oder Saccharin-Basis. Da alle qualitativen Fit-Tests (QLFTs) auf dem Wahrnehmungsvermögen des Probanden basieren, muss vor Beginn des eigentlichen Fit-Testes zunächst immer in einem so genannten Sensitivitätstest ermittelt werden, ob der Proband den Teststoff überhaupt wahrnimmt.

Bei dem Bitrex-Test wird aerosolisiertes Denatonium-Benzoat als Teststoff verwendet. Dem Test mit Maske geht ein Sensitivitätstest mit einer 1 %igen Lösung voran, die mit Hilfe eines einfachen Verneblers als Aerosol unter die aufgesetzte Versuchshaube eingesprüht wird, wobei durch Zählen der Pump-Hübe bestimmt wird, ab welcher Konzentration der Proband den Geschmacksstoff wahrnehmen kann, was von Mensch zu Mensch unterschiedlich ist.

Abhängig von den gezählten Hüben während des Sensitivitätstests, wird während des eigentlichen Tests bei angelegter Maske 100%ige Bitrex-Lösung als Aerosol in die Haube eingesprüht. Liegt die Maske richtig an, sollte sie die Bitrexkonzentration in der Atemluft so weit senken, dass dieses nicht geschmeckt werden kann.

Mit aufgesetzter Haube führt der Proband mehrere Übungen durch, um den Sitz der Maske auch während Bewegungsabläufen zu testen *(workplace simulation)*. Der Proband führt dabei folgendes aus: normales Atmen, tiefes Einatmen, Kopf seitlich drehen, Kopf auf und ab bewegen, lautes Sprechen, vornüber Beugen und in die Hocke gehen.

Dabei hat der Proband anzugeben, wenn das Bitrex geschmeckt wird, was ein Indiz für einen nicht optimalen Sitz der Maske ist.

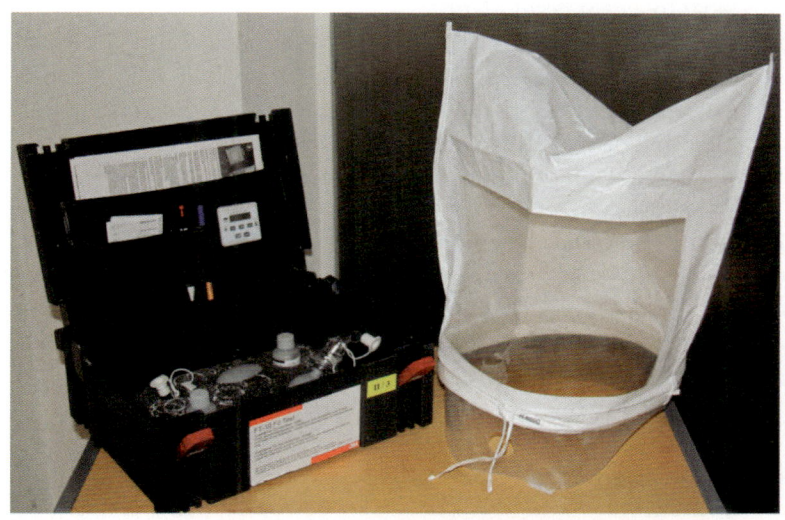

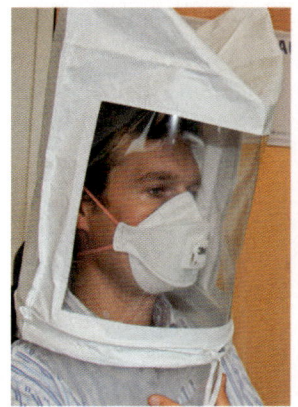
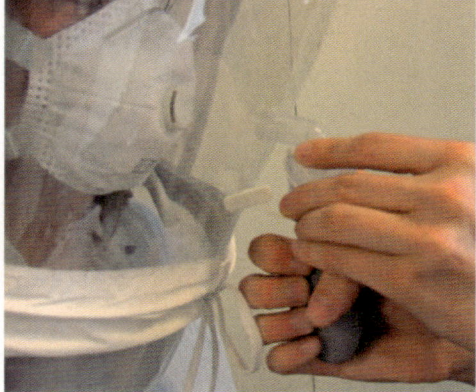

Abb. 2:   Der Fit-Test: In den meisten kommerziell erhältlichen Test-Sets ist alles enthalten, was für die Durchführung notwendig ist; bei aufgesetzter Haube wird das Geschmacksstoffaerosol durch eine Öffnung eingesprüht. (Fotos: G. Lichtfuss)

Im Allgemeinen wird der Fit-Test bei Misslingen ein zweites Mal durchgeführt, wobei auf genaue Anpassung der Maske an den Probanden geachtet wird. Sollte der Proband beim zweiten Mal wieder den Geschmacksstoff schmecken können, gilt die Maske als für ihn untauglich. Der Fit-Faktor für den qualitativen Fit-Test ist durch den erlaubten 1%igen Fehllufteinstrom auf 100 festgelegt (Schadstoffkonzentrationsminderung auf 1 % der Umgebungsluft). Sollte eine höhere Filterleistung notwendig sein, muss der Sitz mit Hilfe eines quantitativen Tests (QNFT) überprüft werden.

Alternativ zu Bitrex kann eine Saccharinlösung (Natrium-Saccharin) für den Geschmacks-Fit-Test verwendet werden, welche vom Probanden bei undichter Maske süß geschmeckt wird. Empfehlenswert ist jedoch das Bitrex, da dieses aufgrund seines intensiv bitteren Geschmacks eindeutigere Signale generiert.

Weitergehende Informationen

- Das Protokoll für den Qualitativen Fit-Test ist von der US *Occupational Safety and Health Administration* (OSHA) genormt, und Anforderungen und Hinweise finden sich auf deren Website: www.osha.gov/SLTC/etools/respiratory/oshafiles/fittesting1. html

- Fit-Tests werden von den meisten größeren Maskenherstellern (meist für den US-Markt) vertrieben, und Informationen dazu finden sich unter anderem auf den Websites bekannter Hersteller.

- Fit-Tests können auch in Deutschland entweder direkt vom Hersteller oder über Laborbedarf-Versandhäuser und Arbeitsschutz-Händler bestellt werden.

6.8 Desinfektion und Dekontamination bei B-Lagen durch operative Kräfte der Gefahrenabwehr

R. Steffler, R. Grunow, K. Lemmer, H. Nattermann

6.8.1 Einleitung

Desinfektion ist – neben dem Tragen geeigneter persönlicher Schutzausstattung (PSA) und einer der Lage angepassten Einsatzorganisation – eine wichtige Schutzmaßnahme für die Einsatzkräfte und das Personal bei der Untersuchung biologischer Gefahrenlagen. Ihr wird hinsichtlich der Vermeidung einer Weiterverbreitung von übertragbaren Krankheiten eine wichtige Rolle zugeschrieben. Im Folgenden soll deshalb primär auf die Desinfektion bzw. Dekontamination von kontaminierten Personen, Räumen, Geräten, Fahrzeugen und Abfällen bei B-Lagen durch Einsatzkräfte des Katastrophenschutzes und der Rettungsdienste näher eingegangen werden und weniger auf die in den Bereichen des Gesundheitswesens gültigen Bedingungen.

Begriffsbestimmungen

Unter **Dekontamination** versteht man das Minimieren oder Entfernen von Verunreinigungen mit radioaktiven oder chemischen Agenzien oder pathogenen Mikroorganismen bei Personen (Dekon-P) (Dekon-V), Geräten/Gegenständen (Dekon-G) oder Flächen auf ein gesundheitsunschädliches Maß (Bessel et al., 2005; Franke et al., 1994; Militärverlag der DDR, 1979).

Desinfektion ist die Reduktion durch Abtötung bzw. irreversible Inaktivierung von krankheitserregenden Keimen an und in kontaminierten Objekten zur Minimierung eines Infektionsrisikos. Sie dient der Unterbrechung der Infektkette (Bundesgesundheitsamt, 1980).

Sterilisation ist die Abtötung bzw. irreversible Inaktivierung sämtlicher Keime an und in kontaminierten Objekten (Bundesgesundheitsamt, 1979).

Welche Anforderungen muss ein Desinfektionsmittel erfüllen?

- schnelle Wirksamkeit

- wirksam auch im unteren Temperaturbereich und bei anderen Witterungseinflüssen

- gute Verträglichkeit beim Menschen (Dekon-P, Dekon-V)

- gute Umwelt- und Materialverträglichkeit

- lange Lagerfähigkeit

- für viele Anwendungen und Materialien geeignet

- einfache Handhabung

- wirksam gegen ein breites Erregerspektrum.

Zu welchem Zweck ist eine Dekontamination notwendig?

Dekontamination in biologischen Lagen ist notwendig:

- zum Schutz der betroffenen Personen und Einsatzkräfte

- zur Unterbrechung von Infektketten (siehe 6.2) durch Vermeidung einer Weiterverbreitung der Kontamination durch Personen oder Gegenstände

- zur Wiederverwendung kontaminierter Gegenstände und Bereiche.

Wie wird eine Dekontamination durchgeführt?

Prinzipiell können Personen mit und ohne PSA (gezielt operierende Einsatzkräfte bzw. Betroffene) biologisch kontaminiert sein. Eine Dekontamination stellt in jedem Fall ein mehrstufiges Verfahren mit vielfältigen Einzelprozessen dar. Bei Betroffenen aus dem Gefahrenbereich steht die sachgerechte Entfernung der Kleidung mit anschließender Körperreinigung, Desinfektion und erneuter Körperreinigung im Vordergrund. Bei Einsatzkräften wird zunächst die PSA mit geeigneten Verfahren dekontaminiert, anschließend sachgerecht abgelegt und entsorgt bzw. wiederaufbereitet.

Bei der Dekontamination müssen alle arbeitssicherheitsrechtlichen Vorgaben umgesetzt werden und der **Selbstschutz** beachtet werden, um handelnde Personen zu schützen sowie weitere Kontaminationen der Umwelt zu verhindern. Hierzu müssen auch die zur Dekontamination verwendeten Mittel gesammelt und fachgerecht entsorgt werden.

Die Personen- und auch die Gerätedekontamination muss an sog. **Dekon-Plätzen** stattfinden (siehe 6.9, Feuerwehrdienstvorschrift 500, 2003). Hierbei sind sowohl provisorische oder konzeptstandardisierte Lösungen mit spezieller Ausrüstung möglich. In jedem Fall muss ein solcher Platz organisatorisch in eine verunreinigte Zone mit einem Prozessbereich und eine reine Zone eingeteilt werden (siehe 5.4, 6.9).

Womit wird dekontaminiert?

Neben dem Duschen mit reichlich Wasser (Dekon-P) stehen für die Desinfektion je nach Erreger spezifische Desinfektionsmittel zur Verfügung. Wenn der Erreger nicht bekannt ist, muss mit hochwirksamen sporiziden und viruziden Mitteln desinfiziert werden (Steffler, 2002; Steffler *et al.,* 2003). Diese Mittel sind je nach Anwendungsbereich (z. B. Humanmedizin, Veterinärmedizin, Lebensmittelwesen) in entsprechenden Listen aufgeführt (Verbund für angewandte Hygiene [VAH], Robert Koch-Institut [RKI], Deutsche Veterinärmedizinische Gesellschaft [DVG], Richtlinie für Tierseuchenbekämpfung). Dekontaminationsmittel und -verfahren müssen den Besonderheiten der zu dekontaminierenden Personen angepasst sein. Das ist vor allem bei der Dekontamination kranker und verletzter Personen wichtig (DVG, 2003a; DVG, 2003b; Robert Koch-Institut, 2003; VAH, 2006).

Von wem wird die Dekontamination durchgeführt?

- Eigendekontamination durch die exponierten Personen (z. B. Duschen)

- Fremddekontamination durch die Einsatzkräfte (z. B. bei Seuchen durch den Amtsarzt, bei Tierseuchen durch den Amtstierarzt angeordnet).

6.8.2   Rechtliche Grundlagen

Infektionsschutzgesetz

Das Infektionsschutzgesetz regelt die Maßnahmen der zuständigen Stellen, die zur Vorbeugung und Bekämpfung von übertragbaren Krankheiten beitragen. Der § 18 befasst sich u. a. mit der Erstellung der Liste der geprüften und anerkannten Desinfektionsmittel und Verfahren durch das Robert Koch-Institut, die bei behördlichen Entseuchungsmaßnahmen Anwendung findet (IfSG, 2000).

Tierseuchengesetz

Das Tierseuchengesetz (22. Juni 2004) stellt die Grundlage für die staatliche Bekämpfung von Tierseuchen dar und legt Maßnahmen zur Vorbeugung und Tilgung von Tierseuchen fest. Daher ist auch im Katastrophenfall bei Tierseuchenverdacht dieses Gesetz mit den entsprechenden Verordnungen zur Bekämpfung einzelner Tierseuchen zu beachten (z. B. die Verordnung über den Milzbrand und Rauschbrand vom 23. Mai 1991, *BGBl.* I S. 1172, die Verordnung zum Schutz gegen die Brucellose der Rinder, Schweine, Schafe und Ziegen in der Fassung der Bekanntmachung vom 20. Dezember 2005, *BGBl.* I

S. 3601 oder die Verordnung zum Schutz gegen die Geflügelpest und Newcastle-Krankheit in der Fassung der Bekanntmachung vom 20. Dezember 2005, *BGBl.* I S. 3538).

Für die Tätigkeit der Hilfsorganisationen ist die Richtlinie zur Tierseuchenbekämpfung vom Februar 2007 von Bedeutung, wenn z. B. die Feuerwehr und das THW in Amtshilfe zur Bekämpfung von Tierseuchen (z. B. Vogelgrippe) in diesem Bereich tätig werden (Bundesministerium für Ernährung, 2007; Steffler *et al.*, 2006; Yilmatz *et al.*, 2007).

Feuerwehrdienstvorschriften (insbesondere die FwDV 500) und Richtlinien der Vereinigung der Förderung des Deutschen Brandschutz e. V. (vfdb)

Auch vfdb-Richtlinien und FwDV sind für die Tätigkeit von Feuerwehr-Einsatzkräften von Bedeutung, insbesondere bei der Durchführung von Desinfektionsmaßnahmen. Diese treffen auch im Zusammenhang mit möglichen bioterroristischen Ereignissen bzw. außergewöhnlichen Seuchengeschehen zu (Ausschuss Feuerwehrangelegenheiten, 2003; vfdb, 2002; vfdb, 2006).

6.8.3 Desinfektionsmittel

Es gibt physikalische, physikalisch-chemische und chemische Verfahren zur Desinfektion. Für den Einsatz bei Großschadenereignissen sind vorwiegend chemische Verfahren anwendbar, da sie im Allgemeinen keine besonderen Voraussetzungen benötigen und auch bei schlechter Infrastruktur anwendbar sind.

Listung von Desinfektionsmitteln

Eine wichtige Hilfestellung für den Nutzer von Desinfektionsmitteln ist deren Aufführung in entsprechenden Desinfektionsmittellisten. Der Verbraucher kann aus den Listen u. a. die mikrobiologische Wirksamkeit und den jeweiligen Anwendungsbereich erfahren.

Ein Desinfektionsmittel oder Verfahren, das zur Anwendung kommt, sollte in der jeweiligen Liste aufgeführt sein. Der Anwender hat damit die Sicherheit, dass die Gutachten nach anerkannten Prüfmethoden durchgeführt wurden und eine Kommission zumindest deren Plausibilität geprüft hat. Allerdings gibt es bisher kein validiertes Verfahren zur Wirksamkeitsprüfung von Desinfektionsmitteln an Sporen von *Bacillus anthracis*. Dies ist derzeit Gegenstand eines Forschungsauftrages des Bundesamtes für Bevölkerungsschutz und Katastrophenhilfe (BBK).

Bei den Desinfektionsmitteln muss zwischen dem Veterinär- und Humanbereich unterschieden werden. Entsprechend existieren auch unterschiedliche Listen für die verschiedenen Anwendungsbereiche.

Humanbereich

VAH-Liste (Verbund für angewandte Hygiene, ehem. Liste der Deutschen Gesellschaft für Hygiene und Mikrobiologie [DGHM]) vom 01.02.2006)

Die Angaben in dieser Liste sind im Wesentlichen auf die routinemäßige prophylaktische Desinfektion ausgerichtet. Es ist die Liste, die am häufigsten für die Routinedesinfektion in Krankenhaus und Rettungsdienst zum Einsatz kommt. Auch sind die Desinfektionsmittel, die für die Desinfektion von persönlicher Schutzausrüstung in Frage kommen, meist nur in der VAH-Liste verzeichnet. Sie beinhaltet vorläufig nur den Wirkungsbereich Bakterien und Pilze (Robert Koch-Institut, 2004).

Liste des RKI (vom 31.05.2005 einschl. Nachtrag vom 01.11.2005)

Diese Desinfektionsmittelliste ist bindend bei Desinfektionsmaßnahmen, die behördlich angeordnet werden. Neben Angaben zu chemischen Desinfektionsmitteln für die Wirkungsbereiche A und B sind in dieser Liste auch chemothermische und thermische Desinfektionsverfahren aufgeführt für die Wirkungsbereiche A, B und C.

In der vom RKI erstellten Liste sind diejenigen Desinfektionsmittel aufgeführt, die bei behördlich angeordneten Entseuchungen nach dem Infektionsschutzgesetz zu verwenden sind (Robert Koch-Institut, 2003). Diese Liste wird unter dem Aspekt der Hygiene im Gesundheitswesen herausgegeben und ist nicht auf Großschadenereignisse im Rahmen bioterroristischer Aktivitäten ausgerichtet. Für eine solche Anwendung sollte eine Liste erarbeitet werden.

Tierseuchen

„12. Liste der Deutschen Veterinärmedizinischen Gesellschaft (DVG) für die Tierhaltung"

Diese Liste gilt für den Bereich der Tierhaltung einschließlich des Tiertransportes (DVG, 2003a). Sie findet auch unter Berücksichtigung der Richtlinie zur Tierseuchenbekämpfung Anwendung bei der behördlich angeordneten Tierseuchenbekämpfung. In dieser Liste sind Desinfektionsmittel mit bakterizider, fungizider, viruzider und antiparasitärer Wirkung aufgeführt.

Lebensmittel

„6. Liste der deutschen Veterinärmedizinischen Gesellschaft (DVG) für den Lebensmittelbereich"

Diese Liste gilt für den gesamten Bereich der Lebensmittelherstellung einschließlich des Lebensmittelverkaufes (DVG, 2003b). Sie enthält Desinfektionsmittel mit bakterizider und fungizider Wirkung. In dieser Liste werden die Desinfektionsmittel entsprechend ihrer Wirksamkeit bei 10°C und 20°C bewertet. Es ist die einzige Desinfektionsmittelliste, welche den Temperaturfaktor berücksichtigt.

Wirkbereiche der Desinfektionsmittel bzw. Desinfektionsverfahren

Die in der RKI-Liste aufgeführten Wirkbereiche (WB) geben das mikrobiologische Wirkungsspektrum an:

A zur Abtötung von vegetativen bakteriellen Keimen einschließlich Mykobakterien sowie von Pilzen einschließlich Pilzsporen geeignet

B zur Inaktivierung von Viren geeignet

C zur Abtötung von Sporen des Erregers des Milzbrandes geeignet (im Rahmen der Krankenhaushygiene)

D zur Abtötung von Sporen der Erreger von Gasödemen und Wundstarrkrampf geeignet.

Der Wirkungsbereich D ist gemäß der Liste nur durch Verbrennung oder Dampfsterilisation bei 134 °C erreichbar. Die Liste enthält chemische Desinfektionsmittel und -verfahren für die Wirkungsbereiche A und B sowie physikalische (thermische) Desinfektionsverfahren für die Wirkungsbereiche A, B und C. Die Verfahren der RKI-Liste berücksichtigen jedoch nicht Kontaminationen mit hohen Erregerzahlen, wie sie bei einem gezielten Ausbringen im Falle eines Anschlags zu erwarten wären. Aufgrund der in diesem Falle verlängerten Absterbekinetik sind hier ggf. erheblich längere Einwirkungszeiten oder andere Verfahren zu verwenden. Chemische Wirkstoffe mit dem Wirkungsbereich C sind in dieser Liste nicht vorgesehen. Somit sind in dieser Liste zum Beispiel für die Desinfektion von Milzbrandsporen keine chemischen Desinfektionsmittel aufgeführt, sondern nur thermische Desinfektionsverfahren.

In der Vorbemerkung der aktuellen Desinfektionsmittelliste des RKI wird jedoch auf Informationen zur chemischen Desinfektion der Sporen des Erregers des Milzbrandes verwiesen, die sich in den Empfehlungen zur „Vorgehensweise bei Verdacht auf Kontamination mit gefährlichen Erregern" finden (www.rki.de → Infektionsschutz → Biologische Sicherheit → Empfehlungen). In dieser Liste ist als einfache Alternative für ein thermisches Desinfektionsverfahren auch das Kochen genannt.

Viruzid und begrenzt viruzid

Diese Deklaration ist in der Desinfektionsmittelliste der DVG für die Tierhaltung schon lange zu finden. Die DVG unterscheidet bei der Flächendesinfektion zwischen behüllten und unbehüllten Viren, da behüllte Viren in der Regel empfindlicher gegen Desinfektionsmittel sind als unbehüllte (DVG, 2003a). Demzufolge gibt es unterschiedliche Anforderungen an Desinfektionsmittel. Im Bereich der Humanmedizin findet man diese Deklaration seit 2004, die die gleiche Zielsetzung hat wie die der Liste der DVG, nur mit dem Unterschied, dass sie hier auch für Händedesinfektionsmittel gilt (Arbeitskreis Viruzidie am Robert Koch-Institut (RKI) *et al.*, 2004).

Die Deklaration eines Desinfektionsmittels als **„begrenzt viruzid"** beinhaltet, dass das Produkt gegen behüllte Viren wirksam ist, jedoch nicht generell gegenüber unbehüllten Viren (Arbeitskreis Viruzidie am Robert Koch-Institut (RKI) *et al.*, 2004).

Der Erreger der klassischen Vogelgrippe (z. B. das H5N1-Virus), das Pockenvirus und das Lassa- und Ebolavirus sind behüllte Viren, welche mit den Desinfektionsmitteln nach DVG-Liste aus der Spalte 7b (begrenzt viruzid)[1] inaktiviert werden können. Beispiele für unbehüllte Viren sind z. B. das Maul-und-Klauen-Seuche-Virus, das Poliovirus, das Rota- und das Norovirus. Sie können nur durch „viruzide" Desinfektionsmittel sicher inaktiviert werden.

---

1 bei Tierseuchen in doppelter Konzentration

Parameter, die die Wirksamkeit der Desinfektion beeinflussen

Konzentration und Einwirkzeit

Die Konzentration und die Einwirkzeit werden entsprechend der Angaben des Herstellers bzw. der Empfehlungen der Listen auf der Basis von Gutachten nach anerkannten Prüfmethoden festgelegt. Die angegebene Konzentration und Einwirkzeit sind einzuhalten! Bei der Herstellung der Desinfektionsmittellösung müssen die jeweiligen Volumina exakt gemessen werden. Das eigenmächtige Ändern der Einwirkzeit und Konzentration ist verboten, da z. B. nicht automatisch die Verdoppelung der Konzentration zur Halbierung der Einwirkzeit führt.

pH-Wert

Die Wirksamkeit eines Desinfektionsmittels hängt auch vom pH-Wert ab. So zeigen z. B. Chlor und Guanidine bei basischen pH-Werten ein Wirkungsoptimum, während Peressigsäure und Phenole im sauren pH-Bereich maximale Wirksamkeit zeigen. Peressigsäure kann jedoch auch alkalisiert werden, ohne dass die mikrobiozide Wirkung besonders beeinflusst wird

Die Angaben der Tabelle 1 belegen, dass die Anwendungstemperatur die Wirksamkeit der meisten Wirkstoffe beeinträchtigt.

Wirkstoff	Temperaturabhängigkeit von			
	20–10 °C	10–4 °C	0 bis –5 °C	–5 bis –30 °C
Aldehyd	eingeschränkt wirksam	unwirksam	unwirksam	unwirksam
Natriumhypochlorit	wirksam	eingeschränkt wirksam	unwirksam	unwirksam
Phenol	wirksam	geringfügig eingeschränkt wirksam	unwirksam	unwirksam
Organische Säuren	geringfügig eingeschränkt wirksam	eingeschränkt wirksam	unwirksam	unwirksam
Alkohole	wirksam	geringfügig eingeschränkt wirksam	geringfügig eingeschränkt wirksam	eher unwirksam
Halogene z. B. Iod*	wirksam	wirksam	gering	gering
Natronlauge**	wirksam	wirksam	eingeschränkt wirksam	eingeschränkt wirksam
Peressigsäure	wirksam	wirksam	wirksam	wirksam
Alkalisierte Peressigsäure	wirksam	wirksam	wirksam	ja/ Konzentrationserhöhung notwendig

Tab. 1: Beispiele für einige Desinfektionswirkstoffe und deren Temperaturabhängigkeit bei Temperaturen unterhalb der Raumtemperatur (Brenner, 2003; Bundesministerium für Ernährung, 2007; Flemming, 1984; Jones et al., 1967; Kaleta & Yilmatz, 2006; Kretschmar et al., 1972; Tichácek, 1962; Tichácek, 1966)

* kein Flächendesinfektionsmittel
** nur als Flächendesinfektionsmittel zu Bekämpfung von Virusseuchen geeignet

Wirkstoffgruppen

Für den Nutzer von Desinfektionsmitteln ist es u. a. auch wichtig, welche Wirkstoffe die Desinfektionsmittel enthalten. Denn schon daraus kann man wichtige Schlüsse ziehen, z. B. über deren Brennbarkeit, Materialverträglichkeit, allergisierende Wirkung, Umweltverträglichkeit oder deren mikrobiologisches Wirkungsspektrum. Entsprechende Angaben sind den Sicherheitsdatenblättern zu entnehmen.

Aldehyde

Aldehyde haben ein sehr breites mikrobiologisches Wirkungsspektrum (Bakterien, Pilze, Viren und in hohen Konzentrationen und bei langen Einwirkzeiten auch bakterielle Sporen), wirken aber unter anderem auch sensibilisierend. Die noch sehr häufig verwendeten Flächendesinfektionsmittel beruhen auf der Wirkstoffbasis von Aldehyden. Allerdings ist in letzter Zeit viel Bewegung in den Markt gekommen, insofern als z. B. aufgrund der Technischen Regeln für Gefahrstoffe (TRGS) 540 (sensibilisierende Stoffe) alternative Wirkstoffe entsprechend den zu desinfizierenden Erregern zur Anwendung kommen. Aldehyde sind in der Wirkung temperaturabhängig und benötigen häufig eine relativ lange Einwirkzeit (Bodenschatz, 1993; Bundesanstalt für Arbeitsschutz und Arbeitsmedizin, 2000; Steuer *et al.*, 1998; von Rheinbaben & Wolf, 2002).

Chlor- und Hypochlorite

Chlor wird hauptsächlich zur Desinfektion von Trink- und Brauchwasser eingesetzt und hat ein breites Wirkungsspektrum (Bakterien, Pilze und Viren). Trotz der ausgezeichneten Wirkung hat es u. a. wegen der gesundheitsgefährdenden Wirkung und der schlechten Materialeigenschaften im Humanbereich keine starke Verwendung erfahren.

Natriumhypochlorit wird in den USA für fast alle Anwendungszwecke empfohlen. In Deutschland dagegen wird Natriumhypochlorit wesentlich kritischer betrachtet und für die Flächendesinfektion nicht empfohlen, da die pH-abhängige Wirksamkeit durch den Verlust an Gesamt-Chlor zu hoch ist (Bodenschatz, 1993; Nattermann *et al.*, 2007; Peters & Spicher, 1988; Sprößig & Anger, 1988; Steuer *et al.*, 1998; Tichácek, 1966; von Rheinbaben & Wolf, 2002). Außerdem ist eine exakte Dosierung ohne regelmäßige Titration der konzentrierten Lösung nicht möglich. Bei Vorhandensein von organischem Material ist eine starke Wirkstoffzehrung (Abbau der wirksamen Substanz) zu beobachten.

Phenole

Phenole besitzen eine gute Wirkung gegenüber Bakterien (außer gegen Mykobakterien) und Pilzen, haben aber gegenüber unbehüllten Viren Wirkungslücken. Gegenüber fast allen Wirkstoffen von Desinfektionsmitteln besitzen sie den Vorzug, durch organische Verschmutzungen verhältnismäßig wenig beeinflusst zu werden. Sie eignen sich daher zur Desinfektion von Auswurf besonders gut. Nachteilig ist die Toxizität und die schlechte biologische Abbaubarkeit (Bodenschatz, 1993; Robert Koch-Institut, 2003; Steuer *et al.*, 1998; von Rheinbaben & Wolf, 2002).

Alkohole

Alkohole besitzen ein breites Wirkungsspektrum und benötigen nur kurze Einwirkzeiten, lediglich gegenüber unbehüllten Viren und Sporen bestehen Wirkungslücken. Die geringe Toxizität der Alkohole ermöglicht es, diese für Hände- und Hautdesinfektionsmittel einzusetzen. Nachteilig ist bei alkoholischen Desinfektionsmitteln die Brand- und Explosionsgefahr, wenn diese als Flächendesinfektionsmittel eingesetzt werden. Deshalb ist das Merkblatt der Unfallversicherung über die Vermeidung von Brand- und Explosionsgefahr durch alkoholische Desinfektionsmittel genauestens zu beachten. Sie wirken auch im niedrigen Temperaturbereich (Sprößig & Mücke, 1965; Steuer *et al.*, 1998).

Quartäre Ammoniumverbindungen (QAV)

Die quartären Ammoniumverbindungen zeichnen sich durch eine gute Haut- und Materialverträglichkeit sowie Geruchsneutralität aus. Allerdings weisen sie einige Wirkungslücken (unzureichend wirksam gegen Mykobakterien und unbehüllte Viren) auf, was für eine breite Anwendung in der Praxis erhebliche Schwierigkeiten bereiten wird (Bodenschatz, 1993; Steuer et al., 1998; von Rheinbaben & Wolf, 2002). Anorganische und organische Verunreinigungen vermindern die Wirksamkeit.

Laugen

Natronlauge wird zur Reinigung von Gefäßen und auch im Zusammenhang mit Durchfahrtwannen von Fahrzeugen im Rahmen der Tierseuchenbekämpfung verwendet. Dabei muss aber eine ständige Kontrolle des optimalen pH-Wertes von 12 sichergestellt sein (Bundesministerium für Ernährung, 2007; Steuer et al., 1998). Die Desinfektion gegenüber behüllten Viren ist gut. Natronlauge wirkt aber nur sehr eingeschränkt gegenüber den unterschiedlichen Mikroorganismen. Deshalb ist sie für die breite Anwendung nicht geeignet (Bundesministerium für Ernährung, 2007). Kalkmilch besitzt eine sehr geringe Temperaturabhängigkeit und kann zur chemischen Desinfektion von Stuhl verwendet werden. Dabei werden die Wirkungsbereiche A und B abgedeckt. Allerdings ist sie gegen den Erreger der Tuberkulose unwirksam (Bundesministerium für Ernährung, 2007; Robert Koch-Institut, 2003; Steuer et al., 1998).

Peroxidverbindungen (Peressigsäure, PES)

Peressigsäure zeichnet sich durch ein sehr breites Wirkungsspektrum aus. Bereits stark verdünnte Peressigsäure ist in der Lage, bakterielle Sporen in sehr kurzer Zeit abzutöten (Flemming, 1984; Freer & Novy, 1902; Koch et al., 1967; Mücke, 1985; Sprößig et al., 1967; Sprößig et al., 1979; Sprößig, 1989; Ticháček, 1966). Des Weiteren ist sie sehr gut biologisch abbaubar und nicht sensibilisierend (Biopharm, 1993).

Nachteilig sind der stechende Geruch schon in geringen Konzentrationen und die korrosive Wirkung gegenüber unedlen Metallen. Allerdings gibt es Pufferlösungen, die diese Nachteile beseitigen, ohne dabei die Wirkung der Peressigsäure wesentlich zu beeinflussen. Die Wirkung gegenüber bakteriellen Sporen ist dann allerdings etwas geringer (Mitsching, 2001; VAH, 2006). In der Praxis dürfte das aber kaum von Bedeutung sein, da die Anwendungskonzentrationen so hoch sind, dass diese Unterschiede sich kaum bemerkbar machen.

Desinfektionsmittel, die 40%ige Peressigsäure enthalten, sind in der VAH-, RKI- und in den beiden DVG-Listen gelistet und können auch nach der Richtlinie zur Tierseuchenbekämpfung Anwendung finden. Zudem können diese Desinfektionsmittel, verdünnt bis zu einer PES-Konzentration von 0,5 %, zur Hautdesinfektion verwendet werden (BfArM, 2005; Gesundheits- und Sozialwesen der DDR, 1990; Robert Koch-Institut, 2002; Robert Koch-Institut, 2003), da sie die entsprechende Zulassung nach Arzneimittelgesetz haben (BfArM, 2005).

Mit PES ist auch eine Inaktivierung von bakteriellen Toxinen innerhalb kürzester Zeit möglich. Schon 0,2 % PES reichen aus, um in einer Minute alle Toxine von Clostridien zu neutralisieren (Schau, 1977). Dies ist im Zusammenhang mit der Lebensmittelhygiene, in der PES bekanntlich auch eingesetzt wird (DVG, 2003b; Ernst, 2003), und vor dem Hintergrund möglicher bioterroristischer Ereignisse von Bedeutung.

Die in Abb. 1 dargestellte chemische Zusammensetzung der PES ist bei der praktischen Anwendung, insbesondere was die Lagerdauer und die Einsetzbarkeit betrifft, von Bedeutung. So können bis auf den Epoxidierungstyp alle Produkte zur Flächendesinfektion eingesetzt werden, wobei die Eintragung in den jeweiligen Desinfektionsmittellisten gegeben sein sollte.

Für die Anwendung auf der Haut dagegen steht als peressigsäurehaltiges Desinfektionsmittel nur Wofasteril® nach Arzneimittelgesetz zur

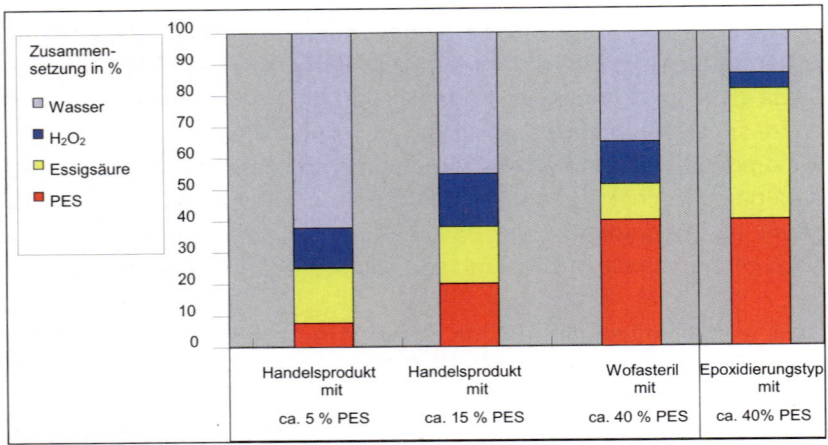

Abb. 1: Zusammensetzung verschiedener Peressigsäureprodukte
(H_2O_2 - Wasserstoffperoxid, PES - Peressigsäure)

Verfügung (BfArM, 2005; Robert Koch-Institut, 2002; Robert Koch-Institut, 2003). Eine Verwechslung mit dem sogenannten Epoxidierungstyp muss wegen Explosionsgefahr unbedingt vermieden werden, obwohl die mikrobiozide Wirkung bei diesem Produkt ebenfalls gegeben ist. Das Problem mit dem Epoxidierungstyp ist, dass diese PES einen recht hohen Anteil an brennbarer Essigsäure einerseits und andererseits einen relativ geringen Anteil an Wasser- und Wasserstoffperoxid im chemischen Gleichgewicht hat und bei katalytischem Zerfall tatsächlich eine explosionsfähige Gasphase entwickeln kann (Havel & Greschner, 1966; Mücke & Sprößig, 1967a; Mücke & Sprößig, 1967b; Schreiner, 2001; Schreiner & Bube, 1999).

Peressigsäure-Alkohol-Gemisch

Auch die Verwendung eines Peressigsäure-Alkohol-Gemisches ist wissenschaftlich beschrieben. Dabei wurde eine gesteigerte Wirkung der PES gegenüber Viren und bakteriellen Sporen beobachtet (Gesundheits- und Sozialwesen der DDR, 1990; Nattermann *et al.,* 2005; Nattermann *et al.,* 2007; Wutzler & Sauerbrei, 2001). Der sogenannte Peressigsäurespiritus wirkt gegen Bakterien einschl. bakterieller Sporen sowie Viren und auch gegen ausgewählte Pilze (Gesundheits- und

Sozialwesen der DDR, 1990; Nattermann *et al.*, 2005; Nattermann *et al.*, 2007; Pruss *et al.*, 2001; Pruss *et al.*, 2003; Sprößig & Anger, 1988; Sprößig & Mücke, 1965; Wutzler & Sauerbrei, 2001).

In der Desinfektionsmittelliste der ehem. DDR waren neben Iod auch Peressigsäurespiritus SR und Wofasteril® direkt als sporenwirksam ausgewiesen (Gesundheits- und Sozialwesen der DDR, 1990). Weitere Untersuchungen auf diesem Gebiet sind dringend geboten, auch wenn es fraglich ist, ob aufgrund der Bestimmungen zum Brand- bzw. Explosionsschutz gegenüber alkoholischen Desinfektionsmitteln die Verwendung des PES-Spiritus zur Flächendesinfektion möglich ist. Dagegen können derartige Gemische für die Hände- und Hautdesinfektion von Bedeutung sein, da man mit einem PES-Spiritus auch bakterielle Sporen sicher entfernen kann (Gesundheits- und Sozialwesen der DDR, 1990; Schau, 1976). Die PES könnte im Zusammenhang mit der TRGS 540 (sensibilisierende Stoffe) eine Alternative zu anderen Desinfektionsmitteln darstellen, die jedoch noch nicht abschließend geprüft ist. Allein die Tatsache, dass Peressigsäure als Desinfektionsmittel keine Kontaktallergien verursacht und bisher keine Resistenzen nachgewiesen werden konnten, spricht für dieses Mittel (Biopharm, 1993; Kretschmar *et al.*, 1972; Tichácek, 1966).

6.8.4 Anforderungen an Desinfektionsmittel bei Großschadenereignissen

Es ist davon auszugehen, dass bei Großschadenlagen im Zusammenhang mit biologischen Stoffen aufwändige Maßnahmen auch im Bereich der Desinfektion erforderlich sein werden, um die Gefahr einer Seuchenausbreitung zu verringern. Da das medizinische Personal direkt mit der Versorgung befasst und ggf. auch selbst betroffen wäre, werden auch Helfer des Katastrophenschutzes mit Maßnahmen der Desinfektion befasst sein. Hieraus folgt, dass möglichst einheitliche und einfache Vorgaben gemacht werden und diese bereits im Vorfeld trainiert sein müssen. Es sollten auch möglichst wenige verschiedene Desinfektionsmittel verwendet werden, um Fehlermöglichkeiten und gefährliche Reaktionen verschiedener Mittel miteinander zu verhindern.

Die bei einem Großschadenereignis eingesetzten Desinfektionsmittel sollten also für möglichst viele Einsatzzwecke verwendbar und für viele Wirkungsbereiche entsprechend der Liste des Robert Koch-Instituts wirksam sein (Mücke, 1985; Sprößig, 1989; Steffler, 2002; Steffler *et al.*, 2003). Nach Möglichkeit sollten keine gefährlichen Reaktionen mit anderen verwendeten Stoffen am Dekontaminationsplatz auftreten. Die Desinfektionsmittel sollten möglichst schnell und universell auch bei niedrigen Temperaturen wirken und in der Anwendungskonzentration gesundheitlich unbedenklich sowie nicht umweltschädigend sein (Mücke, 1985; Sprößig, 1989; Steffler, 2002; Steffler 2005; Ticháček, 1966).

Desinfektionsmittel für Großschadenlagen

Peressigsäure ist im Zusammenhang mit bioterroristischen Ereignissen aus Sicht der Autoren das Desinfektionsmittel der Wahl. Für den operativen Einsatz ist von Bedeutung, dass PES ein umfassendes Wirkungsspektrum besitzt und sehr schnell auch bei niedrigen Temperaturen wirkt. Das trifft für die anderen im praktischen anwendbaren Bereich zur Verfügung stehenden Desinfektionsmitteln nicht zu (siehe dazu Tabelle 3 und Brenner, 2003; Jones *et al.,* 1967; Kaleta & Yilmatz, 2006; Kretschmar *et al.,* 1972; Steffler, 2005). Ein weiterer Vorteil der PES ist deren sehr gute Umweltverträglichkeit, da ihre Zerfallsprodukte aus Essigsäure und Wasser bestehen, die keine weitere Auswirkung auf die Umwelt haben (Biopharm, 1993; Flemming, 1984).

Schon die ersten Forschungsergebnisse aus den USA (Freer & Novy, 1902; Greenspan *et al.,* 1955; Greenspan & MacKellar, 1951; Klinne & Hull, 1960) und insbesondere die umfangreichen Arbeiten der Arbeitsgruppen von M. Sprößig und H. Mücke (Erfurt), sowie B. Ticháček, V. Merka und W. Havel (Prag, Hradec Karlové, Pardubice) weisen auf die Eignung der PES für den Katastrophenschutz bei B-Lagen hin.

Tab. 2: PES-Konzentrationen und Einwirkzeiten bei verschiedenen Anwendungen[1]

Desinfektion mit PES	Konzentration in %	Einwirkzeit in min
Flächendesinfektion	1,0	30
Schutzanzüge	1,0	5
Hände und Haut	0,2	2 x 1
Abwasser nach dem Vorfluter	0,4	30
Raumdesinfektion	2,0 (davon 2,5 ml/m³)	120
Wäsche	0,5	4
Neutralisation bakterieller Toxine	0,2	1
Instrumenten- desinfektion	0,35	60
Nasssterilisation Gassterilisation	0,2 % 40 %	60 420*

* mit Anfangsvakuum mmHg : 120, 45 Minuten

1 Die Tabelle wurde nach folgenden Literaturangaben zusammengestellt: (Robert Koch-Institut, 2003; BfArM, 2005; Biopharm, 1993; Gesundheits- und Sozialwesen der DDR, 1990; Günter & Splitt, 1972; Kaleta & Yilmatz, 2006; Meyer, 1975; Mücke, 1985; Robert Koch-Institut, 2002; Robert Koch-Institut, 2003; Schau, 1977; Sprößig, 1989; Steffler, 2002;Steffler et al, 2003; Steffler et al, 2006; Ticháček, 1966; Vereinigung zur Förderung des Deutschen Brandschutzes e.V., 2002; Vereinigung zur Förderung des Deutschen Brandschutzes e.V., 2006)

Peressigsäure besitzt ein umfassendes Wirkungsspektrum gegenüber Mikroorganismen und ist auch gegenüber bakteriellen Sporen wirksam (Biopharm, 1993; Geissler et al., 2002; Gesundheits- und Sozialwesen der DDR, 1990; Jones et al., 1967; Kretschmar et al., 1972; Meyer, 1975; Sprößig, 1989; Ticháček, 1966; Yilmatz, 2001). Schutzkleidungs-, Raum-, Geräte-, Wäsche-, Fahrzeug-, Instrumentendesinfektion und auch Hände- und Hautdesinfektionen sind mit dieser einen Substanz möglich (BfArM, 2005; Mücke, 1985; Robert Koch-Institut, 2003; Sprößig, 1989; Steffler et al., 2003).

Ein weiterer Vorteil der PES ist, dass sie auch alkalisiert werden kann, ohne dass die mikrobiozide Wirkung nachlässt. Lediglich die Einwirkzeit muss verlängert werden (Mitsching, 2001; Mücke, 1985; Steffler, 2002). Dafür kann die PES dann besser auf porösen Oberflächen eingesetzt werden, wie langjährige praktische Erfahrungen belegen (Steffler, 1998; Steffler, 2002). Auch die Materialverträglichkeit verbessert sich (weniger korrosiv) und die Geruchsbelästigung ist nicht mehr ganz so intensiv (Mücke, 1985; Steffler, 1998; Steffler, 2002; Steffler et al., 2003). Ein weiterer Punkt, der für PES als Desinfektionsmittel bei Großschadenereignissen spricht, ist die Tatsache, dass sie ggf. auch für die Hände- und Hautdesinfektion verwendet werden kann, ohne dass die Gefahr einer Allergisierung besteht (BfArM, 2005; Biopharm, 1993; Kesla-Report, 1996; Mücke, 1985; Robert Koch-Institut, 2002; Robert Koch-Institut, 2003; Steffler et al., 2003).

In Tabelle 2 sind die PES-Konzentrationen und Einwirkzeiten bei verschiedenen Anwendungen dargestellt, die Angaben erfolgen ohne Berücksichtigung von Materialverträglichkeit und Toxizität. Sie wurden nach umfangreichen Literaturstudien erstellt und enthalten meist Sicherheitsreserven. Die Datenlage ist teilweise unzureichend, daher stellen die angegebenen Daten eine Orientierungshilfe dar. Die Prozentangaben werden immer von einer 100%-PES hergeleitet, die es aber in der Praxis nicht gibt. Deshalb muss man beim Einsatz der PES immer genau wissen, wie hoch der tatsächliche PES-Gehalt im Konzentrat ist. Um z. B. eine 1%-PES-Lösung aus einem 40%-Präparat herzustellen, muss eine 1 % x 100 %/40 % = 2,5%ige Desinfektionsmittellösung verwendet werden (vfdb, 2002). Für die Händedesinfektion darf nur ein Desinfektionsmittel verwendet werden, das nach Arzneimittelgesetz zugelassen ist (z. B. Wofasteril®).

Aus dem amerikanischen Raum wird häufig von der Verwendung von 0,5 % Hypochlorit als Universalmittel zur Desinfektion bei Großschadenlagen bzw. außergewöhnlichen Ereignissen berichtet (Blue Book 2002, Nattermann et al. 2007). Dieses erwies sich aber z. B. bei den Milzbrandfällen in den USA als nicht sicher (Popp et al., 2003).

In Deutschland wird Natriumhypochlorit nicht zur Flächendesinfektion empfohlen, weil es in Gegenwart von organischem Material unzuverlässig wirkt. Natriumhypochlorit-Lösungen sind wenig stabil. Ihre Haltbarkeit ist von zahlreichen Faktoren abhängig: Konzentration, pH-Wert, Temperatur, Anwesenheit von Katalysatoren oder organischem Material, Lichteinwirkung. Bei pH 5–6 verlieren NaOCl-Lösungen schon in weniger als einer Stunde bis zu 90 % ihres Gehaltes an Gesamt-Chlor (Peters & Spicher, 1988; Sprößig & Anger, 1988; Ticháček, 1966). Die Chlorzehrung ist besonders deshalb so bedeutungs- und verhängnisvoll, weil sie so rasch vonstatten geht. Ehe die Keime in nennenswertem Umfang inaktiviert sind, ist der Gehalt an wirksamem Chlor bereits stark abgefallen. Mit steigendem pH-Wert nimmt die Stabilität zu. Der pH-Wert der Handelsprodukte liegt daher bei Werten über pH 11.

Dekontamination von Personen bei Großschadenereignissen

Der Gefahrenbereich muss durch Abschätzung oder Messung festgelegt werden. Grundsätzlich sollte bei allen unklaren Ereignissen sowohl auf Sprengstoffe und Radioaktivität als auch auf chemische und biologische Stoffe gespürt werden (siehe 2.5). Innerhalb dieses Bereichs dürfen Helfer ohne Schutzausrüstung nicht tätig werden. In Abhängigkeit von der Lage ist die Dekontamination der exponierten Personen bzw. der Einsatzkräfte unter Schutzkleidung durchzuführen. Bei biologischen Lagen besteht die Dekontamination der betroffenen Personen in erster Linie aus: Entfernung der Kleidung, Reinigung (Dusche), ggf. Desinfektion mit erneuter Reinigung und Neueinkleidung.

Dabei muss vor allem darauf geachtet werden, dass die ausgebrachten Substanzen nicht eingeatmet werden. Der Dekontaminationsplatz ist an der dem Wind zugewandten Seite aufzubauen und ablaufende Reinigungsflüssigkeit nach Möglichkeit aufzufangen. Personen mit Vergiftungssymptomen, Personen nahe dem Freisetzungsort und Personen mit sichtbarer oder angegebener Kontamination sollten nach Möglichkeit vorrangig dekontaminiert werden. Die gesamte Einsatzstelle sollte so organisiert werden, dass die Betroffenen von Helfern am Rand des Absperrbereichs dekontaminiert werden und an weitere Helfer im (wahrscheinlich) sauberen Bereich übergeben werden. Hier kann dann die weitere medizinische Versorgung erfolgen. Es muss parallel eine eigene Dekontaminationsstelle für Helfer aufgebaut werden (siehe 5.4, 6.9).

Bei jedem Ereignis muss damit gerechnet werden, dass sich Betroffene selbst vom Ereignisort entfernen und z. B. Krankenhäuser aufsuchen. Daher muss schnellstmöglich sichergestellt werden, dass das Personal dort auf die Situation vorbereitet ist und gegebenenfalls unter Schutzausrüstung Dekontaminationsmaßnahmen durchführen kann.

Die Dekontamination der Einsatzkräfte mit PSA wird in Abhängigkeit von den lokalen Gegebenheiten und Festlegungen durchgeführt. In der Regel gehört dazu das Abwaschen und die Desinfektion der PSA am Dekontaminationsplatz und das sachgerechte Ablegen mit anschließender Entsorgung oder Wiederaufbereitung der PSA (Steffler 2007).

Desinfektion von Fahrzeugen zum Kranken- und Materialtransport

Im alltäglichen Rettungsdienst wird gemäß rechtlicher Vorgaben und Verfahrensstandards eine Desinfektion nach jedem Patiententransport mit B-Potential durchgeführt (BGA, 1979) (siehe 5.5). Hingegen sollte ein kontaminierter Patient aus einer A- oder C-Lage erst nach Dekontamination vor Ort zur Weiterversorgung transportiert werden, um eine Kontaminationsverschleppung zu verhindern und vitale Kernprozesse der Krankenhäuser zu sichern. Ob diese Handlungsgrundsätze in Großschadenszenarien ausgesetzt und welche Kompensationsmaßnahmen erforderlich werden, ist eine der schwerwiegenden Entscheidungsprozesse der dann handelnden Verantwortlichen.

Bei Tierseuchenlagen ist rettungsdienstlich von besonderer Bedeutung, dass bei Einsätzen in einem Sperrgebiet neben den verordneten Behandlungen von Personen nach Verlassen der Sperrzonen definierte Hygienemaßnahmen erfolgen müssen. Vor Verlassen des betroffenen Seuchenobjekts erfolgt die Durchfahrt durch die Desinfektionsschleuse mit dem Fahrzeug des Rettungsdienstes. Dabei ist durch die Betreiber der Desinfektionsschleuse organisatorisch sicher zu stellen, dass das Fahrzeug des Rettungsdienstes diese ohne Verzug passieren kann (siehe 6.9).

Bei einer Pandemie, wo sehr viele Patienten gleicher Erkrankung transportiert werden müssen, sollte der Patiententransport entsprechend der gebildeten Patientenkohorten erfolgen. Dafür erscheint es sinnvoll, eine durch Poolbildung vorhandene Anzahl von Transportfahrzeugen bereitzuhalten, damit ausreichend Fahrzeuge für den regulären Rettungsdienst vorhanden sind (ausführlicher im Beitrag 5.9 der ersten Auflage).

Sollte eine Desinfektion zwischen solchen Transporten überhaupt sinnvoll sein, so bietet sich die Desinfektion mit Peressigsäure aufgrund der kurzen Einwirkungszeiten und des breiten Wirkungsspektrums an (Kaleta & Yilmatz, 2006; Robert Koch-Institut, 2003; Steffler *et al.*, 2003; Ticháček, 1966; VAH, 2006; Yilmatz *et al.*, 2007).

Nach dem Abschluss der Transporte erfolgt die Desinfektion entsprechend den Vorgaben für den Rettungsdienst (BGA, 1979; Robert Koch-Institut, 2003; VAH, 2006).

Desinfektionsmöglichkeiten für Einsatzkräfte und Betroffene (Krankentransport, Pflege, Kräfte mit technischen Aufgaben, Bestattungswesen, Ver- und Entsorgung usw.)

Notwendig ist jeweils die Desinfektion von Schutzausrüstung, Hautdesinfektion, Wechseln der Kleidung sowie Sammlung von zu desinfizierendem und zu entsorgendem Material. Auch hier lässt sich Peressigsäure als Desinfektionsmittel einsetzen (Steffler *et al.*, 2007; Steffler *et al.*, 2006; siehe 5.4).

Raumdesinfektion

Die notwendige Desinfektion von Räumen und Gebäuden könnte z. B. durch eine mobile Einheit (Desinfektionstrupp) erfolgen, die die benötigten Räume desinfiziert und auch den Eigenschutz sicherstellt. In der RKI-Liste ist gegenwärtig nur die Raumdesinfektion mit Formaldehyd für den Wirkungsbereich AB aufgeführt. Zu deren Durchführung wird speziell ausgebildetes Personal benötigt, das den Befähigungsschein nach TRGS 522 besitzen muss. Ein Ausweg aus dieser Situation könnte im Notfall die Raumdesinfektion mit PES sein, wie sie in der ehemaligen DDR auch zugelassen war (Gesundheits- und Sozialwesen der DDR, 1990; KFT, 2001; Mücke, 1985; Sprößig *et al.*, 1979; Sprößig, 1989; Steffler, 2002; Steffler et al., 2003). Weil auch in der Literatur die PES-Raumdesinfektion als geeignetes Verfahren im Katastrophenfall empfohlen wird (Günter & Splitt, 1972; Sprößig *et al.*, 1979; Tichácek, 1966), wird es für erforderlich gehalten, weitere Untersuchungen zu diesem Anwendungsbereich aufgrund des umfassenden Wirkungsspektrums durchzuführen.

Ein weiteres mögliches Desinfektionsmittel zur Raumbegasung ist H_2O_2, das sich u. a. im Labor bewährt hat. Verfahren für die Prüfung der Kontaminationsfreiheit für die Freigabe betroffener Räumlichkeiten sind nicht abschließend validiert und Gegenstand weiterer Entwicklungsarbeit.

Umfang, Zeitpunkt und Methode von abschließenden Desinfektionsmaßnahmen können erst nach exakter Lagebeurteilung festgelegt werden. Unterschiedliche Desinfektionsverfahren (Begasung, Aerosoldesinfektionsverfahren) und verschiedene Desinfektionsmittel (PES, Formaldehyd, Wasserstoffsuperoxid) könnten zur Anwendung kommen.

Gerätedesinfektion

Die PES ist unter Beachtung der korrosiven Eigenschaften ggf. auch für die Desinfektion von Einsatzgeräten geeignet (Mücke, 1985; Robert Koch-Institut, 2003; Sprößig *et al.,* 1979; Sprößig, 1989). Bei chirurgischen Gegenständen etc. ist eine thermische Desinfektion Standard.

Abwasserdesinfektion

Wenn möglich, soll die thermische Desinfektion bevorzugt werden. PES ist für solche Desinfektionsarbeiten nur bedingt geeignet. In der Landwirtschaft werden damit allerdings auch Flüssigkeiten mit leichten organischen Verschmutzungen desinfiziert. Kann das Abwasser stufenweise gefiltert werden, so ist die Sporenabtötung im Abwasser gewährleistet (Meyer, 1975).

Trinkwasserdesinfektion

Im Falle einer möglichen Trinkwasserkontamination muss eventuell eine Desinfektion des Trinkwassers stattfinden. Dies kann durch verstärkte Chlorung oder durch Abkochen erfolgen. Alle bekannten biologischen Substanzen werden durch ausreichendes Kochen bei den zu erwartenden Kontaminationskonzentrationen hinreichend inaktiviert. Im Falle einer bioterroristisch verursachten Verseuchung des Trinkwassers müssen in Abhängigkeit von der Lage spezielle Maßnahmen getroffen werden.

Wäschedesinfektion

Wäsche kann thermisch, chemothermisch oder chemisch desinfiziert werden. Eine chemische Wäschedesinfektion durch Einlegen in das Desinfektionsmittel lässt sich recht einfach durchführen.

Geländedekontamination

Geländedekontamination ist im Vergleich zur Versorgung der Betroffenen nicht vordringlich und oft auch nicht indiziert. Ein als Aerosol ausgebrachter Stoff wird vermutlich zu einem großen Teil durch Regen an Boden oder Vegetation gebunden vorliegen oder auch durch andere Witterungseinflüsse wie den UV-Anteil im Sonnenlicht inaktiviert. Versporte Keime sind in der Außenwelt wesentlich wiederstandsfähiger und können über Jahrzehnte infektionstüchtig bleiben.

Ob eine Geländedesinfektion oder das Abtragen der Oberfläche bzw. andere Maßnahmen erforderlich sind, entscheidet die zuständige Behörde. Dass eine Geländedesinfektion gefordert werden kann, zeigt das Beispiel der Vogelgrippe in Sachsen im April 2006. Hierbei hat sich die Peressigsäure insbesondere auch aufgrund ihrer guten Umweltverträglichkeit sehr gut bewährt (Steffler *et al.*, 2006).

Flächendesinfektion

Die Flächendesinfektion ist mit Peressigsäure ohne weiteres möglich, da diese in allen Desinfektionsmittellisten und entsprechenden Richtlinien aufgeführt ist (Bundesministerium für Ernährung, 2007; DVG, 2003a; DVG, 2003b; Robert Koch-Institut, 2003; VAH, 2006).

Materialbevorratung

Es sollten an den Stellen, die im B-Fall als erstes zu handeln haben, alle benötigten Materialien (u. a. Desinfektionsmittel, Schutzausrüstung, medizinische Ausrüstung, Behältnisse für kontaminierte Materialien) vorgehalten werden. Bei jeder Dekon-Einheit sollten Dekonmittel B in entsprechender Menge sowie Ersatz-Schutzkleidung und Verbrauchsmaterial vorgehalten werden. Ebenfalls soll ein schneller Zugriff auf Ersatzbekleidung für betroffene Personen möglich sein. Die Notaufnahmen der Krankenhäuser sollten über Konzepte zur Dekontamination Betroffener verfügen und eine dementsprechende Ausrüstung und Materialbevorratung betreiben.

Desinfektionsmaßnahmen der Feuerwehr bei Vogelgrippe in Sachsen im April 2006

Anwendung der PES im praktischen Einsatz durch die Hilfskräfte verschiedener Organisationen bei der Bekämpfung der Vogelgrippe (Steffler *et al.*, 2006)

Das Beispiel der Bekämpfung der Vogelgrippe in Sachsen hat sehr gut gezeigt, wie wichtig es ist, ein Desinfektionsmittel zu besitzen, welches ein breites Wirkungsspektrum gegenüber allen bedeutenden krankmachenden Mikroorganismen besitzt, ohne durch die Temperatur besonders beeinflusst zu werden. So konnte schon von Anfang an eine sichere Desinfektion der PSA, der Geräte und der Hände durchgeführt werden, auch wenn die Temperatur teilweise um den Gefrierpunkt lag.

Die hier dargestellten Desinfektionsmöglichkeiten mit PES wurden bei der Bekämpfung der klassischen Vogelgrippe (H5N1) in Sachsen angewendet.

Folgende Tätigkeiten wurden mit alkalisierter PES-Desinfektionsmittellösung durchgeführt:

- Fahrzeugdesinfektion
- Gerätedesinfektion
  (wenn aufgrund der Materialeigenschaften erforderlich)
- Stalldesinfektion
- Desinfektion der technischen Anlagen zur Tötung des Geflügels
- Desinfektion der mobilen Anlage zur Tötung des Geflügels

Folgende Tätigkeiten wurden mit der reinen PES-Desinfektionsmittellösung durchgeführt:

- Geländedesinfektion
- Desinfektion im Lebensmittelbereich
- Desinfektion der PSA
- Desinfektion der betrieblichen Abwasseranlage
- hygienische Händedesinfektion

Es hat sich gezeigt, dass der Einsatz nur eines Desinfektionsmittelwirkstoffes sehr viele Vorteile aufweist. So konnte das bereits unterwiesene Personal der Dekon-P-Fahrzeuge das zusätzlich an die Einsatzstelle gerufene Personal anderer Feuerwehren relativ schnell mit unterweisen, ohne dass der Ablauf am Ereignisort gestört wurde. Das wäre bei der Verwendung unterschiedlicher Desinfektionsmittelwirkstoffe, bei denen womöglich das Problem unterschiedlicher Gefahrstoffe berücksichtigt werden müsste, nicht so ohne weiteres möglich gewesen.

Wie wichtig eine gründliche Desinfektion im Fall der Vogelgrippe (H5N1) ist, zeigt die Tatsache, dass ein bis zehn vermehrungsfähige Viruspartikel ausreichen, um eine Infektion bei Hühnerküken auszulösen (Yilmatz & Kaleta, 2004). Im Unterschied zu Menschen sind Hühnerküken für H5N1 besonders empfänglich.

Auch das Preis-Leistungsverhältnis des eingesetzten Desinfektionsmittels zeigt, dass, wie oben erwähnt, auch aus diesen Erwägungen die PES sehr günstig war, wofür die Träger der Seuchenbekämpfung sehr dankbar sind.

Die allgemeine Empfehlung, in Sachsen auf den Dekon-P-Fahrzeugen PES bei B-Lagen mitzuführen, hat sich sehr gut bewährt. So war man in der Lage, sofort alle notwendigen Desinfektionstätigkeiten bezüglich der eigenen Ausrüstung durchzuführen und gegebenenfalls den Überbrückungszeitraum durch Anforderung eines weiteren

Dekon-P-Fahrzeuges zu überbrücken, bevor die umfangreiche Aus-Ausrüstung zur Tierseuchenbekämpfung vor Ort war (Steffler *et al.*, 2006).

Anhand der Ereignisse um die Vogelgrippe zeigt sich, wie wichtig eine entsprechende Krisenkommunikation vor, während und nach entsprechenden Ereignissen ist. Dieses Thema wird im Kapitel 4 dieses Buches besprochen.

Literatur

Arbeitskreis Viruzidie beim Robert Koch-Institut (2004). Prüfung und Deklaration der Wirksamkeit von Desinfektionsmitteln gegen Viren. *Bundesgesundheitsbl. Gesundheitsforsch. Gesundheitsschutz*, **47**, 1, 62-66

Ausschuss Feuerwehrangelegenheiten, K. u. z. V. (2003). Feuerwehr Dienstvorschrift (FwDV) 500. Einheiten im ABC-Einsatz. Stand 15.10.2003. online unter: www.sfs-r.bayern.de/main/downloads/FwDV_500_Stand_2003.pdf

Bessel, Kohl, Lotterhos, Senff, Steffler (2005). D*ekontamination Teil 1, Grundlagen.* Berlin: Fachverlag Matthias Grimm, Edition Gefahrenabwehr

BfArM (2005). *Bescheid für ein Fertigarzneimittel zur Anwendung am Menschen vom 17.11.2005*, Zul.-Nr.: 300014.00.00. online unter www.kesla. de - Wofasteril - Produkte - Arzneimittel

BGA (1979). Anforderungen der Hygiene an die funktionelle und bauliche Gestaltung von Transportanlagen. Anlage zu Ziffer 4.5.3 der „Richtlinie für die Erkennung, Verhütung und Bekämpfung von Krankenhausinfektionen" (aus Bundesgesundheitsblatt, 22, 10, 192-193). online unter: www.rki.de/cln_049/nn_201414/DE/Content/Infekt/Krankenhaushygiene/Kommission/Downloads/Altanl__Rili,templateId=raw,property=public ationFile.pdf/Altanl_Rili.pdf, S. 78 ff.

Biopharm (1993). Zusammenfassendes und bewertendes klinisches Sachverständigengutachten nach § 24 Arzneimittelgesetz zu Wofasteril®. (über den Autor zu beziehen)

Blue Book (2002). Blue Book. *Vorsorge und medizinisches Management von Verletzungen durch biologische Waffen.* Stuttgart: Landesgesundheitsamt Baden-Württemberg. (übersetzt durch G. Pfaff unter Mitwirkung von

C. Dreweck.) online unter: www.landesgesundheitsamt.de/servlet/PB/ show/1154737/bluebook.pdf

Bodenschatz, W. (1993). *Handbuch für den Desinfektor in Ausbildung und Praxis.* 2. Aufl. Stuttgart: Gustav Fischer

Brenner, P. (2003). *Untersuchungen zur viruziden Wirksamkeit von chem. Desinfektionsmitteln bei verschiedenen Temperaturen.* Dissertation, Universität Gießen, Fachbereich Veterinärmedizin

Bundesanstalt für Arbeitsschutz und Arbeitsmedizin (2000). Technische Regeln für Gefahrstoffe (TRGS 540/2000). Sensibilisierende Stoffe. *BArbBl.*, **2**, 73-78

Bundesgesundheitsamt (1979). Durchführung der Sterilisation. *Bundesgesundheitsblatt*, **22**, 193-200

Bundesgesundheitsamt (1980). Durchführung der Desinfektion. *Bundesgesundheitsblatt*, **23**, 356-364

Bundesministerium für Ernährung, Landwirtschaft und Verbraucherschutz (2007). Richtlinie des Bundesministeriums für Ernährung, Landwirtschaft und Verbraucherschutz über Mittel und Verfahren für die Durchführung der Desinfektion bei anzeigepflichtigen Tierseuchen. 323-3602-19/1

DVG (2003a). 12. Desinfektionsmittelliste der Deutschen Veterinärmedizinischen Gesellschaft (DVG) für die Tierhaltung. DVG-Verlag. online bestellbar unter www.dvg.net/index.php?id=145

DVG (2003b). 6. Desinfektionsmittelliste der Deutschen Veterinärmedizinischen Gesellschaft (DVG) für den Lebensmittelbereich. Hannover: Schlüter

Ernst, C. (2003). Optimierung von Desinfektionsverfahren in Verpflegungs- und Betreuungseinrichtungen der Bundeswehr im Hinblick auf die Bacillus cereus-Belastung von Oberflächen und Lebensmitteln. Dissertation Freie Universität Berlin, Fachbereich Veterinärmedizin

Flemming, H. C. (1984). Die Peressigsäure als Desinfektionsmittel – Ein Überblick. [Peracetic acid as disinfectant – a review]. *Zentralbl. Bakteriol. Mikrobiol. Hyg.*, **179**, 2, 97-111

Franke, S., Koeler, K. F. & Zaddach, H. (1994). Teil 1 Chemische Kampfstoffe, Hrsg. S. Franke, K. F. Koeler, R. G. Kostyanovsky, A. D. Kuntsevic. Munster: Gesellschaft für Kampfmittelbeseitigung, Dr. Koehler mbH

Freer, P. C. & Novy, F. G. (1902). On the Formation, Decomposition and Germicidal Action of Benzoyl Acetyl and Diacetyl Peroxides. *Am. Chem. J.*, **27**, 3, 161-192

Geissler, A., Stein, H. & Bätza, H.-J. (2002). Tierseuchenrecht in Deutschland und Europa (Band 1). Starnberg: R. S. Schulz

Gesundheits- und Sozialwesen der DDR (1990). Desinfektionsmittel-Liste der ehem. DDR vom 02. Januar 1990. Verfügung und Mitteilungen des Gesundheits- und Sozialwesen der DDR, 1, 4ff.

Greenspan, F. P. & MacKellar, D. G. (1951). The application of peracetic acid germicidal washes to mold control of tomatoes. *Food Technol.*, **5**, 95-97

Greenspan, F. P., Johnsen, M. A. & Trexler, P. C. (1955). Peracetic Acid Aerosols. in: Proceedings of the 42nd Annual Meeting of the Chemical Specialties Manufacturers Association. New York: Chemical Specialties Manufacturers Association, pp. 59-64

Günter, B. & Splitt, R. (1972). Verwendung der Peressigsäure (Wofasteril) als Desinfektionsmittel in der Nationalen Volksarmee. *Z. Militärmed.*, **6**, 317-322

Havel, S. & Greschner, J. (1966). Studium der Explosionseigenschaften der Peressigsäure Teil 1 und 2. *Chesmický prumysl*, **64**, 2, 73-78 und 4, 203-206

IfSG (2000). Gesetz zur Verhütung und Bekämpfung von Infektionskrankheiten beim Menschen. online unter: www.gesetze-im-internet.de/ifsg/index.html

Jones, L. A. Jr., Hoffmann, R. K. & Phillips, C. R. (1967). Sporicidal Activity of Peracetic Acid and Propiolactone at subzero temperatures. *Appl. Environ. Microbiol.*, **15**, 2, 357-362

Kaleta, E. F. & Yilmatz, A. (2006). Gutachten über die viruzide Wirksamkeit des chemischen Desinfektionsmittels Wofasteril E 400 + alcapur vom 21. April 2006. Universität Gießen: Klinik für Vögel und Reptilien, Amphibien und Fische. online unter: www.kesla.de - Campus - News

Kesla-Report (1996). Peressigsäure und ihre Anwendung in der Medizin. 1/1996

KFT (2001). Technische Regel für Gefahrstoffe (TRGS 522/1992, Fassung 9/2001). BArbBl., 9, 64 ff. online unter: www.baua.de/nn_16738/sid_D5 31D193B5FE85713611A0059F730136/nsc_true/de/Themen-von-A-Z/Gefahrstoffe/TRGS/pdf/TRGS-522.pdf

Klinne, L. & Hull, R. N. (1960). The Virucidal Properties of Peracetic Acid. Am. *J. Clin. Path.*, **33**, 30-33

Koch, H. A., Sprößig, M., & Mücke, H. (1967). Über die antimikrobielle Wirkung der Peressigsäure, 4. Mitteilung zur fungiziden Wirkung. [On the antimicrobial effect of peracetic acid. 4. Studies on the fungicidal effect]. *Pharmazie*, **22**, 9, 520-521

Kretschmar, C., Agerth, R., Bauch, R. & Friedrich, D. (1972). Peressigsäure nur ein neues Desinfektionsmittel? *Monatsh. Vet. Med.*, **27**, 324-332

Meyer, E. (1975). Desinfektion von Abwasser und Tierkörperbeseitigungsanstalten mit Hilfe der Peressigsäure. *Monatsh. Vet. Med.*, **30**, 10, 368-371

Militärverlag der DDR (1979). Handbuch für den Entgifter. 4. überarbeitete Auflage, Militärverlag der DDR

Mitsching, M. (2001). Gutachten über die Untersuchung zur sporoziden Wirksamkeit von gepufferter und ungepufferter Wofasterillösung. (über den Autor zu beziehen)

Mücke, H. (1985). Zur Anwendung der Peressigsäure. *Z. Ärztl. Fortbild.*, **79**, 259-262

Mücke, H. & Srößig, M. (1967a). Über die antimikrobielle Wirkung der Peressigsäure, 1. Mitteilung: Herstellung, Gehaltsbestimmung und Eigenschaften der Peressigsäure. [On the antimicrobial effect of peracetic acid. 1. Preparation, analysis and properties of peracetic acid]. *Pharmazie*, **22**, 8, 444-445

Mücke, H. & Srößig, M. (1967b). Über die antimikrobielle Wirkung der Peressigsäure, 2. Mitteilung: Untersuchung zur Stabilität der Peressigsäure. [On the antimicrobial effect of peracetic acid. 2. Studies on the stability of peracetic acid]. *Pharmazie*, **22**, 8, 446-447

Nattermann, H., Becker, S., Jacob, D., Klee, S. R. & Appel, B. (2007). Wirksame Desinfektionsmittel gegen bakterielle Erreger der Risikogruppe 3. Biologische Sicherheit in Deutschland. Kongressband zur German BioSafety 2005, Stuttgart am 14.09.2005 (in Druck)

Nattermann, H., Becker, S., Jacob, D., Klee, S. R., Schwebke, I. & Appel, B. (2005). Effiziente Abtötung von Milzbrandsporen durch wässrige und alkoholische Peressigsäure-Lösungen. *Bundesgesundheitsblatt - Gesundheitsforschung - Gesundheitsschutz*, **48**, 8, 939-950

Peters, J. & Spicher, G. (1988). Zur Eignung von Natriumhypochlorit und Chloramin T für die Flächendesinfektion. *Bundesgesundblatt*, **31**, 9, 330-335

Popp, W., Lembeck, T., Spors, J., Werfel, U., Hansen, D. & Kundt, R. (2003). Erfahrungen mit den Milzbrand-Einsätzen in den Jahren 2001 und 2002 in der Stadt Essen. *Gesundheitswesen*, **64**, 321-326

Pruss, A., Baumann, B., Seibold, M., Kao, M., Tintelnot, K., von Versen, R., Radtke, H., Dorner, T., Pauli, G., Gobel, U. B. (2001). Validation of the sterilization procedure of allogeneic avital bone transplants using peracetic acid-ethanol. *Biologicals*, 29, 59-66

Pruss, A., Gobel, U. B., Pauli, G., Kao, M., Seibold, M., Monig, H. J., Hansen, A., von Versen, R. (2003). Peracetic acid-ethanol treatment of allogeneic avital bone tissue transplants – a reliable sterilization method. *Ann. Transplant.*, **8**, 34-42

Rheinbaben, F. von & Wolf, M. H. (2002). Handbuch der viruswirksamen Desinfektion. Berlin, Heidelberg, New York: Springer

Robert Koch-Institut (2002). Vorgehensweise bei Verdacht auf Kontamination mit gefährlichen Erregern. online unter: www.rki.de/cln_048/nn_200092/ DE/Content/Infekt/Biosicherheit/Empfehlungen/dl__kontamination,tem plateId=raw,property=publicationFile.pdf/dl_kontamination.pdf. 08-08-2007

Robert Koch-Institut (2003). Liste der vom Robert Koch-Institut geprüften und anerkannten Desinfektionsmittel und -verfahren. Bundesgesundheitsblatt - Gesundheitsforschung - Gesundheitsschutz, 46, 72-95 (neue Liste erscheint am 16. Oktober 2007 im Bundesgesundheitsblatt)

Robert Koch-Institut (2004) Anforderungen an die Hygiene bei der Reinigung und Desinfektion von Flächen. *Bundesgesundheitsblatt - Gesundheitsforschung - Gesundheitsschutz*, **47**, 51-61

Schau, H.-P. (1976). Untersuchungen zur sporiziden Wirkung von Peressigsäure. in: Beiträge zur Sterilisation und Aseptik. (Abstract).Vorträge des V. Symposiums über Sterilisation, Desinfektion und Antiseptik in Erfurt, 23.–25.Oktober 1974, veranstaltet von der Sektion Sterilisation, Desinfektion und Antiseptik der Gesellschaft für Mikrobiologie und Epidemiologie in der DDR, S. 133-138

Schau, H.-P. (1977). Untersuchungen zur Inaktivierung von Bakterientoxinen durch Peressigsäure. In. H. Winkler, A. Kramer, H. Wigert (hrsg.), Vorträge des VI. Kongress über Sterilisation, Desinfektion und Antiseptik in Dresden vom 31.10. bis 02.11.1977. Leipzig: Johann Ambrosius Verlag

Schreiner, G. (2001). Ist Peressigsäure krebserregend? Amtstierärztlicher Dienst und Lebensmittelkontrolle, 8, 1-4. online unter: www.kesla.de - Wofasteril - Fundus - Veröffentlichungen von Kesla-Autoren

Schreiner, G. & Bube, I. (1999). Peressigsäure – Vorzüge und Eigenheiten eines Desinfektionswirkstoffes der Spitzenklasse. Flüssiges Obst, 66, 4, 183-188. online unter: www.kesla.de - Wofasteril - Fundus - Veröffentlichungen von Kesla-Autoren

Sprößig, M. (1989). Eigenschaften und Anwendungsmöglichkeiten der Peressigsäure – 25 Jahre Erfahrung und Entwicklung. Hyg. Med., 14, 498-501

Srößig, M. & Anger, G. (1988). Mikrobiologisches Vademekum, 4. Auflage. Jena: Gustav Fischer

Srößig, M. & Mücke, H. (1964). Über die stark viruziden Eigenschaften eines praktisch anwendbaren Alkohol-Peressigsäure-Gemisches. Jahreskongress 1963 der Gesellschaft für Seuchenschutz in der Gesellschaft für die gesamte Hygiene vom 14.–16. Oktober 1963, Sonderdruck Wiss. Zeitschr. UNI Leipzig *Math.-Nat.-Wiss. Reihe*, **13**, 5, 1167

Srößig, M. & Mücke, H. (1965). Steigerung der viruswirksamen Eigenschaften von Peressigsäure durch n-Propylalkohol. *Acta Biol. Med. Ger.*, **14**, 199-200

Srößig, M. & Mücke, H. (1968). Über die antimikrobielle Wirkung der Peressigsäure (PES). 5. Mitteilung: Untersuchungen zur viruziden Wirksamkeit. *Pharmazie*, **23**, 11, 665-667

Srößig, M. & Mücke, H. (1976). Untersuchungen über die sterilisierende Wirkung von gasförmiger Peressigsäure an papierverpackten Material. *Pharmazie*, **31**, 7, 491-492

Srößig, M., Mücke, H. & Tilgner-Peter, C. (1967). Über die antimikrobielle Wirkung der Peressigsäure, 3. Mitteilung: Untersuchungen zur bakteriziden und sporiziden Wirkung. [On the antimicrobial effect of peracetic acid. 3. Studies on the bactericidal and sporicidal effect]. *Pharmazie*, **22**, 9, 517-519

Srößig, M., Mücke, H. & Hottenrott, G. (1979). Problemdesinfektion und Desinfektionsprobleme mit Peressigsäure. *Dt. G. Gesundh.-Wesen*, **33**, 34

Steffler, R. (1998). Praktische Erfahrungen mit der Verwendung von Peressigsäure im Desinfektionsstützpunkt der Berufsfeuerwehr Leipzig. Hygiene & Desinfektion, 4, 8-9. online unter: www.kesla.de - Wofasteril - Fundus - Literatur über Peressigsäure von anderen Autoren

Steffler, R. (2002). Peressigsäure, das vergessene Desinfektionsmittel. *Brandschutz*, **3**, 267-270

Steffler, R. (2007). Desinfektion von Schutzausrüstung der Hilfsorganisationen – Probleme und deren Lösungsmöglichkeiten. In. Kongressband zur German BioSafety 2005, Stuttgart am 15.09.2005. (in Druck)

Steffler, R. & Schneider, K.-J. (2007). Der Transport hochinfektiöser Personen. *Brandschutz*, **8**, 554-557

Steffler, R., Bergholz, A., Dersch, R., Friedrichs, D. & Schild, A. (2003). Peressigsäure – Ein Desinfektionsmittel im außergewöhnlichen Seuchenfall. *Bevölkerungsschutz*, **1**, 24-27

Steffler, R., Thomas, T. & Medicke, G. (2006). Der Feuerwehreinsatz bei Vogelgrippebefall in einem Nutztierbestand. *Feuerwehr Fachzeitschrift*, **9**, 534-539

Steuer, W., Lutz-Dettinger, U., Schubert, F. (1998). Leitfaden der Desinfektion, Sterilisation und Entwesung. 7. Auflage, Stuttgart, Jena: Gustav Fischer

Tichácek, B. (1962). Peressigsäure und die Möglichkeiten ihrer Verwertung in der Desinfektion. *Vojenské Zdravotnické Listy*, **XXXI**, 5.

Ticháek, B. (1966). Peressigsäure und die Möglichkeit ihrer Verwertung in der Desinfektion. Prag: Staatsverlag für Gesundheitswesen der CSSR. online unter: www.kesla.de - Wofasteril - Fundus - Peressigsäure und ihre Eigenschaften

VAH (2006). Desinfektionsmittel-Liste des Verbundes für Angewandte Hygiene mit Stand 1.1.2006. Wiesbaden: mhp-Verlag. online bestellbar unter www.vah-online.de/desinfektionsmittel-liste.shtml

Vereinigung zur Förderung des Deutschen Brandschutzes e. V. (2002). vfdb-Richtlinie 10-02. Richtlinie für die Feuerwehr im B-Einsatz. Köln: VdS-Verlag. online bestellbar unter: www.vfdb.de/seiten/Richtlinienvfdb.pdf

Vereinigung zur Förderung des Deutschen Brandschutzes e. V. (2006). vfdb-Richtlinie 10-04. Dekontamination bei Einsätzen mit ABC-Gefahren. Köln: VdS-Verlag. online bestellbar unter: www.vfdb.de/seiten/Richtlinienvfdb.pdf

Wutzler, P. & Sauerbrei, A. (2001). Peressigsäure-Ethanol ein potentielles viruzides Händedesinfektionsmittel. in: H. F. Rabenau, O. Thraenhart, H. W. Doerr (hrsg.): Nosokomiale Virusinfektion – Erkennung und Bekämpfung. Lengerich, Berlin: Pabst Scientific Publishers, pp. 92-100

Yilmatz, A. (2001). Vergleichende Untersuchungen zur Bestimmung der viruziden Wirksamkeit von Ameisensäure, Lysovet®PA, CID und Wofasteril® E 400, bei Testtemperaturen von 20°C und 10°C. – Ein Beitrag zur europäischen Normungsarbeit im Bereich chemischer Desinfektionsmittel und Antiseptika für die Veterinärmedizin. Dissertation Fachbereich Veterinärmedizin, Gießen 2001

Yilmatz, A. & Kaleta, E. F. (2004). Zur Tenazität und Desinfektion von aviären Influenza A-Viren. Lohmann Information, Juli–Sept., 3, 19-24

Yilmatz, A., Bräuning, I. & Kaleta, E. F. (2007). Desinfektion von hochpathogenen Influenza-A-Viren mit zwei gepufferten Peressigsäure-Präparaten bei 0, minus 5 und minus 30°C im Suspensions- und Keimträgerversuch. Amtstierärztlicher Dienst und Lebensmittelkontrolle (ATD), 14, 1, 35-39

6.9 Praktische Hinweise zur Personen- und Fahrzeugdekontamination

N. Derakshani, M. Drobig, A. Schild, R. Schwenk, R. Steffler [1]

Die Dekontamination von Einsatzkräften, anderen Personen, Geräten, Räumlichkeiten oder Fahrzeugen ist ein wesentlicher Faktor für die Verhinderung der Kontaminationsverschleppung. Eine Dekontamination von Personen zur schnellst möglichen Entfernung von Substanzen die stark gesundheitsgefährdend sind, ist besonders bei chemischen (C-Dekon) und radiologischen Substanzen notwendig. Vor allem bei chemischen Stoffen ist die Dekontamination zeitkritisch (siehe 5.4). Die äußerliche Dekontamination von biologischen Substanzen dient vor allem der Vermeidung einer Infektion/Intoxikation sowie der Eingrenzung des kontaminierten Bereiches.

In einer A-Lage ist der Kontaminationsnachweis nach Ablegen der kontaminierten Kleidung zu erbringen (A-Dekon). Bei ansteckenden biologischen Stoffen ist eine Dekontamination mit einem integrierten Desinfektionsschritt notwendig (B-Dekon), um eine mögliche Entstehung von Infektketten (siehe 6.2) und weitere Ausbreitung zu unterbinden. Im Vergleich zu chemischen Lagen, bei denen die Wirkung und Schädigung sofort bzw. innerhalb kürzester Zeit eintritt, ist der Zeitfaktor für die Dekontamination in biologischen Lagen weniger kritisch, sofern es sich um eine äußerliche Kontamination handelt und das Inkorporieren (Einatmen, Verschlucken, offene Wunden) ausgeschlossen werden kann.

Eine Ausnahme dazu bilden Toxine (bakterielle Stoffwechsel- oder pflanzliche Produkte) die einen schnelleren Wirkeintritt (Stunden bis Tage, je nach Dosis und Art der Aufnahme in den Körper) haben können.

---

1 Autoren in alphabetischer Reihenfolge

Für eine erfolgreiche Dekontamination in einer B-Lage ist notwendig, dass alle Personen, Geräte, Fahrzeuge und Räumlichkeiten, die betroffen sind, erfasst werden. Um dies zu gewährleisten, ist eine strikte Organisation des Dekontaminationsprozesses mit festgelegten Stationen (Raumordung), Abläufen und Nachverfolgung zu organisieren. Dazu dient die Einrichtung eines Dekontaminationsplatzes, der im Bereich der Einsatzstelle, in dem die Dekontamination von Personen und/oder Geräten durchgeführt wird, liegt.

Grundsätzlichen ist bei A-, B- und C-Lagen um die Gefahrenquelle ein Gefahren- und Absperrbereich nach Feuerwehrdienstvorschrift 500 (FwDV 500) festzulegen. Die Lage des Dekonplatzes wird bei der Feuerwehr durch den Einsatzabschnittsleiter „Dekon" in Absprache mit der Einsatzleitung festgelegt.

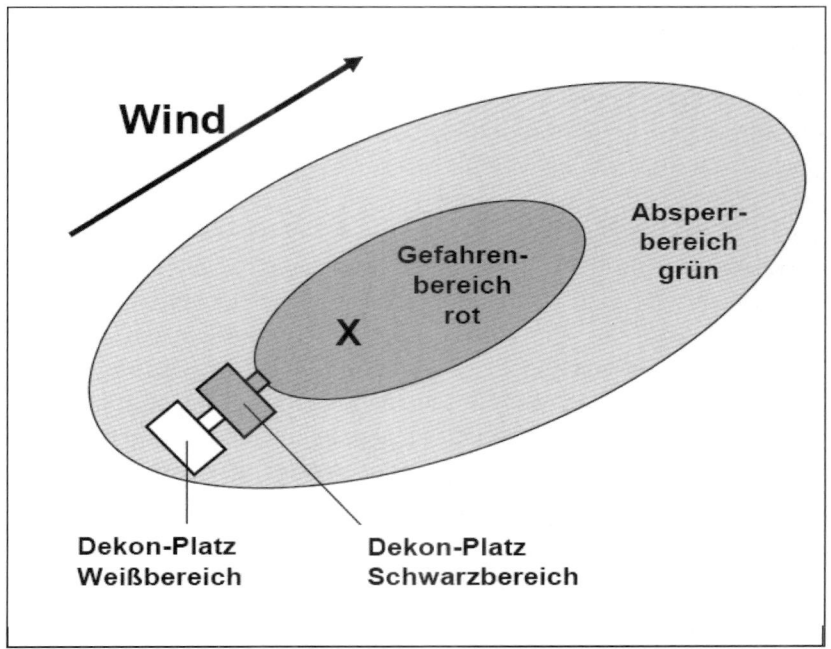

Abb.1:   Lage des Dekon-Platzes nach FwDV 500

Ferner sind folgende Kriterien bei der Errichtung des Dekonplatzes zu beachten:

- Lage außerhalb der Wirkzone/Gefahrenbereich
- auf der windzugewandten Seite der Einsatzstelle gelegen, ein Wechsel der Windrichtung muss eingeplant werden
- Ver- und Entsorgung muss sichergestellt sein (Strom, Wasser, Abwasser)
- eine strikte Trennung von Schwarz/Weiß (bzw. rot-gelb-grün)-Bereichen ist einzuhalten.

Der Dekon-Platz ist eindeutig markiert und liegt auf der Grenze des Gefahrenbereiches bzw. ist mit diesem durch einen abgesperrten Weg verbunden. Alle Personen, Geräte, Materialien und Proben die den Gefahrenbereich verlassen, müssen den Dekonplatz passieren und gründlich dekontaminiert/desinfiziert werden.

Je nach Art und Größe des Ereignisses sowie der Menge der Personen die dekontaminiert werden müssen, entstehen unterschiedliche Anforderungen an Größe und Aufbau des Dekonplatzes, die bei der Anlegung berücksichtigt werden müssen (Verweis Kapitel 5.4).

Jeder Dekon-Platz ist in drei funktionale Abschnitte unterteilt, den Eingangsbereich mit der Geräteablage, den eigentlichen Dekontaminationsbereich und den Ausgangsbereich mit der Registrierung. Diese Einteilung gilt in A-, B- und C-Lagen gleichermaßen sowie für die Dekontamination von Einsatzpersonal und von Betroffenen. Am Eingang zum Dekon-Platz werden Einsatzgeräte abgelegt, aber auch die Wertgegenstände von Betroffenen gesammelt und gekennzeichnet, um sie nach erfolgter Dekontamination wieder den entsprechenden Eigentümern geben zu können. Der mittlere Schritt besteht aus Auskleiden, Dekontamination bzw. Desinfektion und anschließendem Wiedereinkleiden mit bereitstehender Ersatzkleidung. Bei Einsatzpersonal wird hier lediglich noch vorher die Schutzausrüstung dekontaminiert und ausgezogen. Letztendlich werden alle Personen nach erfolgter Dekontamination registriert und verlassen den Dekonplatz.

Im Feuerwehrbereich gibt es neben der FwDV 500 „Einheiten im ABC-Einsatz" noch die vfdb-Richtlinie 10/04 „Dekontamination bei Einsätzen mit ABC-Gefahren"

In beiden wird ein Stufenkonzept verwendet. Dieses unterscheidet sich in einigen Punkten.

Tab. 1: Vergleich Dekon-Stufen FwDV 500 und vfdb-RL 10/04

	FwDV 500	Vfdb-RL 10/04
Not-Dekon	Notdekontamination von Personen	
Dekon-Stufe I	Allgemeine Einsatz-stellenhygiene	Notdekontamination von Personen im ABC-Einsatz
Dekon-Stufe II	Standard-Dekontamination	Standardgrobreinigung
Dekon-Stufe III	Erweiterte Dekontamination im ABC-Einsatz	Erweiterte Dekontamination

Weiteres zur Dekon Stufe III kann eingehend in der Ausgabe „Aufbau und Ablauf der Dekontamination und Notfallversorgung Verletzter bei Zwischenfällen mit chemischen Gefahrstoffen", Band 56 Schriftenreihe der Schutzkommission beim Bundesminister des Inneren nachgelesen werden.

Um einen Sonderfall der Dekontamination handelt es sich bei der Einrichtung von Dekonschleusen an Krankenhäusern. Sie befinden sich in Eingangsbereichen, um eine Kontamination des Krankenhauses durch kontaminierte Personen, die von außen kommen, zu verhindern.

Personendekontamination

Im Rahmen des erweiterten Katastrophenschutzes ergänzt der Bund die Ausstattung der Länder u.a. mit Fahrzeugen, wie beispielsweise dem Dekontaminationslastkraftwagen Personen (Dekon P) und dem ABC-Erkundungskraftwagen (ABC-Erkunder).

Der Dekon P dient mit seiner Ausstattung primär zur Dekontamination von Einsatzpersonal, kann aber auch für die Dekontamination von Betroffenen verwendet werden. Die Anlage ist für einen Durchsatz von etwa 50 gehfähigen Personen pro Stunde ausgelegt. Werden Verletzte oder nicht gehfähige Personen dekontaminiert, sinkt dieser Wert drastisch.

Die Ausstattung besteht aus einer Einpersonenduschkabine für die Dekontamination/Desinfektion von einzelnen Helfern in Schutzkleidung und einem Duschzelt für eine hygienische Reinigung oder zur Dekontamination/Desinfektion von Betroffenen mit einem sich anschließenden Aufenthaltszelt. Weiterhin sind ein Wasserdurchlauferhitzer, eine Frischwasserpumpe und ein heißwasserbetriebenes Zeltheizgerät vorhanden. Ein Stromerzeuger, Zeltbeleuchtung, Wasserschläuche, Armaturen, Stromkabel, Frischwasserbehälter und natürlich auch Entsorgungstechnik für das kontaminierte Abwasser vervollständigen die Ausstattung.

Je nach Einsatzlage werden zuerst die Einpersonenduschkabine und die Wasserversorgung aufgebaut und im zweiten Schritt die Zelte oder direkt die Zelte mit Wasserversorgung. Eine geübte Besatzung des Fahrzeugs kann den Aufbau der kompletten Anlage innerhalb von 20 bis 30 Minuten bewerkstelligen.

Für den Einsatz des Fahrzeugs und der Ausstattung in einer biologischen Lage müssen keine funktionalen Veränderungen vorgenommen werden. Lediglich für das Ausbringen eines Desinfektionsmittels müssen bei der Einpersonenduschkabine bzw. im Duschzelt entsprechende Vorkehrungen getroffen werden. Für das Ausbringen eines

Desinfektionsmittels auf die Schutzkleidung, beispielsweise die Chemikalienschutzanzüge von Einsatzkräften, kann eine tragbare Dekonspritze, wie sie im Gartenbau zum Ausbringen von Pflanzenschutzmitteln verwendet wird, eingesetzt werden. Bei der Beschaffung solcher Geräte ist jedoch auf die Materialauswahl zu achten. Die Beständigkeiten der Dekonspritze müssen zu denen der eingesetzten Desinfektionsmittel passen, also säuren- und laugenbeständig sein.

Abb. 2:   Aufgebauter Dekonplatz mit den vom Bund zu Verfügung gestellten Materialien

Die Desinfektion von Betroffenen findet im Duschzelt statt. Das Ausbringen eines geeigneten Hautdesinfektionsmittels kann entweder auf gleiche Weise wie bei der Anwendung zur Desinfektion an der Einpersonenduschkabine mit einer Dekonspritze erfolgen, oder aber es wird in die Zuleitung zum Duschgestänge eine Ansaugvorrichtung für ein Desinfektionsmittel eingebaut. Hierbei ist darauf zu achten, dass die Zumischeinrichtung eine Absperreinrichtung für das Desinfektionsmittel hat, damit sich die betroffenen Personen im Inneren auch mit klarem Wasser abspülen können. Für die Desinfektion von Verletzten und nicht gehfähigen Personen wird auf das Kapitel 5 verwiesen. Ob überhaupt eine Hautdesinfektion von Betroffenen notwendig ist, entscheidet die jeweils zuständige Behörde. Eine Ausbringung von Hautdesinfektionsmittel nach der oben geschilderten Art darf wegen der Brand- und Explosionsgefahr der alkoholischen Hautdesinfektionsmittel nur mit einer peressigsäurehaltigen Desinfektionsmittellösung, die nach Arzneimittelgesetz zugelassen ist, durchgeführt werden (siehe 6.8).

Fahrzeugdekontamination bei B-Lagen

Eine Fahrzeugdesinfektion bei B-Lagen ist dann notwendig, wenn eine Keimverschleppung durch Fahrzeuge verhindert und die sichere Nutzung des Fahrzeuges gewährleistet werden soll. Diese wird durch eine Desinfektion erreicht. Von Desinfektion wird gesprochen, wenn ein Gegenstand oder eine Fläche in einen Zustand versetzt wird, in der von diesen keine Infektionsgefahr mehr ausgeht (siehe 6.8). Eine Keimverschleppung mittels Fahrzeugen ist z. B. bei verschiedenen Tierseuchen (Maul- und Klauenseuche, Vogelgrippe, Schweinepest) und bei vorsätzlicher Ausbringung (Bioterror) möglich.

Vorsorgliche Maßnahmen

Vor dem Ausrücken ist darauf zu achten, dass der Aufbau der Fahrzeugdesinfektionsanlage in enger Abstimmung mit der zuständigen Behörde geschieht. Persönliche Kleidung ist auf ein Minimum zu reduzieren, Wertgegenstände sollten im Gerätehaus verbleiben. Die Anzahl der Fahrzeuge, die in den Absperrbereich einfahren, muss so gering wie möglich gehalten werden.

Die Einsatzkräfte sind über allgemeine und besondere Hygienemaßnahmen je nach Einsatzlage aufzuklären. Auf die persönliche Hygiene ist besonders zu achten.

Um die notwendige Desinfektion zu erleichtern, ist es sinnvoll alle Fahrzeuge, die in den Absperrbereich einfahren, einer Vorreinigung zu unterziehen.

Aufbaufläche

Als Aufbaufläche ist ein befestigter Platz im Freien oder besser in einer Halle (Waschanlage) zu wählen. Der Flächenbedarf beträgt ca. 30 m x 8 m. Hierzu kommen Flächen für Fahrzeuge, Geräte und Zelte (Aufenthalt, Verpflegung, Umkleide). Der Standort einer Fahrzeugdesinfektionsschleuse ist von der Einsatzleitung festzulegen.

Aufbau

Vor dem Aufbau ist die Fläche von grobem Schmutz (Steinen) zu befreien, da sonst die Folie beschädigt werden kann. Gegebenenfalls ist ein Teichflies als Beschädigungsschutz auszulegen.

Als Material für den Aufbau eines Desinfektionsbeckens eignen sich Kanthölzer, Kunststoffbalken, mit Wasser gefüllte Feuerwehrschläuche (Größe B) sowie aufblasbare Luftschlauchsysteme (Abb. 3).

Mittels Kanthölzern (oder ähnlichem Material) ist ein entsprechend großer Rahmen herzustellen. Dieser ist mittels Bauklammern und Lochbändern zu fixieren. In diesen Rahmen ist eine möglichst stabile Folie (Teichfolie) locker einzulegen und an den Kanthölzern nicht stramm zu fixieren.

Für das Ein- und Ausfahren der Fahrzeuge sind entsprechend stabile und nicht zu steile Rampen aus Kanthölzern herzustellen und an den Ein- und Ausfahrseiten einzulegen. Um ein Beschädigen der Folie zu verhindern, ist diese durch Fahrstreifen aus Gummimatten zu schützen. Das Verrutschen der Gummimatten beim Einfahren wird verhindert, indem auf ein ausreichendes Überlappen über die Rampen geachtet wird.

Ein Überlaufen der Desinfektionsmittellösung ist in der mobilen Desinfektionswanne durch frühzeitiges Absaugen in geeignete Behältnisse zu verhindern. Bei stationären Desinfektionswannen ist der Mindeststand der Desinfektionsmittellösung in der Durchfahrwanne zu beachten. Es muss immer genügend Flüssigkeit in der Wanne stehen, um das Reifenprofil zu desinfizieren. Stationäre Desinfektionswannen mit der alleinigen Nutzung für die komplette Desinfektion von Fahrzeugen entsprechen nicht mehr dem Stand des Wissens. Da es bei mobilen Desinfektionswannen kaum möglich ist die Füllhöhe auf LKW- bzw. auf Traktorenreifen zu bringen, muss immer frisches Desinfektionsmittel von unten angesprüht werden. Desinfektionswannen stellen somit allein keine ausreichende Desinfektion sicher, grenzen aber den Bereich, in denen eine Gefahr der Seuchenverschleppung besteht, gut sichtbar ab (BMELV, 2007). Wenn die Desinfektionsmittellösung von unten angesprüht wird, ist die Füllhöhe von untergeordneter Bedeutung. Im Gegenteil sollte sie nicht zu hoch sein, damit die frisch aufgesprühte Desinfektionsmittellösung nicht durch die alte Desinfektionsmittellösung (durch die Reifenrotierung während der Durchfahrt) verdünnt wird. Um Fahrzeuge vollflächig desinfizieren zu können, ist es sinnvoll, ein entsprechendes Gerüst zu verwenden. Hiermit wird den Einsatzkräften ermöglich, auch schwer zugängliche Stellen an der Fahrzeugoberseite zu erreichen.

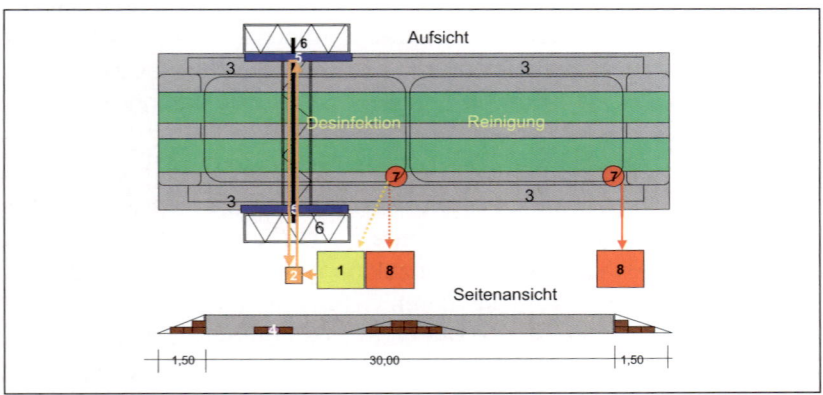

Abb. 3: Bauanleitung für das Durchfahrbecken der Fahrzeuge nach einer Empfehlung des Ministeriums für Soziales, Gesundheit und Verbraucherschutz des Landes Schleswig-Holstein

Für eine ausreichende Unterbodendesinfektion können z. B. handelsübliche Rasensprenger zum Einsatz kommen.

Technische Daten

Länge: ca. 30 m, Breite: ca. 5 m, Höhe: mind. 5 m, Flüssigkeitsstand: ca. 10 cm

Betrieb

Das zu desinfizierende Fahrzeug fährt langsam in das Becken ein und wird mit Desinfektionsmittellösung von unten und von den Seiten mit leichtem Druck (unter 10 bar) z. B. mittels Handdruckspritze eingesprüht. Mittels Bürsteneinsatz können zusätzlich insbesondere die Seiten und Dachflächen von grobem Schmutz befreit werden. Nach einer Einwirkungszeit von 5 Minuten erfolgt die Reinigung mit dem Hochdruckreiniger (bei ca. 50 bar) oder einer anderen geeigneten Sprühvorrichtungen. Besonders ist hierbei auf die Reinigung der Radkästen und Reifen zu achten, damit keine optisch sichtbaren Verschmutzungen vorhanden sind. Das Fahrzeug wird anschließende in die zweite Wanne gefahren.

Hier erfolgt eine nochmalige Desinfektion. Dabei ist das Desinfektionsmittel für mindestens 15 Sekunden bis zum Abtropfen aufzubringen. Hierzu können u. a. wieder handelsübliche Handdruckspritzen und Rasensprenger für den Unterboden verwendet werden. Vor der Weiterfahrt muss eine Einwirkungszeit von 20 Minuten eingehalten werden. Während dieser Einwirkungszeit, muss das Fahrzeug nicht in der Desinfektionswanne verbleiben, sondern kann bis zur Weiterfahrt auf dem Desinfektionsplatz abgestellt werden.

Abb. 4:   Befahrbare Desinfektionsschleuse mit begehbarem Gerüst zur Desinfektion der Fahrzeugdächer im Rahmen der Vogelgrippe 2006 Sachsen (Foto: R. Steffler)

Um bei großen Fahrzeugen eine vollflächige Benetzung der Seiten- und Dachflächen zu gewährleisten, ist es sinnvoll, ein entsprechendes Gerüst zu verwenden.

Bei allen Dekon-Maßnahmen ist sicherzustellen, dass Sprühwasser bei der Fahrzeugreinigung oder Desinfektionslösung beim Auftragen auf das Fahrzeug auf dem Dekontaminationsplatz begrenzt bleibt, um eine Kontaminationsverschleppung zu vermeiden. Auf Verwehungs- schutz ist zu achten.

Abb. 5:
Befahrbare Desinfektions-
schleuse mit Verweh-
schutz, wie sie 2006 im
Fall der Vogelgrippe in
Sachsen zur Anwendung
kam (Foto: R. Steffler)

Persönliche Schutzausrüstung

Die Schutzmaßnahmen sind je nach Einsatzlage in Abstimmung mit den Fachbehörden festzulegen. Bei der PSA ist darauf zu achten, dass die sowohl gegen das biologische Agens als auch vor dem Dekonta-minationsmittel schützt (siehe 6.4).

Beim Einsatz an einer Desinfektionsschleuse sollten Schutzanzüge, die der Kategorie 3 entsprechen und mindestens flüssigkeitsdicht sind, zur Anwendung kommen. Als Atemschutz sind Vollmaske mit Kombi-nationsfilter (z. B. ABEK2-P3) sowie Gummistiefel und stabile flüssig-keitsdichte Handschuhe zu tragen. Ist bei der Fahrzeugdesinfektion mit keiner Geruchsbelästigung zu rechnen, so reicht das Tragen von einer FFP3-Halbmaske mit Schutzbrille aus.

Das Tragen von flüssigkeitsdichter Einmalschutzkleidung wird empfohlen, da diese nach Gebrauch desinfiziert und anschließend entsorgt werden kann. Textile Einsatzkleidung, sofern mit einer Verschmutzung durch Krankheitserreger gerechnet werden muss, ist nach den Vorgaben der RKI- Liste für anerkannte und geprüfte Desinfektionsmittel und Verfahren zu behandeln (Robert Koch-Institut, 2003).

Desinfektionsmittel

Grundsätzlich ist der zuständige Amtstierarzt für die Auswahl der Desinfektionsmittel zuständig und für den richtigen Ablauf der Desinfektion verantwortlich. Geeignet sind Mittel aus der Liste der Deutschen Veterinärmedizinischen Gesellschaft (DVG) für die Tierhaltung (Spalte 4a, 7a, 7b) im Zusammenhang mit der Richtlinie über Mittel und Verfahren anzeigepflichtiger Tierseuchen vom Februar 2007(BMELV, 2007).

Bei bakteriellen und viralen Tierseuchen müssen bei der Verwendung von Desinfektionsmitteln aus der DVG-Liste folgende Vorgaben berücksichtigt werden:

- Bei bakteriellen Tierseuchen dürfen nur bakterizide Mittel zur speziellen Desinfektion (DVG Liste Tierseuchen Spalte 4a) Anwendung finden, die eine Einwirkungszeit von 2 Stunden nicht überschreiten.

- Bei viralen Tierseuchen dürfen nur Mittel, die viruzid wirksam sind (DVG Liste Tierseuchen Spalte 7a, 7b) und die 2 Stunden Einwirkungszeit nicht überschreiten, Anwendung finden. Hierbei ist als Besonderheit zu berücksichtigen, dass bei den Tierseuchen, die durch Viren verursacht werden, immer noch eine Konzentrationserhöhung um das Doppelte erfolgen muss.

- Generell gilt der Grundsatz, dass die Desinfektion so effektiv wie möglich bei geringer Belastung der Umwelt unter Berücksichtigung der Biostoffverordnung zu erfolgen hat (BMELV, 2007).

Hierfür bieten sich Desinfektionsmittel auf der Wirkstoffbasis von Peressigsäure besonders an (Steffler *et. al.*, 2003, siehe 6.8), da diese die Anforderung am besten erfüllen, ökologisch sind und die kürzesten Einwirkungszeiten bei den geringsten Konzentrationen besitzen. Zudem besitzt Peressigsäure unter den bekannten Desinfektionsmitteln den geringsten Temperaturfehler und kann somit auch bei Temperaturen unter dem Gefrierpunkt eingesetzt werden (BMELV, 2007, Kap.6.8).

Beispiel des Ablaufes einer Fahrzeugdesinfektion

Kraftfahrzeuge, welche schon vor den Befahren in den betroffenen Hof (Tierseuchenobjekt) stark verschmutzt sind, sollten entsprechend vorgereinigt werden, um der möglichen Wirkstoffzehrung des Desinfektionsmittels vorzubeugen. Allerdings ist darauf zu achten, dass die Fahrzeugflächen beim späteren Passieren (Ausfahren aus dem Absperrbereich) nicht mehr feucht sind, da sonst das aufgebrachte Desinfektionsmittel zusätzlich verdünnt wird. Sind die Fahrzeugflächen feucht (z. B. durch Regen), so ist die Konzentration des Desinfektionsmittels zu verdoppeln.

Ist das Fahrzeug bei der Ausfahrt aus dem Seuchenhof wieder stark verschmutzt, so soll nach RL BMELV 2007 wie folgt gehandelt werden:

1. Vorläufige Desinfektion durch Einsprühen des Fahrzeuges.

Beim Einsprühen des Fahrzeuges (im Becken 1) mit Desinfektionsmittel müssen die Flächen und insbesondere die Fahrzeugunterseite desinfiziert und grobe Verschmutzungen (mechanisch z. B. mit Schrubber) beseitigt werden.

2. Schlussdesinfektion

Bei der Reinigung des Fahrzeuges (im Becken 1) unter Verwendung eines Hochdruckreinigers oder anderer geeigneter Sprühvorrichtung dürfen keine sichtbaren Verschmutzungen am Fahrzeug mehr vorhanden sein.

Die Desinfektion des Fahrzeuges (im Becken 2) erfolgt durch Einsprühen des Fahrzeuges bis das Desinfektionsmittel abtropft und durch Schrubben der Oberflächen. Dabei können neben technischen Vorrichtungen z. B. auch Handruckspritzen verwendet werden.

Nach der Desinfektion des Fahrzeuges ist eine Einwirkzeit des Desinfektionsmittels von 20 Minuten erforderlich. Für diese Zeit verbleiben die Fahrzeuge auf dem Desinfektionsplatz außerhalb der Desinfektionsschleuse.

Nach der Schlussdesinfektion sollten die Fahrzeuge mit klarem Wasser gespült werden, um jede Form der Materialschädigung zu vermeiden. Dieses ist insbesondere bei solchen Fahrzeugen sinnvoll, die mehrfach die Desinfektionsschleuse passieren müssen. Das Abspülen kann außerhalb der Desinfektionswanne erfolgen.

Da die Fahrzeugdesinfektion je nach Situation unterschiedlich erfolgen kann (BMELV, 2007), kann bei sehr geringer Verschmutzung der Fahrzeuge der Desinfektionsvorgang optimiert werden. Die entsprechende Entscheidung darüber trifft der zuständige Amtstierarzt (BMELV, 2007, siehe 6.8.)

Optimierung der Fahrzeugdesinfektion

Die Verwendung der seit kurzer Zeit auf den Markt zur Verfügung stehenden Desinfektionsschaumanlagen bietet sich an, da Schaum länger auf den Flächen haften bleibt (Steffler, 2006). Anhaftende Verschmutzungen an den Flächen sind aber ebenfalls mit Bürste bzw. Schrubber zu entfernen. Es ist darauf zu achten, dass die zu verschäumenden Desinfektionsmittel entsprechend gelistet sind und nicht durch eine zusätzliche Chemikalie zum Verschäumen gebracht werden. Dieses würde nicht mehr einem geprüften Desinfektionsmittel im Sinne der

Desinfektionsmittelliste entsprechen. Bei der Verwendung von Desinfektionsschaum sollte dieser nicht zu hoch verschäumt werden, da sonst kleine Hohlräume nicht erreicht werden. Bei Nassschaum kann dieses Problem nicht auftreten. Der Desinfektionsschaum wird bei der Schlussdesinfektion angewendet.

Fahrzeugdesinfektion nach Transport seuchenkranker oder seuchenverdächtiger Tiere bzw. Gegenstände

Zusätzlich zu der oben beschriebenen äußerlichen Fahrzeugdesinfektion muss eine Reinigung und Desinfektion der Fahrzeuginnenräume erfolgen. Dieses erfolgt am wirkungsvollsten bei Temperaturen oberhalb von 15°C. Für diesen Bereich wird ein dreistufiges Verfahren angewendet.

1   Die Innenflächen des besenreinen Transportraumes werden von der Stirnwand nach hinten mit 0,4-0,8 l/m² Desinfektionsmittellösung in der Gebrauchslösung mit niedrigem Druck (unter 10 bar) besprüht, die Einwirkzeit beträgt 5 Minuten.

2   Danach erfolgt die Reinigung des Innenraums mit dem Hochdruckreiniger (50 bar) und einer Wassertemperatur von mindestens 60 °C. Anschließend muss das stehende Wasser mittels Wassersauger entfernt und der Entsorgung zugeführt werden. Eine Nachtrocknungszeit von 10 Minuten sollte eingehalten werden.

3   Es erfolgt eine erneute Benetzung der Flächen mit Desinfektionsmittellösung in Gebrauchsverdünnung mit niedrigem Druck (0,4 L/m²), die Einwirkzeit beträgt 30 Minuten.

Der Fahrerraum ist einer Wischdesinfektion zu unterziehen.

Hinweise

Personal, welches die Desinfektion durchführt, muss eine entsprechende Ausbildung bzw. mindestens eine gründliche Unterweisung im Umgang mit Desinfektionsmitteln besitzen (BMELV, 2007).

Das Personal, welches mit Hochdruckreiniger arbeitet, sollte stabile Schutzkleidung und Vollschutzmaske mit Partikelfilter tragen, da es durch den Einsatz von Hochdruckreinigern verstärkt zu einer Aerosolbildung kommt (siehe Dichtigkeitsprüfung von Masken in 6.7). Wird über den Hochdruckreiniger eine Desinfektionsmittellösung ausgebracht, so muss bei Geruchsbelästigung Vollschutzmaske mit ABEK2-P3 Kombinationsfilter getragen werden.

Bei sehr resistenten Erregern wie z. B. bakteriellen Sporen, hat die vorläufige Desinfektion und Reinigung in einem Arbeitsgang zu erfolgen, da sonst durch den Einsatz des Hochdruckreinigers die Gefahr besteht, dass diese sehr resistenten Erreger weiter in der Umgebung verteilt werden. Entsprechende Techniken, die ein Ausbringen von Desinfektionsmittel über Hochdruckreiniger ermöglichen, existieren bereits.

Die kombinierte Schlussdesinfektion (Reinigung und Desinfektion) ist auch unter oben genannten Bedingungen mit Kombinationsverfahren bei denen zwei Komponenten verwendet werden (z. B. Wofasteril® + alcapur®) technisch möglich.

Bei starkem Wind oder Regen ist, wenn keine Halle für die Fahrzeugdesinfektion zur Verfügung steht, ein Zelt um die Fahrzeugschleuse zu bauen.

Aktuelle Merkblätter zur Fahrzeugdesinfektion bei den verschiedenen Tierseuchen finden Sie im Anhang S. Ständig aktualisiert werden auch künftig unter www.bevoelkerungsschutz.de (Materialien) zu finden sein.

Literatur

Ministerium für Soziales, Gesundheit und Verbraucherschutz des Landes Schleswig-Holstein (2005): Bau einer Fahrzeugdesinfektionsschleuse, geeignet für LKW, landwirtschaftliche Nutzfahrzeuge und PKW. www. lfs-sh.de/LFS_2005/Ausbildung/Documents/BauanleitungDesinfektionsschleuse.pdf [online, 03.09.2007]

Richtlinie des Bundesministeriums für Ernährung, Landwirtschaft und Verbraucherschutz über Mittel und Verfahren zur Durchführung der Desinfektion bei anzeigepflichtigen Tierseuchen (323-3602-19/1, Stand Februar 2007)

Robert Koch-Institut (2003). Liste der vom Robert Koch-Institut geprüften und anerkannten Desinfektionsmittel und –Verfahren. *Bundesgesundheitsblatt – Gesundheitsforschung – Gesundheitsschutz*. **46**, 72-95 (überarbeitete Fassung erscheint Mitte Oktober 2007)

Steffler, R. (2006). Bekämpfung der Vogelgrippe in einem Nutztierbestand in Sachsen, *Amtstierärztlicher Dienst und Lebensmittelkontrolle*, **13**, 4, 255-260

Steffler, R., Bergholz, A., Dersch R., Friederichs, D. & Schild, A. (2003). Peressigsäure – Ein Desinfektionsmittel im außergewöhnlichen Seuchenfall. *Bevölkerungsschutz*, **1**, 24-27

7 Anhang

A - Entscheidungsschema zur Bewertung und Meldung von Ereignissen nach IGV

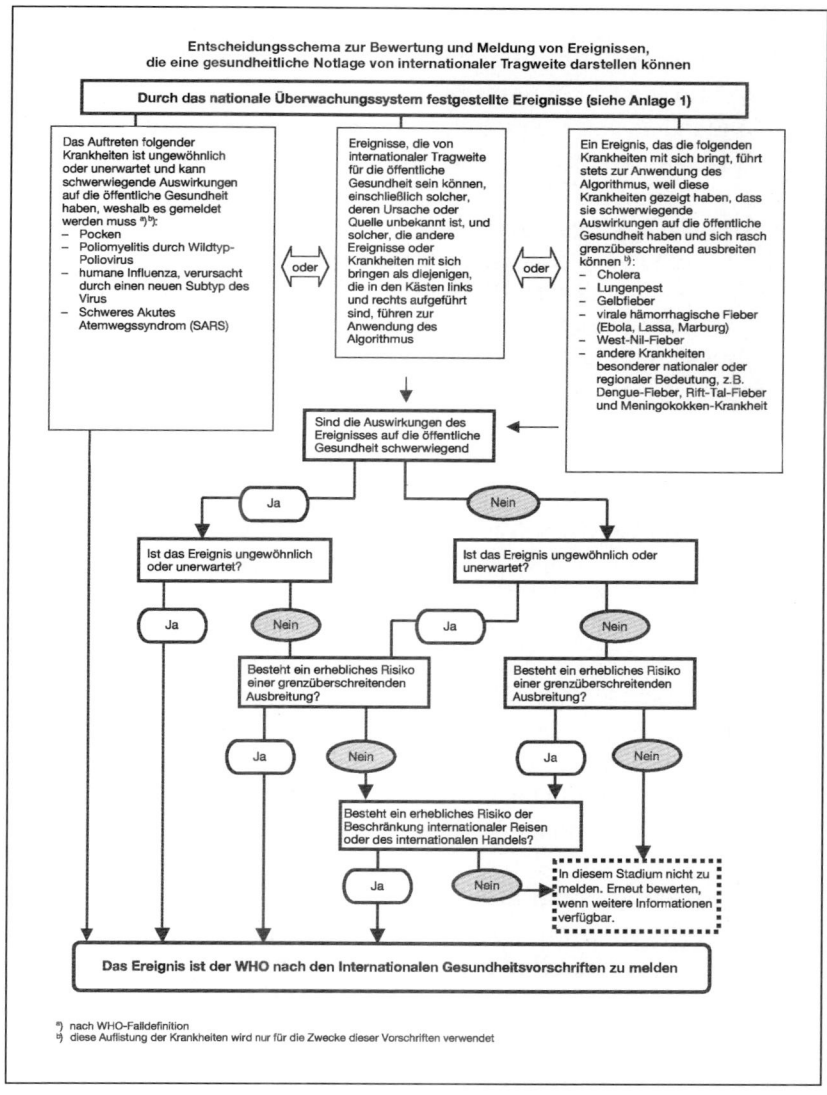

Entscheidungsschema zur Bewertung und Meldung von Ereignissen, die eine gesundheitliche Notlage von internationaler Tragweite darstellen können

Durch das nationale Überwachungssystem festgestellte Ereignisse (siehe Anlage 1)

Das Auftreten folgender Krankheiten ist ungewöhnlich oder unerwartet und kann schwerwiegende Auswirkungen auf die öffentliche Gesundheit haben, weshalb es gemeldet werden muss [a] [b]:
– Pocken
– Poliomyelitis durch Wildtyp-Poliovirus
– humane Influenza, verursacht durch einen neuen Subtyp des Virus
– Schweres Akutes Atemwegssyndrom (SARS)

oder

Ereignisse, die von internationaler Tragweite für die öffentliche Gesundheit sein können, einschließlich solcher, deren Ursache oder Quelle unbekannt ist, und solcher, die andere Ereignisse oder Krankheiten mit sich bringen als diejenigen, die in den Kästen links und rechts aufgeführt sind, führen zur Anwendung des Algorithmus

oder

Ein Ereignis, das die folgenden Krankheiten mit sich bringt, führt stets zur Anwendung des Algorithmus, weil diese Krankheiten gezeigt haben, dass sie schwerwiegende Auswirkungen auf die öffentliche Gesundheit haben und sich rasch grenzüberschreitend ausbreiten können [b]:
– Cholera
– Lungenpest
– Gelbfieber
– virale hämorrhagische Fieber (Ebola, Lassa, Marburg)
– West-Nil-Fieber
– andere Krankheiten besonderer nationaler oder regionaler Bedeutung, z.B. Dengue-Fieber, Rift-Tal-Fieber und Meningokokken-Krankheit

Sind die Auswirkungen des Ereignisses auf die öffentliche Gesundheit schwerwiegend

Ja → Ist das Ereignis ungewöhnlich oder unerwartet?
   Ja
   Nein → Besteht ein erhebliches Risiko einer grenzüberschreitenden Ausbreitung?
      Ja
      Nein

Nein → Ist das Ereignis ungewöhnlich oder unerwartet?
   Ja → Besteht ein erhebliches Risiko einer grenzüberschreitenden Ausbreitung?
   Nein → Besteht ein erhebliches Risiko einer grenzüberschreitenden Ausbreitung?
      Ja
      Nein

Besteht ein erhebliches Risiko der Beschränkung internationaler Reisen oder des internationalen Handels?
   Ja
   Nein

In diesem Stadium nicht zu melden. Erneut bewerten, wenn weitere Informationen verfügbar.

Das Ereignis ist der WHO nach den Internationalen Gesundheitsvorschriften zu melden

[a] nach WHO-Falldefinition
[b] diese Auflistung der Krankheiten wird nur für die Zwecke dieser Vorschriften verwendet

aus: Bundesgesetzblatt, Jahrgang 2007, Teil II, Nr. 23, ausgegeben zu Bonn am 27.07.07 (siehe 1.6)

**B - Checkliste: Erkennen eines außergewöhnlichen Seuchenge-
schehens**

- **Ungewöhnliche, unerwartete Häufung von Erkrankungen**
  (große Anzahl Erkrankter mit ähnlichen Symptomen, große
  Anzahl unklarer Erkrankungen, endemische Erkrankung mit
  ungeklärtem Inzidenzanstieg).

- **Ungewöhnliche Verteilung von Erkrankungen** (gleicher
  Erregertyp aus unterschiedlichen geografischen und zeitlichen
  Regionen, mehrere Cluster gleicher Symptome in geografisch
  getrennten Regionen, Erkrankungshäufung in ungewöhnlichen
  Alters- oder sonstigen Gruppen, Erkrankungen mit ungewöhn-
  licher geografischer und jahreszeitlicher Verteilung, Nachweis
  isolierter Quellen wie z. B. Klimaanlage, Wasserversorgung,
  U-Bahnstationen etc.).

- **Ungewöhnliche Übertragungswege für Erkrankungen** (Feh-
  len typischer Vektoren oder Reservoirs, für einen bestimmten
  Erreger ungewöhnlicher Übertragungsweg durch Wasser, Luft,
  Lebensmittel oder Vektoren).

- **Untypische Krankheitsverläufe** (ungewöhnliche Morbidi-
  täts- bzw. Mortalitätszahlen, Nichtansprechen einer ansonsten wirksamen Therapie bei bekanntem Erreger, Auftreten von
  atypischen Krankheitsverläufen bei bekanntem Erreger, ungewöhnliche Symptom-Kombination).

- **Unbekannte oder atypische Erreger** (genmanipulierter, ungewöhnlicher, atypischer oder derzeit nicht zirkulierender Stamm
  im Isolat, ungewöhnliche Erregerkombination).

Zudem sollten **indirekte Hinweise auf Krankheitshäufungen** beachtet werden wie z. B.:

- Ungewöhnlich hohe Zahl an Einsendungen gleichen Probenmaterials bzw. ungewöhnliche Untersuchungsaufträge.

- Ungewöhnlich häufige Rezeptierung/Ausgabe von Antibiotika, Antipyretika oder Pharmaka bestimmter Indikationsgruppen.

- Gehäufte Inanspruchnahme von Giftnotrufzentralen.

Hinweisend können auch **nichtmedizinische Merkmale** sein:

- Öffentliche Hinweise, Warnungen, Drohungen, Bekennerschreiben etc.

- Nachrichtendienstliche, kriminalistische oder journalistische Hinweise.

- Zusammentreffen von Erkrankungen mit möglichem bioterroristischem Potenzial und politischen oder kriegerischen Ereignissen bzw. Attentaten.

- Auffinden technischer Mittel, die zum Ausbringen von B-Kampfstoffen geeignet sind.

Grundsätzlich sollte ein bioterroristischer Anschlag in Betracht gezogen (oder zumindest sicher ausgeschlossen) werden, wenn epidemiologische, klinische und mikrobiologische Besonderheiten bei Krankheitsausbrüchen, Krankheitsverläufen, Expositionswegen, Erregereigenschaften oder Erkrankungsraten auftreten.

C - Organisatorischer Ablauf bei einer potenziellen biologischen Gefahrenlage

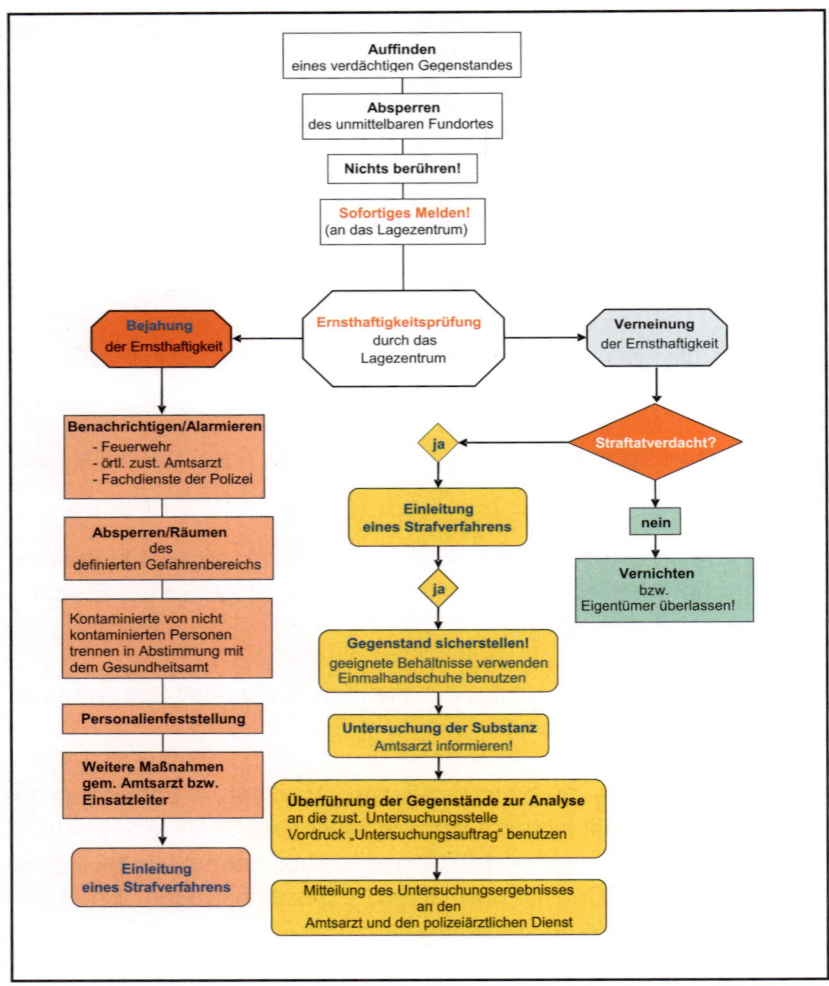

abgewandelt nach Berliner Polizei (siehe 2.3)

D - Beispiel für eine Untersuchungsauftrag an ein Labor

Untersuchungsauftrag — 1
von Funden als Träger möglicher biologischer/chemischer Substanzen

Untersuchungsstelle:

RKI
(Nordufer 20, 13302 Berlin)

☐ Das RKI untersucht nur Funde aus Bundesbehörden, Botschaften und

ILAT
(Invalidenstr. 60, 10557 Berlin)

☐ Das ILAT untersucht alle übrigen Funde.

1.	**Feststellungszeitpunkt**	Datum	Uhrzeit
2.	**Fundort**		
3.	**Einsender** des Untersuchungsgegenstandes	Name	Dienststelle / Telefon
4.	**Bearbeitende Dienststelle**		Vorgangs-Nr.

5.

Amtsarzt vor Ort ? ja ☐ nein ☐

Amtsarzt informiert / Anordnung erteilt ? ja ☐ nein ☐

(Name des Amtsarztes)

(telefonische Erreichbarkeit)

6. Zuständiges Bezirksamt (bitte ankreuzen)

MI	☐	Sp	☐	Tp / Kp	☐
Fh / Kb	☐	St / Zd	☐	Mz / He	☐
Pk	☐	Te / Sb	☐	Lb	☐
Ch / Wi	☐	Nk	☐	Rd	☐

7. **Empfänger** des Untersuchungsergebnisses

Zuständiger Amtsarzt ja ☐ nein ☐ — Anschrift:

Polizeiärztlicher Dienst (ZSE I D) ja ☐ nein ☐ — Anschrift: Radelandstr. 21, 13589 Berlin Telefon: 4664 – 99 17 27

Autor: Berliner Polizei (siehe 2.3)

681

E - Übersicht: Verpackungsvorschriften nach Erregern

Ansteckungsgefährliche Stoffe der Kategorie A
P 620: Primär- und Sekundärverpackung: Wasserdicht oder Innendruck geprüft; Polster- und Aufsaugmaterial zwischen Primär- und Sekundärverpackung; Außenverpackung: Fallprüfhöhe 9 m; mindestens 100 x 100 x 100 mm, UN-Zulassung mit „Klasse 6.2" in der Kennzeichnung

UN 2814: „ANSTECKUNGSGEFÄHRLICHER STOFF, GEFÄHRLICH FÜR MENSCHEN"	
Bacillus anthracis [1]	Japan. Enzephalitis-Virus[1]
Brucella abortus [1]	Junin-Virus
Brucella melitensis [1]	Kyasanur-Waldkrankheit-Virus
Burkholderia mallei[1]	Lassa-Virus
Burkholderia pseudomallei [1]	Machupo-Virus
Chlamydia psittaci (aviäre)[1]	Marburg-Virus
Clostridium botulinum [1]	Affenpockenvirus
Coccidioides immitis	*Mycobacterium tuberculosis* [1, 2]
Coxiella burnetii [1]	Nipah-Virus
Häm. Krim-Kongo-Fieber-Virus	Hämorrh. Omsk-Fieber-Virus
Dengue-Virus[1]	Polio-Virus[1]
Östl. Pferdeenzephalitis-Virus[1]	Tollwut-Virus[1]
E. coli, verotoxigen [1, 2]	*Rickettsia prowazekii* [1]
Ebola-Virus	*Rickettsia rickettsii* [1]
Flexal-Virus	Rifttal-Fiebervirus[1]
Francisella tularensis[1]	Russ. Frühsommerenzeph.-V.[1]
Guanarito-Virus	Sabia-Virus
Hantaan-Virus	*Shigella dysenteriae* Typ 1[1, 2]
Hämorrhagisches Hanta-Virus	Zecken-Enzeph.-Virus[1]
Hendra-Virus	Pocken-Virus
Hepatitis-B-Virus[1]	Venez. Pferdeenzeph.-Virus[1]
Herpes-B-Virus[1]	West-Nil-Virus[1]
Humanes Immundef.-Virus (HIV)[1]	Gelbfieber-Virus[1]
Hochpathog. Vogelgrippe-virus[1]	*Yersinia pestis*[1]

UN 2900: „ansteckungsgefährlicher Stoff, gefährlich für Tiere" [3]	
Afrikan. Schweinefieber-Virus[1]	Kleinwiederkäuer-Pest-Virus[1]
Aviäres Paramyxo-Virus Typ 1[1]	Rinderpest-Virus[1]
Klass. Schweinefieber-Virus[1]	Schafpocken-Virus[1]
Maul-u.-Klauenseuche-Virus[1]	Ziegenpocken-Virus[1]
Dermatitis-nodularis-Virus[1]	Vesikul.-Schweinekrankheit-V.[1]
Mycoplasma mycoides[1]	Vesikuläres Stomatitis-Virus[1]

Ansteckungsgefährliche Stoffe der Kategorie B	
Verpackung	**P 650**: Primär- und Sekundärverpackung: Wasserdicht oder Innendruck geprüft; Polster- und Aufsaugmaterial zwischen Primär- und Sekundärverpackung; Außenverpackung: Fallprüfhöhe 1,2 m; 100 x 100 mm; muss starr sein.
Beschriftung	**UN 3373**: „BIOLOGISCHE SUBSTANZ, KAT. B"
Mikroorganismus	Ansteckungsgefährlicher Stoff, der den Kriterien für eine Aufnahme in Kategorie A nicht entspricht.
Freigestellte Proben (unterliegen nicht dem ADR):	
Verpackung	Primär- und Sekundärverpackung: Wasserdicht; Polster- und Aufsaugmaterial zwischen Primär- und Sekundärverpackung; Außenverpackung: ausreichend fest, mindestens 100 x 100 mm
Beschriftung	Freigestellte (veterinär-)medizinische Probe
Mikroorganismus	Minimale Wahrscheinlichkeit einer Ansteckungsfähigkeit

[1] nur Kulturen

[2] Kulturen für diagnostische oder klinische Zwecke dürfen als Kat. B klassifiziert werden

[3] Infizierte Tierkadaver, die mit Erregern der Kat. A behaftet sind, müssen nach UN 2900 verpackt und transportiert werden

Nach ADR (siehe 2.6)

F - Entscheidungshilfe zum Probenversand

Der Algorithmus bezieht sich auf biologische Vorschriften, daher prüfen, ob weitere Vorschriften vorliegen, z. B. beim Versand der Probe in verflüssigtem Stickstoff oder Alkohol die entsprechenden Vorschriften beachten (verantwortlich ist der Absender!)

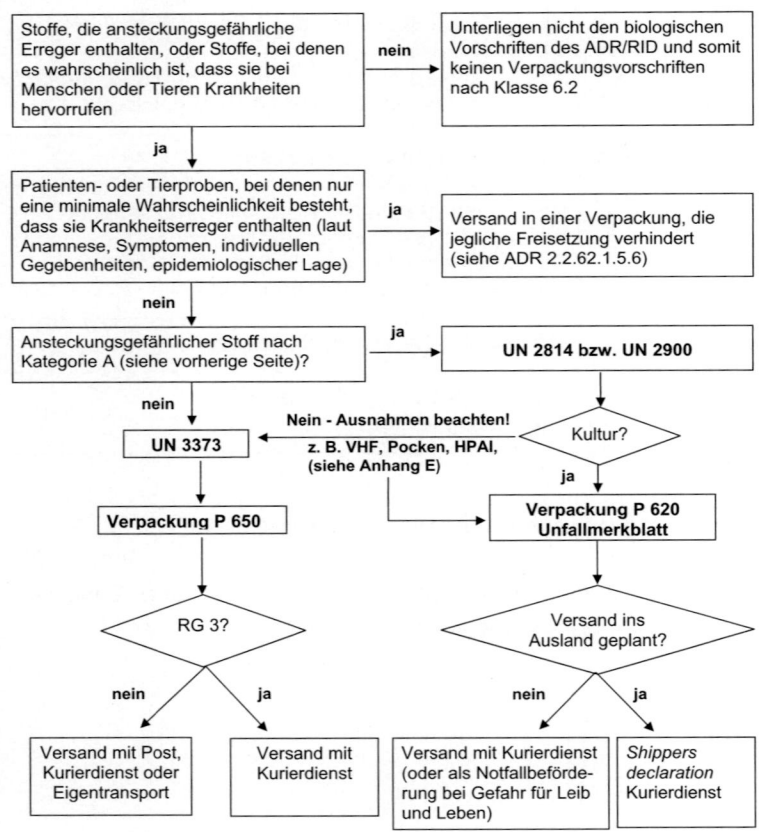

Nach LGA Baden-Württemberg (siehe 2.6)

G - Checkliste. Ressourcenmanagement

Bei der Planung des Nachschubs folgende Fragen beantworten:

- Muss ich das Gut/Gerät/Mittel selbst vorhalten?
- In welcher Anzahl/Menge muss das Gut/Gerät/Mittel vorgehalten werden?
- Wo bekomme ich weiteren Nachschub, wenn meine eigenen Mittel erschöpft sind?
- Welche Eingreifzeiten sind realistisch? (Alarmierung, Bereitstellung, Transport?)
- Wer lagert das Gut/Gerät/Mittel ein bzw. aus?
- Wer transportiert das Gut/Gerät/Mittel vom Lagerort zur Einsatzstelle?
- Wie wird das Gut/Gerät/Mittel transportiert?
- Benötigt das Gut/Gerät/Mittel an der Einsatzstelle Bedienpersonal und/oder das Transportfahrzeug und/oder andere Mittel (z. B. spezielle Energiequellen, Anschlüsse etc.), um einsetzbar zu sein?

Im Beitrag 3.8 finden Sie weitere ausführliche Hinweislisten, die Sie an Ihre örtlichen Gegebenheiten anpassen können, zu:

- Ausbau bzw. Inbetriebnahme fester Einrichtungen (siehe S. 293)
- (Rettungsdienstlichem) Verbrauchsmaterial (siehe S. 295)
- Atemschutz (siehe S. 296)
- PSA (siehe S. 297)
- Kraftstoff (s. Seite 298)
- Verpflegung (siehe S. 300)
- Entsorgung (siehe S. 302)
- Alarmgerätelager (siehe S. 302)
- Transport (siehe S. 303)
- Ablösung (siehe S. 304)

Nach Cimolino & Graeger (siehe 3.8)

H - Anforderungsalgorithmus für die ZMZ

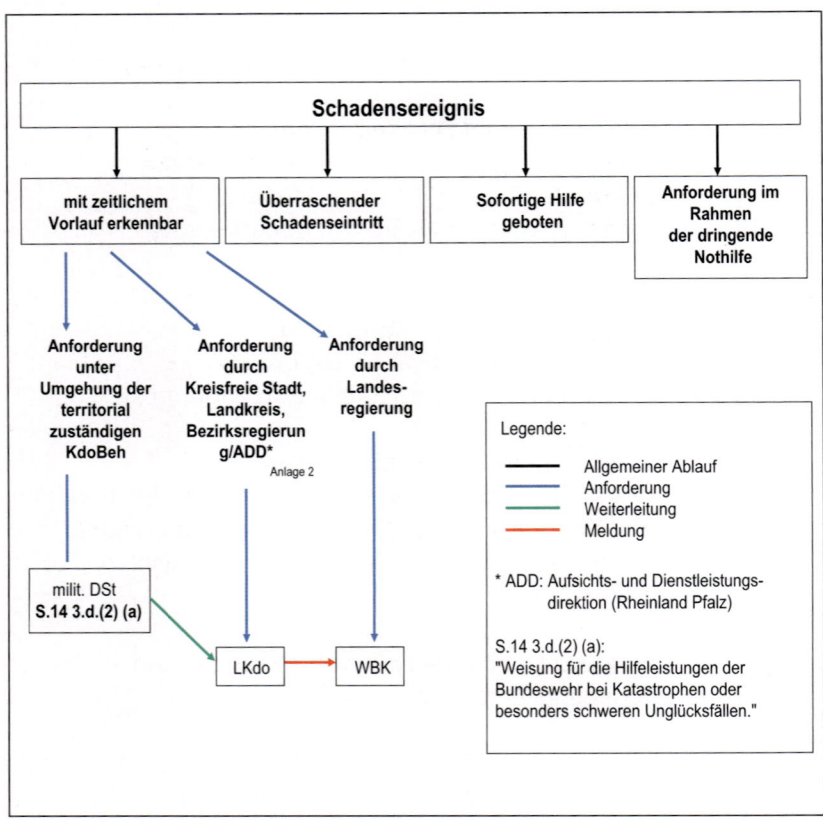

Abb 1:   Anforderungs- und Meldewege mit zeitlichem Vorlauf

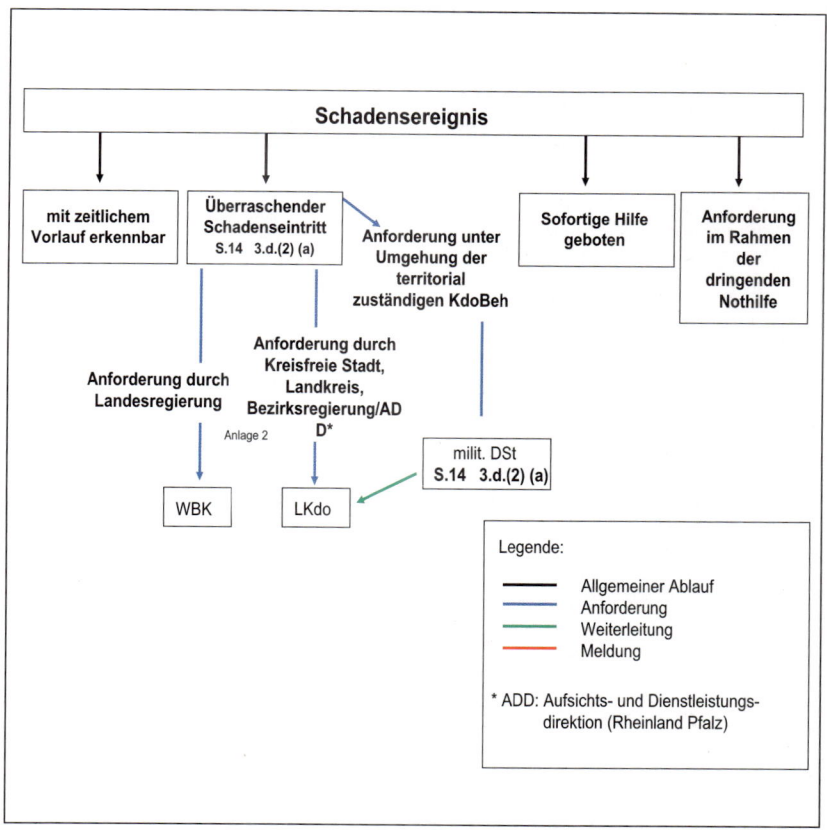

Abb 2:   Anforderungs- und Meldewege bei überraschendem Schadensein-
           tritt

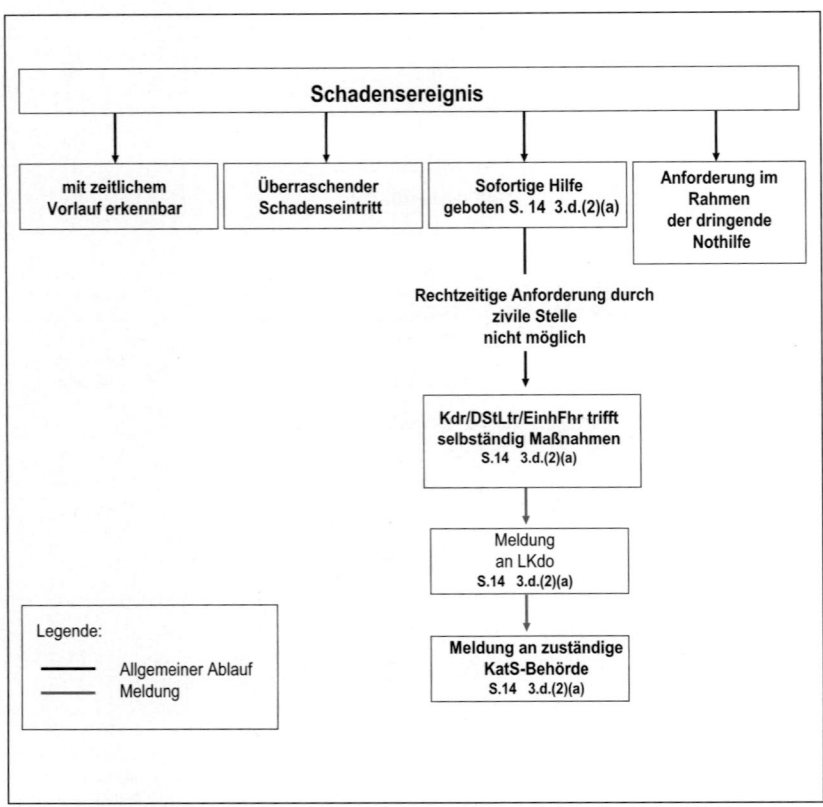

Abb 3:   Anforderungs- und Meldewege, wenn sofortige Hilfe geboten

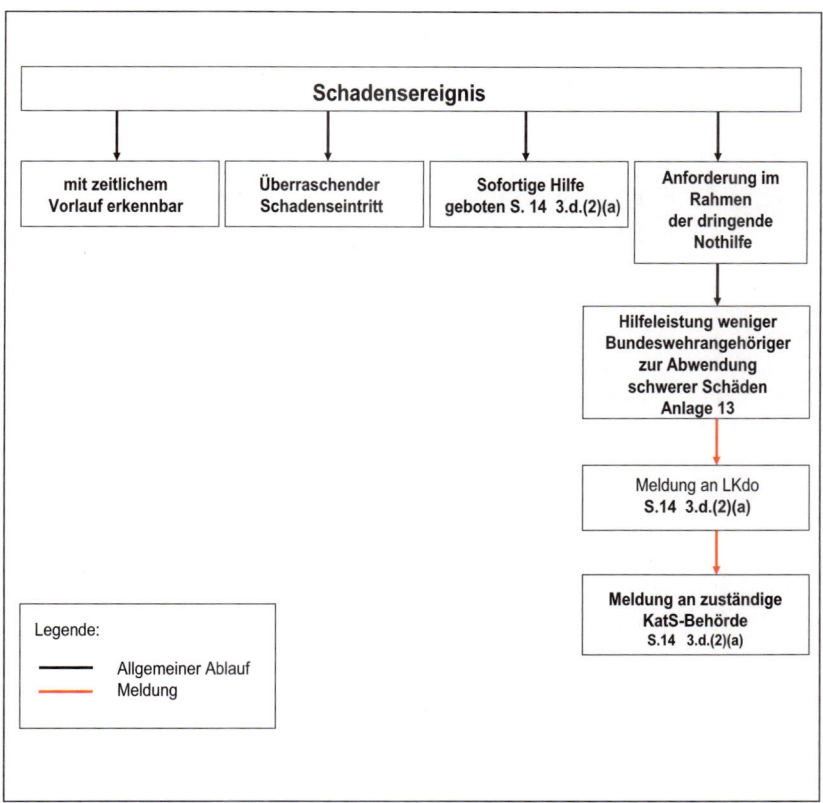

Abb 4:   Anforderungs- und Meldewege bei dringender Nothilfe

Nach Bundeswehr (siehe 3.9)

I - Matrix für eine stadienspezifische Risiko- bzw. Krisenkommunikation

Muster, Differenzierung jeweils nach Zielgruppe!

Stadium	Phasen von Friedrich, Seiwert (siehe 4.2)	Beginn der Krankheitswelle
Epidemische Situation WANN	Keine akute Gefährdung des Menschen	Zahlenmäßig überschaubare Fallzahlen, Behandlungsressourcen ausreichend
Kommunikationsziele WAS	(übertriebene) Ängste nehmen; Kommunikationsverlauf erläutern: Vorbereitung auf unpopuläre Maßnahmen und Informationsdefizite durch emerging information Risiko fassbar machen, Resilience Handlungsmöglichkeiten für Zielgruppen kommunizieren Weitere Ziele auf Basis Zielgruppenbefragung!	(übertriebene) Ängste nehmen Kommunikationsverlauf erläutern: Vorbereitung auf unpopuläre Maßnahmen und Informationsdefizite durch emerging information Risiko fassbar machen, Resilience Handlungsmöglichkeiten für Zielgruppen kommunizieren Aktuelle Situation und Forschungsergebnisse zeitnah und korrekt kommunizieren Weitere Ziele auf Basis Zielgruppenbefragung!
Produkt/ mediales WIE Format/ Kommunikationswege	auf Basis Zielgruppenbefragung!	auf Basis Zielgruppenbefragung!
Hinweis WIE	Differenzierter Diskursverlauf	mit einer Stimme sprechen

Höhepunkt der Krankheitswelle	Ende der Krankheitswelle
Hohe Fallzahlen, Priorisierung bei knappen Behandlungsressourcen	Rückgang der Fallzahlen
Kommunikation „unpopulärer" Maßnahmen Kommunikation von Informationsdefiziten Handlungsmöglichkeiten für Zielgruppen unter Bedingungen der Knappheit kommunizieren (Massen-) Psychologische Interventionen Aktuelle Situation und Forschungsergebnisse zeitnah und korrekt kommunizieren (Begleit-)Evaluation des Erfolges der Kommunikations-Maßnahmen	Rückkehr zur Normalität Rücknahme von Kontrollmaßnahmen Individuelle und kollektive Trauerarbeit, Resilience Anerkennung des (staatlich) Geleisteten Kritische Reflexion Evtl. Vorbereitung auf 2. Welle
auf Basis Zielgruppenbefragung!	auf Basis Zielgruppenbefragung!
mit einer Stimme sprechen	Differenzierter Diskurs

Autor: P. Dickmann, M. Wildner, W. Dombrowsky (siehe 4.2)

J - Checklisten für die Presse- und Öffentlichkeitsarbeit

Liste 1: Merkposten für die inhaltliche Vorbereitung

- Erkennen von möglichen Krisenanlässen:
  Was zeichnet sich ab?

- Prognose von denkbaren *Worst-Case*-Entwicklungen:
  Was wäre, wenn...?

- Risikovergleich: Studium von Präzedenzfällen
  (*Verweis auf Fallbeispiele Pocken etc.*)

- Welche Fachinformationen können im Voraus erarbeitet
  werden?

Liste 2: Nützliche Listen

- Alarmierungsliste (Erreichbarkeit der wichtigsten Akteure)

- wichtige Medien (Zeitung, Radio, TV, auch Anzeigenblätter und
  Inlandsredaktionen fremdsprachiger Zeitungen)

- eigene Experten und ihre Fachgebiete

- zwei- oder mehrsprachige Mitarbeiter in der Organisation
  (Multiplikatoren)

- Experten für weitere Themen in anderen Organisationen

- Informationsangebote anderer Organisationen (einschließlich
  Verteiler, z. B. der Bundesinstitute und -ministerien

*Liste 3: Technische Ressourcen für die Presse- und
Öffentlichkeitsarbeit*

- Telefonische Erreichbarkeit: eine Leitung für interne Kommunikation freihalten, ggf. Hotline-Arbeitsplätze

- Bandansagen und Faxabruf für Merkblätter einplanen

- PCs mit Anschluss an Datenbanken und Intranet, ggf. zusätzliche Leitungen und Serverkapazitäten einplanen

- Aufnahmegeräte zur Dokumentation der Medienberichterstattung

- Stellwände und Flipcharts für Planungssitzungen mit dem
Team

- Räume für Pressekonferenzen und Interviews (fernsehtauglicher Hintergrund) festlegen

Liste 4: Leitfragen

- Was ist wann und wo passiert?

- Welche Schäden (Gesundheit, Umwelt, Eigentum) liegen vor?

- Was wurde bislang in Bezug auf das Krisenereignis getan,
was ist beabsichtigt?

- Wer ist betroffen? Gibt es Verhaltensregeln?

Liste 5: Pressemitteilungen

- Informationen nach der Wichtigkeit ordnen: Pressemitteilungen werden für den Abdruck von hinten nach vorn gekürzt. Die wichtigsten Fakten (was, wann, wo, wer) werden im ersten Absatz zusammengefasst.

- Ansprechpartner, Datum (ggf. auch die Uhrzeit), Website mit weiterführenden Informationen angeben.

Liste 6: Pressekonferenzen

- Zeitpunkt, Ort und Dauer festlegen, Antwortfax beilegen

- Parkplätze, Empfang, Begleitung der Pressevertreter organisieren

- Räume und Zeit für Einzelinterviews einplanen (TV)

- Pressemappe mit den wichtigsten Aussagen und Fakten, ggf. Bilder zusammenstellen

- danach telefonische Erreichbarkeit sicherstellen

Liste 7: Interview

- Antworten klar und einfach formulieren, so dass keine Missverständnisse aufkommen.

- Bei TV- und Rundfunk-Interviews Vorgespräch führen und Fragen klären. In Kurzsätzen sprechen und das Stichwort der Frage wiederholen. Es besteht die Möglichkeit, dass Aussagen geschnitten oder in einen anderen Kontext gestellt werden.

- Sofern möglich: Im Voraus eine Freigabe der im Text/Beitrag verwendeten Zitate vereinbaren.

Liste 8: Merkblätter und FAQ

- Antworten soweit möglich vorbereiten, Verständlichkeit testen

- ggf. Übersetzungen vorbereiten

- In der Krise: regelmäßiger Abgleich mit den Anfragen bei der Hotline

- Verteilungswege: Faxabruf und Videotext (Zielgruppe ältere Mitbürger), Internet, Auslage in öffentlichen Einrichtungen und Arztpraxen

Liste 9: Persönliche Checkliste

- Zeitdruck bewusst machen: sobald die Presse informiert ist, wird man in Beschlag genommen

- Fit bleiben: falls die Krise andauert, wird sich die Presse- und Öffentlichkeitsarbeit u. U. über mehrere Tage/Wochen erstrecken

- Hinweis auf Medientrainings (allg. Schulungen für den ÖGD), Krisenmanagement im Öffentlichen Gesundheitswesen

- **Kommentierte** Internetressourcen. Ausgewählte und kommentierte Beispiele Erik, CDCSynergy, Peter Sandman

- Institutionen

- Literaturlisten

Autor: B. Ebert, E. Koenigsmann (siehe 4.4)

K - Differenzierung der unmittelbar B-Exponierten nach Risiken

Kategorie	Intensität der B-Exposition
I. Hohes Infektionsrisiko	• Ungeschützte Personen, die aufgrund unmittelbarer Exposition oder längeren Aufenthaltes in mutmaßlich kontaminierter Umgebung mit hoher Wahrscheinlichkeit B-Kampfstoffe inkorporiert (eingeatmet, verschluckt, über die Schleimhäute oder perkutan über Hautläsionen aufgenommen) haben
II. Mäßiges Infektionsrisiko	• Ungeschützte Personen, die über die intakte Haut direkten Kontakt mit mutmaßlichen B-Kampfstoffen hatten
III. Geringes Infektionsrisiko	• Ungeschützte Personen, die nicht unmittelbar den mutmaßlichen B-Kampfstoffen ausgesetzt waren, aber durch ihre räumliche Nähe oder durch ungeschützten Kontakt mit wahrscheinlich kontaminierten Gegenständen oder Exponierten der Kategorien I und II infiziert sein könnten • Personen, die während längerer Exposition „leichte" Schutzausstattung (z. B. Infektionsschutz-Set) getragen haben, wenn keine Immun- oder Chemoprophylaxe durchgeführt wurde

Kategorie	Intensität der B-Exposition
IV. Infektion unwahrscheinlich	• Personen, die während der Exposition leichte Schutzausstattung (Infektionsschutz-Set) getragen haben, wenn diese nach Gebrauch sachgerecht entsorgt, die Personen dekontaminiert wurden und wenn eine effiziente präexpositionelle Immun- oder Chemoprophylaxe durchgeführt wurde oder eine wirksame Postexpositionsprophylaxe (PEP) verabreicht werden kann • Personen, die während der Exposition ausreichende persönliche Schutzausstattung einschließlich Atemschutz mit P3- oder HEPA-Filter (in Gebläse-Helm-Kombinationen oder als Vollmaske) getragen haben und diese nach Gebrauch sachgerecht dekontaminiert wurde

Autor:
R. Fock, E.-J. Finke, K. Fleischer, R. Gottschalk, P. Graf, Th. Grünewald, U. Koch, H. Michels, M. Peters, A. Wirtz, M. Andres, H. Bergmann, W. Biederbick, G. Fell, M. Niedrig und D. Scholz (siehe 5.2)

L - Differenzierung der Kontaktpersonen von Pocken- und Lungenpestkranken

Kategorie	Intensität des Kontaktes
I. Hohes Infektionsrisiko	• Personen, die ungeschützt Face-to-Face-Kontakt mit Kranken oder Krankheitsverdächtigen hatten, d. h. in deren unmittelbare Nähe (<2 m) gekommen sind (Tröpfcheninfektion) oder die diese körperlich berührt haben (z. B. Hautkontakt mit Effloreszenzen); betroffen können z. B. sein: Angehörige, betreuende Freunde oder Nachbarn, vor der Krankenhausaufnahme konsultierte Ärzte, betreuendes Krankenhauspersonal einschließlich Ärzten, Pflegepersonal und Reinigungspersonal, ggf. auch Face-to-Face-Kontakte in öffentlichen Räumen und Verkehrsmitteln • Personen, die im gleichen Haushalt mit einem Kranken gelebt haben oder ein vergleichbares Infektionsrisiko aufweisen (Familienmitglieder, Mitglieder einer Lebens- oder Wohngemeinschaft, häufige Besucher usw.) und nicht entsprechend geschützt waren • Personen, die ungeschützt unmittelbaren Kontakt mit der Leiche eines verstorbenen Patienten hatten (z. B. Leichenbestatter, Priester) • Personen, die nicht-inaktiviertes Untersuchungsmaterial ohne entsprechenden Schutz von einem Kranken genommen oder bearbeitet haben • Personen, die direkten, ungeschützten Kontakt mit der persönlichen Bekleidung, der Bettwäsche oder anderen Gegenständen hatten, die ein Kranker nach Ausbruch der Krankheit getragen hat

Kategorie	Intensität des Kontaktes
II. Mäßiges Infektionsrisiko	• Personen, die sich längere Zeit (> 1 Stunde) im selben Raum oder im selben Gebäude mit einem Kranken aufgehalten haben, sofern dieses Gebäude über raumlufttechnische Anlagen oder bauliche Einrichtungen verfügt, die den Übertritt von erregerhaltiger Luft aus dem Raum eines Kranken in andere Teile des Gebäudes ermöglichen, wenn diese Personen nicht geimpft bzw. nicht durch Chemoprophylaxe geschützt waren • Personen, die sich in dem gleichen Wagen eines öffentlichen Verkehrsmittels mit raumlufttechnischer Anlage befunden haben • Personen der Kategorie I, wenn sie über ausreichenden Impfschutz verfügen oder eine andere wirksame Prophylaxe erhalten haben
III. Geringes Infektionsrisiko	• Personen, die flüchtigen, nicht direkten Kontakt zu einem Kranken hatten (z. B. bei vorübergehendem Aufenthalt im gleichen Raum, längerem Aufenthalt im gleichen Haus [ohne raumlufttechnische Anlagen], Benutzung des gleichen Wagens eines öffentlichen Transportmittels ohne raumlufttechnische Anlage und Abstand zu dem Kranken > 2 m)
IV. Infektion unwahrscheinlich	• medizinisches Personal, sofern intakte Vollschutzausrüstung einschließlich Atemschutz mit P3- oder HEPA-Filter (Gebläse-Helm-Kombinationen oder Vollmaske) getragen wurden

Autor: R. Fock, E.-J. Finke, K. Fleischer, R. Gottschalk, P. Graf, Th. Grünewald, U. Koch, H. Michels, M. Peters, A. Wirtz, M. Andres, H. Bergmann, W. Biederbick, G. Fell, M. Niedrig und D. Scholz (siehe 5.2)

M - Checkliste der Arbeitsabläufe im Gesundheitsamt

1. Abklärung des Krankheitsverdachts: Ist der Verdacht begründet?

2. Informationskaskade gemäß Seuchenalarmplan

3. Diagnosesicherung

4. Maßnahmen bezüglich des „Indexfalles": Transport und Absonderung

5. Management von Kontaktpersonen: Ermittlung, Einstufung nach dem Ansteckungsrisiko, Beratung, Maßnahmen (z. B. Beobachtung, Absonderung, Impfung usw.), Risikokommunikation

6. Maßnahmen bei Häufungen

7. Maßnahmen bei Todesfall

8. Beratung zu Diagnostik und Probentransport

9. Beratung zu Dekontamination und Abfallbeseitigung

10. Übermittlung nach IfSG

11. Ermittlung der Infektionsquelle

12. Dokumentation

13. ständig: Planung, Koordination, Information, Weiterleitung

14. Presse- und Öffentlichkeitsarbeit

Autor: R. Gottschalk, P. Graf, U. Koch und M. Peters (siehe 5.3)

N - Übersicht Mensch zu Mensch übertragbare Krankheiten

Um die richtigen seuchenhygienischen Maßnahmen zu ergreifen und die erforderliche PSA auszuwählen, ist es wichtig zu wissen, ob ein Erreger/biologisches Agens von Mensch zu Mensch übertragbar ist:

Mensch-zu-Mensch-Übertragung	
in der Regel übertragbar	Lungenpest Pocken VHF (in unterschiedlich hohem Maß, je nach Virus)
in der Regel nicht übertragbar	Anthrax (kommt nur in Ausnahmefällen vor) Brucellose (ist nur in Einzelfällen beschrieben) Melioidose (bei sehr engem Kontakt in Einzel fällen beschrieben) Q-Fieber (sehr selten) Rotz (sehr selten) Beulenpest, Pestsepsis (sekundäre Lungen- pest kann sich entwickeln) VEE Botulismus* Rizin* SEB*
möglicherweise übertragbar	Tularämie (als absolute Raritäten wahrschein- lich, aber bisher nicht zweifelsfrei bewiesen)

*   gilt nur für das Toxin (denn: Mensch-zu-Mensch-Übertragungen von *C. botulinum* und *S. aureus* sind möglich!)

Autor: I. Friesecke, J. Sasse, G. Boecken, R. Gottschalk, U. Koch, G. Peters, S. Peters, A. Stich, W. Biederbick (siehe 5.8)

O - Inkubationszeit

Um die richtigen seuchenhygienischen Maßnahmen zu ergreifen und die erforderliche PSA auszuwählen, ist es wichtig zu wissen, ab wann eine Kontaktperson ansteckend ist:

Inkubationszeit	
Anthrax	**Hautmilzbrand**: 1–3 Tage **Lungenmilzbrand**: 2–7 Tage (ggf. auch verzögert bis zu 60 Tage nach Erregeraufnahme), in ungünstigen Fällen (z. B. bei biologischem Angriff) kann die Inkubationszeit auch auf 6–12 Stunden verkürzt sein. **Darmmilzbrand**: 1–3 Tage
Brucellose	5–30 Tage, aber auch mehrere Monate sind möglich
Melioidose	1–21 Tage (durchschnittlich 9 Tage)
Pest	**Bubonenpest**: 2–6 Tage **Lungenpest**: 1–3 Tage
Q-Fieber	2–29 Tage (durchschnittlich 3 Wochen, abhängig von Infektionsdosis)
Rotz	1–7 Tage
Tularämie	3–5 Tage (Spannbreite 1–21 Tage).
Pocken	7–12 (–19) Tage
VEE	1–6 Tage
VHF	Je nach Erreger 3–21 Tage (**Ebola** nach 3 Tagen, **Lassa** bis zu 3 Wochen)
Botulismus	wenige Stunden bis zu 10 oder mehr Tage
Rizin	**Haut**: keine genauen Daten bekannt, ca. 20 Stunden nach intensivem Kontakt **Oral**: nach ca. 48 Stunden **Einatmen**: keine genauen Daten bekannt, vermutlich mehrere Stunden **Injektion:** Bei nicht letaler Dosis nach Stunden, bei letaler Dosis nach wenigen Stunden – wenigen Tagen.
SEB	Oral: 1–6 Stunden Einatmen: 3–12 Stunden

P - Absonderung von Erkrankten und Ansteckungsverdächtigen am Beispiel Pocken

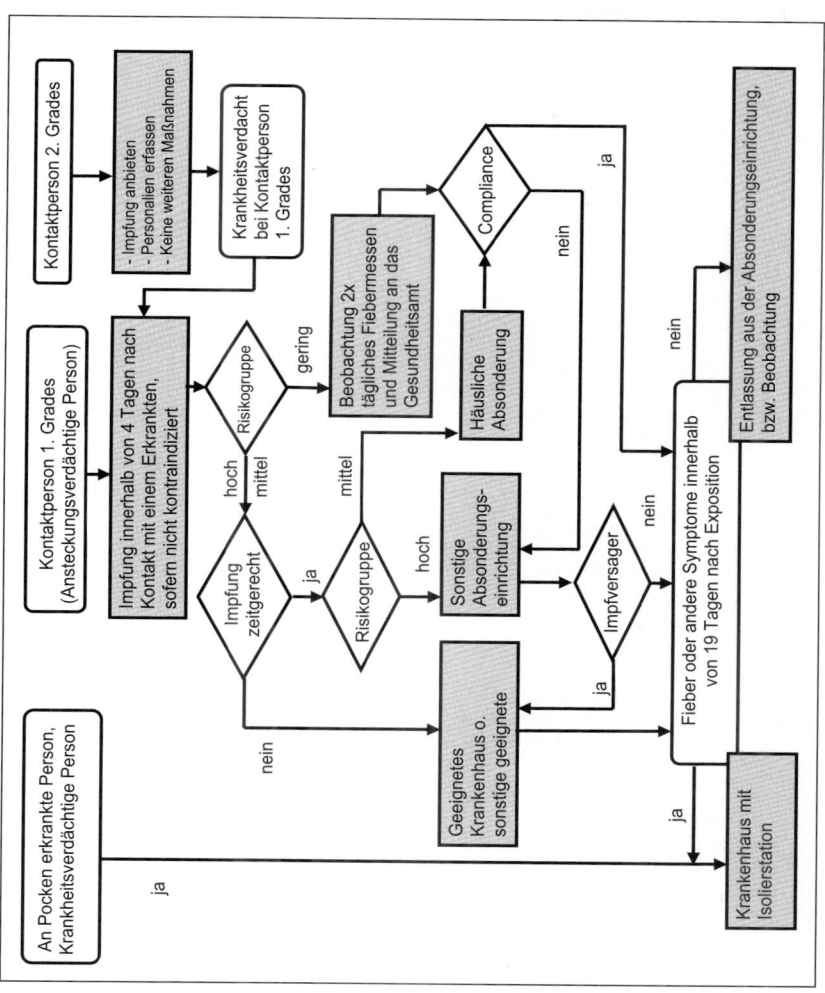

Aus: Bund-Länder-Rahmenkonzept zu notwendigen fachlichen Vorbereitungen und Maßnahmen zur Seuchenbekämpfung nach bioterroristischen Anschlägen – Teil Pocken

Q - Möglichkeiten einer medizinischen Prophylaxe

Übersicht über vorhandene/zugelassene Impfungen bzw. Medikamente gegen Erreger/Agenzien des *dirty dozen*. Für detaillierte Informationen, z. B. über genaue Wirkstoffe, Dosierung, Dauer der Therapie/Prophylaxe siehe Friesecke *et al.* 2007: *Biologische Gefahren II: Entscheidungshilfen zur medizinischen Versorgung.*

Überlassen Sie die Indikationsstellung, Therapiewahl und Dosierung auf jeden Fall einem Arzt!

Erreger/Agens	Aktive Impfung	Prophylaxe: Medikament/ Passive Impfung	Behandlung: Medikament/ Antitoxin
Bacillus anthracis	in Deutschland kein zugelassener Impfstoff (Impfstoffe in USA, UK, Russland)		Antibiotika (insbes. Ciprofloxacin und Doxycyclin)
Brucella spec.	nein	nein	Antibiotika (inbes. Kombination von Doxycyclin/Rifampicin o. Gentamycin/Streptomycin)
Burkholderia mallei	nein	Antibiotika (nach Resistenztestung)	Antibiotika (zuerst Ceftazidim, dann weitere)
Burkholderia pseudomallei	nein	nein	Antibiotika (insbes. Ceftazidim)
Francisella tularensis	nein	Antibiotika (insbes. Doxycyclin)	Antibiotika (insbes. Streptomycin, Gentamycin, Tetracyclin)
Coxiella burnetii	in Deutschland kein zugelassener Impfstoff (Impfstoff in Australien)	Antibiotika (inbes. Doxycyclin, Tetracyclin)	Antibiotika (inbes. Doxycyclin, Fluorchinolone)

Erreger/Agens	Aktive Impfung	Prophylaxe: Medikament/ Passive Impfung	Behandlung: Medikament/ Antitoxin
Yersinia pestis	nein (bisheriger Impfstoff schützte nicht vor Lungenpest)	Antibiotika (insbes. Doxycyclin/ Tetracyclin) Antibiotika	(insbes. Streptomycin, Gentamycin)
Variola-Virus	Lebendimpfstoff	passive Impfung: Vaccina-Immunglobulin (VIG)	Cidofovir (nur im Tierversuch getestet), weitere in Entwicklung
VEE-Virus	in Deutschland kein zugelassener Impfstoff (Impfstoff in USA als IND)	neutralisierende Antisera oder monoklonale Antikörper (Tierversuch)	keine Therapie verfügbar, nur Behandlung der Symptome
Lassavirus	nein (Ansätze einer Entwickung)	eingeschränkt passive Immunisierung möglich	positive Effekte durch Ribavirin
Krim-Kongo-HF-Virus		eingeschränkt passive Immunisierung möglich	positive Effekte durch Ribavirin
Ebolavirus	nein	nein	nein
Marburgvirus	nein	nein	nein
Botulinum-toxin	nein	Antitoxin wirksam gegen die Toxintypen A, B und E. Verhindert nur Verschlechterung, bewirkt keine Verbesserung. (In anderen Ländern ist auch ein Antitoxin gegen die Typen A–G erhältlich)	
Ricin	in Entwicklung	in Entwicklung	
SEB	nein (Ansätze einer Entwicklung)	nein	

R - Vorschlag für die Auswahl eines Desinfektionswirkstoffs,

Tabelle in DIN-A4-Format als PDF auf der beigelegten CDR verfügbar

Wirkstoffe	Reaktions-zeit	Temperatur-abhängigkeit	Wirkungs-bereiche (WB) nach RKI	Tatsäch-liche RKI-Listung nach (WB)	Material-verträg-lichkeit	Umwelt-verträg-lichkeit	Ist ein DM auf dem entsprech-enden Wirkstoff umfangr. gelistet	Ist ein DM auf dem entspr. Wirkstoff für folgende Anwendung vorhanden (Fl, Raum, Haut, Fl.-mist)	Lagerfähigkeit des Konzentrates	Bemerkungen
Formaldehyd**3	sehr lange	sehr hoch	A, B, C*	A, B	gut	gut	nein	Fl, Raum (nach TRGS 522)	sehr gut	sensibilisierend, allergenisierend, kanzerogen
Glutaraldehyd3 **	lange	sehr hoch	A, B, C*	A, B	gut	gut	nein	Fl, Instr.	sehr gut	sensibilisierend, allergenisierend
Alkohole	sehr kurz	gering	A, B	A, B**	gut	gut	nein	kleine Fl, Haut	sehr gut	Brand- und Explosionsgefahr berücksichtigen. Nur zur Händedesinfektion in der RKI-Liste gelistet
Phenol	lange	mäßig	A	A	gut	schlecht	nein	Fl.	sehr gut	Vor allem zur Abwasserdesinfektion
Wasserstoff-peroxid2 (Peroxid/Sauer-stoffabspalter)	lange	gering	A, B, C, D		schlecht	gut	nein	nein (nur zur Wundbehandlung)	gut	Verwendung zur Wunddesinfektion
QUA	sehr lange	hoch	nicht gelistet		sehr gut	sehr gut	nein	Fl, Instr.	sehr gut	Anwendung in der Routinedesinfektion

der bei B-Lagen für die operativen Einheiten in Frage kommt

Wirkstoffe	Reaktions-zeit	Temperatur-abhängigkeit	Wirkungs-bereiche nach RKI	Tatsäch-liche RKI-Listung	Material-verträg-lichkeit	Umwelt-verträg-lichkeit	Ist ein DM auf dem entspre-chenden Wirkstoff umfangr. gelistet	Ist ein DM auf dem entspr. Wirkstoff für folgende Anwendung vorhanden (Fl, Raum, Haut, Fl,-mist, Inst, Rauml.)	Lagerfähig-keit des Konzen-trates	Bemerkungen
Chlor (Na-Hypochlorid)	lange	hoch	A¹, B, C	A¹, B	mäßig	gut	nein	nein	schlecht	Verwendung vor allem zur Trinkwasser-desinfektion
Sauerstoff-abspalter² (Per-verbindungen)	kurz	gering	A, B, C,		gut	gut	nein	Fl, Instr,	sehr gut	Gute Lagerfähigkeit, praktikabel, Gemische bedürfen oftmals lange Auflösungszeiten bei entspr. Wassertemp.
Ameisensäure² (organ. Säure)	kurz	hoch	A, B		befriedi-gend	gut	nein	Fl.	sehr gut	Findet vor allem Anwendung in der Veterinärmedizin
Peressigsäure² (PES) [Peroxid/Sauer-stoffabspalter/Perverbindung]	sehr kurz	sehr gering	A, B, C, D	A, B	befriedi-gend gut, wenn PES alkalisiert einge-setzt wird	sehr gut	ja	Fl., Raum.°, Rauml, Haut°, Fl.-mist, Instr.	gut	PES findet in der Veterinär-, Human- und Militärmedizin umfangreiche Anwendung. Kann keine Allergien verursachen.

* Nur in sehr hohen Konzentrationen und bei langen Einwirkungszeiten möglich.

** Bei Temperaturen unter 20 °C Wirkungsverlust beachten und bei unter 10 °C nicht mehr verwenden.

1 Gegen Mykobakterien insbesondere in Gegenwart von Blut unzureichend wirksam.

2 Blutfehler vorhanden. Der Blutfehler ist konzentrationsabhängig. Bei PES wirkt der Blutfehler aber nicht katalytisch (je höher die Konzentration, desto geringer der Blutfehler).

3 Eiweißfehler

° Raumdesinfektion ist mit PES möglich (wenn entsprechende Mittel zum Ausbringen vorhanden sind) und war in der ehem. DDR zur Raumdesin-fektion anerkannt. Es wurde auch zur Raumluftdesinfektion bei liegenden Patienten (Brandverletzten) erfolgreich angewendet.

°°Desinfektionsmittel auf der Wirkstoffbasis von PES heißt Wofasteril und muss in B-Lagen mindestens 2 x 1 Minute als 0,5%ige Lösung auf der Haut einwirken.

Bemerkungen zur Tabelle Anhang R

An Hand dieser Tabelle kann man ständig den Markt nach eventuellen neuen Desinfektionswirkstoffen bzw. -mitteln beobachten und gegebenenfalls auf neuere Entwicklungen reagieren.

Wichtig ist jedoch zu wissen, dass das RKI chemische Desinfektionsmittel nur nach den Wirkbereich A, B testet. Die Wirkung einiger chemischer Desinfektionsmittel gegenüber den Wirkbereichen A, B, C, D ist aber ausreichend wissenschaftlich belegt. Diese Informationen erhält man insbesondere beim Studium von wiss. Literatur und aus der Richtlinie zur Tierseuchenbekämpfung.

Die Materialverträglichkeit spielt bei der Auswahl von Desinfektionsmitteln für die Bewältigung von B-Lagen nicht die Rolle wie z. B. im Bereich der Humanmedizin, wo eine vielfache Anwendung auf entsprechende Materialien am Tag durchaus vorkommen kann, während in B-Lagen meist nur eine einmalige Desinfektion von Fahrzeug und Gerät erforderlich ist.

Das einzige Desinfektionsmittel, für das wirklich umfangreiche Untersuchungen der äußerst geringen Temperaturunabhängigkeit bis etwa minus 30 °C vorliegen, ist die Peressigsäure. Ein Desinfektionsmittel, welches auf der Wirkstoffbasis von PES hergestellt ist, ist auch im Konzentrat nicht explosionsgefährlich. Diese PES darf nicht mit der PES verwechselt werden, die in der chem. Industrie zu Entfettungsprozessen verwendet wird.

Abkürzungen in der Tabelle

DM	Desinfektionsmittel
FL.	Flächendesinfektionsmittel
Haut	Zulassung zur Anwendung auf der Haut
Instr	Instrumentendesinfektion
Fl-mist	geeignet zur Flüssigmistdesinfektion
Raum	Raumdesinfektion
Rauml	Raumluftdesinfektion

Autor: Steffler et al. (siehe 6.8 und 6.9)

S - Merkblatt für Einsatzkräfte: Fahrzeugdesinfektion

Interdisziplinäres Expertennetzwerk Biologische Gefahrenlagen

Hochinfektiöse Erkrankungen
Merkblatt für Einsatzkräfte

Thema **Fahrzeugdesinfektion**

Desinfektion

Von Desinfektion wird gesprochen, wenn ein Gegenstand oder eine Fläche in einen Zustand versetzt wird, in dem von diesem keine Infektionsgefahr mehr ausgeht.

Möglicher Einsatzbereich

Eine Fahrzeugdesinfektion ist dann notwendig, wenn eine Keimverschleppung durch Fahrzeuge verhindert und die sichere Nutzung des Fahrzeuges gewährleistet werden soll. Eine Keimverschleppung ist z. B. bei verschiedenen Tierseuchen möglich.

Vorsorgliche Maßnahmen

Der Aufbau und der Standort der Fahrzeugdesinfektionsschleuse müssen in enger Abstimmung zwischen Einsatzleitung und der zuständigen Behörde erfolgen. Dies ist bei bekannten Objekten im Vorfeld möglich.

An der Einsatzstelle

Die Anzahl der Fahrzeuge, die in den Absperrbereich einfahren, muss so gering wie möglich gehalten werden. Die Einsatzkräfte sind über allgemeine und besondere Hygienemaßnahmen je nach Einsatzlage aufzuklären. Auf die persönliche Hygiene ist besonders zu achten.

Hinweis: Um die notwendige Desinfektion zu erleichtern, ist es sinnvoll, bei starker Verschmutzung alle Fahrzeuge, die in den Absperrbereich einfahren, einer Vorreinigung zu unterziehen, damit beim Ausschleusen des Fahrzeuges der Reinigungs- und Desinfektionsvorgang vereinfacht wird.

Schutzmaßnahmen

Die Schutzmaßnahmen sind je nach Einsatzlage in Abstimmung mit den Fachbehörden festzulegen. Bei der PSA ist darauf zu achten, dass die sowohl gegen das biologische Agens als auch vor dem Dekontaminations- mittel schützt.

Beim Einsatz an einer Desinfektionsschleuse sollten Schutzanzüge der Kategorie 3 entsprechen und mindestens flüssigkeitsdicht sein. Bei geruchsfreier Desinfektion können als Atemschutz FFP3 Halbmasken + Schutzbrille getragen werden. Ansonsten sind Vollmaske mit geeignetem Filter sowie geeignete Gummistiefel und Handschuhe zu tragen. Bei der Desinfektion mit Hochdruckreiniger sollte wegen der starken Aerosol- bildung Vollschutzmaske mit entsprechenden Filter (z. B. ABEK2 P3) getragen werden.

Absperrmaßnahmen:

Das Festlegen der Absperrmaßnahmen obliegt der zuständigen Fachbehörde. Grundsätzlich ist die Ausführung Aufgabe der Polizei. Die Kräfte der Feuerwehr können unterstützend tätig werden.

Fachbehörde

Zuständige Fachbehörde ist je nach Ereignis das Veterinär- bzw. Gesundheitsamt der Kreisbehörde oder der (kreisfreien) Stadt.

Desinfektionsschleuse:

Aufbaufläche: Als Aufbaufläche ist ein befestigter Platz im Freien oder besser in einer Halle (Waschanlage) zu wählen. Flächenbedarf ca.: 30 m x 8 m. Hierzu kommen Flächen für Fahrzeuge, Geräte und Zelte (Aufenthalt, Verpflegung, Umkleide). Der Standort einer Fahrzeugdesinfektionsschleuse ist von der Einsatzleitung festzulegen.

Technische Daten: Länge: ca. 30m, Breite: ca. 5m, Durchfahrhöhe: mind. 5m,

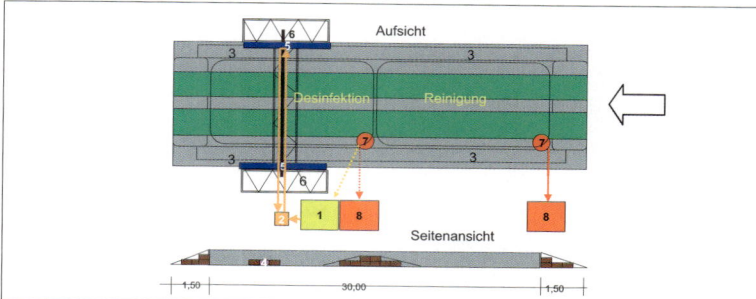

Bauanleitung nach einer Empfehlung des Ministeriums für Soziales, Gesundheit und Verbraucherschutz des Landes Schleswig Holstein

Aufbau

Vor dem Aufbau ist die Fläche von grobem Schmutz (Steine) zu befreien, da sonst die Folie beschädigt werden kann. Gegebenenfalls ist ein Teichflies als Beschädigungsschutz auszulegen.

Mittels Kanthölzern (oder ähnlichem Material) ist ein entsprechend großer Rahmen herzustellen. Dieser ist mittels Bauklammern und Lochbändern zu fixieren. In diesen Rahmen ist eine möglichst stabile Folie (Teichfolie) locker einzulegen und an den Kanthölzern nicht stramm zu fixieren. Für das Ein- und Ausfahren der Fahrzeuge sind entsprechend stabile und nicht zu steile Rampen aus Kanthölzern herzustellen und an den Ein- und Ausfahrseiten einzulegen. Um ein Beschädigen der Folie zu verhindern, ist diese durch Fahrstreifen aus Gummimatten zu schützen. Das Verrutschen der Gummimatten beim Einfahren wird verhindern, indem auf ein ausreichendes Überlappen über die Rampen geachtet wird. Ein Überlaufen der Flüssigkeiten im Becken ist durch frühzeitiges Absaugen zu verhindern (Mindestflüssigkeitsstand beachten!). Um Fahrzeuge vollflächig desinfizieren zu können, ist es sinnvoll ein entsprechendes Gerüst zu verwenden. Für die Unterbodendesinfektion kann z. B. ein Rasensprenger genutzt werden.

Desinfektionsmittel:

Desinfektionsmittel: Grundsätzlich ist der zuständige Amtstierarzt für die Auswahl der Desinfektionsmittel zuständig und für den richtigen Ablauf der Desinfektion verantwortlich.

Wichtig ist, sich vor der Wahl des Desinfektionsmittels über die Art des Erregers zu informieren. Bei allen Viren (z. B. Vogelgrippevirus, Maul- und Klauenseuchevirus) sind nur Mittel, die "begrenzt viruzid" bzw. „viruzid" (Spalte 7a, 7b DVG Liste) wirken, zu verwenden. Bei bakteriellen Erregern (z. B. Brucellose) sind antibakterielle Mittel einzusetzen (Spalte 4a, DVG Liste).

Hinweis: Bei Temperaturen unter 10 °C dürfen keine Aldehyde oder organische Säuren verwendet werden (Temperaturfehler). Im Temperaturbereich unter 10°C sollte nur Peressigsäure oder Präparate in Kombination mit anderen organische Säuren (z. B. Benzoesäure, Salizylsäure etc.) verwendet werden wobei man bis 10°C die Konzentration aus der DVG Liste verdoppeln und unter 10°C vervierfachten muss. Im Minustemperaturbereich darf nur Peressigsäure unter Zugabe von Frostschutzmittel (Glykol) verwendet werden. Das Frostschutzmittel ist auch bei der alkalisierten Peressigsäure notwendig.

Bei der Fahrzeugdesinfektion empfiehlt es sich, Desinfektionsmittel mit nachgewiesener sehr kurzer Einwirkungszeiten zu verwenden, da ein Abstellen der Fahrzeuge während der Einwirkungszeit im Ereignisfall

unten in der Tabelle <u>angegeben Konzentrationen eine Verdopplung</u> erfolgen. Dabei sind anhaftende organische Verschmutzungen während des Desinfektionsvorganges mechanisch zu entfernen.

Die Produktnamen sind Beispiele. Gewählt wurde ein Beispiel, das sowohl gegen Viren als auch gegen Bakterien sowie bakt. Sporen wirksam ist und bei niedrigen Temperaturen, die bei Außeneinsätzen vorkommen können, eingesetzt werden kann (Fahrzeugdesinfektion) ohne das Konzentrationserhöhungen berücksichtigt werden müssen, wie das beim Einsatz von organischen Säuren unbedingt notwendig ist.

Hinweis: Der 5 Minutenwert bezieht sich auf die vorläufige Desinfektion und der 20 Minutenwert auf die Schlussdesinfektion

	Konzentration	Temperaturbereich	Einwirkzeit	Produkt-Beispiel
Flächen	0,5 %	bis −30°C	5 min / 20 min	Wofasteril® E 400
	2,5 %*	bis −30 °C	5 min / 30 min	Wofasteril® E 400
	0,5 % + 1,5 % (= 2,0% Lösung)	bis -30 °C	5min. / 20 min	Wofasteril® E 400 + alcapur®
	1,0 % + 3,0 % (= 4,0% Lösung)	bis -30 °C	5 min. / 20 min	Wofasteril® E 400 + alcapur®
Schutzanzüge abwischbar	0,5 % / 2,5 % *	bis − 30 °C	5 min.	Wofasteril® E 400

* Konzentrationen, die mit * gekennzeichnet sind, beziehen sich auf Tierseuchenerreger, die durch bakt. Sporen (z. B. Milzbrand) verursacht sind und deshalb solange angewendet werden sollten, bis ein Erregernachweis vorhanden ist (unklare B-Lage). Bei bakt. Sporen darf die Desinfektion nur mit Peressigsäure durchgeführt werden. Sind die Einwirkungszeit beendet, sollten die Fahrzeuge anschließend mit Wasser gespült werden, um Korrosionsschäden zu vermeiden.
Die Angaben für die abwischbaren Schutzanzüge gehen nur von einer erheblichen Keimzahlreduzierung aus. Um den Desinfektionsvorgang nach dem Ablegen des Schutzanzuges weiter zu gewährleisten, sind die Einwirkzeiten für die Flächendesinfektion einzuhalten. Nach Möglichkeit sollte mit alkalisierter Peressigsäure (Wofasteril® E 400 + alcapur®) gearbeitet werden, um Korrosionsschäden vorzubeugen. Diese unbefriedigenden Hinweise beziehen sich auf den derzeitigen Stand des Wissens. Sobald neuere Erkenntnisse vorliegen, können diese unter www.bevoelkerungsschutz.de abgerufen werden.

alcapur® ist ein Reiniger und Pufferadditiv für Wofasteril®. Die Peressigsäure-Lösungen werden fast geruchlos und verlieren die Korrosivität gegenüber unedlen Metallen und Buntmetallen sowie Beton.

alcapur® reagiert in konzentrierter Form stark alkalisch und entfettend. Hautkontakt und Berührung mit den Augen vermeiden. Bei Berührung mit den Augen oder der Haut sofort mit viel Wasser spülen. Getränkte Kleidung sofort ausziehen. Bei der Arbeit geeignete Schutzhandschuhe und Schutzbrille/Sichtschutz tragen.

Infos zu den eingesetzten Desinfektionsmitteln sind grundsätzlich über den jeweiligen Hersteller einzuholen.

Achtung! Aus Gründen der Arbeitssicherheit (Temperatur- und Schaumentwicklung) *niemals* alcapur® und Wofasteril® (E 400/E 250) konzentriert zusammenbringen!

Herstellerangaben und Kontaktadresse auf Gebinde beachten!

Persönliche Schutzausrüstung: Das Tragen von Einmalschutzkleidung wird empfohlen, da diese nach Gebrauch desinfiziert und anschließend entsorgt werden kann. Textile Einsatzkleidung, sofern mit einer Verschmutzung durch Krankheitserreger gerechnet werden muss, ist nach den Vorgaben des Friedrich Löffler Instituts bzw. der RKI- Liste für anerkannte und geprüfte Desinfektionsmittel und Verfahren zu behandeln.

Einmalschutzanzüge sind in Desinfektionsmittellösung einzulegen (Einwirkzeit beachten) und dann in dichtverschließbaren Säcken oder Behältern bis zur Entsorgung aufzubewahren. Bei Verwendung von wiederverwendbarer Schutzkleidung ist diese am Einsatzort zu desinfizieren und anschließend entsprechend den Herstellerangaben aufzubereiten.

Hinweis: Folienbeutel grundsätzlich kennzeichnen. Es empfiehlt sich, Desinfektionsanhängekarten zu verwenden, auf denen Inhalt, Verschmutzung, Desinfektionszeit, Gebrauchsdatum und Benutzer vermerkt werden.

| **Hände und Haut** | 0,5 %* | 2 x 1 min. | Wofasteril® |
| | unverdünnt | 30 sek. | Sterillium® Virugard |

Die Desinfektionsmittellösung wird zum Trocknen auf den Händen verrieben. Anschließend Hände waschen und Hautpflege.

Literatur

1   12. Desinfektionsmittelliste der Deutschen Veterinärmedizinischen Gesellschaft (DVG) für die Tierhaltung
2   Richtlinie des Bundesministeriums für Ernährung, Landwirtschaft und Forsten über Mittel und Verfahren für die Durchführung
    der Desinfektion von anzeigepflichtigen Tierseuchen (331/322-3602-19/1, Stand Februar 1997)
3   Gutachten über die viruzide Wirksamkeit des chemischen Desinfektionsmittels Wofasteril® E 400 + alcapur® vom 21. April 2006
    Klinik für Vögel, Reptilien, Amphibien und Fische der Justus-Liebig-UNI Gießen, Prof. Dr. E. F. Kaleta und Dr. Ayhan Yilmatz
4   Empfehlung des RKI „Vorgehensweise bei Verdacht auf Kontamination mit gefährlichen Erregern (z. B. Verdacht auf
    bioterroristischen Anschlag) Stand 14.06.2002

Betrieb der Desinfektionsschleuse

Das zu desinfizierende Fahrzeug fährt langsam in das Becken 1 ein und wird einer vorläufigen Desinfektion unterzogen. Dabei werden anhaftende Verschmutzungen mechanisch entfernt. Das Desinfektionsmittel wird mit leichtem Druck (ca. bis 10 bar, z. B. mit Handdruckspritze) auf die Flächen aufgebracht. Besonders sollte hierbei auf die Desinfektion der Radkästen und Reifen geachtet werden. Übersteigt die Fahrzeuglänge die Beckengröße, so muss nicht das komplette Fahrzeug (Zugfahrzeug und Anhänger) in den Becken stehen. Das gereinigte Fahrzeug überfährt nach erfolgreicher Reinigung die Mittelrampe, und gelangt in das Desinfektionsbecken. Jetzt erfolgt die sogenannte Schlussdesinfektion, welche die Reinigung als auch die Desinfektion betrifft. Gereinigt wird je nach Verschmutzung (z. B. mit Hochdruckreiniger bei ca. 50 bar) oder anderen geeigneten technischen Mitteln, die anhaftenden Schmutz sicher entfernen. Anschließend erfolgt die nochmalige Desinfektion. Dabei werden alle Flächen für ca. 5 Minuten benetzt. Anschließend verbleibt das Fahrzeug für 20 Minuten bis zum Ablauf der Einwirkungszeit des Desinfektionsmittels auf dem Desinfektionsplatz. Nach Ablauf der Einwirkungszeit kann das Fahrzeug zur Vermeidung von Materialschäden mit klarem Wasser gespült werden.
Bei der Desinfektion ist besondere Aufmerksamkeit den Radkästen und der Reifen zu widmen. Um bei großen Fahrzeugen eine vollflächige Benetzung der Seiten- und Dachflächen zu gewährleisten, ist es sinnvoll, ein entsprechendes Gerüst zu verwenden.
Um eine Kontaminationsverschleppung zu vermeiden, ist bei allen Maßnahmen sicherzustellen, dass Sprühwasser oder Desinfektionslösung beim Auftragen auf das Fahrzeug auf dem Dekontaminationsplatz begrenzt bleibt. Auf Verwehungsschutz am Gerüst ist zu achten (Planen). Nach durchgeführter Desinfektion wird das Fahrzeug aus dem Becken in den Warteraum gefahren, in welchem es für die notwendige Einwirkzeit verbleibt.
Bei sehr resistenten Erregern (z. B. bakt. Sporen) sollte die Schlussdesinfektion gleich als kombinierte Reinigung und Desinfektion erfolgen, d. h. über den Hochdruckreiniger wird gleich Desinfektionsmittellösung (z. B. Wofasteril® E400 + alcapur®) aufgebracht.

Entsorgung

| Gebrauchte Schutzausrüstung | Nach durchgeführter Desinfektion, Entsorgung im dichtverschließbarem Folienbeutel oder Behälter über den Hausmüll. |
| Abwasser aus Schleuse | Sammlung des Abwassers in geschlossenem Behälter oder der Gülle- bzw. Jauchengrube auf dem Hof zuführen. Beratung mit zuständiger Behörde. |

Arbeitssicherheit

Die Kräfte an der Desinfektionsschleuse sind ausführlich über die Gefahren aufzuklären. Hinweise des Desinfektionsmittelherstellers sind zu beachten (Gefahrenmerkblatt). Auf ausreichende Ruhephasen für die Einsatzkräfte während des Einsatzes ist zu achten.

Die Angaben in diesem Merkblatt sind Entscheidungshilfen und wurden nach bestem Wissen und aktuellem Stand der Wissenschaft gemacht. Das Merkblatt erhebt keinen Anspruch auf Vollständigkeit und die vorstehenden Angaben ersetzen nicht die eigenen Planungen und Recherchen. Jede Haftung der Verfasser ist ausgeschlossen.
Autoren: Robert Schwenk, Reinhard Steffler et al.
Stand 10.09.2007

T - Merkblatt für Einsatzkräfte: Vogelgrippe im Geflügelbetrieb

Interdisziplinäres Expertennetzwerk Biologische Gefahrenlagen

Hochinfektiöse Erkrankungen
Merkblatt für Einsatzkräfte
in einem betroffenen Geflügelbetrieb

Krankheit	Vogelgrippe (aviäre Influenza)	Risikogruppe 3
erste Symptome beim Menschen	hohes Fieber (> 38 °C) Schüttelfrost Husten/Atemnot	

Die Vogelgrippe – auch klassische Geflügelpest oder aviäre Influenza – ist eine Tierseuche. Sie tritt in erster Linie bei Wasservögeln und bei Zuchtgeflügel wie Hühnern und Puten, aber auch bei einigen Wildvögeln sowie Säugetieren (Katzenartige (Feliden, Haus- und Großkatzen), Hamster, Frettchen, Mäuse. Marder, u. a.) auf. In seltenen Fällen kann sie bei direktem Kontakt mit infizierten Vögeln oder kontaminierten tierischen Produkten auf den Menschen übertragen werden (gilt für die WHO Pandemiephase 3, Stand: November 2007). Der aktuell vorkommende Virusstamm (H5N1) kann beim Menschen zu einem schweren Krankheitsverlauf führen. Der Zeitraum zwischen Ansteckung und Ausbruch der Erkrankung beträgt 2 - 14 Tage.

Der Erreger kommt vor allem bei wilden Wasservögeln vor, hier kann die Infektion zu hochpathogenen Erkrankungen, aber auch zu milden oder Verläufen ohne typische Krankheitszeichen führen. Wenn der Erreger in Hausgeflügel eingeschleppt wird, wird dieses in der Regel krank und mehr als 90 % der Tiere sterben.

Grundlage der Empfehlung

➢ ABAS-Beschluss 608: Empfehlung spezieller Maßnahmen zum Schutz der Beschäftigten vor Infektionen durch hochpathogene aviäre Influenzaviren (Klassische Geflügelpest, Vogelgrippe) (Februar 2007)
➢ ABAS-Beschluss 609: Arbeitsschutz beim Auftreten von nicht impfpräventabler Influenza unter besonderer Berücksichtigung des Atemschutzes (Dezember 2006)
➢ RKI: Empfehlungen des Robert Koch-Instituts zur Prävention bei Personen mit erhöhtem Expositionsrisiko durch (hochpathogene) aviäre Influenza A/H5 (März 2006)

Schutzmaßnahmen bei amtlich bestätigtem Ausbruch an Geflügelpest in einem Geflügelbestand

Ziel: Schutz der mit der Tierseuchenbekämpfung beschäftigten Personen, dies umfasst alle Personen
- mit direktem Kontakt zu seuchenkranken oder seuchenverdächtigen Tieren
- die mit der Reinigung und Desinfektion betraut sind
- die keinen direkten Umgang mit seuchenkranken oder seuchenverdächtigen Tieren haben, die aber innerhalb der Absperrung in die Bewältigung des Seuchengeschehens einbezogen sind (z. B. Feuerwehrmänner).

Bei direktem Kontakt zu seuchenkranken oder seuchenverdächtigen Tieren oder Aerosolkontakt bei der Dekontamination:	Vollmaske mit P3-Filter mit geeigneter Gaskomponente für die anschließende Desinfektion. Mindestanforderung: FFP3 mit dicht anliegender Schutzbrille (ABAS 608 und 609).
	Einmalschutzanzug flüssigkeitsdicht mit Haube (CE Kat. III Typ 3), Schutzhandschuhe, Gummistiefel (ABAS 608).

Allgemeine Schutzhinweise	Um Kreuzinfektionen und somit gefährliche Rekombinationen zwischen den animalen und humanen Viren zu verhindern, sollte nur frisch gegen humane Grippe geimpftes Personal eingesetzt werden. Beim Umgang mit infektiösen Tieren oder erregerhaltigem Material sowie bei Reinigungs- und Desinfektionsmaßnahmen sind Maßnahmen gegen Kontaminationsverschleppung durchzuführen. Staubaufwirbelung und Aerosolbildung sind zu vermeiden. Personen, die keinen direkten Umgang mit seuchenkranken oder seuchenverdächtigen Tieren haben, sich aber innerhalb der Absperrzone längere Zeit im direkten Umfeld des betroffenen Betriebes aufhalten (z. B. Feuerwehrmänner, die Absperrungsmaßnahmen durchführen), sollten aus Vorsorgegründen persönliche Schutzausrüstung tragen. Empfohlene PSA: Einmalschutzanzug, eine die Haare vollständig abdeckende Kopfbedeckung, flüssigkeitsdichte reißfeste Einmalhandschuhe, mind. Halbmaske mit P2-Filter, Gummistiefel. Eine medikamentöse Prophylaxe ist für diesen Personenkreis nicht erforderlich.
Antivirale Prophylaxe	Vorbeugender Gesundheitsschutz durch Einnahme antiviraler Medikamente für Einsatzkräfte sollte durch den Amtsarzt des Gesundheitsamtes oder einen Facharzt für Arbeitsmedizin geprüft werden. Oseltamivir oder Zanamivir einzunehmen bis fünf Tage über die Zeit der Exposition.
Monitoring von Gesundheitsbeschwerden	Alle o. g. Personen sollen angehalten werden, bis 7 Tage nach Exposition täglich ihre Körpertemperatur zu kontrollieren und bei Fieber über 38°C und bei Auftreten von Symptomen eines grippalen Infekts (wie Abgeschlagenheit, Husten, Halsentzündung, Atembeschwerden) unverzüglich ihren Hausarzt aufzusuchen. Falls innerhalb von 7 Tagen nach Exposition Gesundheitsbeschwerden auftreten, muss auf der Grundlage von § 6 bzw. § 7 Infektionsschutzgesetz eine Meldung an das Gesundheitsamt erfolgen. Eine labordiagnostische Abklärung ist anzustreben.

Einsatzinformationen

Für bekannte kontaminierte Gebiete (betroffener Geflügelhof etc.) sollte durch die zuständigen Fachbehörden umgehend ein **Aufenthaltsverbot** verfügt werden. Großzügige Absperrmaßnahmen und Maßnahmen zur Verhinderung einer weiteren Kontaminationsverschleppung sind durchzuführen. Zugangsberechtigt sind nur entsprechende Fachbehörden, Hilfsorganisationen und Fachfirmen mit Einsatzauftrag nach vorheriger Absprache mit der Einsatzleitung.

Zuständige Fachbehörde	Veterinäramt der Kreisbehörde oder der (kreisfreien) Stadt
Nationales Referenzzentrum für die Tierseuche Vogelgrippe	Friedrich-Loeffler-Institut – Bundesforschungsinstitut für Tiergesundheit – Boddenblick 5a 17493 Greifswald – Insel Riems Tel. +49-38 35 17-0; Fax +49-38 35 17-2 19
Probenahme/-Transport	wird durchgeführt von der Veterinärbehörde
Meldepflicht nach Infektionsschutzgesetz	Vorgeschrieben bei menschlichen Erkrankungsfällen. Tierseuche ist nach Tierseuchengesetz meldepflichtig.
Übergabe der Einsatzstelle	Erfolgt an die zuständige Behörde (Veterinäramt). Diese entscheidet dann über die endgültige Freigabe.

Desinfektionsmaßnahmen

Desinfektionsmittel (Beispiele): Grundsätzlich ist der zuständige Amtstierarzt für die Auswahl der Desinfektionsmittel zuständig. Mittel aus der DVG-Liste für die Tierhaltung (Spalte 7b die innerhalb von 2 Stunden wirksam sind unter Verdopplung der Konzentration) im Zusammenhang mit der Richtlinie über Mittel und Verfahren anzeigepflichtiger Tierseuchen vom Februar 2007.

Bei Temperaturen unter 10 °C dürfen keine Aldehyde und organische Säuren verwendet werden (Temperaturfehler).

Die Produktnamen sind Beispiele; entscheidend ist, dass diese Mittel „viruzid" oder „begrenzt viruzid" wirken. Die Angaben berücksichtigen kurze Einwirkungszeiten wie sie insbesondere für die Einsatzkräfte im operativen Dienst von großer Bedeutung sind. Die Verdopplung der Konzentration ist hierbei schon berücksichtigt.

	Konzentration	Temperaturbereich	Einwirkzeit	Produkt-Beispiel
Flächen	0,5 % + 1,5 % (= 2,0% Lösung)	ab -5°C bis -20°C	30 min.	Wofasteril® E 400 + alcapur®
	1,0 % + 3,0 % (= 4,0% Lösung)	ab -20°C bis -30°C	5 min.	Wofasteril® E 400 + alcapur®
Schutzanzüge abwischbar	0,5 %		5 min.	Wofasteril® E 400

Hinweis: alcapur® ist ein Reiniger und Pufferadditiv für Wofasteril®. Die Peressigsäure-Lösungen werden fast geruchlos und verlieren die Korrosivität gegenüber unedlen und Buntmetallen sowie Beton.

> **Achtung!** Aus Gründen der Arbeitssicherheit (Temperatur- und Schaumentwicklung) *niemals* alcapur® und Wofasteril® (E 400/E 250) konzentriert zusammenbringen!

Produkt reagiert stark alkalisch und entfettend. Hautkontakt und Berührung mit den Augen vermeiden. Bei Berührung mit Augen oder Haut sofort mit viel Wasser spülen. Getränkte Kleidung sofort ausziehen. Bei der Arbeit geeignete Schutzhandschuhe und Schutzbrille/Gesichtsschutz tragen.

Infos zu den eingesetzten Desinfektionsmitteln sind grundsätzlich über den jeweiligen Hersteller einzuholen. Herstellerangaben und Kontaktadresse auf Gebinde beachten!

Wäsche: Die Wäsche kann in einer normalen Waschmaschine mit Waschmittel bei 40 °C gewaschen werden. Einmalschutzanzüge (nicht abwischbar) sind mindestens 10 Minuten in Desinfektionsmittellösung einzulegen und dann über den Müll zu entsorgen oder zu verbrennen (gilt auch für abwischbare Einmalschutzanzüge).

Bei der Desinfektion der Schutzausrüstung im Freien unter 20°C muss Wofasteril® E 400 eingesetzt werden. Die Angaben sind Beispiele, die der DVG-Liste für die Tierhaltung sowie der RL zur Tierseuchenbekämpfung vom Februar 2007 entnommen sind.

Bei sehr niedrigen Temperaturen unter minus 5 C° muss für die kurzen Einwirkungszeiten die Konz. der alkalisierten Wofasteril®-Lösung auf die 4,0 % Lösung erhöht werden, um die kurzen Einwirkungszeiten von 5 Minuten zu erreichen.

Die kurzen Einwirkungszeiten werden bei der PSA Desinfektion und bei der Fahrzeugdesinfektion benötigt. Für die Desinfektion der PSA soll die 0,5 % Wofasteril®-Lösung Anwendung finden. Beim Tragen von FFP Halbmasken sollte wegen der Geruchsbildung nicht gesprüht werden.

PSA in Folientüte einpacken damit die Desinfektionsmitteldämpfe weiterwirken. Beim Ablegen der PSA nicht in die Innenseite greifen!

Hände und Haut	0,5 %	2 x 1 min.	Wofasteril®
	unverdünnt	30 sek.	Sterillium® Virugard

Die Desinfektionsmittellösung wird bis zum Trocknen auf den Händen verrieben. Anschließend Hände waschen und Hautpflege.

Literatur

12. Desinfektionsmittelliste der Deutschen Veterinärmedizinischen Gesellschaft (DVG) für die Tierhaltung; Richtlinie des Bundesministeriums für Ernährung, Landwirtschaft und Forsten über Mittel und Verfahren für die Durchführung der Desinfektion von anzeigepflichtigen Tierseuchen (331/322-3602-19/1, Stand Februar 2007); Gutachten über die viruzide Wirksamkeit des chemischen Desinfektionsmittels Wofasteril E 400 + alcapur vom 21. April 2006, Klinik für Vögel, Reptilien, Amphibien und Fische der Justus-Liebig-UNI Gießen, Prof. Dr. E. F. Kaleta und Dr. Ayhan Yilmatz

Entsorgung

Gebrauchte Schutzausrüstung	Wäsche nach entsprechenden Waschvorgang und Desinfektion in den Müll entsorgen oder verbrennen.
Abwassers aus Dekon	Sammlung des Abwassers in geschlossenem Behälter oder der Gülle-/Jauchengrube auf dem Hof zuführen. Beratung mit zuständiger Behörde.
Tierkadaver	Mit hochpathogenen H5N1-Viren infizierte Tierkörper sind als UN 2814 („ANSTECKUNGSGEFÄHRLICHER STOFF, GEFÄHRLICH FÜR MENSCHEN") zu klassifizieren und somit in Dreifachverpackung nach Verpackungsanweisung P620, P099 oder als Schüttgut in BK1- oder BK2-Containern zu transportieren. Für den Transport sind die einschlägigen Gefahrgutbestimmungen zu beachten. Wichtig: Kennzeichnung des Beutels mit Datum, Uhrzeit, Fundort, Name des Personals und Hilfsorganisation. Verbringung des Tieres nach Anweisung der Fachbehörde (Veterinäramt)

Erreger

Influenza-A-Virus; hochpathogene Varianten sind bisher nur bei den Typen H5 und H7 aufgetreten.

Übertragung und mögliche Vektoren (Krankheitsübertragung durch Tiere)

Infizierte Tiere können das Virus in hoher Konzentration mit allen Körpersekreten (Kot, Urin, Speichel, Tränenflüssigkeit) ausscheiden. Eine Übertragung auf den Menschen erfolgt üblicherweise durch Tröpfcheninfekion, entweder über die Atemluft oder auch über die Schleimhäute erfolgen.

Die Ansteckungsgefahr beim Aufsammeln von toten Tieren im Freien ist wesentlich geringer als Tätigkeiten in einem infizierten Geflügelstall.

Therapie

Nach Absprache mit dem zuständigen Arzt kommen Präparate mit den Wirkstoffen Oseltamivir (Tamiflu®) oder Zanamivir (Relenza®) zur Therapie in Frage. Diese Präparate können nach Absprache auch in der Prophylaxe zur Verwendung kommen. (siehe S. 1)

Autorenverzeichnis

Autoren

Maria Andres
Winzerstr. 58
99094 Erfurt

Udo Bachmann
Bundesamt für Bevölkerungsschutz und Katastrophenhilfe
Provinzialstr. 93
53127 Bonn

Norbert Bannert
Robert Koch-Institut
Nordufer 20
13353 Berlin

Cornelius Bartels
Robert Koch-Institut
Seestr. 10
13353 Berlin

Andreas Bergholz
Robert Koch-Institut
Seestraße 10
13353 Berlin

Heinz Bergmann
Zentralinstitut des Sanitätsdienstes der Bundeswehr
Andernacher Str. 100
56070 Koblenz

Walter Biederbick
Robert Koch-Institut
Seestr. 10
13353 Berlin

Gerhard Boecken
Auswärtiges Amt
Werderscher Markt 1
10117 Berlin

Stefan Brockmann
Regierungspräsidium Stuttgart
Landesgesundheitsamt
Nordbahnhofstr. 135
70191 Stuttgart

Christoph Brodesser
DRK-Landesverband Westfalen-Lippe
Sperlichstr. 25
48151 Münster

Ulrich Busch
Bayerisches Landesamt für Gesundheit und
Lebensmittelsicherheit
Veterinärstr. 2
85764 Oberschleißheim

Ulrich Cimolino
Feuerwehr Düsseldorf
Hüttenstr. 68
40200 Düsseldorf

Ulrike Dapp
Albertinen-Haus Hamburg
Zentrum für Geriatrie und Gerontologie
Wissenschaftliche Einrichtung an der
Universität Hamburg Forschungsabteilung
Sellhopsweg 18–22
22459 Hamburg

Andreas Dannebaum
Stab des Polizeipräsidenten
PPr St 1121
Platz der Luftbrücke 6
12096 Berlin

Nahid Derakshani
Bundesamt für Bevölkerungsschutz und Katastrophenhilfe
Provinzialstr. 93
53127 Bonn

Petra Dickmann
Robert Koch-Institut
Seestr. 10
13353 Berlin

Martin Dirksen-Fischer
Gesundheitsamt Hamburg-Eimsbüttel
Grindelberg 66
20139 Hamburg

Christian Dolf
Bundesamt für Bevölkerungsschutz und Katastrophenhilfe
Provinzialstr. 93
53127 Bonn

Wolf R. Dombrowsky
Universität Kiel
Institut für Soziologie
Olshausenstraße 40
24118 Kiel

Brigitte Dorner
Robert Koch-Institut
Nordufer 20
13353 Berlin

Martin Dorner
Robert Koch-Institut
Nordufer 20
13353 Berlin

Matthias Drobig
Bundesamt für Bevölkerungsschutz und Katastrophenhilfe
Provinzialstraße 93
53127 Bonn

Barbara Ebert
Bernhard-Nocht-Institut für Tropenmedizin
Bernhard-Nocht-Str. 74
20359 Hamburg

Tim Eckmanns
Robert Koch-Institut
Seestr. 10
13353 Berlin

Wolfgang Eisenmenger
Institut für Rechtsmedizin
Ludwig-Maximilians-Universität
Nußbaumstr. 26
80336 München

Hermann Feldmeier
Abteilung für Mikrobiologie und Hygiene
Charité Universitätsmedizin Berlin
Campus Benjamin Franklin
Hindenburgdamm 27
12203 Berlin

Gerhard Fell
Institut für Hygiene und Umwelt Hamburg
Beltgens Garten 2
20537 Hamburg

Ernst-Jürgen Finke
Institut der Mikrobiologie der Bundeswehr
Neuherbergstr. 11
80937 München

Klaus Fleischer
Missionsärztliche Klinik Würzburg
Salvatorstraße 7
97067 Würzburg

Rüdiger Fock
Robert Koch-Institut
Seestr. 10
13353 Berlin

Christian Friedrich
Landesgesundheitsamt Brandenburg im LASV
Wünsdorfer Platz 3
15806 Zossen

Daniel Friederichs
Feuerwehr Dortmund
Steinstraße 25
44122 Dortmund

Iris Friesecke
Brandesstr. 12 i
18055 Rostock

Ralph Gillich
Institut für Pathologie, Klinikum Schwabing
Städtisches Klinikum München GmbH
Kölner Platz 1
80804 München

René Gottschalk
Stadtgesundheitsamt
Braubachstr. 18–22
60311 Frankfurt/Main

Arvid Graeger
Feuerwehr Düsseldorf
Hüttenstraße 68
40200 Düsseldorf

Petra Graf
Landeshauptstadt München
Referat für Gesundheit und Umwelt
Bayerstraße 28 a
80335 München

Thomas Grünewald
2. Medizinische Klinik
Delitzscher Straße 141
04129 Leipzig

Roland Grunow
Robert Koch-Institut
Nordufer 20
13353 Berlin

Henner Habicht-Thomas
Schloss Oranienstein
65582 Dietz

Holger Harms
Gesundheitsamt Hamburg-Eimsbüttel
Grindelberg 66
20139 Hamburg

Jutta Helmerichs
Bundesamt für Bevölkerungsschutz und Katastrophenhilfe
Provinzialstr. 93
53127 Bonn

Hans Huber
Bayerisches Staatsministerium für Umwelt, Gesundheit
und Verbraucherschutz
Rosenkavalierplatz 2
81925 München

Siegfried W. W. Ippisch
Landratsamt Erding
Gesundheitsamt
Infektionsschutz und Umwelthygiene
Bajuwarenstr. 3
85435 Erding

Daniela Jacob
Robert Koch-Institut
Nordufer 20
13353 Berlin

Heinz Ulrich Koch
Kreisverwaltung Südwestpfalz
Abt. Gesundheit
Emil-Kömmerling-Str. 43
66954 Pirmasens

Mario König
Feuerwehr Mannheim
Auf dem Sand 87–89
68309 Mannheim

Eva Königsmann
Bernhard-Nocht-Institut für Tropenmedizin
Bernhard-Nocht-Str. 74
20359 Hamburg

Gérard Krause
Robert Koch-Institut
Seestr. 10
13353 Berlin

Harald Krüger
Landesamt für Gesundheit und Soziales Berlin
Fachgruppe Infektionsschutz/umweltbezogener Gesundheits-
schutz/Wasserhygiene
Sächsische Straße 28
10707 Berlin

Christian Kühl
Ärztlicher Dienst der Bayerischen Polizei
Rosenheimer Str. 130
81669 München

Karin Lemmer
Robert Koch-Institut
Nordufer 20
13353 Berlin

Gregor Lichtfuss
Robert Koch-Institut
Seestr. 10
13353 Berlin

Heinrich Maidhof
Robert Koch-Institut
Seestr. 10
13353 Berlin

Dorothea Matysiak-Klose
Robert Koch-Institut
Seestr. 10
13353 Berlin

Jürgen Mertsching
Medizinische Hochschule Hannover
Carl-Neuberg-Str. 1
30625 Hannover

Harald Michels
Gesundheitsamt Trier
Paulinstr. 60
54292 Trier

Bruno Most
Sanitätskommando III
Sachsen-Anhalt-Kaserne
06667 Weißenfels

Herbert Nattermann
Robert Koch-Institut
Nordufer 20
13353 Berlin

Andreas Nerlich
Institut für Pathologie, Klinikum Schwabing
Städtisches Klinikum München GmbH
Kölner Platz 1
80804 München

Bärbel Niederwöhrmeier
Wehrwissenschaftliches Institut
für Schutztechnologien – ABC-Schutz
Postfach 1142
29623 Munster

Matthias Niedrig
Robert Koch-Institut
Nordufer 20
13353 Berlin

Sabine Niemeyer
Bundesministerium für Arbeit und Soziales
Rochusstr. 1
53123 Bonn

Georg Pauli
Robert Koch-Institut
Nordufer 20
13353 Berlin

Hanno Peter
Bundesamt für Bevölkerungsschutz und Katastrophenhilfe
Provinzialstr. 93
53127 Bonn

Bernd Peters
Bundeskriminalamt
BKA Meckenheim ZD37
53340 Meckenheim

Georg Peters
Institut für Medizinische Mikrobiologie
Westfälische Wilhelms-Universität
Domagkstr. 10
48149 Münster

Margarete Peters
In den Eichen 12
65835 Liederbach

Sigurd Peters
Curtiusstr. 103
12205 Berlin

Günter Pfaff
Regierungspräsidium Stuttgart
Landesgesundheitsamt
Nordbahnhofstr. 135
70191 Stuttgart

Isolde Piechotowski
Regierungspräsidium Stuttgart
Landesgesundheitsamt
Nordbahnhofstraße 135
70191 Stuttgart

Robert Plum
3M Deutschland GmbH
Carl-Schurz-Str. 1
41453 Neuss

Holger Poser
Innenbehörde Hamburg
Johanniswall 4
20095 Hamburg

Matthias Pulz
Landesgesundheitsamt Niedersachsen
Hinrich-Wilhelm-Kopf-Platz 2
30159 Hannover

Angela Queste
Bundesamt für Bevölkerungsschutz und Katastrophenhilfe
Provinzialstr. 93
53127 Bonn

Christoph Riegel
Bundesamt für Bevölkerungsschutz und Katastrophenhilfe
Provinzialstr. 93
53127 Bonn

Alfred Riepertinger
Institut für Pathologie, Klinikum Schwabing
Städtisches Klinikum München GmbH
Kölner Platz 1
80804 München

Ralph Rudolph
Feuerwehr Mannheim
Meerfeldstraße 1–5
68163 Mannheim

Julia Sasse
Robert Koch-Institut
Seestraße 10
13353 Berlin

Karl Schenkel
Robert Koch-Institut
Seestraße 10
13353 Berlin

Albrecht Scheuermann
Landesverband Sachsen e. V.
Am Brauhaus 8
01099 Dresden

Ursula Schies
Berufsgenossenschaften der Bauwirtschaft
Landsberger Straße 309
80687 München

André Schild
Feuerwehr Wuppertal
Lischkestr. 2
42119 Wuppertal

Gundel Schirrmeister
Ministerium für Arbeit, Soziales und Gesundheit
Heinrich-Mann-Allee 103
14473 Potsdam

Dieter Scholz
Sanitätskommando II
Abt. I Gesundheitswesen
Schloss Oranienstein
65582 Dietz

Jürgen Schreiber
Ständige Konferenz für Katastrophenvorsorge und -schutz
Projektgruppe 9 ABC-Gefahren
Sülzburgstraße 140
50937 Köln

Bernfried Seiwert
Bundeskriminalamt
BKA Meckenheim ZD37
53340 Meckenheim

Rainer Steffens
DuPont Personal Protection
Rue General Patton
L-2984 Luxembourg

Reinhard Steffler
Branddirektion Leipzig
Goerdelerring 7
04109 Leipzig

August Stich
Missionsärztliche Klinik
Salvatorstraße 7
97067 Würzburg

Roland Schwenk
Landratsamt Biberach
Rollinstraße 9
88400 Biberach

Erich Turcer
Hessisches Sozialministerium
Dostojewskistr. 4
65187 Wiesbaden

Gerhard Uelpenich
Bundesamt für Bevölkerungsschutz und Katastrophenhilfe
Provinzialstraße 93
53127 Bonn

Christine Uhlenhaut
FDA/CBER
29 Lincoln Drive
Bldg. 29A, 1C20
Bethesda, MD 20892
USA

Manfred Wildner
Bayerisches Landesamt für Gesundheitsschutz
Veterinärstraße 2
85764 Oberschleißheim

Angela Wirtz
Hessisches Sozialministerium
Dostojewskistraße 4
65187 Wiesbaden

Abkürzungsverzeichnis

Abkürzung	Bedeutung
AAO	Alarm- und Ausrückeordnung
ABAS	Ausschuss für Biologische Arbeitsstoffe
ABC	atomar, biologisch, chemisch (veraltet für CBRNE)
ABC Abw-Trp	ABC Abwehr-Truppen
ABDA	Bundesvereinigung deutscher Apothekerverbände
ABEK	Die Abkürzung steht dafür, dass folgende Chemikalien vom ABEK-Filter zurückgehalten werden. A: organische Gase und Dämpfe B: anorganische Gase und Dämpfe (z. B. Chlor) E: saure Gase K: Ammoniak
ABICAP	Antibody Immuno Column for Analytical Processes
ABS	Ausschuss für Betriebssicherheit
ADR	European Agreement Concerning the International Carriage of Dangerous Goods by Road
AGB	Allgemeine Geschäftsbedingungen
AGI	Arbeitsgemeinschaft Influenza
AGL	Alarmgerätelager
AGS	Ausschuss für Gefahrstoffe
AKNZ	Akademie für Katastrophenhilfe, Notfallplanung und Zivilschutz
AQL	Accepted quality level
ArbSchG	Arbeitsschutzgesetz
ArbSchGAnwV	Arbeitsschutzgesetzanwendungsverordnung
ASB	Arbeiter-Samariter-Bund Deutschland e. V.
ASG	Außergewöhnliches Seuchengeschehen
ASOG	Allgemeines Sicherheits- und Ordnungsgesetz
ASTM	American Society for Testing and Materials
BaktWaffVern-ÜbkG	Gesetz zu dem Übereinkommen vom 10. April 1972 über das Verbot der Entwicklung, Herstellung und Lagerung bakteriologischer (biologischer) Waffen und von Toxinwaffen sowie über die Vernichtung solcher Waffen
BAM	Bundesanstalt für Materialforschung und -prüfung
BAuA	Bundesanstalt für Arbeitsschutz und Arbeitsmedizin

Abkürzung	Bedeutung
BBK	Bundesamt für Bevölkerungsschutz und Katastrophenhilfe
BeaBwZMZ	Beauftragten der Bundeswehr für die Zivil-Militärische Zusammenarbeit
BeaSanStOffz-ZMZGesWes	Beauftragte Sanitätsstabsoffiziere für die Zivil-Militärische Zusammenarbeit im Gesundheitswesen
BfArM	Bundesinstitut für Arzneimittel und Medizinprodukte
BfI	Behörde für Inneres
BfR	Bundesinstitut für Risikobewertung
BfS	Bundesamt für Strahlenschutz
BGBl	Bundesgesetzblatt
BGF	Berufsgenossenschaft für Fahrzeughaltungen
BGR	Berufsgenossenschaftliche Regel
BGS	Bundesgrenzschutz
BGV	Berufsgenossenschaftliche Vorschrift
BGW	Berufsgenossenschaft für Gesundheitsdienst und Wohlfahrtspflege
BHCU	Basic Health-Care Units
BiostoffV	Biostoffverordnung
BKA	Bundeskriminalamt
BLS	Basic life support
BMG	Bundesministerium für Gesundheit
BMI	Bundesministerium des Innern
BMVg	Bundesministerium der Verteidigung
BOS	Behörden und Organisationen mit Sicherheitsaufgaben
BOS-Funk	Sprechfunk der Behörden und Organisationen mit gemeinsamen Sicherheitsaufgaben
BPOL	Bundespolizei
bspw.	beispielsweise
BT	Bioterror
BVK/KVK	Bezirks-/Kreisverbindungskommandos
BVL	Bundesamt für Verbraucherschutz und Lebensmittelsicherheit
bzw.	beziehungsweise
CBR	chemisch, biologisch, radiologisch

Abkürzung	Bedeutung
CBRNE	Chemical Biological Radiological Nuclear High Yield Explosives
CDC	Centers for Disease Control and Prevention
CE	Communauté Européenne
CISM	Critical Incident Stress Management
CSA	Chemikalien-Schutz-Anzug
DATCP	Department of Agriculture, Trade and Consumer Protection
DDR	Deutsche Demokratische Republik
Dekon-G	Dekontamination von Geräten
Dekon-P	Dekontamination von Personen
Dekon-V	Dekontamination von Verletzten
deNIS	deutsches Notfallvorsorge-Informationssystem
DGHM	Deutsche Gesellschaft für Hygiene und Mikrobiologie e. V.
DGKH	Deutsche Gesellschaft für Krankenhaushygiene e. V.
DGKM	Deutsche Gesellschaft für Katastrophenmedizin
DHFS	Department of Health and Family Services
DIN	Deutsches Institut für Normung
DLRG	Deutsche Lebens-Rettungs-Gesellschaft e. V.
DME	Digitale Meldeempfänger
DRG	Diagnosis-Related Groups (diagnosebezogene Fallgruppen)
DRK	Deutsches Rotes Kreuz e. V.
DV100/DV 500	Dienstvorschrift 100/Dienstvorschrift 500
DVG	Deutsche Veterinärmedizinische Gesellschaft
ECDC	European Centre for Disease Prevention and Control (Europäisches Zentrum für die Prävention und die Kontrolle von Krankheiten)
EG	Europäische Gemeinschaft
EHEC	Enterohämorrhagische E. coli-Stämme
EKG	Elektrokardiogram
ELISA	Enzyme-Linked ImmunoSorbent Assay
ELW	Einsatzleitwagen
EM	Elektronenmikroskopie
EN	European Standards

Abkürzung	Bedeutung
EPIET	European Programme for Intervention Epidemiology Training
EPR	Emergency and Pandemic Alert and Response
EQA	Externe Qualitätssicherung
EriK	Entwicklung eines mehrstufigen Verfahrens der Risikokommunikation
ERU	Emergency Response Units (bereitstehende Notfall-Einheiten, bestehend aus Spezialisten-Teams und Ausrüstung)
erw.	erweitert
ESI	Elektrospray-Ionisation
et al.	et alii (und andere)
etc.	et cetera (und so weiter)
EU	Europäische Union
E-Versorgung	Elektrizitäts-Versorgung
evtl.	eventuell
EWG	Europäische Wirtschaftsgemeinschaft
EWRS	European Warning and Response System (EU-Frühwarn- und Reaktionssystem)
FAQ	frequently asked questions (häufig gestellte Fragen)
FBI	Federal Bureau of Investigation
FFP-Maske	Filtering facepiece particle (partikelfiltrierende) Maske
FIFA	Fédération Internationale de Football Association
FME	Funkmeldeempfänger
FSHG	Feuerschutz und die Hilfeleistung
FÜLZ	Führungs- und Lagezentrum
FüSan	Führungsstab des Sanitätsdienstes
FwDV500 (100)	Feuerwehrdienstvorschrift 500 (100)
GAU	Größter anzunehmender Unfall
GELtg	gemeinsame Einsatzleitung
GG	Grundgesetz
GGBefG	Gefahrgutbeförderungsgesetz
ggf.	gegebenenfalls
GGVSE	Gefahrgutverordnung Straße und Eisenbahn

Abkürzung	Bedeutung
GGVSE–RSE	Richtlinien zur Durchführung der Gefahrgutverordnung Straße und Eisenbahn
GMLZ	Gemeinsames Melde- und Lagezentrum
GRH	Großraumrettungshubschrauber
GSG	Gefährliche Stoffe und Güter
GSM	Global System for Mobile Communications
GUV	gesetzliche Unfallversicherung
GW-A	Gerätewagen-Atemschutz
GW-L	Gerätewagen Logistik
HEPA-Filter	High efficiency particulate air filter
HHA	Hand-Held-Assays
HIA	Halogen Immunoassay
HVB	Stab Haupt-Verwaltungsbeamter
i. d. R.	in der Regel
i. e.	id est (das ist, mit anderen Worten)
IATA-DGR	International Air Transport Association-Dangerous Goods Regulation
IBBS	Informationsstelle des Bundes für Biologische Sicherheit
ICAO-TI	International Civil Aviation Organization Technical Instructions for the Safe Transport of Dangerous Goods by Air
ICS	Incident Command System
IfSG	Infektionsschutzgesetz
IfSGInfo-VwV	Verwaltungsvorschrift IfSG-Informationsverfahren
IGV	Internationale Gesundheitsvorschriften
IHR	International Health Regulations (Internationale Gesundheitsvorschriften, siehe IGV)
ILAT	Institut für Lebensmittel, Arzneimittel und Tierseuchen
ILI	Influenza-like illness (Influenza-ähnliche Erkrankung)
I-RTW	Infektions-Rettungswagen
ISO/DIS	International Organization for Standardization/Draft International Standard
ISO/FDIS	International Organization for Standardization/Final draft International Standard

Abkürzung	Bedeutung
IT	Informationstechnologie
JUH	Johanniter-Unfall-Hilfe e. V.
KatS-DV	Katastrophenschutz-Dienstvorschriften
KatSL	Katastrophenschutzleitung
KdoW	Kommandowagen
KIT	Kriseninterventionsteam
KTW	Krankentransportwagen
LAGA	Länderarbeitsgemeinschaft Abfall
LazRgt	Lazarettregiment
LKA	Landeskriminalamt
LNA	Leitender Notarzt
LSE	luftverlegbare Sanitätseinrichtungen
LÜKEX	Strategische länder- und bereichsübergreifende Stabsrahmenübungen
LuK-Gr	Leitungs- und Koordinierungsgruppe
MALDI	Matrix-Assisted Laser Desorption/Ionisation (Matrix unterstützte Laser-Desorption/Ionisierung)
MALDI-TOF-MS	Matrix-assisted laser desorption ionisation time-of-flight mass spectrometry (Matrix-unterstützte Laser-Desorption/Ionisierung Flugzeitmassenspektrometer)
MANC	Massenanfall von Chemieopfern
MANI	Massenanfall von Infektionskranken
MankT	Massenanfall von kontagiösen Toten
MANV	Massenanfall von Verletzten
MCI	Monitoring and Information Centre
MedABCSchutz	Medizinischer ABC-Schutz
MHD	Malteser Hilfsdienst e. V.
MNS	Mund-Nasen-Schutz
MRSA	Methicillin-resistant *Staphylococcus aureus*
MS	Massenspektroskopie
MSE	modulare Sanitätseinrichtungen
MTF	Mannschaftstransport Fahrzeug
NATO	North Atlantic Treaty Organization (Nordatlantisches Verteidigungsbündnis)
NFS	Notfallseelsorge

Abkürzung	Bedeutung
NGO	Non-governmental organization (Nichtregierungsorganisation)
Niedergel. Arzt	Niedergelassener Arzt
NOAH	Nachsorge, Opfer- und Angehörigenhilfe
NRW	Nordrhein-Westfalen
NRZ	Nationale Referenzzentren
o. g.	oben genannt
ÖEL	Örtliche Einsatzleitung
ÖGD	Öffentlicher Gesundheitsdienst
OP	Operations-
OrgL	Organisatorischer Leiter
PA	Pressluft-Atmer
PCR	Polymerase-Kettenreaktion
PE	Polyethylen
PEI	Paul-Ehrlich-Institut
PEP	Postexpositionsprophylaxe
PES	Peressigsäure
PSA	Persönliche Schutzausrüstung, Persönliche Sonderausstattung (in FwDV 500)
PSU	psychosoziale Unterstützung
PTB	posttraumatische Belastungsstörung
QAV	quartäre Ammoniumverbindungen
QLFT	qualitativer Fit-Test
QNFT	quantitativer Fit-Test
RD	Rettungsdienst
Reha	Rehabilitation
RID	Ordnung für die internationale Eisenbahnbeförderung gefährlicher Güter
RLT	raumlufttechnische Anlage
RTW	Rettungswagen (Rettungstransportwagen)
SAE	Stab für außergewöhnliche Ereignisse
SanABw	Sanitätsamt der Bundeswehr
SanFüKdo	Sanitätsführungskommando
SanLehrRgt	Sanitätslehrregiment
SanMatKp	Sanitätsmaterialkompanie

Abkürzung	Bedeutung
SanRgt	Sanitätsregiment
SARS	Severe Acute Respiratory Syndrome (schweres, akutes Atemnotsyndrom/schweres akutes respiratorisches Syndrom)
SatWaS	satellitengestütztes Warnsystem
SEB	Staphylococcus aureus Enterotoxin B
SEG	Schnell-Einsatz-Gruppen
SEG-GSG	Schnell-Einsatz-Gruppe gefährliche Stoffe und Güter
SeuchRNeuG	Seuchenrechtsneuordnungsgesetz
SGB	Sozialgesetzbuch
SIBCRA	Sampling and Identification of Biological, Chemical and Radiological Agents
SIT	Sonderisoliertransport
SKB	Streitkräftebasis
SKK	Ständige Konferenz für Katastrophenvorsorge und Katastrophenschutz
SKK-PG9	Projektgruppe 9 – ABC-Risiken und Gefahrenlagen – (PG9) der Ständigen Konferenz für Katastrophenvorsorge und Katastrophenschutz
sog.	sogenannt/e/es
SR	Peressigsäurespiritus
StAKoB	Ständige Arbeitsgemeinschaft der Kompetenz- und Behandlungszentren
STAN	Stärke- und Ausstattungsnachweisungen
STIKO	Ständige Impfkommission
SurvStat	Programm zur Abfrage der Meldedaten nach Infektionsschutzgesetz (IfSG) über das Web
TEL	Technische Einsatzleitung
THW	Technisches Hilfswerk
TRBA	Technische Regeln für Biologische Arbeitsstoffe
TRBS	Technische Regeln für Betriebssicherheit
TRGS	Technische Regeln für Gefahrstoffe
TUIS	Transport-Unfall-Informations- und Hilfeleistungssystem
UBA	Umweltbundesamt

Abkürzung	Bedeutung
UV	Ultraviolettes Licht
v. a.	vor allem
VAH	Verbund für Angewandte Hygiene
VDI	Verein deutscher Ingenieure
VEE	Venezuelan equine encephalomyelitis (Venezuelanische Pferdeenzephalitis)
vfdb-RL	Richtlinie der Vereinigung zur Förderung des Deutschen Brandschutzes e. V.
VHF	Virale(s) hämorrhagisches Fieber
VSG	Vorschriften für Sicherheit und Gesundheitsschutz
WE-Meldungen	Meldungen wichtiger Ereignisse
WHO	World Health Organization (Weltgesundheitsorganisation)
z. B.	zum Beispiel
ZBS	Zentrum für Biologische Sicherheit
ZMZ	Zivil-Militärische Zusammenarbeit
ZMZGesWes	Zivil-Militärische Zusammenarbeit im Gesundheitswesen
ZNS	Zentralnervensystem
ZSanDstBw	Zentraler Sanitätsdienst der Bundeswehr
ZSG	Zivilschutzgesetz

Stichwortverzeichnis

A

K

Inhalt der CD

Biologische Gefahren I - Handbuch zum Bevölkerungsschutz

Biologische Gefahren II - Entscheidungshilfen zu medizinisch angemessenen Vorgehensweisen in einer B-Gefahrenlage

Materialien zum Handbuch

- Anhänge zum Handbuch im DIN A4-Format
- Beiträge aus der 2. Auflage, auf die im Handbuch
  verwiesen wird
- Linkliste
- SKK-Curriculum

Hinweise zum An- und Ablegen von persönlicher Schutzausrüstung

- Film mit praktischer Anleitung
- Präsentationen zur Schutzausrüstung des Bundes